Physik

Ulrich Harten

Physik

Eine Einführung für Ingenieure und Naturwissenschaftler

9. Auflage

 Springer Vieweg

Ulrich Harten
Hochschule Mannheim
Mannheim, Deutschland

Die Online-Version des Buches enthält digitales Zusatzmaterial, das durch ein Play-Symbol gekennzeichnet ist. Die Dateien können von Lesern des gedruckten Buches mittels der kostenlosen Springer Nature „More Media" App angesehen werden. Die App ist in den relevanten App-Stores erhältlich und ermöglicht es, das entsprechend gekennzeichnete Zusatzmaterial mit einem mobilen Endgerät zu öffnen.

ISBN 978-3-662-68483-2   ISBN 978-3-662-68484-9 (eBook)
https://doi.org/10.1007/978-3-662-68484-9

Die Deutsche Nationalbibliothek verzeichnet diese Publikation in der Deutschen Nationalbibliografie; detaillierte bibliografische Daten sind im Internet über http://dnb.d-nb.de abrufbar.

Springer Vieweg

Springer Vieweg ist ein Imprint der eingetragenen Gesellschaft Springer-Verlag GmbH, DE und ist ein Teil von Springer Nature.
Die Anschrift der Gesellschaft ist: Heidelberger Platz 3, 14197 Berlin, Germany

Wenn Sie dieses Produkt entsorgen, geben Sie das Papier bitte zum Recycling.

Vorwort

Die Naturgesetze galten schon, als die Erde noch wüst und leer war. Verstöße gegen sie werden nicht bestraft, sie sind gar nicht erst möglich. Wer verstehen will, was um ihn herum passiert oder gar technische Prozesse entwickeln will, die auch tun, was sie sollen, der muss die Naturgesetze kennen. Die fertige Maschine wird sich erbarmungslos an sie halten.

Dieses Buch will Studienanfängern, die sich im Nebenfach mit Physik zu befassen haben, ein leidliches Verständnis der wichtigsten physikalischen Gesetze vermitteln. Dies ist absichtsvoll so vorsichtig formuliert, denn leider sind die meisten Gesetze keineswegs einfach zu verstehen. Quantenphysik und Relativitätstheorie sind weitgehend ausgespart, denn hier kann der, der sich nur nebenbei mit Physik beschäftigt, nur ein sehr oberflächliches Verständnis erwerben.

Die „klassische" Physik ist schwierig genug. Die Erfahrung zeigt, dass schon die Newton'sche Mechanik Studienanfängern große Schwierigkeit bereitet. Zu verlockend ist die anschauliche Mechanik, die noch auf Aristoteles zurückgeht und sich vielleicht so auf den Punkt bringen lässt: Ein Gegenstand bewegt sich immer in die Richtung, in die er gezogen wird. Das ist selbst in einfachen Alltagssituationen falsch, und dies zu verstehen erfordert schon einiges Abstraktionsvermögen. Es erfordert außerdem die Bereitschaft, sich auf einige Mathematik einzulassen, auf die in der Physik nicht verzichtet werden kann.

Es geht mir mit diesem Buch also vor Allem um das Verstehen scheinbar einfacher Dinge. Ein so relativ kurzes Lehrbuch kann keine Vollständigkeit beanspruchen. Die Stoffauswahl orientiert sich an dem, was typischerweise im Nebenfach gelehrt wird, ist aber natürlich auch persönlich gefärbt. Mancher Dozent wird also in seiner Vorlesung auch Themen behandeln, die in diesem Buch nur knapp erwähnt sind. Besteht dann weiterer Lesebedarf, so gibt es sehr gute „dicke" Physikbücher, im Springer Verlag den „Gerthsen" und den „Hering", die dann weiterhelfen, sonst aber vielleicht wieder zu viel des Guten sind.

Unentbehrlich beim Lernen sind Rechenbeispiele und Übungsaufgaben. Wenn es schon Physik sein muss, so hätte der Student sie gerne an Beispielen aus seinem Fachgebiet erläutert. Dies hat aber Grenzen, denn da wird es schnell zu kompliziert für den Anfang. Ich habe mich bemüht, anschauliche Beispiele, die vor Allem an Alltagserfahrungen anknüpfen, zu finden.

Viele Zusammenhänge in der Physik lassen sich am besten an bewegten Bildern veranschaulichen. Daher sind in dieser neuen Auflage noch mehr Bilder mit Videos hinterlegt. Beim E-Books kann man die Legende dieser Bilder anklicken, um das Video zu betrachten. Beim Print-Buch kann der Leser sich die Videos mit der More-Media-App auf das Smartphone holen.

Ich danke wieder allen Lesern, die Fehlerhinweise gegeben haben. Die Betreuung dieses Buches beim Verlag lag in den Händen von Frau Burato und Herrn Kottusch. Ihnen gilt mein Dank für die vielfältigen Hilfen.

Ulrich Harten
Frühjahr 2024

Hinweise zum Gebrauch des Buches

Lernen ist Arbeit. Darum passt ein Schreibtisch besser zum Lehrbuch als ein Ohrensessel. Für die Physik gilt das in besonderem Maße, denn sie macht Gebrauch von der Mathematik. Formeln im Kopf umzuformen und auszurechnen, grenzt an Leichtsinn. Darum hält der Kundige stets Bleistift, Papier, Taschenrechner und Radiergummi oder das Tablet griffbereit.

Kleingedrucktes darf der eilige Leser überschlagen, ohne gleich befürchten zu müssen, dass er den Faden verliert. Er verzichtet lediglich auf etwas Butter zum Brot.

> **Merke**
> Was so markiert ist, gehört zum Grundwissen.

Lernen erschöpft sich nicht im Aufnehmen vorgedruckter Gedankengänge: Es erfordert eigenes Tun.

Rechenbeispiel 1.1: Wie geht das?
Aufgabe: Man sollte gleich probieren, die Aufgabe selbst zu lösen.

Lösung: Hier wird die Lösung ausführlich beschrieben.

In Kürze Diese Lerntabellen am Ende der Kapitel fassen den Inhalt noch einmal zusammen und sollen insbesondere bei der Prüfungsvorbereitung helfen.

Halbwertszeit	$T_{1/2}$: Zeit, in der die Hälfte des Wissens zerfällt [s]

Zunächst einmal sollen die **Verständnisfragen** helfen, die Zusammenhänge zu wiederholen. Dann droht am Ende der Vorlesung in der Regel eine Klausur. Darum sollen Lösungen zu den **Übungsaufgaben** nicht einfach am Ende des Buches nachgeschlagen werden. Zunächst sollte zumindest versucht werden, sie selbst zu lösen. Die Übungsaufgaben sind nach Schwierigkeitsgrad sortiert: (I) leicht; (II) mittel; (III) schwer.

Vieles in der Physik lässt sich nicht beantworten ohne die Kenntnis einzelner Natur- und Materialkonstanten. Nur wenige verdienen es, auswendig gelernt zu werden; den Rest schlägt man nach. Was der Inhalt dieses Buches verlangt, findet sich im Anhang.

Viele Zusammenhänge in der Physik lassen sich am besten an bewegten Bildern veranschaulichen. Daher sind in dieser Auflage etliche Bilder mit Videos hinterlegt. Beim E-Books kann man die Legende dieser Bilder anklicken, um das Video zu betrachten. Beim Print-Buch kann der Leser sich die Videos mit der More-Media-App auf das Smartphone holen.

Liste der Formelzeichen

a	Jahr	$\vec{F}_L$	Lorentzkraft
A	Ampere (Stromeinheit)	$\vec{F}_N$	Normalkraft (senkrecht zur
A	Fläche(ninhalt)		Ebene)
A_0	Amplitude (einer Schwingung)	$\vec{F}_R$	Reibungskraft
$\vec{a}, \vec{b}, \vec{c}$	Vektoren	$\vec{F}_z$	Zentripetalkraft (bei einer
$\vec{a}, (a)$	Beschleunigung, (Betrag)		Kreisbewegung)
$\vec{a}_z, (a_z)$	Zentralbeschleunigung (bei	g	Fallbeschleunigung
	einer Kreisbewegung)	g	Gegenstandsweite (Optik)
$\vec{B}, (B)$	magnetische Flussdichte, (Be-	G	Gravitationskonstante, elektri-
	trag)		scher Leitwert
b	Bildweite (Optik)	$\vec{v}, (v)$	Geschwindigkeit, (Betrag)
c	Phasengeschwindigkeit (einer	h	Stunde
	Welle)	h	Höhe, Planck'sches Wirkungs-
c	Stoffmengendichte, spezifische		quantum
	Wärmekapazität (pro Masse)	h_{cv}	Wärmeübergangskoeffizient
c_m	Molalität (Einheit: mol/kg)		(Konvektion)
c_n	molare Wärmekapazität	Δh	Höhenunterschied
c_p	molare Wärmekapazität bei	$\vec{H}, (H)$	magnetische Feldstärke, Äqui-
	konstantem Druck		valenzdosis
c_v	molare Wärmekapazität bei	I	elektrischer Strom, Wärme-
	konstantem Volumen		strom, Volumenstromstärke
C	elektrische Kapazität, Wärme-	I	Schallstärke, Intensität
	kapazität	J	Trägheitsmoment
C	Coulomb (Ladungseinheit; ent-	j	Teilchenstromdichte
	spricht $A \cdot s$)	j_Q	Wärmestromdichte
d	Tag	J	Joule (Energieeinheit)
d	Abstand, Durchmesser (einer	k	Kompressibilität
	Kugel)	k, k_B	Bolzmannkonstante
D	Dioptien (Optik)	$k(\lambda)$	Extinktionskonstante (Optik)
D	Federkonstante	K	Kelvin (Temperatureinheit)
dB	Dezibel	kg	Kilogramm (Masseneinheit)
e	Euler'sche Zahl	$I, \Delta I$	Länge, Längenänderung
e_0	Elementarladung	I_{eff}	effektiver Hebelarm
E	Elastizitätsmodul	$\vec{L}, (L)$	Drehimpuls, (Betrag)
$\vec{E}, (E)$	elektrische Feldstärke, (Betrag)	L	Induktivität
f	Brennweite (einer Linse), Fre-	m	Masse
	quenz	$\vec{m}$	magnetisches Moment
f^*	Grenzfrequenz (eines Hoch-	m	Meter (Längeneinheit)
	oder Tiefpasses)	min	Minute
F	Farad (Einheit der elektrischen	M	molare Masse
	Kapazität)	n	Brechungsindex (Optik)
$\vec{F}, (F)$	Kraft, (Betrag)	n	Anzahldichte, Anzahl der Mole
$\vec{F}_C$	Coulomb-Kraft	N	Anzahl
$\vec{F}_G$	Schwerkraft	N	Newton (Krafteinheit)

N_A	Avogadro-Konstante, Logschmidt-Zahl	α	linearer Ausdehnungskoeffizient
p	Druck	α	Absorptionsvermögen
p_D	Dampfdruck	α, β, γ	Winkel
$\vec{p}, (p)$	Impuls, Dipolmoment, (Betrag)	β	Volumenausdehnungskoeffizient
P	Leistung		
Pa	Pascal (Druckeinheit)	β_{grenz}	Grenzwinkel der Totalreflexion
Q, q	Ladung	Γ	Vergrößerung (Optik)
Q	Wärme, Kompressionsmodul	δ	Dämpfungskonstante (Schwingungen)
r	Abstand, Radius		
R	elektrischer Widerstand, Strömungswiderstand	ε_0	elektrische Feldkonstante
		ε_r	relative Permittivität (Dielektrizitätskonstante)
R_C	kapazitiver Widerstand		
R_i	Innenwiderstand	η	Nutzeffekt, Wirkungsgrad, Viskosität
R_L	induktiver Widerstand		
R	Gaskonstante, Reflexionsvermögen (Optik)	λ	Wellenlänge, Wärmeleitfähigkeit, Widerstandsbeiwert (Strömung)
R_e	Reynold-Zahl		
s	Sekunde (Zeiteinheit)	μ	elektrische Beweglichkeit
s	Standardabweichung	μ_0	magnetische Feldkonstante
s	Strecke	μ_{Gl}	Gleitreibungskoeffizient
s_0	Anfangsort	μ_H	Haftreibungskoeffizient
t	Zeit	μ_m	Massenschwächungskoeffizient (Röntgenstrahlen)
$T_{1/2}$	Halbwertszeit		
T	Schwingungsdauer, Periode	μ_r	relative Permeabilität
T	Temperatur	ρ	Massendichte
T	Tesla (Magnetfeldeinheit)	ρ	Reflexionsvermögen (Optik)
$\vec{T}, (T)$	Drehmoment, (Betrag)	ρ	spezifischer elektrischer Widerstand
u	atomare Masseneinheit		
$u(X)$	Messunsicherheit der Größe X	ρ_D	Dampfdichte
U	elektrische Spannung, innere Energie	σ	elektrische Leitfähigkeit
		σ	mechanische Spannung, Oberflächenspannung
U_{eff}, I_{eff}	Effektivwerte von Spannung und Strom		
		σ	Strahlungskonstante (Optik)
v_0	Anfangsgeschwindigkeit	τ	Zeitkonstante
V	Volt (Spannungseinheit)	Φ	magnetischer Fluss, Strahlungsfluss (Optik)
V	Volumen		
V_n	Molvolumen	φ_0	Phasenwinkel (gesprochen: fi)
V_S	spezifisches Volumen (Kehrwert der Dichte)	$\omega = 2\pi \cdot f$	Kreisfrequenz, Winkelgeschwindigkeit
w	Energiedichte	ω	Öffnungswinkel (Optik)
W	Watt (Leistungseinheit)	Ω	Ohm (Einheit des elektrischen Widerstandes)
W	Arbeit		
W_{el}	elektrische Energie		
W_{kln}	kinetische Energie		
W_{pot}	potentielle Energie		
Z	Kernladungszahl		

Inhaltsverzeichnis

Grundbegriffe

Inhaltsverzeichnis

Ergänzende Information Die elektronische Version dieses Kapitels enthält Zusatzmaterial, auf das über folgenden Link zugegriffen werden kann https://doi.org/10.1007/978-3-662-68484-9_1. Die Videos lassen sich durch Anklicken des DOI Links in der Legende einer entsprechenden Abbildung abspielen, oder indem Sie diesen Link mit der SN More Media App scannen.

1

Die Physik ist eine empirische und quantitative Wissenschaft; sie beruht auf Messung und Experiment. Daraus folgt eine intensive Nutzung mathematischer Überlegungen, denn Messungen ergeben Zahlenwerte, und die Mathematik ist primär für den Umgang mit Zahlen erfunden worden. Die Natur ist damit einverstanden. Selbst rechnet sie zwar nicht, aber wenn der Mensch ihre Gesetzmäßigkeiten einfach und korrekt beschreiben will, dann tut er dies am besten mit Hilfe mathematischer Formeln und Kalküle.

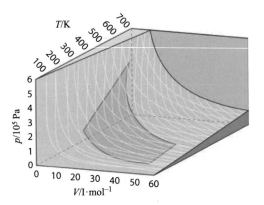

◻ **Abb. 1.1   Druck-Volumen-Zeit-Diagramm für einen Verbrennungsmotor.** Die Abbildung zeigt in einem perspektivisch dargestellten dreidimensionalen Diagramm den Verlauf von Druck p, Volumen V und Temperatur T im Kolben eines Otto-Motors (▶ Abschn. 5.5.3) bei einem Kolbenumlauf. Die Fläche, auf der die Kurve liegt, ist die Zustandsfläche $p(V, T)$ eines idealen Gases

1.1   Physikalische Größen

1.1.1   Physikalische Größen und ihre Einheiten

Als die Pharaonen im alten Ägypten ihre Pyramiden bauen ließen, da mussten viele hundert Sklaven die Steine Rampen hochziehen. Dabei nutzten sie durchaus schon die physikalische Erkenntnis, dass sich Kräfte vektoriell zerlegen lassen (◻ Abb. 2.25). Die Rampen erleichterten die Arbeit, da nicht die gesamte Gewichtskraft des Steines aufgebracht werden musste, um den Stein zu heben. Eine üble Plackerei, die man besser Sklaven überließ, war es trotzdem. Will heute jemand ein tonnenschweres Objekt bewegen, so kann er im nächsten Baumaschinenverleih einen Autokran mieten, Muskelkraft wird nur noch zum Umlegen einiger Schalter gebraucht. Dafür hat der Autokran einen Verbrennungsmotor, der in der Lage ist, die beim Verbrennen von Benzin entstehende Wärme in mechanische Arbeit umzuwandeln. Dieses technische Wunderwerk zu erfinden war nicht leicht. Notwendig war dafür vor allem, Naturvorgänge präzise beschreiben, in Zahlen und Formeln fassen zu können. Die ◻ Abb. 1.1 zeigt in solch präziser Weise, was in einem idealisierten Otto-Motor, dem gängigsten Automotor, geschieht. Aufgetragen sind der Druck, die Temperatur und das Volumen des Gases im Kolben der Maschine bei einem Kolbenumlauf. Mit dieser Betrachtung lässt sich ermitteln, welcher Wirkungsgrad bei der Umwandlung von Wärme in mechanische Arbeit erreicht werden kann (dies wird in ▶ Abschn. 5.5.3 geschehen). Um das Diagramm zu verstehen, muss man aber erst einmal wissen, was das ist: Druck, Temperatur, Volumen, Wärme, mechanische Arbeit. All diese Vokabeln werden hier genau im Sinne der Physik benutzt, sie bezeichnen physikalische Größen.

Eine **physikalische Größe** ist eine Eigenschaft eines Gegenstandes, eines Materials, oder auch eines Vorgangs (wie zum Beispiel die Arbeitsleistung des Automotors). Allen physikalischen Größen gemeinsam ist, dass man sie messen kann. Die Körpermasse des Autors dieses Buches ist zum Beispiel eine solche physikalische Größe. Die Masse des Buches ist eine andere physikalische Größe. Beide Massen gehören zur gleichen **Größenart**, der Masse im Allgemeinen sozusagen. Um meine Masse zu messen, kann ich mich auf eine Badezimmerwaage stellen. Diese wird mir dann eine Zahl, ungefähr 75, anzeigen. Das Ergebnis einer Messung ist also eine Zahl, die sogenannte **Maßzahl**. Würde ich mich allerdings in England auf eine Waage stellen, so würde sie wahrscheinlich die Zahl 165 anzeigen. Das bedeutet natürlich nicht, dass meine Masse in England eine andere ist als in Deutschland. Es bedeutet vielmehr, dass in England eine andere **Einheit** für die Masse (das britische Pfund, Kurzzeichen lb) üblicher ist als hier in Deutschland. In Deutschland verwenden wir gemäß dem internationalen Einheitensystem das Kilogramm mit dem Kurzzeichen kg. Einheiten können willkürlich festgelegt werden und dies geschieht durch Normen und Gesetze. Früher waren Einheiten ganz anschaulich definiert. Es gibt in Paris einen Maßstab, dass Urmeter, der per Definition 1 m lang war. Und es gibt dort einen Zylinder aus Platin-Iridium, der per Definition die Masse von 1 kg hatte, und natürlich auch noch ziemlich genau hat. Wenn ich meine Körpermasse mit der Masse dieses Zylinders vergleiche, kommt also ein Verhältnis von 75 : 1 heraus. Seit Anfang 2019 sind nun aber alle Einheiten konsequent dadurch festgelegt, dass man die Maßzahlen einiger Naturkonstanten, wie zum Beispiel der Vakuumlichtgeschwindigkeit und der Ladung eines Elektrons, festlegt. Die Einheiten ergeben sich dann aus den Naturgesetzen, in denen diese Konstanten vorkommen. Man hat natürlich die Neudefinition in der Weise vorgenommen, dass sich alle Einheiten möglichst wenig ändern. Ich habe also immer noch eine Masse von 75 kg. Die Definition des Kilogramms ist nun aber viel zuverlässiger als bisher. Hätte jemand aus Versehen in Paris das Urkilogramm fallen gelassen, wäre es ja vorbei gewesen mit der schönen Einheit. Das Planck'schen Wirkungsquantum hingegen, dessen Maßzahl die neue Grundlage für die Definition des Kilogramms ist, kann nicht kaputt gemacht werden und man braucht auch nicht nach Paris zu reisen, um es zu vermessen.

Würden alle Menschen dieser Welt immer dieselben Einheiten verwenden und würden wir auch darauf verzichten, Vorsilben wie centi, milli oder mega (siehe ◘ Tab. 1.1) zu benutzen, so bräuchten wir uns um die Einheiten nicht mehr zu kümmern und wir bräuchten sie nicht zu erwähnen. Da dies aber nicht so ist, hat es sich in den Naturwissenschaften, der

◘ **Tab. 1.1** Erweiterung von Einheiten

Vorsilbe	Kennbuchstabe	Zehnerpotenz
Pico	p	10^{-12}
Nano	n	10^{-9}
Mikro	μ	10^{-6}
Milli	m	10^{-3}
Zenti	c	10^{-2}
Dezi	d	10^{-1}
Hekto	h	10^{2}
Kilo	k	10^{3}
Mega	M	10^{6}
Giga	G	10^{9}
Tera	T	10^{12}

Technik und auch in der Medizin durchgesetzt, bei der Angabe eines Messergebnisses zu der Maßzahl auch noch das Einheitensymbol dazu zu schreiben. Will ich also das Ergebnis der Messung meiner Körpermasse korrekt hinschreiben, so schreibe ich folgende Formel:

$$m = 75 \,\text{kg} = 7500 \,\text{g} = 165 \,\text{lb}$$

Das kleine kursive m am Anfang ist nach internationaler Konvention der Buchstabe, der als Platzhalter in einer Formel für den Wert (genau genommen für die Maßzahl) einer Masse verwendet wird. Vor ▶ Kap. 1 und im Anhang des Buches sind alle Buchstaben für die Größen aufgeführt, die in diesem Buch vorkommen. Da das Alphabet nicht reicht, wird zum Teil das griechische Alphabet auch noch genutzt, und manchmal wird leider auch derselbe Buchstabe für verschiedene Größen verwendet. Nun folgen in der Gleichung verschiedene Maßzahlen, hinter denen noch Kurzzeichen für die jeweils verwendete Einheit stehen. Im Gegensatz zu dem Symbol für die Größe werden diese Kurzzeichen nicht kursiv geschrieben. Dadurch kann man in Formeln Symbole für Größen und Kurzzeichen für Einheiten besser unterscheiden. Obwohl hier drei verschiedene Maßzahlen stehen, schreiben wir ein Gleichheitszeichen dazwischen, weil es immer um dieselbe Größe geht und uns die Kurzzeichen für die Einheiten sagen, mit welchen Faktoren wir diese Maßzahlen ineinander umrechnen können. Später in den Übungsaufgaben, die sie rechnen werden, wird es fast immer so sein, dass sie erst einmal alle angegebenen Größenwerte in die SI-Einheiten umrechnen, bevor sie eine Formel auswerten. Das wäre hier also das Kilogramm mit der Maßzahl 75.

1.1.2 SI Einheitensystem

Das Buch, dass sie gerade in Händen halten (so sie nicht das E-Book verwenden), hat eine Höhe von 0,22 m und eine Breite von 0,16 m. Da lässt sich nach der Definition in der Physik die Fläche einer Buchseite berechnet:

$$A = 0,22 \text{ m} \cdot 0,16 \text{ m} = 0,22 \cdot 0,16 \text{ m} \cdot \text{m}$$
$$= 0,035 \text{ m}^2$$

(Da das m in dieser Formel nicht kursiv geschrieben wurde, ist es hier nicht das Symbol für Masse, sondern das Kurzzeichen für die Einheit Meter.) In dieser Formel haben wir etwas Interessantes gemacht. Wir haben so getan, als wäre zwischen der Maßzahl und dem Kurzzeichen für die Einheit ein Mal-Zeichen und wir haben Maßzahlen und Einheiten vertauscht. Dadurch haben wir herausgefunden, dass die Einheit einer Fläche sinnvollerweise der Quadratmeter ist. Tatsächlich funktioniert es mit Multiplikation und Division von Maßzahlen und Einheiten immer so gut, obwohl streng mathematisch betrachtet die Multiplikation nur für Zahlen definiert ist.

❯ Merke

Man sagt: Größenwert = Maßzahl „mal" Einheit.

Aus dieser Beobachtung ergibt sich, dass man tatsächlich nur für einige wenige Größenarten die Einheiten definieren muss, für alle anderen ergeben sie sich aus den physikalischen Zusammenhängen. In der international gültigen Norm, man spricht vom Système International (SI-System, SI-Einheiten), sind die Einheiten für sieben Basisgrößenarten definiert:

- die Zeit mit der Einheit Sekunde (s)
- die Länge mit der Einheit Meter (m)
- die Masse mit der Einheit Kilogramm (kg)
- die elektrische Stromstärke mit der Einheit (A)
- die Temperatur mit der Einheit Kelvin (K)
- die Stoffmenge mit der Einheit Mol (mol)
- die Lichtstärke mit der Einheit Candela (Cd)

Bis auf die Candela sind Ihnen die Größenarten sicherlich aus der Schule geläufig. Die Candela hängt eng mit der Einheit Lumen zusammen, mit der auf der Verpackung von LED-Leuchtmitteln die Helligkeit angegeben wird (siehe ▶ Abschn. 7.3.1).

Bis auf diese etwas aus dem Rahmen fallende Candela werden alle Einheiten der Basisgrößen durch das Festlegen der Maßzahlen von Naturkonstanten definiert. Am präzisesten geht das für die Sekunde, die ein gewisses Vielfaches (das 9.192.631.770-fache) der Periode einer Mikrowellenstrahlung von Cäsiumatomen ist. Die sogenannten Atomuhren sind so genau, dass sie nur 1 Sekunde in ca. einer Million Jahren falsch gehen. Und in Zukunft sollen sie noch genauer werden. Das Meter ist die Strecke, die Licht in einem bestimmten Bruchteil einer Sekunde (1/299.792.458) zurücklegt. Damit haben wir den merkwürdigen Effekt, dass die Maßzahl der Lichtgeschwindigkeit präzise definiert ist, obwohl man auch die Lichtgeschwindigkeit natürlich nur mit einer begrenzten Genauigkeit messen kann. Das ist dann aber eben die Genauigkeit, mit der das Meter definiert ist. Diese ist auch sehr hoch. Man kann mit optischer Interferenz Längen von einigen Metern auf Bruchteile eines Atomdurchmessers genau messen. So ähnlich wie das Meter sind auch die anderen Basiseinheiten definiert über die Festlegung der Maßzahl des Planck'schen Wirkungsquantums, der Elektronenladung, der Avogadro-Konstante und der Boltzmann-Konstante.

Die Einheiten aller anderen Größenarten nennt man **abgeleitete Einheiten** und man kann sie immer als Produkte oder Quotienten der Basiseinheiten darstellen. So ist zum Beispiel die Einheit der Kraft das Newton (N). Es gilt aber:

$$1\,N = 1\frac{kg \cdot m}{s^2}.$$

Dies ergibt sich aus dem wichtigsten Gesetz der Mechanik, dem zweiten Newton'schen Gesetz, das wir in ▶ Abschn. 2.5 besprechen. Alle wichtigen abgeleiteten Einheiten haben eigene Namen. Sie sind in einer Tabelle im Anhang aufgelistet. Besonders bekannte solche Einheiten sind das Volt für die elektrische Spannung, das Ohm für den elektrischen Widerstand und das Watt für die Leistung.

Es gibt auch noch einige gebräuchliche Einheiten, die nicht zum SI-System gehören, zum Beispiel die Stunde, der Liter oder die Tonne. Auch solche sind im Anhang aufgeführt.

Man spricht im Zusammenhang mit dem Einheitensystem auch von der **Dimension** einer Größenart. Die Basisgrößenarten haben ihre eigene Dimension: Zeit, Länge, Masse, Strom Temperatur, Stoffmenge, Lichtstärke. Die Dimensionen der abgeleiteten Größenarten ergeben sich aus den Definitionen zu Produkten oder Quotienten dieser Basisdimensionen: die Geschwindigkeit hat die Dimension Länge durch Zeit, die Kraft die Dimension Masse mal Länge durch Zeit ins Quadrat. Für die Dimension ist es dann egal, ob ich als Einheit für die Masse zum Beispiel das Kilogramm oder das britische Pfund nehme. Wenn ich meine Körpermasse durch die Masse des Buches teile, kommt eine reine Zahl (120) heraus. Man nennt dieses Verhältnis auch dimensionslos. Für dimensionslose Größen sind die Maßzahlen gottgegeben.

Auch wenn man einen Größenwert durch seine Einheit teilt, bleibt eine reine Zahl übrig. Das erlaubt, die Achsen von Diagrammen

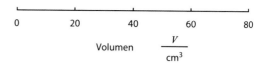

◻ Abb. 1.2 Beschriftung einer Volumenachse nach internationaler Empfehlung; die Achse wird dadurch zur Zahlengeraden

zu *Zahlengeraden* zu machen. Eine Volumenachse wäre dann so zu beschriften, wie die ◻ Abb. 1.2 zeigt. In ◻ Abb. 1.1 ist ein spezifisches Volumen (Volumen pro Stoffmenge) aufgetragen, deshalb wird durch die Einheit Liter pro Mol geteilt. Das vorliegende Buch hält sich an diese internationale Empfehlung. Arbeitet man bei der Erstellung von Diagrammen allerdings mit eine Tabellenkalkulationssoftware wie EXCEL, so bekommt man das so nur mit großer Mühe hin. Dann schreibt man die Einheit einfach mit eckigen oder runden Klammern hinter die Größenbezeichnung.

1.1.3 Dimensionskontrolle

Bei mathematischen Gleichungen müssen auf beiden Seiten die Zahlen stimmen, bei physikalischen Gleichungen darüber hinaus auch die Kombinationen der Basiseinheiten (genauer: die Dimensionen) auf beiden Seiten gleich sein. Eine Länge kann man nicht mit einer Zeit vergleichen, eine Kraft nicht mit einer Energie. Daraus folgen einige Rechenregeln für die Einheiten. Addieren kann man nur Größenwerte von gleicher Größenart oder Terme gleicher Dimension: Länge zu Länge, Kraft zu Kraft, Induktivität zu Induktivität. Für Subtraktionen gilt das gleiche. Multiplikation und Division sind dahingegen erlaubt, wenn es die physikalischen Gesetze zulassen oder zum Beispiel neue Größenarten entstehen. Eine Wegstrecke durch eine Zeit kann eine Geschwindigkeit mit der SI-Einheit m/s und der verkehrsüblichen Einheit km/h sein. Potenzieren wiederum ist nur mit reinen, dimensionslosen Zahlen im Exponenten möglich: Länge^2 gibt eine Fläche mit der SI-Einheit Quadratmeter (m^2). Eine Abklingfunktion e^{-t} ist dahingegen unmöglich, jedenfalls wenn der Buchstabe t die Zeit bedeuten soll. Um den Exponenten dimensionslos zu machen, muss noch eine „Relaxationszeit" τ (mit Einheit s) als Divisor hinzukommen (e$^{-t/\tau}$) oder eine „Zeitkonstante" λ (mit Einheit 1/s) als Faktor (e$^{-\lambda \cdot t}$). Gleiches gilt für die Argumente anderer mathematischer Funktionen wie Sinus und Logarithmus.

Bei einer komplizierteren physikalischen Formel lohnt eine **Dimensionskontrolle**: Man notiert auf beiden Seiten der Gleichung die Einheiten der beteiligten physikalischen Größen und reduziert sie auf die Basiseinheiten. Wenn dann nicht auf beiden Seiten die gleichen Basiseinheiten stehen, ist die Formel falsch, und man kann gleich auf Fehlersuche gehen, bevor man mühsam unsinnige Ergebnisse ausgerechnet hat.

Eine Dimensionskontrolle kann einen aber auch an physikalische Zusammenhänge erinnern, die man vielleicht vergessen hat. Beispiel: Zu einer Geschwindigkeit v gehört die Einheit m/s; die Änderungsgeschwindigkeit einer Geschwindigkeit heißt Beschleunigung und bekommt die Einheit:

$$1\frac{m/s}{s} = 1\frac{m}{s^2}.$$

Eine Kraft ist gleich Masse mal Beschleunigung, Einheit:

$$1\,kg \cdot \frac{m}{s^2} = 1\frac{kg \cdot m}{s^2} = 1N.$$

Das Produkt Gewichtskraft mal Hubhöhe gibt die Hubarbeit, also eine Energie W. Ihr gebührt demnach die Einheit:

$$1N \cdot m = 1\frac{kg \cdot m}{s^2} \cdot m = 1kg \cdot \frac{m^2}{s^2}$$
$$= 1kg \cdot \left(\frac{m}{s}\right)^2$$

Woraus folgt, dass auch das Produkt Masse mal Geschwindigkeitsquadrat v^2 die Dimension einer Energie besitzt. In der Tat gilt für die Bewegungsenergie:

$$W_{kin} = \frac{1}{2}m \cdot v^2.$$

Hier zeigt sich freilich auch eine Schwäche der Dimensionsanalyse: Reine Zahlenfaktoren wie hier das $\frac{1}{2}$ vermag sie nicht zu erkennen.

1.2 Mengenangaben

1.2.1 Masse und Stoffmenge

Kein Backrezept kann auf Mengenangaben verzichten: $\frac{1}{4}$ Ltr. Milch, 250 g Weizenmehl, 3 Eier. „Ltr." steht hier für Liter. Bei Flüssigkeiten lässt sich das Volumen am leichtesten messen. Größere Objekte wie die Eier kann man einfach abzählen. Beim Mehl bevorzugt man aber das Gewicht, gemessen mit einer Waage. Jeder Kaufmann, jedes Postamt benutzt Waagen. Wie sie funktionieren, wird in ▶ Abschn. 2.4.3 beschrieben werden. Dabei wird sich herausstellen, dass die Umgangssprache mit dem Wort „Gewicht" die physikalische Größe **Masse** meint. Deren Eigenschaften werden in ▶ Abschn. 2.5.1 genauer behandelt. Jedenfalls ist die Masse eine Grundgröße im SI und bekommt die Einheit **Kilogramm** (kg). Für den Hausgebrauch wird das Kilogramm hinreichend genau repräsentiert durch die Masse von 1000 ml Wasser.

Im Gegensatz zum Wasser bringt es ein Kilobarren Gold nur auf etwa 50 cm^3. Sind die beiden Substanzmengen nun gleich, weil ihre Massen gleich sind, oder sind sie verschieden, weil ihre Volumina verschieden sind? Die Frage lässt sich nicht beantworten, weil der Gebrauch der Vokabel „Substanzmenge" nicht eindeutig definiert ist. Die beiden „Stoffmengen" sind jedenfalls verschieden.

Alle Materie besteht aus Atomen, die sich, von wenigen Ausnahmen abgesehen, zu Molekülen Zusammenlegen. Ein natürliches Maß für die Menge einer Substanz wäre die Anzahl N ihrer Moleküle. Freilich, Moleküle sind klein und entsprechend zahlreich; zu handlichen Mengen gehören unhandlich große Anzahlen, weit über 10^{20}. Um sie zu vermeiden, hat man in das Système International d'Unités eine spezielle, zu N proportionale Grundgröße eingefügt: die **Stoffmenge** n mit der Einheit **Mol** („abgekürzt" mol). Die Proportionalitätskonstante heißt Avogadro-Konstante $N_A = 6,0220 \cdot 10^{23}$ mol^{-1}.

> **Merke**
>
> Die Stoffmenge n ist die Anzahl der Mole, ein Maß für die Anzahl der Teilchen in einer Probe: 1 mol = $6,0220 \cdot 10^{23}$ Teilchen.

Damit ist das Problem aber zunächst nur verschoben, denn niemand kann die Moleküle auch nur eines Sandkorns abzählen und durch N_A dividieren, um die Stoffmenge zu bestimmen. Man legt weiterhin seine Substanzproben auf die Waage, misst also ihre Masse m, und rechnet um mit der sog.

$$\textbf{molare Masse } M = \frac{\text{Masse } m}{\text{Stoffmenge } n}$$

der beteiligten Moleküle (M wird auch **Molmasse** genannt – die Einheit ist g/mol). Dafür darf die Probe allerdings aus nur einer einzigen Molekülsorte bestehen, deren Molmasse man kennt. Woher? In Natur und Technik gibt es viel zu viele Molekülarten, als dass man alle ihre Molmassen in einem dicken Tabellenbuch zusammenfassen könnte. Das ist aber auch nicht nötig, denn Moleküle setzen sich aus Atomen zusammen, von denen es nicht allzu viele verschiedene Arten gibt, die der rund hundert chemischen Elemente nämlich. Deren molare Massen (Massenzahlen) lassen sich auflisten. Dann braucht man nur noch die chemische Formel eines Moleküls zu kennen, um seine molare Masse auszurechnen:

- Wasserstoffatom: $M(H) = 1$ g/mol
- Sauerstoffatom: $M(O) = 16$ g/mol
- Wassermolekül: $M(H_2O) = 18$ g/mol

> **Merke**
>
> Die molare Masse $M = \frac{m}{n}$ mit der Einheit g/mol einer Molekülsorte ist die Summe der molaren Massen der das Molekül bildenden Atome.

1.2.2 Dichten und Gehalte

Volumen, Masse und Stoffmenge sind Kenngrößen einzelner Substanzproben, eines silbernen Löffels etwa, eines Stücks Würfelzucker, einer Aspirin-Tablette; sie sind keine Kenngrößen von Substanzen wie Silber, Saccharose oder Acetylsalicylsäure. Vom Wasser wurde schon gesagt, dass ein Liter eine Masse von 1000 g hat; beim Silber sind es 10,5 kg und bei der Saccharose 1586 g. Zwei Liter wiegen jeweils doppelt so viel und 0,5 l die Hälfte. Der Quotient aus Masse und Volumen ist substanztypisch. Man nennt ihn

$$\textbf{Dichte } \rho = \frac{\text{Masse } m}{\text{Volumen } V}$$

Manchmal empfiehlt sich der Name **Massendichte**, um deutlich von der

$$\textbf{Stoffmengendichte } = \frac{\text{Stoffmenge}}{\text{Volumen}}$$

zu unterscheiden. Wenn man diese mit der Avogadro-Konstanten multipliziert, erhält man die

$$\textbf{Teilchenanzahldichte } = \frac{\text{Teilchenanzahl}}{\text{Volumen}}$$

Die Kehrwerte der ersten beiden Dichten bekommen Namen. Massenbezogene Größen heißen üblicherweise „spezifisch", also

$$\textbf{spezifisches Volumen } V_s = \frac{\text{Volumen}}{\text{Masse}}$$
$$= \frac{1}{\text{Dichte}}$$

Der Kehrwert der Stoffmengendichte müsste korrekt „stoffmengenbezogenes Volumen" genannt werden. Das ist zu umständlich, darum spricht man lieber vom

$$\textbf{Molvolumen } V_n = \frac{\text{Volumen}}{\text{Stoffmenge}},$$

meist in der Einheit Liter/Mol (l/mol) angegeben. Man darf sich durch den Namen nicht zu der Annahme verleiten lassen, beim Molvolumen handele es sich um ein Volumen, das in

1

m^3 oder l (Liter) allein gemessen werden könnte.

> **Merke**
>
> **spezifische Größen:**
> - Massendichte $\rho = \frac{m}{V}$ (oft angegeben in $\frac{g}{cm^3}$)
> - Kehrwert $= \frac{V}{m}$ = spezifisches Volumen
> - Stoffmengendichte $= \frac{n}{V}$
> - Kehrwert $= \frac{V}{n}$ = molares Volumen = Molvolumen

Für die Verkehrstüchtigkeit eines Autofahrers spielt es eine erhebliche Rolle, ob er gerade eine halbe Flasche Bier oder eine halbe Flasche Schnaps getrunken hat. Jeder Doppelkorn enthält mehr Alkohol als das stärkste Bockbier. Was ist damit gemeint? Spirituosen sind Mischungen, im Wesentlichen aus Alkohol und Wasser; die wichtigen Geschmacksstoffe, die z. B. Kirschwasser von Himbeergeist unterscheiden, spielen mengenmäßig kaum eine Rolle. Zur Kennzeichnung eines Gemisches kann einerseits der **Gehalt** dienen

$$\mathbf{Gehalt} = \frac{Teilmenge}{Gesamtmenge}$$

Als Quotient zweier Mengen ist er eine reine Zahl und lässt sich darum auch in Prozent angeben. Beim Blutalkohol bevorzugt man das um einen Faktor 10 kleinere Promille, bei Spuren von Beimengungen das ppm; die drei Buchstaben stehen für „parts per million", also 10^{-6}. Hochentwickelte Spurenanalyse dringt bereits in den Bereich ppb ein, „parts per billion"; gemeint ist 10^{-9}, denn im Angelsächsischen entspricht „billion" der deutschen Milliarde ($= 10^9$) und nicht der Billion ($= 10^{12}$). Die Summe aller Gehalte einer Mischung muss notwendigerweise eins ergeben.

Auf welche Mengenangabe sich ein Gehalt bezieht, ist zunächst noch offen; man muss es dazu sagen. Der

Massengehalt

$$= \frac{Masse\ des\ gelösten\ Stoffes}{Masse\ der\ Lösung}$$

wird zuweilen als „Gew.%" bezeichnet, als „**Gewichtsprozent**"- und der

Volumengehalt

$$= \frac{Volumen\ des\ gelösten\ Stoffes}{Volumen\ der\ Lösung}$$

als „Vol.%", als „**Volumenprozent**" also. Der

Stoffmengengehalt

$$= \frac{Stoffmenge\ des\ gelösten\ Stoffes}{Stoffmenge\ der\ Lösung}$$

ist dem Teilchenanzahlgehalt gleich, denn die Avogadro-Konstante steht im Zähler wie im Nenner, kürzt sich also weg. Einen Stoffmengengehalt bezeichnet man auch als Stoffmengenanteil oder als „At.%" (**Atomprozent**). ppm und ppb werden üblicherweise nur bei Stoffmengengehalten verwendet (und nach neuester Empfehlung am besten gar nicht).

Andererseits gibt es die Möglichkeit, eine **Konzentration** mit einer Einheit anzugeben, wenn man gelösten Stoff und Lösungsmittel mit unterschiedlichen Mengengrößen beschreibt. Gebräuchlich ist die:

Molarität

$$c = \frac{Stoffmenge\ des\ gelösten\ Stoffes}{Volumen\ des\ Lösungsmittels}$$

in Mol pro Liter und die:

Molarität

$$b = \frac{Stoffmenge\ des\ gelösten\ Stoffes}{Masse\ des\ Lösungsmittels}$$

in Mol pro Kilogramm.

Rechenbeispiel 1.1: Schnaps
Aufgabe: Wie groß ist die Stoffmengendichte des Alkohols in einem Schnaps mit 40 Vol.%? Die Dichte des Äthylalkohols (C_2H_5OH) ist 0,79 g/ml.

Lösung: Die Stoffmengendichte des reinen Alkohols kann zum Beispiel als Anzahl der Alkoholmoleküle in Mol pro Liter Alkohol angegeben werden. Dazu muss die

Massendichte durch die Molmasse M des Äthylalkohols geteilt werden. Laut Anhang ergibt sich die Molmasse zu:

$$M(C_2H_5OH) = 2 \cdot M(C) + 6 \cdot M(H)$$
$$+ M(O)$$
$$\approx 24\text{g/mol} + 6\text{g/mol}$$
$$+ 16\text{g/mol} = 46\text{g/mol}$$

Die Stoffmengendichte des reinen Alkohols ist dann

$$\frac{n}{V} = \frac{790\frac{\text{g}}{\text{l}}}{46\frac{\text{g}}{\text{mol}}} = 17,18\frac{\text{mol}}{\text{l}}.$$

Im Schnaps ist aber nur 40 % des Volumens Alkohol, also ist hier die Stoffmengendichte um den Faktor 0,4 kleiner:

$$\frac{n}{V} = 0,4 \cdot \frac{790\frac{\text{g}}{\text{l}}}{46\frac{\text{g}}{\text{mol}}} = 6,87\frac{\text{mol}}{\text{l}}.$$

1.3 Statistik und Messunsicherheit

1.3.1 Messfehler

Kein Messergebnis kann absolute Genauigkeit für sich in Anspruch nehmen. Oftmals ist schon die Messgröße selbst gar nicht präzise definiert. Wenn ein Straßenschild in Nikolausberg behauptet, bis Göttingen seien es 4 km, dann genügt das für die Zwecke des Straßenverkehrs vollauf. Gemeint ist so etwas wie „Fahrstrecke von Ortsmitte bis Stadtzentrum". Wollte man die Entfernung auf 1 mm genau angeben, müsste man zunächst die beiden Ortsangaben präzisieren, z. B. „Luftlinie von der Spitze der Wetterfahne auf der Klosterkirche von Nikolausberg bis zur Nasenspitze des Gänseliesels auf dem Brunnen vor dem alten Rathaus in Göttingen". Der messtechnische Aufwand stiege beträchtlich und niemand hätte etwas davon. Insbesondere auch bei der Genauigkeit eines Messverfahrens muss man Aufwand und Nutzen gegeneinander abwägen.

> **Merke**
> Messfehler: Differenz zwischen Messwert und grundsätzlich unbekanntem wahren Wert der Messgröße.

Messfehler lassen sich in zwei große Gruppen einteilen: die **systematischen** und die **zufälligen Fehler**. Wenn man sein Lineal auf ein Blatt Karopapier legt, sieht man zumeist eine deutliche Diskrepanz zwischen den beiden Skalen; Papier ist kein gutes Material für Längenmaßstäbe. Wer sich trotzdem auf sein Blatt Karopapier für eine Längenmessung verlässt, macht einen systematischen Fehler, weil die Skala nicht genau stimmt. Grundsätzlich gilt das für jede Längenmessung, für jede Messung überhaupt. Auch Präzisionsmessinstrumente können Eichfehler ihrer Skalen nicht vollständig vermeiden. Um sie in Grenzen zu halten, müssen z. B. Händler ihre Waagen von Zeit zu Zeit nacheichen lassen. Aber auch in Messverfahren können systematische Fehler implizit eingebaut sein. Hohe Temperatur wird man oft etwas zu niedrig messen, da der Messfühler seine Temperatur erst angleichen muss und der Benutzer vielleicht nicht die Geduld aufbringt, lange genug zu warten.

> **Merke**
> Systematischer Fehler: prinzipieller Fehler des Messverfahrens oder Messinstruments, z. B. Eichfehler – sie treten immer wieder gleich auf, sind also reproduzierbar.

Systematische Fehler sind schwer zu erkennen; man muss sich sein Messverfahren sehr genau und kritisch ansehen.

Der zufällige Fehler meldet sich selbst, wenn man eine Messung wiederholt: Die Ergebnisse weichen voneinander ab. Letzten Endes rührt diese **Streuung** von Störeffekten her, die man nicht beherrscht und zum großen Teil nicht einmal kennt.

> **Merke**
> Zufällige Fehler verraten sich durch Streuung der Messwerte.

1

1.3.2 Mittelwert und Streumaß

Wie groß ist eine Erbse? Diese Frage soll hier auf die „Erbse an sich" zielen, nicht auf ein ganz bestimmtes Einzelexemplar. Dabei spielt die Sorte eine Rolle, der Boden, die Düngung, das Wetter. Aber auch innerhalb einer Ernte von einem ganz bestimmten Feld streuen die Durchmesser verschiedener Erbsen deutlich. Deshalb kann nur nach einer mittleren Größe gefragt werden.

Nach alter Regel bestimmt man den **Mittelwert** $\overline{x}$ einer Reihe von Messwerten x_i dadurch, dass man sie alle zusammenzählt und das Resultat durch ihre Anzahl n dividiert:

$$\overline{x} = \frac{1}{n}(x_1 + \ldots + x_n) = \frac{1}{n}\sum_{i=1}^{n} x_i.$$

Der Index i läuft von 1 bis n, er kennzeichnet den einzelnen Messwert. Nun wird niemand alle zigtausend Erbsen einer Ernte einzeln ausmessen, um den Mittelwert $\overline{d}$ des Durchmessers zu bestimmen. Man begnügt sich mit einer **Stichprobe**. Zum Beispiel wurden bei $n = 12$ willkürlich aus einer Tüte herausgegriffenen Erbsen die Quotienten $x_i = d_i / \text{mm}$ gemessen und in der folgenden *Wertetabelle* zusammengestellt:

x_1	x_2	x_3	x_4	x_5	x_6	x_7	x_8	x_9	x_{10}	x_{11}	x_{12}
7,5	7,9	7,6	8,2	7,4	8,0	8,0	7,9	7,6	7,7	7,2	7,5

Daraus errechnet sich der Mittelwert der Stichprobe zu $\overline{x} = 92,5/12 = 7,71$.

> **Merke**
>
> Mittelwert = Quotient aus Summe und Anzahl der Messwerte:
>
> $$\overline{x} = \frac{1}{n}(x_1 + \ldots + x_n) = \frac{1}{n}\sum_{i=1}^{n} x_i.$$

Wie gut stimmt der Mittelwert der Stichprobe mit dem Mittelwert für alle Erbsen überein? Genau lässt sich das nicht sagen, aber die Wahrscheinlichkeitsrechnung hilft weiter. So viel leuchtet ein: Der Mittelwert der Stichprobe wird umso zuverlässiger sein, je größer man den Umfang n der Stichprobe macht, und je

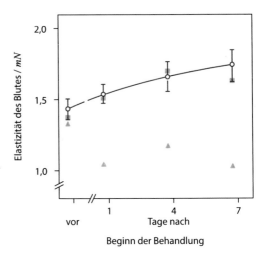

□ **Abb. 1.3 Diagramm mit Fehlerbalken.** Elastizität des Blutes während einer Behandlung mit einem blutverflüssigenden Mittel als Beispiel für ein Diagramm mit Fehlerbalken (in diesem Zusammenhang spielen das Messverfahren und die medizinische Bedeutung der Messwerte keine Rolle). Die Kreise bezeichnen die Mittelwerte aus einer Beobachtungsgruppe von 28 Patienten und die Fehlerbalken jeweils die Standardabweichung des Mittelwertes; die ausgefüllten Messpunkte gehören zu zwei Mitgliedern der Beobachtungsgruppe: einzelne Messwerte können durchaus weit außerhalb des Standardfehlers liegen

weniger die einzelnen Messwerte streuen. n hat man selbst in der Hand, seine Größe ist eine Frage des Aufwandes, den man treiben will. Benötigt wird aber noch eine Größe, die sagt, wie stark die Messwerte streuen, ein sogenanntes **Streumaß**. Die Differenzen $x_i - \overline{x}$ zwischen den einzelnen Messwerten und dem Mittelwert können dieses Maß nicht unmittelbar liefern, weil sie positive wie negative Vorzeichen haben und sich zu Null aufaddieren; so ist letzten Endes der Mittelwert definiert. Die Quadrate $(x_i - \overline{x})^2$ sind aber wie alle Quadratzahlen grundsätzlich positiv. Wenn man sie addiert, durch $n - 1$ teilt und noch die Wurzel zieht, bekommt man die sogenannte **Standardabweichung**:

$$s = \sqrt{\frac{\sum(x_i - \overline{x})^2}{n - 1}},$$

der Einfachheit halber sind hier die Grenzen der Summe nicht mitgeschrieben worden. Dass durch $n - 1$ und nicht durch n dividiert wird, liegt daran, dass man mindestens zwei Messwerte braucht, um einen Mittelwert ausrechnen zu können.

Manche Taschenrechner erlauben, s mit einem einzigen Tastendruck auszurechnen.

Die Standardabweichung lässt sich für jede Messreihe angeben. In Diagrammen wie der ◘ Abb. 1.3 wird man zunächst die Mittelwerte auftragen (rote Kreise). Weiterhin kann man zu jedem Messpunkt einen Streubalken (der leider meistens unsinnigerweise als **Fehlerbalken** bezeichnet wird) zeichnen, der die Standardabweichung angibt.

1.3.3 Messunsicherheit

Wurde zum Beispiel im Physikpraktikum ein bestimmter Messwert x gemessen, so ist die Frage zu stellen: wie zuverlässig ist der nun? Beantwortet wird diese Frage mit der Angabe einer **Messunsicherheit** $u(x)$. Damit sagt man folgendes: der unbekannte wahre Wert der Größe liegt mit hoher Wahrscheinlichkeit zwischen $x - u(x)$ und $x + u(x)$. Deshalb schreibt man zum Beispiel für eine Längenmessung hin: Der Abstand d beträgt

$$d = (10{,}4 \pm 0{,}2)\,\text{cm}$$

$10{,}4$ cm ist der Messwert und $0{,}2$ cm ist die **absolute** Messunsicherheit. Man kann die Messunsicherheit auch auf den Messwert beziehen und bekommt dann die **relative** Messunsicherheit:

$$\frac{u(d)}{d} = \frac{0{,}2}{10{,}4} = 0{,}019$$

Diese wiederum kann man in Prozent ausdrücken und dann schreiben:

$$d = 10{,}4 \cdot (1 \pm 1{,}9\,\%)\,\text{cm}$$

> **Merke**
>
> Messunsicherheit: Abschätzung des Intervalls, in dem der unbekannte wahre Wert wahrscheinlich liegt.
>
> Absolute Messunsicherheit $u(x)$, relativer Messunsicherheit: absolute Messunsicherheit durch Messwert: $u(x)/x$.

Sehr oft wird man die Messunsicherheit einfach schätzen: diesen Längenmaßstab kann ich auf etwa plus minus ein Millimeter genau ablesen. Besser ist es natürlich, wenn der Hersteller des Messgerätes etwas über die Genauigkeit sagt, wie dies bei Präzisionsmessgeräten immer der Fall ist.

Ist man einigermaßen sicher, dass die Messunsicherheit im Wesentlichen auf zufälligen Messfehlern beruht, hilft Mittelwert und Streumaß sehr viel weiter. Man kann dann die Messunsicherheit durch mehrfaches Wiederholen der Messung beträchtlich reduzieren und sie mit Hilfe des Streumaßes sehr genau abschätzen.

Der beste Schätzwert für den wahren Wert der Messgröße ist natürlich der Mittelwert, der umso zuverlässiger wird, aus je mehr Einzelmessungen er gebildet wird. Die Wahrscheinlichkeitsrechnung sagt nämlich folgendes:

Sind die Messwerte tatsächlich zufällig verteilt, so liegt der Mittelwert $\overline{x}$ mit einer Wahrscheinlichkeit von 68 % nicht weiter als eine **Standardabweichung des Mittelwerts** von dem unbekannten wahren Mittelwert entfernt. Diese Standardabweichung des Mittelwertes erhält man dadurch, dass man die Standardabweichung s durch die Wurzel der Zahl der Messungen $\sqrt{n}$ dividiert:

$$s(\overline{x}) = \frac{s}{\sqrt{n}}$$

Im Allgemeinen ändern sich die Standardabweichung nicht, wenn man die Zahl n der Messungen erhöht. Das heißt aber, dass die Standardabweichung des Mittelwertes umgekehrt proportional zu $\sqrt{n}$ kleiner wird. Durch Erhöhung der Zahl der Messungen kann also die Messunsicherheit grundsätzlich beliebig

1

klein gemacht werden. Nur wächst der Aufwand leider quadratisch mit dem Gewinn an Genauigkeit.

> **Merke**
>
> Standardabweichung des Mittelwertes: Schätzwert der sich aus zufälligen Messfehlern erbebenden Messunsicherheit.

Reicht einem eine Wahrscheinlichkeit von 68 %, das der wahre Wert im angegebenen Unsicherheitsintervall liegt nicht, so kann man für die Messunsicherheit zweimal die Standardabweichung des Mittelwertes ansetzen. Dadurch wird die Wahrscheinlichkeit auf immerhin 95 % erhöht. Das sich so ergebende Intervall um den Mittelwert herum bezeichnet man dann als das **95 %-Konfidenzintervall**.

In der Physik und im täglichen Leben macht man sich meist nicht die Mühe, die Standardabweichung des Mittelwertes tatsächlich auszurechnen. Die meisten Messverfahren sind für ihren Zweck präzise genug, sodass sich Messwiederholungen nicht lohnen. Trotzdem sollte man die Messunsicherheit abschätzen und Zahlenwerte grundsätzlich nicht genauer hinschreiben, als man sie hat: die letzte angegebene Dezimalstelle sollte noch stimmen. Wenn das Schild in Nikolausberg behauptet, bis Göttingen seien es 4 km, dann sollte die tatsächliche Entfernung näher bei diesem Wert liegen als bei 3 km oder bei 5 km. Darum sollte auch der mittlere Radius der Erdbahn zu $149{,}5 \cdot 10^6$ km angegeben werden und nicht zu 149.500.000 km, denn für die fünf Nullen kann niemand garantieren. Umgekehrt sollte die Länge des 50-m-Beckens in einem wettkampfgeeigneten Schwimmstadion durchaus 50,0 m, wenn nicht gar 50,00 m betragen.

> **Merke**
>
> Man sollte alle Dezimalstellen angeben, die man zuverlässig gemessen hat, nicht weniger, aber auch nicht mehr.

1.3.4 Fehlerfortpflanzung

Oftmals werden Messergebnisse verschiedener Größen kombiniert, um eine abgeleitete Größe auszurechnen; dabei reichen sie ihre Messunsicherheiten an diese abgeleitete Größe weiter. Im unten folgenden Rechenbeispiel wird die Dichte aus der Messung einer Kantenlänge eines Würfels und seiner Masse gewonnen. Für die Berechnung der Messunsicherheit der abgeleiteten Größe (im Beispiel der Dichte) hat sich die Bezeichnung „Fehlerfortpflanzung" eingebürgert, obwohl es sich eben eigentlich um eine Messunsicherheits-Fortpflanzung handelt.

Es gibt zwei wichtige Regeln, mit denen sich die meisten Situationen meistern lassen:

> **Merke**
>
> Bei der Addition/Subtraktion von Messwerten addieren sich die absoluten Unsicherheiten.

Gewiss darf man darauf hoffen, dass sich bei einer Addition von Messgrößen die absoluten Messfehler z. T. kompensieren, aber verlassen darf man sich darauf nicht. Deshalb muss man immer mit der Addition der absoluten Unsicherheiten abschätzen. Dieser Zusammenhang kann zu hohen relativen Unsicherheiten führen, wenn sich die gesuchte Größe nur als (kleine) Differenz zweier (großer) Messwerte bestimmen lässt. Wie viel Nahrung ein Säugling beim Stillen aufgenommen hat, stellt man üblicherweise dadurch fest, dass man ihn vorher und hinterher wiegt, mitsamt den Windeln. Grundsätzlich könnte man auch die Mutter wiegen, aber dann wäre das Resultat weniger genau.

> **Merke**
>
> Bei der Multiplikation/Division von Messwerten addieren sich die relativen Unsicherheiten.

Die Ableitung dieser nicht sofort offensichtlichen Regel soll hier ausgelassen werden. Sie gilt näherungsweise, wenn die Unsicherheiten klein gegen die Messwerte sind. In dem Rechenbeispiel mit der Dichte wird diese Regel zur Anwendung kommen.

Der Vollständigkeit halber sei noch erwähnt, dass der funktionale Zusammenhang für die abgeleitete Größe natürlich auch komplizierter sein kann als nur eine Kombination von Addition und Multiplikation, zum Beispiel einen Sinus oder einen Logarithmus enthalten kann. Auch dann gibt es eine Formel für die Fehlerfortpflanzung. Diese enthält die partiellen Ableitungen des funktionalen Zusammenhangs.

Rechenbeispiel 1.2: Schwimmt der Bauklotz?

Aufgabe: Es soll die Massendichte eines würfelförmigen Spielzeug-Bauklotzes aus Holz bestimmt werden. Dazu wird die Kantenlänge mit einem Lineal zu $a = (34{,}5 \pm 0{,}25)$ mm gemessen. Dabei wurde die Ablesegenauigkeit zu $\pm 0{,}25$ mm geschätzt. Die Masse wurde mit einer einfachen digitalen Laborwaage zu $m = (30{,}0 \pm 0{,}1)$ g gemessen. Welchen Wert hat die Dichte und mit welcher Messunsicherheit ist dieser Wert behaftet?

Lösung: Das Volumen des Bauklotzes berechnet sich zu $V = a^3 = 41.063{,}625$ mm^3. Hier wurden aber sicher unsinnig viele Stellen angegeben. Die relative Messunsicherheit für die Kantenlänge ist: $\frac{u(a)}{a} = \frac{0{,}25\,\text{mm}}{34{,}5\,\text{mm}} = 0{,}0072$. Da zur Berechnung des Volumens a dreimal mit sich selbst multipliziert wird, ist die relative Unsicherheit des Volumens nach der zweiten Regel zur Fehlerfortpflanzung dreimal so groß:

$$\frac{u(V)}{V} = 3 \cdot \frac{u(a)}{a} = 0{,}022.$$

Die absolute Unsicherheit des Volumens ist also $u(V) = 893$ mm^3. Eine vernünftige Angabe des Volumens lautet also $V = (41 \pm 0{,}9)$ cm^3.

Die Dichte ist: $\rho = \frac{m}{V} = 0{,}7306\,\frac{\text{g}}{\text{cm}^3}$.

Die relative Unsicherheit ergibt sich wieder aus einer Addition:

$$\frac{u(\rho)}{\rho} = \frac{u(m)}{m} + \frac{u(V)}{V} = 0{,}0033 + 0{,}022$$
$$= 0{,}0253.$$

Die Unsicherheit der Dichte wird also im Wesentlichen durch die Unsicherheit des Volumens bestimmt. Die absolute Unsicherheit der Dichte ist nun:

$$u(\rho) = 0{,}0253 \cdot 0{,}73\,\frac{\text{g}}{\text{cm}^3} = 0{,}019\,\frac{\text{g}}{\text{cm}^3}.$$

So erhalten wir das Endergebnis:
$$\rho = (0{,}73 \pm 0{,}02)\,\frac{\text{g}}{\text{cm}^3}.$$ Die Dichte ist also kleiner als die von Wasser und der Klotz wird schwimmen.

1.4 Vektoren und Skalare

Wie finden die Männer vom Bautrupp im Bürgersteig den Deckel über einem unterirdischen Hydranten, wenn frischer Schnee gefallen ist? Sie suchen deutlich über Kopfhöhe an einem Laternenmast ein Schild nach Art der ◘ Abb. 1.4 und wissen dann: senkrecht zum

◘ **Abb. 1.4** **Hinweisschild für einen Hydrantendeckel** in der Straße. Der Deckel befindet sich 1,2 m vor dem Schild und 9,4 m nach rechts versetzt

Schild 1,2 m geradeaus, dann im rechten Winkel 9,5 m nach rechts; dort hat der Deckel zu sein. Eine Angabe über die dritte Richtung im Raum, über die Höhe, ist nicht nötig; Hydrantendeckel schließen mit dem Asphalt des Bürgersteiges ab. Bei einem im Mittelalter vergrabenen Schatz wüsste man aber ganz gerne noch: 2 m tief in der Erde.

Eine Position in der Welt, einen Punkt im Raum kann man nicht absolut festlegen, sondern nur relativ zu einem **Koordinatensystem**. Das kann das Gitternetz auf den Karten im Atlas sein oder auch vom Schild am Laternenpfahl vorgegeben werden. Das Koordinatensystem darf willkürlich gewählt werden, aber so vernünftig wie möglich sollte man schon wählen.

Der **Raum**, in dem alles geschieht, was geschieht, hat drei voneinander unabhängige Richtungen: vorn-hinten, rechts-links, oben-unten. Man nennt ihn *dreidimensional* (und benutzt hier das Wort „Dimension" in einem ganz anderen Sinn als im ▶ Abschn. 1.1.2). Folglich braucht ein räumliches Koordinatensystem drei sog. **Achsen**: sie zeigen in drei Raumrichtungen und schneiden sich in einem Punkt, dem *Nullpunkt* des Systems. Üblicherweise ordnet man ihnen die letzten drei Buchstaben des Alphabets zu: *x-Achse*, *y-Achse*, *z-Achse*. Vom Nullpunkt aus kann man jeden Punkt P im Raum grundsätzlich in drei geraden Schritten erreichen, ein jeder parallel zu einer anderen Achse. Die Abschnitte auf den Achsen r_x, r_y, und r_z (siehe ◻ Abb. 1.5), die diesen Schritten entsprechen, sind die sog. **Koordinaten** des Punktes P. Die drei Achsen müssen nicht senkrecht aufeinander stehen, aber wenn sie es tun, spart das mancherlei Mühe. Man spricht dann von **kartesischen Koordinaten** (René Descartes, „Renatus Cartesius", 1596–1650).

Zieht man vom Nullpunkt des Koordinatensystems einen Pfeil zum Punkt P, so erhält man dessen **Ortsvektor** $\vec{r}$ (P). Er legt P eindeutig fest. Allgemein wird eine physikalische Größe durch einen **Vektor** beschrieben, wenn sie eine Richtung im Raum hat, wie z. B. eine Kraft, eine Geschwindigkeit, eine elektrische Feldstärke. Im Gegensatz dazu stehen physikalische Größen, die durch **Skalare**, denen sich keine Richtung im Raum zuordnen lässt, beschrieben werden, wie etwa die Masse, die Temperatur, der elektrische Widerstand. Auch mit Vektoren kann man rechnen, die Regeln müssen aber natürlich anders festgelegt werden als bei Skalaren. Darum malt man in Formeln über die Buchstabensymbole der Vektoren kleine *Vektorpfeile*: Kraft $\vec{F}$, Geschwindigkeit $\vec{v}$, Feldstärke $\vec{E}$, aber Masse m, Temperatur T, Widerstand R.

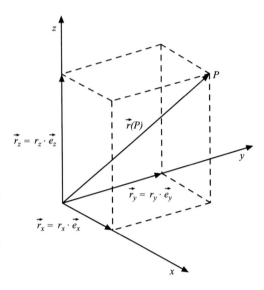

◻ **Abb. 1.5** **Der Ortsvektor** zum Punkt P

❯ Merke

Physikalische Größe, die eine Richtung im Raum haben: Vektoren

Ungerichtete physikalische Größen: Skalare.

Vektoren lassen sich durch Pfeile symbolisieren. Sie haben nicht nur eine Richtung, sondern auch einen positiven (skalaren) **Betrag**, der durch die Pfeillänge symbolisiert wird. Auch gerichtete physikalische Größen haben ja neben der Richtung einen Betrag: den Betrag der Geschwindigkeit, die Stärke der Kraft, usw. Ein Vektor a kann als Produkt seines Betrages $|\vec{a}|$ und des **Einheitsvektors** in seiner Rich-

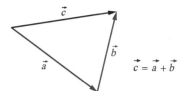

◻ Abb. 1.6 Vektoraddition. Vektoren werden zumeist durch einen übergesetzten Vektorpfeil gekennzeichnet. Animation im Web

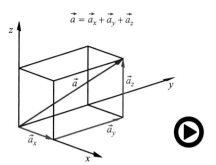

◻ Abb. 1.7 (Video 1.1) Vektorzerlegung. Zerlegung des räumlichen Vektors $\vec{a}$ in die drei senkrecht aufeinander stehenden Komponenten $\vec{a}_x$, $\vec{a}_y$ und $\vec{a}_z$) (▶ https://doi.org/10.1007/000-bsr)

tung $\vec{e}_a$ geschrieben werden. Dabei wird die Einheit der physikalischen Größe immer dem Betrag zugeordnet. Wenn in diesem Buch gelegentlich einfach der Buchstabe ohne Vektorpfeil geschrieben wird, so ist dann immer der Betrag des Vektors gemeint, also $a = |\vec{a}|$. Ein Einheitsvektor ist ein dimensionsloser Vektor mit Betrag eins, hat also keine Einheit. Bei der Multiplikation eines Vektors mit einer positiven Zahl wird sein Betrag um diesen Faktor geändert, seine Richtung ändert sich nicht.

❯ Merke

Ein Vektor $\vec{a}$ ist das Produkt aus (skalarem) Betrag $|\vec{a}|$ und dem Einheitsvektor $\vec{e}_a$:

$$\vec{a} = |\vec{a}| \cdot \vec{e}_a = \sqrt{a_x{}^2 + a_y{}^2 + a_z{}^2} \cdot \vec{e}_a$$

Addiert werden Vektoren durch Aneinanderhängen ihrer Pfeile: ◻ Abb. 1.6 entspricht also der Gleichung

$$\vec{c} = \vec{a} + \vec{b}.$$

Diese Regel erlaubt, jeden Vektor in **Komponenten** zu zerlegen, deren Summe er darstellt – zwei Komponenten in der Ebene, drei im Raum (◻ Abb. 1.7).

Dabei ist eines zu beachten: Vektoren haben im Allgemeinen wirklich nur eine Richtung im Raum, keine Lage. Die sie symbolisierenden Pfeile dürfen beliebig auf dem Papier herum geschoben werden – allerdings nur parallel zu sich selbst, denn das ändert ihre Komponenten nicht. Eine Ausnahme bildet der Ortsvektor: Er muss beim Koordinaten-Nullpunkt beginnen und darf nicht parallelver-

schoben werden, denn dann endet er nicht im Punkt P.

Die Achsen eines Koordinatensystems werden durch Einheitsvektoren in den Achsenrichtungen $\vec{e}_x$, $\vec{e}_y$ und $\vec{e}_z$ festgelegt. Die Komponenten eines Vektors in diesen Richtungen können somit als Produkt dieser Einheitsvektoren mit den **Koordinaten** des Vektors geschrieben werden (◻ Abb. 1.7). Im Falle des Ortsvektors $\vec{r}$ (P) sind diese Koordinaten identisch mit den Koordinaten des Punktes P. Es ist zu beachten, dass die Koordinaten anders als der Betrag eines Vektors auch negativ sein können. Sie sind aber auch physikalische Größen, haben also eine Einheit. Ist das Koordinatensystem einmal festgelegt, so ist der Vektor durch diese drei Koordinaten (im Raum) vollständig beschrieben.

❯ Merke

Komponentendarstellung eines Vektors:

$$\vec{a} = \vec{a}_x + \vec{a}_y + \vec{a}_z = a_x \cdot \vec{e}_x + a_y \cdot \vec{e}_y + a_z \cdot \vec{e}_z$$

a_x, a_y, a_z: Koordinaten des Vektors

Es ist gebräuchlich, die Koordinaten eines Vektors in eine Spalte untereinander zu schreiben. Dies verringert den Schreibaufwand:

$$\vec{a} = \begin{pmatrix} a_x \\ a_y \\ a_z \end{pmatrix}$$

1

Im Prinzip kann man zwei Vektoren mit Bleistift, Lineal und Winkelmesser auf dem Papier addieren; in der Praxis wüsste man es freilich oftmals gerne genauer, als auf diesem Wege möglich. Wie addiert man zwei Vektoren mit dem Taschenrechner? Dazu muss man ihre Koordinaten kennen und es gilt dann:

$$\vec{c} = \vec{a} + \vec{b} = (a_x + b_x) \cdot \vec{e}_x +$$
$$\left(a_y + b_y\right) \cdot \vec{e}_y + (a_z + b_z) \cdot \vec{e}_z$$
$$= \begin{pmatrix} a_x + b_x \\ a_y + b_y \\ a_z + b_z \end{pmatrix}$$

❯ **Merke**

Vektoraddition: graphisch durch Aneinanderlegen der Vektorpfeile; rechnerisch durch Addition der Koordinaten.

In kartesischen Koordinaten bildet ein Vektor mit seinen Komponenten rechtwinklige Dreiecke; das vereinfacht quantitative Rechnungen: Man kann sowohl die *Winkelfunktionen* Sinus und Kosinus als auch den *Lehrsatz des Pythagoras* leicht anwenden; allerdings muss man diesen um die dritte Vektorkomponente erweitern. Der Betrag $|\vec{a}|$ des Vektors $\vec{a}$ beträgt

$$|\vec{a}| = \sqrt{a_x^2 + a_y^2 + a_z^2}$$

Die Multiplikation eines Vektors mit einer Zahl ändert seinen Betrag um diesen Faktor. Bei diesem Satz muss man aufpassen: Multiplikation mit einer negativen Zahl kehrt außerdem die Richtung des Vektors um.

Vektoren darf man auch miteinander *multiplizieren*, und da geschieht Erstaunliches: Die Mathematik fragt nämlich zurück, was denn bitte herauskommen solle, ein Skalar oder ein Vektor. Möglich ist beides – und die Physik beansprucht sogar beide Möglichkeiten, denn das mathematische Produkt eines Ortsvektors und einer Kraft (beide Vektoren) kann eine Energie ergeben, einen Skalar also (▶ Abschn. 2.3.1), es kann aber auch ein Drehmoment ergeben,

und das ist ein Vektor (▶ Abschn. 2.4.1). Was steckt mathematisch dahinter?

Formal kennzeichnet man das **skalare Produkt** S zweier Vektoren $\vec{A}$ und $\vec{B}$ mit einem Mal-Punkt zwischen ihnen:

$$S = \vec{A} \cdot \vec{B}$$

Die Mathematik wünscht, den Winkel α zwischen $\vec{A}$ und $\vec{B}$ zu kennen, und bestimmt dann:

$$S = \vec{A} \cdot \vec{B} = |\vec{A}| \cdot |\vec{B}| \cdot \cos\alpha$$

Daraus folgt für die Grenzfälle: Stehen $\vec{A}$ und $\vec{B}$ senkrecht aufeinander, ist ihr Skalarprodukt null – zeigen sie in die gleiche Richtung, ist S das Produkt ihrer Beträge $|\vec{A}| \cdot |\vec{B}|$ Im Allgemeinen liegt S also irgendwo dazwischen. Und was sagt man dem Taschenrechner? Wenn man die zweimal drei Komponenten der beiden Vektoren ausmultipliziert, bekommt man neun Produkte von je zwei Komponenten:

$$S = \vec{A} \cdot \vec{B}$$
$$= \left(\vec{A}_x + \vec{A}_y + \vec{A}_z\right) \cdot \left(\vec{B}_x + \vec{B}_y + \vec{B}_z\right)$$
$$= \vec{A}_x \cdot \vec{B}_x + \vec{A}_x \cdot \vec{B}_y + \vec{A}_x \cdot \vec{B}_z$$
$$+ \vec{A}_y \cdot \vec{B}_x + \vec{A}_y \cdot \vec{B}_y + \vec{A}_y \cdot \vec{B}_z$$
$$+ \vec{A}_z \cdot \vec{B}_x + \vec{A}_z \cdot \vec{B}_y + \vec{A}_z \cdot \vec{B}_z$$

Nun stehen in kartesischen Koordinaten aber alle Komponenten, deren Indizes ungleich sind, senkrecht aufeinander. Folglich geben ihre skalaren Produkte null, so dass nur die drei Paare der Diagonalen von oben links nach unten rechts übrigbleiben:

$$S = \vec{A}_x \cdot \vec{B}_x + \vec{A}_y \cdot \vec{B}_y + \vec{A}_z \cdot \vec{B}_z$$
$$= A_x \cdot B_x + A_y \cdot B_y + A_z \cdot B_z$$

❯ **Merke**

Skalares Produkt zweier Vektoren:

$$S = \vec{A} \cdot \vec{B} = |\vec{A}| \cdot |\vec{B}| \cdot \cos\alpha$$
$$= A_x \cdot B_x + A_y \cdot B_y + A_z \cdot B_z.$$

Diese Formel kann auch dazu dienen, den Winkel zwischen zwei Vektoren zu bestimmen (Aufgabe 1.7).

Das **vektorielle Produkt** $\vec{C}$ zweier Vektoren $\vec{A}$ und $\vec{B}$ muss schon in der Schreibweise vom skalaren unterschieden werden; man gibt ihm ein liegendes Malkreuz als Multiplikationszeichen und nennt es darum auch **Kreuzprodukt**:

$$\vec{A} \times \vec{B} = \vec{C}$$

Wieder wünscht die Mathematik, den Winkel α zwischen den Vektoren $\vec{A}$ und $\vec{B}$ zu kennen, und bestimmt dann für den Betrag $|\vec{C}|$ des Produktvektors $\vec{C}$:

$$|\vec{C}| = |\vec{A}| \cdot |\vec{B}| \cdot \sin\alpha$$

Im Gegensatz zum skalaren Produkt verschwindet das vektorielle gerade bei parallelen Ausgangsvektoren und nimmt seinen größtmöglichen Wert an, wenn sie senkrecht aufeinander stehen. Und in welche Richtung weist der Vektor $\vec{V}$? Er steht senkrecht auf der Ebene, die die beiden Vektoren $\vec{A}$ und $\vec{B}$ aufspannen, und hält sich dann an die **Rechte-Hand-Regel** (◻ Abb. 1.8): $\vec{A}$ (Daumen) kreuz $\vec{B}$ (Zeigefinger) gleich $\vec{C}$ (gewinkelter Mittelfinger). Das hat eine bemerkenswerte Konsequenz: vertauscht man die Positionen von $\vec{A}$

und $\vec{B}$, d. h. $\vec{B}$ wird Daumen und $\vec{A}$ Zeigefinger, so verkehrt sich die Richtung von $\vec{C}$. Es ist also:

$$\vec{A} \times \vec{B} = -\left(\vec{B} \times \vec{A}\right).$$

Beim vektoriellen Produkt dürfen die beiden Vektoren nicht vertauscht werden, das gewohnte Kommutativgesetz der Multiplikation gilt für das vektorielle Produkt zweier Vektoren ausdrücklich *nicht*.

Und was sagt man jetzt dem Taschenrechner? Mit einer ähnlichen Rechnung wie beim Skalarprodukt, also mit Hilfe der Komponentenzerlegung, erhält man:

$$C_x = A_y B_z - A_z B_y,$$
$$C_y = A_z B_x - A_x B_z,$$
$$C_z = A_x B_y - A_y B_x.$$

❯ **Merke**
Vektorielles Produkt zweier Vektoren:

$$\vec{C} = \vec{A} \times \vec{B}$$

mit $|\vec{C}| = |\vec{A}| \cdot |\vec{B}| \sin\alpha$ und $\vec{C}$ senkrecht zu $\vec{A}$ und $\vec{B}$ entsprechend der Schraubenregel. Das Kommutativgesetz gilt nicht.

Die beiden Seiten $\vec{a}$ und $\vec{b}$ eines Rechtecks haben Richtungen im Raum, sind also Vektoren. Die vier Wände eines Zimmers stehen

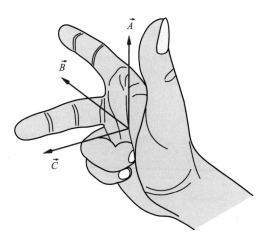

◻ **Abb. 1.8** Rechte-Hand-Regel

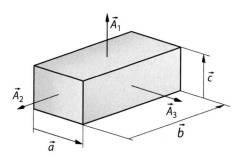

◻ **Abb. 1.9 Vektorielles Produkt zweier Vektoren**; der Produktvektor (Flächen A) steht senkrecht auf jedem der beiden Ausgangsvektoren (den Kanten der Rechtecke)

1

senkrecht, Boden und Decke liegen horizontal; alle sechs Seiten haben paarweise unterschiedliche Richtungen im Raum. Insofern kann man auch Flächen als Vektoren beschreiben; diese zeigen in Richtung der *Flächennormalen* (◘ Abb. 1.9). Die Fläche $\vec{A}_1$ des Rechtecks ist demnach das vektorielle Produkt der beiden Seiten:

$$\vec{A}_1 = \vec{a} \times \vec{b}$$

1.5 Wichtige Funktionen

1.5.1 Winkelfunktionen

Bei den Multiplikationen der Vektoren spielen die beiden **Winkelfunktionen** Sinus und Kosinus eine Rolle. Der Vollständigkeit halber sei hier an ihre Definitionen im rechtwinkligen Dreieck erinnert:

- Sinus = Gegenkathete/Hypotenuse
- Kosinus = Ankathete/Hypotenuse
- Tangens = Gegenkathete/Ankathete
- Kotangens = Ankathete/Gegenkathete

Die Umkehrfunktionen zu den Winkelfunktionen werden **Arkusfunktionen** genannt. Beispielsweise gilt: wenn sin $\alpha = a$, dann gilt $\alpha =$ arcsin a. Winkel misst man üblicherweise fernab von Dezimalsystem und SI in **Winkelgrad**: 90° Für den rechten, 180° Für den gestreckten und 360° Für den Vollwinkel „einmal herum". Mathematik und Physik bevorzugen aber das **Bogenmaß**. Man bekommt es, indem man um den Scheitel des Winkels a einen Kreis mit dem Radius r schlägt. Die Schenkel schneiden aus ihm einen Kreisbogen der Länge s heraus (◘ Abb. 1.10), der sowohl zu α wie zu r proportional ist. Dementsprechend definiert man

$$\text{Winkel } \alpha = \frac{\text{Länge } s \text{ des Kreisbogens}}{\text{Radius } r \text{ des Kreises}}.$$

Als Quotient zweier Längen ist der Winkel eine dimensionslose Zahl. Trotzdem wird ihm zuweilen die Einheit Radiant (rad) zugeordnet, um daran zu erinnern, dass diese Zahl

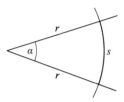

◘ **Abb. 1.10** Winkel im Bogenmaß: $\alpha = \frac{s}{r}$

einen Winkel repräsentieren soll. Die Umrechnung von Winkelgrad in Bogenmaß ist leicht zu merken: 360° entsprechen 2π rad, d. h. 1° = 0,01745 rad (◘ Abb. 1.11).

Die Funktionen Sinus und Kosinus erlauben, Schwingungen mathematisch zu beschreiben. Lässt man einen Punkt auf einer Kreisbahn umlaufen (◘ Abb. 1.12), so kann man den **Fahrstrahl**, d. h. die Punkt und Zentrum verbindende Gerade, als Hypotenuse der Länge A_0 eines rechtwinkligen Dreiecks mit dem Winkel α am Zentrum, der Ankathete x_2 und einer Gegenkathete mit der Länge x_1 auffassen:

$$x_1(\alpha) = A_0 \sin \alpha$$
$$\text{und} \quad x_2(\alpha) = A_0 \cos \alpha.$$

Läuft der Punkt mit konstanter Geschwindigkeit um, so wächst α proportional zur Zeit t:

$$\alpha(t) = \omega \cdot t$$

mit der Folge

$$x_1(t) = A_0 \sin(\omega \cdot t)$$
$$\text{und} \quad x_2(t) = A_0 \cos(\omega)$$

Die Proportionalitätskonstante ω bekommt den Namen *Winkelgeschwindigkeit*. Anschaulich

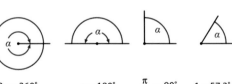

$2\pi = 360°$ $\pi = 180°$ $\frac{\pi}{2} = 90°$ $1 = 57,3°$

◘ **Abb. 1.11** Zur Umrechnung von Winkelgrad in Bogenmaß

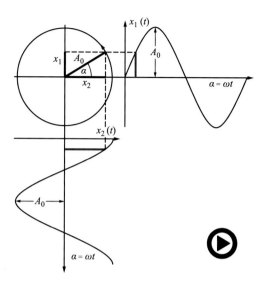

☐ Abb. 1.12 (Video 1.2) Drehbewegung. Zusammen-hang zwischen den Winkelfunktionen Sinus (*rechts*) und Kosinus (*unten*) und der Drehbewegung eines auf einer Kreisbahn gegen den Uhrzeigersinn um-laufenden Punktes. Der Radius des Kreises bestimmt die Amplitude A_0 der Auslenkung, die Zeit für ei-nen Umlauf bestimmt die Schwingungsdauer $T = \frac{2\pi}{\omega}$ (▶ https://doi.org/10.1007/000-bsq)

entstehen x_1 durch horizontale und x_2 durch vertikale Projektion des umlaufenden Punktes in ☐ Abb. 1.12. Zeichnet man die Projektio-nen auf, so erhält man in beiden Fällen fast identische Graphen einer einfachen Schwin-gung; sie unterscheiden sich lediglich durch den Startwert bei $t = 0$, also $\alpha = 0$: Der Sinus hat dort einen Nulldurchgang, der Kosinus ei-nen Maximalwert. Einen Viertelumlauf später ($\alpha = \pi/2$) ist es umgekehrt. Nach einem vollen Umlauf ($\alpha = 2\pi$) wiederholt sich das Spiel von neuem. Gegen beliebig große Winkel hat die Mathematik ebenso wenig einzuwenden wie gegen negative. Eine Schwingung wiederholt sich nach Ablauf einer **Schwingungsdauer** T. Daraus folgt für die Winkelgeschwindigkeit

$$\omega = 2\pi / T.$$

Den Kehrwert der Schwingungsdauer bezeich-net man als

Frequenz $f = 1/T.$

Die Konsequenz

$$\omega = 2\pi \cdot f$$

macht verständlich, dass ω auch **Kreisfre-quenz** genannt wird.

1.5.2 Exponentialfunktion und Logarithmus

Wer die **Exponentialfunktion** kennt, begegnet ihr in der Natur immer wieder. Sie ist die Funk-tion des (ungestörten) Wachstums, etwa eines Embryos vor der Zelldifferenzierung oder ei-nes unberührten Sparguthabens mit Zins und Zinseszins; sie ist aber auch die Funktion (un-gestörten) Abbaus, etwa eines Ausgangspro-duktes einer chemischen Reaktion oder von Atomen durch radioaktiven Zerfall. Bei diesen Beispielen handelt es sich um Funktionen der Zeit. Mathematische Allgemeingültigkeit ver-langt aber, der e-Funktion zunächst einmal die Zahl x als unabhängige Variable zuzuordnen. Zwei Schreibweisen sind üblich:

$$y(x) = e^x = \exp(x).$$

Die zweite empfiehlt sich vor allem dann, wenn der physikalische Zusammenhang die Zahl x zu einem komplizierten Ausdruck wer-den lässt; die erste Schreibweise lässt leichter erkennen, worum es sich eigentlich handelt. Der Buchstabe e steht für eine ganz bestimmte irrationale Zahl, die **Euler-Zahl**:

$$e = 2{,}718281828\ldots$$

(auch wenn es auf den ersten Blick anders aus-sieht: e ist ein nichtperiodischer unendlicher Dezimalbruch).

Die Zahlenwerte der e-Funktion auszu-rechnen bedarf es eines Taschenrechners. Als Diagramm aufgetragen, liefert e^x eine zunächst flache und dann immer steiler ansteigende Kurve (☐ Abb. 1.13). Sie ist überall positiv, liegt also stets oberhalb der Abszisse ($e^x > 0$), und schneidet die Ordinate bei $e^0 = 1$ (jede

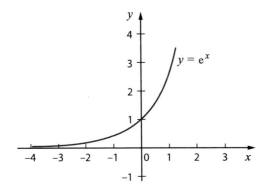

Abb. 1.13 Die Exponentialfunktion

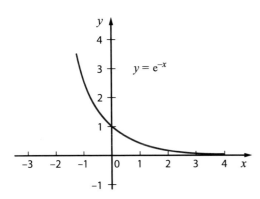

Abb. 1.14 Exponentialfunktion mit negativem Exponenten

Zahl, also auch e, gibt in Nullter Potenz die eins). Nach den Regeln des Potenzrechnens gilt $e^{-x} = 1/e^x$. Weil e^x mit wachsendem x ansteigt, fällt e^{-x} mit wachsendem x ab; der Graph läuft asymptotisch auf die Abszisse zu, ohne sie je zu erreichen. Auch e^{-x} bleibt stets positiv und schneidet die Ordinate bei der eins (**Abb. 1.14**). Mit positivem Exponenten beschreibt die e-Funktion ungestörtes Wachstum, mit negativem ungestörtem Abbau.

Merke

Exponentialfunktion $e^x = \exp(x)$, positiver Exponent: Wachstumsfunktion, negativer Exponent: Abbaufunktion.

Eine der beiden Umkehrungen der Potenz ist der **Logarithmus** (die andere ist die Wurzel).

Ganz allgemein gilt:

$$\text{wenn } a = b^c, \text{ dann } c = \log_b a$$

(gelesen: „c gleich Logarithmus a zur Basis b"). Zur e-Funktion gehört der Logarithmus zur Basis e; er wird **natürlicher Logarithmus** genannt und ln geschrieben:

$$\text{wenn } y = e^x, \text{ dann } x = \ln y = \log_e y.$$

Auch diese Zahlenwerte müssen mit dem Taschenrechner ausgerechnet werden. Dort findet man neben der Taste für den natürlichen Logarithmus meist auch noch eine für den Logarithmus zur Basis 10, den *dekadischen Logarithmus*, lg oder log geschrieben:

$$\text{wenn } y = 10^w, \text{ dann } w = \lg y = \log_{10} y.$$

Dieser Logarithmus findet in der Messtechnik beim Pegelmaß Anwendung (▶ Abschn. 4.2.6).

■ **Beliebige Basis:**
Der Logarithmus zu irgendeiner anderen Basis a kann wie folgt berechnet werden: Definitionsgemäß gilt ja $a = \exp(\ln a)$, also auch

$$y = a^w = \left(e^{\ln a}\right)^w.$$

Nun potenziert man eine Potenz durch Multiplikation der beiden Exponenten:

$$y = e^{w \cdot \ln a}.$$

Daraus folgt aber

$$\ln y = w \cdot \ln a = \log_a(y) \cdot \ln a$$

und

$$\log_a y = \frac{\ln y}{\ln a}$$

Die beiden Logarithmen unterscheiden sich also nur um einen Zahlenfaktor.

Merke

Der natürliche Logarithmus ist die Umkehrfunktion zur e-Funktion.

Aus mathematischen Gründen können Exponenten nur reine Zahlen ohne physikalische Einheit sein; analog lassen sich auch nur dimensionslose Zahlen logarithmieren. Wenn eine Exponentialfunktion nun aber Wachstum oder Abbau beschreiben soll, dann muss die Zeit t mit einer entsprechenden Einheit im Exponenten erscheinen. Sie kann dies nur zusammen mit einem Divisor τ, der ebenfalls in einer Zeiteinheit zu messen sein muss. Je nach den Umständen werden ihm Namen wie Relaxationszeit, Zeitkonstante, Eliminationszeit oder Lebensdauer gegeben. Selbstverständlich darf er durch einen Faktor $\lambda = 1/\tau$ ersetzt werden:

$$y(t) = e^{e\frac{t}{\tau}} = e^{\lambda \cdot t}.$$

Nach Ablauf einer Zeitkonstanten, also nach einer Zeitspanne $\Delta t = \tau$, hat sich der Exponent x gerade um 1 vergrößert. Die Wachstumsfunktion $\exp(x)$ ist dann auf das e-fache ihres Ausgangswertes angestiegen, die Abklingfunktion $\exp(-x)$ auf den e-ten Teil abgefallen. Dieses Verhalten ist nicht auf die Faktoren e und $1/e$ beschränkt. Die Schrittweite $x_{\frac{1}{2}} = \ln 2$ halbiert den Wert der abfallenden e-Funktion, gleichgültig, von welchem x aus dieser Schritt getan wird (◨ Abb. 1.15). Entsprechend lässt sich die Lebensdauer τ eines radioaktiven Präparates leicht in die gebräuchlichere Halbwertszeit umrechnen (davon wird in ▶ Abschn. 8.2.5 noch genauer die Rede sein). Die Eigenschaft, bei vorgegebener Schrittweite unabhängig vom Ausgangspunkt um einen festen Faktor abzufallen oder anzusteigen, ist Kennzeichen der e-Funktion.

Halbwertszeit $T_{\frac{1}{2}} = \tau \cdot \ln 2 = 0{,}693 \cdot \tau$

❯ Merke

Kennzeichen der Exponentialfunktion:

Änderungsgeschwindigkeit proportional zum Momentanwert.

Eine wichtige Rolle spielt der Logarithmus in manchen Diagrammen. Im Anhang findet sich eine Tabelle für den Dampfdruck p_D des

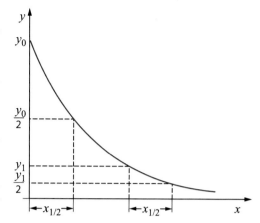

◨ **Abb. 1.15 Charakteristik der e-Funktion. Die Schrittweite $X_{1/2}$ ist eine für den Abfall der e-Funktion charakteristische Größe:** sie halbiert die Ordinate unabhängig von dem Punkt, von dem aus der Schritt getan wird

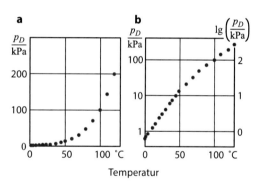

◨ **Abb. 1.16 Logarithmischer Maßstab.** Dampfdruckkurve des Wassers in linearem und in logarithmischem Maßstab (Einzelheiten im Text)

Wassers in Abhängigkeit von der Temperatur. Trägt man diesen Zusammenhang in gewohnter Weise, d. h. in **linearem Maßstab**, auf, so bekommt man das linke Teilbild der ◨ Abb. 1.16. p_D steigt ab 50 °C rasch an, löst sich aber bei tieferen Temperaturen kaum von der Abszisse. In solchen Fällen empfiehlt es sich, längs der Ordinate nicht die Dampfdrücke p_D selbst aufzutragen, sondern die (z. B. dekadischen) Logarithmen ihrer Maßzahlen $\{p_D\}$ (◨ Abb. 1.16, rechtes Teilbild, rechte Skala).

1

Nun kann man nicht verlangen, dass jedermann die Werte des dekadischen Logarithmus im Kopf hat. Deshalb ist es üblich, nicht sie an die Ordinate zu schreiben, sondern die Messwerte selbst (◻ Abb. 1.16, rechtes Teilbild, linke Skala). Man spricht dann von einer **logarithmischen Skala** und von einem Diagramm in *einfach-logarithmischer Darstellung*, im Gegensatz zur *doppelt-logarithmischen*, bei der beide Achsen logarithmisch geteilt sind.

In einfach-logarithmischer Darstellung wird die Dampfdruckkurve des Wassers fast zur Geraden. Damit signalisiert sie, dass der Dampfdruck fast exponentiell mit der Temperatur ansteigt. Wieso? Der dekadische Logarithmus einer Exponentialfunktion entspricht bis auf einen konstanten Faktor ihrem Exponenten und damit auch dessen unabhängiger Variablen:

$$\lg e^{a \cdot x} = 0{,}434 \cdot a \cdot x.$$

Trägt man aber $z = x \cdot Konstante$ linear gegen x auf, so erhält man eine Gerade. Folglich ergibt eine Exponentialfunktion in einfach-logarithmischer Darstellung ebenfalls eine Gerade.

Wichtig noch: wie in einschlägigen Schulbüchern nachzulesen, gilt ganz allgemein für alle Logarithmen, also auch für die natürlichen zur Basis e:

$$\ln(a \cdot b) = \ln a + \ln b;$$

einer Multiplikation zweier Zahlen entspricht die Addition ihrer Logarithmen. Dies ist für Umformungen von Bedeutung.

❯ **Merke**

Wichtige Rechenregeln für den Logarithmus:

$\ln(e^a) = a$

$\ln(a \cdot b) = \ln(a) + \ln(b)$

$\ln(a^b) = b \cdot \ln(a)$

1.5.3 Potenzfunktionen

Ein Quadrat der Kantenlänge a besitzt die Fläche $A_Q = a^2$, der entsprechende Würfel das Volumen $V_W = a^3$. Bei den **Potenzfunktionen** steht die unabhängige Variable in der Basis und nicht im Exponenten wie bei den Exponentialfunktionen. Für die Potenzen selbst gelten aber die gleichen Rechenregeln.

Generell gibt es zur Potenz zwei Umkehrfunktionen, den bereits besprochenen Logarithmus und die Wurzel. Die Kantenlänge a ist die zweite, die Quadratwurzel, der Fläche A_Q des Quadrats und die dritte, die Kubikwurzel, des Würfelvolumens V_W:

$$a = \sqrt{A_Q} = A_Q^{\frac{1}{2}} = \sqrt[3]{V_W}$$
$$= V_W^{\frac{1}{3}}.$$

Kehrwerte ganzer Zahlen im Exponenten entsprechen Wurzeln. So kann man auch mit gebrochenen Exponenten rechnen: eine Zahl z mit dem Exponenten $0{,}425 = 17/40$ bedeutet die 40. Wurzel der 17. Potenz:

$$z^{0{,}425} = z^{\frac{17}{40}} = \sqrt[40]{z^{17}}.$$

Da muss man schon einen Taschenrechner zu Hilfe holen.

Nur der Vollständigkeit halber sei hier noch einmal erwähnt: Negative Exponenten bezeichnen Kehrwerte:

$$z^{-3} = 1/z^3.$$

Für die graphische Darstellung einer Potenzfunktion bietet sich die *doppelt-logarithmische Auftragung* an. Das geht so: man logarithmiert $y = x^n$ auf beiden Seiten und erhält:

$$\lg y = \lg(x^n) = n \cdot \lg(x)$$

Trägt man also lg y gegen lg x auf, so erhält man eine Gerade deren Steigung gleich der Potenz n ist. Das kann man mit dem Taschenrechner erledigen oder mit einem Tabellenkalkulationsprogramm.

> **Merke**

Wichtige Rechenregeln für Potenzen:

$$a^n \cdot a^m = a^{n+m}$$
$$(a^n)^m = a^{n \cdot m}$$
$$a^{-n} = \frac{1}{a^n}$$
$$a^{\frac{1}{n}} = \sqrt[n]{a}$$

1.5.4 Algebraische Gleichungen

Eine Gleichung bleibt als Gleichung erhalten, wenn man auf beiden Seiten das Gleiche tut, die gleichen Größen addiert oder subtrahiert, mit den gleichen Größen multipliziert oder potenziert usw. Nach diesem Schema lassen sich Gleichungen umformen und nach einer gewünschten Größe auflösen. Definitionsgemäß ist der elektrische Widerstand R der Quotient aus elektrischer Spannung U und elektrischem Strom I:

$$R = U/I.$$

Multiplikation mit I führt zu

$$U = I \cdot R$$

(Auflösung nach U), anschließende Division durch R zu

$$I = U/R$$

(Auflösung nach I). Etwas schwieriger wird es, wenn die Größe, nach der aufgelöst werden soll, nicht nur in der ersten, sondern auch in der zweiten Potenz vorkommt. Eine solche **quadratische Gleichung** bringt man zunächst in ihre **Normalform**

$$x^2 + p \cdot x + q = 0.$$

Sodann subtrahiert man q:

$$x^2 + p \cdot x = -q$$

und addiert die sog. quadratische Ergänzung $\frac{p^2}{4}$:

$$x^2 + p \cdot x + \frac{p^2}{4} = \frac{p^2}{4} - q.$$

Jetzt kann man nämlich nach dem Schema

$$(a + b)^2 = a^2 + 2ab + b^2$$

die Gleichung auf der linken Seite umschreiben zu

$$\left(x + \frac{p}{2}\right)^2 = \frac{p^2}{4} - q$$

und anschließend die Wurzel ziehen

$$x + \frac{p}{2} = \pm\sqrt{\frac{p^2}{4} - q}$$

(auch negative Größen liefern positive Quadrate; Quadratwurzeln sind deshalb beide Vorzeichen erlaubt). Jetzt lässt sich nach x auflösen:

$$x = -\frac{1}{2}p \pm \sqrt{\frac{p^2}{4} - q}.$$

Eine quadratische Gleichung hat demnach
- zwei Lösungen, wenn $p^2 > 4q$
- eine Lösung, wenn $p^2 = 4q$
- keine Lösung, wenn $p^2 < 4q$ (jedenfalls keine reelle)
(◘ Tab. 1.2)

1

◨ **Tab. 1.2** In Kürze

Messunsicherheiten

Messungen sind nie beliebig genau. Weicht der gemessene Wert vom tatsächlichen Wert der Größe bei jeder Messung um den gleichen Betrag ab, so spricht man von einem **systematischen Fehler**. Streuen die Messwerte bei wiederholter Messung um einen Mittelwert, so spricht man von einem **zufälligen Fehler**. Ein mathematisches Maß für diese Streuung ist die **Standardabweichung** s, eine Schätzung für die Messunsicherheit die **Standardabweichung des Mittelwertes**

Absolute Messunsicherheit	$u(x)$; x: Messwert Bedeutet: Der wahre Wert der Größe befindet sich sehr wahrscheinlich zwischen den Werten $x - u(x)$ und $x + u(x)$
Relative Messunsicherheit	$\frac{u(x)}{x}$ absolute Messunsicherheit geteilt durch Messwert (dimensionslos)
Fehlerfortpflanzung	**Regel 1:** Bei Multiplikation oder Division von Messwerten addieren sich die relativen Messunsicherheiten. **Regel 2:** Bei Addition oder Subtraktion von Messwerten addieren sich die absoluten Messunsicherheiten
Schätzung des Messwertes bei vielen Messungen $x_1, \ldots, x_n$	Mittelwert $\overline{x} = \frac{1}{n} \sum_{i=1}^{n} x_i$
Schätzung der Messunsicherheit	Standardabweichung des Mittelwertes $s(x) = \sqrt{\frac{\sum_{i=1}^{n}(x_i - \overline{x})^2}{n-1}}$

Vektoren

Viele physikalische Größen wie z. B. die Geschwindigkeit oder die Kraft haben nicht nur einen bestimmten Wert, sondern auch eine Richtung. Solche beschreibt man mathematisch durch **Vektoren** und man kann sie durch Pfeile im Raum veranschaulichen. Die Länge des Pfeils entspricht dem **Betrag** der Größe. Mit Hilfe eines **Koordinatensystems** kann man Vektoren durch Zahlen ausdrücken, im dreidimensionalen Fall durch drei **Koordinaten.** Vektoren kann man mit einer Zahl multiplizieren. Die Länge des Pfeils (der Betrag) ändert sich dabei um diesen Faktor. Ist der Faktor negativ, so dreht der Pfeil in die entgegengesetzte Richtung. Man addiert Vektoren durch Aneinandersetzen der Pfeile. Die Vektoraddition ermöglicht auch, Vektoren in Komponenten zu zerlegen, die zum Beispiel in die Koordinatenrichtungen weisen (s. ◨ Abb. 1.9). Es gibt zwei verschiedene Möglichkeiten, Vektoren miteinander zu multiplizieren

Betrag	$\|\vec{a}\| = \sqrt{a_x^2 + a_y^2 + a_z^2}$
Addition	$\begin{pmatrix} a_x \\ a_y \\ a_z \end{pmatrix} + \begin{pmatrix} b_x \\ b_y \\ b_z \end{pmatrix} = \begin{pmatrix} a_x + b_x \\ a_y + b_y \\ a_z + b_z \end{pmatrix}$
Skalarprodukt	$\vec{a} \cdot \vec{b} = \|\vec{a}\| \cdot \|\vec{b}\| \cdot \cos\alpha = a_x \cdot b_x + a_y \cdot b_y + a_z \cdot b_z$
Vektorprodukt	$\|\vec{a} \times \vec{b}\| = \|\vec{a}\| \cdot \|\vec{b}\| \cdot \sin\alpha$; $\vec{a} \times \vec{b}$ steht senkrecht auf $\vec{a}$ und $\vec{b}$

■ **Tab. 1.2** (Fortsetzung)

Exponentialfunktion und Logarithmus		
Exponentialfunktion	$y = e^{a \cdot x}$	a größer Null: y ansteigend a kleiner Null: y abfallend
Rechenregeln	$e^{a \cdot x} = (e^a)^x$; $e^{x+y} = e^x \cdot e^y$	
Beispiel: radioaktiver Zerfall	$N(t) = N_0 \cdot e^{-t/\tau}$	N: Teilchenzahl t: Zeit [s] τ: Zeitkonstante [s] N_0: Teilchenzahl bei $t = 0$ s
Halbwertszeit	$T_{1/2} = \tau \cdot \ln 2$ [s] Nach jeweils der Halbwertszeit halbiert sich die Teilchenzahl	
Halblogarithmische Auftragung	$\ln N(t) = -\frac{1}{\tau} \cdot t$ In der halblogarithmischen Auftragung ergibt sich eine fallende Gerade mit der Steigung $-1/\tau$	
Logarithmusfunktion (zur Basis e)	$y = \ln x$	Umkehrfunktion zu e^x
Rechenregeln	$\ln(e^a) = a$; $\ln(a \cdot b) = \ln(a) + \ln(b)$; $\ln(a^b) = b \cdot \ln(a)$	
Quadratische Gleichung		
p-q-Formel	$x^2 + p \cdot x + q = 0$ $x_{1/2} = -\frac{1}{2}p \pm \sqrt{\frac{p^2}{4} - q}$	

1.6 Fragen und Übungen

❓ Verständnisfragen

1. Was ist für die statistische Abschätzung der Messunsicherheit maßgeblich: die Standardabweichung oder die Standardabweichung des Mittelwertes?

2. Ändert sich die seine relative Unsicherheit, wenn ein Messwert durch drei geteilt wird?

3. Zwei Vektoren haben verschiedene Beträge. Kann ihre Summe Null sein?

4. Wenn die Komponente des Vektors $\vec{A}$ in Richtung von Vektor $\vec{B}$ Null ist, was folgt daraus für die beiden Vektoren?

5. Welche Größen sind Vektoren, welche nicht: Kraft, Temperatur, Volumen, Die Bewertung einer Fernsehsendung, Höhe, Geschwindigkeit, Alter?

✅ Übungsaufgaben

((I): leicht; (II): mittel; (III): schwer)

1.1 (I): Für wissenschaftliche Vorträge gilt eine beherzigenswerte Regel: rede niemals länger als ein Mikrojahrhundert. Wie lange ist das?

1.2 (I): Welches Volumen steht dem Gehirn eines Menschen so ungefähr zur Verfügung? Zur Abschätzung sei angenommen, dass der Schädel eine hohle Halbkugel von etwa 20 cm Durchmesser bildet.

Messunsicherheit

1.3 (II): Wenn der Zuckerfabrik ungewaschene Rüben angeliefert werden, zieht sie vom gemessenen Gewicht einen Anteil als Erfahrungswert ab. Systematischer oder zufälliger Fehler, relativer oder absoluter Fehler?

1

1.4 (II): Welche der beiden Regeln der Fehlerfortpflanzung gilt nur näherungsweise?

Vektoren

1.5 (II): Bestimmen Sie die Koordinaten des Punktes Q, der vom Punkt $P = (3; 1; -5)$ in Richtung des Vektors $\vec{a} = \begin{pmatrix} 3 \\ -5 \\ 4 \end{pmatrix}$ 20 Längeneinheiten entfernt ist.

1.6 (I): Wann verschwindet das Vektorprodukt, wann das Skalarprodukt zweier Vektoren unabhängig von deren Beträgen?

1.7 (II): Berechnen Sie den Winkel φ, den die beiden Vektoren:

$$\vec{a} = \begin{pmatrix} 3 \\ -1 \\ 2 \end{pmatrix} \quad \text{und} \quad \vec{b} = \begin{pmatrix} 1 \\ 2 \\ 4 \end{pmatrix}$$

miteinander einschließen.

1.8 (II): Entspricht der Vektorpfeil der kleinsten Quaderfläche in ◘ Abb. 1.9 dem Vektorprodukt $\vec{a} \times \vec{c}$ oder $\vec{c} \times \vec{a}$?

Exponentialfunktion

1.9 (II): 1850 lebten auf der Erde 1,17 Mrd. Menschen, 1900 waren es bereits 1,61 Mrd. und 1950 2,50 Mrd. Entsprechen diese Zahlen einer „Bevölkerungsexplosion", wenn man das Wort „Explosion" mit exponentiellem Wachstum gleichsetzt?

Mechanik starrer Körper

Inhaltsverzeichnis

Ergänzende Information Die elektronische Version dieses Kapitels enthält Zusatzmaterial, auf das über folgenden Link zugegriffen werden kann https://doi.org/10.1007/978-3-662-68484-9_2. Die Videos lassen sich durch Anklicken des DOI Links in der Legende einer entsprechenden Abbildung abspielen, oder indem Sie diesen Link mit der SN More Media App scannen.

Seit eh und je bildet die Mechanik die Grundlage der Physik und gehört deshalb an den Anfang eines Lehrbuches. Sie handelt von den Bewegungen der Gegenstände und den Kräften, die sie auslösen. Damit spielt sie in alle Gebiete der Naturwissenschaften hinein, über die Bindungskräfte der Moleküle in die Chemie, über die Muskelkräfte in die Medizin, über die von Benzin- und Elektromotoren entwickelten Kräfte in die Technik usw. Wenn Kräfte nicht durch Gegenkräfte kompensiert werden, haben sie Bewegungsänderungen zur Folge, Beschleunigungen in Translation und Rotation. Dabei wird Energie umgesetzt; sie ist eine der wichtigsten physikalischen Größen überhaupt. Dabei ändern sich aber auch die Größen Impuls und Drehimpuls.

2.1 Kinematik (Bewegung)

2.1.1 Fahrstrecke und Geschwindigkeit

Dem motorisierten Menschen ist die Vokabel „**Geschwindigkeit**" geläufig, vom Tachometer seines Autos nämlich; Lastwagen registrieren sogar mit einem Fahrtenschreiber. Wie solche Geräte im Einzelnen funktionieren, interessiert hier nicht. Im Grunde sind sie Drehzahlmesser: sie vermelden, wie oft sich die Hinterachse des Fahrzeugs in der Sekunde, in der Minute herumdreht. Physikalisch korrekter: Drehzahlmesser messen die

Drehfrequenz $f = \dfrac{N}{\Delta t}$

Anzahl der Umdrehungen N

benötigte Zeitspanne Δt

- Einheit 1/s oder 1/min, denn die „Umdrehung" hat keine Einheit, sie wird nur gezählt. Bei jeder Umdrehung kommt das Fahrzeug einen Radumfang s_r weiter. Es fährt deshalb mit der

Geschwindigkeit $v = f \cdot s_r$

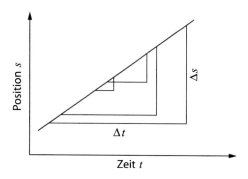

Abb. 2.1 Steigungsdreiecke. Zur graphischen Ermittlung der Geschwindigkeit: Alle zu der gleichen Geraden gezeichneten Steigungsdreiecke sind einander ähnlich; die Quotienten ihrer Katheten sind gleich

- Einheit 1 m/s oder, im Straßenverkehr üblicher, 1 km/h. Die Umrechnung ist einfach: Ein Kilometer hat 10^3 m, eine Stunde $3{,}6 \cdot 10^3$ s. Wer brav mit 90 km/h die Landstraße entlang fährt, hat zu rechnen:

$$v = 90\,\frac{\text{km}}{\text{h}} = \frac{90 \cdot 10^3\,\text{m}}{3{,}6 \cdot 10^3\,\text{s}} = 25\,\frac{\text{m}}{\text{s}}$$

Dieses Schema funktioniert auch bei anderen Umrechnungen.

Wer eisern die 90 km/h durchhält, kommt demnach in der Sekunde 25 m weit, in der Minute $60 \cdot 25$ m = 1,5 km und in der Stunde eben 90 km. Die Länge Δs des zurückgelegten Weges ist der Fahrzeit Δt proportional (Abb. 2.1):

$$\Delta s = v_0 \cdot \Delta t$$

Die Position als Funktion der Zeit ist eine Gerade mit konstanter Steigung (Abb. 2.1). Die Steigung einer Geraden ist die Geschwindigkeit und man bestimmt sie mit Hilfe des **Steigungsdreiecks**, eines rechtwinkligen Dreiecks, dessen Hypotenuse ein Stück der Geraden ist und dessen Katheten parallel zu den Achsen des Diagramms liegen. Dabei spielt die Größe des Dreiecks keine Rolle, denn der Quotient der Katheten, eben die

2

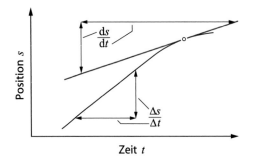

☐ **Abb. 2.2 Momentanen Geschwindigkeit:** die Steigung einer Kurve ist die Steigung ihrer Tangente; Einzelheiten im Text

(mathematisch definierte) **Steigung**, ist davon unabhängig. Alle zu der gleichen Geraden gezeichneten Dreiecke sind einander „ähnlich" im Sinn der Mathematik (☐ Abb. 2.1). Diese Steigung ist immer die Geschwindigkeit:

$$v_0 = \frac{\Delta s}{\Delta t}$$

❯ Merke

Konstante Geschwindigkeit

$$v = \frac{\Delta s}{\Delta t};$$

Fahrstrecke: $\Delta s = v \cdot \Delta t$

Das gilt aber nur bei konstanter Geschwindigkeit, in der Gleichung durch den Index 0 gekennzeichnet. Im Verkehr kommt das nicht vor. Dort ändert sich die Geschwindigkeit ständig, sie wird eine Funktion der Zeit: $v = v(t)$. Das Weg-Zeit-Diagramm ergibt in diesem Fall eine gekrümmte Kurve (☐ Abb. 2.2).

Bei einer gekrümmten Kurve muss man die Steigungsdreiecke so klein zeichnen, dass die Krümmung ihrer „Hypotenusen" nicht mehr auffällt, streng genommen also unendlich klein. In der Mathematik spricht man von einer Grenzwertbildung und schreibt:

$$v = \lim_{\Delta t \to 0} \frac{\Delta s}{\Delta t}$$

Man kann diesen Vorgang auch so beschreiben: man lässt Δt zum unendlich kleiner Differential dt schrumpfen und Δs schrumpft dann auch zum unendlich kleinen ds. Das Verhältnis der beiden bleibt dabei aber immer endlich: Der **Differenzenquotient** $\Delta s / \Delta t$ einer zeitlich konstanten Geschwindigkeit v_0 geht in den **Differentialquotienten** ds/dt über. Die momentane und zeitabhängige ist als Differentialquotient definiert. In der Mathematik wird Differentiationen oft durch einen nachgesetzten Strich ($y' = dy/dx$) gekennzeichnet. In diesem Buch wird diese Kurzform aber nicht verwendet.

Geschwindigkeit $v(t) = \dfrac{ds(t)}{dt}$

❯ Merke

Ungleichförmige Bewegung momentane Geschwindigkeit:

$$v(t) = \frac{ds(t)}{dt}$$

Differentiell kleine Dreiecke kann man weder zeichnen noch ausmessen. Die Richtung der differentiell kleinen Hypotenuse stimmt aber mit der Richtung einer Tangente überein, die am Ort des Dreiecks an der Kurve anliegt. Die Tangente ist eine Gerade, ihre Steigung kann also wie besprochen mit einem Steigungsdreieck bestimmt werden (☐ Abb. 2.2). Auf diese Weise lässt sich das ganze $s(t)$-Diagramm grundsätzlich Punkt für Punkt in seine **Ableitung**, das $v(t)$-Diagramm überführen. Die ☐ Abb. 2.3 gibt ein Beispiel hierfür: Ein Vorortzug startet um 7.48 Uhr und beschleunigt auf eine Geschwindigkeit von 60 km/h. Um 7:55 Uhr bremst er wegen einer Baustelle ab auf 30 km/h und bleibt um 8:00 Uhr am nächsten Bahnhof stehen. Das obere Teilbild zeigt die Position des Zuges als Funktion der Zeit. Das untere Teilbild geometrisch betrachtet die Steigung des Graphen des oberen Teilbilds zu jedem Zeitpunkt. Den Verlauf der Geschwindigkeit kann man im Prinzip ungefähr mit Lineal und Bleistift aus dem oberen Teilbild

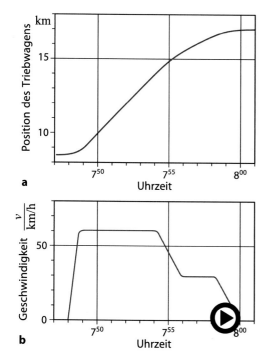

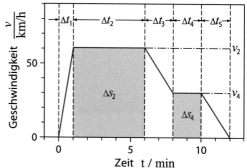

Abb. 2.4 Graphische Integration zur Bestimmung des Weg-Zeit-Diagramms. Einzelheiten im Text

Fläche unter dem Geschwindigkeitsgraphen zwischen 7:48 Uhr und 8:00 Uhr. In dem etwas idealisierten Diagramm der ▪ Abb. 2.4 ist sie nicht schwer zu bestimmen.

Im Allgemeinen bezeichnet man eine solche Flächenbestimmung als **Integration**, sein Ergebnis als **Integral**. Im Diagramm wird es repräsentiert durch die Fläche „unter der Kurve", die Fläche zwischen Kurve und Abszisse. Ein konkreter Zahlenwert lässt sich freilich nur angeben, wenn die Fläche nicht nur oben und unten begrenzt ist, sondern auch links und rechts. Das **bestimmte Integral**

$$\Delta s = s(t_1) - s(t_0) = \int_{t_0}^{t_1} v(t)\mathrm{d}t$$

liefert die Länge Δs des Weges, der zwischen den Zeitpunkten t_0 und t_1 zwischen den sog. **Integrationsgrenzen**, der mit der Geschwindigkeit $v(t)$ durchfahren wurde.

Mathematisch kann man auch die Funktion des Weg-Zeit-Diagramms $s(t)$ aus der Funktion des Geschwindigkeit-Zeit-Diagramms $v(t)$ ermitteln. Es ist:

$$s(t) = \int_{t_0}^{t_1} v(t) \cdot \mathrm{d}t + s(t_0)$$

ermitteln. Man nennt so etwas graphisches Ableiten und manchmal ist das ganz nützlich. Will man es genau wissen, muss man natürlich zur Mathematik und formalen Differentiation greifen.

Es muss natürlich auch umgekehrt möglich sein, aus dem Geschwindigkeits-Zeit-Diagramm auf die zurückgelegte Strecke zu schließen. Wie das geht, soll ▪ Abb. 2.4 verdeutlichen. Besonders einfach liegt der Fall im Zeitintervall Δt_2, in dem die Geschwindigkeit konstant 60 km/h beträgt. Die in diesem Zeitintervall zurückgelegte Strecke beträgt:

$$\Delta s_2 = 60 \text{ km/h} \cdot \Delta t_2 = 60 \text{ km/h} \cdot 5 \text{ min}$$
$$= 5 \text{ km}$$

Graphisch entspricht dies der rot gefärbten Fläche unter dem Geschwindigkeitsgraphen. Der gesamte Abstand zwischen den Bahnhöfen ergibt sich entsprechend aus der gesamten

Das hier auftretende Integral heißt **unbestimmtes Integral**, weil die Obergrenze hier beliebig gewählt werden kann. $s(t)$ heißt auch Stammfunktion zu $v(t)$.

❯ Merke

Unbestimmtes Integral:

$$F(t) = \int_{t_0}^{t_1} f(\tau)\,d\tau + F_0$$

$F(t)$ = Stammfunktion, Funktion der oberen Integrationsgrenze,
F_0 = Integrationskonstante.

Ein wichtiger Satz in der Mathematik besagt, dass die Integration die Umkehroperation zur Differentiation ist. Man kann also von Differentiationsregeln auf Integrationsregeln schließen.

Computer integrieren aber numerisch. Das funktioniert etwa so, wie wenn man den Funktionsgraphen auf Millimeterpapier malt und dann die Kästchen unter dem Graphen auszählt. Je genauer man die Fläche wissen will, umso kleiner muss man die Kästchen machen, umso mehr hat man auch zu zählen. Computer können sehr schnell zählen.

Nun hat eine Bewegung stets auch eine Richtung im Raum, eine Geschwindigkeit ist darum ein Vektor. Bis hierher wurde dies unterschlagen und immer nur der Betrag der Geschwindigkeit betrachtet, der sich eben aus der Ableitung des Betrages der zurückgelegten Strecke ergibt. Wer den genauen Verlauf der Fahrt beschreiben will, muss zum Ortsvektor greifen. Eine Funktion $\vec{r}(t) = r_x(t) \cdot \vec{e}_x + r_y(t) \cdot \vec{e}_y + r_z(t) \cdot \vec{e}_z$ kann den Ort des Zuges zu jedem Zeitpunkt genau festlegen. Die Geschwindigkeit ergibt sich dann aus der Änderung des Ortsvektors mit der Zeit, also aus seiner Ableitung:

$$\vec{v} = \frac{d\vec{r}(t)}{dt} = \frac{dr_x(t)}{dt} \cdot \vec{e}_x + \frac{dr_y(t)}{dt} \cdot \vec{e}_y + \frac{dr_z(t)}{dt} \cdot \vec{e}_z$$

2.1.2 Beschleunigung

Im Sprachgebrauch des Alltags wird das Wort „beschleunigt" meist lediglich im Sinn von „schnell" verwendet; im Sprachgebrauch der Physik ist jede Bewegung „beschleunigt", die ihre Geschwindigkeit ändert, ob sie nun schneller wird oder langsamer oder auch nur in eine andere Richtung schwenkt. Die physikalische Größe **Beschleunigung** $\vec{a}$ ist die Änderungsgeschwindigkeit der Geschwindigkeit $\vec{v}$. Sie ist also der erste Differentialquotient der Geschwindigkeit nach der Zeit t und folglich der zweite des Weges $\vec{s}$:

$$\vec{a} = \frac{d\vec{v}}{dt} = \frac{d^2\vec{s}}{dt^2}.$$

Damit liegt auch ihre Einheit fest:

$$1\frac{m/s}{s} = 1\frac{m}{s^2} = 1\ m \cdot s^{-2}.$$

Jede Beschleunigung hat eine Richtung, $\vec{a}$ ist also ein Vektor, der sich obendrein noch mit der Zeit zu ändern pflegt: $\vec{a}(t)$. Der allgemeine Fall ist immer denkbar kompliziert. Es gibt aber einfache Grenzfälle. Hat die Beschleunigung die gleiche Richtung wie die Geschwindigkeit, so ändert sie nur deren Betrag, die Geschwindigkeit nimmt zu. Zeigt der Beschleunigungsvektor genau entgegengesetzt zur Geschwindigkeit, so ändert sich ebenfalls nur deren Betrag, sie wird kleiner. In beiden Fällen spricht man von einer **Bahnbeschleunigung**. Im anderen Extrem steht $\vec{a}$ senkrecht auf $\vec{v}$ und ändert als **Radialbeschleunigung** nur deren Richtung, nicht den Betrag. Jede andere Beschleunigung lässt sich als Vektor in eine radiale und eine tangentiale Komponente zerlegen.

❯ Merke

Beschleunigung: Änderungsgeschwindigkeit der Geschwindigkeit

$$\vec{a} = \frac{d\vec{v}}{dt} = \frac{d^2\vec{s}}{dt^2},$$

SI-Einheit: m/s^2;
    Bahnbeschleunigung: $\vec{a}$ parallel oder entgegengesetzt zu $\vec{v}$,
    Radialbeschleunigung: $\vec{a}$ senkrecht zu $\vec{v}$.

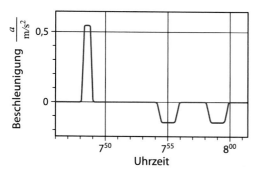

Das Weg-Zeit-Diagramm des Vorortzuges von ☐ Abb. 2.3 oben sagt über Kurven im Bahndamm nichts aus, also auch nichts über etwaige Radialbeschleunigungen; ihr kann nur die Bahnbeschleunigung entnommen werden. Grundsätzlich muss man dazu $s(t)$ zweimal nach der Zeit differenzieren oder das Geschwindigkeit-Zeit-Diagramm der ☐ Abb. 2.3 unten einmal. Das Ergebnis zeigt ☐ Abb. 2.5: in den Bahnhöfen, auf freier Strecke und in der Baustelle ist $a = 0$, überall dort nämlich, wo sich die Geschwindigkeit nicht ändert, ob der Zug nun steht oder nicht ($v = $ konstant). Positiv wird die Beschleunigung nur in der einen Minute des Anfahrens, negativ nur in den beiden Bremsperioden vor der Baustelle und vor dem Zielbahnhof, denn hier nimmt v ab.

Keine Bahnbeschleunigung kann längere Zeit unverändert anhalten; die Folge wären übergroße Geschwindigkeiten. Für ein paar Sekunden geht es aber schon, beim **freien Fall** zum Beispiel. Wenn man die Luftreibung vernachlässigen darf, fallen alle Gegenstände auf Erden mit der gleichen *Erd-* oder auch **Fallbeschleunigung** $g \approx 9{,}81\,\mathrm{m/s^2}$ zu Boden; sie führen eine *gleichförmig beschleunigte Bewegung* aus.

> **Merke**
>
> Gleichförmig beschleunigte Bewegung: $\vec{a}$ konstant

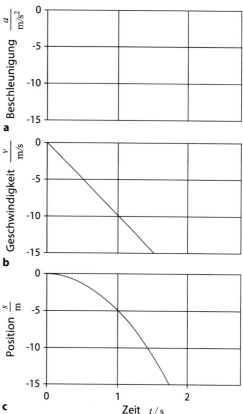

☐ **Abb. 2.6** **Freier Fall**, Einzelheiten im Text

Bei der Betrachtung des freien Falls wird meistens die Richtung senkrecht nach oben positiv genommen und nach unten negativ. Die Beschleunigung ist dann $-g$, die Fallgeschwindigkeit $v(t)$ ist dann auch negativ. Ihr Betrag wächst linear mit der Zeit, er wächst sogar proportional zur Zeitspanne t nach dem Loslassen, wenn der Stein wirklich nur losgelassen und nicht geworfen wird. Bei $v = 0$ zum Zeitpunkt $t = 0$ gilt

$$v(t) = -g \cdot t$$

(☐ Abb. 2.6a, b).

Um die Position als Funktion der Zeit zu finden, müssen wir, wie im ▶ Abschn. 2.1.1 gesagt, die Geschwindigkeit über die Zeit inte-

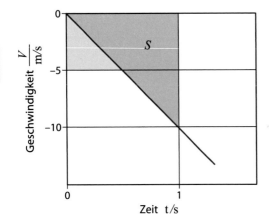

◘ **Abb. 2.7**   **Integration** für die Strecke beim freien Fall

grieren, denn die Geschwindigkeit ändert sich ja:

$$s(t_0) = \int_{t_0}^{t_1} v(t) \cdot \mathrm{d}t = \int_{t_0}^{t_1} -g \cdot t \cdot \mathrm{d}t$$

$$= -\frac{1}{2} g \cdot t_0{}^2$$

Da sich die Geschwindigkeit linear mit der Zeit ändert, ist hier keine große Integrierkunst von Nöten, wie die ◘ Abb. 2.7 zeigen soll. Sie entspricht ◘ Abb. 2.6b.

Das Integral ist die Fläche zwischen Funktionsgraph und t-Achse. In ◘ Abb. 2.7 hat sie zwischen $t = 0$ und $t = 1\,\text{s}$ offenbar den Flächeninhalt:

$$s(1\,\text{s}) = \frac{-10\,\text{m/s} \cdot 1\,\text{s}}{2} = -5\,\text{m}$$

Wir hätten auch die mittlere Geschwindigkeit $-5\,\text{m/s}$, die gerade die Hälfte der Geschwindigkeit nach einer Sekunde ist, mit einer Sekunde multiplizieren können. Das Integral bringt uns also gerade einen Faktor $1/2$ hinein. Also allgemein:

$$s(t) = -\frac{1}{2} g \cdot t^2.$$

Graphisch ist das eine Parabel mit dem Scheitel bei $s = 0$ und $t = 0$ (◘ Abb. 2.6, unteres Teilbild): Die Messlatte für die Fallstrecke wird beim Startpunkt angelegt.

Selbstverständlich müssen die hier aufgestellten Behauptungen experimentell überprüft werden. Die heutigen technischen Mittel erlauben das mit guter Genauigkeit schon für den Schulunterricht. Galilei hatte es da schwerer; er besaß keine Stoppuhr, schon gar nicht eine elektrisch steuerbare. Ein Stein durchfällt die ersten 2 m in 0,64 s. Das war im Mittelalter gar nicht zu messen. Deshalb benutze Galilei eine schiefe Ebene, auf der eine Kugel hinunterrollt (▶ Abschn. 2.6.4). Das geht wesentlich langsamer von statten.

Die bisher aufgestellten Gleichungen gelten nicht allgemein, weil die bei der Integration der Beschleunigung und der Geschwindigkeit grundsätzlich auftretenden Integrationskonstanten v_0 und s_0 unterschlagen, d. h. gleich

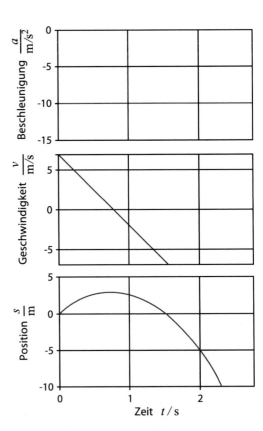

◘ **Abb. 2.8**   **Senkrechter Wurf**, Einzelheiten im Text

null gesetzt wurden. Korrekterweise muss man ja

$$v(t) = \int_0^t (-g) \cdot d\tau + v(0) = -g \cdot t + v_0$$

und demzufolge auch

$$s(t) = \int_0^t (-g) \cdot \tau \cdot d\tau + \int_0^t v_0 \cdot d\tau + s(0)$$

$$= -\frac{g}{2}t^2 + v_0 \cdot t + s_0$$

schreiben. Die Integrationskonstante v_0 hat hier eine handfeste Bedeutung: Es ist die **Anfangsgeschwindigkeit** bei $t = 0$. Man muss den Stein ja nicht einfach fallen lassen, man darf ihn auch werfen. s_0 bezeichnet die Position, bei der man den Stein losgelassen hat. Die drei Graphen der ◻ Abb. 2.8 stellen einen Wurf senkrecht nach oben dar, und zwar mit $v_0 = 7,5\,\text{m/s}$.

Rechenbeispiel 2.1: Fall vom Turm

Aufgabe: Mit welcher Geschwindigkeit trifft ein Stein, der von einem 10 m hohen Turm fallengelassen wird, am Boden auf?

Lösung: Bei konstanter Beschleunigung und Startgeschwindigkeit Null gilt für den Betrag der Geschwindigkeit $v = g \cdot t$. Zunächst muss also die Fallzeit berechnet werden:

$$t = \sqrt{\frac{2 \cdot h}{g}} = \sqrt{\frac{2 \cdot 10\,\text{m}}{9,81\,\text{m/s}^2}} = 1,43\ \text{s}.$$

Die Geschwindigkeit ist dann: $v = 9,81\,\text{m/s}^2 = 1,43\,s = 14,0\,\text{m/s}$.

Rechenbeispiel 2.2: Wurf vom Turm

Aufgabe: Statt den Stein einfach fallen zu lassen, soll er nun mit einer Startgeschwindigkeit von $v_0 = 7,5\,\text{m/s}$ fast senkrecht nach oben geworfen werden und erst, wenn er wieder herunterkommt, den Turm herunterfallen. Mit welcher Geschwindigkeit trifft er nun am Boden auf?

Lösung: Wie ◻ Abb. 2.8 nahelegt, kommt der Stein beim Herunterfallen mit dem gleichen Geschwindigkeitsbetrag wieder beim Werfer vorbei, mit dem er geworfen wurde. Addieren sich diese 7,5 m/s also einfach zu den eben berechneten 14 m/s? Nein! Denn die Fallzeit längs des Turms ist nun kürzer. Wir müssen schon genau rechnen. Dazu legen wir zum Beispiel den Nullpunkt unserer Koordinatenachse in den Boden am Fuße des Turms und nehmen nun wieder die Richtung nach oben positiv (die Fallbeschleunigung ist dann negativ). Für den Ort als Funktion der Zeit erhalten wir nun:

$$s(t) = s_0 + v_0 \cdot t - \frac{g}{2}t^2$$

$$= 10\,\text{m} + 7,5\frac{\text{m}}{\text{s}} \cdot t - \frac{9,81\,\text{m/s}^2}{2} \cdot t^2$$

Nach der gesamten Flugzeit t_1 kommt der Stein am Boden an: $s(t_1) = 0$. Das liefert uns eine quadratische Gleichung für t_1, die wir lösen müssen (▶ Abschn. 1.5.4). Heraus kommt $t_1 = 2,39\,\text{s}$. Die quadratische Gleichung hat auch noch eine negative Lösung. Diese ist für uns nicht relevant, da wir nur positive Zeiten betrachten. Nun ergibt sich die Aufschlaggeschwindigkeit zu:

$$v(t_1) = v_0 - g \cdot t_1$$

$$= 7,5\,\text{m/s} - 9.81\ \text{m/s}^2 \cdot 2,39\,\text{s}$$

$$= -15,9\,\text{m/s}$$

Die resultierende Geschwindigkeit ist negativ, da nach unten gerichtet. Wir hätten auch zunächst die Wurfhöhe berechnen (sie ist $s = 2,87\,\text{m}$) und dann den einfachen Fall von dort betrachten können.

2.1.3 Überlagerung von Bewegungen

Wer im Boot einen breiten Fluss überqueren will, muss dessen Strömung berücksichtigen: Sie treibt ihn flussab. Bei den vielen Möglichkeiten, die der Steuermann wählen kann, gibt es zwei Grenzfälle:

- der Steuermann hält sein Boot ständig quer zum Strom und lässt es abtreiben (◘ Abb. 2.9, linkes Teilbild)
- der Steuermann „hält gegen den Strom", und zwar so, dass sein Boot das andere Ufer „auf gleicher Höhe" erreicht (◘ Abb. 2.9, rechtes Teilbild).

Welcher Weg ist der schnellere? Mit welcher Geschwindigkeit fährt das Boot in beiden Fällen „über Grund"? Um welchen Winkel muss das Boot im zweiten Fall „vorhalten", um welchen wird es im ersten Fall abgetrieben? Die Antworten erhält man durch **Vektoraddition**. Aus eigener Kraft beschafft sich das Boot eine Relativgeschwindigkeit $\vec{v}_b$ gegenüber dem Wasser des Flusses. Dieses läuft mit oder ohne Boot mit der Strömungsgeschwindigkeit $\vec{v}_f$ des Flusses; sie soll der Einfachheit halber auf der ganzen Flussbreite als gleich angenommen werden. Für den Beobachter am ruhenden

Ufer, und damit auch über Grund, addieren sich die beiden Geschwindigkeiten vektoriell.

Wie man am linken Teilbild der ◘ Abb. 2.9 sieht, steht die Eigengeschwindigkeit $\vec{v}_b$ des Bootes im ersten Fall senkrecht auf der Strömungsgeschwindigkeit $\vec{v}_f$ des Flusses. Ihre Vektorpfeile sind Katheten in einem rechtwinkligen Dreieck mit der Geschwindigkeit $\vec{v}_g$ über Grund als Hypotenuse. Nach dem Satz des Pythagoras hängen deshalb die drei Beträge folgendermaßen miteinander zusammen:

$$v_g^2 = v_f^2 + v_b^2.$$

Den Driftwinkel α zwischen $\vec{v}_g$ und $\vec{v}_b$ liefert die Winkelfunktion Tangens:

$$\tan \alpha = \frac{v_f}{v_b}.$$

In diesem Fall hat die Strömung des Flusses keinen Einfluss auf die Zeit T, die das Boot zum Überqueren benötigt. Die Flussbreite b ist durchfahren in

$$T = \frac{b}{v_b}.$$

Damit folgt für den Betrag x der Strecke, um die das Boot abgetrieben wird,

$$x = T \cdot v_f.$$

Hält der Bootsführer vor, um senkrecht zur Uferlinie überzusetzen, so ergibt sich seine Geschwindigkeit gegen Grund aus einer entsprechenden Überlegung (◘ Abb. 2.9, rechtes Teilbild). v_g ist in diesem Fall kleiner.

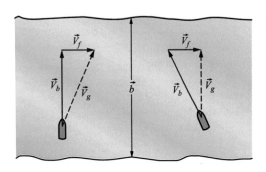

◘ **Abb. 2.9 Vektorielle Addition** von Geschwindigkeiten: Ein Boot mit der Eigengeschwindigkeit $\vec{v}_b$ überquert einen Fluss (Strömungsgeschwindigkeit $\vec{v}_f$, Breite b). *Links*: Der Bootsführer lässt sich abtreiben; *Rechts*: Der Bootsführer „hält vor". Die Geschwindigkeit $\vec{v}_g$ lässt sich mit Hilfe der Winkelfunktionen und mit dem Satz des Pythagoras berechnen

Rechenbeispiel 2.3: Wie weit müssen wir Vorhalten?

Aufgabe: Der Fluss fließe mit $v_f = 1\,\text{m/s}$. Das Boot fährt mit $v_b = 3\,\text{m/s}$ relativ zum Wasser. Es will genau senkrecht übersetzen.

Lösung: Wir schauen auf das rechte Teilbild der ◘ Abb. 2.9. Der Winkel, um den

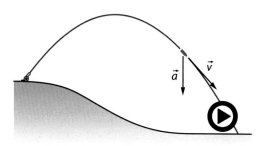

◻ Abb. 2.10 (Video 2.2) **Wurfparabel.** Geschwindigkeit $\vec{v}$ und Beschleunigung $\vec{a}$ haben verschiedene Richtung (▶ https://doi.org/10.1007/000-bss)

relativ zur senkrechten Fahrtrichtung vorgehalten werden muss, berechnet sich zu:

$$\sin\alpha = \frac{v_f}{v_b} = 0{,}33 \Rightarrow \alpha = 19{,}5^{\circ}$$

Die Geschwindigkeit gegen Grund ist:

$$v_g = \sqrt{v_b^2 - v_f^2} = 2{,}83 \text{ m/s}.$$

Zwei sich überlagernde Geschwindigkeiten müssen nicht konstant sein. Die Kugel, die ein Sportsfreund stößt oder eine Kanone schießt, fällt zu Boden, aber nicht im freien Fall senkrecht nach unten, wie am Ende des vorigen Kapitels beschrieben, sondern im hohen Bogen eines **schiefen Wurfes** und längs einer sog. **Wurfparabel** nach Art der ◻ Abb. 2.10. Wie lässt sich diese formal beschreiben?

Die Kugel verlässt die Hand des Athleten mit einer Anfangsgeschwindigkeit $\vec{v}_0$, die unter einem Winkel α gegen die horizontale x-Richtung schräg nach oben zeigt (◻ Abb. 2.11). $\vec{v}_0$ hat demnach eine

horizontale Koordinate $v_{0x} = v_0 \cdot \cos\alpha$

und eine

vertikale Koordinate $v_{0z} = v_0 \cdot \sin\alpha$.

Gäbe es keine Schwerkraft und keine Luftreibung, flöge die Kugel kräftefrei

nach dem 1. Newton'schen Gesetz (siehe ▶ Abschn. 2.5.1) mit konstanter Geschwindigkeit immer geradeaus. Da die Schwerkraft $\vec{F}_g$ senkrecht nach unten weist, merkt die horizontale Koordinate $v_x(t)$ der Geschwindigkeit der Kugel tatsächlich von ihr nichts. Nur die Luftreibung führt zu einer Abbremsung in horizontaler Richtung. Die Kugel eines Kugelstoßers oder der mittelalterlichen Kanonenkugel aus Stein ist aber schwer und relativ langsam. Dann kann die Luftreibung gegen die Schwerkraft vernachlässigt werden und man kann für die Zeit des Fluges in guter Näherung behaupten:

$$v_x(t) = v_{0x} = \text{konstant}$$

In x-Richtung bewegt sich die Kugel also ganz stur mit der konstanten Geschwindigkeit v_{0x}, die Beschleunigung in dieser Richtung ist Null. Die vertikale Komponente v_z unterliegt aber wie beim freien Fall der Fallbeschleunigung $a_z = -g$; sie muss hier ein negatives Vorzeichen bekommen, weil sie nach unten zeigt, und das positive Vorzeichen bei v_{0z} schon für „nach oben" festgelegt worden ist:

$$v_z(t) = v_{0z} - g \cdot t.$$

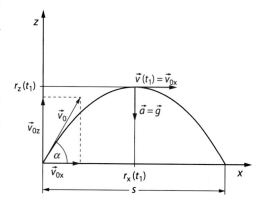

◻ Abb. 2.11 Zerlegung. Die Wurfbewegung kann man sich aus einer horizontalen Bewegung mit konstanter Geschwindigkeit und einer vertikalen mit konstanter Beschleunigung zusammengesetzt denken. Siehe Video zu ◻ Abb. 2.10

2

Die Gesamtgeschwindigkeit der Kugel ist die Vektorsumme

$$\vec{v}(t) = v_{0x} \cdot \vec{e}_x + (v_{0z} - g \cdot t) \cdot \vec{e}_z$$

Für den Ort der Kugel gilt demnach:

$$r_x = v_{0x} \cdot t \quad \text{und} \quad r_z = v_{0z} \cdot t - \frac{1}{2}g \cdot t^2.$$

Löst man die erste Gleichung nach t auf und setzt sie in die zweite ein, so erhält man r_z als Funktion von r_x:

$$r_z = \frac{v_{0z}}{v_{0x}} \cdot r_x - \frac{g}{2 \cdot v_{0x}^2} r_x^2$$

Dies ist tatsächlich die Formel einer nach unten geöffneten Parabel, eben der Wurfparabel.

Mit diesen Überlegungen lassen sich allerlei Fragen an die Flugbahn beantworten. Hier soll als Beispiel nur eine Formel für die Flugweite s einer Kugel abgeleitet werden für den Fall, dass sie in der gleichen Höhe aufschlägt, in der sie abgeworfen wurde (◘ Abb. 2.11). Den höchsten Punkt ihrer Bahn erreicht sie zu dem Zeitpunkt t_1, in dem die Geschwindigkeit in z-Richtung gerade verschwindet:

$$v_z(t_1) = v_{0z} - g \cdot t_1 = 0.$$

Daraus folgt $t_1 = v_{0z}/g$. Die gesamte Flugzeit ist wegen der Symmetrie der Flugbahn offenbar doppelt so lang. Aus der Flugzeit lässt sich die Flugweite s in x-Richtung ganz leicht berechnen, da ja die Geschwindigkeit in dieser Richtung konstant ist

$$s = r_x(2 \cdot t_1) = 2v_{0x} \cdot t_1 = 2\frac{v_{0x} \cdot v_{0z}}{g}.$$

All diese Betrachtungen beruhen darauf, die Wurfbewegung sich aus einer horizontalen Bewegung mit konstanter Geschwindigkeit und einer vertikalen Fallbewegung mit konstanter Beschleunigung zusammengesetzt zu denken. Das funktioniert, weil gleichzeitig ablaufende Bewegungen eines Gegenstands sich tatsächlich nicht gegenseitig beeinflussen.

> ❯ **Merke**
> Gleichzeitig ablaufende unterschiedliche Bewegungen eines Gegenstands beeinflussen sich gegenseitig nicht. Resultierende Größen ergeben sich durch Vektoraddition.

Die Vernachlässigung der Luftreibung ist bei einer schweren und nicht sehr schnellen Kugel noch zulässig, bei Regentropfen beispielsweise aber nicht. Würden sie im freien Fall aus der Wolke fallen, so schlügen sie mit etwa 700 km/h auf Passanten ein. Das wäre allenfalls in einer Ritterrüstung zu ertragen. Tatsächlich werden Regentropfen aber durch die Reibung der Luft so stark abgebremst, dass sie schließlich mit einer konstanten Geschwindigkeit von etwa 30 km/h am Boden ankommen.

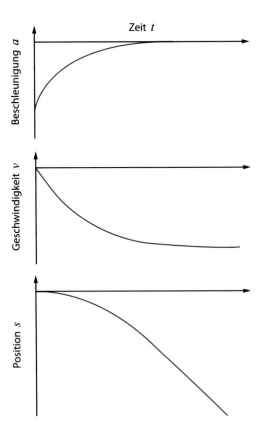

◘ **Abb. 2.12 Fall unter Reibung**, qualitativ; Einzelheiten im Text

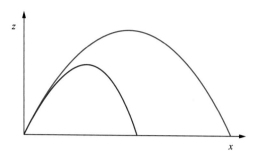

Abb. 2.13 Wurf unter Reibung. Vergleich der Wurfparabel ohne Reibung (*blau*) mit der Flugbahn mit Reibung (*rot*)

Schwere Tropfen fallen schneller als leichte (▶ Abschn. 3.5.2). Unter idealisierenden Annahmen kann man das rechnen, aber es ist mühsam und lohnt hier nicht. Soviel ist sicher: Die Wirkung der Reibung wächst mit der Geschwindigkeit und verschwindet in der Ruhe. Darum fällt der Tropfen zu Beginn so, als falle er frei. Mit steigender Geschwindigkeit wächst aber die Reibungskraft bis sie die Schwerkraft kompensiert und deshalb v schließlich konstant wird. Folglich geht die Beschleunigung $a(t)$ gegen null, während $s(t)$ nach anfänglicher Krümmung in eine ansteigende Gerade übergeht (▶ Abb. 2.12).

Im Falle eines schiefen Wurfs hat die Luftreibung noch zusätzlich den Effekt, dass die horizontale Geschwindigkeit nicht mehr konstant ist, sondern abnimmt. Die Kugel fliegt nicht mehr so weit und steigt auch nicht mehr so hoch. ▶ Abb. 2.13 zeigt einen Vergleich zwischen einem Wurf ohne Luftreibung und einen Wurf mit gleicher Startgeschwindigkeit, aber mit Luftreibung. Man sieht sehr deutlich, dass die Flugbahn nun keine Parabel mehr ist.

Rechenbeispiel 2.4: Noch ein Wurf vom Turm

Aufgabe: Nun werde der Stein mit $v_0 = 15\,\text{m/s}$ unter einem Winkel von 30° zur horizontalen nach oben von unserem 10 m hohen Turm geworfen. Mit welcher Ge-

schwindigkeit und unter welchem Winkel trifft er auf den Boden? Die Luftreibung sei vernachlässigbar.

Lösung: Die konstante Geschwindigkeit in horizontaler Richtung ist: $v_{0x} = v_0 \cdot \cos 30° = 13\,\text{m/s}$, die Startgeschwindigkeit in senkrechter Richtung ist

$$v_{0z} = v_0 \cdot \sin 30° = 7{,}5\,\text{m/s}.$$ In der senkrechten Richtung haben wir also genau die gleiche Situation wie im ▶ Rechenbeispiel 2.2 Der senkrechte Anteil der Auftreffgeschwindigkeit ist also $v_z = -15{,}9\,\text{m/s}$. Für die gesamte Auftreffgeschwindigkeit muss nun noch die konstante horizontale Komponente vektoriell hinzuaddiert werden:

$$|\vec{v}| = \sqrt{v_{0x}^2 + v_z^2} = 20{,}5\,\text{m/s}.$$

Der Auftreffwinkel zur Horizontalen ist:

$$\tan \alpha = \frac{v_z}{v_{0x}} = -1{,}22 \Rightarrow \alpha = -50{,}7°.$$

Übung: Wie weit vom Turm landet der Stein? (Antwort: 31,1 m)

2.1.4 Kinematik der Drehbewegungen

Eine reine Bahnbeschleunigung $\vec{a}_t$ hat die gleiche Richtung wie die Geschwindigkeit $\vec{v}$ und ändert darum nur deren Betrag $|\vec{v}|$, nicht deren Richtung. Der freie Fall liefert ein Beispiel. Alle Teile eines starren Gegenstands bewegen sich mit der gleichen Momentangeschwindigkeit und darum auf parallelen Geraden; der Gegenstand verschiebt sich parallel zu sich selbst. Man nennt das **Translation**. Sie muss nicht beschleunigt ablaufen.

Eine reine Radialbeschleunigung $\vec{a}_r$ steht senkrecht auf der Geschwindigkeit $\vec{v}$ und ändert darum nur deren Richtung, nicht deren

2

Betrag. Sie muss sich, wenn sie Radialbeschleunigung bleiben will, exakt mit dem Vektor $\vec{v}$ mitdrehen, um stets senkrecht auf ihm zu stehen. $\vec{a}_r$ kann als Vektor also nicht konstant bleiben, sondern allenfalls einen zeitlich (aber nicht räumlich) konstanten Betrag $|\vec{a}_r|$ besitzen. Alle Teile eines starren Körpers bewegen sich dann auf Bahnen konstanter Krümmung, d. h. auf konzentrischen Kreisbahnen um eine gemeinsame **Drehachse** herum. Diese kann weit außerhalb, aber auch innerhalb des Gegenstands liegen und fest im Raum stehen. Man nennt eine solche Bewegung **Rotation**. Auch bei konstanten Beträgen und raumfester Achse ist sie eine beschleunigte Bewegung.

Technisch lassen sich reine Rotationen leicht dadurch erzwingen, dass man, wie etwa bei den Flügeln einer Windmühle oder bei dem Kettenkarussell der ◘ Abb. 2.60, die Drehachse einfach durch Konstruktion vorgibt. Alle Teile des Karussells einschließlich der Fahrgäste holen sich die zur Rotation notwendigen Radialbeschleunigungen von **Zentripetalkräften**, die das Achslager aufbringt, was aber erst in ▶ Abschn. 2.6.2 besprochen wird.

Drehbewegungen können aber auch wesentlich komplizierter ablaufen, wenn die Drehachse selbst wandert und eine sogenannte *momentane Drehachse* ist. Die Rollbewegung, die im ▶ Abschn. 2.6.4 besprochen werden wird, ist ein wiederum relativ einfaches Beispiel für so einen Fall. Die dann recht komplizierten Zusammenhänge müssen nur von einem Maschinenbauingenieur beherrscht werden. Zunächst soll hier nur der einfachere Fall einer raumfesten Drehachse besprochen werden.

Bei der Translation bewegen sich alle Teile eines starren Körpers mit der gemeinsamen Bahngeschwindigkeit $\vec{v}$. Bei der Rotation nimmt $|\vec{v}|$ mit dem Abstand r von der Drehachse zu. Was haben die Teile hier gemeinsam? Sie brauchen alle für einen vollen Umlauf die gleiche Zeit T, sie haben die gemeinsame **Drehfrequenz** $f = 1/T$. Sie wird zuweilen auch Drehzahl genannt, nicht ganz korrekt, denn sie ist keine dimensionslose Zahl, sondern eine reziproke Zeit mit der SI-Einheit

$1/\mathrm{s}$. In der Technik wird oft die Einheit $1/\mathrm{min}$ bevorzugt und zuweilen etwas umständlich sogar „Umdr. pro Min." geschrieben.

Eine vollständige Umdrehung „einmal rum um die Achse" entspricht einem Drehwinkel von 360°, also von 2π im Bogenmaß, dem Verhältnis von Umfang und Radius beim Kreis (▶ Abschn. 1.5.1). Darum definiert man analog zur Frequenz $f = 1/T$ die

$$\textbf{Kreisfrequenz } \omega = \frac{2\pi}{T} = 2\pi \cdot f$$

ebenfalls mit der Einheit $1/\mathrm{s}$, die hier aber, im Gegensatz zur Einheit der „echten" Frequenz, nicht Hertz genannt wird.

Der allgemeine Sprachgebrauch verbindet mit dem Wort „Frequenz" gern die Vorstellung von einem sich wiederholenden, tunlichst periodisch wiederholenden Vorgang; das Rad einer Wassermühle dreht sich stundenlang. Unbedingt notwendig ist das aber grundsätzlich nicht. Wenn alle Teile eines starren Körpers für einen vollen Umlauf um den Winkel 2π gemeinsam die Zeit $T = 2\pi/\omega$ brauchen, werden sie den kleineren Drehwinkel $\Delta\varphi$ gemeinsam in der Zeitspanne $\Delta t = \Delta\varphi/\omega$ zurücklegen. Winkel und Zeitspanne dürfen auch differentiell klein sein. Das erlaubt, ω als

$$\textbf{Winkelgeschwindigkeit } \omega = \frac{d\varphi}{dt}$$

zu definieren. Die Winkelgeschwindigkeit braucht aber nicht konstant zu sein: Ihr ist eine

$$\textbf{Winkelbeschleunigung } \alpha = \frac{d\omega}{dt}$$

mit der SI-Einheit $1/\mathrm{s}^2$ durchaus erlaubt.

❯ Merke

Translation: Parallelverschiebung; alle Teile eines starren Gegenstands bewegen sich mit der gemeinsamen Geschwindigkeit $\vec{v}$, d. h. auf geraden und parallelen Bahnen.

Rotation: Kreisbewegung um eine Drehachse; alle Teile eines starren Gegenstands bewegen sich mit der gemeinsamen Kreisfrequenz = Winkelgeschwindigkeit ω auf konzentrischen Kreisbahnen.

Ein Teil des starren Gegenstands, der sich im Abstand r von der Drehachse befindet, hat die Geschwindigkeit $v = 2\pi \cdot r/T = \omega \cdot r$, denn $2\pi r$ ist ja die Strecke, die er in der Umlaufzeit T zurücklegt. Entsprechend ist die Tangentialbeschleunigung dieses Teils $a_t = \alpha \cdot r$.

Die Winkelgeschwindigkeit $\vec{\omega}$ und die Winkelbeschleunigung $\vec{\alpha}$ können auch als Vektor definiert werden. Welche Richtung bleibt zum Beispiel bei einer Rotation eines Gegenstands mit konstanter Winkelgeschwindigkeit konstant? Radiusvektor und Bahngeschwindigkeit eines Teils ändern ja ständig ihre Richtung. Konstant bleibt aber die Richtung der Drehachse. Sie wird deshalb als Richtung für die Winkelgeschwindigkeit gewählt, und zwar so, dass die Rotation im Uhrzeigersinn läuft, wenn man in die Richtung der Winkelgeschwindigkeit $\vec{\omega}$ sieht. Dies entspricht wieder der Rechtsschraubenregel. Winkelgeschwindigkeit $\vec{\omega}$, Radiusvektor $\vec{r}$ und Bahngeschwindigkeit $\vec{v}$ stehen demnach in einer Weise senkrecht aufeinander, wie die ◻ Abb. 2.14 dies perspektivisch darzustellen versucht.

Formal hängen sie über das Kreuzprodukt

$$\vec{v} = \vec{\omega} \times \vec{r}$$

miteinander zusammen. Entsprechend wird auch die Richtung der Winkelbeschleunigung $\vec{\alpha}$ so definiert, dass sich bei ungleichförmiger Rotation für die Tangentialbeschleunigung

$$\vec{a}_t = \vec{\alpha} \times \vec{r}$$

ergibt.

Wie eingangs erwähnt, ist eine ständig auf das Zentrum der Kreisbahn gerichtete und zeitlich, aber nicht räumlich konstante Radialbeschleunigung $\vec{a}_r$ Ursache und Voraussetzung einer Kreisbewegung (sie darf nicht mit der tangentialen Beschleunigung $\vec{a}_t$ aus der letzten Formel verwechselt werden). Wie sich eine rotierende Masse diese **Zentralbeschleunigung** besorgt, muss im Moment noch offenbleiben. Auf jeden Fall ist eine Kreisbewegung auch dann eine (ungleichförmig) beschleunigte Bewegung, wenn sie „mit konstanter Geschwin-

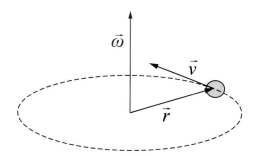

◻ **Abb. 2.14** Der Vektor der Winkelgeschwindigkeit weist in Richtung der Drehachse senkrecht zur Bahnebene

digkeit" erfolgt. Nicht die Bahngeschwindigkeit ist konstant, sondern die Winkelgeschwindigkeit.

Welche Radialbeschleunigung braucht ein Massenpunkt, der auf einer Kreisbahn mit konstanter Kreisfrequenz umlaufen soll? Radiusvektor $\vec{r}$ und Bahngeschwindigkeit $\vec{v}$ stehen senkrecht aufeinander, rotieren also mit der gleichen Kreisfrequenz $\vec{\omega}$. Beide drehen sich in der (kleinen) Zeitspanne Δt um den gleichen (kleinen) Winkel $\Delta\varphi$ (◻ Abb. 2.15). Um $\vec{r}$ in seine neue Lage zu bringen, muss ihm das (kleine) Wegstück $\Delta\vec{s}$ vektoriell addiert werden. Es steht im Wesentlichen senkrecht auf $\vec{r}$; es tut dies sogar streng, wenn man es differentiell klein werden lässt ($d\vec{s}$).

Dann fällt es mit dem ebenfalls differentiell kleinen Kreisbogen zusammen, so dass man seinen Betrag

$$|d\vec{s}| = |\vec{r}| \cdot d\varphi$$

schreiben darf. Ganz analog braucht die Bahngeschwindigkeit $\vec{v}$ eine zu ihr senkrecht zu addierende Zusatzgeschwindigkeit $d\vec{v}$ mit dem Betrag

$$|d\vec{v}| = |\vec{v}| \cdot d\varphi$$

$d\vec{v}$ ist radial nach innen, also antiparallel zum Radiusvektor $\vec{r}$ gerichtet. Die genauso gerichtete Radialbeschleunigung ist

$$\vec{a}_r = \frac{d\vec{v}}{dt}.$$

2

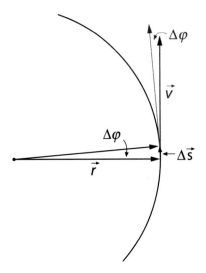

❑ Abb. 2.15 Zur Kreisbewegung. Der Gegenstand läuft gegen den Uhrzeiger und befindet sich auf seiner Bahn rechts („3 Uhr"). Der Vektor $\vec{v}$ der Bahngeschwindigkeit zeigt nach oben und steht senkrecht auf dem Radiusvektor $\vec{r}$. Beide drehen sich in der (kleinen) Zeitspanne Δt um den (kleinen) Winkel $\Delta\varphi$. Dazu müssen zu $\vec{r}$ das (kleine) Wegstück $\Delta\vec{s}$ mit $\Delta s = r \cdot \Delta\varphi$ und zu $\vec{v}$ die (kleine) Zusatzgeschwindigkeit $\Delta\vec{v}$ mit $\Delta v = v \cdot \Delta\varphi$ vektoriell addiert werden. Für kleiner werdendes $\Delta\varphi$ steht die Geschwindigkeitsänderung $\Delta\vec{v}$ (der Übersichtlichkeit halber im Bild nicht eingezeichnet) immer genauer senkrecht auf $\vec{v}$

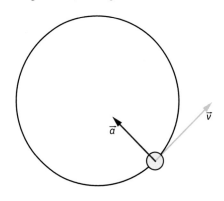

❑ Abb. 2.16 Gleichförmige Kreisbewegung: Geschwindigkeit $\vec{v}$ und Beschleunigung $\vec{a}$

Für ihren Betrag gilt:

$$|\vec{a}_r| = \frac{|\vec{v}| \cdot d\varphi}{dt} = v \cdot \omega = \frac{v^2}{r},$$

da ja $\omega = \dfrac{v}{r}$.

Die ❑ Abb. 2.16 verdeutlicht die Lage von Geschwindigkeit und Beschleunigung in der Kreisbewegung mit konstantem Geschwindigkeitsbetrag (gleichförmige Kreisbewegung).

❯ Merke

Drehbewegung (um eine raumfeste Achse):
  Drehwinkel φ
  Winkelgeschwindigkeit $\omega = d\varphi/dt$
  Winkelbeschleunigung $\alpha = d\omega/dt$
  die Vektoren $\vec{\omega}$ und $\vec{\alpha}$ zeigen in Richtung der Drehachse
  Bahngeschwindigkeit im Abstand r:
$r : \vec{v} = \vec{\omega} \times \vec{r}, v = \omega \cdot r$
  Tangentialbeschleunigung im Abstand r:

$$\vec{a}_t = \vec{\alpha} \times \vec{r}, a_t = \alpha \cdot r$$

Radialbeschleunigung im Abstand r:
$r : a_r = \frac{v^2}{r}$

Rechenbeispiel 2.5: Beschleunigt
Aufgabe: Wie groß ist die Winkelgeschwindigkeit der Erde? Welche Radialbeschleunigung erfährt ein Mensch am Äquator? (Radius der Erde: $6{,}38 \cdot 10^6$ m)

Lösung: Die Erde dreht sich mit konstanter Winkelgeschwindigkeit einmal am Tag um ihre Achse. Die Winkelgeschwindigkeit entspricht also der Kreisfrequenz:

$$\omega = \frac{2\pi}{24\,\text{h}} = \frac{2\pi}{86400\,\text{s}} = 7{,}27 \cdot 10^{-5}\,\text{s}^{-1}.$$

Daraus ergibt sich eine Bahngeschwindigkeit am Äquator von $v = \omega \cdot r = 464$ m/s $=$ 1670 km/h. Die Radialbeschleunigung ist also $a_r = \frac{v^2}{r} = 0{,}034$ m/s^2.
  Sie ist zum Glück viel kleiner als die Fallbeschleunigung g. Wäre sie größer als g, so würde man davonfliegen (▶ Abschn. 2.7.2). Bevor Newton seine Mechanik entwickelt hatte, galt es als schwerwiegendes Argument gegen eine Drehung der Erde, dass man bei so hohen Geschwindigkeiten doch wegfliegen müsste.

2.1.5 Relativ oder Absolut?

Vermutlich sind Sie stolzer Besitzer eines Smartphones. Damit haben Sie ein bemerkenswertes Messgerät für Bewegung. Zunächst einmal können Sie eine App herunterladen (zum Beispiel Google Maps oder Ähnliches), mit der sie Ihre Position feststellen können. Das geht aber nur draußen, denn sie brauchen GPS-Empfang. Wir lernen daraus: eine Position kann man nur relativ zu einem Koordinatensystem angeben. In diesem Falle liefern die GPS Satelliten ein mit der Erde verbundenes Koordinatensystem mit Breiten- und Längengraden. Sie können auch eine App herunterladen, die Ihnen die Geschwindigkeit Ihres Smartphones angibt (solche Apps heißen typischerweise Tachometer-App). Auch hier müssen Sie draußen sein und ein GPS-Signal empfangen, damit das funktioniert. Denn auch Geschwindigkeiten können nur relativ zu einem Koordinatensystem oder Objekt (hier die Erde) angegeben werden. Es gibt auch eine App für die Beschleunigung Ihres Smartphones (schön ist: 3D Compass (Android) bzw. Magnetmeter (IOS) von plaincodeTM; zeigt Beschleunigung und Magnetfeld als Vektor) (◘ Abb. 2.17).

Und nun passiert etwas Sonderbares: diese App funktioniert ohne GPS. In Ihrem Smartphone gibt es einen Sensor, genauer gesagt drei Sensoren für die drei Raumrichtungen, die die Beschleunigung direkt messen. Beschleunigung ist also etwas Absolutes, das nicht relativ zu etwas anderem angegeben wird. Warum das so ist, wissen die Physiker nicht. Dass es so ist, ist aber wesentliche Voraussetzung für Newtons Theorie der Mechanik, die wir im Folgenden besprechen. Einen Haken hat der Beschleunigungssensor aber: er zeigt auch etwas an, wenn das Smartphone gar nicht beschleunigt ist. Er misst nämlich auch die Schwerkraft und dafür ist er überhaupt im Gerät. Er sagt dem Gerät, wo unten ist, und damit, wie es das Display orientieren muss. Warum kein Messgerät zwischen Schwerkraft und Beschleunigung unterscheiden kann, wis-

◘ **Abb. 2.17 Beschleunigungsvektor.** Screenshot einer App für den Beschleunigungssensor eines Smartphones (Programmierer: Peter Breitling)

sen die Physiker auch nicht. Diese Tatsache ist wesentliche Grundlage der allgemeinen Relativitätstheorie von Einstein, die wir in diesem Buch aber nicht besprechen. Dann gibt es noch eine App, die die Winkelgeschwindigkeit Ihres Smartphones angibt, also anzeigt, wie schnell es sich dreht. Und wieder brauchen wir dafür das GPS-Signal nicht. Der entsprechende Sensor heißt üblicherweise Gyroskop-Sensor, ist nur in etwas teureren Geräten und wird für Videospiele gebraucht. Auch Rotation ist also etwas Absolutes. Der berühmte englische Physiker Newton (1642–1726) hatte zwar noch kein Smartphone, aber auch er wusste schon von dem absoluten Charakter der Beschleunigung und der Drehung. Er führte den Begriff des **absoluten Raumes** ein, gegen den Gegenstände beschleunigt sind und rotieren.

2.2 Kraft

2.2.1 Kraftmessung und Kräftezerlegung

Der Mensch weiß aus Erfahrung, ob er sich einen Kartoffelsack aufladen kann oder ob er dies besser lässt; er hat ein recht zuverlässiges Gefühl für die **Kraft** seiner Muskeln. Hier verwendet der Sprachgebrauch des Alltags das Wort Kraft genau im Sinn der Physik.

An eine allgegenwärtige Kraft hat sich jedes irdische Leben anpassen müssen: an die Schwerkraft, die Kraft des Gewichtes, die jeden materiellen Gegenstand nach unten zieht. Wer ein Buch vor sich in der Schwebe hält, um darin zu lesen, setzt die Muskelkraft seiner Arme gegen die Gewichtskraft des Buches ein. Beide Kräfte müssen sich genau kompensieren, wenn das Buch in der Schwebe bleiben, wenn es zu keinen Bewegungen kommen soll:

$$\text{Kraft} + \text{Ausgleichskraft}$$
$$= 0 \text{ im Gleichgewicht.}$$

Jede Gewichtskraft zieht nach unten; eine sie kompensierende Ausgleichskraft muss mit gleichem Betrag nach oben gerichtet sein. Kräfte sind demnach Vektoren. Wie misst man ihre Beträge?

Wer sich ins Bett legt, braucht seine Gewichtskraft nicht mehr selbst zu tragen; er überlässt es den Stahlfedern der Matratze, die nötige Ausgleichskraft aufzubringen, irgendwie. Je nach Konstruktion tun sie dies durch Stauchung oder durch Dehnung, auf jeden Fall also durch **Verformung**. Solche Verformungen bleiben oft unerkannt. Wer sich auf eine Bank setzt, biegt sie nicht merklich durch, aber er biegt sie durch, und mit einigem messtechnischen Aufwand lässt sich das auch nachweisen. Wenn man aufsteht, federt die Bank wieder in ihre Ausgangslage zurück: Die Verformung war **elastisch**, im Gegensatz zu der bleibenden, der **plastischen** Verformung von Butter oder Kaugummi. Vater Franz biegt die Bank stärker durch als Töchterchen Claudia; elastische Verformungen liefern ein

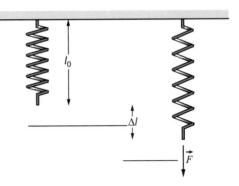

◻ Abb. 2.18 Schraubenfeder, schematisch. Eine Kraft F dehnt eine Feder der Ausgangslänge l_0 um Δl. Lineares Kraftgesetz herrscht, wenn Δl und F zueinander proportional sind: $F = D \cdot \Delta l$ (D = Federkonstante)

verwendbares Maß für angreifende Kräfte. Besonders bewährt haben sich Schraubenfedern (◻ Abb. 2.18).

Wer einen Kraftmesser kalibrieren will, braucht ein Verfahren zur Erzeugung definierter Kräfte; wer ihn obendrein noch eichen will, braucht zusätzlich eine Krafteinheit. Es liegt nahe, für beides die allgegenwärtige Schwerkraft zu benutzen. Vier Liter Wasser wiegen gewiss doppelt so viel wie zwei Liter Wasser, und die Gewichtskraft eines Liters Wasser ließe sich grundsätzlich als Einheit verwenden. Das hat man früher auch getan und ihr den Namen *Kilopond* (kp) gegeben. Den Anforderungen moderner Messtechnik genügt diese Einheit aber nicht mehr, denn leider erweisen sich Gewichtskräfte als ortsabhängig: In Äquatornähe wiegt ein Liter Wasser etwas weniger als in Polnähe. Die SI-Einheit der Kraft heißt **Newton**, abgekürzt N. In Basiseinheiten gilt:

$$1\,\text{N} = 1\,\frac{\text{kg} \cdot \text{m}}{\text{s}^2}$$

Das liegt am zweiten Newton'schen Gesetz, das in ▶ Abschn. 2.5.1 besprochen wird. Eine Schraubenfeder der Länge l_0 dehnt sich unter einer Zugkraft $\vec{F}$ mit dem Betrag F um Δl auf $l(F) = l_0 + \Delta l(F)$. Geeichte Federwaagen folgen dabei dem **linearen Kraftgesetz**

$$F = D \cdot \Delta l$$

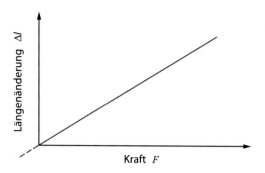

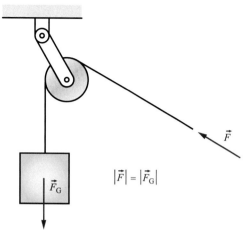

◻ Abb. 2.19 Lineares Kraftgesetz I. Graph für eine Schraubenfeder mit linearem Kraftgesetz: Proportionalität zwischen Längenänderung Δl und damit auch zwischen Dehnung $\Delta l / l_0$ und Kraft F. Grundsätzlich kann eine Schraubenfeder auch gestaucht werden (*gestrichelter Teil*)

$$|\vec{F}| = |\vec{F}_G|$$

◻ Abb. 2.21 Umlenkrolle. Umlenken der Gewichtskraft F_G durch Seil und Rolle in eine beliebige Richtung. Der Betrag der Kraft bleibt unverändert

oder auch

$$l(F) = l_0 + \frac{F}{D}.$$

Hier bezeichnet D die **Federkonstante**, eine Kenngröße der jeweiligen Schraubenfeder. Ihre Längenänderung Δl und ihre **Dehnung** $\Delta l / l_0$ sind also über die Federkonstante D der angreifenden Kraft F proportional; im Diagramm gibt jede **Proportionalität** eine Gerade durch den Nullpunkt des Achsenkreuzes (◻ Abb. 2.19). Zwischen F und der gesamten Länge l der Feder besteht hingegen keine Proportionalität, sondern nur ein **linearer Zusammenhang**. Er gibt im Diagramm ebenfalls eine Gerade; sie läuft aber nicht durch den

Nullpunkt, besitzt vielmehr einen **Achsenabschnitt** (◻ Abb. 2.20).

Die Schwerkraft (Gewichtskraft) zieht immer nach unten; so ist „unten" definiert. Durch Seil und Rolle kann ihre Wirkung aber leicht in jede gewünschte Richtung umgelenkt werden, wie ◻ Abb. 2.21 zeigt. Kräfte sind eben Vektoren. Zwei entgegengesetzt gleiche horizontale Kräfte, nach ◻ Abb. 2.22, erzeugt durch zwei gleiche Gewichte an den Enden eines Seiles, heben sich auf; das System bleibt in Ruhe, es herrscht **Gleichgewicht**. Das System bleibt

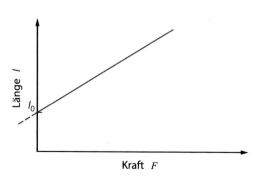

◻ Abb. 2.20 Lineares Kraftgesetz II. Graph für eine Schraubenfeder mit linearem Kraftgesetz: linearer Zusammenhang zwischen Federlänge l und Kraft F

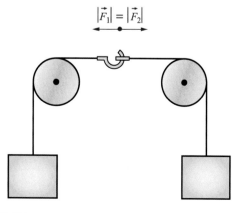

◻ Abb. 2.22 Kraft = Ausgleichskraft

2

$$|\vec{F}_h| = |\vec{F}|$$

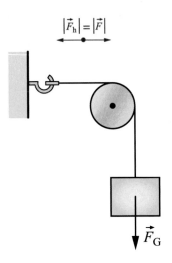

$\vec{F}_G$

Abb. 2.23 Gleichgewicht. Erzeugung der zum Gleichgewicht notwendigen Ausgleichskraft F_h durch Verformung von Haken und Wand

auch dann in Ruhe, wenn man das eine Gewicht durch einen Haken in der Wand ersetzt (● Abb. 2.23). Jetzt müssen Haken und Wand die zum Gleichgewicht nötige Ausgleichskraft aufbringen, durch elastische Verformung.

Seile lassen sich nur auf Dehnung beanspruchen, nicht auf Stauchung. Infolgedessen können sie Kräfte nur in ihrer Längsrichtung übertragen. Werden sie wie in ● Abb. 2.21 über eine Rolle geführt, so muss die Halterung der Rolle die Vektorsumme der beiden dem Betrag nach gleichen Kräfte $\vec{F}_G$ und $-\vec{F}$ aufnehmen und durch eine Ausgleichskraft $\vec{F}_h$ kompensieren (● Abb. 2.24). Die drei Kräfte $\vec{F}_G$, $-\vec{F}$ und $\vec{F}_h$ bilden aneinander gesetzt ein geschlossenes Dreieck, sie summieren sich also zu Null, wie es im Gleichgewicht eben sein muss.

Auch mehr als drei Kräfte können sich die Waage halten, dann nämlich, wenn sich ihr Kräftepolygon schließt: zeichnet man die Kraftpfeile hintereinander, so muss die Spitze des letzten mit dem Anfang des ersten zusammenfallen. Die erste Bedingung dafür, dass sich nichts bewegt, lässt sich demnach kurz und allgemein schreiben als

$$\sum_i \vec{F}_i = 0.$$

Bei unglücklicher Geometrie müssen auch geringe Kräfte durch relativ große Ausgleichskraft gehalten werden. Musterbeispiel ist die Wäscheleine: je straffer man sie spannt, umso größer müssen die Kräfte in der Leine seien, damit ihre Vektorsumme (rot) die Gewichtskraft des Handtuchs noch kompensieren kann (● Abb. 2.25). Zum Klimmzug greift

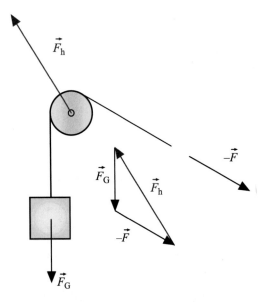

Abb. 2.24 Vektoraddition der Kräfte am Beispiel der ● Abb. 2.17. Die Kräfte $\vec{F}_G$ und $-\vec{F}$ werden durch die Ausgleichskraft der Halterung der Rolle $\vec{F}_h$ kompensiert

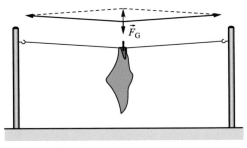

Abb. 2.25 Wäscheleine. Eine straffe Wäscheleine eine steht unter hoher Spannung, damit die Gewichtskraft $\vec{F}_G$ von der Vektorsumme (rot) der Kräfte in der Leine kompensiert werden kann

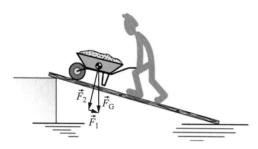

◘ Abb. 2.26 Schiefe Ebene. Nur die Komponente $\vec{F}_1$ der Gewichtskraft $\vec{F}_G$ muss beim Schieben überwunden werden; die Komponente $\vec{F}_2$ wird von der Latte übernommen

man vernünftigerweise in Schulterbreite an die Reckstange; wer die Arme spreizt, muss sich mehr anstrengen.

Mehrere Kräfte auf einen Gegenstand kann man sich zu einer Gesamtkraft addiert denken. Umgekehrt ist es oft hilfreich, sich eine Kraft als Summe mehrerer Kräfte vorzustellen. Man nennt dies **Kräftezerlegung**. Das Paradebeispiel hierfür ist die **schiefe Ebene**. Das kann zum Beispiel eine breite Holzlatte sein, auf der ein Bauarbeiter seine Schubkarre hochschiebt (◘ Abb. 2.26). Er kann dadurch die Schubkarre zu einem höheren Platz bringen, auch wenn sie für ein senkrechtes Anheben viel zu schwer wäre. Das kann man sich leicht klar machen, indem man sich die Gewichtskraft der Schubkarre $\vec{F}_G$ in eine Komponente $\vec{F}_2$ senkrecht zur schiefen Ebene und eine Komponente $\vec{F}_1$ parallel zur schiefen Ebene zerlegt denkt. Die senkrechte Komponente $\vec{F}_2$ wird durch die Latte kompensiert (die sich etwas verformt). Nur die parallele Komponente $\vec{F}_1$ muss vom Bauarbeiter aufgebracht werden. Je flacher die Latte liegt, umso weniger Kraft muss der Arbeiter aufwenden, um die Karre hochzuschieben.

2.2.2 Gewichtskraft und Gravitation

Die Behauptung, eine Federwaage kompensiere mit der elastischen Kraft ihrer Schraubenfe-

der die **Gewichtskraft** der angehängten Last, sagt nur die halbe Wahrheit. Um eine Feder zu dehnen, muss man an beiden Enden ziehen. Die Federwaage funktioniert nur, wenn sie am oberen Ende festgehalten wird. Dort überträgt sie ihre Federkraft (plus eigene Gewichtskraft) auf die Halterung. Diese stützt sich ihrerseits über Gestell, Tischplatte, Fußboden und Mauerwerk auf den Baugrund, überträgt also mit all den zugehörigen Gewichtskräften auch die der Last an der Federwaage auf die Erde. Woher nimmt die jetzt die Ausgleichskraft?

Ursache aller Gewichtskräfte ist die **Gravitation**, eine in ihren Details noch nicht völlig erforschte Eigenschaft der Materie, nur mit deren Masse verknüpft, also mit der in Kilogramm gemessenen physikalischen Größe, und nicht mit der chemischen Natur der Materie oder mit ihrem Aggregatzustand. Die Gravitation beherrscht die Himmelsmechanik, den Lauf der Planeten um die Sonne, den Lauf der Sonne um das Zentrum der Milchstraße, den Lauf der Wettersatelliten um die Erde. Ihre Wirkung sind durch nichts beeinflussbare Kräfte, mit denen sich alle materiellen Gegenstände gegenseitig anziehen.

Das **Gravitationsgesetz** besagt: Zwei Massen m_1 und m_2 im Abstand r ziehen sich gegenseitig mit einer Kraft $\vec{F}$ parallel zu der Verbindungslinie zwischen den Massen an, die zu beiden Massen proportional ist und umgekehrt proportional zu r^2:

$$F_G = G \frac{m_1 \cdot m_2}{r^2}.$$

Hier erscheint die **Gravitationskonstante** $G = 6{,}68 \cdot 10^{-11}\ \mathrm{Nm^2/kg^2}$. Lässt sich kein einheitliches r ansetzen, etwa weil die Gegenstände zu ausgedehnt sind oder auch mehr als zwei, so muss über alle Masseteilchen integriert werden. Bei Kugeln, also auch bei Erde und Mond, reicht r von Mittelpunkt zu Mittelpunkt.

❯ Merke

Gravitation: Massen ziehen sich an (Naturgesetz).

2

Die Gravitation der Erde wirkt weit hinaus in den Weltraum, sie wirkt aber auch auf alle Gegenstände im Lebensraum des Menschen. Dadurch wird jeder Stein, jeder Mensch, jeder Kartoffelsack von der Erde mit seiner jeweiligen Gewichtskraft F_G angezogen und zieht seinerseits die Erde mit der gleichen Kraft an! Genauer: mit einer zu F_G antiparallelen Kraft gleichen Betrages. Sie ist die Ausgleichskraft, die zu Beginn des Kapitels gesucht wurde.

Die Gewichtskräfte, an die der Mensch sich gewöhnt hat, werden durch Masse und Radius der Erdkugel bestimmt und sind, dem Gravitationsgesetz zufolge, der Masse m des Probekörpers streng proportional. Allgemein darf man

$$\frac{F_G}{m} = 9{,}81 \, \frac{m}{s^2}$$

setzen.

Wäre die Erde eine mathematische Kugel mit homogen verteilter Massendichte, so wäre die letzte Gleichung überall auf der Erdoberfläche mit dem gleichen Zahlenwert gültig. Tatsächlich gilt aber in Djakarta $F_G/m = 9{,}7818 \, \text{m/s}^2$ und am Nordpol $F_G/m = 9{,}8325 \, \text{m/s}^2$. Wer das Kapitel, das den freien Fall behandelte (s. ▶ Abschn. 2.1.2), noch gut in Erinnerung hat, dem sollten diese Zahlenwerte bekannt vorkommen: sie sind die der (in m/s² gemessenen) Fallbeschleunigung g. Das lässt einen Zusammenhang vermuten. In der Tat gilt

$$F_G = m \cdot g.$$

Das liegt am zweiten Newton'schen Gesetz, das wir im ▶ Abschn. 2.5.1 behandeln.

2.2.3 Reibungskraft

Eine im Alltag lebenswichtige Kraft ist die Reibungskraft. Gehen kann der Mensch nur, wenn seine Füße fest genug am Boden haften, um die zur Bewegung notwendigen Kräfte zu übertragen. Übersteigen sie die Kräfte der **Haftreibung**, so gleitet der Mensch aus.

Gebiete verminderter Haftreibung gelten geradezu sprichwörtlich als Gefahrenzonen: Man kann jemanden „auf's Glatteis führen".

Ist die Haftreibung einmal überwunden, so meldet sich beim ausgleitenden Menschen die (etwas geringere) **Gleitreibung**. In der Verkehrstechnik ersetzt man sie, um Antriebskraft zu sparen, durch die (noch geringere) **Rollreibung** der Räder auf Straße oder Schiene. Schmiermittel schließlich legen einen Flüssigkeitsfilm zwischen Achse und Achslager und tauschen dort die Gleitreibung ein gegen die **innere Reibung** in Fluiden wie Öl und Fett. Besonders gering ist die innere Reibung in Gasen; die Gleitbahn der ◻ Abb. 2.49 nutzt dies aus. Reibung hindert Bewegungen. Sie erzeugt eine **Reibungskraft**, die bei der Haftreibung der angreifenden Kraft entgegensteht und mit ihr wächst, und bei den anderen Reibungen der Geschwindigkeit entgegensteht und mit dieser wächst.

❯ **Merke**

Reibung behindert Bewegungen;
  Arten der Reibung: Haftreibung, Gleitreibung, rollende Reibung, innere Reibung.

Verschiedene Reibungsarten können gleichzeitig auftreten. Ein Auto lässt sich nur deshalb lenken, weil seine Räder in Fahrtrichtung rollen, quer dazu aber von der Haftreibung in der Spur gehalten werden. Tritt der Fahrer so heftig auf die Bremse, dass die Räder blockieren, dann gibt es nur noch Gleitreibung ohne Vorzugsrichtung, und das Fahrzeug bricht aus.

Da Reibung auf einer komplizierten Wechselwirkung der Moleküle an der Grenzfläche der Reibpartner beruht, gibt es keine so ganz präzise formulierbaren Gesetzmäßigkeiten für Reibungskräfte. Ungefähre gibt es aber schon; sie sollen hier am Beispiel der Reibung zwischen zwei festen Oberflächen betrachtet werden. Eine Kiste möge auf einer Rampe stehen, die langsam mit wachsendem Winkel φ gekippt wird (◻ Abb. 2.27). Auf die Kiste wirken zwei Kräfte: die Schwerkraft, die man sich am Schwerpunkt angreifend denken kann (Schwerpunktsatz, ▶ Abschn. 2.3.1), und die

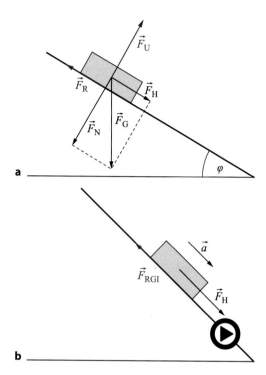

a

b

Abb. 2.27 (Video 2.3) **Schiefe Ebene. a** Der Klotz bleibt auf der schiefen Ebene in Ruhe, da die Reibungskraft $\vec{F}_R$ die Hangabtriebskraft $\vec{F}_H$ ausgleicht. **b** Bei größerem Winkel überschreitet die Hangabtriebskraft die maximale Gleitreibungskraft und der Klotz gleitet beschleunigt hinab (▶ https://doi.org/10.1007/000-bsv)

Kraft, die die Rampe auf die Kiste ausübt. In ☐ Abb. 2.27 sind beide Kräfte jeweils zerlegt in Komponenten parallel und senkrecht zur Rampe. Dies ist sinnvoll, weil sich die senkrechten Komponenten $\vec{F}_N$ (Schwerkraft) und $\vec{F}_U$ (Rampe) immer gerade kompensieren. Sonst würde die Kiste entweder in der Rampe versinken oder davonfliegen. Wesentlich sind also die parallelen Komponenten, die **Hangabtriebskraft** $\vec{F}_H$ (Schwerkraft) und die **Haftreibungskraft** $\vec{F}_R$ (Rampe). Zunächst bleibt die Kiste auf der Rampe in Ruhe, weil $\vec{F}_R$ die Hangabtriebskraft $\vec{F}_H$ kompensiert (☐ Abb. 2.27a). Irgendwann ist aber ein Grenzwinkel φ_g erreicht, bei dem die Kiste ins Rutschen kommt. Dann erreicht nämlich die Haftreibungskraft den größten Wert $\vec{F}_{RH}$,

der zwischen Kiste und Rampe auftreten kann. Es leuchtet ein, dass $\vec{F}_{RH}$ von der Beschaffenheit der Rampenoberfläche und der Kiste abhängt. Insbesondere hängt $\vec{F}_{RH}$ aber von der Kraft ab, mit der die Kiste auf die Rampe gedrückt wird, also von $\vec{F}_N$, der Komponente der Gewichtskraft senkrecht zur Rampe. Es gilt näherungsweise:

$$\left| \vec{F}_{RH} \right| = \mu_H \cdot \left| \vec{F}_N \right|$$

μ_H heißt *Haftreibungskoeffizient*. Man kann ihn leicht aus dem Grenzwinkel $\varphi = \varphi_g$ ermitteln, bei dem die Hangabtriebskraft $\vec{F}_H$ gerade gleich der maximalen Haftreibungskraft ist. Wegen

$$\left| \vec{F}_H \right| = F_G \cdot \sin \varphi_g = \mu_H \cdot \left| \vec{F}_N \right|$$
$$= \mu_H \cdot F_G \cdot \cos \varphi_g$$

gilt

$$\mu_H = \tan \varphi_g$$

Ein typischer Wert ist $\mu_H \sim 0{,}4$, entsprechend $\varphi_g \sim 22°$, wie jeder leicht mit zum Beispiel einem Lineal und einem Radiergummi im Schreibtischexperiment nachprüfen kann. Versuche zeigen, dass der Haftreibungskoeffizient wie erwartet stark von der Beschaffenheit der Oberflächen abhängt, bemerkenswerter Weise aber praktisch gar nicht von der Größe der Auflagefläche.

Hat sich die Kiste erst einmal gelöst, so rutscht sie beschleunigt her unter, den nun wirkt nur noch Gleitreibungskraft $\vec{F}_{RGl}$ (☐ Abb. 2.27b). Für sie gilt eine ganz ähnliche Beziehung wie für die Haftreibung:

$$\left| \vec{F}_{RGl} \right| = \mu_{Gl} \cdot \left| \vec{F}_N \right|$$

Der **Gleitreibungskoeffizient** μ_{GL} ist im Allgemeinen etwas kleiner als der Haftreibungskoeffizient. Bemerkenswert: Er hängt fast gar nicht von der Gleitgeschwindigkeit ab.

2

Anders ist dies bei der inneren Reibung in Flüssigkeiten und Gasen. Für grobe Abschätzungen darf man so tun, als sei die Reibungskraft in Flüssigkeiten so ungefähr proportional zur Geschwindigkeit, in Gasen proportional zur Geschwindigkeit ins Quadrat. Wenn ein Auto anfährt, dann wird die vom Motor entwickelte Antriebskraft $\vec{F}_A$ zur Beschleunigung des Wagens verwendet. Mit wachsender Geschwindigkeit wächst aber die Luftreibungskraft $\vec{F}_R$ und lässt immer weniger Beschleunigungskraft $\vec{F}_B$ übrig:

$$\left| \vec{F}_B \right| = \left| \vec{F}_A \right| - \left| \vec{F}_R \right|$$

Auf freier Strecke, bei konstanter Geschwindigkeit, kompensiert der Motor nur noch die Reibung. Beim Regentropfen ersetzt die Gewichtskraft den Motor. Weil $\vec{F}_G$ rascher mit dem Durchmesser wächst als $\vec{F}_R$, fallen dicke Tropfen schneller als kleine (Stokes'sches Gesetz, ▶ Abschn. 3.5.2).

Rechenbeispiel 2.6: Haftreibung zwischen Rad und Straße

Aufgabe: Wie groß muss der Reibungskoeffizient zwischen unserem Kleinwagen aus Beispiel 2.9 und der Straße mindestens sein, um die der Motorleistung entsprechende Beschleunigung auch wirklich zu erreichen?

Lösung: In Beispiel 2.10 hatten wir die notwendige Kraft berechnet (2570 N). Das Gewicht des Autos beträgt $1000\,\text{kg} \cdot g = 9810\,\text{N}$. Also gilt für den minimalen Reibungskoeffizienten $\mu = \frac{3633\,\text{N}}{9810\,\text{N}} = 0{,}37$ Der tatsächliche Reibungskoeffizient ist bei trockener Fahrbahn höher. Ein doppelt so schnell beschleunigender Porsche braucht ja auch ein doppelt so großes μ.

Rechenbeispiel 2.7: Kiste auf der Rampe

Mit welcher Beschleunigung rutscht eine Kiste eine Rampe mit einem Neigungswinkel von 30° herunter, wenn der Gleitreibungskoeffizient zwischen Kiste und Rampe $\mu = 0{,}3$ ist?

Lösung: Masse mal Beschleunigung gleich resultierende Kraft:

$$\begin{aligned} m \cdot a &= m \cdot g \cdot \sin 30° - \mu \cdot F_N \\ &= m \cdot g \left(\sin 30° - \mu \cdot \cos 30° \right) \\ &= m \cdot g \cdot 0{,}24 \Rightarrow a = 2{,}36\,\text{m/s}^2 \end{aligned}$$

2.3 Energie

2.3.1 Einführung

Energie ist ein nicht ganz einfacher und vielschichtige Begriff in der Physik. Ein Problem besteht darin, dass wir in der Umgangssprache davon sprechen, dass Energie erzeugt und verbraucht, gespeichert und transportiert werden kann. Das klingt so, als wäre Energie etwas substanzartiges, dass ich in einen Sack stopfen, den Sack dann woanders hinbringen kann, um die Energie dort wieder auszuschütten. Diese Vorstellung ist völlig falsch. Energie ist immer die Energie von etwas. Wie jede andere physikalische Größe auch ist die Energie eine Eigenschaft, in diesem Fall von einem Gegenstand oder einem System. Der Systembegriff wird uns noch öfter begegnen. Gemeint ist eine Ansammlung von Gegenständen, die miteinander wechselwirken und sich irgendwie gegen die Umgebung abgrenzen lassen. Ein Beispiel für ein System wäre ein Auto. Nicht nur hat dieses Auto eine gewisse Energie (Bewegungsenergie zum Beispiel), in ihm wird auch Energie umgewandelt, zum Beispiel bei der Verbrennung von Benzin im Motor. Es ist ein wesentliches Merkmal der Energie, dass sie in verschiedenen Formen vorliegen kann. Aus der Umgangssprache kennen sie Bewegungsenergie, elektrische Energie, chemische Energie, Kernenergie, und vielleicht noch manches mehr. In diesem Buch werde ich versuchen, Ihnen den Energiebegriff nahe zu bringen, indem ich diese verschiedenen Formen der Energie beschreibe. Es gibt auch eine präzise Definition dieser physikalischen Größe. Leider übersteigt es die Möglichkeiten dieses Buches, Ihnen diese Definition vorzuführen. Da müssen Sie schon Physik studieren.

Ein ganz wichtiger Aspekt der Energie ist die sogenannte Energieerhaltung (**Energieerhaltungssatz**). Damit ist folgendes gemeint: wenn der Wert der Energie eines Systems sich verändert, so kann er das nicht einfach so tun. Vielmehr muss sich dann auch der Wert der Energie der Umgebung des Systems entgegengesetzt geändert haben. Steigt also die Energie meines Systems um einen gewissen Betrag, so muss sich die Energie der Umgebung um denselben Betrag verringert haben, sodass die Gesamtenergie konstant bleibt. Man sagt dann auch: die Energie wurde von der Umgebung auf das System übertragen, was dann schon so ähnlich klingt, wie der Energietransport in der Umgangssprache.

In der Mechanik gibt es im Wesentlichen zwei wichtige Energieformen: die Bewegungsenergie (kinetische Energie) und verschiedene Formen der potentiellen Energie. Diese Begriffe haben sie im Physikunterricht in der Schule sicherlich schon gehört. Um Formeln zur Berechnung dieser Energien ableiten zu können, benötigen wir den Begriff der Arbeit, der eng mit dem Energiebegriff verbunden ist. Darum geht es im nächsten Abschnitt.

2.3.2 Arbeit und Leistung

Es macht Mühe, eine Last zu heben; herunter fällt sie von allein. Aber auch, wenn die Last wieder herunterfällt, war doch die Mühe des Anhebens nicht ganz vergebens, denn beim Herunterfallen kann etwas bewirkt werden und sei es nur, dass die Last kaputtgeht.

Mensch oder Kran leisten beim Heben der Last **Arbeit**, genauer Hubarbeit, die als **potentielle Energie** gespeichert wird, wie wir noch genauer betrachten werden. Beim Herabfallen, -rollen oder -gleiten wird dann diese Energie wieder freigesetzt. Der Begriff Arbeit ist in der Physik eine recht klare und einfach definierte Größe und wird viel enger verstanden als in der Umgangssprache. Die zu leistende Hubarbeit ist umso größer, je höher die Hubhöhe Δh ist, um die Last gehoben wird. Das Heben einer schwereren Last mit größerer Gewichtskraft F_G bedarf auch einer größeren Arbeit. Es liegt also nahe, die Hubarbeit W als das Produkt aus beidem festzulegen:

$$W = F_G \cdot \Delta h$$

Hebt man die Last mit einem Flaschenzug an (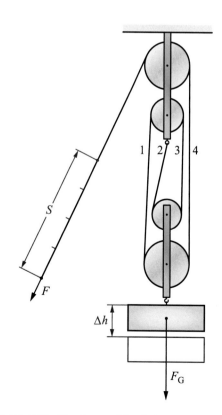 Abb. 2.28), so spart man Kraft, Arbeit spart

□ Abb. 2.28 Flaschenzug (Einzelheiten im Text)

2

man nicht. Zwar ist die Kraft F, mit der gezogen werden muss, aufgrund der trickreichen Rollenkonstruktion geringer als die Gewichtskraft F_G, aber das Seil muss auch die längere Strecke h_2 gezogen werden. Das Produkt aus beidem bleibt gleich:

$$W = F \cdot h_2 = F_G \cdot h_1$$

Im Flaschenzug verteilt sich die Gewichtskraft F_G der Last gleichmäßig auf die n Teilstücke des Seiles. Die Ausgleichskraft F_2 braucht deshalb nur die Teilkraft F_G/n zu kompensieren. Zum Heben der Last um Δh muss freilich jedes Teilstück des Seiles entsprechend verkürzt werden, das gesamte Seil also um $s = n \cdot \Delta h$.

Die durch das Heben der Last hinzugewonnene potentielle Energie ΔW_{pot} entspricht gerade dieser geleisteten Hubarbeit. Man kann also auch schreiben:

$$\Delta W_{pot} = F_G \cdot \Delta h.$$

Arbeit und Energie haben die gleiche Einheit.

❯ Merke
Hubarbeit = Gewichtskraft mal Hubhöhe; Hubarbeit erhöht die potentielle mechanische Energie.

Aus diesem Zusammenhang folgt, dass Arbeit und Energie in der Einheit **Newtonmeter** (Nm) gemessen werden kann. Sie wird auch Joule (J) genannt und ist per Definition gleich der *Wattsekunde* (Ws), der Einheit der elektrischen Energie. Für den modernen Alltag ist sie zu klein; dort benutzt man lieber die *Kilowattstunde* (kWh = 3.600.000 J). Sie hat einen Kleinhandelswert von etwa 40 Cent.

❯ Merke
SI-Einheit der Arbeit und Energie: Newtonmeter = Joule = Wattsekunde.

Kräfte sind Vektoren und auch der Weg, um den ein Gegenstand mit der Kraft verschoben wird kann als Vektor $\vec{s}$ beschrieben werden. die Arbeit ist aber ein Skalar. Wer sich nach

◘ Abb. 2.29 Ziehen: Nur die horizontale Komponente der Zugkraft leistet Arbeit

Art der ◘ Abb. 2.29 vor einen Wagen spannt, zieht um den Winkel α schräg nach oben. Mit der vertikalen Komponente seiner Zugkraft F entlastet der lediglich die Vorderachse seines Wagens; nur die horizontale Komponente mit dem Betrag

$$F_h = F \cdot \cos\alpha$$

dient dessen Bewegung. Sie allein zählt bei der Berechnung der geleisteten Arbeit:

$$W = F \cdot s \cdot \cos\alpha$$

Diese Formel lässt offen, ob man die Komponente der Kraft in Richtung des Weges in sie eingesetzt hat oder die Komponente des Weges in Richtung der Kraft. Mathematisch handelt es sich um das skalare Produkt der beiden Vektoren $\vec{F}$ und $\vec{s}$ (s. ▶ Abschn. 1.4):

$$W = \vec{F} \cdot \vec{s}$$

Sind F und α nicht konstant und der Weg nicht gradlinig, muss integriert werden:

$$W = \int_{\vec{r}}^{\vec{r}_0} \vec{F}(\vec{s}) \cdot d\vec{s}$$

Dies ist ein sogenanntes Linienintegral, dessen Mathematik hier nicht näher erläutert werden soll.

❯ Merke
Mechanische Arbeit:

$$W = \vec{F} \cdot \vec{s}$$

„Arbeit = Kraft · Weg".

Abb. 2.30 Keine Arbeit: Wer einen Mehlsack horizontal über den Hof trägt, leistet keine mechanische Arbeit gegen die Schwerkraft

Ohne Weg keine Arbeit! Als „Weg" zählt aber nur dessen Komponente in Richtung der Kraft. Wer sich einen Mehlsack auf die Schultern lädt, leistet Arbeit, Hubarbeit nämlich. Wer den Sack dann aber streng horizontal über den Hof trägt (■ Abb. 2.30), leistet im Sinn der Mechanik keine Arbeit mehr. Dass er trotzdem ermüdet, ist seine Ungeschicklichkeit: Hätte er einen Wagen gebaut und sorgfältig alle Reibung vermieden, so hätte er den Sack, einmal aufgeladen, mit dem kleinen Finger über den Hof schieben können, ohne Arbeit, weil (praktisch) ohne Kraft. Weg und Gewichtskraft stehen senkrecht aufeinander, ihr skalares Produkt ist null, weil cos 90° dies auch ist.

Reine Haltebetätigung leistet keine mechanische Arbeit; der Weg fehlt. Für sie Energie einzusetzen, ist Verschwendung, kann aber aus mancherlei Gründen durchaus vernünftig sein. Hierfür ein technisches Beispiel: Ein Kran verlädt Eisenschrott mit Hilfe eines Elektromagneten. Für die Hubarbeit braucht er einen Elektromotor, der elektrische Energie umsetzt; das ist unvermeidlich. Zusätzlich setzt aber auch der Magnet elektrische Energie in Wärme um (der elektrische Strom erwärmt den Magneten), und das ist prinzipiell unnötig; ein Permanentmagnet hielte den Eisenschrott ja auch fest. Nur ließe er ihn nicht wieder los. Allein der Flexibilität wegen wird hier Energie zum (vorübergehenden) Festhalten eingesetzt.

Ähnliches gilt für Muskeln, wenn auch in ganz anderem Mechanismus. Sie können sich unter Kraftentwicklung zusammenziehen und dabei mechanische Arbeit leisten, beim Klimmzug etwa oder beim Aufrichten aus der Kniebeuge. Ein Muskel muss aber auch dann Energie umsetzen, wenn er sich lediglich von einer äußeren Kraft nicht dehnen lassen will. Die Natur hat Mensch und Tier so konstruiert, dass im Allgemeinen nur wenig Muskelarbeit für reine Haltebetätigung eingesetzt werden muss. Wer aufrecht steht, den trägt im Wesentlichen sein Skelett. Wer aber in halber Kniebeuge verharrt, dem zittern bald die Knie.

Wir verwenden für die Definition der Arbeit das Skalarprodukt. Das kann auch negativ werden, und zwar dann, wenn Kraftrichtung und Bewegungsrichtung eher entgegengesetzt sind. Hebe ich einen Stein an, so sind sie gleichgerichtet. Die Arbeit ist positiv, ich leiste Arbeit am Stein und die potentielle Energie erhöht sich. Lasse ich den Stein an einem Seil langsam wieder herunter, so wird die Arbeit negativ, der Stein leistet Arbeit an mir und die potentielle Energie sinkt wieder. Bis vor 100 Jahren wurden Wohnzimmeruhren und auch Kirchturmuhren genau so angetrieben.

Wer arbeitet, leistet etwas; wer schneller arbeitet, leistet mehr. Nach diesem Satz leuchtet die folgende Definition der physikalischen Größe **Leistung** unmittelbar ein:

$$\text{Leistung } P = \frac{\text{Arbeit } dW}{\text{Zeitspanne } dt},$$

SI-Einheit ist Joule/Sekunde = Watt = W.

Um die Reaktionen des menschlichen Organismus auf körperliche Belastung zu untersuchen, benutzt der Sportarzt gern das sog. Fahrradergometer. Man setzt sich auf den Sattel eines stationären „Fahrrades" und hält die Tretkurbel in Gang. Die dem Sportler dabei abverlangte Leistung wird von einer Elektronik auf voreingestellten Werten konstant gehalten. 20 W, einer Zimmerbeleuchtung entsprechend, sind leicht zu leisten; 100 W, notwendig zum Laden eines Laptops, machen schon einige Mühe. 500 W für einen Toaströster kann der Mensch nur für kurze Zeit liefern. Wollte man die so gewonnene elektrische Energie verkaufen, so käme man allenfalls auf 4 Cent Stundenlohn; der Mensch ist zu wertvoll, um

2

Abb. 2.31 Leistung beim Treppensteigen

als reine Muskelkraftmaschine verschlissen zu werden. Übrigens kann man auch ohne Ergometer die Leistungsfähigkeit seiner Beine überprüfen: Man muss nur mit der Stoppuhr in der Hand eine Treppe hinauflaufen (**Abb. 2.31).

Rechenbeispiel 2.8: Kleinwagen

Aufgabe: Ein flotter Kleinwagen wiege 1000 kg und habe eine maximale Motorleistung von 66 kW (entspricht 90 PS). Wie schnell kann er günstigstenfalls einen 500 m hohen Berg hinauffahren?

Lösung: Die zu leistende Arbeit ist

$$W = h \cdot m \cdot g = 500\,\text{m} \cdot 1000\,\text{kg} \cdot g$$
$$= 4{,}9 \cdot 10^6\,\text{J}.$$

Leistet das Auto konstant 66 kW, so braucht es für diese Arbeit die Zeit

$$t = \frac{4{,}9 \cdot 10^6\,\text{J}}{66\,\text{kW}} = 74{,}3\,\text{s}.$$

2.3.3 Potentielle Energie

Wir haben im vorherigen Abschnitt schon öfter über die potentielle Energie gesprochen. Wenn ich einen Stein anhebe, so erhöhen sich die potentielle Energie. Die potentielle Energie von was erhöht sich denn? Ich leiste Arbeit am Stein mit positivem Vorzeichen (Bewegungsrichtung gleich Kraftrichtung) und erhöhe damit eine Energie. Zugleich wirkt auf den Stein aber noch die Schwerkraft nach unten. Wir haben also noch eine zweite Arbeit mit negativem Vorzeichen (Bewegungsrichtung und Kraftrichtung entgegengesetzt). Der Stein reicht die Arbeit also gleich weiter, seine eigene Energie wird nicht erhöht. Die resultierende Kraft auf den Stein ist immer null, und damit auch die resultierende Arbeit am Stein. Wohin reicht der Stein denn die Arbeit weiter? Nicht an die Erde, denn die Erde bewegt sich nicht vom Fleck, an ihr wird keine Arbeit geleistet. Irgendwie geht die Arbeit und damit die Energie in die Wechselwirkung zwischen dem Stein und der Erde. Seit Einsteins Relativitätstheorie wissen wir vom Gravitationsfeld des Steins und der Erde. Ein wichtiges Ergebnis der Relativitätstheorie ist, dass dieses Gravitationsfeld auch ein „Ding", ein System ist, dass eine Energie hat. Das kann in diesem Buch nicht weiter ausgeführt werden, aber in ▶ Abschn. 6.3.8 werden wir dieselbe Idee für das elektrische Feld vertiefen. Die potentielle Energie beim Anheben des Steines, man spricht auch von **Lageenergie**, geht also in die Wechselwirkung, in das Gravitationsfeld, dessen Energie sich erhöht. Das ist durchaus unanschaulich, und deswegen können Sie in vielen Lehrbüchern lesen, dass die Lageenergie eine Energie des Steins sei.

Berechnen können wir die Lageenergie mit der Arbeit, die ich beim Anheben geleistet habe:

$$W = F_{\text{G}} \cdot \Delta h = m \cdot g \cdot \Delta h = \Delta W_{\text{pot}}.$$

Diese Gleichung liefert uns zunächst einmal nur die Änderung der Lageenergie, also eine Änderung der Energie des Gravitationsfeldes.

Der Absolutwert dieser Energie interessiert uns nicht, nur Änderungen interessieren uns. Daher ist es üblich, willkürlich eine Höhe zu wählen, bei der die Lageenergie null gesetzt wird, zum Beispiel der Fußboden, von dem aus wir den Stein hochheben. Buddeln wir da ein Loch hinein, und legen den Stein in das Loch, so wird die Lageenergie des Steines negativ. Eigentlich gibt es keine negativen Energien in der Physik. Aber wir reden hier ja von Änderungen der Energie, die können natürlich auch negativ sein.

> **Merke**

potentielle mechanische Energie oder Lageenergie: $W_{pot} = m \cdot g \cdot h$. Die Höhe $h = 0$ mit $W_{pot} = 0$ wird angepasst an die Aufgabenstellung willkürlich festgelegt.

Die eben besprochene potentielle Energie beim Heben ist nur eine mögliche Form potentieller Energie. Immer wenn die Kraft auf einem Gegenstand nur vom Ort des Gegenstandes abhängt, geht die am Gegenstand verrichtete Arbeit in potentielle Energie. Ein zweites wichtiges Beispiel ist die potentielle Energie einer gespannten Feder. Im Fall der Feder ist die Kraft F nicht konstant wie die Gewichtskraft: $\vec{F}_G$ beim Heben, sondern eine Funktion $F(s)$ der Position s. Eine einfache

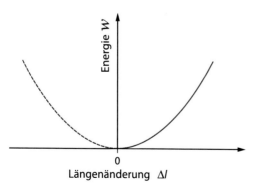

Abb. 2.32 Potentielle Energie einer Feder. Zum linearen Kraftgesetz einer Schraubenfeder (■ Abb. 2.17) gehört eine parabolische Abhängigkeit der potentiellen Energie von der Dehnung (Stauchung *gestrichelt*)

Multiplikation zur Berechnung der Arbeit genügt nicht mehr; es muss integriert werden:

$$W = \int_{s_1}^{s_2} F(s) \cdot ds$$

Bei der Schraubenfeder mit ihrem linearen Kraftgesetz $F(s) = D \cdot s$ (s. ► Abschn. 2.2.1) ergibt sich damit die potentielle Energie (elastische Energie) der gedehnten Feder nach dem gleichen mathematischen Schema wie beim freien Fall (s. ► Abschn. 2.1.2):

$$W_{pot}(s_1) = \int_0^{s_1} D \cdot ds = \frac{1}{2} D \cdot s_1^2$$

Dabei haben wir am Ort $s = 0$ (entspannte Feder) die Energie Null gesetzt. Als Graph kommt also eine Parabel heraus (■ Abb. 2.32).

2.3.4 Bewegungsenergie und mechanische Energie

Lässt man einen Stein (mit der Masse m) fallen, so wird die Lageenergie kleiner. In welche Energie wandelt sie sich um? Lässt man einen Stein fallen, so gewinnt er Geschwindigkeit $\vec{v}$; zu ihr gehört

$$\text{kinetische Energie } W_{kin} = \frac{1}{2} m \cdot v^2.$$

Begründung: Dass diese Definition zumindest insofern vernünftig ist, als sie sich mit Energiesatz und Fallgesetz verträgt, sieht man leicht: Nach der Fallzeit Δt hat der Stein die Geschwindigkeit $v = g \cdot \Delta t$ erreicht, die Strecke $\Delta s = 1/2\, g \cdot \Delta t^2$ durchfallen und die potentielle Energie $m \cdot g \cdot \Delta s = m \cdot g \cdot 1/2 \cdot g \cdot \Delta t^2 = 1/2 \cdot m \cdot v^2$ in kinetische Energie umgesetzt.

> **Merke**

Bewegungsenergie (Kinetische Energie) $W_{kin} = \frac{1}{2} m \cdot v^2$

Ein Musterbeispiel für ständige Umwandlung kinetischer Energie in potentielle und umgekehrt liefert das Fadenpendel (■ Abb. 2.33).

2

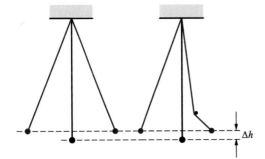

◘ Abb. 2.33 Energieerhaltung beim Fadenpendel und Fangpendel. Die Umkehrpunkt die liegen immer auf gleicher Höhe Δh über der Ruhelage, auch wenn ein Hindernis im Weg ist

Die erste Auslenkung von Hand hebt den Schwerpunkt der Kugel um die Hubhöhe Δh an, erhöht also die potentielle Energie um

$$\Delta W_{\text{pot}} = m \cdot g \cdot h.$$

Dieser Betrag ist dann voll in kinetische Energie umgewandelt worden, wenn das Pendel durch seine Ruhelage schwingt; es tut dies mit der Geschwindigkeit v_0:

$$W_{\text{kin}} = \frac{1}{2} m \cdot v^2 = \Delta W_{\text{pot}}.$$

Daraus folgt

$$v_0 = \sqrt{2 \cdot \frac{\Delta W_{\text{pot}}}{m}} = \sqrt{2 \cdot g \cdot \Delta h}$$

Hinter der Ruhelage wandelt sich kinetische Energie wieder in potentielle um, und zwar so lange, bis die Pendelkugel in ihrem Umkehrpunkt zur Ruhe kommt. Sie tut dies auf der Höhe Δh über dem Tiefstpunkt. Von nun an wiederholt sich das Spiel periodisch. Auf die Höhe Δh steigt die Kugel auch dann, wenn man ihrem Faden ein Hindernis in den Weg stellt (Fangpendel – ◘ Abb. 2.33).

Dies ist ein Beispiel für die Erhaltung der so genannten **mechanischen Energie**, die als Summe aus kinetische und potentielle Energie definiert ist.

❯ Merke

mechanische Energie: $W_{\text{mech}} = W_{\text{pot}} + W_{\text{kin}}$ bleibt bei vernachlässigbarer Reibung erhalten

Die Geschwindigkeit v_0, mit der das Pendel durch seine Ruhelage schwingt, hängt nur von der Hubhöhe Δh ab, nicht von der Masse, nicht von der Fadenlänge, nicht von der Form der Bahn. v_0 stimmt mit der Geschwindigkeit eines Gegenstands überein, der die Strecke Δh aus der Ruhe frei durchfallen hat. Hier zeigt sich der Vorteil einer so allgemein gültigen Beziehung wie der des Energiesatzes: das Kind auf der Schaukel, der Skispringer am Schanzentisch, der Wagen der Achterbahn, der Apfel, der vom Baum fällt: für alle Geschwindigkeiten gilt das gleiche Gesetz …

… sofern man die Reibung (▶ Abschn. 2.2.3) vernachlässigen darf. Auch gegen eine Reibungskraft wird Arbeit geleistet; früher oder später zehrt sie die kinetische Energie jeder sich selbst überlassenen Bewegung auf und wandelt sie in Wärme um. Auch zur Wärme gehört kinetische Energie, die der ungeordneten Bewegung einzelner Atome und Moleküle nämlich. Diese Unordnung hat aber eine so grundsätzliche Bedeutung, dass die Wärme mit vollem Recht als eigene Energieform angesehen wird.

Kinetische Energie wandelt sich freiwillig in Wärme um, immer und unvermeidlich: Vollkommen lässt sich Reibung nicht ausschalten. Zuweilen wird sie sogar dringend gebraucht, z. B. dann, wenn ein schnelles Auto plötzlich abgebremst werden muss, um eine Karambolage zu vermeiden. Dann soll sich viel kinetische Energie rasch in Wärme umwandeln: Die Bremsen werden heiß. Gelingt dies nicht schnell genug, so entsteht die restliche Wärme bei plastischer Verformung von Blech. Nicht jeder Autofahrer hat ein sicheres Gefühl für Geschwindigkeit und schon gar nicht für deren Quadrat. Wer bedenkt schon, wenn er mit 160 km/h über die Autobahn braust, dass er im Fall eines Falles das Zehnfache an kinetischer Energie wegbremsen muss gegenüber

50 km/h im Stadtverkehr und fast das Drei-
ßigfache gegenüber den erlaubten 30 km/h in
seinem Wohngebiet?

Auf freier, gerader, ebener Strecke arbeiten die Motoren der Fahrzeuge nur noch gegen
die Reibung, sie leisten Reibungsarbeit. Beim
Anfahren müssen sie zusätzlich die kinetische
Energie erhöhen, d. h. Beschleunigungsarbeit
leisten.

**Rechenbeispiel 2.9: Beschleunigung
des flotten Kleinwagens**

Aufgabe: Unser Kleinwagen ($m = 1000$ kg,
Motorleistung 66 kW) beschleunige aus
dem Stand 10 Sekunden lang mit maximaler Leistung. Welche Geschwindigkeit hat
er dann erreicht? Reibung wollen wir in dieser Abschätzung vernachlässigen.

Lösung: Die vom Motor geleistete Arbeit
erhöht die kinetische Energie des Autos:

$$\frac{1}{2}m \cdot v^2 = 66 \text{ kW} \cdot 10 \text{ s}$$

$$\Rightarrow v = \sqrt{\frac{2 \cdot 66 \text{ kW} \cdot 10 \text{ s}}{1000 \text{ kg}}}$$

$$= 36,3 \text{ m/s} = 130,8 \text{ km/h}$$

**Rechenbeispiel 2.10: Ein letzter Wurf
vom Turm**

Nun haben wir noch eine andere Art kennen
gelernt, wie wir im ▶ Rechenbeispiel 2.4
(schiefer Wurf vom Turm mit $v_0 = 15$ m/s)
die Auftreffgeschwindigkeit auf den Boden
berechnen können. Es geht auch mit dem
Energiesatz. Wie?

Lösung: Der Stein startet mit der kinetischen Energie $\frac{1}{2}m \cdot v_0^2$. Beim Fallen vom
Turm wird zusätzlich noch die potentiel-
le Energie $m \cdot g \cdot 10$ m in kinetische Energie
umgewandelt. Die gesamte kinetische Ener-

gie beim Auftreffen ist also: $W_{\text{kin}} = \frac{1}{2}m \cdot$
$v^2 = \frac{1}{2}m \cdot v_0^2 + m \cdot g \cdot 10$ m. Daraus ergibt sich
für die Geschwindigkeit v beim Auftreffen:

$$v^2 = v_0^2 + 2g \cdot 10 \text{ m}$$

$$\Rightarrow v = \sqrt{(15 \text{ m/s})^2 + 2g \cdot 10 \text{ m}}$$

$$= 20,5 \text{ m/s}$$

Das hatten wir auf etwas umständlichere
Art schon einmal herausbekommen. Der
Abwurfwinkel geht in dieser Rechnung
gar nicht ein. Die Auftreffgeschwindigkeit
ist tatsächlich von ihm unabhängig. Nicht
unabhängig vom Winkel ist natürlich die
Wurfweite. Bei ihrer Berechnung hilft der
Energiesatz nicht.

2.4 Drehmoment und Statik

2.4.1 Hebel und Drehmoment

Die Skelette der Wirbeltiere bestehen aus einer Vielzahl von *Hebeln*. Dazu gehört auch der
linke Unterarm des Menschen (◘ Abb. 2.34).

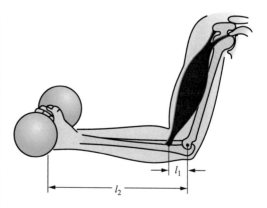

◘ **Abb. 2.34 Arm und Bizeps** als einarmiger Hebel:
Kraft und Last greifen, auf die Drehachse (Ellbogengelenk) bezogen, auf der gleichen Seite an; der Hebelarm des
Muskels ($l_1 \sim 30$ mm) ist wesentlich kleiner als der Hebelarm ($l_2 \sim 30$ cm) der Hantel

Hält man ihn horizontal, in der Hand eine Hantel, so versucht deren Gewichtskraft, das Ellbogengelenk zu öffnen. Der Bizeps kann das aber verhindern. Weil er dicht neben dem Ellbogen am Unterarm angreift, muss seine Muskelkraft allerdings deutlich größer sein als die Gewichtskraft der Hantel; der Bizeps „sitzt am kürzeren *Hebelarm*". In seiner einfachsten Form lautet das **Hebelgesetz**:

Kraft mal Kraftarm = Last mal Lastarm.

Es liegt nahe, die Gewichtskraft der Hantel als „Last" zu bezeichnen und die Muskelkraft des Bizepses als „Kraft". Umgekehrt geht es aber auch. Länge des **Hebelarms** ist der Abstand zwischen dem Angriffspunkt der jeweiligen Kraft und der Drehachse. Für den Bizeps sind das ungefähr 30 mm, während der Unterarm etwa 30 cm lang ist.

> **Merke**
>
> Einfachste Form des Hebelgesetzes:
>
> Kraft mal Kraftarm = Last mal Lastarm.

Empirisch lässt sich das Hebelgesetz z. B. mit einer Stange untersuchen, die am linken Ende drehbar gelagert ist und in Längsrichtung verschiebbare Haken besitzt, nach unten zum Anhängen von Gewichtsklötzen, nach oben zum Einhängen von Federwaagen. Im Gedankenversuch soll der Hebel zwei Bedingungen erfüllen, die sich im realen Experiment nur näherungsweise verwirklichen lassen: Der Hebel soll einerseits starr sein, sich also weder dehnen, noch stauchen, noch verbiegen lassen, und andererseits masselos, also keine Gewichtskraft haben.

Dann spielt der Hebel in einer Situation, wie sie ▣ Abb. 2.35 darstellt, keine Rolle: die Federwaage muss so oder so die Gewichtskraft übernehmen. Man kann aber auch sagen, Kraftarm und Lastarm seien gleich, und darum müssten es Kraft und Last ebenfalls sein. Halbiert man den Lastarm (▣ Abb. 2.36), so kommt die Federwaage mit der halben Kraft aus. Umgekehrt muss sie die doppelte Kraft

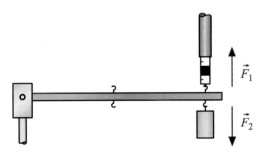

▣ **Abb. 2.35 Hebel 1.** Die Federwaage kompensiert die Gewichtskraft, ob der Hebel nun da ist oder nicht

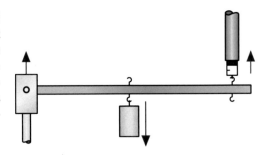

▣ **Abb. 2.36 Hebel 2.** Hängt man die Last auf halben Hebelarm, so braucht die Federwaage nur die halbe Kraft aufzubringen. Die andere Hälfte liefert das Lager

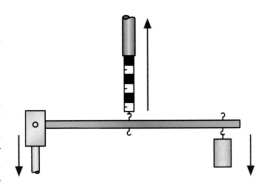

▣ **Abb. 2.37 Hebel 3.** Wird der Kraftarm halbiert, so muss die Kraft verdoppelt werden

aufbringen, wenn man ihren Hebelarm halbiert (▣ Abb. 2.37).

Das Spiel lässt sich auf vielerlei Weise variieren. Was immer man tut, im Gleichgewicht gilt das Hebelgesetz, das sich jetzt auch mathematisch formulieren lässt. Nennt man die Beträge der Kräfte von „Kraft" und „Last" F_1 und F_2 und die zugehörigen Hebelarme l_1 und

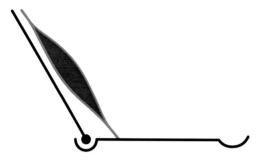

Abb. 2.38 Bizeps. Im Allgemeinen greift der Bizeps schräg am Unterarm an

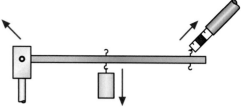

Abb. 2.39 Hebel 4. Auch die Federwaage kann schräg am Hebel angreifen

l_2, so ist

$$l_1 \cdot F_1 = l_2 \cdot F_2$$

die Bedingung des Gleichgewichts, die Bedingung dafür, dass der Hebel ruhig bleibt und sich nicht bewegt.

Die letzte Gleichung ignoriert, dass Kräfte und Hebelarme Vektoren sind; sie kann sich das leisten, weil sie nur einen Sonderfall zu beschreiben braucht: horizontale Hebelarme $\vec{l}$ und vertikale Gewichtskräfte $\vec{F}$, also rechte Winkel zwischen $\vec{l}$ und $\vec{F}$. Beim Unterarm gilt das nicht; selbst wenn er waagerecht gehalten wird, zieht der Bizeps, abhängig von der Position des Oberarms, im Allgemeinen schräg nach oben (■ Abb. 2.38). Im Modellversuch kann man diesen Fall dadurch nachbilden, dass man die Federwaage ebenfalls schräg nach oben ziehen lässt, mit einem Winkel β zwischen ihr und dem Hebelarm (■ Abb. 2.39). Dann hat nur die vertikale Komponente $\vec{F}_\mathrm{v}$ der Federkraft $\vec{F}$ Bedeutung für das Hebelgesetz, während die horizontale Komponente $\vec{F}_\mathrm{h}$ lediglich den Hebel zu dehnen versucht und letztlich vom Achslager aufgefangen werden muss (■ Abb. 2.40). Das Kräftedreieck ist rechtwinklig und erlaubt darum, die Beträge der Komponenten mit den Winkelfunktionen Sinus und Kosinus unmittelbar auszurechnen:

$$F_\mathrm{v} = F_\mathrm{F} \cdot \sin\beta; \quad F_\mathrm{h} = F_\mathrm{F} \cdot \cos\beta.$$

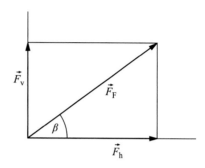

Abb. 2.40 Komponentenzerlegung der Federkraft F_F; nur die Vertikalkomponente F_v hat Bedeutung für das Hebelgesetz

Dadurch bekommt das Hebelgesetz die Gestalt

$$l_1 \cdot F_{v1} = l_2 \cdot F_{v2}$$

und ausmultipliziert die Form

$$l_1 \cdot F_1 \cdot \sin\beta_1 = l_2 \cdot F_2 \cdot \sin\beta_2.$$

Man kann den Sinus des Winkels zwischen Kraft und Hebelarm auch anders deuten, nämlich durch die Definition eines sog. **effektiven Hebelarms** l_eff. Er ist der kürzeste Abstand zwischen der Drehachse und der **Kraftwirkungslinie** (■ Abb. 2.41), steht also senkrecht auf beiden:

$$l_\mathrm{eff} = l \cdot \sin\beta.$$

In dieser Interpretation schreibt sich das Hebelgesetz

$$l_\mathrm{eff1} \cdot F_1 = l_\mathrm{eff2} \cdot F_2,$$

2

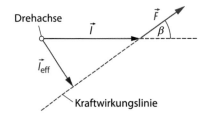

● **Abb. 2.41   Effektiver Hebelarm.** Zur Definition des *effektiven Hebelarms* l_{eff} und der *Kraftwirkungslinie*

was ausmultipliziert zu dem gleichen Ergebnis führt. Mathematisch spielt es keine Rolle, ob man den Sinus der Kraft zuordnet (Komponentenzerlegung) oder dem Hebelarm (effektiver Hebelarm); nur darf man nicht beides zugleich tun.

❯ **Merke**

In der einfachsten Form des Hebelgesetzes stehen *entweder* „Kraft" und „Last" für deren Komponenten senkrecht zum Hebelarm *oder* „Kraftarm" und „Lastarm" für die effektiven Hebelarme.

Unabhängig von diesen beiden Deutungen bietet die Mathematik ihr vektorielles Produkt zweier Vektoren an. Die Physik folgt dem Angebot und definiert eine neue physikalische Größe, das

Drehmoment $\vec{T} = \vec{l} \times \vec{F}$

Es steht senkrecht auf $\vec{l}$ und $\vec{F}$ und liegt demzufolge parallel zur Drehachse.

❯ **Merke**

Drehmoment: Vektorprodukt aus Hebelarm und Kraft

$\vec{T} = \vec{l} \times \vec{F}$

Soll der Hebel nicht beschleunigt sein, so müssen sich Drehmoment und Gegendrehmoment gegenseitig kompensieren:

$$\sum \vec{T} = 0$$

❯ **Merke**

Allgemeine Form des Hebelgesetzes:

$$\sum \vec{T} = 0.$$

Mechanische Energie und Drehmoment werden beide in Newtonmeter gemessen, denn sie sind beide Produkte von jeweils einer Kraft und einer Lange, dem Schubweg bzw. dem Hebelarm. Der Einheit sieht man es nicht an, dass es sich beim Drehmoment ein vektorielles, bei der Energie aber um ein skalares Produkt zweier Vektoren handelt. Die Namen Joule und Wattsekunde bleiben aber der Energie vorbehalten.

Rechenbeispiel 2.11: Oktoberfest

Aufgabe: Welche Kraft muss der Bizeps einer Kellnerin auf dem Oktoberfest ungefähr entwickeln, wenn sie in jeder Hand sechs volle Maßkrüge trägt? Ein voller Krug hat eine Masse von etwa 2 kg. Die Masse der Arme entnehme man ● Abb. 2.34.

Lösung: Der Bizeps sitzt am kürzeren Hebel und muss die zehnfache Gewichtskraft aufbringen:

$$F = \frac{30 \text{ cm}}{30 \text{ mm}} \cdot 12 \text{ kg} \cdot g = 1177 \text{ N}$$

2.4.2 Die Grundgleichungen der Statik

Die Überlegungen des vorigen Abschnitts unterstellen als selbstverständlich, dass die Position der Achse, um die sich ein Hebel drehen kann, im Raum unverrückbar festliegt. Wie man das technisch erreicht, wurde nicht gesagt, in den Zeichnungen nur angedeutet. Mit etwas Phantasie kann man etwa ● Abb. 2.36 Folgendes entnehmen: Zwei quer am linken Ende des Hebels befestigte Achsstummel stecken drehbar in passenden Löchern des Lagerklotzes, der selbst über eine nicht gezeichnete Halterung zunächst vermutlich mit einem Tisch, am Ende aber mit dem Erdboden starr verbunden ist. Versucht nun eine von außen angreifende Kraft den Hebel wegzuziehen, so hält der Lagerklotz den Hebel dadurch fest, dass er durch winzige elastische Verformungen auf die Achsstummel die dort erforderliche **Lagerkraft** ausübt. Warum aber war es im vorigen Kapitel erlaubt, diese Lagerkraft mit keinem Wort zu erwähnen?

Wichtigste physikalische Größe beim Hebel ist das Drehmoment $\vec{T}$, im vorigen Kapitel als Kreuzprodukt aus Hebelarm $\vec{l}$ und Kraft $\vec{F}$ beschrieben: $\vec{T} = \vec{l} \times \vec{F}$. Der Hebelarm reicht von der Drehachse bis zur Kraftwirkungslinie. Nun greift eine Lagerkraft allemal an der Achse an. Folglich liefert sie mangels Hebelarm kein Drehmoment; folglich kann das Hebelgesetz ohne Lagerkräfte formuliert werden. Damit der Hebel aber auch wirklich im statischen Gleichgewicht ist, muss auch noch das gelten, was in ▶ Abschn. 2.2.1 formuliert wurde: die Summe aller an den Hebel angreifenden Kräfte muss Null sein. Die Summe der Kraft, die das Gewicht ausübt und der Kraft, die die Federwaage ausübt, sind aber in ◘ Abb. 2.37 keineswegs Null, da die Kraft der Federwaage doppelt so groß ist. Also muss das Lager mit einer nach unten gerichteten Kraft, die hier genauso groß ist, wie die Kraft des Gewichts, für den Ausgleich sorgen. Täte das Lager dies nicht, so würde der Hebel nach oben wegschlagen.

Entsprechend sind in den ◘ Abb. 2.36–2.39 die Lagerkräfte eingezeichnet. Nur in der Situation von ◘ Abb. 2.35 hat das Lager nichts zu tun (außer natürlich den Hebel zum Teil zu tragen, aber dessen Gewicht sollte ja vernachlässigbar sein).

Bei Kräften und Drehmomenten denkt man instinktiv immer auch an Bewegungen, die sie ja grundsätzlich auslösen können, die in der Statik aber ausdrücklich ausgeschlossen werden. Häuser und Brücken sollen schließlich stehen bleiben und nicht einstürzen. Dazu müssen sich alle Kräfte $\vec{F}$ und Drehmomente

$\vec{T}$ gegenseitig aufheben:

$$\sum \vec{F} = 0 \quad \text{und} \quad \sum \vec{T} = 0.$$

> **Merke**
> Die Bedingungen der Statik: $\sum \vec{F} = 0$; $\sum \vec{T} = 0$.

2.4.3 Gleichgewichte

Regen Gebrauch vom Hebelgesetz macht zunächst einmal die Natur, etwa bei den Skeletten der Wirbeltiere und den zugehörigen Muskeln; regen Gebrauch macht aber auch die Technik, z. B. bei den **Balkenwaagen**, die zwei von massenproportionalen Gewichtskräften erzeugte Drehmomente miteinander vergleichen. Die Waage der Justitia, auch Apothekerwaage genannt (◘ Abb. 2.42), besitzt einen genau in der Mitte gelagerten zweiarmigen Hebel, den *Waagebalken*. Die Gleichheit der

◘ **Abb. 2.42** Einfache Balkenwaage

2

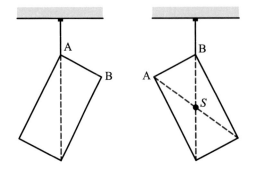

Hebelarme ist hier unerlässlich; jede Abweichung würde zu einem systematischen Fehler
führen. Das Wiegegut wird dann mit passenden Stücken aus einem Gewichtssatz verglichen. Moderne Waagen freilich zeigen ihren
Messwert elektronisch an und verraten nicht,
wie sie das machen.

Im Gleichgewicht geht die Apothekerwaage in Ruhestellung, Waagebalken horizontal.
Unbelastet tut sie dies auch. Wieso eigentlich?

Hängt man irgendeinen Gegenstand nacheinander an verschiedenen Punkten auf, und
zieht man von jedem Aufhängepunkt eine Gerade senkrecht nach unten, so treffen sich
alle Geraden in einem Punkt, dem **Schwerpunkt** (□ Abb. 2.43). Bei der Gewichtskraft
darf man so tun, als sei die gesamte Masse eines Gegenstands in seinem Schwerpunkt
konzentriert; man bezeichnet ihn deshalb auch
als **Massenmittelpunkt**. Er kann außerhalb

des Gegenstands liegen, z. B. beim Hufeisen.
Der Mensch kann seinen Schwerpunkt sogar durch Körperbewegungen verlagern, auch
nach außen. Einem vorzüglichen Hochspringer
gelingt es möglicherweise, ihn unter der Latte
hindurch zu mogeln (□ Abb. 2.44); das spart
Hubarbeit.

Wenn es die Halterung erlaubt, versucht
jeder Schwerpunkt von sich aus, unter den
Unterstützungspunkt zu kommen. Dann hat
die Gewichtskraft keinen effektiven Hebelarm
mehr und erzeugt kein Drehmoment. Der Waagebalken der Balkenwaage wird deshalb so
konstruiert und aufgehängt, dass er dieses Ziel
zu erreichen erlaubt und sich dabei waagerecht stellt. Dazu muss der Unterstützungspunkt über den Schwerpunkt gelegt werden.

Ein Waagebalken nimmt seine Ruhestellung auch dann ein, wenn beide Waagschalen
gleiche Lasten tragen und mit ihnen entgegengesetzt gleiche Drehmomente erzeugen. Hat
aber z. B. die linke Waagschale ein Übergewicht (□ Abb. 2.45), so neigt sich der Waagebalken auf ihrer Seite und schiebt seinen
Schwerpunkt nach rechts heraus. Das bedeutet
effektiven Hebelarm, Gegendrehmoment und
neues Gleichgewicht. Durch seine Schräglage zeigt der Waagebalken aber „Ungleichgewicht" im Sinne von „Ungleichheit der Gewichte" in den beiden Waagschalen an. Lenkt
man den Waagebalken durch kurzes Antippen
aus, so führt ihn das rücktreibende Gegendrehmoment wieder in die Ausgangslage zurück,
ob horizontal oder schräg. Man spricht immer dann von einem **stabilen Gleichgewicht**,
wenn Störungen „von selbst" rückgängig gemacht werden.

□ **Abb. 2.44   Fosbury-Flop.** Bei einem optimal ausgeführten Fosbury-Flop rutscht der Schwerpunkt des Springers
knapp unter der Latte hindurch

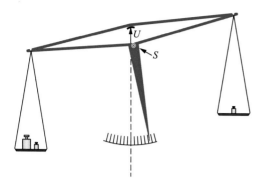

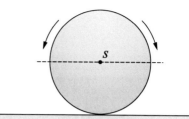

Abb. 2.47 Indifferentes Gleichgewicht. Beim Rollen bewegt sich der Schwerpunkt *S* exakt horizontal: kein Umsatz potentieller Energie

Abb. 2.45 Apothekerwaage. Außerhalb des Gleichgewichtes liegt der Schwerpunkt *S* des Waagebalkens nicht unter dem Unterstützungspunkt *U* und erzeugt deshalb ein rücktreibendes Drehmoment. Der Ausschlag der Waage und damit ihre Empfindlichkeit sind umso größer, je leichter der Balken, je länger die Hebelarme und je kleiner der Abstand des Schwerpunktes vom Unterstützungspunkt sind

Ganz anders verhält sich ein Spazierstock, den man auf seine Spitze zu stellen versucht. Grundsätzlich müsste es möglich sein, seinen Schwerpunkt so exakt *über* den Unterstützungspunkt zu bringen, dass auch jetzt mangels effektiven Hebelarms kein Drehmoment auftritt (■ Abb. 2.46). Hier genügt aber die kleinste Kippung, der kleinste Lufthauch, um ein Drehmoment zu erzeugen, das die Auslenkung vergrößert: **labiles Gleichgewicht**; der

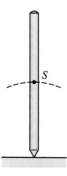

Abb. 2.46 Labiles Gleichgewicht. Der Schwerpunkt *S* fällt, wenn er nicht exakt über dem Unterstützungspunkt liegt: Abgabe potentieller Energie

Stock fällt um. Umfallen braucht allerdings Zeit. Mit der nötigen Geschicklichkeit lässt sich der Unterstützungspunkt deshalb rechtzeitig nachführen; ein Jongleur kann ein volles Tablett auf einer Stange balancieren und ein Seelöwe einen Ball auf seiner Nase.

Auf der Grenze zwischen labilem und stabilem Gleichgewicht liegt das **indifferente Gleichgewicht**, das man durch eine „Auslenkung" gar nicht verlässt. In ihm befindet sich z. B. eine Kreisscheibe oder eine Kugel auf exakt horizontaler Ebene. Symmetrische Massenverteilung vorausgesetzt, liegt der Schwerpunkt im Zentrum und damit genau über dem Unterstützungspunkt, dem Berührungspunkt mit der Ebene (■ Abb. 2.47): kein effektiver Hebelarm, kein Drehmoment, Gleichgewicht. Daran ändert sich auch nichts, wenn man die Kugel zur Seite rollt. Sie kehrt weder in die Ausgangslage zurück, noch läuft sie weg.

❯ **Merke**

Gleichgewichte:
- stabil: Verrückung erhöht die Energie
- labil: Verrückung vermindert die Energie
- indifferent: Verrückung lässt die Energie unverändert

Möbel stehen fest; offensichtlich befinden sie sich in stabilem Gleichgewicht, obwohl ihr Schwerpunkt wie beim Spazierstock über dem Fußboden liegt. Wichtig: Sie berühren ihn in mehreren Berührungspunkten, mindestens

2

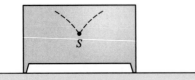

■ **Abb. 2.48 Stabiles Gleichgewicht.** Der Schwerpunkt *S* liegt zwar über den Unterstützungspunkten, muss aber beim Kippen angehoben werden (Bahnen *gestrichelt*): Erhöhung der potentiellen Energie

drei. Hier empfiehlt es sich, mit Hilfe der Hubarbeit zu argumentieren. Wer eine Kommode kippen will, muss ihren Schwerpunkt anheben (■ Abb. 2.48), also Hubarbeit leisten, und mit ihr die potentielle Energie der Kommode erhöhen. Das gilt auch für den Waagebalken. Es ist das Kennzeichen des stabilen Gleichgewichts. Beim Spazierstock liegt demgegenüber der Schwerpunkt im Gleichgewicht so hoch wie möglich. Die potentielle Energie besitzt ihr Maximum und wird beim Kippen teilweise freigesetzt: Kennzeichen des labilen Gleichgewichts. Die Kugel kann auf ihrer horizontalen Ebene herumrollen, ohne die Höhe ihres Schwerpunktes zu ändern: kein Energieumsatz, indifferentes Gleichgewicht. Dahinter steht ein ganz allgemeines Naturgesetz: Jeder Gegenstand, jedes „System" möchte die potentielle Energie, wenn möglich, vermindern.

❯ Merke

Jedes „System" versucht, die potentielle Energie zu minimieren.

2.5 Dynamik der linearen Bewegung

2.5.1 Die Newton'schen Gesetze

„Unten" ist die Richtung der Fallbeschleunigung ebenso wie der Gewichtskraft. Sollte zwischen beiden ein ursächlicher Zusammenhang bestehen? Dann dürfte es kein Privileg

der Schwerkraft sein, Beschleunigungen auszulösen; andere Kräfte müssten dies, parallel zu ihren eigenen Richtungen, ebenfalls können. Dann brauchte aber auch ein kräftefreier Gegenstand nur auf Beschleunigungen zu verzichten und nicht, wie in der Statik, auf jede Bewegung überhaupt. Eine gleichförmige mit konstanter Geschwindigkeit bliebe ihm gestattet.

❯ Merke

1. Newton'sches Gesetz:
   Ein kräftefreier Gegenstand behält seine Geschwindigkeit unverändert bei.

Dies wird allerdings nur der Beobachter bestätigen, der sich selbst mit konstanter Geschwindigkeit durch den in ▶ Abschn. 2.1.5 erwähnten absoluten Raum bewegt. Man sagt: der Beobachter befindet sich dann in einem Inertialsystem. Was es damit genauer auf sich hat, besprechen wir erst in ▶ Abschn. 2.5. Wenn wir auf der Erdoberfläche stehen, sind wir so einigermaßen in einem Inertialsystem. Eigentlich bewegen wir uns mit der Erddrehung einmal am Tag im Kreis herum. Damit ist aber eine so kleine Beschleunigung verbunden, dass man genauer messen müsste, als es nun beschrieben werden soll, um die Auswirkungen dieser Beschleunigung festzustellen. Vorsorglich sei aber hier schon festgestellt:

❯ Merke

Die Newton'schen Gesetze gelten nur für einen Beobachter, der gegenüber dem absoluten Raum nicht beschleunigt ist.

Um nun das 1. Newton'sche Gesetz auf der Erdoberfläche experimentell zu verifizieren, muss man zunächst die Gewichtskraft des Probekörpers exakt kompensieren, ohne seine Bewegungsfreiheit allzu sehr einzuschränken. Das gelingt mit einer geraden Fahrbahn, die sich genau horizontal justieren lässt, sodass von der Gewichtskraft keine Komponente in Fahrtrichtung übrigbleibt. Ferner muss man die bremsenden Kräfte der Reibung vernachlässigbar klein machen, indem man gut schmiert. Bewährt hat sich ein hohler Vierkant als Fahrbahn; er wird auf eine Kante gestellt und bekommt in festen Abständen feine Löcher in beiden oberen Flächen (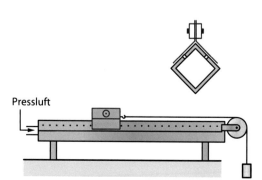 Abb. 2.49). Luft, in den am andern Ende verschlossenen Vierkant eingepresst, kann nur durch diese Löcher entweichen und hebt einen lose aufgelegten Metallwinkel so weit an, dass er den Vierkant nirgendwo berührt: er gleitet praktisch reibungsfrei auf einem Luftpolster. Um seine Bewegungen auszumessen, postiert man längs der Gleitbahn an mehreren Positionen (die wir mit s bezeichnen wollen) Lichtschranken, die mit elektrischen Stoppuhren die Zeitpunkte t feststellen, zu denen der Gleiter bei ihnen vorbeikommt.

1. *Beobachtung*: Wie immer man den Gleiter im Einzelfall angestoßen hat, man findet $\Delta s \sim \Delta t$, also konstante Geschwindigkeit, in Übereinstimmung mit dem 1. Newton'schen Gesetz. Um eine konstante Antriebskraft auf den Gleiter auszuüben, lenkt man eine kleine Gewichtskraft über Faden und Rolle in Gleitrichtung um (Abb. 2.49). Dabei muss man die Reibung im Rollenlager niedrig halten
2. *Beobachtung*: Wie immer man den Versuch im Einzelnen durchführt, wenn man den Gleiter aus der Ruhe startet, findet man für die Abstände Δs und die Zeitspannen Δt ab Start die Beziehung $\Delta s \sim \Delta t^2$. Nach den

Presluft

◘ Abb. 2.49 Luftkissenfahrbahn. Aus den Lochern der hohlen Schiene wird Pressluft geblasen; sie hebt den Gleiter ein wenig an

Überlegungen zum freien Fall entspricht das einer konstanten Beschleunigung

$$a = 2\frac{\Delta s}{\Delta t^2},$$

also einer gleichförmig beschleunigten Bewegung.

3. *Beobachtung*: Wechselt man die Gewichte für die Antriebskraft F systematisch aus, so findet man eine Proportionalität zwischen a und F.
4. *Beobachtung*: Erhöht man die Masse m des Gleiters, indem man ihm zusätzliche Lasten zu tragen gibt, so bemerkt man eine **Trägheit** der Masse: Der Gleiter kommt umso „schwerer" in Bewegung, je „schwerer" er ist (das Wort „schwer" in unterschiedlicher Bedeutung verwendet). Quantitativ findet man bei konstanter Kraft F eine umgekehrte Proportionalität zwischen Beschleunigung und Masse, also $a \sim 1/m$.

Alle Beobachtungen lassen sich zusammenfassen zu $a \sim F/m$ oder auch $F \sim m \cdot a$. Die Proportionalitätskonstante lässt sich ausmessen; sie muss mit ihrer eigenen Einheit zwischen denen der beiden Seiten vermitteln. Freilich, die angenehmste aller Proportionalitätskonstanten ist die dimensionslose eins, denn sie macht aus der Proportionalität eine Gleichung. In der Tat darf man schreiben; $F = m \cdot a$. Man erklärt damit lediglich die Kraft zur abgeleiteten Größe des Maßsystems und ordnet ihr die Einheit $kg \cdot m/s^2$ zu, die Newton genannt wird. Damit bekommt dann z. B. die Gravitationskonstante G von ▶ Abschn. 2.2.2 die Einheit $kg^{-1} \cdot m^3 s^{-2}$, ohne ihren Zahlenwert zu wechseln.

Das 2. Newton'sche Gesetz

Kraft $\vec{F}$ = Masse m · Beschleunigung $\vec{a}$

gilt vektoriell: $\vec{F}$ und $\vec{a}$ haben gleiche Richtung. Es ist von so grundlegender Bedeutung, dass man es auch **Grundgleichung der Mechanik** nennt.

2

> **Merke**
>
> 2. Newton'sches Gesetz, Grundgleichung der Mechanik:
>
> $$\vec{F} = m \cdot \vec{a}$$
>
> Kraft = Masse mal Beschleunigung.

Auch der freie Fall hält sich an die Grundgleichung:

$$\left| \vec{F}_{\mathrm{G}} \right| = m \cdot g$$

Weil die Fallbeschleunigung g keine Naturkonstante ist, sondern ein wenig vom Ort auf der Erdoberfläche abhängt, ist das veraltete „Kilopond", die Gewichtskraft eines Kilogramms, keine gute Einheit. Auf dem Mond wiegt sowieso alles weniger und fällt langsamer.

> **Merke**
>
> Gewichtskraft = Masse · Fallbeschleunigung.

Warum aber hat die Masse eines fallenden Gegenstands keinen Einfluss auf die Fallbeschleunigung? Jede Masse ist schwer; m steht im Gravitationsgesetz und erhöht die Gewichtskraft:

$$\left| \vec{F}_{\mathrm{G}} \right| = G \cdot \frac{m \cdot M_{\mathrm{E}}}{r_{\mathrm{E}}^2}$$

(M_{E}, r_{E}: Masse und Radius der Erde).

Jede Masse ist aber auch träge; m steht in der Grundgleichung der Mechanik und vermindert die Beschleunigung. Beide Wirkungen heben sich bei der Fallbeschleunigung gegenseitig auf:

$$g = \frac{\left| \vec{F}_{\mathrm{G}} \right|}{m} = G \cdot \frac{M_{\mathrm{E}}}{r_{\mathrm{E}}^2}$$

Dass in dem Gravitationsgesetz und in der Grundgleichung der Mechanik tatsächlich die gleiche Masse m steht, wurde von Albert Einstein [1879–1955] in seiner allgemeinen Relativitätstheorie zugrunde gelegt. Hier kann nur festgehalten werden, dass dem so ist. Gemessen wird die Masse so oder so in Kilogramm.

Mit der Grundgleichung der Mechanik im Kopf kann man nun auch nach den wirksamen Kräften bei dem in ▶ Abschn. 2.1.3 besprochenen schiefen Wurf fragen, vorsichtshalber allerdings nicht nach dem komplizierten Muskelspiel des Kugelstoßers. Als Beispiel soll eine Steinkugeln schleudernde Kanone aus alter Zeit genügen (◻ Abb. 2.50). Vor dem Schuss steckt die Kugel im Kanonenrohr; ihre Gewichtskraft $\vec{F}_{\mathrm{G}}$ wird von der Kanone und ihrem Gestell übernommen. Wenn die Treibladung explodiert, übt der Druck der heißen Verbrennungsgase zusammen mit dem Kanonenrohr eine Kraft $\vec{F}_{\mathrm{K}}$ auf die Kugel aus, die dieser eine Beschleunigung $\vec{a}$ in Richtung der Rohrachse erteilt, zusätzlich aber auch die Gewichtskraft $\vec{F}_{\mathrm{K}}$ kompensiert. Die Kraft $\vec{F}_{\mathrm{K}}$ der Kanone und Beschleunigung liegen also nicht parallel, wie ◻ Abb. 2.50 etwas übertrieben darstellt. Sobald die Kugel aber das Rohr verlassen hat, verteilt sich der Explosionsdruck nach allen Seiten, die Kanone gibt auch keine Unterstützung mehr und die Kugel unterliegt (Luftreibung vernachlässigt) wieder nur noch der Schwerkraft: Die Beschleunigung $\vec{a}$ dreht (ziemlich schlagartig) ihre Richtung von schräg nach oben in senkrecht nach unten. Die hohe Geschwindigkeit folgt dem nur gemäch-

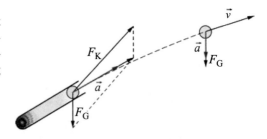

◻ **Abb. 2.50 Kanone.** Solange die Kanonenkugel noch im Rohr steckt, wird sie in Schussrichtung beschleunigt. Sowie sie das Rohr verlassen hat, weist die Beschleunigung senkrecht nach unter in Richtung der Schwerkraft

lich, die Kugel folgt einer flachen Wurfparabel.

Der Einfachheit halber wurde bisher angenommen, dass die Kanonenkugel oder ein Ball eine reine Translationsbewegung im Sinne von ► Abschn. 2.1.3 absolvieren: alle Teile bewegen sich mit der gleichen Geschwindigkeit und Beschleunigung. Das wäre ein seltener Glücksfall. Tatsächlich wird ein Ball praktisch immer auch rotieren und zuweilen wird im Sport ein solcher „Drill" des Balles bewusst erzeugt. Dann bewegt sich aber jeder Teil des Balles mit einer anderen Geschwindigkeit und Beschleunigung. Was tun? Alles bisher Gesagte stimmt wieder, wenn statt von „der" Geschwindigkeit und „der" Beschleunigung des Gegenstands von der Geschwindigkeit und Beschleunigung seines Schwerpunktes gesprochen wird. Es gilt der sogenannte.

> Merke

Schwerpunktsatz:

Der Schwerpunkt eines Gegenstands bewegt sich so, als wäre die gesamte Masse in ihm vereinigt und als würden alle auf den Gegenstand wirkenden Kräfte in ihm angreifen.

Das 2. Newton'sche Gesetz erhält also die genauere Form:

$$\sum_i \vec{F}_i = m \cdot \vec{a}_s$$

Die Kräftesumme ist die uns schon aus der Statik (► Abschn. 2.2.1) bekannte resultierende Kraft und $\vec{a}_s$ ist die Beschleunigung des Schwerpunktes. Dass die Bewegung des Schwerpunktes nicht davon abhängt, wo die Kräfte am Gegenstand angreifen, ist keineswegs selbstverständlich. Dass es so ist, liegt am 3. Newton'schen Gesetz, von dem jetzt die Rede sein soll. Auf eine Herleitung des Schwerpunktsatzes soll in diesem Buch verzichtet werden.

Rechenbeispiel 2.12: Die Kraft auf den Kleinwagen

Aufgabe: Unser Kleinwagen aus Beispiel 2.9 ($m = 1000\,\text{kg}$) beschleunigt in 10 Sekunden von Null auf 130,8 km/h. Welche Kraft wirkt dabei auf ihn?

Lösung: Nach der Grundgleichung der Mechanik ist:

$$F = m \cdot a = m \cdot \frac{130{,}8\ \text{km/h}}{10\ \text{s}}$$

$$= m \cdot \frac{36{,}3\ \text{m/s}}{10\ \text{s}} = 3633\ \text{N}$$

2.5.2 Kraft = Gegenkraft

Wenn ein Gegenstand auf einen anderen eine Kraft ausübt, gibt ihm das keine Vorrechte; der andere Gegenstand übt nämlich auf den einen auch eine Kraft aus, mit *gleichem* Betrag, aber in entgegengesetzter Richtung. Man sagt dazu:

> Merke

3. Newton'sches Gesetz: Kraft gleich Gegenkraft (actio = reactio): Die von zwei Gegenstanden aufeinander ausgeübten Kräfte sind gleich groß und einander entgegengesetzt.

Für Drehmomente gilt das übrigens auch.

Dieses Gesetz bereitet erfahrungsgemäß Schwierigkeiten, da es in vielen Fällen der Intuition widerspricht. Wir betrachten noch einmal das Männchen, das in ◘ Abb. 2.30 einen Bollerwagen zieht und schauen uns die Kräfte genauer an (◘ Abb. 2.51). Die Abbildung zeigt die wichtigsten Kräfte auf den Mann, der zieht (rote Pfeile) und die Kräfte auf Bollerwagen und Straße. Im Bild weggelassen sind die senkrechten Kräfte: die Schwerkraft auf den Mann und eine senkrecht nach oben gerichtete Kraft, die die Straße auf den Mann (und den Wagen) ausübt, sodass diese nicht im Boden versinken. Der Mann zieht am Seil und die-

□ **Abb. 2.51 Kraft und Gegenkraft.** Die wichtigen Kräfte auf den Mann (in *rot*) und die jeweiligen Gegenkräfte auf den Wagen und den Boden (in *schwarz*)

ses überträgt eine Kraft auf den Wagen, der sich daraufhin in Bewegung setzt. Aber auch der Wagen übt über das Seil auf den Mann eine Kraft aus. Kappte man das Seil, so fiele er vornüber. Die Kraft zum Ziehen des Wagens muss sich der Mann wiederum von der Straße besorgen. Stünde er auf Glatteis, so bekäme er den Wagen nicht vom Fleck. Diese Kraft auf den Fuß des Mannes ist eine Reibungskraft, die eine hinreichende Rauigkeit von Boden und Schuhsohle voraussetzt. Es mag nun überraschen, das die Kraft, die das Männchen auf den Wagen ausübt, genau so groß ist wie die Kraft, die der Wagen auf das Männchen ausübt (die schrägen Pfeile), obwohl doch das Männchen den Wagen zieht und nicht umgekehrt. In diesem speziellen Fall können wir das aber sogar aus dem 2. Newton'schen Gesetz ableiten. Das geht so: Wir bezeichnen die Kräfte mit Nummern; also zum Beispiel die Kraft, die die Straße auf das Männchen ausübt (vorderster roter Pfeil), ist $\vec{F}_{31}$ und die Kraft, die der Wagen auf das Männchen ausübt, ist $\vec{F}_{21}$. Genauer soll das hier nur die horizontale Komponente sein, denn wir wollen nun Gleichungen für die nach vorn gerichtete Beschleunigung $\vec{a}$ von Wagen und Männchen aufstellen. Die Beschleunigung ist für beide gleich, da sie miteinander verbunden sind. Nach dem 2. Newton'schen Gesetz gilt nun für das Männchen:

$$\vec{F}_{31} + \vec{F}_{21} = m_1 \cdot \vec{a}$$

$\vec{F}_{31}$ ist größer als $\vec{F}_{21}$ (horizontale Komponente) und deshalb ist die Summe der beiden Kräfte nach vorn gerichtet wie die Beschleuni-

gung. Für den Wagen gilt:

$$\vec{F}_{12} + \vec{F}_{32} = m_2 \cdot \vec{a}$$

$\vec{F}_{32}$ ist die Summe der Reibungskräfte, die die Straße auf die Räder ausübt. Für Männchen und Wagen zusammengenommen gilt noch:

$$\vec{F}_{31} + \vec{F}_{32} = (m_1 + m_2) \cdot \vec{a}$$

Diese letzte Gleichung sagt uns die entscheidende Bedingung, die erfüllt sein muss, damit das Männchen den Wagen beschleunigen kann: die Reibungskraft, die die Straße auf das Männchen ausübt, muss größer sein als die Reibungskraft, die die Straße auf die Räder des Wagens ausübt. Das geht nur, weil der Wagen auf Rädern rollt. Wären die Bremsen des Wagens angezogen, sodass das Männchen den Wagen hinter sich her schleifen müsste, so hätte es keine Chance, wenn der Wagen schwerer als es selbst ist.

Wir können nun einmal die ersten beiden Gleichungen addieren:

$$\vec{F}_{31} + \vec{F}_{21} + \vec{F}_{12} + \vec{F}_{32} = (m_1 + m_2) \cdot \vec{a}$$

Diese Gleichung muss nun aber gleich der dritten Gleichung sein. Das geht nur, wenn tatsächlich gilt:

$$\vec{F}_{21} + \vec{F}_{12} = 0.$$

Damit haben wir nachgerechnet, dass jedenfalls die horizontalen Komponenten der Kräfte zwischen Wagen und Männchen entgegengesetzt gleich sein müssen, wie es das 3. Newton'sche Gesetz behauptet. Das gilt aber auch für alle anderen Kräfte und ihre Gegenkräfte im Bild.

Die Erde zieht den Mond mit einer Kraft an, die ihn auf seiner Bahn hält. Aber der Mond zieht auch die Erde mit einer (entgegengesetzt gleichen) Kraft an, der beispielsweise das Wasser der Meere nachgibt und so Ebbe und Flut produziert. Auch hier gilt Kraft gleich Gegenkraft. Das kann nun aber nicht aus dem 2. Newton'schen Gesetz abgeleitet werden. Das 3. Newton'sche Gesetz ist ein Gesetz aus eigenem Recht. Wir werden noch lernen, dass es eng mit dem Impulserhaltungssatz zusammenhängt, den wir in ▶ Abschn. 2.5.4 kennenlernen werden.

Frage

Was übt eigentlich die Kraft aus, die unseren Kleinwagen aus Beispiel 2.12 beschleunigt?

Dumme Frage! Der Motor natürlich. Oder?

Der Motor ist ja Teil des Autos und fährt mit. Würde er die das Auto beschleunigende Kraft ausüben, wäre das so wunderbar wie der Graf Münchhausen, der sich am eigenen Zopf aus dem Sumpf zieht. Die Kraft muss schon von außen kommen, also von der Straße. Der Motor übt über die Räder eine Kraft auf die Straße aus. Die Gegenkraft beschleunigt das Auto. Sie beruht auf der Reibung zwischen Rädern und der Straße. Auf eisglatter Fahrbahn nützt der stärkste Motor nichts.

2.5.3 Bewegungsgleichung

Wirft man einen Ball, so wird dieser nie zickzack durch die Luft sausen, sondern immer brav auf einer Wurfparabel entlang fliegen. Er kann nicht anders, denn er muss sich an die Newton'schen Gesetze halten, und die schreiben ihm das so vor. Dieser Tatbestand wird mathematisch mit einer sog. **Bewegungsgleichung** beschrieben. Sie ist eine Gleichung für den Ortsvektor $\vec{r}(t)$ des Balles (genauer gesagt: dessen Schwerpunkt), die dieser zu jedem Zeitpunkt t erfüllen muss. Lösungen der Bewegungsgleichung sind also Funktionen der Zeit. Das Rezept zum Aufstellen einer Bewegungsgleichung ist im Prinzip einfach: Man nehme die Grundgleichung der Mechanik $m \cdot \vec{a} = \vec{F}$ und setze die Kraft als Funktion des Ortes hinein:

$$m \cdot \frac{\mathrm{d}^2}{\mathrm{d}t^2}\vec{r}(t) = \vec{F}\big(\vec{r}(t)\big)$$

Dies ist eine Gleichung für die Funktion $\vec{r}(t)$, in der auch eine Ableitung, in diesem Fall die zweite, der Funktion vorkommt. Man nennt sie **Differentialgleichung**. Wie man mit Differentialgleichungen fertig wird, ist Sache der Mathematik und braucht darum hier nicht besprochen zu werden. Die Lösungen der wichtigsten Differentialgleichungen der Physik kann man nachschlagen.

Für den Ball hängt die Gewichtskraft: gar nicht vom Ort ab. Das macht die Bewegungsgleichung besonders einfach. Bei genauerem Hinsehen sind es ja drei Gleichungen, für jede Koordinate des Ortsvektors eine, nämlich:

$$m \cdot \frac{\mathrm{d}^2}{\mathrm{d}t^2}r_x(t) = 0$$

$$m \cdot \frac{\mathrm{d}^2}{\mathrm{d}t^2}r_y(t) = 0$$

$$m \cdot \frac{\mathrm{d}^2}{\mathrm{d}t^2}r_z(t) = -m \cdot g$$

Die Gewichtskraft wirkt nur senkrecht nach unten und das Koordinatensystem wurde hier so gewählt, dass dies die zur z-Achse entgegengesetzte Richtung ist. Die Mathematik sagt, dass die ersten beiden Gleichungen nur durch Funktionen erfüllt werden, die entweder gar nicht oder linear von der Zeit abhängen. Die dritte Gleichung wird nur durch ein Polynom 2. Grades erfüllt, also durch eine Parabelfunktion; daher die Wurfparabel. Die Bewegungsgleichung(en) schreibt dem Ball durchaus nicht genau vor, wo er sich zu einem bestimmten Zeitpunkt zu befinden hat. Nur wenn auch noch die **Anfangsbedingungen** festlegen, wenn bekannt ist, wo und mit welcher Geschwindigkeit sich der Ball zum Zeitpunkt $t = 0$ bewegt, ist die weitere Flugbahn durch die Bewegungsgleichung eindeutig vorgegeben.

In dieser Betrachtung wurde, wieder einmal, die Reibung vernachlässigt. Ihre Berücksichtigung würde die Bewegungsgleichung und ihre Lösungen deutlich komplizierter machen. Ferner ist die Gewichtskraft: nur näherungsweise vom Ort unabhängig. Auf dem Sportplatz gilt das vorzüglich, bei einem Satelliten, der um die Erde läuft, aber ganz und gar nicht. Für ihn steht auf der rechten Seite der Bewegungsgleichung das Gravitationsgesetz:

$$m \cdot \frac{\mathrm{d}^2}{\mathrm{d}t^2}\vec{r}(t) = -G\frac{m \cdot M_E}{r^2} \cdot \frac{\vec{r}}{r}$$

Dies ist ein System von drei voneinander abhängigen Differentialgleichungen. Seine Lö-

2

sungen sind Ellipsen- oder Kreisbahnen. Alle Satelliten und Planeten halten sich daran.

Die Diskussion der wichtigen Bewegungsgleichungen schwingender Gegenstände folgt in ▶ Abschn. 4.1.2.

2.5.4 Impuls

Wer vor Freude in die Luft springt, gibt der Erde einen Tritt. Das macht ihr nichts aus, denn sie besitzt die größte Masse, die in der Reichweite des Menschen überhaupt vorkommt. Ein startendes Flugzeug kann sich nicht von der Erde abstoßen; es saugt Luft aus der Umgebung an und bläst sie in gerichtetem Strahl nach hinten weg. Eine Mondrakete findet keine Luft mehr vor; sie verwendet für den gleichen Zweck die Verbrennungsgase ihres Treibstoffs. Wer immer seine Bewegung ändern will, muss etwas haben, wovon er sich abstoßen kann.

Für quantitative Überlegungen eignet sich der in ◻ Abb. 2.52 skizzierte Versuch. Zwei Wägelchen mit den Massen m_1 und m_2 stehen (reibungsfrei) auf ebener Bahn, eine gespannte Sprungfeder zwischen sich. Diese drückt auf die beiden Wagen mit betragsgleichen, aber entgegengesetzt gerichteten Kräften:

$$\vec{F}_1 = -\vec{F}_2$$

Ein Zwirnsfaden hält die Wagen zusammen; er liefert die Ausgleichskräfte, die das ganze System in Ruhe halten. Brennt man den Faden mit der Flamme eines Streichhol-

zes durch, so fahren die Wagen auseinander, für kurze Zeit beschleunigt, bis die Feder entspannt herunterfällt:

$$m_1 \cdot \vec{a}_1 = \vec{F}_1 = -\vec{F}_2 = -m_2 \cdot \vec{a}_2$$

Die Kräfte fallen rasch auf null; gleiches gilt für die beiden Beschleunigungen. Doch wie deren zeitliche Verläufe auch immer aussehen, sie führen zu einer Endgeschwindigkeit

$$\vec{v} = \int_{t_0}^{t_1} \vec{a}(t)\mathrm{d}t = \frac{1}{m} \cdot \int_{t_0}^{t_1} \vec{F}(t)\mathrm{d}t$$

Das Integral über $\vec{F}$ wird **Kraftstoß** genannt. Auf einen Gegenstand der Masse m überträgt es den

mechanischen **Impuls** $\vec{p} = m \cdot \vec{v}$

mit der Einheit kg · m/s; er ist ein Vektor.

Solange eine Kraft andauert, ändert sie den Impuls des Gegenstands mit der „Änderungsgeschwindigkeit"

$$m \cdot \frac{\mathrm{d}\vec{v}}{\mathrm{d}t} = \vec{F},$$

das ist einfach das 2. Newton'sche Gesetz. Bleibt die Masse m konstant (und nur dann!) kann man das auch so schreiben:

$$\frac{\mathrm{d}\vec{p}}{\mathrm{d}t} = \vec{F}.$$

◻ **Abb. 2.52 Zum Impulssatz** (Einzelheiten im Text)

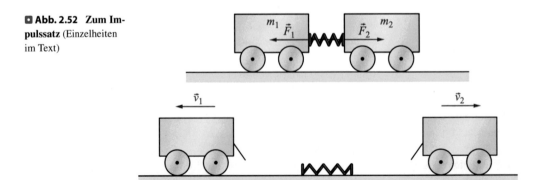

Da im Versuch der ◘ Abb. 2.52 die auf die beiden Wägelchen wirkenden Federkräfte zu jedem Zeitpunkt bis auf das Vorzeichen gleich waren, gilt dies für die Impulse ebenfalls:

$$\vec{p}_1 = m_1 \cdot \vec{v}_1 = -\vec{p}_2 = -m_2 \cdot \vec{v}_2.$$

Die Summe der beiden Impulse ist also null:

$$\vec{p}_1 + \vec{p}_2 = 0$$

Vor Beginn des Versuchs war sie das auch, denn da befanden sich beide Wägelchen in Ruhe. Hinter dieser Feststellung steht ein Naturgesetz, der Satz von der Erhaltung des Impulses (**Impulssatz**); er besagt: In einem abgeschlossenen System kann sich die Summe aller Impulse, der Gesamtimpuls also, nicht ändern.

> **Merke**
> Für den mechanischen Impuls $\vec{p} = m \cdot \vec{v}$ gilt ein Erhaltungssatz; er wird Impulssatz genannt.

Als „abgeschlossen" bezeichnet man ein System, auf das keine äußeren Kräfte wirken: Aus

$$\sum \vec{F} = \sum \frac{d\vec{p}}{dt} = 0$$

folgt

$$\sum \vec{p} = \text{konstant}$$

Die Mitglieder eines abgeschlossenen Systems können zwar Impuls untereinander austauschen, der Gesamtimpuls bleibt aber konstant.

Impuls wird bei jedem **Stoß** ausgetauscht, und Stöße gibt es viele in der Welt, nicht nur beim Boxen und beim Fußball. Elektronen stoßen mit Molekülen (Gasentladung, s. ▶ Abschn. 6.2.5), Moleküle trommeln auf die Wände ihres Gefäßes (Gasdruck, s. ▶ Abschn. 5.2.1). Bei zwei Billardkugeln ist es mühsam, den Impulssatz zu bestätigen. Impulse sind ja Vektoren, die in ihre Komponenten zerlegt werden wollen. Man spart deshalb Rechenarbeit, wenn man sich auf den

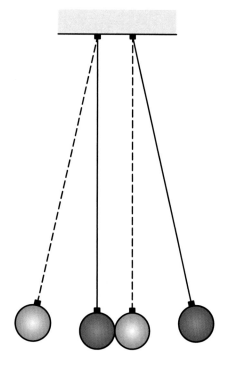

◘ **Abb. 2.53 Stoßpendel.** Haben beide Kugeln gleiche Masse, so übernimmt die gestoßene von der stoßenden Impuls und kinetische Energie vollständig

zentralen Stoß beschränkt, bei dem nur eine einzige Bewegungsrichtung vorkommt. Experimentell lässt sich dieser Fall hinreichend genau durch zwei Stahlkugeln repräsentieren, die als lange Fadenpendel nebeneinander hängen, und zwar an Doppelfäden, die sich nach oben V-förmig spreizen. Aus der Blickrichtung der ◘ Abb. 2.53 ist dies nicht zu erkennen. Jedenfalls erlaubt die Spreizung den Kugeln nur eine Bewegung in der Zeichenebene.

Im einfachsten Fall bestehen die Kugeln aus gehärtetem Stahl und haben die gleiche Masse. Lässt man jetzt die eine Kugel auf die andere, vorerst in Ruhe belassene, aufschlagen, so vertauschen sie ihre Rollen: Die stoßende bleibt stehen, die gestoßene fliegt weg. Sie hat den Impuls der ersten Kugel voll übernommen. Eine freundliche Spielerei liefert die Pendelkette der ◘ Abb. 2.54. Sie erlaubt, mehrere Kugeln zur Seite zu ziehen und aufschlagen zu lassen. Die Kugeln am ande-

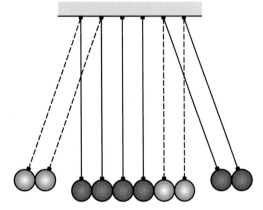

■ **Abb. 2.54 Pendelkette.** Auf der einen Seite fliegen stets ebenso viele Kugeln ab, wie auf der anderen Seite auftreffen (gleiche Kugelmassen vorausgesetzt)

ren Ende wissen genau, wie viele es waren: sie springen nach dem Stoß in gleicher Anzahl ab. Das ist kein Wunder. Man hat ja nur das erste Experiment mit einer einzigen stoßenden Kugel mehrmals rasch hintereinander ausgeführt. Die Zeitspanne, in der sich zwei Stahlkugeln beim Stoß berühren, liegt in der Größenordnung Millisekunden; sie ist so kurz, dass mehrere Stöße allemal nacheinander erfolgen.

Dass die beiden Stahlkugeln der ■ Abb. 2.53 den Impulssatz erfüllen, leuchtet unmittelbar ein. Der wäre freilich auch zufrieden, wenn die Kugeln nach dem Stoß beisammen blieben und sich gemeinsam wegen ihrer jetzt doppelten Masse mit halber Geschwindigkeit zur Seite bewegten. Warum tun sie das nicht? Stoßpartner müssen nicht nur auf die Erhaltung des Impulses achten, sondern auch auf die Erhaltung der Energie. Stahlkugeln tun dabei etwas Übriges: Sie sorgen sogar dafür, dass die vor dem Stoß vorhandene kinetische Energie auch nach dem Stoß kinetische Energie bleibt. Dieser sog. **elastische Stoß** stellt einen Grenzfall dar, der ein wenig idealisiert ist und sich darum relativ leicht durchrechnen lässt.

Um die Schreibarbeit etwas zu erleichtern, sollen die Massen zweier stoßender Kugeln

mit m und M bezeichnet werden, ihre Geschwindigkeiten in x-Richtung vor dem Stoß mit v und V und nach dem Stoß mit u und U. Dann verlangt der Impulssatz

$$m \cdot v + M \cdot V = m \cdot u + M \cdot U$$

und der auf die kinetische Energie reduzierte Energiesatz

$$m\left(v^2 - u^2\right) = M\left(V^2 - U^2\right).$$

Umstellen der Glieder liefert

$$m(v - u) = M(V - U)$$

und

$$m\left(v^2 - u^2\right) = M\left(V^2 - U^2\right).$$

Teilen der zweiten Gleichung durch die erste führt zu

$$v + u = V + U.$$

Einsetzen in den Impulssatz ergibt dann für die beiden Geschwindigkeiten nach dem Stoß:

$$u = \frac{v(m - M) + 2 \cdot M \cdot V}{m + M},$$
$$U = \frac{V(M - m) + 2 \cdot m \cdot v}{m + M}.$$

Nach der Rechnung sind bei elastischem Stoß zweier Gegenstände die Endgeschwindigkeiten eindeutig durch die Anfangsgeschwindigkeiten und die Massen festgelegt. Haben beide Gegenstände gleiche Massen ($m = M$) und befindet sich der eine vor dem Stoß in Ruhe ($V = 0$), so überträgt die erste Kugel in der Tat ihren Impuls beim Stoß vollständig auf die zweite:

$$u = 0 \quad \text{und} \quad U = v.$$

Ungleiche Stoßpartner ergeben ein komplizierteres Ergebnis; erst bei extrem ungleichen Massen wird es wieder einfach: Der Ball, der beim Squash gegen die Wand gedonnert wird, kommt wegen $m \ll M$ mit (praktisch) der gleichen, aber entgegengesetzt gerichteten Geschwindigkeit zurück ($V = -v$).

Wie schon erwähnt, stellt der elastische Stoß einen idealisierten Grenzfall dar. Streng genommen gibt es ihn nicht, denn auch bei den besten Stahlkugeln geht im Stoß immer noch ein wenig kinetische Energie in Wärme über. Das nennt man **inelastischen Stoß**. Er lässt sich nur dann berechnen, wenn der Verlust an kinetischer Energie genau bekannt ist. Einfach wird es erst wieder in dem anderen Grenzfall, dem sog. **vollständig inelastischen Stoß** (oder **unelastischen Stoß**), bei dem die Stoßpartner aufeinander kleben bleiben – experimentell realisierbar beispielsweise durch ein Stückchen Kaugummi dort, wo sich die beiden Kugeln berühren. Dann wird ihre gemeinsame Geschwindigkeit vom Impulssatz bestimmt:

$$u = U = \frac{m \cdot v + M \cdot V}{m + M}$$

Der Energiesatz legt dann fest, wie viel Wärme durch plastische Verformung des Kaugummis entwickelt wird. Dieser Stoß heißt vollständig inelastisch, weil bei ihm am meisten Wärme entwickelt wird.

Frage: Was ist schlimmer? Mit 50 km/h gegen die Wand fahren oder frontal mit einem mit ebenfalls 50 km/h fahrenden gleich schweren Auto zusammenstoßen?

Antwort: Nehmen wir an, es handele sich in beiden Fällen um einen vollständig inelastischen Stoß. Das Auto bleibt dann an der Wand stehen und die gesamte kinetische Energie des Autos entfaltet ihre zerstörerische Wirkung. Aber auch die beiden frontal zusammenstoßenden Autos bleiben stehen. Da sie sich mit gleicher Masse und Geschwindigkeit entgegengesetzt bewegt haben, war der Gesamtimpuls vor der Kollision Null. Also muss er es danach auch noch sein. Für das einzelne Auto ist die Wirkung also genau dieselbe. Schlimmer ist der Frontalzusammenstoß nur, weil zwei Autos betroffen sind.

> **Rechenbeispiel 2.13: Zorniges Kind**
> **Aufgabe:** Ein Kleinkind, welches in einem leichtgängigen Kinderwagen sitzt (Gesamtmasse Kind plus Kinderwagen: 10 kg) werfe seine volle Nuckelflasche (250 g) mit $v_N = 2$ m/s in Fahrtrichtung aus dem Wagen. Wenn der Kinderwagen zunächst in Ruhe war, welche Geschwindigkeit hat er nun?
>
> **Lösung:** Der Gesamtimpuls war vor dem Wurf Null, also muss er es danach auch noch sein. Der Wagen wird sich also entgegengesetzt zur Wurfrichtung mit einer Geschwindigkeit v_W bewegen, für die gilt:
>
> $$250 \text{ g} \cdot v_N = -10 \text{ kg} \cdot v_w$$
>
> $$\Rightarrow |v_w| = \frac{0{,}25 \text{ kg}}{10 \text{ kg}} \cdot v_N = 0{,}05 \text{ m/s}.$$

2.6 Dynamik der Rotation

2.6.1 Das 2. Newton'sche Gesetz in neuem Kleid

Wenn man eine lineare Bewegung des Schwerpunktes aus der Ruhe anwerfen will, braucht man eine resultierende Kraft $\vec{F}$. Was dann passiert, sagt das 2. Newton'sche Gesetz:

$$\vec{F} = m \cdot \vec{a}_s,$$

Kraft gleich Masse mal Beschleunigung (des Schwerpunkts). Da liegt nun die Vermutung nahe: Wenn man eine **Rotation** aus der Ruhe anwerfen will, dann braucht man ein Drehmoment $\vec{T}$ (▶ Abschn. 2.4.1). Und was dann passiert, sagt eine Gleichung:

$$\vec{T} = ? \cdot \vec{\alpha}$$

Drehmoment gleich Irgendwas mal Winkelbeschleunigung. Für welche physikalische Größe steht das Fragezeichen?

2

Um diese Frage zu beantworten, soll zunächst nur ein kleiner Teil des rotierenden Gegenstands betrachtet werden, der die Masse Δm haben möge. Dieser Teil befinde sich im Abstand r von der Drehachse und zufällig soll gerade auf diesen Teil eine resultierende Kraft $\vec{F}$ wie in ◻ Abb. 2.55 wirken. Das bedeutet dann einerseits, dass er tangential beschleunigt wird:

$$\vec{F} = \Delta m \cdot \vec{a}_\text{t}$$

da $\vec{F}$ senkrecht zum Ortsvektor $\vec{r}$ steht. Andererseits wirkt auf Δm ein Drehmoment mit Betrag $T = r \cdot F$. Es darf auch geschrieben werden:

$$T = r \cdot F = r \cdot \Delta m \cdot a_\text{t} = r^2 \cdot \Delta m \cdot \alpha$$

denn für die Winkelbeschleunigung α gilt $a_t = r \cdot \alpha$, wie in ▶ Abschn. 2.1.4 besprochen. Für diesen Teil des Gegenstands ist also das Fragezeichen $r^2 \cdot \Delta m$, und für jeden anderen Teil natürlich auch. Es bleibt nur, alle zusammenzuzählen. Für einen Gegenstand mit kontinuierlicher Massenverteilung bedeutet dies eine Integration über infinitesimal kleine Massenelemente dm:

$$T = \alpha \cdot \int r^2 \cdot dm$$

wobei T nun das resultierende Drehmoment auf den Gegenstand ist. Die Winkelbeschleunigung α kann vor das Integral, weil sie für alle Teile des starren Gegenstands gleich ist. Das

Integral bekommt einen Namen:

Trägheitsmoment $J = \displaystyle\int r^2 \cdot dm$

Im Detail erweist es sich als eine etwas vertrackte physikalische Größe; darum soll ihm ein eigenes ▶ Abschn. 2.6.3 gewidmet werden.

Man darf in vielen wichtigen Fällen das Ganze als Vektorgleichung schreiben:

$$\vec{T} = J \cdot \vec{\alpha}$$

Die Vektoren $\vec{T}$ und $\vec{\alpha}$ zeigen dann gemeinsam in Richtung der Drehachse.

Diese **Grundgleichung der Rotation** ist nichts anderes als das 2. Newton'sche Gesetz. Es hat nur ein anderes „mathematisches Kleid" bekommen, das für die Behandlung von Drehbewegungen besser geeignet ist.

Die Analogie zur linearen Bewegung kann noch etwas weiter gerieben werden. Mit der Definition des Impulses $\vec{p} = m \cdot \vec{v}$ ließ sich dort die Grundgleichung $\vec{F} = m \cdot \vec{a}$ umschreiben zu $\vec{F} = \frac{d\vec{p}}{dt}$ (wenn die Masse konstant ist). Es liegt deshalb nahe, für die Rotation einen

Drehimpuls $\vec{L} = J \cdot \vec{\omega}$

zu definieren, der dann der Bedingung

$$\vec{T} = J \cdot \frac{d\vec{\omega}}{dt} = \frac{d\vec{L}}{dt}$$

folgt (wenn J konstant ist). Ohne äußeres Drehmoment bleibt der Drehimpuls demnach konstant. Im abgeschlossenen System gilt deshalb neben dem schon bekannten Impulssatz auch ein **Drehimpulserhaltungssatz**. Er hat zuweilen recht überraschende Konsequenzen, von denen einige in den nächsten Kapiteln besprochen werden sollen.

> **Merke**
> Drehimpuls $\vec{L} = J \cdot \vec{\omega}$
>   Grundgleichung der Rotation:
>
> $$\vec{T} = J \cdot \vec{\alpha} \quad \text{oder} \quad \vec{T} = \frac{d\vec{L}}{dt}$$

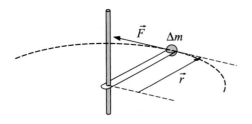

◻ **Abb. 2.55 Dynamik der Rotation** (siehe Text)

Dass für die in einer Rotation enthaltene kinetische Energie die Formel

$$E_{kin} = \frac{1}{2} J \cdot \omega^2$$

gilt, kann nach alledem nicht mehr verwundern. Für den oben betrachteten Teil Δm des rotierenden Gegenstands gilt ja:

$$\Delta E_{kin} = \frac{1}{2} \Delta m \cdot v^2 = \frac{1}{2} \Delta m \cdot r^2 \cdot \omega^2$$

Integration über den ganzen Gegenstand liefert dann die obige Gleichung.

> **Merke**
> Die wichtigsten Analogien sind in der folgenden Tabelle zusammengestellt:

Lineare Bewegung Wegstrecke s	Rotation Drehwinkel φ
Geschwindigkeit $\vec{v}$	Winkelgeschwindigkeit $\vec{\omega}$
Beschleunigung $\vec{a}$	Winkelbeschleunigung $\vec{\alpha}$
Kraft $\vec{F}$	Drehmoment $\vec{T}$
Masse m	Trägheitsmoment J
Impuls $\vec{p} = m \cdot \vec{v}$	Drehimpuls $\vec{L} = J \cdot \vec{\omega}$
$\vec{F} = m \cdot \vec{a} = \frac{d\vec{p}}{dt}$	$\vec{T} = J \cdot \vec{\alpha} = \frac{d\vec{L}}{dt}$
$W_{kin} = \frac{1}{2} m \cdot v^2$	$W_{kin} = \frac{1}{2} J \cdot \omega^2$

2.6.2 Dynamik der Kreisbewegung

Im Weltraum gibt es fast schon „Gedrängel", allerdings nur in einem schmalen Ring rund 36.000 km über dem Äquator: dort versammeln sich alle Nachrichten- und Wettersatelliten der Erde. Man nennt sie *geostationär*, weil ein jeder senkrecht über seinem Punkt auf der Erde stehen bleibt, d. h. mit der gleichen Winkelgeschwindigkeit um die Erde läuft, mit der sich diese selber dreht. Warum Äquator, warum $3{,}6 \cdot 10^7$ m?

Wer auf einer Kreisbahn laufen will, braucht eine **Zentripetalbeschleunigung** $\vec{a}_z$, die ständig zum Mittelpunkt des Kreises zeigt, sich also mit dreht. ▶ Abschn. 2.1.4 hatte für ihren Betrag

$$a_z = \omega^2 \cdot r = \frac{v^2}{r}$$

ergeben (ω = Winkelgeschwindigkeit, v = Bahngeschwindigkeit, r = Radius der Kreisbahn). Nach der Grundgleichung der Mechanik muss $\vec{a}_z$ von einer ebenfalls ständig zum Mittelpunkt des Kreises zeigenden Kraft geliefert werden. Sie heißt **Zentripetalkraft** und hat den Betrag

$$F_z = m \cdot a_z = m \cdot \omega^2 \cdot r = m \frac{v^2}{r}.$$

Der Hammerwerfer auf dem Sportplatz muss sie mit seinen Muskeln aufbringen und über das Seil des „Hammers" auf diesen übertragen.

> **Merke**
> Kreisbahn: Zur Zentripetal(Zentral) Beschleunigung $\vec{a}_z$ gehört eine zum Zentrum hin gerichtete Zentripetalkraft mit Betrag
> $$F_z = m \cdot a_z = m \cdot \omega^2 \cdot r.$$

Die geostationären Satelliten können sich ihre Zentripetalkraft nur von der Gravitation holen. Die aber zeigt zum Zentrum der Erde; deren Mittelpunkt ist Mittelpunkt der Kreisbahn, ob der Satellit nun über die Pole läuft oder anderswo. Geostationär kann er sich freilich nur in einer Äquatorbahn aufhalten; alle anderen Bahnen überstreichen verschiedene geographische Breiten.

In Satellitenhöhe darf man für die Fallbeschleunigung nicht mehr den erdnahen Wert g ansetzen, man muss das Gravitationsgesetz $F = G \cdot m \cdot M / r^2$ bemühen (s. ▶ Abschn. 2.2.2, G = Gravitationskonstante, M = Masse der Erde). Vom geostationären Satelliten wird die Kreisfrequenz $\omega_E = 2\pi/24$ h verlangt, mit der die Erde rotiert. Daraus folgt für den Betrag der Zentripetalkraft:

$$F_z = m \cdot \omega_E^2 \cdot r = G \frac{m \cdot M}{r^2}.$$

2

G ist eine Naturkonstante, M und ω_E sind fest vorgegeben, also kann die Bedingung „geostationär" nur von einem einzigen Bahnradius erfüllt werden. Die Satelliten müssen sich drängeln.

Mit weniger Aufwand als eine Raumfähre dreht ein Kettenkarussell seine Passagiere im Kreis herum. Dabei schwenken die Gondeln nach außen; die Ketten, an denen sie hängen, können wie Seile nur Zugkräfte in ihrer eigenen Richtung übertragen (◨ Abb. 2.60). Die Passagiere brauchen für ihre Kreisbahn eine horizontale Zentripetalkraft F_z; die Ketten müssen sie liefern, mit der waagerechten Komponente ihrer Zugkraft. Diese Komponente existiert nur, wenn die Gondeln nach außen schwenken, und die Ketten schräg nach oben ziehen (◨ Abb. 2.60, rechtes Kräftedreieck). Gerade unter physikalischen Laien ist es sehr gängig zu sagen: auf die Passagiere wirkt eine nach außen gerichtete **Zentrifugalkraft**, die die Gondeln nach außen zieht. Eine sorgfältige Betrachtung zeigt leider, dass diese an sich so anschauliche Vorstellung ihre Tücken hat. Tatsächlich ist ja nichts und niemand da, der diese Kraft ausübt. Die Zentrifugalkraft ist eine sogenannte **Trägheitskraft** oder **Scheinkraft**, die es strenggenommen nur in beschleunigten Bezugssystemen gibt. Das wird in ▸ Abschn. 2.7.2 besprochen.

Auch alle Teile eines rotierenden Gegenstands bewegen sich auf Kreisbahnen und müssen von Zentripetalkräften auf ihnen gehalten werden. Der Gegenstand muss genug Festigkeit haben, diese Zentripetalkräfte aufbringen zu können. Bei sehr schnell rotierenden Turbinen ist das keine Selbstverständlichkeit. Hat das Turbinenrad ernsthafte Materialfehler oder wurde es falsch berechnet, kann es auseinanderfliegen wie eine Bombe.

Rechenbeispiel 2.14: Geostationäre Bahn

Aufgabe: Sind geostationäre Satelliten wirklich 36.000 km über dem Äquator? (Nutzen Sie die Tabellen im Anhang.)

Lösung: Die oben angegebene Gleichung für die Zentripetalkraft lässt sich nach r^3 auflösen:

$$r^3 = \frac{G \cdot M}{\omega_\mathrm{E}^2}.$$

Es ist: $\omega_\mathrm{E} = \dfrac{2\pi}{24\mathrm{h}} = 7{,}27 \cdot 10^{-5}\,\mathrm{s}^{-1}$;

$$G = 6{,}68 \cdot 10^{-11}\,\mathrm{m}^3/\mathrm{kg} \cdot \mathrm{s}.$$

$M = 5{,}97 \cdot 10^{24}$ kg. Damit ergibt sich: $r^3 = 7{,}54 \cdot 10^{22}$ m^3 und $r = 4{,}22 \cdot 10^4$ km. Will man die Höhe über dem Äquator wissen, muss man noch den Erdradius von $r_\mathrm{E} = 6{,}38 \cdot 10^3$ km abziehen und kommt tatsächlich auf $3{,}58 \cdot 10^4$ km.

2.6.3 Trägheitsmoment

Das **Trägheitsmoment** J eines vorgegebenen Gegenstands lässt sich nicht als einfacher Messwert angeben, denn es hängt nicht nur von der Gestalt des Gegenstands ab, davon, wie er seine Masse im Raum verteilt, sondern auch von der Lage und der Richtung der Drehachse. Dadurch wird J formal zu einem Tensor mit neun Komponenten und einem besonderen Thema für Lehrbücher der Mathematik. Der Physiker hält sich am besten zunächst einmal an übersichtliche Sonderfälle. Der einfachste ist eine punktförmige Masse m die auf einer Kreisbahn mit Radius R umläuft. Definitionsgemäß hat sie ein Trägheitsmoment $J = m \cdot R^2$. Die gleiche Formel ergibt sich auch für ein Rohr, das um seine Längsachse rotiert, denn auch bei ihm befindet sich die ganze Masse im gleichen Abstand von der Mittelachse, nämlich dem Radius des Rohres. Bei einem homogen mit Masse gefüllten Zylinder, der ebenfalls um die Mittelachse rotiert, muss das Trägheitsmoment niedriger sein, da ja hier die Masse im Mittel näher an der Drehachse ist. Hier gilt es, das Integral:

$$J = \int r^2 \cdot \mathrm{d}m$$

tatsächlich auszurechnen. Im allgemeinen Fall ist das ein keineswegs triviales Problem der Mathematik. Das Integral ist für den Zylinder mit einem Trick relativ leicht zu lösen. Es kommt heraus, dass das Trägheitsmoment gerade halb so groß ist wie beim Rohr, also:

$$J = \frac{1}{2}m \cdot R^2$$

Der Rechentrick besteht darin, sich den Zylinder aus lauter Rohren in der Art einer Zwiebel zusammengesetzt zu denken. Jedes dieser Rohre mit Radius r und infinitesimaler Wandstärke dr hat eine Masse

$$dm = 2\pi \cdot r \cdot dr \cdot l \cdot \rho$$

wobei l die Länge des Rohres und ρ die Dichte des Materials ist. Das Trägheitsmoment ist:

$$dJ = r^2 \cdot dm = 2\pi \cdot r^3 \cdot dr \cdot l \cdot \rho$$

Nun muss nur noch ein einfaches Integral über die Radiusvariable r von 0 bis zum Zylinderradius R ausgeführt werden, die

$$J = \frac{1}{2}\pi \cdot R^4 \cdot l \cdot \rho = \frac{1}{2}m \cdot R^2.$$

liefert, da die Masse des Zylinders $m = \pi \cdot R^2 \cdot l \cdot \rho$ ist.

Man könnte den Zylinder natürlich auch um eine Querachse rotieren lassen. Dann ist die Rechnung viel schwieriger und es kommt eine andere Formel heraus. Die Tabelle

◨ Abb. 2.56 gibt einige Formeln für einfache Gegenstände und verschiedene Achsen, die durch den Schwerpunkt des jeweiligen Gegenstands gehen.

Ist die Drehachse aus dem Schwerpunkt heraus parallelverschoben um einen Abstand a, so muss zu diesen Werten für das Trägheitsmoment noch ein Term $m \cdot a^2$ dazu addiert werden (Satz von Steiner). Das ist plausibel, denn dann läuft auch noch der Schwerpunkt auf einer Kreisbahn um die Drehachse herum.

Rechenbeispiel 2.15: Töpferscheibe
Aufgabe: Eine Töpferscheibe mit $m = 500$ g und einem Radius von $R = 15$ cm soll in 5 Sekunden auf 3 Umdrehungen pro Sekunde gebracht werden. Welches Drehmoment muss dazu ausgeübt werden? Die Töpferscheibe kann als homogene Zylinderscheibe angenommen werden.

Lösung: Am Ende rotiert die Scheibe mit der Winkelgeschwindigkeit $\omega = 2\pi \cdot 3\,\text{s}^{-1} = 18{,}8\,\text{s}^{-1}$. Die geforderte Winkelbeschleunigung beträgt: $\alpha = \frac{\omega}{t} = \frac{2\pi \cdot 3\,\text{s}^{-1}}{5\,\text{s}} = 3{,}77\,\text{s}^{-2}$. Das Trägheitsmoment berechnet sich gemäß:

$$J = \tfrac{1}{2}m \cdot R^2 = 0{,}25\,\text{kg} \cdot (0{,}15\text{m})^2$$
$$= 5{,}6 \cdot 10^{-3}\text{kg} \cdot \text{m}^2.$$

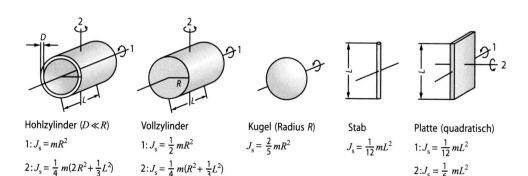

Hohlzylinder ($D \ll R$)
1: $J_s = mR^2$
2: $J_s = \frac{1}{4}m(2R^2 + \frac{1}{3}L^2)$

Vollzylinder
1: $J_s = \frac{1}{2}mR^2$
2: $J_s = \frac{1}{4}m(R^2 + \frac{1}{3}L^2)$

Kugel (Radius R)
$J_s = \frac{2}{5}mR^2$

Stab
$J_s = \frac{1}{12}mL^2$

Platte (quadratisch)
1: $J_s = \frac{1}{12}mL^2$
2: $J_s = \frac{1}{6}mL^2$

◨ **Abb. 2.56 Trägheitsmomente** einiger symmetrischer Gegenstandbezüglich verschiedener Achsen durch den Schwerpunkt

2

Das notwendige Drehmoment ist also:

$$T = J \cdot \alpha = 0{,}021 \text{ Nm}.$$

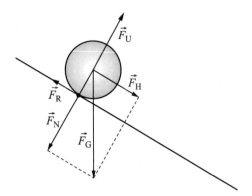

☐ **Abb. 2.57   Rollender Zylinder.** Kräfte auf einen herabrollenden Zylinder. Je nachdem, wo man sich die Drehachse hindenkt, liefert die Reibungskraft oder die Hangabtriebskraft das Drehmoment auf den Zylinder

Rechenbeispiel 2.16: Ein Klecks auf die Töpferscheibe

Aufgabe: Auf die Töpferscheibe, die nun mit der oben berechneten Winkelgeschwindigkeit rotieren möge, falle nun ein Klecks Ton mit einer Masse von 20 g auf den Rand. Aufgrund des Drehimpulserhaltungssatzes vermindert sich daraufhin die Winkelgeschwindigkeit. Auf welchen Wert ω'?

Lösung: Der Klecks erhöht das Trägheitsmoment der Scheibe. Wenn er so klein ist, dass wir ihn als punktförmige Masse betrachten können, um $\Delta J = m \cdot R^2 = 20$ g · $(0{,}15 \text{ m})^2 = 4{,}5 \cdot 10^{-4}$ kg · m². Der Klecks bringt keinen Drehimpuls mit, rotiert nun aber mit der Scheibe mit. Mangels eines äußeren Drehmoments bleibt der Gesamtdrehimpuls aber erhalten: $L = J \cdot \omega = (J + \Delta J) \cdot \omega'$. Die Töpferscheibe verlangsamt sich also auf:

$$\omega' = \frac{J}{J + \Delta J}\omega = 17{,}4 \text{ s}^{-1}.$$

2.6.4 Die Rollbewegung

Es ist nicht schwer, sich einen Zylinder vorzustellen, der eine schiefe Ebene herunterrollt (☐ Abb. 2.57). Um welche Drehachse dreht er sich eigentlich? Dumme Frage, könnte man meinen: natürlich um seine durch den Schwerpunkt gehende Längsachse (Symmetrieachse). Das ist aber nur eine mögliche Betrachtungsweise. Sie setzt voraus, dass man sich die Rollbewegung aus zwei Bewegungen zusammengesetzt denkt: aus einer linearen Bewegung des Schwerpunktes und einer Rotationsbewegung

um den Schwerpunkt. Beim schiefen Wurf (▶ Abschn. 2.1.3) hatte es sich ja als nützlich erwiesen, die Bewegung längs der Wurfparabel aus einer horizontalen Bewegung mit konstanter Geschwindigkeit und einer vertikalen Bewegung mit konstanter Beschleunigung zusammenzusetzen. Will man die Winkelbeschleunigung des Zylinders berechnen, geht es aber schneller, wenn man die Rollbewegung als reine Drehbewegung ohne lineare Bewegung auffasst. Wie geht denn das?

Die Drehachse ist ja nach ▶ Abschn. 2.1.4 diejenige Achse, bezüglich der alle Teile des rotierenden Gegenstands die gleiche Winkelgeschwindigkeit haben. Das bedeutet insbesondere, dass der Gegenstand am Ort der Drehachse ruht. Und das tut der Schwerpunkt beim herunterrollenden Zylinder nun sicher nicht. Hier ruht der Zylinder vielmehr längs der Linie, längs der er die schiefe Ebene berührt, der Zylinder rollt und rutscht nicht. Er ruht dort natürlich nur für einen beliebig kurzen Moment, denn im nächsten Moment ist die Berührlinie schon wieder ein Stück weitergewandert, sowohl auf der schiefen Ebene als auch auf der Zylinderoberfläche. Die Berührlinie ist die Drehachse, um die sich der Zylinder dreht. Diese Drehachse ist aber nicht raumfest, sondern eine sogenannte **momentane Drehachse**, die ständig ihren Ort wechselt. Das macht die Sache etwas unübersichtlich und unanschaulich. Das Berechnen der Winkelbeschleunigung geht nun aber ganz schnell. Dazu muss man sich das Drehmoment und das Trägheitsmoment besorgen. Das Drehmoment liefert die im Schwerpunkt angreifende Hangabtriebskraft F_H (Komponente der Schwerkraft parallel zur schiefen Ebene, ◘ Abb. 2.57):

$$T = R \cdot F_H$$

Drehachse ist ja die Berührlinie. Die dort angreifende Reibungskraft F_R trägt nicht zum Drehmoment bei. Zu dem Trägheitsmoment laut Tabelle $\frac{1}{2}m \cdot R^2$ ist gemäß Steiner'schem Satz ein Term $m \cdot R^2$ dazu zu addieren. Die Winkelbeschleunigung ist dann:

$$\alpha = \frac{T}{J} = \frac{R \cdot F_H}{\frac{3}{2}m \cdot R^2} = \frac{2}{3}\frac{F_H}{m \cdot R}$$

Der Schwerpunkt befindet sich im Abstand R von der momentanen Drehachse und erfährt die (Tangential-)Beschleunigung

$$a_S = \alpha \cdot R = \frac{2}{3}\frac{F_H}{m}.$$

Würde der Zylinder nicht rollen, sondern reibungsfrei rutschen, so wäre seine Beschleunigung gerade $a_S = \frac{F_H}{m}$. Rollend ist er langsamer, da die Drehbewegung gegen die Trägheit des Trägheitsmomentes beschleunigt werden muss. Wäre das Trägheitsmoment größer, wäre die Beschleunigung noch geringer. Dies wird in einem beliebten Vorlesungsversuch demonstriert, in dem man einen homogenen Zylinder und ein Rohr gleicher Masse und gleichen Radius auf einer schiefen Ebene miteinander um die Wette rollen lässt. Wer gewinnt?

Natürlich lässt sich alles auch mit der Idee der zusammengesetzten Bewegung (lineare Bewegung plus Rotation um den Schwerpunkt) ausrechnen. Auch das soll geschehen: Für die Beschleunigung des Schwerpunktes liefert der Schwerpunktsatz:

$$m \cdot a_S = F_H - F_R$$

Die Normalkomponenten F_N und F_U kompensieren sich ja weg wie bei der Kiste auf der Rampe (► Abschn. 2.2.3). Für die Winkelbeschleunigung ist nun Drehmoment und Trägheitsmoment bezüglich der Symmetrieachse durch den Schwerpunkt zuständig:

$$\alpha = \frac{T_S}{J_S} = \frac{R \cdot F_R}{\frac{1}{2}mR^2}$$

Das Problem liegt nun darin, dass die Reibungskraft F_R unbekannt ist. Zwei Gleichungen für die drei Unbekannten a_S, α und F_R reichen nicht. Das Wissen, dass es eine Rollbewegung ist, liefert aber noch einen Zusammenhang zwischen a_S und α:

$$a_S = \alpha \cdot R$$

Stöpselt man diese drei Gleichungen zusammen, so kommen natürlich dieselben Gleichungen für α und a_S heraus, die in der ersten, eben etwas schnelleren Betrachtung gewonnen wurden. Dies zu prüfen, sei dem Leser als Übung überlassen.

Die Rollbewegung ist zwar schon deutlich komplizierter als die einfache Drehung um eine raumfeste Achse, aber die Bewegung eines starren Gegenstands kann noch viel komplizierter sein. Man denke an die Pleuelstange in einem Kolbenmotor. Welche wilden Bewegungen hier die momentane Drehachse macht, muss nur der Maschinenbauingenieur wissen und das lernt er (hoffentlich) in der Technischen Mechanik.

Rechenbeispiel 2.17: Wettlauf zwischen Rohr und Walze

Aufgabe: Beim Wettlauf gewinnt die Walze, da sie bei gleicher Masse und Radius das kleinere Trägheitsmoment hat. Um welchen Faktor ist die Winkelbeschleunigung der Walze größer?

Lösung: Das Trägheitsmoment der Walze bezüglich der Berührlinie ist $\frac{3}{2}m \cdot R^2$, das des Rohres $2\,m \cdot R^2$. Das Trägheitsmoment der Walze ist also um einen Faktor $\frac{3}{4}$ kleiner, ihre Winkelbeschleunigung also um $\frac{4}{3}$ größer.

☐ Abb. 2.58 Frisbee. Aufgrund des stabilen Anstellwinkels gleitet das Frisbee weiter als ein Ball

2.6.5 Drehimpulserhaltung

Warum segelt ein Frisbee (☐ Abb. 2.58) so elegant durch die Lüfte? Von allein tut es das nicht; der gekonnte Schlenker mit der Hand gehört beim Abwurf unbedingt dazu. Man lernt ihn durch eifriges Üben im Freien und nicht im stillen Kämmerlein durch Büffeln des Drehimpulserhaltungssatzes, obwohl der eine ganz wichtige Rolle spielt. Es gehört zu den Geheimnissen der Naturgesetze, dass man sie nutzen kann, ohne sie zu kennen.

Bei jedem aerodynamischen Flug, Flugzeug oder Frisbee, hat der Anstellwinkel, der Winkel der Tragfläche gegenüber dem Luftstrom, gegenüber der Flugbahn besondere Bedeutung. Der Pilot kann ihn während des Fluges einstellen, das Frisbee nicht. Es kann nicht mehr tun, als seine anfängliche Orientierung in der Luft einigermaßen beizubehalten – mit Hilfe des Drehimpulses. Der gekonnte Schlenker beim Abwurf lässt das Frisbee um eine Achse senkrecht zu seiner Hauptebene und senkrecht zum Anfang seiner Flugbahn rotieren. Im Flug bleibt der Drehimpuls weitgehend erhalten, behält die Drehimpulsachse weitgehend ihre Richtung, bekommt das Frisbee durch die Krümmung der Wurfparabel einen Anstellwinkel und segelt nun mit aerodynamischem Auftrieb deutlich über die Wurfparabel hinaus. Die alten Griechen kannten den Effekt auch schon und nutzten ihn beim Diskuswerfen.

Ob sie ihn nun kennen oder nicht, auch Eistänzerinnen und Kunstspringer nutzen den Drehimpulserhaltungssatz auf recht raffinierte Weise. Achsenferne Massen tragen ja in weit höherem Maß zum Trägheitsmoment bei als achsennahe; der Radius r geht quadratisch ein. Deshalb kann der Mensch sein Träg-

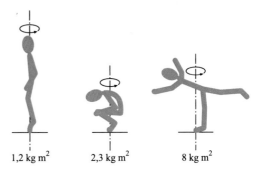

☐ Abb. 2.59 Eistänzerin Trägheitsmomente des Menschen in verschiedenen Körperhaltungen bei Drehung um die vertikale freie Achse (Anhaltswerte)

heitsmoment (im Gegensatz zu seiner Masse) beträchtlich verändern, wie ☐ Abb. 2.59 an drei Beispielen zeigt. Will nun die Eistänzerin eine Pirouette drehen, so besorgt sie sich zunächst mit dem Fuß ein Drehmoment $\vec{T}$, das ihr wegen $\vec{T} = \frac{\mathrm{d}\vec{L}}{\mathrm{d}t}$ einen Drehimpuls verschafft. Diesen übernimmt sie in einer Stellung mit hohem Trägheitsmoment (drittes Teilbild der ☐ Abb. 2.59) und relativ kleiner Winkelgeschwindigkeit. Wenn sie sich jetzt aufrichtet und die Arme an den Körper und damit an die vertikale Drehachse heranholt, nimmt ihre Winkelgeschwindigkeit merklich zu, denn anders kann der Drehimpuls bei vermindertem Trägheitsmoment nicht erhalten bleiben. Ähnliches tut der Kunstspringer beim Salto, nur rotiert er um eine horizontale Achse. Nach dem Absprung geht er in die Hocke, um J zu verringern und $\vec{\omega}$ zu erhöhen; am Ende des Sprunges streckt er sich wieder, um bei kleinerem $\vec{\omega}$ mit den Händen zuerst sicher in das Wasser einzutauchen. Dort gibt er dann seinen Drehimpuls an die Erde zurück, von der er ihn beim Absprung vom Turm ausgeborgt hatte.

Für den nicht so sportlichen Physikprofessor im Hörsaal steht vielleicht ein **Drehsche-**

mel zur Verfügung, ein Stühlchen, das sich in einem fest auf dem Hörsaalboden stehenden Gestell reibungsarm um eine vertikale Achse drehen kann. Rücken- und Armlehnen, dazu eine mitrotierende Fußbank erleichtern die Versuche, sind aber nicht unerlässlich. Wie kann sich der ruhende Professor mitsamt dem Schemel in Drehung versetzen, wenn man alle Gegenstände des Hörsaals aus seiner Reichweite entfernt? Er kann eine Hand hoch strecken und den ganzen Arm auf einem Kegelmantel kreisen lassen. Damit erzeugt er einen vertikalen Drehimpuls und die Drehimpulserhaltung verlangt eine Gegendrehung von Mensch und Schemel, denn der gesamte Drehimpuls war zu Beginn null und muss es bleiben. Die Gegendrehung stoppt, sobald der Professor seinen Arm wieder stillhält. Hat sich der Professor irgendwie anders in Drehung versetzt und zwei schwere Hanteln genommen, so kann er sie dicht am Körper halten oder weit von sich strecken. Er ändert damit deutlich sein Trägheitsmoment und wird schneller (Hanteln am Körper) oder langsamer (Hanteln gestreckt). Er tut dann genau das gleiche wie die Eiskunstläuferin, hat es aber bequemer.

All diese Beispiele zeigen übrigens eins: Die Gleichung:

$$\vec{T} = \frac{d\vec{L}}{dt} = J \cdot \frac{d\vec{\omega}}{dt} + \frac{dJ}{dt} \cdot \vec{\omega}$$

gilt anders als die entsprechende Gleichung bei linearer Bewegung auch dann, wenn das Trägheitsmoment nicht konstant ist, sondern sich aufgrund einer Formänderung des Gegenstandes wandelt. Auch ohne äußeres Drehmoment kann so eine Winkelbeschleunigung entstehen.

Wer einen Salto springt, rotiert um eine sog. **freie Achse**, im Gegensatz zum Geräteturner, der sich bei einer Riesenwelle die Reckstange als Drehachse vorgibt. Freie Achsen müssen immer durch den Schwerpunkt laufen, denn täten sie es nicht, so durchliefe der Massenmittelpunkt eine Kreisbahn: eine Zentrifugalkraft wäre die Folge. Die aber kann nur von einer festen Achse aufgefangen werden (bei einer Riesenwelle biegt sich die Reckstange ja auch

◨ Abb. 2.60 Auswuchten. Zusatzgewicht zum Auswuchten eines Autorades

ganz schön durch). Jedes Rad eines Autos muss durch eine kleine Zusatzmasse „ausgewuchtet" werden (◨ Abb. 2.60), bis sein Schwerpunkt auf der konstruktiv vorgeschriebenen „Mechanikerachse" liegt. Andernfalls „schlägt" das Rad und reißt an seinem Lager. Der Springer im Salto hat kein Lager, ihm bleibt nur eine freie Achse. Beim Rad des Autos soll sie mit der Mechanikerachse zusammenfallen.

Menschliches und tierisches Leben ist Bewegung. Wer sich aber bewegt, muss den Impuls- und den Drehimpulserhaltungssatz einhalten. Auf der Erde macht das keine Schwierigkeiten, solange man mit den Füßen auf dem Boden bleibt: Die Erde ist groß genug, um alle Impulse und Drehimpulse menschlicher Größenordnung spielend aufzufangen. Astronauten bewegen sich nicht ganz so bequem, vor allem weil ihnen der durch Haftreibung sichere Kontakt mit der Raumstation fehlt. Doch was immer sie tun, der Schwerpunkt, den sie gemeinsam mit ihrer Raumfähre haben, zieht unbeirrt seine von der Gravitation und Anfangsgeschwindigkeit bestimmte ballistische Kurve um die Erde, zum Mond oder irgendwohin. Er liegt aber nur dann ortsfest in der Raumstation, wenn alle Astronauten schlafen. Bewegen sie sich, so schubsen sie ihr Gehäuse mit allem, was daran festgeschraubt ist, hin und her. Das schließt Experimente bei echter „Schwerelosigkeit" in der Kapsel aus; man erreicht dort nur eine „Mikrogravitation".

2

Rechenbeispiel 2.18: Eistänzerin

Aufgabe: Eine Eistänzerin starte ihre Pirouette mit $\omega = 6,28 \cdot s^{-1}$ (◘ Abb. 2.59, rechtes Teilbild). Welche Winkelgeschwindigkeit erreicht sie, wenn sie sich aufgerichtet hat? Um welchen Betrag hat sich dann ihre kinetische Energie erhöht? Wo kommt diese zusätzliche Energie her?

Lösung: Der Drehimpuls bleibt beim Aufrichten in etwa konstant: $L = J \cdot \omega = 8\,\text{kg} \cdot m^2 \cdot 6,28\,s^{-1} = 1,2\,\text{kg} \cdot m^2 \cdot \omega'$. Damit folgt für die Winkelgeschwindigkeit nach dem Aufrichten: $\omega' = 41,9 \cdot s^{-1}$. Die kinetische Energie ist dann: $W_{\text{kin}} = \frac{1,2\,\text{kg} \cdot m^2}{2} \omega'^2 = 1052\,\text{J}$. Beim Start der Pirouette waren es nur $W_{\text{kin}} = \frac{8\,\text{kg} \cdot m^2}{2} \omega^2 = 158\,\text{J}$. Die Tänzerin muss, wenn sie ihre Körperteile zum Schwerpunkt heranzieht, mit der Zentripetalkraft, die die Radialbeschleunigung bewirkt, Arbeit leisten. Diese erhöht die kinetische Energie. Anschaulicher ist es, zu sagen: die Eistänzerin muss ihre Körperteile gegen die nach außen gerichtete Zentrifugalkraft an sich heranziehen. Die aus der Umgangssprache geläufige Zentrifugalkraft ist aber eine Trägheitskraft; und was es mit diesen auf sich hat, darum geht es nun.

2.7 Trägheitskräfte

2.7.1 Linear beschleunigte Bezugssysteme

Ein Mensch, der im Bettliegt und schläft, meint, er sei in Ruhe. Tatsächlich rotiert er aber mit samt der Erde um deren Achse und läuft mit ihr um die Sonne. Diese wiederum macht die Drehung der Milchstraße mit, die als Ganzes vermutlich auf eine andere Galaxis zuläuft. Eine „wahre" Bewegung, eine „absolute" Geschwindigkeit gibt es nicht – und zwar grundsätzlich nicht. Die Messung einer Geschwindigkeit setzt eine Ortsbestimmung voraus und diese verlangt ein Koordinatenkreuz als **Bezugssystem**. Jeder Beobachter bevorzugt das seine und behauptet gern, er befände sich mit ihm in Ruhe. Der Mensch neigt dazu, sich für den Mittelpunkt der Welt zu halten – in der Physik ist das in Grenzen sogar erlaubt: Koordinatensysteme, die sich im **absoluten Raum** mit konstanter Geschwindigkeit geradlinig gegeneinander bewegen, sog. **Inertialsysteme**, haben keine Vorrechte voreinander; von jedem darf jemand behaupten, es sei in Ruhe. Wenn sich die Geschwindigkeit eines Bezugssystems aber ändert, wenn es z. B. rotiert, ist es kein Inertialsystem und dann kann der, der dieses Bezugssystem benutzt, nicht so einfach mit den Newton'schen Gesetzen weiterarbeiten. Dahinter steckt unsere Beobachtung mit dem Smartphone (▶ Abschn. 2.1.5): Beschleunigung kann der Beschleunigungsmesser absolut messen. Mit dem Smartphone kann ich feststellen, ob ich in einem Inertialsystem bin.

❯ Merke

Ein Inertialsystem ruht oder bewegt sich mit konstanter Geschwindigkeit, also ohne jede Beschleunigung.

Wenn ein Auto gegen einen Baum gefahren ist, dann liest man zuweilen in der Zeitung, die Insassen (nicht angeschnallt!) seien durch die Wucht des Aufpralls aus dem Wagen herausgeschleudert worden – gerade so, als habe sie eine plötzlich auftretende Kraft von ihren Sitzen gerissen. Dies entspricht auch ihrem subjektiven Empfinden. Ein Augenzeuge am Straßenrand könnte aber glaubhaft versichern, zunächst sei das Auto mit hoher Geschwindigkeit auf den Baum zugefahren, dann sei es plötzlich stehen geblieben, die Insassen jedoch nicht. Nach dieser Darstellung sind sie gerade deshalb aus dem Wagen geflogen, weil *keine* Kraft auf sie wirkte, um sie zusammen mit dem Auto anzuhalten. Was ist nun „wirklich" geschehen? Existierte eine Kraft auf die Insassen, ja oder nein?

Die Antwort lautet: nein, da ist keine Kraft auf die Insassen. Zu einer Kraft gehören nämlich immer zwei: einer, auf den sie wirkt und einer, der sie ausübt. Vor den Insassen ist aber nichts, was eine Kraft ausüben würde. Trotzdem, im Bezugssystem Auto sind die Insassen nach vorn beschleunigt. Da muss sie doch eine Kraft nach vorne ziehen? Der Schuss wäre richtig, wenn im Bezugssystem Auto das 2. Newton'sche Gesetz gälte; das tut es aber nicht.

> **Merke**
> Die Newton'schen Gesetze gelten nur in Inertialsystemen.

Man kann aber auch in beschleunigten Bezugssystemen mit den Newton'schen Gesetzen rechnen, wenn man **Trägheitskräfte** (auch **Scheinkräfte** genannt) einführt. Das ist aber nur ein Trick.

Der Gedanke mag ausgefallen erscheinen, aber man kann auch in einem Fahrstuhl die Gewichtskraft eines Menschen mit einer Waage aus dem Badezimmer feststellen. Fährt der Fahrstuhl an, und zwar aufwärts, so muss auch der Passagier auf die Fahrstuhlgeschwindigkeit beschleunigt werden. Dazu bedarf es einer nach oben gerichteten Kraft, die nur über die Waage auf ihn übertragen werden kann. Prompt zeigt sie diese Kraft an, zusätzlich zu der des Gewichtes, die von der Waage ja auch durch eine nach oben gerichtete Federkraft kompensiert werden muss. Hat der Fahrstuhl seine volle Geschwindigkeit erreicht, so verschwindet mit der Beschleunigung auch die Zusatzkraft, und die Waage meldet wieder das normale Gewicht. Beim Bremsen im Obergeschoss wird der Fahrstuhlkorb verzögert, d. h. nach unten beschleunigt – und der Passagier auch. Die dazu notwendige Kraft lässt sich mühelos von seiner Gewichtskraft abzweigen; die Waage zeigt entsprechend weniger an. Sobald der Fahrstuhl steht, ist alles wieder beim Alten. So beschreibt ein Physiker den Vorgang, der ihn zumindest in Gedanken von außen, aus einem Inertialsystem heraus, beobachtet.

Was aber sagt jemand, der im Fahrstuhl dabei gewesen ist und, weil der geschlossen war, nicht herausschauen und die Bewegungen seines Bezugssystems gar nicht feststellen konnte? Er kennt nur die vorübergehend geänderten Anzeigen der Waage und muss sie deuten. Grundsätzlich wäre denkbar, dass da eine fremde große Masse mit ihrer Gravitation im Spiel war, dass sie erst unter dem Fahrstuhl erschien, die Gewichtskraft erhöhend, und dann über ihm, die Gewichtskraft erniedrigend. Sehr wahrscheinlich klingt das nicht, darum wird der Beobachter im Fahrstuhl seine physikalischen Kenntnisse zusammenkratzen und sagen: „Wie ich gelernt habe, tritt in einem Bezugssystem, das sich aus irgendwelchen Gründen mit einer Beschleunigung $\vec{a}$ durch die Gegend bewegt, eine Massen-proportionale

Trägheitskraft $\vec{F}_T = -m \cdot \vec{a}$

auf. Vermutlich waren die veränderten Angaben der Waage auf diese Trägheitskraft zurückzuführen, vermutlich haben wir uns einem beschleunigten Bezugssystem befunden. Dessen Beschleunigungen kann ich sogar ausrechnen."

> **Merke**
> Trägheitskräfte existieren nur in beschleunigten Bezugssystemen, nicht in Inertialsystemen, und werden darum zuweilen Scheinkräfte genannt.

Könnte man einen Fahrstuhl frei fallen lassen, so wäre $a = g$, und die Trägheitskraft höbe die Gewichtskraft auf: Der Passagier fühlte sich „schwerelos". Astronauten erleben diese Schwerelosigkeit tage- und monatelang, von dem Moment an nämlich, in dem das Triebwerk der Trägerrakete abgeschaltet wird, bis zum Wiedereintritt in die Erdatmosphäre, wenn die Bremsung durch Luftreibung beginnt. In der Zwischenzeit „fallen" sie mitsamt ihrer Raumkapsel um die Erde herum, mit einer so hohen Geschwindigkeit in der „Horizontalen", dass ihre Bahn die Erde nicht erreicht und zur Ellipse um deren Zentrum wird. Alles in der Kapsel, ob lebendig oder nicht, bewegt sich mit (praktisch) gleicher Geschwindigkeit und (praktisch) gleicher Beschleunigung auf (praktisch) parallelen, gekrümmten Bahnen. Im Bezugssystem der Kapsel fällt nichts zu Boden, es gibt gar kein „Unten“: Kennzeichen der **Schwerelosigkeit**. Das heißt keineswegs, dass Raumschiff und Inhalt der irdischen Schwerkraft entzogen wären; alles bewegt sich lediglich so, dass sich Gewichts- und Trägheitskräfte genau kompensieren. Beim Start war das ganz anders. Dort zeigte die Beschleunigung nach oben, die Trägheitskräfte addierten sich zu den Gewichtskräften (und übertrafen sie um etwa das Dreifache).

Rechenbeispiel 2.19: Wiegen im Aufzug

Aufgabe: Wir steigen tatsächlich mit der Personenwaage unterm Arm in einen Aufzug und wiegen uns. Die Waage zeigt eine Masse an (70 kg), obwohl sie die Gewichtskraft misst. Der Hersteller hofft, dass der Umrechnungsfaktor von $9{,}81\,\mathrm{kg\cdot m/s^2}$ schon stimmen wird. Nun fährt der Aufzug nach oben und beschleunigt dazu für kurze Zeit mit $a = 1\,\mathrm{m/s^2}$. Auf welchen Wert erhöht sich für diese Zeit die Masse scheinbar?

Lösung: zu der Gewichtskraft $m \cdot g$ tritt noch eine Trägheitskraft mit Betrag $m \cdot a$ hinzu. Die Waage rechnet aber natürlich unverändert mit ihrem Umrechnungsfaktor, sodass sie eine scheinbare Masse von $m' = \frac{(g+a)m}{g} = 77{,}1$ kg anzeigt.

2.7.2 Rotierende Bezugssysteme

Ein Kettenkarussell dreht seine Passagiere im Kreis herum. Dabei schwenken die Gondeln nach außen, damit die Ketten, an denen sie hängen, die notwendige **Zentripetalkraft** $\vec{F}_Z$, die für die Radialbeschleunigung $\vec{a}_r$ der Kreisbewegung gebraucht wird, mit der waagerechten Komponente ihrer Zugkraft liefert (▶ Abschn. 2.6.2). Diese Komponente existiert nur, wenn die Gondeln nach außen schwenken, und die Ketten schräg nach oben ziehen (◻ Abb. 2.61, rechtes Kräftedreieck). Der Passagier hingegen kann nun folgendes sagen: Ich sitze in einem rotierenden, also beschleunigten Bezugssystem, auf mich wirkt außer meiner vertikalen Gewichtskraft $\vec{F}_G$ eine horizontale Trägheitskraft, die **Zentrifugalkraft** $\vec{F}_f =$

◻ **Abb. 2.61 Kettenkarussell.** *Links*: Kräftedreieck aus der Sicht des Passagiers; die Ketten zeigen in Richtung der Resultierenden aus Zentrifugalkraft $\vec{F}_f$ und Gewichtskraft $\vec{F}_G$. *Rechts*: Kräftedreieck aus der Sicht des Zuschauers; die Kettenkraft liefert mit ihrer Horizontalkomponenten die zur Kreisbewegung notwendige Zentripetalkraft $\vec{F}_z$. (© Schulz-Design – Fotolia.com)

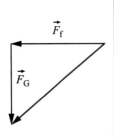

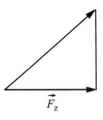

Abb. 2.62 Keine Kreisbewegung ohne Zentripetalkraft. Von einer Schleifscheibe tangential abfliegende Funken. (© pictonaut – Fotolia.com)

$-m \cdot \vec{a}_r$. Beide addieren sich zu einer schräg nach unten und außen gerichteten Gesamtkraft, der die Kette folgen muss (■ Abb. 2.61, linkes Kräftedreieck). $\vec{F}_Z$ und $\vec{F}_f$ haben die gleichen Beträge, nach der gleichen Formel zu berechnen. Von der Zentrifugalkraft darf nur der mitbewegte Beobachter im rotierenden Bezugssystem reden, der Zaungast im ruhenden Bezugssystem sieht nur die Zentripetalkraft.

> **Merke**
> Zentripetalkraft: nach innen gerichtete Zentralkraft der Kreisbewegung; Zentrifugalkraft: nach außen gerichtete Fliehkraft im rotierenden Bezugssystem.

Wenn man die beiden Bezugssysteme nicht auseinander hält, kann man Fehlschlüssen aufsitzen. In welcher Richtung fliegt der „Hammer" weg, den der Hammerwerfer erst im Kreis herumschleudert und dann loslässt? Radial nach außen, in Richtung der Zentrifugalkraft – der Werfer darf das in der Tat sagen; er dreht sich ja mit, er gibt sein rotierendes Bezugssystem selber vor. Aber da ist er der einzige im ganzen Stadion. Alle anderen müssen sagen: Da hält einer mit seinen Muskeln den Hammer auf einer Kreisbahn, und plötzlich lässt er los; folglich fliegt der Hammer mit seiner momentanen Bahngeschwindigkeit ab, tangential zum Kreis – wie die Funken von einer Schleifscheibe (■ Abb. 2.62).

Von den Zentrifugalkräften rotierender Bezugssysteme macht die Technik eifrig Gebrauch. Ein Beispiel ist die Zentrifuge. Die Bestandteile einer Suspension lassen sich im Schwerefeld der Erde voneinander trennen, wie z. B. die Blutsenkung beim Arzt zeigt. Das braucht aber Zeit und lässt sich wesentlich beschleunigen, wenn man für seine Probe die Gewichtskraft durch die Fliehkraft einer Zentrifuge ersetzt. Auch sie ist massenproportional. Mit hohen Drehzahlen können durchaus handliche Geräte Radialbeschleunigungen von mehr als $1000\,g$ erzielen. Die eingesetzten Reagenzgläser stehen dann bei laufender Zentrifuge horizontal – und sind nicht ganz ungefährlich. $1000\,g$ bedeuten tausendfache Gewichtskraft; da darf es keine mechanischen Schwachstellen geben, sonst fliegt die Zentrifuge auseinander.

Rechenbeispiel 2.20: Kettenkarussell
Aufgabe: Mit ungefähr welcher Winkelgeschwindigkeit rotiert das Kettenkarussell in ■ Abb. 2.61?

Lösung: Im Druck sind die sitzenden Personen knapp 8 mm hoch. In Natur haben sie vielleicht sitzend eine Höhe von 150 cm. Wir haben also einen Abbildungsmaßstab von ungefähr 1:200. Im Bild ist eine Gondel ungefähr 3 cm von Drehachse entfernt, in Natur ist der Bahnradius r also etwa 6 m. Die Schräglage der Gondeln beträgt etwa 45°. Das Verhältnis der Zentripetalkraft zur Gewichtskraft beträgt also etwa 1:1 und dies ist auch das ist auch das Verhältnis der Radialbeschleunigung zur Fallbeschleunigung. Also beträgt die Radialbeschleunigung $a_r = g$. In ▶ Abschn. 2.1.4 haben wir gelernt, dass $a_r = \frac{v^2}{r} = r \cdot \omega^2$. Damit ergibt sich die Winkelgeschwindigkeit:

$$\omega = \sqrt{\frac{a_r}{r}} = 1{,}3\,\text{s}^{-1}.$$

Das entspricht etwa 12 Umdrehungen pro Minute.

2.7.3 Trägheitskräfte in der technischen Mechanik

Der Ingenieur muss Probleme lösen, zuweilen recht komplizierte. Da hilft es ihm, feste Regeln zu haben, wie Probleme anzugehen sind. Für die Berechnung der Dynamik eines starren Körpers (der Maschinenbauer spricht von **Kinetik**), besteht diese Regel in der Formulierung eines **dynamischen Gleichgewichts**; und das geht so:

Zunächst werden alle an einem Gegenstand angreifenden Kräfte hingemalt (siehe zum Beispiel ◘ Abb. 2.57). Diese Kräfte werden **eingeprägte Kräfte** oder **Zwangskräfte** genannt. Dann wird im Schwerpunkt eine Trägheitskraft $\vec{F}_T = -m \cdot \vec{a}_S$ aufgetragen, $\vec{a}_S$ ist die Beschleunigung des Schwerpunktes. Des Weiteren wird angenommen, dass auf den Gegenstand ein Trägheits-Drehmoment $\vec{T}_T = -J_S \cdot \vec{\alpha}$ wirkt (J_s: Massenträgheitsmoment; $\vec{\alpha}$: Winkelbeschleunigung des Gegenstands). Nun wird gesagt, dass für all diese Kräfte und Drehmomente die Grundgleichungen der Statik gelten, also:

$$\vec{F}_T + \sum_i \vec{F}_i = 0 \quad \text{und} \quad \vec{T}_T + \sum_i \vec{T}_i = 0$$

Das wird zuweilen auch **Prinzip von d'Alembert** genannt. Das dynamische Problem ist damit auf ein Problem der Statik zurückgeführt. Das erfreut den Maschinenbauer, denn in der Statik kennt er sich sehr gut

aus. Die erste Gleichung liefert die Beschleunigung des Schwerpunktes und die zweite die Winkelbeschleunigung. Damit weiß man alles, was man über die Beschleunigung des Gegenstands wissen kann.

Und wie ist das nun mit dem beschleunigten Bezugssystem, das zu jeder Trägheitskraft gehört? Der Ingenieur kümmert sich nicht darum, denn seine Regel funktioniert auch, wenn er nicht über Bezugssysteme nachdenkt.

Da dies ein Physikbuch ist, soll aber einmal darüber nachgedacht werden. Das ist auch gar nicht schwer. Bei genauerem Hinsehen verfährt der Ingenieur nämlich genau so wie in der zweiten Betrachtung der Rollbewegung in ▶ Abschn. 2.6.4. Er denkt sich die Bewegung aus einer Translation des Schwerpunktes und einer Rotation um den Schwerpunkt zusammengesetzt und schreibt für jede Teilbewegung die Bewegungsgleichungen für $\vec{a}_S$ bzw. $\vec{\alpha}$ hin. Man sieht das gleich, wenn man die Grundgleichungen für das dynamische Gleichgewicht ausschreibt:

$$-m \cdot \vec{a}_S + \sum_i \vec{F}_i = 0$$

und

$$-J_S \cdot \vec{\alpha} + \sum_i \vec{T}_i = 0.$$

Nur wird hier statt von Newton'schem Gesetz und Bewegungsgleichung von d'Alembert'schem Prinzip und dynamischem Gleichgewicht geredet. Jede Profession pflegt ihr eigenes Fachchinesisch (◘ Tab. 2.1).

◻ Tab. 2.1 In Kürze

Lineare Bewegung

Im einfachsten Fall kann die Bewegung eines Körpers in einem **Weg-Zeit-Diagramm** dargestellt werden (◻ Abb. 2.3 oben). Die **Geschwindigkeit** des Körpers entspricht dann der Steigung des Graphen in diesem Diagramm (◻ Abb. 2.3 unten).
Man berechnet sie durch Differenzieren des Weges $s(t)$ nach der Zeit t. Umgekehrt kann man aus der Geschwindigkeit $v(t)$ durch Integrieren den zurückgelegten Weg ermitteln. Die Geschwindigkeit ist genau genommen ein Vektor $\vec{v}(t)$, da sie nicht nur einen Betrag, sondern auch eine Richtung hat. Bei der Berechnung von Relativgeschwindigkeiten muss man daher oft zur Vektoraddition greifen (◻ Abb. 2.9). Wenn die Geschwindigkeit von der Zeit abhängt, ist der Körper beschleunigt. Die **Beschleunigung** $\vec{a}$ berechnet sich durch Differenzieren der Geschwindigkeit nach der Zeit und ist auch ein Vektor. **Die Beschleunigung ist immer in Richtung der sie verursachenden Kraft gerichtet.** Diese Richtung stimmt in vielen Fällen (z. B. schiefer Wurf, Kreisbewegung) *nicht* mit der Richtung der Geschwindigkeit überein

Konstante Geschwindigkeit	$v = \frac{\Delta s}{\Delta t}$	s: Weg [m]
Weg	$s(t) = v \cdot t + s_0$	t: Zeit [s]
Konstante Beschleunigung	$a = \frac{\Delta v}{\Delta t}$	v: Geschwindigkeit [m/s]
Geschwindigkeit	$v(t) = a \cdot t + v_0$	s_0: Anfangsort [m]
Weg	$s(t) = \frac{a}{2} t^2 + v_0 \cdot t + s_0$	a: Beschleunigung [m/s²]
		v_0: Anfangsgeschwindigkeit [m/s]

Kreisbewegung mit konstanter Geschwindigkeit

Winkelgeschwindigkeit	$\omega = \frac{2\pi}{T}$	ω: Winkelgeschwindigkeit [1/s]
Bahngeschwindigkeit	$v = \omega \cdot r$	T: Umlaufzeit [s]
Radialbeschleunigung	$a_r = \frac{v^2}{r}$	r: Radius [m]
Zentripetalkraft	$F_z = m \frac{v^2}{r}$	v: Bahngeschwindigkeit [m/s]
		a_r: Radialbeschleunigung [m/s²]
		F_z: Zentripetalkraft [N], nach innen gerichtet
Zentrifugalkraft	Im beschleunigten Bezugssystem ist die Zentrifugalkraft entgegengesetzt gleich der Zentripetalkraft	

Kräfte

Jegliche Beschleunigung wird durch **Kräfte** verursacht und ist proportional zur resultierenden Kraft. Die wichtigsten Kräfte in der Mechanik sind: *Kontaktkräfte* zwischen berührenden Körpern (das sind letztlich *elektromagnetische Kräfte*), insbesondere: Reibungskräfte, die Bewegung zu bremsen suchen und **Auftriebskräfte** in Flüssigkeiten (▶ Abschn. 3.5.3); die Gravitationskraft zwischen Massen; und Verformungskräfte wie zum Beispiel die *Federkraft*. Es gilt immer: Übt ein Körper A auf einen anderen Körper B eine Kraft aus, so beruht dies auf Gegenseitigkeit: B übt eine gleich große, aber entgegengesetzte Kraft auf A aus (**3. Newton-Gesetz**)

Schwerkraft	$F_G = m \cdot g$	F_G: Schwerkraft [N, Newton]
		m: Masse [kg]
		$g = 9{,}81$ m/s²: Fallbeschleunigung
Federkraft	$F = D \cdot \Delta l$	D: Federkonstante $\left[\frac{N}{m}\right]$
		Δl: Auslenkung der entspannten Feder
Reibungskraft (zwischen Festkörpern)	$F_R = \mu \cdot F_N$	F_R: Reibungskraft
		F_N: Normalkraft
		μ: Reibungskoeffizient

◻ Tab. 2.1 (Fortsetzung)

Drehmoment

Eng mit dem Begriff der Kraft verwandt und bei Drehbewegungen wichtig ist das **Drehmoment** T „*gleich Kraft mal Hebelarm*". Soll ein starrer Körper um eine Achse in **Rotation** versetzt werden, so kommt es nicht nur darauf an, welche Kraft F man ausübt, sondern auch in welchem Abstand von der Drehachse (mit welchem *Hebelarm l*) die Kraft angreift

Drehmoment	$T = F \cdot l_{\text{eff}}$ $\vec{T} = \vec{l} \times \vec{F}$	T: Drehmoment [Nm] $\vec{l}$: Vektor von der Drehachse zum Angriffspunkt der Kraft l_{eff}: effektiver Abstand des Angriffspunktes der Kraft von der Drehachse [m]
„Last mal Lastarm gleich Kraft mal Kraftarm"	$F_1 \cdot l_{\text{eff}_1} = F_2 \cdot l_{\text{eff}_2}$	F_1: Last-Kraft [N] l_{eff_1}: Lastarm [m] F_2, l_{eff_2}: Kraft, Kraftarm
Gleichgewicht	Die Vektorsumme aller Kräfte und Drehmomente muss Null sein	

Grundgleichung der Mechanik

Zentral in der Mechanik ist das 2. Newton'sche Gesetz: Ist die Vektorsumme aller Kräfte ungleich null, so wird er beschleunigt. Die Beschleunigung hat also immer genau die Richtung der resultierenden Kraft und hängt auch noch von der Masse m ab

Jede Beschleunigung erfordert eine resultierende Kraft	$\vec{F} = m \cdot \vec{a}$	$\vec{F}$: Kraftvektor [N] m: Masse [kg] $\vec{a}$: Beschleunigungsvektor [m/s]

Arbeit

Der Begriff der Arbeit ist wesentlich für das Berechnen von Energiewerten

Arbeit gleich Kraft mal Weg	$W = F \cdot \Delta s$ $\int_{\vec{s}_1}^{\vec{s}_1} \vec{F}(\vec{s}) \cdot \mathrm{d}\vec{s}$	W: Arbeit [J, Joule] F: Kraft [N] Δs: Weg [m]

Energie

Eine wichtige Größe in der Physik, deren Bedeutung weit über die Mechanik hinausreicht, ist die **Energie**. Energie hat in einem abgeschlossenen System einen konstanten Wert, sie bleibt erhalten (**Energieerhaltungssatz**). Die Summe aus potentieller und kinetischer Energie in der Mechanik bleibt aber nur dann konstant, wenn keine Reibungskräfte wirken. *Reibung* wandelt kinetische Energie in Wärmeenergie um, weshalb alle mechanischen Geräte eines Antriebes bedürfen, um nicht stillzustehen. Der Antrieb führt dem Gerät laufend eine gewisse Energie pro Zeit zu. Dies wird angegeben als **Leistung**

Kinetische Energie (Bewegungsenergie)	$W_{\text{kin}} = \frac{m}{2} v^2$	W: Arbeit, Energie [J, Joule] W_{kin}: kinetische Energie
Potentielle Energie (Lageenergie)	$W_{\text{pot}} = m \cdot g \cdot \Delta h$ (im Schwerefeld der Erde) $W_{\text{pot}} = \frac{1}{2} D \cdot \Delta l^2$ (Schraubenfeder)	W_{pot}: potentielle Energie D: Federkonstante $\left[\frac{\text{N}}{\text{m}}\right]$ Δl: Dehnung der Feder
Leistung	$P = \frac{\mathrm{d}W}{\mathrm{d}t}$	P: Leistung $\left[\frac{\text{J}}{\text{s}} = \text{W}, \text{Watt}\right]$

Impuls

Bei der Betrachtung von Stößen ist der Impuls von Interesse. Wirken keine äußeren Kräfte, so bleibt er in einem System von Kugeln zum Beispiel erhalten (Impulserhaltungssatz). So kann man verstehen, was bei Stößen passiert

Impuls	$p = m \cdot v$	p: Impuls $\left[\frac{\text{kg} \cdot \text{m}}{\text{s}}\right]$
Impulserhaltung	$\vec{F} = \frac{d\vec{p}}{dt}$; Impulserhaltung: ohne äußere Kraft $\vec{F}$ bleibt der Impuls erhalten	

Rotation starrer Körper

Für Drehbewegungen kann das 2. Newton'sche Gesetz auch mit Drehmoment, Winkelbeschleunigung und Trägheitsmoment formuliert werden (s. ▶ Abschn. 2.6.1). Das Trägheitsmoment hängt von der Form und Massenverteilung im Körper ab und von der Lage der Drehachse (◻ Abb. 2.56)

Winkelbeschleunigung Tangentialbeschleunigung	$\alpha = \frac{d\omega}{dt}$ $a_t = \alpha \cdot r$	ω: Winkelgeschwindigkeit $\left[\frac{1}{\text{s}}\right]$ r: Radius
Trägheitsmoment	$J = \int r^2 \cdot dm$; spezielle Formeln in ◻ Abb. 2.56	J: Trägheitsmoment$[\text{kg} \cdot \text{m}^2]$
Steinerscher Satz	$J_A' = J_A + m \cdot a^2$	a: Distanz, um die die Achse parallelverschoben wird m: Gesamtmasse des Körpers J_A, J_A': Trägheitsmoment vor und nach dem Verschieben der Achse
Grundgleichung	$\vec{T} = J \cdot \vec{\alpha}$	$\vec{T}$: Drehmoment [N · m]
Drehimpuls	$\vec{L} = J \cdot \vec{\omega}$	$\vec{L}$: Drehimpuls $\left[\frac{\text{kg} \cdot \text{m}^2}{\text{s}}\right]$
Drehimpulserhaltung	$\vec{T} = \frac{d\vec{L}}{dt}$; ohne äußeres Drehmoment bleibt der Drehimpuls erhalten	

2.8 Fragen und Übungen

❓ Verständnisfragen

1. Die mittlere und die momentane Geschwindigkeit sind meist verschieden. Für welche Bewegung sind sie gleich?

2. Kann ein Auto um die Kurve fahren, ohne beschleunigt zu sein?

3. Sie werfen einen Ball geradewegs nach oben in die Luft. Welche Werte haben die Geschwindigkeit und die Beschleunigung im höchsten Punkt der Bahn?

4. Ein Stein wird von der gleichen Höhe fallengelassen, von der ein Ball horizontal geworfen wird. Wer hat die höhere Geschwindigkeit beim Auftreffen auf den Boden?

5. Weil es in Ruhe ist, wirken keine Kräfte auf das Auto. Was ist falsch an dieser Aussage?

6. Sie sägen einen Besen im Schwerpunkt durch. Sind die beiden Teile gleich schwer?

7. Wenn Sie von einem Stuhl aufstehen, müssen Sie sich erst etwas nach vorn beugen. Warum geht es nicht anders?

8. Warum muss man vorsichtig bremsen, wenn man auf einer rutschigen Fahrbahn fährt?

9. Warum muss man beim Anfahren mit dem Fahrrad stärker in die Pedale treten, als wenn man mit konstanter Geschwindigkeit fährt?

10. Wer übt auf wen eine größere Kraft aus: die Erde auf den Mond oder der Mond

2

auf die Erde? Wer ist stärker beschleunigt?

11. Eine konstante Kraft wird auf einen Wagen ausgeübt, der sich anfänglich in Ruhe auf einer Luftschiene befindet. Die Reibung zwischen dem Wagen und der Schiene sei vernachlässigbar. Die Kraft wirkt in einem kurzen Zeitintervall und bringt dem Wagen auf seine Endgeschwindigkeit. Wie lange muss eine halb so große Kraft auf den Wagen ausgeübt werden, um die gleiche Geschwindigkeit zu erreichen?

12. Betrachten Sie eine Person, die sich in einem nach oben beschleunigenden Fahrstuhl befindet. Ist die nach oben gerichtete Kraft, die vom Fahrstuhlboden auf die Person ausgeübt wird, größer, kleiner oder gleich der Gewichtskraft der Person?

13. Wenn eine Rakete startet, steigt sowohl ihre Geschwindigkeit als auch ihre Beschleunigung bei konstanter Schubkraft der Triebwerke. Warum ist das so?

14. Warum ist es einfacher, einen Berg einen Zickzack-Weg hoch zu wandern als einfach gerade hoch zu gehen?

15. Ein Block, der sich anfänglich in Ruhe befindet, wird losgelassen, um eine reibungslose Rampe hinunter zu rutschen. Am Boden erreicht er eine Geschwindigkeit v.
Um wieviel mal höher müsste eine Rampe sein, wenn am Boden eine doppelt so hohe Geschwindigkeit erreicht werden soll?

16. Ein Auto beschleunigt von 0 auf 100 km/h in 15 s. Ein anders beschleunigt in 15 s von 0 auf 200 km/h. Wie ungefähr verhalten sie die Motorleistungen der Autos zueinander?

17. Ein Wagen auf einer Luftschiene bewegt sich mit 0,5 m/s, wenn die Luft plötzlich abgeschaltet wird. Der Wagen kommt nach einem Meter zum Stehen. Das Experiment wird wiederholt, aber nun bewegt sich der Wagen mit 1 m/s,

wenn die Luft abgeschaltet wird. Wie lang ist der Bremsweg nun?

18. Stellen Sie sich vor, Regen fällt vertikal in einen offenen Wagen, der auf geradem Weg mit zu vernachlässigender Reibung eine horizontale Strecke entlang rollt. Ändert sich seine Geschwindigkeit?

19. Eine Person versucht mit einem Ball einen großen hölzernen Bowlingkegel umzuwerfen. Die Person hat zwei Bälle gleicher Größe und Masse – einer ist aus Gummi, der andere aus Knete. Der Gummiball springt zurück, während der Knetball am Kegel hängen bleibt. Welcher Ball kippt den Kegel am wahrscheinlichsten um?

20. Ist es möglich, dass ein Gegenstand Impuls, aber keine kinetische Energie hat? Oder umgekehrt?

21. Ist ein Stoß zwischen zwei Körpern denkbar, bei dem die gesamte kinetische Energie verloren geht?

22. Ein Lehmklumpen wird gegen eine Wand geworfen und bleibt dort kleben. Was passiert mit seinem Impuls? Gilt der Impulserhaltungssatz?

23. Wie groß ist die Winkelgeschwindigkeit des Sekundenzeigers einer Uhr?

24. Muss ein resultierendes Drehmoment wirken, wenn ein Körper rotiert?

25. In einem Seifenkistenrennen rollten Autos ohne Antrieb einen Hügel hinunter. Wie sollten die Räder optimaler Weise sein? Groß oder klein, leicht oder schwer? Oder ist es egal?

26. Eine Eiskunstläuferin steht auf einem Punkt auf dem Eis (Annahme: keine Reibung) und dreht sich mit ausgestreckten Armen. Wenn sie ihre Arme anzieht, verringert sie ihr Massenträgheitsmoment, und ihre Winkelgeschwindigkeit erhöht sich, sodass ihr Drehimpuls erhalten bleibt. Wie ist es mit der kinetischen Energie?

✅ **Übungsaufgaben**
((I): leicht; (II): mittel; (III): schwer)

Beschleunigung

2.1 (I): Ein rasanter Sportwagen kommt in 6 Sekunden „auf Hundert" (100 km/h). Wie groß ist die mittlere Beschleunigung im Vergleich zum freien Fall?

2.2 (I): Sie lassen einen Stein in einen Brunnen fallen und hören es nach 2 Sekunden „platschen". Wie tief ist der Brunnen?

2.3 (I): Aus welcher Höhe muss man einen Dummy zu Boden fallen lassen, wenn man den Aufprall eines Motorradfahrers simulieren will, der mit 50 km/h auf eine Mauer fährt?

2.4 (I): Ein Auto beschleunigt in 6 s von 12 m/s auf 25 m/s. Wie groß ist die Beschleunigung? Welche Strecke legt das Auto in dieser Zeit zurück?

2.5 (II): Ein stehendes Polizeiauto nimmt die Verfolgung eines mit konstanten 110 km/h zu schnell fahrenden Autos in dem Moment auf, in dem das Auto am Polizeiauto vorbeifährt. Nach 700 m hat die Polizei das Auto eingeholt. Angenommen, die Polizei hat konstant beschleunigt: wie groß war die Beschleunigung? Wie lang hat die Aufholjagt gedauert? Mit welcher Geschwindigkeit erreicht das Polizeiauto das andere Auto?

2.6 (II): Ein Mensch gleitet aus und schlägt mit dem Hinterkopf auf den Boden. Dem Wievielfachen der Erdbeschleunigung ist der Schädel ausgesetzt? Zur Abschätzung sei angenommen: freier Fall aus 1,5 m Höhe; konstante Verzögerung beim Aufschlag auf einer Strecke von 5 mm.

2.7 (III): Ein Stein fällt in 0,3 s an einem 2 m hohen Fenster vorbei. Aus welcher Höhe über der Fensteroberkante wurde der Stein fallen gelassen?

zusammengesetzte Bewegung

2.8 (I): Wie muss der Bootsführer in ◩ Abb. 2.9 steuern, wenn er möglichst schnell ans andere Ufer kommen will?

2.9 (II): Regentropfen, die auf die Seitenfenster eines fahrenden Zugs treffen, hinterlassen eine schräg laufende Spur auf dem Fenster. Ein durchschnittlicher Regentropfen fällt senkrecht mit etwa 8 m/s und die Spur auf dem Fenster habe einen Winkel von 60° zur Senkrechten. Wie schnell fährt der Zug, Windstille vorausgesetzt?

2.10 (II): Wie viel weiter als auf der Erde kann eine Person auf dem Mond springen, wenn sie mit gleichem Absprungwinkel und gleicher Absprunggeschwindigkeit springt? Die Fallbeschleunigung auf dem Mond ist etwa ein Sechstel derjenigen auf der Erde.

2.11 (II): Mit welcher Anfangsgeschwindigkeit v_0 muss ein „Hammer" unter 45° abgeworfen werden, wenn er 72 m weit fliegen soll? (Luftreibung darf vernachlässigt werden).

2.12 (II): Ein Känguru auf der Flucht macht 6 m weite und 1,5 m hohe Sprünge. Wie groß ist die horizontale Fluchtgeschwindigkeit?

Kraft

2.13 (I): Der statistische Einheitsmensch wiegt „70 Kilo". Wie groß ist seine Gewichtskraft?

2.14 (I): Wie viel Kraft spart die schiefe Ebene der ◩ Abb. 2.26 quantitativ, das heißt, um wieviel ist F_1 kleiner als F_G?

2.15 (II): Angenommen, die Gewichtskraft des Flaschenzuges von ◩ Abb. 2.28 könnte gegenüber den 10 kN der Gewichtskraft F_1 der Last vernachlässigt werden.

a. Welche Kraft F belastet die Decke, wenn das freie Ende des Seiles senkrecht nach unten gezogen wird?

2

b. Wird die Decke stärker belastet, wenn man, wie gezeichnet, schräg zieht, oder weniger stark?

2.16 (II): Durch welche konstruktiven Maßnahmen lässt sich die Empfindlichkeit einer Balkenwaage erhöhen?

2.17 (I): Ist Super-Reibung mit einem Reibungskoeffizienten größer als eins möglich?

2.18 (II): Ein Kind rutscht eine Rutsche mit 28° Winkel zur Horizontalen genau mit der halben Beschleunigung herunter die es ohne Reibung hätte. Wie groß ist der Reibungskoeffizient zwischen Kind und Rutsche?

2.19 (II): Ein Seil liegt auf einem Tisch. Dabei hängt ein Ende des Seils an der Tischkante herab. Das Seil beginnt zu rutschen, wenn der herabhängende Teil des Seils 20 % der gesamten Seillänge ausmacht. Wie groß ist der Reibungskoeffizient zwischen Seil und Tisch?

2.20 (II): Ein Fahrradfahrer fährt auf einer abschüssigen Straße (5° gegen die Horizontale) mit konstanten 6 km/h. Angenommen, die Reibungskraft (Luftwiderstand) ist genau proportional zur Geschwindigkeit, also $F_R = k \cdot v$, wie groß ist dann die Konstante k? Die Masse des Fahrradfahrers samt Fahrrad sei 80 kg.

Energie und Leistung

2.21 (I): Wie viel Zeit hat man, um seine 70 kg die 16 Stufen je 17 cm eines Stockwerkes hoch zu schleppen, wenn man dabei 500 W umsetzen will? Wer leichter ist, muss schneller sein.

2.22 (I): Auch ein sparsamer Haushalt setzt heutzutage leicht 200 kWh elektrische Energie im Monat um. Wie viele Sklaven hätte ein alter Römer halten müssen, wenn er sich diese Energie über Fahrradergometer bei einem 12-Stunden-Arbeitstag und 100 W mittlerer Leistung pro Sklave hätte besorgen wollen?

2.23 (I): Welchen Kleinhandelswert hat die kinetische Energie eines Tankers von rund 200.000 Tonnen, der 15 Knoten läuft? (1 Knoten = 1 Seemeile/Stunde, 1 Seemeile = 1,852 km)

2.24 (II): Eine zur Zeit $t = 0$ ruhende Masse (2 kg) wird von einer konstanten Kraft (60 N) beschleunigt. Welche Arbeit W verrichtet die Kraft im Zeitraum zwischen der 5. und der 10. Sekunde (jeweils inklusive)?

2.25 (II): Jane, nach Tarzan Ausschau haltend, rennt so schnell sie kann (5,6 m/s), greift sich eine senkrecht herunterhängende Liane und schwingt nach oben. Wie hoch schwingt sie? Spielt die Länge der Liane eine Rolle?

2.26 (II): Ein 17 kg schweres Kind rutscht eine 3,5 m hohe Rutsche und kommt unten mit einer Geschwindigkeit von 2,5 m/s an. Wie viel Wärmeenergie wurde aufgrund der Reibung freigesetzt?

2.27 (III): Wenn Sie auf Ihrer Personenwaage stehen wird die Feder in ihr um 0,5 mm zusammengedrückt und die Waage zeigt eine Gewichtskraft von 700 N. Nun springen Sie aus 1 m Höhe auf die Waage. Was für einen maximalen Ausschlag zeigt die Waage jetzt? Tipp: benutzen Sie den Energiesatz.

zum Impulssatz

2.28 (I): Was ist „schlimmer": gegen eine Betonwand fahren, oder mit einem massegleichen Auto frontal zusammenstoßen, dass mit der gleichen Geschwindigkeit fährt?

2.29 (II): Bei einem Verkehrsunfall fahren zwei massegleiche Wagen aufeinander. Wie viel Energie wird bei unelastischem Stoß durch verbogenes Blech in Wärme umgesetzt, wenn

a. der eine Wagen auf den stehenden anderen auffährt?

b. beide Wagen mit gleichen Geschwindigkeiten frontal zusammenstoßen?

2.30 (III): Ein VW Polo (Masse 1000 kg) fährt auf einen S-Klasse Mercedes (2200 kg) auf, der mit angezogenen Bremsen auf der Straße steht. Dadurch werden beide Autos zusammen 2,8 m nach vorn geschoben. Der Reibungskoeffizient zwischen den Rädern des Mercedes und der Straße sei 0,7. Mit welcher Geschwindigkeit ist der Polo aufgefahren?

2.31 (II): Eine Explosion lässt ein Objekt in zwei Teilen auseinander fliegen, von denen eines 2 mal so schwer ist wie das andere. Wenn insgesamt eine Energie von 6000 J freigesetzt wurde, wie viel kinetische Energie bekommt jedes Teil mit?

2.32 (II): Zwei gleiche Schlitten mit Masse $m_1 = m_2 = 20$ kg stehen direkt hintereinander im Schnee. Eine Katze ($m_K = 5$ kg) springt mit einer Geschwindigkeit (relativ zur Erde) von 6 m/s von dem einen Schlitten auf den anderen. Infolgedessen bewegen sich die Schlitten auseinander (Reibung vernachlässigt); Mit welchen Geschwindigkeiten?

Trägheitskräfte

2.33 (I): Wie reagiert der Abgleich einer Balkenwaage auf die Trägheitskräfte eines beschleunigten Bezugssystems?

2.34 (II): Ein Passagier in einem Flugzeug, das gerade auf Starterlaubnis wartet, nimmt seine Armbanduhr an einem Ende und lässt sie senkrecht herunterbaumeln. Das Flugzeug bekommt die Starterlaubnis und beschleunigt. Dabei schwenkt die Uhr aus der senkrechten um ca. 25° nach hinten. Nach 18 Sekunden mit etwa konstanter Beschleunigung hebt das Flugzeug ab. Wie groß ist seine Startgeschwindigkeit?

Drehbewegung

2.35 (I): Welche Drehfrequenz und welche Kreisfrequenz, welche Bahngeschwindigkeit und welche Winkelgeschwindigkeit hat die Erde auf ihrer Bahn um die Sonne? (Erdbahnradius im Anhang).

2.36 (II): Tarzan will, an einer Liane hängend, über einen Abgrund schwingen. Er kann sich maximal mit einer Kraft von 1400 N an der Liane festhalten. Welche maximale Geschwindigkeit am tiefsten Punkt seines Flugs kann er aushalten ohne abzustürzen? Tarzan habe eine Masse von 80 kg und die Liane sei 4,8 m lang.

2.37 (I): In ▶ Rechenbeispiel 2.10 wurde ausgerechnet, dass die Kraft zum Beschleunigen eines Kleinwagens 2750 N beträgt. Welches Drehmoment muss der Motor auf jedes Rad ausüben, wenn der Raddurchmesser 66 cm beträgt?

2.38 (II): Die drei Rotorblätter eines Hubschraubers sind jeweils 3,75 m lang und 160 kg schwer. Sie sind näherungsweise dünne Stangen. Wie groß ist das Trägheitsmoment des Rotors? Welches Drehmoment muss der Motor ausüben, wenn der Rotor in 8 s von Null auf 5 Umdrehungen pro Sekunde gebracht werden soll?

2.39 (II): Eine Walze mit einer Masse von 2 kg und einem Durchmesser von 20 cm rollt mit einer Schwerpunktsgeschwindigkeit von 1 m/s. Wie groß ist ihre kinetische Energie?

2.40 (II): Ein Karussell mit 4,2 m Durchmesser rotiert mit einer Winkelgeschwindigkeit von 0,8 s^{-1}. Es hat ein Trägheitsmoment von 1760 kg · m^2. Vier Personen, jede mit einer Masse von 65 kg, stehen neben dem Karussell und steigen plötzlich auf den Rand. Wie groß ist die Winkelgeschwindigkeit jetzt?

Mechanik deformierbarer Körper

Inhaltsverzeichnis

Ergänzende Information Die elektronische Version dieses Kapitels enthält Zusatzmaterial, auf das über folgenden Link zugegriffen werden kann https://doi.org/10.1007/978-3-662-68484-9_3. Die Videos lassen sich durch Anklicken des DOI Links in der Legende einer entsprechenden Abbildung abspielen, oder indem Sie diesen Link mit der SN More Media App scannen.

Der „starre Körper" ist eine Fiktion: Auch der härteste Gegenstand lässt sich noch verbiegen und mit der nötigen Gewalt auch zerbrechen. Demgegenüber passt eine Flüssigkeit ihre Form dem Gefäß an, in dem sie sich befindet; sie behält aber ihr Volumen bei und bestimmt danach ihre Oberfläche. Ein Gas schließlich füllt (unter Laborbedingungen, nicht in astronomischem Maßstab) sein Gefäß vollständig und gleichmäßig aus. Eben weil Flüssigkeiten und Gase keine eigene Form besitzen, lassen sie sich etwa durch Strömung in Röhren relativ leicht transportieren.

3.1 Die Aggregatzustände

Die Materie dieser Erde besteht aus Atomen. Jedes Atom besitzt eine lockere Elektronenhülle, die seinen Durchmesser bestimmt, und einen vergleichsweise kleinen Atomkern, der seine Masse bestimmt. Der Kern enthält Protonen und Neutronen. Protonen sind positiv elektrisch geladen, Elektronen negativ und Neutronen sind ungeladen (neutral); der Kern kann demnach seine Hülle durch elektrische Kräfte an sich binden, denn Ladungen entgegengesetzten Vorzeichens ziehen sich an. Diese Kräfte würden aber die positiven Protonen auseinander treiben, denn Ladungen gleichen Vorzeichens stoßen sich ab. Es gibt aber noch stärkere Kernkräfte zwischen Protonen und Neutronen, die die Atomkerne doch zusammenhalten. Balance kann nur in bestimmten Kombinationen erreicht werden; Atome, Atomkerne existieren nur von den rund hundert chemischen Elementen.

Bis zum Element Nr. 83, dem Wismut, gibt es stabile Atomkerne, ab Nr. 84 (Polonium) zerfallen alle Kerne nach einer gewissen Zeit in kleinere, sind also radioaktiv. Elemente bis Nr. 92, dem Uran, kommen in der Natur vor, die Transurane müssen künstlich hergestellt werden. Stabile Atomkerne überdauern Jahrmilliarden; die schweren Elemente der Erde sind irgendwann einmal im Innern

eines Sternes oder durch Sterneexplosion entstanden. Die Vielfalt der Substanzen ist nur möglich, weil sich die wenigen Atomsorten in den unterschiedlichsten Kombinationen zu Molekülen zusammenschließen können. Wie sie dies tun, warum sie dies tun, ist Thema der Chemie. Deren Formeln sagen, welche Atome in welchen Anzahlen welche Moleküle bilden. Die zugehörigen Bindungskräfte sind weit schwächer als die Kernkräfte. Bei chemischen Reaktionen wird deshalb auch weit weniger Energie umgesetzt als bei Kernreaktionen. Kohlekraftwerke müssen wesentlich mehr Brennstoff verfeuern und entsorgen als Kernkraftwerke. Moleküle sind klein, selbst Billionen liefern noch keine sichtbaren Krümel. Makroskopische Gegenstände entstehen nur, weil sich Moleküle zu großen Komplexen zusammenlegen können. Die dabei auftretenden Bindungskräfte sind freilich so schwach, dass man sie mit Hammer und Meißel oder auch mit reiner Temperaturerhöhung überwinden kann. Wenn Wasser verdampft, treten einzelne Moleküle durch die Oberfläche der Flüssigkeit in den Dampfraum über. Auch diese Phänomene tragen zur Vielfalt der Substanzen bei. Ob Nebel oder Regen, ob Hagelkorn, Tropfen oder Schneeflocke, ob Pfütze, Raureif oder Glatteis, immer handelt es sich um die gleichen H_2O-Moleküle, nur in verschiedenen **Aggregatzuständen** (◘ Abb. 3.1).

Ein **Festkörper** ist formstabil; verbiegt man ihn nur leicht, so kehrt er elastisch in seine Ausgangsform zurück. Überfordert man seine mechanische Festigkeit, so zerreißt, zerbricht, zerkrümelt er. Eine **Flüssigkeit** besitzt keine eigene Form; sie passt sich dem Gefäß an, in das sie eingefüllt wurde. Wasser braucht dazu allenfalls Sekunden, Kochkäse Stunden, antiken Gläsern haben zweitausend Jahre noch nicht genügt, wider den Augenschein ist ein Glas kein Festkörper in der strengen Definition der Aggregatzustände (s. dazu auch ▶ Abschn. 5.4.2). Eine vorgegebene Flüssigkeitsmenge kennt ihr Volumen und behält es bei, wenn man sie umgießt. Die Molekülab-

3

□ **Abb. 3.1 Aggregatzustände:** fest, flüssig gasförmig

> ❯ **Merke**
>
> Aggregatzustände:
> - fest: formstabil bis zur Festigkeitsgrenze
> - flüssig: nicht form-, wohl aber volumenstabil
> - gasförmig: weder form- noch volumenstabil

So ganz befriedigen kann die Einteilung in genau drei Aggregatzustände nicht. Was macht man mit Haut und Haaren? Sie sind weder richtige Festkörper noch richtige Flüssigkeiten. Als man die Aggregatzustände erfand, meinte man noch, Physik und Chemie brauchten und dürften sich nur mit toter Materie befassen, denn „das Leben" habe eine völlig andere Qualität. Insofern war es eine Sensation, als Friedrich Wöhler 1828 mit dem Harnstoff zum ersten Mal eine den lebenden Organismen zugeordnete Substanz in der Retorte herstellte. Aber da gab es die Aggregatzustände schon.

3.2 Festkörper

3.2.1 Struktur der Festkörper

Festkörper sind formstabil: Wenn man sie vorsichtig verbiegt, kehren sie hinterher in ihre alte Form zurück. Das liegt an ihrer kristallinen Struktur. Im **Kristallgitter** herrscht Ordnung; jedem *Gitterbaustein* wird ein fester Platz zugewiesen. Kochsalz beispielsweise besteht aus elektrisch positiv geladenen Ionen des Natriums und aus den negativen Ionen des Chlors. Im NaCl-Gitter sind sie so angeordnet, dass jedes Na^+-Ion sechs Cl^--Ionen als nächste Nachbarn hat und umgekehrt. Das führt zu einer würfelförmigen **Elementarzelle** des Gitters, wie sie □ Abb. 3.2 schematisch darstellt. Sehen kann man einen solchen Würfel nicht; dazu ist er zu klein. Seine Kantenlänge beträgt gerade ein halbes Nanometer.

Zeichnungen dieser Art stellen Gitterbausteine als Kugeln dar, die sich gegenseitig berühren. Das ist halbwegs realistisch, aber nicht

stände liegen in der gleichen Größenordnung wie bei Festkörpern, die Dichten also auch. Ein Gas füllt dagegen jedes Volumen gleichmäßig aus, das man ihm als Gefäß anbietet (jedenfalls gilt das im Meter-Maßstab, solange die Schwerkraft keine nennenswerte Rolle spielt). Im **Gas** treffen sich die Moleküle nur noch zu kurzen Stößen, Kräfte zwischen ihnen können sich kaum auswirken. Die Abstände sind groß, die Dichten normalerweise um Zehnerpotenzen geringer.

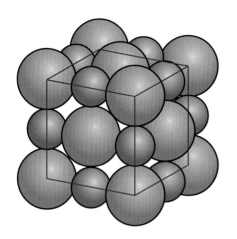

⬛ Abb. 3.2 Kristallgitter des NaCl (Kochsalz). Die dicken Cl^--Ionen und die kleineren Na^+-Ionen liegen dicht an dicht

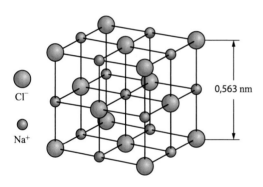

Cl⁻

Na⁺

0,563 nm

⬛ Abb. 3.3 Kubisch-flächenzentriertes Gitter (NaCl); Modelle dieser Art markieren nur die Lagen der Zentren der Gitterbausteine ohne Rücksicht auf deren Größe

sehr übersichtlich, weil man nicht in das Gitter hineinschauen kann. Insofern haben Zeichnungen nach Art der ⬛ Abb. 3.3 ihre Vorzüge. Sie sind Kristallmodellen nachempfunden, die man aus Holzkugeln und Metallstäbchen zusammenbastelt, um Symmetrien anschaulich darstellen zu können. Nur darf man sich nicht täuschen lassen: Die Bausteine eines Kristallgitters sind wirklich keine kleinen Kugeln, die von Stäben auf Distanz gehalten werden.

Im NaCl-Kristall liegen die Würfel der Elementarzelle dicht an dicht; das Gitter wiederholt sich identisch in allen drei Kantenrichtungen. Aber auch bei einer Drehung um eine Würfelkante landen nach 90° alle Gitterplätze wieder auf Gitterplätzen; viermal bis zur vollen Drehung. Die Kristallographen bezeichnen sie als **vierzählige Symmetrieachsen** und reden von einem **kubischen** Gitter.

Die Atome des Kohlenstoffs bilden gern 6er-Ringe. Mit chemisch gebundenem Wasserstoff gibt das die ringförmigen Moleküle des Benzols, ohne jeden Bindungspartner die 6-zählige, **hexagonale** Kristallstruktur des Graphits (⬛ Abb. 3.4b). Graphit ist schwarz und so weich, dass man mit ihm schreiben kann. Kohlenstoff kann aber auch kubisch kristallisieren. Dann ist er glasklar durchsichtig und härter als jedes andere Mineral; man kann Glas mit ihm ritzen. Diese Form von Kohlenstoff nennt man Diamant und die zugehörige Struktur **Diamantgitter** (⬛ Abb. 3.4a).

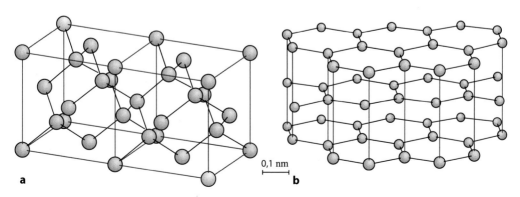

a

0,1 nm

b

⬛ Abb. 3.4 Diamant (a) und Graphit (b); zwei unterschiedliche Kristallmodifikationen des Kohlenstoffs

Die Eigenschaften eines Festkörpers hängen nicht nur von der Natur seiner Bausteine ab, sondern auch von der Struktur des Kristallgitters. Dessen Bausteine müssen keine Atome sein wie beim Diamanten oder Ionen wie beim Kochsalz, ganze Moleküle sind ebenfalls erlaubt, wie beispielsweise bei Eis und Schnee. Auch die großen Moleküle des Insulins kann man mit einiger Mühe zu Kristallen zusammenlegen und sogar Viren, die im Grenzbereich zur lebenden Materie angesiedelt sind.

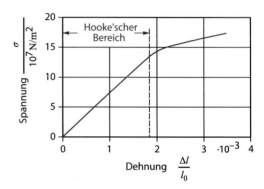

◘ Abb. 3.5 Spannungs-Dehnungs-Diagramm vom Kupfer

3.2.2 Verformung von Festkörpern

Auch die starken Bindungskräfte im Kristall halten die Gitterbausteine nicht unverrückbar auf ihren Plätzen fest, ein *fester* Körper ist noch kein *starrer* Körper. Er kann auch durch relativ schwache äußere Kräfte verbogen werden. Allerdings lassen die Bindungen zunächst nur geringe Verschiebungen zu und holen die Gitterbausteine sofort in ihre Normallage zurück, sobald die äußere Kraft nachlässt: Die Verformung ist **elastisch** und verschwindet spurlos. Leicht untersuchen lässt sich ein Sonderfall, die Dehnung eines Drahtes unter Zug. Man darf ein lineares Kraftgesetz erwarten (s. ► Abschn. 2.2.1): Proportionalität zwischen Längenänderung Δl und angreifender Kraft F. Weiterhin wird Δl mit der Ausgangslänge l_0 zu- und mit der Querschnittsfläche A des Drahtes abnehmen. Also:

$$\Delta l = \frac{1}{E} \cdot \frac{l_0}{A} \cdot F$$

Der Quotient $\Delta l / l_0$ bekommt den Namen **Dehnung**, der Quotient $F/A = \sigma$ heißt (mechanische) **Spannung**. Sind Spannung und Dehnung einander proportional, so erfüllen sie das **Hooke'sche Gesetz**

$$\sigma = E \cdot \frac{\Delta l}{l_0},$$

die Proportionalitätskonstante E heißt **Elastizitäts-Modul**. σ und E haben die gleiche Einheit N/m^2, denn die Dehnung ist eine

dimensionslose Zahl. Die Elastizitätsmodule gängiger Metalle liegen in der Größenordnung 10^{11} N/m^2.

❯ **Merke**

▬ Mechanische Spannung

$$\sigma = \frac{\text{Kraft}}{\text{Querschnittsfläche}} = \frac{F}{A}$$

▬ Dehnung = relative Längenänderung = $\frac{\Delta l}{l_0}$

▬ Hooke-Gesetz: Dehnung zu Spannung proportional:

$$\sigma = E \cdot \frac{\Delta l}{l_0}$$

Erhöht man die Spannung über die sog. **Elastizitätsgrenze** hinaus, so nimmt die Dehnung überproportional zu (◘ Abb. 3.5): Der Draht beginnt zu fließen und kehrt nach Entlastung nicht zur alten Ausgangslänge zurück, er hat sich **plastisch** gedehnt. Dem sind aber Grenzen gesetzt; irgendwann reißt der Draht. Manche Substanzen lassen sich fast gar nicht plastisch verformen; wird ihre Elastizitätsgrenze überschritten, so brechen sie wie Glas. Man nennt sie *spröde*.

❯ **Merke**

Elastische Verformungen sind reversibel (umkehrbar), plastische irreversibel (unumkehrbar).

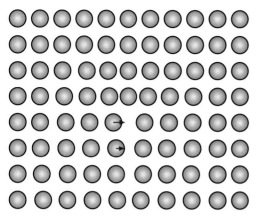

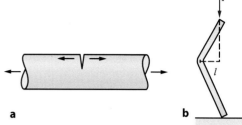

Abb. 3.7 Instabilität durch Hebelwirkung beim Bruch. Das Drehmoment (effektiver Hebelarm *l* mal Kraft *F*), das auf die Spitze der Kerbe (**a**) oder die Knickstelle (**b**) wirkt, nimmt zu, je weiter die Kerbe einreißt bzw. der Stab einknickt

Abb. 3.6 Stufenversetzung. In den oberen Teil des Kristalls hat sich, vier Gitterabstände weit, eine zusätzliche Netzebene vertikal eingeschoben; unter ihrem Ende ist das Gitter dadurch ein wenig aufgeweitet worden. Oberhalb und unterhalb der Zeichenebene setzt sich die Versetzung in gleicher Weise im Kristall fort: sie zieht sich wie ein Schlauch durch den Kristall hindurch. Springen die beiden markierten Gitterbausteine nach rechts, so verschiebt sich die Versetzung um einen Netzebenenabstand nach links

Bei plastischer Verformung müssen ganze Bereiche eines Kristalls gegeneinander verschoben werden. Das geht nur, wenn Gitternachbarn sich voneinander trennen und mit neuen Nachbarn wieder zusammenlegen, ein schier unmöglicher Vorgang, wäre der Kristall perfekt gebaut, hätte also ausnahmslos jeder Gitterbaustein wirklich alle Nachbarn, die ihm nach der Struktur zustehen. Tatsächlich springt ein Baustein innen nur in eine benachbarte *Leerstelle*, in einen aus irgendwelchen Gründen gerade nicht besetzten Gitterplatz.

Besondere Bedeutung haben hier linienförmige Anordnungen gleichartiger Leerstellen der Art, wie sie ■ Abb. 3.6 etwas schematisch skizziert (man nennt das eine *Stufenversetzung*). Hier kann eine ganze Atomreihe senkrecht zur Zeichenebene relativ leicht, z. B. nach rechts, in die Lücke hineinspringen und so die Versetzung um einen Atomabstand nach links verschieben. Ist nach diesem Mechanismus eine Stufenversetzung quer durch den Kristall hindurchgewandert, so ist dessen

unterer Bereich gegenüber dem oberen um einen Atomabstand *abgeglitten*. Zur plastischen Verformbarkeit gehören demnach bewegliche Versetzungen. Diese können sich aber an anderen Gitterfehlern wie Fremdatomen oder Einschlüssen festhaken: Gusseisen ist spröde, es enthält mehrere Prozent Kohlenstoff; schmiedbarer Stahl dagegen meist weniger als 0,1 %.

Die Bruchfestigkeit hängt nicht nur von den Eigenschaften des Materials selbst ab. Schon winzige Kerben in der Oberfläche können sich verhängnisvoll auswirken, weil nämlich die oberflächennahen Anteile einer Zugkraft ein Drehmoment auf die Kerbenspitze ausüben (■ Abb. 3.7a). Es wächst auch noch, je weiter es die Kerbe einreißt. Dünne Stäbe, auf Stauchung beansprucht, knicken ein. Wieder wirkt ein Drehmoment auf die Knickstelle; wieder wächst es, je weiter das Material nachgibt, weil dann der effektive Hebelarm größer wird (■ Abb. 3.7b).

Knickung bedeutet **Biegung.** Ein gebogener Stab wird auf der Außenseite gedehnt, auf der Innenseite gestaucht. Dazwischen liegt die **neutrale Faser,** die ihre Länge nicht ändert (■ Abb. 3.8). Zur Biegesteifigkeit eines Stabes tragen die von der neutralen Faser am weitesten entfernten Teile am meisten bei; man spart Material, wenn man sie auf Kosten des Mittelteils verstärkt. Technisches Beispiel: der Doppel-T-Träger (■ Abb. 3.9). Liegt die Richtung der Biegebeanspruchung nicht von vornherein

3

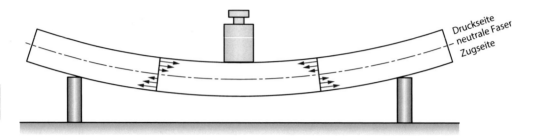

■ **Abb. 3.8 Neutrale Faser.** Bei der Biegung ändert die neutrale Faser ihre Länge nicht

■ **Abb. 3.9 Doppel-T-Träger**; das von der neutralen Faser am weitesten entfernte Material trägt am meisten zur Biegefestigkeit bei

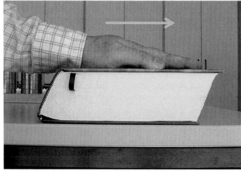

■ **Abb. 3.10 Geschertes Buch.** Durch eine bestimmte Kraft nach rechts wird das Buch um einen gewissen Winkel geschert

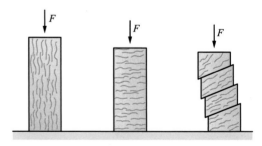

■ **Abb. 3.11 Faseriges Material.** Gegenüber gerichteter Belastung hängt die Festigkeit faserigen Materials von der Richtung der Fasern ab

fest, so empfiehlt sich ein kreisrundes Rohr mit relativ dünner Wand. Grashalme sind nach diesem Prinzip konstruiert, aber auch die hohlen Knochen der Vögel und auch Menschen.

Dehnung und Stauchung sind nicht die einzigen mechanischen Belastungen, denen festes Material ausgesetzt sein kann. In ■ Abb. 3.10 wird ein Buch mit einer horizontalen Kraft der Hand **geschert**. Wegen der gegeneinander verschiebbaren Seiten ist eine solche **Scherung** des Buches um einen bestimmten **Scherwinkel** mit einer relativ kleinen **Scherkraft** möglich. Das Schermodul beschreibt den Widerstand, den ein Material einer Scherung entgegenstellt.

Schließlich: die mechanischen Eigenschaften mancher Materialien sind nicht einmal

isotrop, das heißt gleich in allen Richtungen. Als Musterbeispiel kann ein Holzklotz dienen, der gestaucht werden soll (■ Abb. 3.11). Liegen seine Fasern längs oder quer zur Kraft, so besitzt er eine recht hohe Festigkeit. Sie ist deutlich geringer, wenn die Fasern einen Winkel von 45° bilden, denn jetzt können die einzelnen Lagen des Holzes relativ leicht gegeneinander abgeschert werden wie schlecht verleimte Brettchen. Unter 45° erzeugt die stauchende Kraft eine besonders hohe **Schubspannung**, hier also in Richtung der Fasern. Die dazu senkrechte Komponente der Kraft führt zur **Normalspannung**, die vom Holz leichter aufgenommen werden kann.

Rechenbeispiel 3.1: Mensch am Draht

Aufgabe: Welchen Durchmesser muss ein Kupferdraht mindestens haben, wenn er ohne plastische Verformung einen Menschen tragen soll? Beachte ◘ Abb. 3.5.

Lösung: Das Ende der Hooke'schen Geraden befindet sich etwa bei der Grenzspannung $\sigma_g = 13 \cdot 10^7$ N/m². Wenn der Mensch ein Gewicht von 690 N hat (entspricht 70 kg), so ergibt sich für die minimal erforderliche Querschnittsfläche:

$$A_{min} = \frac{F_G}{\sigma_g} = 5,3 \cdot 10^{-6} \text{ m}^2 = \frac{1}{4}d_{min}^2 \cdot \pi$$

Also ist der minimale Durchmesser

$$d_{min} = 2,6 \cdot 10^{-3} \text{ m} = 2,6 \text{ mm.}$$

3.2.3 Viskoelastizität

Leben ist an Wasser gebunden; es ist in den Weltmeeren entstanden und hat sich in seiner Entwicklung an dessen Zusammensetzung angepasst. Auch menschliches Leben braucht Wasser; der Salzgehalt des Blutes ist dem der Meere nicht unähnlich. In gewissem Sinn haben die Tiere, als sie an Land gingen, ihre alte Umgebung mitgenommen, nur mussten sie nun sorglich einhüllen, was vorher Umwelt gewesen war. Der starre Panzer der Insekten hat konstruktive Nachteile, z. B. beim Wachsen, man muss sich häuten. Wirbeltiere verlegen darum ihr tragendes Skelett nach innen, brauchen nun aber eine Haut, die schlagfest und

wasserdicht ist und trotzdem beweglich und biegsam. Die technische Lösung heißt *Hochpolymere*. Die chemische Industrie hat sich ihrer in großem Umfang angenommen.

Unter **Polymerisation** versteht man das Zusammenlagern relativ „kleiner" Moleküle der organischen Chemie zu größeren Komplexen, die dann viele Tausende von Atomen umfassen können. Manche haben fadenförmige Struktur, sind in sich selbst biegsam und lagern sich verhakelt und verknäult ihrerseits zusammen. Dabei bleiben sie oftmals in weiten Grenzen gegeneinander verschiebbar, dürfen ihre Knäuel aufziehen, sich lokal voneinander trennen und umlagern. Die Körper, die sie bilden, sind weder so formstabil wie Kristalle noch so beweglich wie echte Flüssigkeiten. Man nennt sie **viskoelastisch**, denn sie können beispielsweise einer mechanischen Beanspruchung momentan und elastisch folgen, danach aber *viskos* weiterkriechen. Manche ändern ihre Form unter konstanter Belastung noch nach Minuten und Stunden. Hört die Belastung plötzlich auf, so kehren sie auf ähnlichem Weg mehr oder weniger genau in ihre Ausgangsform zurück, wie dies ◘ Abb. 3.12 recht

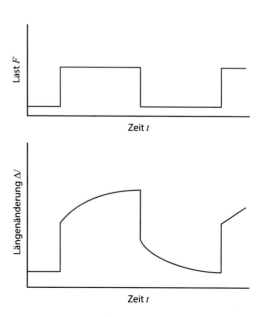

◘ **Abb. 3.12 Viskoelastizität.** Längenänderung eines viskoelastischen Stabes unter wechselnder Last, idealisiert

grobschematisch andeutet. Ein nettes Spielzeug ist die Hüpfknete, die man kneten kann, die als Ball geformt aber auch hüpft.

3.3 Hydrostatik

3.3.1 Stempeldruck

Jede plastische Verformung eines Festkörpers beruht auf Abgleitungen nach Art verleimter Brettchen. Durch die Struktur des Kristalls sind *Gleitebenen* vorgebildet, die Schubspannungen einen vergleichsweise geringen, aber immer noch beträchtlichen Widerstand entgegensetzen. Flüssigkeiten und erst recht Gase haben, zumindest im Idealfall, gar keine Schubfestigkeit, weil sich ihre Moleküle grundsätzlich frei gegeneinander verschieben können: Flüssigkeiten sind nicht formstabil. Deshalb kann der Arzt ein flüssiges Medikament aus der Ampulle in die Spritze saugen und dann durch die enge Kanüle seinem Patienten injizieren.

Die Injektion erfordert eine Kraft, als Muskelkraft vom Daumen auf den Kolben der Spritze ausgeübt. Der Kolben muss „dicht" schließen, d. h. die Querschnittsfläche der Spritze voll ausfüllen, und trotzdem einigermaßen reibungsarm gleiten. Dadurch gerät das flüssige Medikament unter den

$$\text{Druck } p = \frac{\text{Kraft } F}{\text{Fläche } A}.$$

Hier steht die Kraft immer senkrecht auf der Fläche, als Vektoren haben demnach $\vec{F}$ und $\vec{A}$ die gleiche Richtung und brauchen darum nicht vektoriell geschrieben zu werden: Der Druck p ist ein Skalar (deshalb stört nur wenig, dass er den gleichen Buchstaben trägt wie der Impuls $\vec{p}$).

Der Druck ist eine abgeleitete Größe mit der leider recht kleinen SI-Einheit

$$1 \text{ Pascal} = 1 \text{ Pa} = 1 \frac{\text{N}}{\text{m}^2}.$$

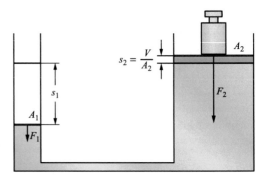

☐ **Abb. 3.13 Hydraulische Presse** (Einzelheiten im Text)

Schon der normale Luftdruck am Erdboden liegt in der Nähe von $100.000 = 10^5$ Pa. Meteorologen messen auf ein Promille genau und darum in Hektopascal (hPa = 100 Pa).

❯ **Merke**

$$\text{Druck } p = \frac{\text{Kraft } F}{\text{Fläche } A}$$

SI-Einheit: Pascal = Pa = N/m²

Der Druck in einer ruhenden Flüssigkeit, der **hydrostatische Druck**, ist allseitig gleich (solange man Gewichtskräfte vernachlässigen kann). In einer Injektionsspritze zum Beispiel wird er durch äußere Kraft auf den Kolben, den „Stempel" erzeugt. Deshalb nennt man ihn auch **Stempeldruck**. Seine Allseitigkeit erlaubt der **hydraulischen Presse**, große Drücke zu erzeugen; ☐ Abb. 3.13 zeigt das Schema. Schiebt man den kleinen Kolben (Fläche A_1) mit der Kraft F_1 um die Strecke s_1 in seinem Zylinder vor, so pumpt man ein Flüssigkeitsvolumen $V = A_1 \cdot s_1$ mit dem Druck $p = F_1/A_1$ in den großen Zylinder hinüber. Dessen Stempel rückt um die Strecke $s_2 = V/A_2$ vor. Auf ihn wirkt die Kraft

$$F_2 = p \cdot A_2 = F_1 \cdot \frac{A_2}{A_1}.$$

Sie ist um das Verhältnis der beiden Kolbenflächen größer als F_1. Energie lässt sich so

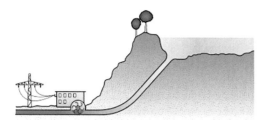

Pumpspeicherwerke nutzen den Druck aus, den Wasser durch seine Gewichtskraft erzeugt; er heißt **Schweredruck** und nimmt mit der Wassertiefe zu. Insofern bedarf der Satz von der Allseitigkeit und Gleichheit des hydrostatischen Druckes einer Präzisierung: der Satz gilt nur für den Stempeldruck im Zustand der Schwerelosigkeit. Sobald Gravitations- oder Trägheitskräfte eine Rolle spielen, überlagert sich der Schweredruck. Dessen Abhängigkeit von der Wassertiefe h lässt sich für den Sonderfall eines senkrecht stehenden zylindrischen Gefäßes relativ leicht ausrechnen (◘ Abb. 3.15). Jede Wasserschicht der (differentiell kleinen) Dicke dh drückt auf die unter ihr liegenden Schichten mit der (differentiell kleinen) Gewichtskraft dF_G. Hat der Zylinder die Querschnittsfläche A, so gehört zu der Schicht das

— Volumen $dV = A \cdot dh$,
— die Masse $dm = \rho \cdot dV = \rho \cdot A \cdot dh$ (ρ = Dichte der Flüssigkeit) und die
— Gewichtskraft $dF_G = g \cdot dm = g \cdot \rho \cdot A \ \ dh$ (g = Fallbeschleunigung). Die Kraft erzeugt den (differentiell kleinen)
— Druck $dp = dF_G / A = g \cdot \rho \cdot dh$.

Mit steigender Wassertiefe summieren sich alle Beiträge zum Druck der einzelnen Schichten. Grundsätzlich muss man nun damit rechnen, dass die Dichte ρ selbst vom Druck abhängt und darum mit der Wassertiefe h

◘ Abb. 3.14 Pumpspeicherwerk. Nachts wird überschüssige elektrische Energie als Hubarbeit gespeichert; sie kann in der Leistungsspitze am Tag durch Volumenarbeit des Wassers wieder in elektrische Energie zurückverwandelt werden, freilich nur mit begrenztem Nutzeffekt

selbstverständlich nicht gewinnen, denn was der große Kolben an Kraft gewinnt, verliert er an Schubweg:

$$W_2 = F_2 \cdot s_2 = p \cdot A_2 \cdot \frac{V}{A_2} = p \cdot V$$

$$= p \cdot A_1 \cdot \frac{V}{A_1} = F_1 \cdot s_1 = W_1.$$

Der Beziehung „Arbeit = Kraft mal Weg" entspricht bei Fluiden die Beziehung „Arbeit = Druck mal Volumen"; sie wird **Volumenarbeit** genannt. Das Herz des Menschen leistet Volumenarbeit.

❯ Merke

Volumenarbeit $W = \displaystyle\int_{V_0}^{V_1} p(V)\,dV$

Volumenarbeit wird auch von den Turbinen eines Pumpspeicherwerkes geleistet (◘ Abb. 3.14), wenn sie in der Nacht, wo die Kapazität des Kraftwerkes nicht ausgelastet ist, überschüssigen „Strom", überschüssige elektrische Energie also, dazu benutzen, Wasser in ein hochgelegenes Becken zu pumpen. Die dabei als Volumenarbeit geleistete Hubarbeit kann in der Verbrauchsspitze am nächsten Nachmittag wieder in elektrische Energie zurückverwandelt werden (allerdings nicht ohne einige Reibungsverluste).

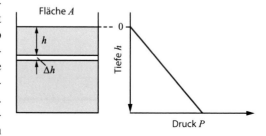

◘ Abb. 3.15 Schweredruck. Zur Herleitung der Formel: bei einer inkompressiblen Flüssigkeit (ρ konstant) steigt er proportional zur Wassertiefe h an

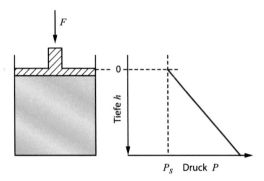

◨ Abb. 3.16 Stempeldruck. Dem Schweredruck überlagert sich ein etwa vorhandener Stempeldruck p_s additiv

zunimmt: $\rho = \rho(h)$. Der Zusammenhang zwischen Druck p und h kann deshalb allgemein nur als Integral geschrieben werden:

$$p(h) = g \cdot \int \rho(h)\, \mathrm{d}h$$

Wasser ist freilich praktisch inkompressibel; es ändert seine Dichte mit dem Druck fast gar nicht. Dann verkümmert das Integral zum Produkt

$$p(\mathrm{h}) = \rho \cdot g \cdot h,$$

der Schweredruck nimmt linear mit der Wassertiefe zu (◨ Abb. 3.15, rechtes Teilbild). In einer geschlossenen Dose überlagert sich ihm ein etwa noch vorhandener Stempeldruck p_s. Der Gesamtdruck p_g ist dann

$$p_g(h) = \rho \cdot g \cdot h + p_s$$

(◨ Abb. 3.16). In offenen Gewässern erzeugt schon die Lufthülle der Erde einen solchen Stempeldruck.

Etwas anders verhält es sich mit dem Schweredruck in Gasen, zum Beispiel mit dem Luftdruck in der Erdatmosphäre, der ja auf dem Gewicht der Atmosphäre beruht. Da anders als bei Flüssigkeiten die Dichte eines Gases stark druckabhängig ist, variiert mit der Höhe beides: Druck und Dichte. Das führt dazu, dass der Druck nicht linear mit der Höhe abnimmt, sondern exponentiell (**Barometrische Höhenformel**).

Wer taucht, registriert den Schweredruck des Wassers als Überdruck gegenüber dem Atmosphärendruck von rund 10^5 Pa, den er an Land gewohnt ist. Die Atemmuskulatur muss mit dem Überdruck fertig werden, solange der Sportler mit „Schnorchel" taucht, die Atemluft also unter Normaldruck dicht über der Wasseroberfläche ansaugt. Das geht nur in geringer Tiefe. Wer weiter hinunter will, muss eine Pressluftflasche mitnehmen und vorsichtig wieder auftauchen, denn sonst bekommt er Schwierigkeiten mit bei höherem Druck zusätzlich im Blut gelöster Luft (Henry-Dalton-Gesetz, siehe ▶ Abschn. 5.4.8). Immerhin steigt der hydrostatische Druck im Wasser alle zehn Meter um rund 10^5 Pa.

❯ Merke

Schweredruck: von der Gewichtskraft einer Flüssigkeit (Dichte ρ) erzeugter Druck; er steigt mit der Tauchtiefe h: $p(h) = \rho \cdot g \cdot h$.

Auch die Blutgefäße des Menschen bilden eine „geschlossene Dose" im Sinn der Überlagerung von Schwere- und Stempeldruck. Steht der Mensch aufrecht, so ist der Blutdruck in den Füßen notwendigerweise höher als im Kopf; liegt er horizontal, so sind beide Drücke ungefähr gleich. Das Gehirn braucht für seine Funktion aber unbedingt eine gleichmäßige Durchblutung; folglich muss ein Regelsystem dafür sorgen, dass Druckschwankungen im Kopf, wie sie Lageänderungen zunächst hervorrufen, in wenigen Sekunden aufgefangen werden. Krankhafte Störungen können die Einstellung des Solldrucks merklich verzögern oder gar **Regelschwingungen** auslösen (◨ Abb. 3.17)

Ideale Flüssigkeiten besitzen keine Scherfestigkeit. Infolgedessen müssen ihre freien Oberflächen immer horizontal stehen. Täten sie es nicht, bekäme die Gewichtskraft eine Komponente parallel zur Oberfläche, der die Flüssigkeit nachgeben müsste. Dies gilt auch, wenn in **kommunizierenden Röhren**

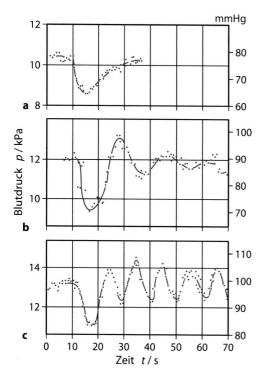

a

b

c

Blutdruck p / kPa

mmHg

Zeit t / s

□ Abb. 3.17 Regelstörungen beim Blutdruck. Die Versuchsperson wird auf einer horizontalen Liege festgeschnallt und ohne eigene Muskelarbeit in die Vertikale gekippt. Dadurch nimmt der Blutdruck im Oberkörper zunächst ab („das Blut sackt in die Füße"). Beim Gesunden wird der Druck im Gehirn in weniger als einer halben Minute wieder auf den Normalwert eingeregelt (**a**). Ein krankhaft gestörter Regelkreis kann aber durch diese Belastung in eine gedämpfte (**b**) und sogar in eine nahezu ungedämpfte (**c**) Regelschwingung geraten

die Oberfläche durch Gefäßwände unterbrochen ist: Eine ruhende Wasseroberfläche liegt immer senkrecht zu der angreifenden Schwerkraft. Insofern bilden die Meere keine ebenen Oberflächen aus, sondern Ausschnitte aus einer Kugeloberfläche. Seeleute wissen das: Von einem entgegenkommenden Schiff tauchen zuerst die Mastspitzen über der Kimm auf, und der Mann im Mastkorb entdeckt sie früher.

Rechenbeispiel 3.2: Wasserturm

Aufgabe: In flachen Gegenden sieht man zuweilen einen Wasserturm in der Landschaft stehen. Er enthält im oberen Teil einen großen Wassertank. Zweck der Konstruktion ist es, am Fuße des Turms in den umgebenden Häusern einen Überdruck des Wassers am Wasserhahn zu erzeugen. Wie hoch muss der Turm in etwa sein, damit der Überdruck das Dreifache des Luftdrucks beträgt?

Lösung: Es gilt die Faustformel: alle 10 m Wassertiefe steigt der Druck um ein Bar bzw. 1000 hPa. Genaues Nachrechnen liefert:

$$\Delta p = \rho_w \cdot g \cdot 10\,\text{m}$$
$$= 1000\,\text{kg/m}^3 \cdot 9{,}81\,\text{m/s}^2 \cdot 10\,\text{m}$$
$$= 9{,}81 \cdot 10^4\,\text{Pa} = 981\,\text{hPa}.$$

Der Wasserturm muss also etwa 30 m hoch sein. Man kann den Druck am Wasserhahn aber auch mit einer Pumpe aufrechterhalten. Heute sind die Wassertürme fast alle außer Betrieb. Den Druck mit elektrischen Pumpen aufrecht zu erhalten, ist anscheinend günstiger.

3.3.3 Auftrieb

Jeder Gegenstand wird, wenn man ihn unter Wasser taucht, von allen Seiten zusammengedrückt. Weil aber der Schweredruck mit der Wassertiefe zunimmt, übt er von unten eine größere Kraft auf den Gegenstand aus als von oben: die Differenz liefert den **Auftrieb**, eine der Gewichtskraft entgegen, also aufwärts gerichtete Kraft F_A Ihr Betrag entspricht der Gewichtskraft $g \cdot m_f$ der vom Tauchkörper verdrängten Flüssigkeit (**archimedisches Prinzip**), ist also *seinem* Volumen V_k und *ihrer* Dichte ρ_f proportional. Dies soll hier ohne Begründung einfach nur festgestellt werden. Für

3

geometrisch einfache Sonderfälle lässt es sich leicht nachrechnen; es allgemein herzuleiten, bedarf allerdings einer Integration.

❯ Merke

> Auftrieb $F_A = g \cdot m_f = V_k \cdot \rho_f \cdot g$

Ein Gegenstand, der mehr wiegt als die von ihm verdrängte Flüssigkeit, sinkt unter: Der Auftrieb kann das Gewicht nicht tragen, wenn die (mittlere) Dichte des Gegenstands größer ist als die der Flüssigkeit. Ist sie dagegen kleiner, so schwimmt der Gegenstand; er taucht gerade so tief ein, dass die verdrängte Flüssigkeit ebenso viel wiegt wie er selber: Ein leeres Schiff liegt höher im Wasser als ein beladenes. Außerdem hat es auf hoher See einen etwas geringeren Tiefgang als im Hafen, denn der Salzgehalt gibt dem Meerwasser eine höhere Dichte. Die Tauchtiefe eines Aräo-

meters (❏ Abb. 3.18) misst die Dichte der Flüssigkeit, in der es schwimmt. Man muss das Gerät nicht in g/cm^3 eichen; teilt man es in „Grad Öchsle", so misst es als „Gleukometer" das Mostgewicht zukünftiger Weine; es heißt „Laktometer", wenn man mit ihm den Fettgehalt der Milch bestimmt, und „Urometer" bei den entsprechenden Fachärzten. Jede Branche entwickelt ihre Fachsprache.

Wer schwimmen will „wie ein Fisch im Wasser", muss seine mittlere Dichte der Umgebung genau anpassen, sonst treibt er auf oder geht unter. Fische besitzen dafür eine Schwimmblase, die sie mehr oder weniger weit mit Gas aufblähen können. Damit ändern sie Volumen und Auftrieb, nicht aber Masse und Gewicht.

Der Mensch besteht im Wesentlichen aus Wasser; seine mittlere Dichte liegt nur wenig über $1\,g/cm^3$. Das erlaubt ihm, mit geringen Schwimmbewegungen den Kopf über Wasser zu halten. Der Auftrieb trägt den Körper und entlastet das Rückgrat.

Blut ist eine so genannte **Suspension**. In der Grundflüssigkeit Wasser befinden sich viele nicht gelöste Bestandteile wie zum Beispiel die Blutkörperchen. Blut bleibt deshalb gut durchmischt, weil sich die Dichten dieser Bestandteile und des Wassers nicht allzu sehr unterscheiden. Auftriebskraft und Schwerkraft halten sich in etwa die Waage. Aber nicht ganz. Blutkörperchen haben eine etwas höhere Dichte und sinken deshalb ganz langsam nach unten (Blutsenkung beim Arzt). Will man die Bestandteile des Blutes schnell trennen und nicht lange warten, so bedient man sich einer **Zentrifuge**. Die Sinkgeschwindigkeit v_s ist proportional zur Dichtedifferenz $\Delta\rho$ und der Fallbeschleunigung:

$$v_s \sim \Delta\rho \cdot g$$

In der Zentrifuge wird nun die Fallbeschleunigung durch die Radialbeschleunigung der Drehbewegung bzw. die Schwerkraft durch die Zentrifugalkraft ersetzt (s. ▶ Abschn. 2.7.2). Diese kann mehr als 1000-mal höher sein. Dann geht es 1000-mal schneller.

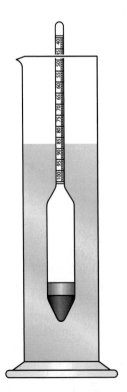

❏ **Abb. 3.18 Aräometer.** Es taucht umso tiefer ein, je geringer die Dichte der Flüssigkeit ist

Rechenbeispiel 3.3: Mondgestein
Aufgabe: Ein Geologe findet heraus, dass ein Mondstein mit einer Masse von 8,2 kg eingetaucht in Wasser nur noch eine scheinbare Masse von 6,18 kg hat. Wie groß ist die Dichte des Steins?

Lösung: Die Auftriebskraft ergibt sich aus der Differenz zwischen realer und scheinbarer Masse und ist $F_A = 2,02 \, \text{kg} \cdot g = 19,8 \, \text{N}$. Damit ergibt sich sein Volumen:

$$V = \frac{F_A}{\rho_{\text{Wasser}} \cdot g} = \frac{2,02 \, \text{kg}}{0,001 \, \text{kg/cm}^3}$$
$$= 2020 \, \text{cm}^3$$

und die Dichte zu $\rho = \frac{m}{V} = 4,06 \, \text{g/cm}^3$

Frage: Die Krone des Hieron
Der Sage nach hat Archimedes mit Hilfe seines Prinzips den Goldschmied des Betruges überführt, bei dem König Hieron von Syrakus eine Krone in Auftrag gegeben hatte. Hieron ließ dafür einen abgewogenen Klumpen reinen Goldes aus seiner Schatzkammer holen und überzeugte sich später durch Nachwiegen, dass die fertige Krone das richtige Gewicht besaß. Trotzdem hatte der Schmied einen guten Teil des Goldes für sich behalten und durch zulegiertes Silber ersetzt; der Krone sah man das nicht an. Archimedes wusste, dass Silber „leichter" ist als Gold, d. h. eine geringere Dichte besitzt. Er wies den Betrug nach mit einer Waage, einem hinreichend großen, wassergefüllten Bottich und einem zweiten Klumpen Gold, der so schwer war wie die Krone. Wie machte er das?

   Antwort: Klumpen und Krone haben gleiche Masse und bringen eine Waage ins Gleichgewicht. Die Krone hat wegen des Silbers eine kleinere Dichte und ein größeres Volumen; folglich ist ihr Auftrieb im Wasser größer. Taucht man Klumpen und Krone, während sie an der Waage hängen, ins Wasser, so kommt die Waage aus dem Gleichgewicht: die Krone erscheint leichter.

3.3.4 Manometer

Der Schweredruck erlaubt die Konstruktion technisch besonders einfacher Druckmesser, **der Flüssigkeitsmanometer.** Steht Wasser in einem zum U gebogenen Glasrohr, so wie ◘ Abb. 3.19 zeigt, muss der Gasdruck über dem linken Meniskus höher sein als über dem rechten, und zwar um einen Betrag Δp, der genauso groß ist wie der Schweredruck einer Wassersäule der Höhe Δh:

$$\Delta p = \rho \cdot g \cdot \Delta h$$

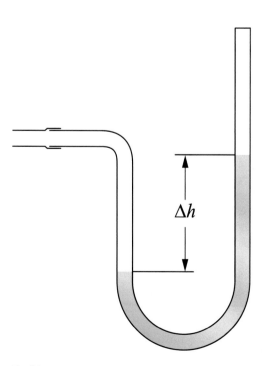

◘ **Abb. 3.19 Flüssigkeitsmanometer;** auf dem linken Schenkel lastet ein Überdruck

3

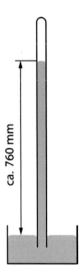

■ **Abb. 3.20** Quecksilber-Barometer

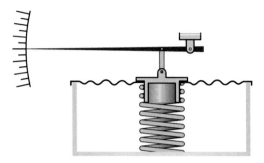

■ **Abb. 3.21 Dosenbarometer:** Der äußere Luftdruck biegt den gewellten Deckel durch und staucht die Schraubenfeder; nach ähnlichen Prinzipien lassen sich auch Manometer für hohe Drücke herstellen

Ein Flüssigkeitsmanometer lässt sich mit dem Lineal ablesen; in die Eichung gehen dann noch die Dichte ρ der Manometerflüssigkeit und die Fallbeschleunigung g ein.

Schließt man den einen Schenkel des Flüssigkeitsmanometers und hält man ihn luftleer, so misst man den vollen Gasdruck auf der anderen Seite. Wäre dies normaler Luftdruck, so stiege Wasser rund 10 m hoch. Mit seiner großen Dichte verkürzt Quecksilber die Steighöhe auf 760 mm (■ Abb. 3.20). Erfunden wurde das Quecksilber-Barometer 1643 von Evangelista Torricelli. Von ihm hat die Druckeinheit „Torr" ihren Namen, die praktisch mit der Einheit „mmHg" übereinstimmt. Beide sind keine „guten" Einheiten, weil die Fallbeschleunigung vom Ort abhängt und die Dichte des Quecksilbers von der Temperatur.

Flüssigkeitsmanometer lassen sich zwar leicht herstellen, sind aber unhandlich; sie müssen senkrecht stehen und können auslaufen. Darum verwendet man lieber dünnwandige Hohlkörper, die sich verbiegen, wenn eine Druckdifferenz zwischen innen und außen besteht. Die Verbiegung wird dann mechanisch oder auch elektrisch übertragen und gleich als Druck(differenz) angezeigt. ■ Abb. 3.21 zeigt ein Beispiel einer mechanischen Übertragung der Verbiegung. Für eine elektrische Übertragung wird ein sogenannter Dehnungsmessstreifen auf die Membran geklebt. Das ist eine Folie mit einem aufgedampften Metallstreifen, der bei Verformung seinen Widerstand geringfügig ändert. Das wird dann gemessen. Das Barometer im Smartphone funktioniert genauso, nur das die Dose nur ein paar Mikrometer groß auf einem Siliziumchip integriert ist.

3.3.5 Pumpen

Mit einer Kammer, die periodisch ihr Volumen ändert, kann man pumpen; zwei Ventile braucht man auch noch dazu. Technisch einfach ist die **Kolbenpumpe** (■ Abb. 3.22), die abgesehen von notwendigen Dichtungen ganz aus Metall gefertigt werden kann. Die Ventile haben den zunächst nur pendelnden Strom der Flüssigkeit oder des Gases in eine Vorzugsrichtung zu steuern. Dazu muss ihre Bewegung mit der des Kolbens koordiniert werden, zwangsweise durch eine entsprechende Mechanik oder eleganter dadurch, dass die entsprechend konstruierten Ventile vom Strom des Fördergutes im richtigen Takt mitgenommen werden.

Jeder Kolben braucht eine Dichtung gegenüber seinem Zylinder, ein technisch keineswegs einfach zu lösendes Problem. Darum ersetzt man zuweilen den Kolben durch eine

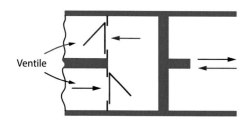

Abb. 3.22 Kolbenpumpe, schematisch

Ventile

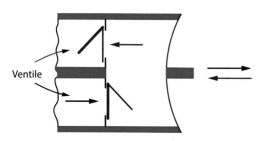

Abb. 3.23 Membranpumpe, schematisch

Ventile

biegsame Membran, die hin und her gebogen wird (**Membranpumpe**, ▣ Abb. 3.23). Nach ähnlichem Prinzip arbeiten Herzen, nur verwendet die Natur weitaus raffinierteres Baumaterial: Muskeln, die sich auf Kommando zusammenziehen.

3.3.6 Kompressibilität

Die Moleküle der Festkörper und Flüssigkeiten kommen sich bis zur Berührung nahe; freien Platz zwischen ihnen gibt es kaum. Die **Kompressibilität** ist gering, denn die Massendichte lässt sich durch äußeren Druck nur geringfügig erhöhen; sie liegt in der Größenordnung von einigen Tonnen/Kubikmeter.

Ganz anders bei einem Gas. Seine Dichte liegt leicht um drei Zehnerpotenzen niedriger (normale Zimmerluft: ca. $1,2\,\mathrm{kg/m^3}$). Die Moleküle halten großen Abstand voneinander und treffen sich in ihrer thermischen Bewegung nur kurz. Zwischen ihnen ist viel Platz. Daraus folgt eine hohe Kompressibilität.

Gasmoleküle bewegen sich thermisch, ohne eine Richtung zu bevorzugen. Auf Gefäß-

wandungen, die ihren Bewegungsdrang einschränken, üben die einen Druck dadurch aus, dass sie bei jedem Stoß auf die Wand Impuls übertragen. Das geschieht umso öfter, je mehr sie sind, je größer ihre Anzahl N, genauer: ihre

$$Anzahldichte\ n = \frac{\text{Anzahl } N}{\text{Gasvolumen } V}$$

ist. Jeder Einzelimpuls ist aber auch der Masse m des einzelnen Moleküls proportional. Zusammengenommen bedeutet das eine Proportionalität des Druckes p zur Massendichte ρ des Gases und eine umgekehrte Proportionalität zu dessen spezifischen Volumen $V_s = 1/\rho$. Das lässt sich auch so schreiben:

$$p \cdot V_s = \text{const.}$$

Dieses sog. **Gesetz von Boyle-Mariotte** gilt allerdings nur bei konstanter Temperatur; anders gesagt: die Konstante ist temperaturabhängig. Außerdem gilt das Gesetz nur für sog. **ideale Gase** (s. ▶ Abschn. 5.2.1), zu denen Zimmerluft aber gehört.

Die inkompressible Flüssigkeit und das hochkompressible ideale Gas markieren zwei mathematisch einfache Grenzfälle, zwischen denen sich die realen Substanzen herumtreiben. Bei ihnen muss man empirisch bestimmen, um welchen Betrag ΔV das Ausgangsvolumen V abnimmt, wenn man den äußeren Druck um Δp erhöht. Eine Proportionalität zu V darf man erwarten, eine zu Δp nicht unbedingt. Es ist deshalb vernünftig, die

$$\text{Kompressibilität}\quad k = -\frac{1}{V} \cdot \frac{\mathrm{d}V}{\mathrm{d}p}$$

differentiell zu definieren (negatives Vorzeichen, weil V mit p abnimmt). Der Kehrwert wird **Kompressionsmodul** Q genannt. Für den Grenzfall des inkompressiblen Fluides gilt $k = 0$.

❯ Merke

$$\text{Kompressionsmodul } Q = -V \cdot \frac{\mathrm{d}p}{\mathrm{d}V}$$

3

3.4 Grenzflächen

3.4.1 Kohäsion

Wenn ein Kristall schmilzt, nimmt normalerweise die Dichte ab, aber nicht sehr. Auch in der Schmelze liegen die Moleküle noch „dicht an dicht"; die zwischenmolekularen Kräfte existieren nach wie vor, nur ist die Wärmebewegung so heftig geworden, dass sich die Bindungen auf feste Gitterplätze nicht länger aufrechterhalten lassen. Die Moleküle sind jetzt frei verschiebbar; die Flüssigkeit hat keine Schubfestigkeit, für eine Zerreißfestigkeit reichen die Kräfte der **Kohäsion** aber noch. Ein Ölfilm zwischen zwei Aluminiumplatten von etwa 20 cm Durchmesser vermag ein Kilogramm zu tragen (◘ Abb. 3.24); herzlich wenig, wenn man an den Kupferdraht der Frage 3.2 denkt.

Am deutlichsten verspüren die oberflächennahen Teilchen die zwischenmolekularen Kräfte der Kohäsion, denn diese versuchen nicht nur, Moleküle zurückzuhalten, die in den Gasraum ausbrechen möchten, sie behindern schon deren Eindringen in die letzte Moleküllage (◘ Abb. 3.25). Moleküle meiden darum die Oberfläche und halten sie so klein wie möglich: Die natürliche Form des Tropfens, der keinen äußeren Kräften unterliegt, ist die Kugel. Gießt man Quecksilber aus einem feinen Röhrchen in ein Uhrglas, so bildet es zunächst viele winzige Tröpfchen; sie schlie-

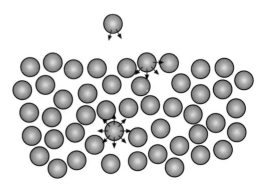

◘ **Abb. 3.25 Kohäsion.** Die zwischenmolekularen Kräfte wirken im Innern der Flüssigkeit allseitig, behindern aber bereits das Eintreten eines Moleküls in die letzte Lage unter der Oberfläche und vor allem den Übertritt in den Gasraum

ßen sich aber rasch zu größeren zusammen, bis nur ein einziger übrig bleibt, denn dadurch verringern sie ihre gemeinsame Oberfläche. ◘ Abb. 3.26 zeigt diesen Vorgang in einigen Momentaufnahmen. Die Kräfte der Kohäsion wirken auf die Moleküle wie eine sie einschließende, gespannte Haut. Für kleine Insekten kann sie lebensgefährlich werden; nicht alle sind stark genug, sich aus einem Wassertropfen zu befreien, der sie benetzt hat. Umgekehrt können Wasserläufer sich auf der Oberfläche halten, indem sie die „Haut" ein wenig eindellen (◘ Abb. 3.27).

Wer eine Seifenblase herstellen will, muss pusten. In der Blase herrscht ein Überdruck, wenn auch kein großer. Gegen ihn muss Volumenarbeit geleistet werden, wenn der Durchmesser der Blase vergrößert werden soll. Dabei vergrößert sich naturgemäß auch die Fläche der Seifenhaut. Einige Moleküle, die sich anfangs noch im Innern aufhalten durften, müssen in die Oberfläche gebracht werden. Das bedeutet Arbeit gegen die Kräfte der Kohäsion; für jedes neue Flächenelement ΔA eine bestimmte Energie ΔW. Ein Molekül, das sich in die Oberfläche drängelt, kann nicht wissen, wie groß die Oberfläche schon ist; es wäre unwahrscheinlich, wenn der Quotient $\Delta W / \Delta A$ von A abhinge. Vernünftigerweise schreibt man deshalb weder Differenzen- noch Dif-

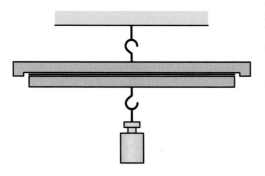

◘ **Abb. 3.24 Zerreißfestigkeit eines Ölfilms zwischen zwei Metallplatten.** Die obere trägt einen Randwulst, um ein Abgleiten der unteren zur Seite zu verhindern

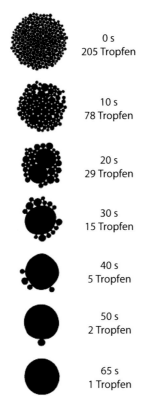

0 s
205 Tropfen

10 s
78 Tropfen

20 s
29 Tropfen

30 s
15 Tropfen

40 s
5 Tropfen

50 s
2 Tropfen

65 s
1 Tropfen

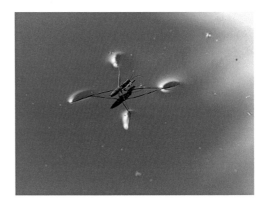

■ **Abb. 3.27 Wasserläufer.** Die Wirkung der Oberflächenspannung erscheint wie eine Haut auf dem Wasser, die das Insekt trägt (© focus finder – Fotolia.com). (schönes Video: ▶ https://www.youtube.com/watch?v=IANOmX8Qvh8)

■ **Abb. 3.26 Oberflächenspannung.** Hg-Tropfen verringern ihre gemeinsame Oberfläche, indem sie sich zu einem einzigen Tropfen zusammenschließen. Momentaufnahmen in 10 Sekunden Abstand; der Vorgang wird durch ein Gemisch von Wasser und Glyzerin verlangsamt. Große Tropfen können unrund erscheinen, wenn sie im Moment der Belichtung noch schwingen, weil sie kurz zuvor einen kleinen Tropfen aufgenommen haben. (nach R. W. Pohl)

■ **Abb. 3.28 Messung der Oberflächenspannung** mit Hilfe eines eingetauchten Ringes und einer Federwaage; Einzelheiten im Text

ferentialquotient, sondern definiert eine „flächenbezogene Oberflächenenergie" W_A/A; sie wird

Oberflächenspannung σ
$$= \frac{\text{Oberflächenenergie } W_A}{\text{Oberfläche } A}$$

genannt und bekommt die SI-Einheit $J/m^2 = N/m = kg/s^2$.

Oberflächenspannung σ
$$= \frac{\text{Oberflächenenergie } W_A}{\text{Oberfläche } A}$$

Um die Oberflächenspannung zu messen, kann man einen leichten Ring an einer Federwaage aufhängen (■ Abb. 3.28) und in die zu untersuchende Flüssigkeit eintauchen. Zieht man ihn nun mitsamt der Waage vorsichtig nach oben, so zieht er einen Flüssigkeitsfilm hinter sich her. Dieser hat die Form eines Zylindermantels und hält dank seiner Oberflächenspannung den Ring fest, mit einer Kraft F, die zusätzlich zur Gewichtskraft von der Waage angezeigt wird. Man liest ihren Grenzwert

3

F_σ in dem Moment ab, in der die Kraft der Waagenfeder den Ring aus der Flüssigkeit herausreißt.

Der Ring hat z. B. den Durchmesser d, also den Umfang $d \cdot \pi$. Zieht er die zylindermantelförmige Flüssigkeitshaut um das Stückchen Δx weiter nach oben heraus, so vergrößert er deren Oberfläche um

$$\Delta A = 2\pi \cdot d \cdot \Delta x$$

Der Faktor 2 rührt daher, dass die Haut eine Haut ist: sie hat nicht nur eine Oberfläche „nach außen", sondern auch eine zweite (praktisch ebenso große) „nach innen", d. h. mit Blickrichtung zur Zylinderachse. Die zur Schaffung der neuen Oberfläche ΔA nötige Energie ΔW beträgt

$$\Delta W = \sigma \cdot \Delta A = 2\pi \cdot \sigma \cdot d \cdot \Delta x.$$

Für die Waage bedeutet dies eine Zusatzkraft

$$F_\sigma = 2\pi \cdot \sigma \cdot d = \frac{\Delta W}{\Delta x}.$$

Die Messung von F_σ erlaubt also, die Oberflächenspannung σ zu bestimmen. Die Rechnung zeigt zugleich, dass sich eine gespannte Flüssigkeitslamelle nicht so verhält wie eine Gummihaut oder eine Feder: F_σ ist unabhängig von x, die Kraft wächst nicht mit der Dehnung.

Bei Patienten, die „ihre Tropfen nehmen" oder eine Infusion bekommen, dient die Oberflächenspannung zur Dosierung von Medikamenten (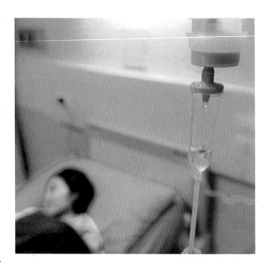 Abb. 3.29). Dabei verlässt man sich darauf, dass alle vom Schnabel der Flasche fallenden Tropfen zumindest so ungefähr die gleiche Größe haben.

Wodurch wird sie bestimmt? An einem Röhrchen mit den Außendurchmesser d kann sich ein Tropfen festhalten, weil er beim Abfallen erst einmal zusätzliche Oberfläche schaffen muss, und zwar für einen Zylinder mit dem Umfang $d \cdot \pi$ ( Abb. 3.30). Dazu gehört die Kraft

$$F_\sigma = \pi \cdot d \cdot \sigma$$

◻ Abb. 3.29 Infusion. Der Schweredruck aus der hochgehängten Infusionsflasche drückt die Infusion in die Blutbahn. Wie schnell das geht, lässt sich mit den Tropfen aus dem Schnabel erkennen und kontrollieren (◻ Abb. 3.30). (© tungphoto – Fotolia.com)

◻ Abb. 3.30 Der „Tropf". Die Oberflächenspannung hält einen Tropfen am Röhrchen fest, weil dieser beim Abfallen zunächst zusätzlich Oberfläche für einen Zylinder vom Röhrchendurchmesser schaffen müsste

(hier tritt der Faktor 2 der Seifenblase nicht auf, denn im Gegensatz zu ihr ist der Tropfen „massiv"; das beim Abfallen erzeugte Stückchen Zylinder hat nur eine Oberfläche, die nach außen). Der Tropfen reißt ab, sobald sein Volumen V_T so groß geworden ist, dass seine Gewichtskraft

$$F_G = \rho \cdot g \cdot V_T$$

(ρ = Dichte der Flüssigkeit) die haltende Kraft F_σ erreicht hat. Ein vorgegebenes Volumen V_0 der Flüssigkeit bildet also $n = V_0/V_T$ Tropfen:

$$n = \frac{g}{\pi \cdot d} V_0 \frac{\rho}{\sigma}$$

Kennt man ρ und d, so kann man auf diese Weise auch die Oberflächenspannung bestimmen (*Stalagmometer*). Bei alledem wird die Tropfengröße entscheidend vom Rohrdurchmesser d bestimmt: Eine Tropfflasche mit beschädigter Tülle dosiert falsch.

In einem Tropfen vom Radius r erzeugt die Oberflächenspannung einen Binnendruck

$$p = \frac{2 \cdot \sigma}{r},$$

was hier nicht abgeleitet werden soll. In einer Seifenblase ist er doppelt so hoch. Allgemein gilt: Je kleiner Tropfen oder Blase, desto größer der Binnendruck.

Rechenbeispiel 3.4: Binnendruck

Aufgabe: Wie groß ist der Binnendruck in einem kugelförmigen Wassertropfen mit einem Zentimeter Radius? Die Oberflächenspannung sauberen Wassers ist ca. 72 mN/m. Ist der Binnendruck in einer gleichgroßen Seifenblase kleiner oder größer?

Lösung: Die Oberflächenspannung trägt einen Anteil

$$p_\sigma = \frac{144 \cdot 10^{-3}\,\text{N/m}}{0,01\,\text{m}} = 14,4\,\text{Pa}$$

bei.

Dazu kommt aber natürlich noch der äußere Luftdruck von ca. 1000 hPa. Bei der Seifenblase trägt die Oberflächenspannung zwar doppelt bei, da sie eine innere und eine äußere Oberfläche hat. Durch die Seife im Wasser ist aber die Oberflächenspannung auf etwa 30 mN/m herabgesetzt, so dass in der Summe der Binnenüberdruck in der Seifenblase niedriger ist. Deshalb geht das Seifenblasen-Blasen mit reinem Wasser sehr schlecht: der Binnenüberdruck ist viel höher und die Blase platzt zu leicht.

3.4.2 Adhäsion

Jedes Gerät zur Bestimmung der Oberflächenspannung enthält einen Bauteil aus einem festen Material, an dem die Flüssigkeit haftet: sie muss ihn „**benetzen**". Eine Flüssigkeit benetzt, wenn die Kräfte, die ihre Moleküle aufeinander ausüben, geringer sind als die Kräfte gegenüber den Molekülen in der festen Oberfläche: die **Adhäsion** muss die **Kohäsion** übertreffen.

Das tut sie oft, aber keineswegs immer. Man braucht eine Glasplatte nur hauchdünn einzufetten und schon perlt das Wasser, das vorher noch benetzte, in dicken Tropfen ab: die zunächst **hydrophile** Oberfläche ist **hydrophob** geworden. Gewissenhafte Autofahrer machen den Lack ihrer Lieblinge unempfindlich gegen Wind und Wetter, indem sie ihn regelmäßig mit Hartwachs einreiben. Schwimmvögel wie die Enten besitzen Talgdrüsen eigens zu dem Zweck, das Gefieder hydrophob zu erhalten; dann bleibt der Bauch trocken und warm, und die eingeschlossene Luft trägt auch noch beim Schwimmen. Beim Tauchen ist das freilich hinderlich. Fischfangende Landvögel fetten darum ihr Gefieder meist nicht ein und müssen es dann von Zeit zu Zeit in der Sonne trocknen. Wasserläufer stehen auf der Oberflächenspannung wie auf einer Membran, denn ihre Füßchen sind hydrophob. Umgekehrt müssen Öle darauf gezüchtet werden, dass sie Kolben, Zylinder, Zahnräder und Achslager gut benetzen. Ähnliches gilt für Klebstoffe.

Ob eine Flüssigkeit benetzt oder nicht, sieht man an der Form ihrer Oberfläche: zieht sie sich an einer Gefäßwand hoch, so überwiegt die Adhäsion; wird die Oberfläche heruntergedrückt wie beim Quecksilber, so ist die Kohäsion stärker (◘ Abb. 3.31). Sind Benetzung oder Nichtbenetzung vollkommen, so kommt die Oberfläche asymptotisch an die Gefäßwand heran, wenn nicht, so stoßen beide in einem bestimmten Winkel aufeinander (◘ Abb. 3.32).

Stehen sich zwei Gefäßwände auf hinreichend kurzem Abstand gegenüber, so kann

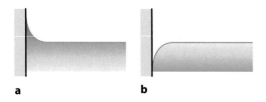

a   **b**

☐ **Abb. 3.31 Benetzung.** Benetzende **(a)** und nichtbenetzende **(b)** Flüssigkeit an einer Gefäßwand

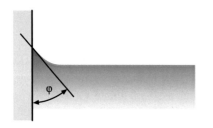

☐ **Abb. 3.32 Unvollkommene Benetzung.** Die Flüssigkeit bildet einen Winkel φ mit der Gefäßwand

sich eine benetzende Flüssigkeit an beiden zugleich hinaufhangeln und so der Regeln von den kommunizierenden Röhren (s. ▶ Abschn. 3.3.2) widersprechen. Besonders wirksam funktioniert dies in feinen Röhren: Bäume transportieren mit Hilfe der **Kapillarwirkung** Wasser von den Wurzeln zu den Blättern. Wie groß kann die Steighöhe h werden? Für eine kreisrunde Kapillare mit dem Innendurchmesser $2\,r$ lässt sich h leicht angeben. Angenommen, das Wasser benetze

vollkommen, dann bildet seine Oberfläche in der Kapillare im Wesentlichen eine Halbkugel mit dem Radius r (☐ Abb. 3.33). Die Folge ist ein Druck mit Kräften in Richtung Kugelmittelpunkt, erzeugt von der Oberflächenspannung σ:

$$p = \frac{2 \cdot \sigma}{r}.$$

An ihm kann sich der Flüssigkeitsfaden solange aufhängen, wie sein Schweredruck

$$p_s = \rho \cdot g \cdot h$$

unter p_σ bleibt. Die Steighöhe vermag also einen Grenzwert nicht zu überschreiten:

$$h < \frac{2 \cdot \sigma}{r \cdot \rho \cdot g}$$

Der Durchmesser einer Kapillare braucht nicht konstant zu sein. Was zählt, ist allein das r an der Oberfläche der Flüssigkeit, an der Grenze zur Luft. Darunter verlässt sich ein Baum auf die Zerreißfestigkeit des Wassers, das er freilich sorgfältig entgast: ein noch so kleines Luftbläschen könnte durch seine Kerbwirkung gefährlich werden.

Benetzt die Flüssigkeit nicht, so kommt es zu einer Kapillardepression (☐ Abb. 3.33, rechtes Teilbild). Auf sie muss man achten, wenn man ein Quecksilbermanometer abliest.

Bestimmt wird die Oberflächenspannung von den vergleichsweise wenigen Molekülen, die sich wirklich in der Oberfläche herumtreiben. Manche Molekülsorten haben sich darauf spezialisiert. Wenige Tropfen eines modernen Spülmittels genügen, um Wasser so zu „entspannen", dass es ein Weinglas gleichmäßig benetzt, also keine Tropfen bildet und damit beim Verdunsten auch keine Tropfränder. Eine Ente, in entspanntes Wasser gesetzt, wundert sich sehr, weil sie nicht schwimmen kann: das Wasser drängt sich zwischen ihre sorgsam gefetteten Bauchfedern und vertreibt dort das Luftpolster, dessen Auftrieb die Natur bei der Konstruktion der Ente einkalkuliert hat. Spülmittel im Abwasser sind nicht unbedingt umweltfreundlich, Spülmittel, vom Teller in

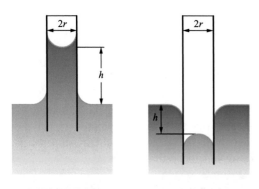

☐ **Abb. 3.33 Kapillaranhebung und -depression** (Einzelheiten im Text)

die Nahrung gelangt, nicht unbedingt gesund-
heitsfördernd.

❯ Merke

- Kohäsion: Wirkung zwischenmolekula-
rer Kräfte in einer Flüssigkeit
- Adhäsion: Wirkung zwischenmoleku-
larer Kräfte zwischen Flüssigkeit und
Festkörper
- Benetzung: Adhäsion überwiegt

Rechenbeispiel 3.5: Loch im Blatt

Aufgabe: Bäume saugen Wasser aus den
Wurzeln in die Blätter, wo es tagsüber in
die Luft verdampft. Ein großer Baum verdampft leicht 200 l pro Stunde. Der Saug-
druck wird durch Kapillareffekt erzeugt:
In Zellzwischenräumen (den Stomata) bildet sich ein Wasserfilm, dessen Oberfläche
einen hinreichend kleinen konkaven Krümmungsradius (wie in ◘ Abb. 3.33, linkes
Bild) aufweisen muss. Wie klein muss er
sein bei einem 10 m hohen Baum?

Lösung: Die Oberflächenspannung muss
ein p_σ von etwa 1000 hPa aufbringen. Bei
reinem Wasser hieße das für den Krümmungsradius:

$$r < \frac{2.72 \text{ mN/m}}{10^5 \text{ N/m}^2} = 1{,}4 \cdot 10^{-6} \text{ m} = 1{,}4 \text{ μm.}$$

Da im Pflanzensaft Stoffe gelöst sind,
die die Oberflächenspannung herabsetzen,
muss der Radius eher noch kleiner sein.
Diese Abmessung entspricht in etwa der
Größe der Zellen im Blatt.

3.5 Hydrodynamik

3.5.1 Ideale Strömung

Die Strömung von Flüssigkeiten und Gasen
ist meistens sehr komplex, nämlich **turbulent.** Sie enthält dann viele Wirbel und schnell
wechselnde Bewegungen, so wie es das Foto
des aus einem Wasserhahn fließenden Wassers in ◘ Abb. 3.34 rechts zeigt. Luftwirbel
hinter Masten lassen Fahnen im Winde flat-
tern; Strudel in Flüssen bringen Gefahr nicht
nur für Schwimmer; Zyklone können ganze
Landstriche verwüsten. Solch eine Strömung
im Computer nachzurechnen, fällt selbst aus-
geklügelter Spezialsoftware schwer. Besser ist
es mit glatter, **laminarer** Strömung, in der die
Flüssigkeit ruhig entlang glatter Linien strömt.
Beim Wasserhahn gibt es diese Art von Strömung, wenn man ihn fast zudreht (◘ Abb. 3.34
links).

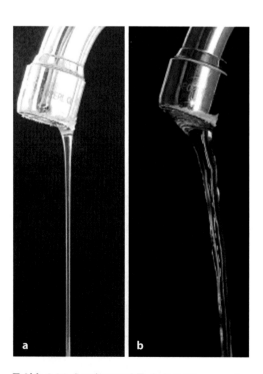

◘ **Abb. 3.34 Laminar und Turbulent.** Wasser aus dem
Wasserhahn: bei fast zugedrehtem Hahn ist die Strömung
laminar (**a**); dreht man stärker auf, so wird sie turbulent (**b**)

3

■ **Abb. 3.35 Stromfaden** laminarer Strömung um ein Hindernis. (nach R. W. Pohl)

Die ■ Abb. 3.35 zeigt solche laminare Strömung entlang **Stromfäden** bei der Umströmung einer Platte. Diese Bilder entstanden, indem eingefärbtes Wasser per Kapillareffekt sehr langsam durch Löschpapier strömte. Ob eine Strömung laminar oder turbulent ausfällt, kann mit der Reynoldszahl abgeschätzt werden, wie im übernächsten Kapitel beschrieben wird.

Wenn eine Strömung nicht durch Pumpen oder Gefälle angetrieben wird, so kommt sie früher oder später zum Erliegen. Das liegt an der **inneren Reibung** in Flüssigkeiten. Wie jede Reibung bremst sie die Bewegung ab. Auch das macht die Berechnung einer Strömung komplizierter.

Einige Grundtatsachen sollen deshalb hier erst einmal an idealer Strömung klargemacht werden, Strömung, die laminar ist und in der die innere Reibung vernachlässigt werden kann.

Außerdem soll die Flüssigkeit **inkompressibel** sein, also ihr Volumen mit dem Druck nicht ändern. Für Flüssigkeiten ist das immer eine gute Annahme, aber sogar bei Gasen kann man das annehmen, wenn die Strömungsgeschwindigkeiten hoch sind.

Eine solche Flüssigkeit ströme nun durch ein Rohr mit variablem Durchmesser (■ Abb. 3.36). Die Strömung kann zunächst mit der **Volumenstromstärke** I beschrieben werden, der angibt, wie viel Flüssigkeit pro Zeit durch das Rohr fließt:

$$\text{Volumenstromstärke } I = \frac{dV}{dt} = A \cdot v_m$$

Dabei ist A die Querschnittsfläche des Rohres und v_m die mittlere Strömungsgeschwindigkeit. Die Einheit der Volumenstromstärke ist m^3/s. Da diese Volumenstromstärke überall im Rohr gleich sein muss, strömt die Flüssigkeit dort, wo die Querschnittsfläche kleiner ist, schneller. Die Strecke Δx (■ Abb. 3.36), die die Flüssigkeit in einer Zeit t zurücklegt, ist entsprechend größer. Es gilt die so genannte **Kontinuitätsgleichung**:

$$v_{m1} \cdot A_1 = v_{m2} \cdot A_2$$

Interessantes passiert bei der Querschnittsverkleinerung mit dem Druck in der Flüssigkeit. Da die Flüssigkeit schneller werden muss, muss sie mit einer resultierenden Kraft beschleunigt werden. Diese kommt aus einer Differenz des Druckes vor und hinter der Verengung. Das kann man sich ganz gut anschau-

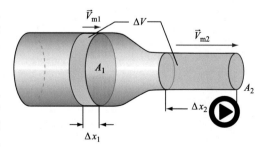

■ **Abb. 3.36 (Video 3.1) Schneller an der Engstelle.** Ein Volumenelement ΔV strömt durch ein Rohr. Ist das Rohr enger, so strömt es schneller) (► https://doi.org/10.1007/000-bsw)

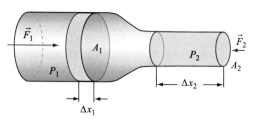

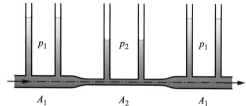

◻ **Abb. 3.37 Bernoulli-Effekt.** Wo die Strömung schneller ist, ist der Druck kleiner

◻ **Abb. 3.38 Hydrodynamisches Paradoxon:** In der Querschnittsverengung nimmt der statische Druck ab (die Zeichnung unterstellt, dass die innere Reibung der Flüssigkeit vernachlässigt werden kann). Siehe auch Video zu ◻ Abb. 3.36

lich machen, wenn man sich vorstellt, dass in beiden Enden des Rohres Kolben stecken.

Der eine fährt in das Rohr hinein und drückt mit einer Kraft $F_1 = p_1 \cdot A_1$ in das Rohr. Er leistet dabei die Volumenarbeit

$$W_1 = p_1 \cdot A_1 \cdot \Delta x_1 = p_1 \cdot \Delta V$$

Am anderen Ende wird der Kolben gegen die Kraft $F_2 = p_2 \cdot A_2$ herausgedrückt und die Flüssigkeit leistet an ihm die Arbeit

$$W_2 = p_2 \cdot A_2 \cdot \Delta x_2 = p_2 \cdot \Delta V$$

(◻ Abb. 3.37). Ist hineingesteckte und herauskommende Arbeit gleich?

Nein! Denn da das Rohr verengt, muss die Flüssigkeit schneller werden, ihre kinetische Energie wird größer. Diese kinetische Energie muss von der Volumenarbeit geliefert werden, sodass weniger Arbeit (aber mehr kinetische Energie) herauskommt, als hineingesteckt wurde:

$$W_1 - W_2 = \Delta E_{\text{kin}}$$
$$= \frac{1}{2}(\rho \cdot \Delta V) \cdot \left(v_{m2}{}^2 - v_{m1}{}^2\right)$$

Teilen durch ΔV liefert eine Druckdifferenz:

$$\Delta p = p_1 - p_2 = \frac{1}{2}\rho \cdot v_{m2}{}^2 - \frac{1}{2}\rho \cdot v_{m1}{}^2.$$

Umstellen liefert eine Summe, die an beiden Rohrenden gleich ist:

$$p_1 + \frac{1}{2}\rho \cdot v_{m1}{}^2 = p_2 + \frac{1}{2}\rho \cdot v_{m2}{}^2$$

Diese Formel sagt etwas Bemerkenswertes: Dort, wo die Geschwindigkeit hoch ist, also das Rohr eng, ist der Druck klein, und dort, wo die Geschwindigkeit klein ist, der Druck hoch. Da man es intuitiv vielleicht umgekehrt vermutet hätte, wird dies das **Hydrodynamische Paradoxon** genannt (◻ Abb. 3.38). Wird der Querschnitt wieder größer und die Flüssigkeit langsamer, so steigt der Druck auch wieder an. Man kann auch allgemeiner sagen:

$$p + \frac{1}{2}\rho \cdot v^2 = \begin{array}{l}\text{konstant entlang}\\ \text{eines Stromfadens.}\end{array}$$

Dies gilt nicht nur für Strömung in einem Rohr, sondern für jede beliebige Strömung und nennt sich der **Bernoulli-Effekt.** Der Zusammenhang wird zuweilen auch so formuliert: Der Druck p wird **statischer Druck** genannt und der Term $1/2\rho \cdot v^2$ wird **Staudruck** genannt. Der Gesamtdruck $p_0 =$ statischer Druck $p +$ Staudruck $1/2\rho \cdot v^2$ bleibt in reibungsfreien Flüssigkeiten konstant. Den Namen Staudruck macht das **Staurohr** verständlich.

◻ Abb. 3.39 zeigt es schematisch im Schnitt, der Luftstrom komme von links. Dann herrscht an den seitlichen Öffnungen nur der statische Druck p. Vorn am Staurohr wird aber die Strömungsgeschwindigkeit auf null abgebremst, dort steht also der Gesamtdruck p_0 Das Flüssigkeitsmanometer zeigt als Differenz den

3

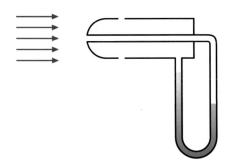

■ **Abb. 3.39   Staurohr.** Das Manometer misst den Staudruck als Differenz von statischem und Gesamtdruck; das umgebende Medium strömt von links an. Der Staudruck ist ein Maß für seine Strömungsgeschwindigkeit

Staudruck an. Flugzeuge können so ihre Geschwindigkeit messen.

Der Bernoulli-Effekt kann in einem Handexperiment leicht demonstriert werden: man nehme zwei Blatt Papier und hänge sie sich an spitzen Fingern mit etwa 10 cm Abstand voneinander vor den Mund: pusten treibt sie nicht etwa auseinander, sondern sie werden durch den Unterdruck im Luftstrom zusammengedrückt.

Das $p + 1/2\rho \cdot v^2$ entlang der Strömung konstant bleibt, stimmt nur, solange die innere Reibung in der Flüssigkeit vernachlässigt werden kann. Reibung entnimmt der Strömung mechanische Energie und wandelt sie in Wärme um. Auch dies führt dazu, dass die an einen Rohrende hineingesteckte Arbeit nicht ganz am anderen Ende ankommt und deshalb der Druck auch bei einem Rohr mit konstantem Querschnitt sinkt. Die innere Reibung wird durch die Materialgröße Zähigkeit oder Viskosität beschrieben. Darum geht es im nächsten Abschnitt.

Rechenbeispiel 3.6: Staudruck am Flugzeug

Aufgabe: Welchen Staudruck wird ein Staurohr an einem Passagierflugzeug, das mit 900 km/h fliegt, in etwa anzeigen?

Lösung: Wir müssen die Dichte der Luft wissen. Diese ist in verschieden Höhen sehr unterschiedlich, den diese Dichte ist proportional zum Luftdruck (Gasgesetz, ▶ Abschn. 5.2.1). Der Luftdruck ist ein Schweredruck, der mit zunehmender Höhe exponentiell abnimmt. In 5 km Höhe ist die Luftdichte etwa $0{,}5\,\text{kg/m}^3$ und der Staudruck $p = \frac{1}{2}\rho \cdot v^2 = 156\,\text{hPa}$.

3.5.2 Zähigkeit (Viskosität)

Folge der zwischenmolekularen Kräfte in einer Flüssigkeit ist die **innere Reibung**. Ohne ständig treibendes Druckgefälle kommt eine strömende Flüssigkeit bald zur Ruhe: Von der Strömung wird Volumenarbeit in Reibungswärme übergeführt. Die Vorgänge der Reibung aber sind komplex, unübersichtlich im Detail und Modellvorstellungen nur schwer zugänglich. Darum fasst man sie für Flüssigkeiten zu einer recht summarischen Größe zusammen, **Zähigkeit** oder auch **Viskosität** genannt. Sie ist eine Materialkenngröße, die zumeist deutlich mit steigender Temperatur abnimmt. Ihre Definition merkt man sich am leichtesten anhand eines Gedankenexperimentes, das sich auf dem Papier ganz einleuchtend darstellt, praktisch aber nur in abgewandelter Form durchzuführen ist (■ Abb. 3.40).

Gegeben seien zwei ebene Platten im Abstand d, zwischen ihnen die Flüssigkeit in einer solchen Menge, dass sie auf beiden Platten die Fläche A benetzt. Hält man nun die untere Platte fest und zieht die obere mit einer Kraft F zur Seite, so gleitet diese ab, ganz am Anfang beschleunigt, bald aber wegen der inneren Reibung im Flüssigkeitsfilm nur noch mit einer konstanten Geschwindigkeit v_0 Als Folge der Adhäsion haftet der Film an beiden Platten: unten bleibt er demnach in Ruhe, oben bewegt er sich mit v_0 Dazwischen gleiten ebene Flüssigkeitsschichten aufeinander und bilden ein lineares Geschwindigkeitsprofil aus:

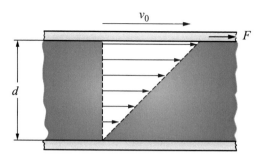

◨ Abb. 3.40 Viskosität. Gedankenversuch zur Definition der Zähigkeit η für einen (übertrieben dick gezeichneten) Flüssigkeitsfilm, der zwischen zwei parallelen Platten eine Fläche A ausfüllt. Eine Scherspannung F/A führt zu einem linearen Geschwindigkeitsgefälle $dv/dx = v_0/d = F/(\eta \cdot A)$

v steigt proportional mit dem Abstand x von der unteren Platte an, bis es bei $x = d$ den Wert v_0 erreicht. Es stellt sich ein konstantes **Geschwindigkeitsgefälle**

$$\frac{dv}{dx} = \frac{v_0}{d}$$

ein (◨ Abb. 3.40). Ändert man in einer Messreihe lediglich den Plattenabstand d, so wird man eine Proportionalität zwischen v_0 und d finden. Die benötigte Kraft F ihrerseits wächst proportional zur benetzten Fläche A und vor allem zur Zähigkeit η der Flüssigkeit: $F = \eta \cdot A$ v_0/d. Auflösen nach η gibt die Definitionsgleichung für die Zähigkeit:

$$\eta = \frac{F \cdot d}{v_0 \cdot A}$$

Ihre SI-Einheit ist Ns/m^2; deren zehnter Teil wird als *Poise* (P) bezeichnet (nach J.L. Poiseuille, 1799–1869).

Gemessen wird die Zähigkeit in *Viskosimetern*, technischen Geräten, zu denen der Hersteller Gebrauchsanweisung und Eichung mitliefert. Dem Gedankenversuch sehr nahe kommt ein Kreiszylinder, der in einer Röhre mit etwas größerem Durchmesser koaxial rotiert. Die zu untersuchende Flüssigkeit kommt in den Hohlraum zwischen beiden. Primär werden das Drehmoment und die mit ihm

erzielte Drehfrequenz gemessen. Meist lässt man aber ein vorgegebenes Volumen durch eine präzise Kapillare laufen und stoppt die dafür benötigte Zeit. An kleine Zähigkeiten kommt man mit einer Kugel heran, die in einem flüssigkeitsgefüllten Rohr nur wenig größeren Durchmessers zu Boden sinkt. Gute Viskosimeter besitzen einen Wassermantel zur Thermostatisierung.

❯ Merke

Zähigkeit = Viskosität; Maß für die innere Reibung eines Fluids; Messung in geeichten Viskosimetern; Einheit: Ns/m^2.

Kleine Kugeln (Radius r), sinken, wenn sie sich gegenseitig nicht stören, mit der Geschwindigkeit

$$v_0 = \frac{2r^2}{9 \cdot \eta} g \cdot \Delta\rho$$

(*Stokes-Gesetz*) – hier ist $g \cdot \Delta\rho$ der Anteil der Gewichtskraft, den das archimedische Prinzip (s. ▶ Abschn. 3.3.3) den Kugeln wegen ihres Dichteüberschusses $\Delta\rho$ gegenüber der Flüssigkeit noch lässt.

Man kann es niemandem verargen, wenn er Glas als Festkörper bezeichnet. Der Augenschein spricht dafür und der allgemeine Sprachgebrauch ebenfalls. Trotzdem handelt es sich streng genommen um eine Flüssigkeit, wenn auch um eine extrem zähe. Kristallographen stellen keine kristalline Struktur fest. Mit weniger Aufwand kann man sich aber auch selbst überzeugen, indem man einen Glasstab erhitzt: Er wird weicher und weicher, lässt sich schon bald plastisch biegen, danach zu einem dünnen Faden ausziehen und beginnt schließlich wie eine richtige Flüssigkeit zu tropfen. Mit steigender Temperatur nimmt die Zähigkeit kontinuierlich ab. Ein Festkörper aber schmilzt: bei einer ganz bestimmten Temperatur bricht sein Kristallgitter plötzlich zusammen, die Substanz wechselt am *Schmelzpunkt* abrupt vom festen in den flüssigen Aggregatzustand und kehrt später beim Abkühlen genauso abrupt wieder in den festen Zustand zurück.

3

3.5.3 Reale Strömung durch Rohre

Das Gedankenexperiment des vorigen Kapitels ist so übersichtlich, weil die einfache Geometrie für ein lineares Geschwindigkeitsprofil sorgt. Schon bei der Strömung durch Rohre wird es komplizierter: Auch hier haftet die Flüssigkeit an der Wand und fließt dann konsequenterweise am schnellsten in der Rohrmitte. Im kreisrunden Rohr nimmt das Geschwindigkeitsprofil die Form eines Rotationsparaboloides an, wenn die Strömung laminar ist, das Profil ist abgeflachter bei turbulenter Strömung (◳ Abb. 3.41).

Wirbel und Fluktuationen schaffen gegenüber laminarer Strömung zusätzliche Reibungsflächen zwischen Flüssigkeitsschichten und setzen so vermehrt kinetische Energie in Wärme um. Turbulente Strömung wird durch die Viskosität also stärker gebremst und ist deshalb in Rohren ungünstiger.

Als Folge ihrer Viskosität entwickelt jede strömende Flüssigkeit Reibungskräfte gegen die Strömung, die diese bremsen; eine Pumpe muss die Reibungskräfte kompensieren, indem sie einen erhöhten Eingangsdruck aufrecht erhält. Ein Druckabfall Δp längs der Röhre wird

gebraucht, um die Volumenstromstärke I gegen den

$$\text{Strömungswiderstand } R = \frac{\Delta p}{I}$$

aufrechtzuerhalten (Einheit Ns/m^5). Den Kehrwert $1/R$ bezeichnet man als Leitwert.

❯ Merke

Strömungswiderstand R
$$= \frac{\text{Druckdifferenz } \Delta p}{\text{Volumenstromstärke } I}$$

Im Fall laminarer Strömung ist R oft vom Druck unabhängig. Dann ist I proportional zu Δp und es besteht eine formale Analogie zum Ohm'schen Gesetz der Elektrizitätslehre (s. ▶ Abschn. 6.3.3).

Einen elektrischen Widerstand, definiert als Quotient von elektrischer Spannung und elektrischer Stromstärke, nennt man **ohmsch**, wenn er von Strom und Spannung unabhängig ist. Flüssigkeiten, die das *ohmsche Gesetz der Hydrodynamik* erfüllen, heißen **newtonsch**. Manche Flüssigkeit wie zum Beispiel Dispersionen, in denen feste Teilchen eingemischt sind (Farben, Blut), sind nicht newtonsch. Bei ihnen wächst Δp überproportional zu I an.

In zwei Punkten unterscheiden sich die wandernden Teilchen in der Flüssigkeitsströmungen allerdings markant von den Elektronen im elektrischen Strom: Elektronen sind sehr viel kleiner als Moleküle, und es gibt nur eine Sorte von ihnen. Auf ihrem Marsch durch den Draht stoßen die Elektronen so gut wie gar nicht mit Artgenossen zusammen, sondern weit überwiegend mit den Gitterbausteinen des Metalls. Flüssigkeitsmoleküle stehen sich immer nur gegenseitig im Weg. Das hat zwei Konsequenzen: Erstens hängt ein elektrischer Widerstand von einer Materialkenngröße des Drahtes ab, in dem die Elektronen laufen (von der Resistivität nämlich), ein Strömungswiderstand aber nicht von einer Materialeigenschaft der Röhre, sondern der Flüssigkeit (von der Viskosität nämlich). Zum andern driften im

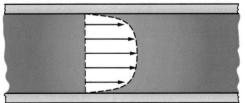

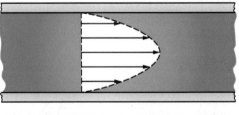

◳ **Abb. 3.41 Geschwindigkeitsprofil** einer in einem kreisrunden Rohr strömenden Flüssigkeit. *Oben*: bei laminarem Strom ein Rotationsparaboloid, dessen ebener Schnitt eine Parabel ist. *Unten*: bei turbulenter Strömung flacht das Profil ab

Draht alle Elektronen mit der gleichen Geschwindigkeit (ebenes Geschwindigkeitsprofil); die elektrische Stromstärke ist darum der Elektronenanzahl direkt proportional und damit auch der Querschnittsfläche des Drahtes, unabhängig von dessen Form; Flüssigkeitsmoleküle haften an der Wand und driften umso schneller, je weiter sie von ihr weg sind: die Strömungsgeschwindigkeit wächst mit dem Wandabstand, d. h. mit dem Rohrdurchmesser.

Im einfachen Fall eines Rohres mit der Länge l und einer kreisförmigen Querschnittsfläche vom Radius r gilt bei laminarer Strömung das **Gesetz von Hagen-Poiseuille**

$$I = \frac{\pi r^4}{8\eta} \cdot \frac{\Delta p}{l} = \frac{A^2}{8\pi \cdot \eta} \cdot \frac{\Delta p}{l}$$

Die Gleichung leuchtet ein. Es kann nicht überraschen, wenn die Volumenstromstärke direkt proportional zum Druckgefälle ist und umgekehrt proportional zur Zähigkeit. Weiterhin wächst die im Rohr vorhandene Flüssigkeitsmenge proportional zu dessen Querschnittsfläche und somit zum Quadrat des Radius. Genau so wächst, des parabolischen Geschwindigkeitsprofils wegen, aber auch die maximale Strömungsgeschwindigkeit in der Rohrmitte und mit ihr die mittlere Geschwindigkeit. Beide Effekte zusammen liefern einen Anstieg der Stromstärke mit dem Quadrat der Fläche und mit der vierten Potenz des Radius. Den Zahlenfaktor bekommt man allerdings nur durch mathematisch formale Integration.

Die vierte Potenz im Zähler signalisiert eine ungemein starke Abhängigkeit der Stromstärke und des Widerstandes vom Radius der Röhre: Nur 20 % Aufweitung verdoppeln schon Strom und Leitwert! Das erlaubt der Natur, mit kleinen Änderungen des Durchmessers von Adern die Durchblutung eines Organs wirksam zu steuern. Bei der Haut ist das für die Regelung der Körpertemperatur wichtig. Die vom Organismus entwickelte Wärme muss ja unbedingt an die Umgebung abgegeben werden, und zwar exakt und nicht nur einigermaßen, denn auf längere Zeit kann der Körper keine Wärme speichern. Darum ziehen sich die Blutgefäße der Haut bei Kälte ein wenig zusammen, vermindern kräftig die Durchblutung und senken so mit der Oberflächentemperatur die Wärmeabgabe. Täten sie es nicht, könnte der Mensch erfrieren. Diese Gefahr besteht ganz ernsthaft für einen Betrunkenen in kalter Winternacht, denn Alkohol erweitert die Blutgefäße, wirkt also dem physiologischen Regelprozess entgegen.

Das Gesetz von Hagen-Poiseuille gilt freilich nur für laminare Strömung. In der Technik sind Strömungen überwiegend turbulent. Ob eine Strömung laminar oder turbulent sein wird, kann mit der **Reynolds-Zahl** R_e abgeschätzt werden:

$$R_e = \frac{\rho \cdot v_m \cdot 2r}{\eta}$$

Hierin ist ρ die Dichte der Flüssigkeit. Liegt diese dimensionslose Zahl R_e für die betrachtete Strömung über ca. 2200, so ist mit turbulenter Strömung zu rechnen. Die Strömung von Öl in einer Hydraulik oder von Blut im Blutkreislauf ist eher laminar, denn die Flüssigkeit sind zäh und die Rohrdurchmesser und Strömungsgeschwindigkeiten eher klein. Die Strömung von Luft in einer Klimaanlage oder von Wasser in einer Kühlung ist turbulent, denn die Viskosität ist klein, Rohrdurchmesser und Strömungsgeschwindigkeit eher groß.

Bei turbulenter Strömung durch ein Rohr (Länge l; Radius r) ist der Strömungswiderstand überhaupt nicht mehr von dem Volumenstrom unabhängig. Hier gibt man üblicherweise die Druckdifferenz Δp als Funktion der mittleren Strömungsgeschwindigkeit v_m an und bekommt einen in etwa quadratischen Zusammenhang:

$$\Delta p = \lambda \cdot \frac{l}{4 \cdot r} \cdot \rho \cdot v_m^2$$

Der Zusammenhang ist nur in etwa quadratisch, denn der **Widerstandsbeiwert** λ des Rohrs enthält alle Kompliziertheit der turbulenten Strömung und kann auch etwas von der Strömungsgeschwindigkeit abhängen. Insbesondere hängt er aber von der Rauigkeit der

3

Rohrwände ab, denn diese beeinflusst wesentlich die Ausbildung der Turbulenzen. Schreibt man das Gesetz von Hagen-Poiseuille für die laminare Strömung in gleicher Form, so ergibt sich:

$$\Delta p = \frac{8 \cdot \eta \cdot l}{r^2} v_{\mathrm{m}}$$

Δp proportional zu v_{m} ist das „ohmsche" Verhalten der laminaren Strömung. Δp proportional zu $1/r^2$ ist die oben diskutierte starke Abhängigkeit des Strömungswiderstandes vom Radius, die auf das parabolische Geschwindigkeitsprofil bei laminarer Strömung zurückzuführen ist. Bei turbulenter Strömung ist der Druckabfall in etwa proportional zu $1/r$. Das kommt von dem flachen Geschwindigkeitsprofil bei turbulenter Strömung (◨ Abb. 3.41, unteres Teilbild)

❯ **Merke**

Für kreisrunde Röhren (Radius r, Länge l) gilt: bei laminarer Strömung das Gesetz von Hagen-Poiseuille:

$$I = \frac{\pi r^4}{8\eta} \cdot \frac{\Delta p}{l} \quad \text{bzw.} \quad \Delta p = \frac{8 \cdot \eta \cdot l}{r^2} \cdot v_{\mathrm{m}}$$

bei turbulenter Strömung:

$$\Delta p = \lambda \cdot \frac{l}{4 \cdot r} \cdot \rho \cdot v_{\mathrm{m}}^2$$

wobei der Widerstandsbeiwert λ insbesondere von der Rauigkeit der Rohrwände abhängt.

Die Druckdifferenz entsteht aufgrund der inneren Reibung in der Flüssigkeit, die zu einem Verlust an mechanischer Energie in der Strömung führt. Die Pumpe, die die Strömung antreibt und aufrechterhält, muss diese Energie nachliefern. In ▶ Abschn. 3.5.1 wurden schon Energiebetrachtungen angestellt. Die Differenz zwischen der am Rohreingang hineingehenden Arbeit W_1 und der am Rohrausgang herauskommenden Arbeit W_2 ist:

$$W_1 - W_2 = p_1 \cdot \Delta V - p_2 \cdot \Delta V$$

Teilt man diese Gleichung durch die Zeit, so erhält man den Zusammenhang zwischen Volumenstrom I und der von der Pumpe zu erbringenden Leistung P:

$$P = \frac{\Delta W}{t} = (p_1 - p_2) \cdot I = \Delta p \cdot I$$

Rechenbeispiel 3.7: Wie schnell strömt das Blut?

Aufgabe: Die Hauptarterie im Körper hat einen Durchmesser von ca. 2 cm und transportiert etwa 6 Liter Blut pro Minute.

Wie schnell strömt durch sie das Blut (mittlere Strömungsgeschwindigkeit)?

Lösung: Die Querschnittsfläche der Aorta beträgt: $A = \pi \cdot (1\,\mathrm{cm})^2 = 3{,}14 \cdot 10^{-4}\,\mathrm{m}^2$. A mal der Strecke s, die das Blut in einer Sekunde zurücklegt, ist das Volumen, das in einer Sekunde durch die Aorta fließt. Für den Volumenstrom gilt also: $I = A \cdot \frac{\mathrm{d}s}{\mathrm{d}t} = A \cdot v_{\mathrm{m}}$ und für die Geschwindigkeit:

$$v_{\mathrm{m}} = \frac{10^{-4}\,\mathrm{m^3/s}}{3{,}14 \cdot 10^{-4}\,\mathrm{m}^2} = 32\,\mathrm{cm/s}.$$

Rechenbeispiel 3.8: Viele kleine Rohre

Aufgabe: Wenn ein kreisrundes Rohr vorgegebener Länge und Querschnittsfläche aufgeteilt wird in 100 parallel geschaltete, ebenfalls kreisrunde Röhrchen gleicher Länge, gleicher Gesamtquerschnittsfläche und mit untereinander gleichen Einzelquerschnitten, um welchen Faktor steigt der Strömungswiderstand gegenüber einer newtonschen Flüssigkeit bei laminarer Strömung?

Lösung: Nach Hagen-Poiseuille ist der Strömungswiderstand umgekehrt proportional zur Querschnittsfläche ins Quadrat: $R \sim 1/A^2$.

Die Querschnittsfläche des Einzelröhrchens ist 100-mal kleiner als die des Rohrs, sein Strömungswiderstand also 10.000-mal größer. 100 Röhrchen parallel haben dann einen 100-mal höheren Strömungswiderstand als das Rohr.

Rechenbeispiel 3.9: Zähes Öl

Maschinenöl (Viskosität $\eta = 0{,}20\,\text{Pa}\cdot\text{s}$) strömt durch ein dünnes Rohr mit einem Durchmesser von 2,0 mm und einer Länge von 10 cm.

Welche Druckdifferenz an den Rohrenden ist notwendig um eine Volumenstromstärke von 5,6 ml/min aufrecht zu erhalten? Ist die Strömung laminar? Die Dichte des Öls betrage: 500 kg/m³.

Lösung: Zunächst geben wir die Volumenstromstärke in SI-Einheiten an:

$$I = 5{,}6\,\frac{\text{ml}}{60\,\text{s}} = 9.33 \cdot 10^{-2}\,\frac{\text{ml}}{\text{s}}$$

$$= 9.33 \cdot 10^{-8}\,\frac{\text{m}^3}{\text{s}}.$$

Um zu prüfen, ob die Strömung laminar ist, berechnen wir die mittlere Strömungsgeschwindigkeit:

$$v_m = \frac{I}{A} = \frac{9{,}33 \cdot 10^{-8}\,\frac{\text{m}^3}{\text{s}}}{\pi \cdot (0{,}001\,\text{m})^2}$$

$$= 2{,}97 \cdot 10^{-2}\,\frac{\text{m}}{\text{s}}.$$

Jetzt können wir die Reynoldszahl ausrechnen:

$$R_e = \frac{500\,\frac{\text{kg}}{\text{m}^3} \cdot 2{,}97 \cdot 10^{-2}\,\frac{\text{m}}{\text{s}} \cdot 0{,}002\,\text{m}}{0{,}2\,\frac{\text{kg}}{\text{m}\cdot\text{s}}}$$

$$= 0{,}15$$

Die Strömung ist also klar laminar. Jetzt können wir das Gesetz von Hagen-Poisseuille anwenden:

$$\Delta p = \frac{8 \cdot \eta \cdot l}{\pi \cdot r^4} \cdot I$$

$$= \frac{8 \cdot 0{,}2\,\frac{\text{kg}}{\text{m}\cdot\text{s}} \cdot 0{,}1\,\text{m}}{\pi \cdot (0{,}001\,\text{m})^4} \cdot 9{,}33 \cdot 10^{-8}\,\frac{\text{m}^3}{\text{s}}$$

$$= 4750\,\text{Pa}$$

Rechenbeispiel 3.10: Wasserrohr

Durch ein Rohr (Länge 10 m; Radius 5 cm) sollen 15 Liter Wasser in der Sekunde fließen. Welche Druckdifferenz muss die Pumpe hierfür aufrechterhalten und welche Leistung muss sie erbringen? Diese Strömung ist turbulent (überprüfen Sie die Reynoldszahl!). Für den Widerstandsbeiwert des Rohres sollen typische $\lambda = 0{,}02$ angenommen werden. (Wasser: $\eta = 10^{-3}\,\text{kg/ms}$; $\rho = 1000\,\text{kg/m}^3$)

Lösung: mittlere Strömungsgeschwindigkeit

$$v_m = \frac{I}{A} = \frac{0{,}015\,\frac{\text{m}^3}{\text{s}}}{\pi \cdot (0{,}05\,\text{m})^2} = 1{,}91\,\frac{\text{m}}{\text{s}}$$

Die Reynoldszahl

$$R_e = \frac{1000\,\frac{\text{kg}}{\text{m}^3} \cdot 1{,}91\,\frac{\text{m}}{\text{s}} \cdot 0{,}1\,\text{m}}{10^{-3}\,\frac{\text{kg}}{\text{m}\cdot\text{s}}} = 191.000$$

ist viel größer als 2200.

Druckdifferenz:

$$\Delta p = \lambda \cdot \frac{1}{4 \cdot r} \cdot \rho \cdot v_m^2$$

$$= 0{,}02 \cdot \frac{10\,\text{m}}{0{,}2\,\text{m}} \cdot 1000\,\frac{\text{kg}}{\text{m}^3} \cdot \left(1{,}91\,\frac{\text{m}}{\text{s}}\right)^2$$

$$= 3648\,\text{Pa}$$

Leistung der Pumpe:

$$P = \Delta p \cdot I = 3648\,\text{Pa} \cdot 0{,}015\,\frac{\text{m}^3}{\text{s}}$$

$$= 54{,}7\,\text{W}$$

3.5.4 Umströmung von Hindernissen

Umströmung von Hindernissen tritt praktisch vor allem dann auf, wenn sich ein Fahrzeug durch Luft oder Wasser bewegt. Um Energie zu sparen, wäre es hier wünschenswert, wenn möglichst geringe Luftreibung aufträte. Ganz verhindern lässt sie sich wegen der inneren

3

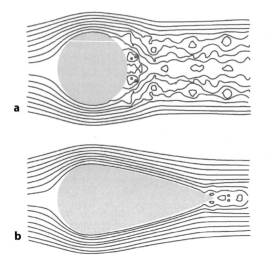

a

b

■ **Abb. 3.42 Stromlinienförmig.** Der Bereich turbulenter Strömung ist hinter einem Ball (**a**) größer als hinter einem stromlinienförmigen Gegenstand (**b**)

Reibung nie. Wesentlich für den Luft- bzw. Wasserwiderstand sind aber vor Allem Turbulenzen hinter dem Fahrzeug, die mechanische Energie vernichten; wie viel, das kann man durch die Form beeinflussen. Denn die Bildung von Turbulenzen hängt sehr wesentlich von der Geometrie der Strömung ab. Darum können Vögel, Fische, Verkehrsflugzeuge und manche Autos durch **Stromlinienform** Energie fressende Wirbelbildung am Heck vermindern (■ Abb. 3.42).

Flugzeuge wollen zwar auch durch Reduktion der Wirbelbildung den Luftwiderstand vermindern, für das Fliegen brauchen sie aber unbedingt eine Wirbelbildung am Anfang.

Wird eine Tragfläche rein laminar umströmt (■ Abb. 3.43 erstes Teilbild), wie es in den ersten Sekundenbruchteilen nach Bewegungsbeginn noch der Fall ist, so tritt gar keine nach oben gerichtete Auftriebskraft auf. Bei einer solchen *Potenzialströmung* müssen die Stromlinien an der Hinterkante der Tragfläche aber scharf nach oben abknicken. Scharfes Abknicken der Stromlinien bedeutet einen hohen Druckgradienten senkrecht zu den Stromlinien. Dieser Druckgradient liefert die für das Umlenken der Luft notwendige Kraft. Weit weg von der Tragfläche herrscht Luftdruck. An der Hinterkante der Tragfläche herrscht wegen des Druckgradienten also starker Unterdruck. Unterdruck bedeutet hohe Strömungsgeschwindigkeit (der Bernoulli-Effekt rückwärts sozusagen). Aufgrund der inneren Reibung kann die Luft so nah an der Tragfläche aber gar nicht so schnell strömen und dies führt zum Einrollen eines **Anfahrwirbels** (■ Abb. 3.43 mittleres Bild). Ein solcher Wirbel hat einen Drehimpuls, den er mit sich fortträgt. Da der Drehimpuls bei der Wirbelentstehung aber erhalten bleiben muss, bildet sich gleichzeitig ein entgegengesetzt rotierender Wirbel, der die ganze Tragfläche umströmt und damit das ganze Stromlinienbild

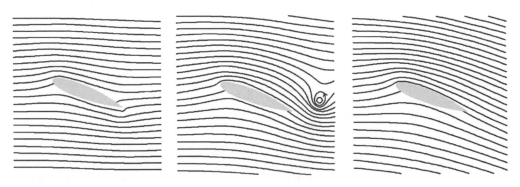

■ **Abb. 3.43 Fliegen.** Das Ablösen eines Anfahrwirbels verändert drastisch die Strömung um die Tragfläche und bedingt den Auftrieb

um die Tragfläche herum grundlegend verändert (◻Abb. 3.43 rechtes Bild). Nun kann die Luft an der hinteren Tragflächenkante glatt abströmen. Eine gewisse kontinuierliche Wirbelbildung gibt es dort trotzdem, die der Übersichtlichkeit halber in der Zeichnung weggelassen wurde. Entscheidend ist, dass nun die Luft im Bereich der Tragfläche nach unten abgelenkt wird. Der Rückstoß treibt das Flugzeug nach oben. Der nun vorhandenen Auftriebskraft entsprechen die Druckverhältnisse an der Tragfläche. Ein gekrümmter Stromlinienverlauf erfordert wie gesagt ein Druckgefälle senkrecht zur Strömung, das die Kraft zum Umlenken der Luft aufbringt. An der Außenseite der Krümmung ist der Druck höher als an der Innenseite. Die Oberseite der Tragfläche liegt an der Innenseite der Stromlinienkrümmung. Der Druck oben an der Tragfläche ist deshalb kleiner als der umgebende Luftdruck. An der Unterseite, die außen an der Krümmung liegt, ist der Druck höher. Das passt auch mit dem Bernoulli – Effekt zusammen, denn oberhalb der Tragfläche strömt die Luft schneller als unterhalb: das ergibt der Wirbel um die Tragfläche. Weiter hinten hinter der Tragfläche und schon außerhalb der Zeichnungen in ◻Abb. 3.43 krümmen sich die Stromlinien wieder zurück nach oben in ihre alte Bahn vor der Tragfläche. Man kann also sagen, dass die Luft das Flugzeug „trägt" (◻Tab. 3.1).

◻ Tab. 3.1 In Kürze

Elastische Verformung eines Festkörpers

Um einen Festkörper zu verformen, muss man eine **mechanische Spannung** (Einheit: Kraft durch Fläche) ausüben. Das führt zu einer Dehnung des Festkörpers. Ist der Festkörper elastisch, so gilt das Hooke-Gesetz: Spannung und Dehnung sind proportional zueinander. Dehnt man einen Körper zu stark, so wird er plastisch, d. h. dauerhaft verformt oder er reißt

Mechanische Dehnung Mechanische Spannung Hooke'sches Gesetz	$\frac{\Delta l}{l_0}$ $\sigma = \frac{F}{A}$ $\sigma = E \cdot \frac{\Delta l}{l_0}$	Δl: Längenänderung [m] l_0: Anfangslänge [m] σ: mechanische Spannung $\left[\frac{N}{m^2}\right]$ F: Kraft auf A [N] A: Querschnittsfläche [m^2] E: Elastizitätsmodul $\left[\frac{N}{m^2}\right]$

Druck

Druck kann durch einen Stempel (Kolben) in einer Pumpe erzeugt werden, entsteht aber auch durch das Eigengewicht der Flüssigkeit (**Schweredruck**). Je tiefer man im Wasser taucht, umso höher wird der Schweredruck. Für Wasser gilt: je 10 m Wassertiefe bewirken etwa 10^5 Pa Schweredruck. Bemerkenswerterweise hängt der Schweredruck nicht von der Gefäßform ab

Druck	$p = \frac{F}{A}$	p: Druck $\left[\frac{N}{m^2} = \text{Pa, Pascal}\right]$ F: Kraft [N] 10^5 Pa $\approx$ 1 bar = 760 mmHg A: Stempelfläche [m^2]
Schweredruck	$p = \rho \cdot g \cdot h$	ρ: Dichte der Flüssigkeit $\left[\frac{kg}{m^3}\right]$ g: Fallbeschleunigung $\left[\frac{m}{s^2}\right]$ h: Tiefe unter Oberfläche [m]

3

◼ **Tab. 3.1** (Fortsetzung)

Auftrieb		
Schweredruck ist auch die Ursache für die Auftriebskraft, die auf alle Körper in einer Flüssigkeit oder einem Gas wirkt. Hat der Körper eine ähnliche Dichte wie die umgebende Flüssigkeit, so kompensiert diese Kraft fast die Gewichtskraft		
Auftriebskraft (gleich dem Gewicht der verdrängten Flüssigkeit)	$F = V_K \cdot \rho_{fl} \cdot g$	F: Auftriebskraft [N] V_K: verdrängtes Volumen [m³] ρ_{fl}: Dichte der Flüssigkeit $\left[\frac{kg}{m^3}\right]$ g: Fallbeschleunigung $\left[\frac{m}{s^2}\right]$

Strömung		
Soll eine Flüssigkeit durch ein Rohr strömen, so muss sie mit einer Druckdifferenz Δp zwischen den Rohrenden durch das Rohr gedrückt werden. Dies liegt an der inneren Reibung in der Flüssigkeit, die ihr eine Zähigkeit η verleiht. Es gelten ähnliche Beziehungen wie im elektrischen Stromkreis. Wird ein Rohr dünner, so erhöht sich dort die Strömungsgeschwindigkeit (Flüssigkeiten sind praktisch inkompressibel) und zugleich sinkt dort der Druck (Hydrodynamisches Paradoxon). Überschreitet die Strömungsgeschwindigkeit eine bestimmte Grenze, wird die Strömung turbulent und der Strömungswiderstand steigt stark an		
Volumenstromstärke	$I = \frac{\Delta V}{\Delta t}$	I: Volumenstromstärke $\left[\frac{m^3}{s}\right]$
Gesetz von Hagen-Poiseuille Laminare Strömung durch ein Rohr	$I = \frac{\pi \cdot r^4 \cdot \Delta p}{8 \cdot \eta \cdot l}$ oder $\Delta p = \frac{8 \cdot l \cdot \eta}{r^2} v_m$	l: Rohrlänge [m] r: Rohrradius [m] η: Viskosität $\left[\frac{Ns}{m^2}\right]$ Δp: Druckdifferenz [Pa] v_m: mittlere Strömungsgeschwindigkeit
Turbulente Strömung durch ein Rohr	$\Delta p = \lambda \cdot \frac{l}{4 \cdot r} \cdot \rho \cdot v_m^2$	λ: Widerstandsbeiwert ρ: Dichte der Flüssigkeit
Strömungswiderstand	$R = \frac{\Delta p}{I}$	R: Strömungswiderstand $\left[\frac{Ns}{m^5}\right]$
	Für Strömungswiderstände gelten die gleichen Regeln wie für elektrische: Addition bei Reihenschaltung, Addition der Kehrwerte bei Serienschaltung	
Gesetz von Bernoulli	Gesamtdruck gleich statischer Druck plus Staudruck	
	$p_{ges} = p_0 + \frac{1}{2}\rho \cdot v^2$	p_{ges}: Gesamtdruck [Pa] p_0: statischer Druck [Pa] ρ: Dichte $\left[\frac{kg}{m^3}\right]$ v: Strömungsgeschwindigkeit [m/s]

■ **Tab. 3.1** (Fortsetzung)

Oberflächen und Grenzflächen

An der Oberfläche einer Flüssigkeit werden die Moleküle nach innen gezogen. Deshalb bedarf es mechanischer Arbeit und damit Energie, die Oberfläche einer Flüssigkeit zu vergrößern. Ein Maß hierfür ist die **Oberflächenspannung** σ (Energie pro Fläche). Auch im Inneren der Flüssigkeit halten die Moleküle zusammen. Man spricht von Kohäsion. Es bestehen auch anziehende Kräfte zwischen einer Flüssigkeit und der Gefäßwand (Adhäsion). Ist die Adhäsion stärker als die Kohäsion, so wird die Gefäßwand benetzt und es kann zum Beispiel zur Kapillarwirkung kommen. Ist die Kohäsion stärker, so benetzt die Flüssigkeit nicht

Kohäsion	Kräfte zwischen den Molekülen der Flüssigkeit
Adhäsion	Kräfte zwischen Flüssigkeit und Wand

Oberflächenspannung	$\sigma = \frac{W_A}{A}$	σ: Oberflächenspannung $\left[\frac{J}{m^2}\right]$
		W_A: Oberflächenenergie [J]
		A: Oberfläche [m²]

3.6 Fragen und Übungen

❓ Verständnisfragen

1. Warum sind Grashalme röhrenförmig?
2. Die horizontale Querschnittsfläche Ihres Kopfes sei 100 cm². Wie groß ist das Gewicht der Luft über Ihrem Kopf?
3. Stellen Sie sich vor, sie halten zwei identische Ziegelsteine unter Wasser. Ziegelstein A befindet sich genau unter der Wasseroberfläche, während sich Ziegelstein B in größerer Tiefe befindet. Ist die Auftriebskraft bei beiden Ziegelsteinen gleich?
4. Zwei identische Gläser sind bis zur gleichen Höhe mit Wasser gefüllt. Eines der beiden Gläser enthält Eiswürfel, die im Wasser schwimmen. Welches Glas wiegt mehr? Wenn die Eiswürfel nun schmelzen, in welchem Glas steht dann der Wasserspiegel höher?
5. Ein Boot, das einen großen Felsblock trägt, schwimmt auf einem See. Der Felsblock wird über Bord geworfen und sinkt. Ändert sich der Wasserspiegel des Sees (in Bezug auf das Ufer)?
6. Stellen Sie sich einen Gegenstand vor, der in einem Wasserbehälter schwimmt. Ändert sich seine Position, wenn der Behälter in einem Fahrstuhl platziert wird, der nach oben beschleunigt?

7. Kleine Seifenblasen sind immer genau rund. Große Seifenblasen können durch Wind oder anpusten verformt werden. Warum?
8. Wenn man in die Seite eines mit Wasser gefüllten Behälters ein Loch macht, dann fließt Wasser heraus und folgt einer parabolischen Bahn. Was geschieht mit dem Wasserstrom, wenn der Behälter im freien Fall fallengelassen wird?
9. Der Wasserstrahl aus einem Wasserhahn wird nach unten hin dünner (■ Abb. 3.34). Warum?
10. Rauch steigt in einem Schornstein schneller auf, wenn ein Wind über den Schornstein weht. Warum?

✅ Übungsaufgaben

zur Elastizität

3.1 (I): Wie groß ist der Elastizitätsmodul des Kupfers? Siehe ■ Abb. 3.5
3.2 (I): Eine 1,6 m lange Klaviersaite aus Stahl habe einen Durchmesser von 0,2 cm. Wie groß ist die Zugspannung, wenn sich die Saite um 3 mm beim Spannen dehnt? Das Elastizitätsmodul von Stahl sei $2 \cdot 10^{11}$ N/m².

3

zur Hydrodynamik

3.3 (II): In einer Injektionsspritze muss der Kolben 15 mm vorgeschoben werden, um 1 ml zu injizieren. Der Arzt drückt mit 15 N auf den Kolben. Mit welchem Druck wird injiziert?

3.4 (I): Um wie viel Prozent müsste der Blutdruck eines aufrecht stehenden Menschen in den Füßen höher sein als im Kopf, wenn der Druckabfall durch den Blutstrom längs der Adern vernachlässigt werden könnte?

3.5 (II): Ein Geologe findet heraus, dass ein Mondstein mit einer Masse von 8,2 kg eingetaucht in Wasser nur noch eine scheinbare Masse von 6,18 kg hat. Wie groß ist die Dichte des Steins?

3.6 (II): Die Dichte von Eis ist 917 kg/m³ und die von Seewasser 1,025 kg/m³. Wie viel Prozent des Volumens eines Eisberges schaut aus dem Wasser heraus?

3.7 (II): Ein Eimer Wasser wird mit 3,5-mal der Fallbeschleunigung nach oben beschleunigt. Wie groß ist die Auftriebskraft auf einen 3 kg – Granitstein? Wird er schwimmen? Die Dichte von Granit ist 2,7 g/cm³.

3.8 (II): Nimmt die Anzahl der Quecksilbertropfen in ■ Abb. 3.26 exponentiell mit der Zeit ab? Wenn ja: mit welcher Zeitkonstante?

3.9 (II): Ein Aluminiumring (50 mm Durchmesser, Masse 3,1 g) wird entsprechend der ■ Abb. 3.28 in Wasser getaucht und herausgezogen. Im Moment, in dem der Wasserfilm reißt, zeigt die Waage 53 mN an. Wie groß ist die Oberflächenspannung des Wassers?

3.10 (II): Wenn die „Füße" eines Insekts einen Radius von 0,03 mm haben und das Insekt 0,016 g wiegt, würden Sie erwarten, dass es mit seinen sechs Beinen auf der Wasseroberfläche stehen kann (wie ein Wasserläufer)?

3.11 (III): Muss man die Gleichung $p = 2\sigma/r$ für den Binnendruck eines Trop-

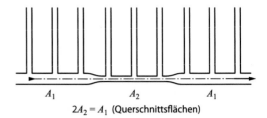

$2A_2 = A_1$ (Querschnittsflächen)

■ **Abb. 3.44 zu Aufgabe 3.13:** Querschnittsflächen $2A_2 = A_1$

fens glauben oder kann man sie auch herleiten?

3.12 (II): Welche mittlere mechanische Leistung muss das Herz eines Menschen liefern, wenn es bei einem Druck am Auslauf (Aorta) von 174 hPa eine mittlere Blutstromstärke von 6 l/min aufrechterhalten soll? Das Blut kommt aus der Vene ohne nennenswerten Druck zurück.

3.13 (II): Wie hoch stehen die Flüssigkeitssäulen in den Röhrchen der ■ Abb. 3.44, wenn eine zähe Flüssigkeit von links nach rechts durch das untere Rohr strömt?

3.14 (III): Wasser fließe mit 0,65 m/s durch einen Schlauch mit dem Innendurchmesser 3 cm. Der Durchmesser einer Düse am Ende des Schlauches betrage 0,3 cm. Mit welcher Geschwindigkeit tritt das Wasser aus der Düse aus? Die Pumpe auf der einen Seite und die Düse auf der anderen Seite des Schlauches befinden sich auf gleicher Höhe, sodass der Wasserfluss nicht durch einen Schweredruck unterstützt wird. Der Druck auf der Ausgangsseite der Düse ist gleich dem Luftdruck. Welchen Druck muss dann die Pumpe erzeugen (reibungsfreie Strömung angenommen).

3.15 (II): Mit welcher Geschwindigkeit steigt eine kleine Luftblase im Sprudel auf, wenn sie einen Durchmesser von 0,5 mm hat? (Stokes-Gesetz; Wasser: $\eta = 10^{-3}$ kg/ms; $\rho = 1000$ kg/m^3; Luft: $\rho = 1,29$ kg/m^3)

3.16 (II): In ein Wohnhaus kommt Wasser durch ein Zuleitungsrohr mit 4 cm Durchmesser bei einem Druck von $4 \cdot 10^5$ Pa im Keller an. Eine Leitung mit einem Durchmesser von 2 cm führt in den zweiten Stock 5 m höher ins Badezimmer. Die Strömungsgeschwindigkeit im Zuleitungsrohr am Erdboden betrage 2 m/s. Wie groß ist dann im Badezimmer

a) die Strömungsgeschwindigkeit?
b) die Volumenstromstärke?
c) der Druck in der Leitung?

Berücksichtigen Sie für c) die Druckänderung aufgrund des Schweredruckes, des Bernoulli-Effekts und der innere Reibung. Die Strömung ist turbulent und der Widerstandsbeiwert sei $\lambda = 0,02$. (Wasser: $\eta = 10^{-3}$ kg/ms; $\rho = 1000$ kg/m^3)

Mechanische Schwingungen und Wellen

Inhaltsverzeichnis

Ergänzende Information Die elektronische Version dieses Kapitels enthält Zusatzmaterial, auf das über folgenden Link zugegriffen werden kann https://doi.org/10.1007/978-3-662-68484-9_4. Die Videos lassen sich durch Anklicken des DOI Links in der Legende einer entsprechenden Abbildung abspielen, oder indem Sie diesen Link mit der SN More Media App scannen.

4

Der Mensch informiert sich über den momentanen Zustand seiner Umwelt mit Hilfe seiner 5 Sinne. Die beiden am besten entwickelten Sinne benutzen zur Informationsübertragung Wellen: der Gesichtssinn die elektromagnetischen des Lichtes, das Gehör die mechanischen des Schalls. Wellen transportieren Energie, aber keine Materie. Ein Empfänger nimmt diese Energie auf und beginnt dann zu schwingen.

lage vorbei. Die Bewegung wiederholt sich periodisch, die Zeitabstände der Wiederholung heißen **Periode** der Schwingung. Uhren werden auf Konstanz dieser Zeitabstände hin gezüchtet, mit beachtlichem Erfolg. Eine Armbanduhr, die am Tag um nicht mehr als eine Zehntelsekunde falsch geht, ist gar nicht mal so sehr gut. Aber sie hält ihren relativen Fehler bei $\sim 10^{-6}$. Ein Zollstock von 1 m Länge müsste bei gleicher Präzision auf ein Tausendstel Millimeter genau sein.

4.1 Mechanische Schwingungen

4.1.1 Alles was schwingt

Das Pendel einer alten Standuhr kann schwingen, eine Klaviersaite auch; beide sind dafür gebaut. Ein Dachziegel ist das nicht. Trotzdem kann er sich lockern und, wenn er im Wind klappert, eine Art von Schwingung ausführen. Die Vielfalt all dessen, was da schwingen kann, ob es das nun soll oder nicht, ist so groß, dass man bei allgemeinen Betrachtungen gern auf die farblose Bezeichnung *schwingungsfähiges Gebilde* oder **Oszillator** ausweicht.

Das Pendel der Standuhr kann man schwingen sehen. Eine Quarzuhr und auch Computer bekommen ihren Takt von einem kleinen schwingenden Quarzkristall vorgegeben. Der ist gut verpackt und nicht zu sehen. Aber nicht nur Gegenstände können schwingen, sondern auch zum Beispiel der Luftdruck in einer Schallwelle oder das elektromagnetische Feld in einer Lichtwelle. Die Physik der Schwingungen kann durchaus kompliziert werden.

Ein schwingungsfähiges Gebilde kann schwingen, muss aber nicht. Ein jedes besitzt eine **Ruhelage**, in der es beliebig lange verharrt, wenn es nicht gestört wird. Wird es gestört, so muss es seine Ruhelage in mindestens einer Richtung verlassen können, meistens sind es aber zwei: rechts-links, oben-unten, vorn-hinten, hoch-tief, stärker-schwächer, hin und zurück. Manchen Pendeln sind noch mehr Richtungen erlaubt.

Wenn ein Pendel schwingt, kommt es in regelmäßigen Zeitabständen an seiner Ruhe-

4.1.2 Harmonische Schwingungen

Ein besonders einfach zu verstehendes schwingungsfähiges Gebilde in der Mechanik ist das **Federpendel** der ◘ Abb. 4.1a. Es besitzt einen Klotz mit der Masse m, der längs einer Schiene (beispielsweise nach Art des Luftkissenfahrzeugs der ◘ Abb. 2.48 von ▶ Abschn. 2.7.1) „reibungsfrei" streng horizontal gleiten kann, dies aber zunächst nicht tut, weil er von einer Schraubenfeder in seiner Ruhestellung $x = 0$ gehalten wird. Dort kann er bleiben, kräftefrei, denn die Feder ist entspannt, und die Gewichtskraft wird von der Schiene aufgefangen.

Um das Pendel in Gang zu setzen, kann man den Klotz per Hand zur Seite ziehen (◘ Abb. 4.1b), ihm also eine **Auslenkung** x (hier = A_0) verpassen. Dabei spannt man die Feder. Sie soll dem linearen Kraftgesetz des ▶ Abschn. 2.2.1 gehorchen, also entsprechend ihrer Federkonstanten D den Pendelkörper mit der Kraft

$$F(x) = -D \cdot x$$

in Richtung Ruhelage zurückziehen. Die Kraft bekommt ein negatives Vorzeichen, da sie immer entgegen der Auslenkung x wirkt: sie ist eine **rücktreibende Kraft**. Lässt man den Klotz bei der Auslenkung A_0 los, so verlangt die Grundgleichung der Mechanik, also das 2. Newton'sche Gesetz (s. ▶ Abschn. 2.7.1), dass sich der Klotz nach links in Bewegung

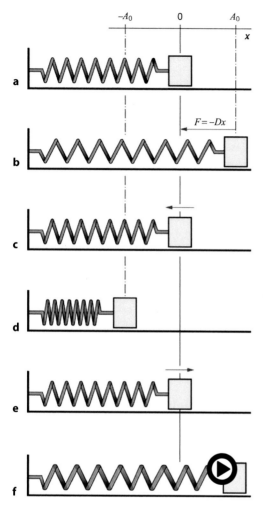

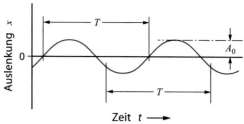

□ **Abb. 4.2** **Harmonischen Schwingung** mit der Amplitude A_0 *der Auslenkung* $x(t)$ und der Schwingungsdauer T

□ **Abb. 4.1** **(Video 4.1) Federpendel**; Ablauf einer Schwingungsdauer (► https://doi.org/10.1007/000-bt2)

setzt, und zwar mit der Beschleunigung

$$a_0 = \frac{F(A_0)}{m} = \frac{-A_0 \cdot D}{m}.$$

Folge: Die Auslenkung x wird kleiner, der Betrag der rücktreibenden Kraft $F(x)$ auch. Aber die nach links gerichtete Geschwindigkeit $v(t)$ wird größer, bis der Klotz seine Ruhelage $x = 0$ erreicht. Dort bleibt der Klotz aber nicht stehen, sondern läuft, für den Moment kräftefrei, mit momentan konstanter Geschwindigkeit weiter nach links, als Folge seiner Trägheit

(□ Abb. 4.1c). Von da ab wird die Schraubenfeder gestaucht, x und F wechseln ihre Vorzeichen, und die Kraft bleibt, jetzt nach rechts gerichtet, rücktreibende Kraft. Sie bremst den Pendelkörper ab, bis er im linken *Umkehrpunkt* der Schwingung, also bei $-A_0$, momentan zur Ruhe kommt (□ Abb. 4.1d). Dort hat die Kraft ihren (momentanen) Höchstwert und beschleunigt den Pendelkörper, jetzt nach rechts. Wieder läuft er kräftefrei durch die Ruhelage (□ Abb. 4.1e) hindurch, jetzt weiter nach rechts, und dehnt die Feder, bis deren rücktreibende Kraft ihn im rechten Umkehrpunkt bei $+A_0$ momentan zur Ruhe bringt (□ Abb. 4.1f). Eine **Schwingungsdauer** T ist abgelaufen. Von nun ab wiederholt sich der ganze Vorgang **periodisch**, d. h. in immer der gleichen Weise, in immer gleichen Zeitspannen.

Diese Bewegung der Masse kann mit einer Sinusfunktion beschrieben werden:

$$x(t) = A_0 \cdot \sin\left(\frac{2\pi}{T} \cdot t + \varphi_0\right)$$
$$= A_0 \cdot \sin(\omega \cdot t + \varphi_0),$$

(□ Abb. 4.2). Man könnte auch die Kosinusfunktion nehmen. Eine solche Bewegung, die durch Kosinus oder Sinus beschrieben wird, nennt man **harmonische Schwingung**.

❯ **Merke**

Die Winkelfunktionen Sinus und Kosinus beschreiben harmonische Schwingungen.

Für die Schwingungsdauer T eines Pendels ist es gleichgültig, ob man sie von Umkehrpunkt zu Umkehrpunkt (auf der gleichen Seite), von Nulldurchgang zu Nulldurchgang (in gleicher Richtung) oder irgendeiner Auslenkung dazwischen zur nächsten gleichen danach zählt. Den Kehrwert der Schwingungsdauer $f = 1/T$ nennt man die **Frequenz** der Schwingung. Sie gibt an, wie viel Perioden in einer Sekunde ablaufen und hat die SI-Einheit $1/\mathrm{s} = \mathrm{s}^{-1}$. Es ist üblich, diese Einheit **Hertz** zu nennen und mit Hz abzukürzen.

4

Merke

Einheit der Frequenz: $1\,\text{Herz} = 1\,\text{Hz} = \frac{1}{\mathrm{s}}$

Da die Mathematiker der Sinusfunktion eine Periode von 2π gegeben haben, steht in der Klammer der Sinusfunktion nicht einfach die Frequenz vor der Zeitvariable t, sondern Frequenz mal 2π: $\omega = 2\pi \cdot f$; sie wird **Kreisfrequenz** genannt. Der Name kommt daher, dass eine Kreisbewegung mit Winkelgeschwindigkeit ω, auf eine Bewegungsrichtung projiziert, eine Schwingung mit Kreisfrequenz ω ergibt (◘ Abb. 1.14). Vor der Sinusfunktion steht die **Amplitude** A_0. Sie entspricht gerade der maximalen Auslenkung aus der Ruhelage $x = 0$, den die Sinusfunktion wird maximal eins. In der Klammer steht noch der *Phasenwinkel* φ_0, der bestimmt, wo die Schwingung bei der Zeit $t = 0$ startet. Meistens interessiert dieser Phasenwinkel nicht.

Merke

Kenngrößen der Harmonischen Schwingung:

- Amplitude = Maximalausschlag
- Schwingungsdauer T
- Frequenz $f = \frac{1}{T}$
- Kreisfrequenz $\omega = 2\pi \cdot f$

Die Amplitude, mit der das Federpendel schwingt, kann man offenbar frei wählen. Man startet die Bewegung eben mit einer mehr oder weniger starken Auslenkung. Auch der Startpunkt der Schwingung, also der Phasenwinkel, kann frei gewählt werden. Die Schwingungsdauer sucht sich das Pendel aber selbst. Wie lange dauert nun eine Schwingungsdauer T? Soviel kann man sich denken: Je größer die Masse m des Pendelkörpers ist, desto langsamer kommt sie in Bewegung und wieder heraus. In einer Formel für T wird man m über dem Bruchstrich erwarten. Umgekehrt, je stärker die Feder, desto schneller die Schwingung: In der Formel für T wird man die Federkonstante D unter dem Bruchstrich vermuten. Dass freilich

$$T = 2\pi \cdot \sqrt{\frac{m}{D}}$$

herauskommt, kann man sich auf solche Weise nicht überlegen; da muss man rechnen.

Definitionsgemäß ist beim Federpendel die Beschleunigung a gleich der zweiten Ableitung $\mathrm{d}^2x/\mathrm{d}t^2$ der Auslenkung nach der Zeit. Die Formel für die rücktreibende Kraft $F = -D \cdot x$ führt zusammen mit der Grundgleichung der Dynamik (2. Newton'sches Gesetz) auf die Gleichung:

$$\frac{\mathrm{d}^2 x(t)}{\mathrm{d}t^2} = \frac{F}{m} = -\frac{D}{m} \cdot x(t)$$

Eine Gleichung, die neben der Variablen (hier x) auch einen ihrer Differentialquotienten enthält, heißt **Differentialgleichung**. Tatsächlich ist diese Gleichung nichts anderes als die Bewegungsgleichung von ▶ Abschn. 2.7.3 für dieses Federpendel. Die Lösung einer solchen Gleichung ist nicht einfach eine Zahl, sondern eine Funktion $x(t)$. Diese Lösungsfunktion beschreibt eben gerade die Bewegung des Pendels. Der Mathematiker löst eine Differentialgleichung mit Scharfsinn, Phantasie und festen Regeln; der mathematische Laie, auch der Physiker, schlägt die Lösung in entsprechenden Büchern nach. Im vorliegenden Fall geht es um die **Schwingungsdifferentialgleichung** in ihrer einfachsten Form. Sie wird durch eine Sinusfunktion $x(t) = A_0 \cdot \sin(\omega \cdot t)$ gelöst (es darf auch der Kosinus sein und es darf auch noch ein Phasenwinkel φ_0 in der Klammer stehen). Davon überzeugt man sich durch Ableiten und Einsetzen. Es gilt:

Wenn

$$x(t) = A_0 \cdot \sin(\omega \cdot t)$$

dann

$$\frac{\mathrm{d}x(t)}{\mathrm{d}t} = v(t) = A_0 \cdot \omega \cdot \cos(\omega \cdot t)$$

und

$$\frac{\mathrm{d}^2 x(t)}{\mathrm{d}t^2} = a(t) = -A_0 \cdot \omega^2 \cdot \sin(\omega \cdot t)$$
$$= -\omega^2 \cdot x(t)$$

Den Faktor ω bei jeder Ableitung schleppt die *Kettenregel* der *Differentiation* herein.

In der letzten Gleichung muss nun nur noch $\omega^2 = D/m$ gesetzt werden, und die Schwingungsdifferentialgleichung steht da. Also löst die Sinusfunktion die Differentialgleichung wenn

$$\omega = \frac{2\pi}{T} = \omega_0 = \sqrt{\frac{D}{m}}$$

gesetzt wird. ω_0 nennt man die Eigenkreisfrequenz oder **charakteristische Kreisfrequenz** des Pendels.

Das Federpendel schwingt gemäß einer Sinusfunktion, also harmonisch, weil die rücktreibende Kraft proportional zur Auslenkung ist. Ohne dieses funktioniert die ganze Rechnung nicht. Eine Schwingung kann immer noch herauskommen, aber keine harmonische.

Eben deswegen ist das technisch so einfache *Fadenpendel*, also ein mit langem Faden irgendwo aufgehängter Stein, genau betrachtet, kein harmonisch schwingendes Gebilde. Das Fadenpendel zweigt seine rücktreibende Kraft F von der Gewichtskraft F_G der Pendelmasse ab, und da besteht keine Proportionalität zum Auslenkwinkel α, sondern zu dessen Winkelfunktion $\sin(\alpha)$ (◻ Abb. 4.3). Bei sehr kleinen Winkeln macht das freilich nichts aus; $\sin(4{,}4°) = 0{,}076719$ ist gegenüber $4{,}4°$ im Bogenmaß (= 0,076794) erst um ein Promille zurückgeblieben, da darf man noch

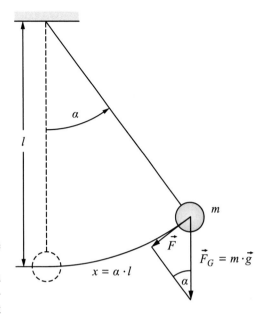

◻ **Abb. 4.3 Fadenpendel.** Die Gewichtskraft $\vec{F}_G$ kann in zwei zueinander senkrechte Komponenten zerlegt werden, von denen die eine ($\vec{F}$) rücktreibend wirkt und die andere vom Faden aufgefangen wird. Bei kleinen Ausschlägen kann $\sin \alpha = \alpha$ gesetzt werden. Dann schwingt das Pendel harmonisch mit der Schwingungsdauer $T = 2\pi \cdot \sqrt{l/g}$

$\sin(\alpha) = \alpha$ setzen, vorausgesetzt, man drückt den Winkel α in **Bogenmaß** aus (◻ Abb. 1.11). Für kleine Winkel schwingt das Fadenpendel doch fast harmonisch und eine Rechnung entsprechend der obigen liefert:

$$\omega_0 = \sqrt{\frac{g}{l}}$$

Bemerkenswerterweise hängt die Kreisfrequenz also nur von der Pendellänge l und der Fallbeschleunigung g ab, aber nicht von der Masse m.

In einem Experiment kann man sich leicht überzeugen, dass die Schwingungsdauer bei großen Auslenkungswinkeln aber auch noch von der Amplitude abhängt. Dies ist ein untrügliches Zeichen für eine nicht harmonische Schwingung, denn bei der Sinusfunktion sind Amplitude und Frequenz völlig unabhängig voneinander.

4

Rechenbeispiel 4.1: Fahrwerksfeder
Aufgabe: Eine vierköpfige Familie mit einer Gesamtmasse von 200 kg steigt in ihr Auto mit einer Masse von 1200 kg. Das Auto senkt sich um 3 cm. Wie groß ist die Federkonstante der vier Fahrwerksfedern zusammengenommen? Mit welcher Frequenz beginnt das Auto zu schwingen, wenn es durch ein Schlagloch fährt?

Lösung: Die zusätzlich Gewichtskraft beträgt $200 \, \mathrm{kg} \cdot 9{,}81 \, \mathrm{m/s^2} = 1962 \, \mathrm{N}$. Die Federkonstante ist also: $D = \frac{1962 \, \mathrm{N}}{3 \cdot 10^{-2} \, \mathrm{m}} = 6{,}54 \cdot 10^4 \, \mathrm{N/m}$. Bei einer Gesamtmasse von 1400 kg ist dann die Eigenfrequenz des Autos:

$$f_0 = \frac{1}{2\pi} \sqrt{\frac{D}{m}} = 1{,}1 \, \mathrm{Hz}.$$

Rechenbeispiel 4.2: Trägheitskraft im Auto
Aufgabe: Nehmen wir an, unser Auto schwingt mit einer Amplitude von 10 cm. Mit wie viel Prozent der Gewichtskraft wird dann ein Insasse maximal zusätzlich in den Sitz gedrückt?

Lösung: Die Beschleunigung berechnet sich aus der zweiten Ableitung der Ortsfunktion:

$$a(t) = \frac{\mathrm{d}^2 x(t)}{\mathrm{d}t^2} = -A_0 \cdot \omega^2 \cdot \sin(\omega \cdot t)$$
$$= -\omega^2 \cdot x(t) = -a_0 \cdot \sin(\omega \cdot t).$$

$a_0 = A_0 \cdot \omega^2$ ist die maximal auftretende Beschleunigung, in unserem Fall: $a_0 = 4{,}8 \, \mathrm{m/s^2}$. Das sind immerhin fast 50 % der Fallbeschleunigung, die der Passagier als zusätzliche Trägheitskraft empfindet. Das ist unangenehm. Deshalb sind alle Autos mit Stoßdämpfern ausgestattet, die die

Schwingung möglichst gleich wieder wegdämpfen.

4.1.3 Gedämpfte Schwingungen

Wie sieht es mit der mechanischen Energie bei einer Schwingung aus? Wenn eine Masse m mit der Geschwindigkeit v läuft, besitzt sie die kinetische Energie $W_{\mathrm{kin}} = 1/2 \, m \cdot v^2$. Wenn eine Feder mit der Federkonstanten D um das Stück x gedehnt oder gestaucht wird, ändert sich die potentielle Energie um $W_{\mathrm{pot}} = 1/2 \, D \cdot x^2$. Folglich besitzt ein Federpendel eine Schwingungsenergie W_{s}, die sich irgendwie aus W_{kin} und W_{pot} zusammensetzt. Wie?

Beim Nulldurchgang ist die Feder momentan entspannt: $W_{\mathrm{pot}} = 0$. Folglich muss der Pendelkörper die Schwingungsenergie ganz allein tragen. Das kann er auch, denn er ist ja auf seiner Höchstgeschwindigkeit $\pm v_0$ Die geht quadratisch in W_{kin} ein, folglich spielt die Richtung der Geschwindigkeit keine Rolle. In den Umkehrpunkten ist der Pendelkörper momentan in Ruhe: $W_{\mathrm{kin}} = 0$. Folglich muss die Feder die Schwingungsenergie ganz allein tragen. Das kann sie auch, denn sie ist ja mit der Amplitude $\pm A_0$ maximal gedehnt oder gestaucht. A_0 geht quadratisch in W_{pot} ein, folglich spielt das Vorzeichen keine Rolle. Für die genannten Positionen darf man also schreiben

$$\text{Schwingungsenergie } W_{\mathrm{S0}} = \frac{1}{2} m \cdot v_0^2$$
$$= \frac{1}{2} D \cdot A_0^2.$$

Das stimmt wirklich, denn:

$$m \cdot v_0^2 = m \cdot (\omega \cdot A_0)^2 = m \cdot \frac{D}{m} \cdot A_0^2$$
$$= D \cdot A_0^2$$

Eine harmonische Schwingung erreicht immer wieder die gleiche Amplitude A_0; demnach hat die Schwingungsenergie W_{s} zumindest alle halbe Schwingungsdauer den genannten Wert.

Da darf man erwarten, dass es zwischendurch nicht anders ist und sich W_{pot} und W_{kin} bei jeder momentanen Auslenkung $x(t)$ ständig zum gleichen W_{S0} addieren:

$$W_{S0} = W_{kin}(t) + W_{pot}(t) = \frac{1}{2}m \cdot v_0^2$$

$$= \frac{1}{2}D \cdot A_0^2 = \text{konstant}$$

Mit anderen Worten:

> ❯ Merke
>
> Beim harmonisch schwingenden Oszillator wechselt die volle Schwingungsenergie ständig zwischen der potentiellen Energie der Feder und der kinetischen Energie des Pendelkörpers hin und her.

Die harmonische Schwingung hält ihre Amplitude $A = A_0$, der harmonische Oszillator seine Schwingungsenergie W_s eisern konstant, auf immer und ewig. Das ist graue Theorie. In der Wirklichkeit schwingt ein Pendel aus, wenn die Uhr abgelaufen ist: jede folgende Amplitude bleibt um ein Stückchen ΔA kleiner als die letzte, die Schwingung ist *gedämpft* und verliert Schwingungsenergie. Das darf man so sagen, obwohl Energie als solche selbstverständlich nicht kleiner wird. Das verbietet der Energiesatz. Es wird lediglich Schwingungsenergie in eine andere Energieform umgewandelt, üblicherweise durch Reibung in Wärme. In die Schwingungsdifferentialgleichung muss dann also noch ein Term für die Reibungskraft F_R eingefügt werden:

$$\frac{d^2x(t)}{d^2t} = -\frac{D}{m} \cdot x(t) + \frac{F_R}{m}$$

Die sich dann ergebende Differentialgleichung kann schon recht schwer zu lösen sein. Eine einigermaßen leicht zu lösende Schwingungsgleichung ergibt sich dann, wenn die Reibungskraft geschwindigkeitsproportional angenommen wird:

$$F_R = -\mu \cdot \frac{dx}{dt}.$$

F_R ist negativ, da sie der Bewegung wie die Federkraft entgegenwirkt. μ ist ein Reibungskoeffizient. Dann lautet die Differentialgleichung:

$$\frac{d^2x(t)}{d^2t} = -\frac{D}{m} \cdot x(t) - \frac{\mu}{m} \cdot \frac{dx}{dt}.$$

Wie man sich durch Einsetzen überzeugen kann, lautet eine Lösung nun:

$$x(t) = A_0 e^{-\delta \cdot t} \cdot \cos(\omega \cdot t).$$

Die Dämpfungskonstante δ ergibt sich zu:

$$\delta = \frac{\mu}{2 \cdot m}.$$

Die Amplitude $A(t)$ und die Schwingungsenergie $W_S(t)$ nehmen exponentiell mit der Zeit ab, und zwar A mit der Dämpfungskonstanten $-\delta$:

$$A(t) = A_0 e^{-\delta \cdot t}$$

und W_S, weil dem Amplitudenquadrat proportional, mit -2δ:

$$W_S(t) = W_{S0}e^{-2\delta \cdot t}.$$

◘ Abb. 4.4 zeigt eine in dieser Weise **gedämpfte Schwingung** graphisch. Ihre Formel

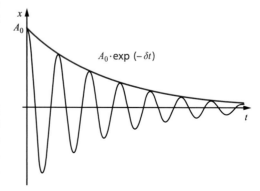

◘ **Abb. 4.4 Gedämpfte Schwingung**. Die *rot* gezeichnete Kurve läuft durch die Maximalausschläge der Schwingung und ist eine Exponentialfunktion

4

benutzt zwar weiter die Winkelfunktion Kosinus, um eine harmonische Schwingung handelt es sich aber nicht mehr, nicht einmal um einen periodischen Vorgang.

Mit wachsendem δ kommt das gedämpfte Pendel immer schneller zum Stillstand, bis es schließlich, ohne auch nur einmal durch zu schwingen, auf schnellstem Weg in die Ruhelage zurückkehrt. Das ist der so genannte **aperiodische Grenzfall**, um den sich die Stoßdämpfer im Auto und auch die Instrumentenbauer bemühen. Eine Waage soll ihren Messwert ja möglichst rasch anzeigen und nicht lange um ihn herumpendeln. Die Instrumente im Armaturenbrett des Autos müssen grobe Erschütterungen ertragen. Darum dämpft man sie bis in den sog. *Kriechfall*, in dem sie nur betont langsam auf den Messwert zumarschieren.

Ein Kind, zum ersten Mal auf eine Schaukel gesetzt, muss angestoßen werden und nach wenigen Schwingungen wieder. Es lernt aber bald, durch geschickte Bewegung des Oberkörpers und der Beine, die Schaukel in Gang zu halten, also verlorene Schwingungsenergie durch Muskelarbeit zu ersetzen, ohne im Geringsten zu verstehen, wie das eigentlich funktioniert.

Die rhythmische Energiezufuhr muss nicht gefühlsmäßig oder gar durch Nachdenken besorgt werden, eine rein mechanisch oder auch elektromechanisch vom Pendel selbst ausgelöste *Selbststeuerung* tut es auch, wie alle Uhren beweisen. Was bei ihnen Ziel der Konstruktion ist, kann bei Regelkreisen ausgesprochen stören. Ist er zu schwach gedämpft, so fängt er an, um den Sollwert zu schwingen. ◻ Abb. 3.16 brachte ein medizinisches Beispiel (Regelung des Blutdrucks). Wichtiges, wenn auch nicht einziges Mittel zur Abhilfe, bildet eine Erhöhung der Dämpfung.

4.1.4 Erzwungene Schwingungen

Die regelmäßige Energiezufuhr für eine ungedämpfte Schwingung muss nicht vom Pendel selbst ausgelöst werden, sie kann auch

◻ **Abb. 4.5   Erzwungener Schwingung**. Das linke Ende der Feder wird mit vorgebbarer Frequenz und Auslenkungsamplitude sinusförmig hin- und herbewegt

von einem unabhängigen Erreger ausgehen. Wird z. B. das linke Ende der Pendelfeder in ◻ Abb. 4.5 von irgendeiner Mechanik periodisch hin und her gezogen, so schwingt der Pendelkörper auch jetzt ungedämpft, allerdings nicht mit seiner Eigenfrequenz f_0, sondern mit der Frequenz f_E des Erregers: Das Pendel führt eine **erzwungene Schwingung** aus. Dabei hat es seine Eigenfrequenz freilich nicht vergessen; zumeist schwingt es nämlich mit umso größerer Amplitude, je näher f_E und f_0 beieinander liegen. Nicht selten klappert ein altes Auto bei einer ganz bestimmten Geschwindigkeit besonders laut: irgendein Stück Blech hat sich gelockert, ist dadurch schwingungsfähig geworden und gerät in **Resonanz**, wenn seine Eigenfrequenz mit der Drehfrequenz des Motors übereinstimmt.

Die Schwingungsdifferentialgleichung erhält nun noch einen weiteren Term: die periodisch anregende Kraft: $F(t) = F_0 \cdot \sin(\omega_E \cdot t)$:

$$\frac{d^2 x(t)}{d^2 t} = -\frac{D}{m} \cdot x(t) - \frac{\mu}{m} \cdot \frac{dx}{dt}$$
$$+ \frac{F_0}{m} \sin(\omega_E \cdot t).$$

Komplizierte Differentialgleichungen haben komplizierte Lösungen. Wird an dem zunächst ruhenden Pendel die anregende Kraft plötzlich eingeschaltet, so gibt es einen komplizierten Einschwingvorgang (◻ Abb. 4.6). Nach einer Weile stellt sich aber ein stabiler **stationärer Zustand** ein, in dem das Pendel harmonisch schwingt. Wird die anregende Kraft wieder abgeschaltet, so schwingt das Pendel in einer gedämpften Schwingung aus. Im stationären Zustand hängen Amplitude und Phase der Pendelschwingung von der Erregerfrequenz ab

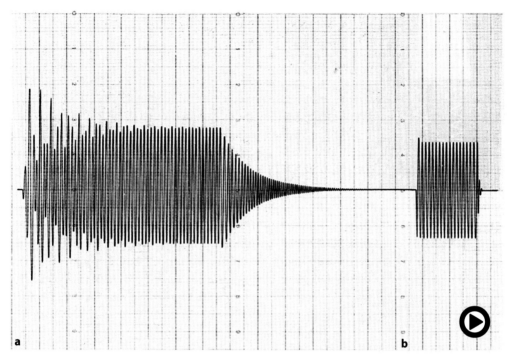

a
b

▣ Abb. 4.6 (Video 4.2) Einschwingvorgänge brauchen nicht weniger Zeit als das Ausschwingen. **a** schwache Dämpfung; **b** nahezu aperiodische Dämpfung (hier ist die Amplitude um den Faktor 5 überhöht gezeichnet) (▶ https://doi.org/10.1007/000-bsy)

(▣ Abb. 4.7):

$$A_0(\omega_E) = \frac{F_0}{\sqrt{m^2\left(\omega_0^2 - \omega_E^2\right)^2 + \mu^2 \cdot \omega_E^2,}}$$

$$\tan\varphi(\omega_E) = \frac{\mu \cdot \omega_A}{m\left(\omega_0^2 - \omega_E^2\right)}, \omega_0 = \sqrt{\frac{D}{m}}.$$

Bei kleinen Frequenzen folgt der Oszillator dem Erreger unmittelbar, beide erreichen ihre Maximal-ausschläge zum gleichen Zeitpunkt: Sie schwingen *in Phase*, ohne Phasenverschiebung also, d. h. mit dem Phasenwinkel $\varphi = 0$. Erhöht man die Frequenz des Erregers, so wächst im Allgemeinen die Amplitude des Oszillators. Sie erreicht ihren Höchstwert so ungefähr bei dessen Eigenfrequenz und geht von da ab asymptotisch auf null zurück. Erreger und Pendel schwingen schließlich in *Gegenphase* ($\varphi = \pi$). In unglücklichen Fällen kann die Resonanzamplitude so groß werden, dass der Oszillator dabei zu Bruch geht. Durch sei-

nen Blechtrommler Oskar Matzerath, der gläserne Gegenstände aller Art „zersingen" kann, hat Günter Grass der **Resonanzkatastrophe** zu literarischem Ruhm verholfen. Weingläser kann man mit entsprechend starken Lautsprechern tatsächlich zu Bruch bekommen. Um Schaden zu vermeiden, muss der Oszillator hinreichend gedämpft sein.

4.1.5 Überlagerung von Schwingungen

Wenn man die momentanen Auslenkungen mehrerer gleichzeitig ablaufender Schwingungen addiert, so spricht man von einer **Überlagerung von Schwingungen**. Rein mathematisch geht es also um die Summe

$$x(t) = \sum_n A_n \cdot \sin(\omega_n \cdot t + \varphi_n).$$

4

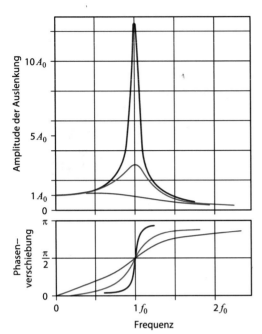

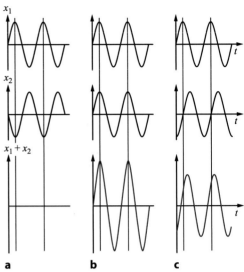

Abb. 4.7 Resonanzkurven eines Oszillators mit der Eigenfrequenz f_0 (sie ist zugleich Einheit der Abszisse). Einheit der Ordinate ist die Amplitude A_0 der Auslenkung bei kleinen Frequenzen. Mit stärkerer Dämpfung nimmt die Resonanzüberhöhung ab und die Phasenverschiebung zwischen Erreger und Resonator zu. Das Maximum der Resonanzkurve verschiebt sich zu kleinen Frequenzen

Abb. 4.8 Überlagerung zweier Schwingungen mit gleicher Frequenz und Amplitude der Auslenkung. **a** Auslöschung bei Gegenphase, destruktive Interferenz; **b** Amplitudenverdopplung bei Überlagerung in Phase, konstruktive Interferenz; **c** mittlere Amplitude und Phasenlage bei Fällen zwischen den beiden Extremen

Der Phasenwinkel φ schiebt die zugehörige Teilschwingung in die richtige Position auf der Zeitachse. Am besten lässt man sich die Summe von einem Computer nicht nur ausrechnen, sondern gleich als Kurve auf den Bildschirm aufzeichnen. Dabei handelt es sich keineswegs um eine mathematische Spielerei; die Überlagerung von Schwingungen hat durchaus praktische Bedeutung, wie sich noch herausstellen wird.

In besonders einfachen Fällen kann man auch ohne Rechnung herausfinden, was bei einer Überlagerung von Schwingungen herauskommen muss, etwa bei der Addition zweier Sinusschwingungen gleicher Amplitude und Frequenz, d. h. bei

$$x(t) = A_0\{\sin(\omega \cdot t) + \sin(\omega \cdot t + \varphi)\}.$$

Hier darf der Phasenwinkel φ auf keinen Fall vergessen werden; er spielt eine entscheidende Rolle. Bei $\varphi = 0$ sind beide Schwingungen **in Phase**, ihre Auslenkungen stimmen zu jedem Zeitpunkt nach Betrag und Vorzeichen überein. Demnach ist auch die Summe mit beiden Schwingungen in Phase, hat aber doppelte Amplitude (Abb. 4.8b); man spricht hier von **konstruktiver Interferenz**. Bei $\varphi = \pi = 180°$ befinden sich die beiden Schwingungen **in Gegenphase**; ihre Auslenkungen stimmen nur noch im Betrag überein, haben aber entgegengesetzte Vorzeichen. Folglich ist die Summe zu jedem Zeitpunkt null; die Schwingungen löschen sich gegenseitig aus: **destruktive Interferenz** (Abb. 4.8a). Jeder andere Phasenwinkel führt zu einem Ergebnis zwischen diesen beiden Grenzfällen; Abb. 4.8c zeigt ein Beispiel.

Bemerkenswert ist die Überlagerung zweier Schwingungen von nicht genau, aber fast gleicher Frequenz: Sie führt zur **Schwebung**

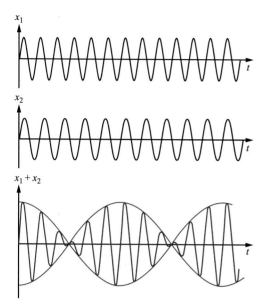

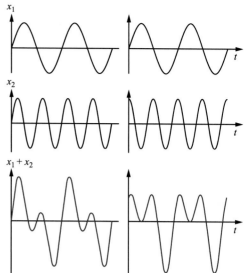

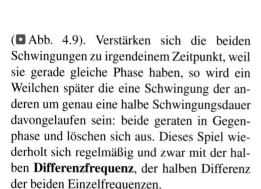

Abb. 4.9 **Schwebung**: Überlagerung zweier Schwingungen mit gleicher Auslenkungsamplitude und nahezu gleichen Frequenzen

Abb. 4.10 **Überlagerung zweier Schwingungen** gleicher Auslenkungsamplitude im Frequenzverhältnis 1:2. Die Phasenbeziehung ist wesentlich. Siehe auch Video zu Abb. 4.11

(Abb. 4.9). Verstärken sich die beiden Schwingungen zu irgendeinem Zeitpunkt, weil sie gerade gleiche Phase haben, so wird ein Weilchen später die eine Schwingung der anderen um genau eine halbe Schwingungsdauer davongelaufen sein: beide geraten in Gegenphase und löschen sich aus. Dieses Spiel wiederholt sich regelmäßig und zwar mit der halben **Differenzfrequenz**, der halben Differenz der beiden Einzelfrequenzen.

Etwas schwieriger zu übersehen ist die Überlagerung zweier Schwingungen im Frequenzverhältnis $1:2$. Auch hier hängt das Resultat wesentlich von der Phasenlage ab (Abb. 4.10). Natürlich kann man auch mehr als zwei Schwingungen einander überlagern. Treibt man es weit genug, so kann man grundsätzlich jeden periodisch ablaufenden Vorgang, jede noch so komplizierte Schwingungsform aus einzelnen Sinusschwingungen zusammensetzen (**Fourier-Synthese**) oder auch in sie zerlegen (**Fourier-Analyse**). In mathematischer Strenge lässt sich beweisen: Die Frequenz f_0, mit der sich ein beliebiger Vorgang periodisch wiederholt, erscheint in der

Analyse als Frequenz der **Grundschwingung**. Ihr überlagern sich Oberschwingungen, deren Frequenzen ganzzahlige Vielfache der Grundfrequenz f_0 sind. Über die Phasenwinkel dieser sog. **Harmonischen** lässt sich Allgemeines nicht aussagen, sie hängen vom Einzelfall ab. Dies gilt auch für die Amplituden, die allerdings normalerweise mit steigender Frequenz schließlich einmal monoton gegen null gehen. So lässt sich zum Beispiel das Profil einer Frau, das man sich allerdings periodisch fortgesetzt denken muss, durch Überlagerung von Sinusfunktionen synthetisieren (Abb. 4.11 und 4.12). Oft genügt es, über die Amplituden der vorkommenden Sinusfunktionen Bescheid zu wissen. Dann bietet es sich an, ein **Spektrum** in Histogrammform darzustellen. Die Abb. 4.13 gibt Beispiele solcher Spektren für drei verschiedene Schwingungsverläufe.

❯ **Merke**

Nicht harmonische Schwingungen können als Überlagerung harmonischer Schwingungen aufgefasst werden.

4

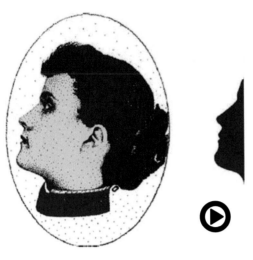

$y = 0{,}9432$	$1{,}0402 \sin (x - 1{,}02) +$
$0{,}1531 \sin (2x - 1{,}89)$	$+\,0{,}2800 \sin (3x - 3{,}09) +$
$0{,}1198 \sin (4x + 1{,}24)$	$+\,0{,}1088 \sin (5x + 1{,}39) +$
$0{,}0951 \sin (6x - 1{,}06)$	$+\,0{,}0043 \sin (7x - 2{,}96) +$
$0{,}0455 \sin (8x - 1{,}93)$	$+\,0{,}0324 \sin (9x + 2{,}21) +$
$0{,}0105 \sin (10x - 3{,}04)$	$+\,0{,}0302 \sin (11x + 0{,}76) +$
$0{,}0112 \sin (12x - 1{,}20)$	$+\,0{,}0086 \sin (13x - 2{,}63) +$
$0{,}0092 \sin (14x - 1{,}36)$	$+\,0{,}0129 \sin (15x + 2{,}79) +$
$0{,}0045 \sin (16x + 1{,}65)$	$+\,0{,}0008 \sin (17x + 2{,}87) +$
$0{,}0052 \sin (18x + 0{,}46)$	$+\,0{,}0043 \sin (19x - 0{,}52) +$
$0{,}0068 \sin (20x - 2{,}60)$	$+\,0{,}0007 \sin (21x - 0{,}59) +$
$0{,}0053 \sin (22x + 3{,}11)$	$+\,0{,}0044 \sin (23x + 1{,}36) +$
$0{,}0029 \sin (24x - 0{,}71)$	$+\,0{,}0003 \sin (25x + 2{,}67)$

▢ Abb. 4.11 (Video 4.3) Fourier-Analyse. Auch die Grenzkurve eines (geeigneten) Scherenschnittes kann in Sinusschwingungen zerlegt werden (sofern man sich diesen periodisch wiederholt vorstellen darf). Die *Fourieranalyse* des gezeichneten Profils lautet: (► https://doi.org/10.1007/000-bsz)

▢ Abb. 4.12 Fourier-Analyse und Synthese. *Oberes Teilbild*: Zeichnungen der ersten 26 Fourier-Glieder des vorgegebenen Profils; *unteres Teilbild*: Synthese – die Fourier-Glieder werden nacheinander von rechts nach links aufaddiert. (Computerrechnung und -Zeichnung von W. Steinhoff)

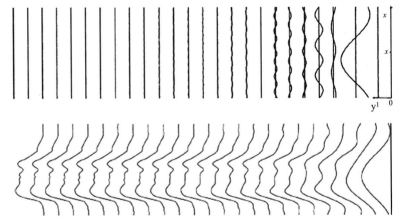

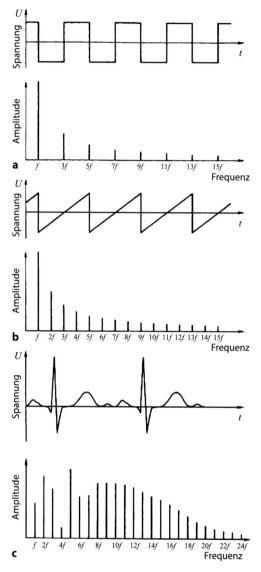

a

b

c

◘ Abb. 4.13 Spektren verschiedener Schwingungsformen. Das Rechteck (**a**) enthalt nur ungeradzahlige Oberschwingungen (in gleicher Phase), der Sägezahn (**b**) alle ganzzahligen Oberschwingungen (abwechselnd) in Phase und Gegenphase, im EKG (**c**) fallen die Amplituden der Oberschwingungen nicht monoton ab. Schneidet ein Tiefpass die hohen Frequenzen eines Spektrums ab, so verzerrt er den Verlauf der Schwingung

4.2 Wellen

4.2.1 Wellenarten

Steckt man einen Finger ins Wasser (◘ Abb. 4.14) und bewegt ihn periodisch auf und ab, so schwingt die Finger, mit einer bestimmten Frequenz und einer bestimmten Amplitude. Das Wasser um den Finger herum macht etwas Komplizierteres. Die Wasseroberfläche hebt und senkt sich im Takt des Fingers, aber dieses Heben und Senken findet nicht nur direkt am Finger statt, sondern es breitet sich aus. Wurde die Wasseroberfläche durch die Bewegung des Fingers gerade etwas angehoben, so breitet sich nun diese Anhebung mehr oder weniger gleichmäßig in alle Richtungen mit einer bestimmten Geschwindigkeit aus. Da dieser Vorgang periodisch wiederholt wird, entsteht so eine kreisförmige periodische Welle.

Diese Welle hat die gleiche Frequenz wie die Bewegung des Fingers. Die Amplitude, also wie stark sich die Wasseroberfläche hebt und senkt, hängt von der Amplitude des Fingers ab. Die Geschwindigkeit, mit der sich die Welle ausbreitet, hat aber nichts mit dem Finger zu tun, sondern ist eine Eigenschaft der Wasseroberfläche. Auf dem Foto von dem Vorgang sieht man eine räumlich periodische Struktur mit einer charakteristischen Länge, den Abstand von Wellenberg zu Wellenberg.

◘ Abb. 4.14 Oberflächenwelle. Der Finger wird auf und ab bewegt und erzeugt eine kreisförmige Wasserwelle

4

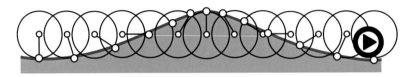

☐ **Abb. 4.15 (Video 4.4) Wasserwelle**: die Wassermoleküle bewegen sich auf Kreisbahnen (▶ https://doi.org/10.1007/000-bt0)

Dies ist die **Wellenlänge** λ der Welle. Was breitet sich da eigentlich aus? Die Wassermoleküle bleiben im Wesentlichen am Ort. Läuft die Welle an ihnen vorbei so bewegen sie sich auf Kreisbahn herum (☐ Abb. 4.15). Materie wird also nicht transportiert, aber Energie. Findet an einer Stelle am Meeresboden ein Erdbeben statt, so erzeugt dies eine riesige Welle (Tsunami), die so viel kinetische Energie mit sich trägt, dass sie am Ufer leicht ein ganzes Dorf zerstören kann.

> **Merke**
>
> Wellen transportieren Energie, aber keine Materie.

Wasserwellen kann man sehr gut sehen und ihre Ausbreitung anschaulich studieren (siehe auch ▶ Abschn. 7.1.3). Das gilt für die meisten Wellen nicht. Wenn wir miteinander sprechen, senden und empfangen wir Schallwellen. Das sind periodische Druck- und Dichteschwankungen in der Luft (☐ Abb. 4.16). Auch sie transportieren Energie, die im Ohr das Trommelfell zu Schwingungen anregt. Schallwellen sind gut hundertmal schneller als Wasserwellen. Wie schnell eine Welle läuft, hängt vom Medium ab, in dem sie sich ausbreitet.

Schallwellen und Wasserwellen sind mechanische Wellen. Für unsere Sinneswahrnehmung noch ganz wichtig sind Lichtwellen. Das sind elektromagnetische Wellen, in denen nichts mechanisch schwingt, sondern elektrische und magnetische Felder (☐ Abb. 4.17). Das ist schon viel abstrakter und wird im ▶ Kap. 6 und 7 näher erklärt.

Vielleicht noch abstrakter ist die Welle, die in ☐ Abb. 4.18 zu sehen ist. Es handelt sich um eine Aufnahme einer Metallkristallober-

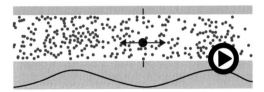

☐ **Abb. 4.16 (Video 4.5) Schallwelle** in der Luft als periodische Dichteschwankung. Die Luftmoleküle schwingen beim Durchlaufen der Welle in Ausbreitungsrichtung hin und her (▶ https://doi.org/10.1007/000-bt1)

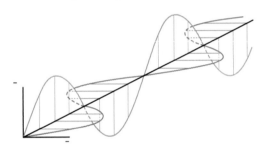

☐ **Abb. 4.17 Elektromagnetische Welle** mit senkrecht aufeinander stehendem elektrischem und magnetischem Feld

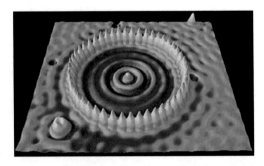

☐ **Abb. 4.18 Wahrscheinlichkeitswelle**: Auf einer Kristalloberfläche sind Atome im Kreis angeordnet. Im Inneren des Kreises sieht man die stehende Materiewelle von Oberflächenelektronen. Das verwendete Rastertunnelmikroskop macht die Aufenthaltswahrscheinlichkeit von Elektronen (Elektronendichte) und damit auch einzelne Atome sichtbar. (D. Eigler, IBM)

fläche mit einem Rastertunnelmikroskop. Auf der Oberfläche ist ein Kreis von Atomen angeordnet. Im Inneren dieses Kreises sieht man ringförmige Wellen. Diese Wellen entsprechen der Aufenthaltswahrscheinlichkeit von Leitungselektronen an der Kristalloberfläche. In der Quantenmechanik haben auch Teilchen wie Elektronen Wellencharakter. Diese quantenmechanischen Wellen beschreiben die Aufenthaltswahrscheinlichkeit an verschiedenen Orten. In ▶ Abschn. 7.6 und 8.1.2 werden wir darauf zurückkommen.

Wellen aller Wellenarten werden durch ihre Amplitude, Frequenz, Ausbreitungsgeschwindigkeit und Wellenlänge beschrieben und folgen den gleichen mathematischen Regeln. Um diese kennen zu lernen, betrachten wir nun eine ebenfalls gut sichtbare mechanische Welle, die Seilwelle.

4.2.2 Harmonische Seilwellen

Nehmen wir ein Seil oder einen Gummischlauch, binden ein Ende irgendwo fest, spannen es etwas, und lenken das andere Ende kurz seitlich aus, so läuft diese Auslenkung das Seil entlang zum angebundenen Ende, wird dort reflektiert und kommt wieder zurück. Das ist eine rudimentäre **Seilwelle**. Wie sie entsteht,

versteht man am besten, wenn man sich das Seil als Abfolge von Federn und Massen vorstellt, wie in ◘ Abb. 4.19 dargestellt.

Die Massen können ihre Ruhelage in Richtung des Seils verlassen (◘ Abb. 4.20 oben) oder senkrecht dazu (◘ Abb. 4.20 unten).

In beiden Fällen gibt es eine in die Ruhelage rücktreibende Kraft. Ist die Masse senkrecht zum Seil ausgelenkt (man nennt dies auch eine transversale Auslenkung), so wird sie von der Zugspannung im Seil zurückgezogen. Da die Masse aber träge ist, wird sie nicht nur bis zur Ruhelage zurücklaufen, sondern wie bei einer Schwingung darüber hinaus. So entsteht die Welle. Ist die Masse in Richtung des Seils ausgelenkt (man spricht auch von einer longitudinalen Auslenkung), so treibt sie die Federkraft der benachbarten Federn wieder in die Ruhelage. Auch so entsteht eine Welle im Seil, eine so genannte **longitudinale Welle** (Auslenkung in Ausbreitungsrichtung die Wellen). Die Welle mit transversaler Auslenkung heißt **transversale Wellen** (Auslenkung senkrecht zur Ausbreitungsrichtung der Welle). Es sind natürlich auch Mischformen denkbar. Die Wassermoleküle in der Wasserwelle der ◘ Abb. 4.15 werden auf ihrer Kreisbahn gleichzeitig transversale und longitudinal ausgelenkt.

◘ **Abb. 4.19   Modellbild eines Seils**

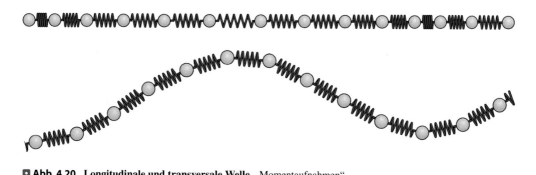

◘ **Abb. 4.20   Longitudinale und transversale Welle,** „Momentaufnahmen"

4

> **Merke**
>
> Longitudinale Welle: Oszillatoren schwin-
> gen in Ausbreitungsrichtung;
>
> Transversale Welle: Oszillatoren
> schwingen senkrecht zur Ausbreitungsrich-
> tung.
>
> Man spricht auch von longitudinaler
> oder transversaler **Polarisation** der Wellen.

Bleiben wir aber erstmal bei der transversa-
len Welle auf dem Seil. Lenken wir das eine
Seilende periodisch seitlich aus, so entsteht eine sinusförmige Welle mit Bergen und Tälern.
Das klappt allerdings nicht sehr lange, denn
wenn die Welle das festgebundene Ende erreicht, wird sie reflektiert und die rücklaufende
Welle überlagert sich mit der einlaufenden
Welle zu einer so genannten **stehenden Welle**.
Über stehende Wellen wollen wir aber erst in
▶ Abschn. 4.2.4 reden und denken uns das Seil
erst einmal sehr lang. Die auf dem Seil ent-
langlaufende Welle wird mathematisch durch
folgende Formel beschrieben:

$$u(x,t) = u_0 \cdot \sin\left(\omega \cdot t - \frac{2\pi}{\lambda} \cdot x + \varphi_0\right)$$

Mit u bezeichnen wir die Auslenkung aus der
Ruhelage und mit u_0 die Amplituden. Die Auslenkung ist hier eine Funktion von zwei Variablen: der Zeit t und dem Ort x auf dem Seil. Eine solche Funktion mit zwei Variablen können
wir zum Beispiel wie in ◘ Abb. 4.21 darstellen, indem wir die Auslenkung als Funktion
des Ortes untereinander für verschiedene Zeiten zeichnen.

ω ist die uns bekannte Kreisfrequenz und T
die dazugehörige Periodendauer:

$$\omega = \frac{2 \cdot \pi}{T}.$$

Auch in Richtung der Ortsvariable x ist die
Welle periodisch, und zwar mit der Periodenlänge λ. Wie wir ihn ◘ Abb. 4.21 sehen,
schreitet die Welle in einer Periodendauer T
gerade um eine Periodenlänge λ in positiver
x-Richtung fort. Daraus ergibt sich die Ge-

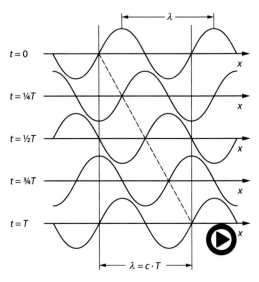

◘ **Abb. 4.21 (Video 4.6) Welle**. Eine Welle läuft
in der Schwingungsdauer T um eine Wellenlän-
ge λ weiter: Fortpflanzungsgeschwindigkeit $c = \lambda \cdot f$
(▶ https://doi.org/10.1007/000-bsx)

schwindigkeit der Welle:

$$c = \frac{\lambda}{T} = \lambda \cdot f$$
$$= \text{Wellenlänge mal Frequenz}$$

Das ist die wichtigste Grundformel für Wellen.

> **Merke**
>
> Ausbreitungsgeschwindigkeit = Wellenlän-
> ge mal Frequenz
>
> $$c = \lambda \cdot f$$

Damit können wir die Formel für die Welle
auch noch anders hinschreiben:

$$u(x,t) = u_0 \cdot \sin\left(\omega \cdot t - \frac{\omega}{c} \cdot x + \varphi_0\right).$$

φ_0 ist übrigens wie bei den Schwingungen ein
Phasenwinkel, die die Auslenkung u bei $t = 0$
und $x = 0$ festlegt.

Die Ausbreitungsgeschwindigkeit c der
Welle auf dem Seil wird durch die Eigenschaften des Seils bestimmt und durch ihre
Polarisation. Die Formeln für die Ausbreitungsgeschwindigkeit auf einem Seil mit der

Zugspannung F_0, der Querschnittsfläche A, der Massendichte ρ und dem Elastizitätsmodul E seien hier nur ohne Ableitung angegeben:

$$\text{transversale Welle: } c_t = \sqrt{\frac{F_0}{A \cdot \rho}},$$

$$\text{longitudinale Welle: } c_1 = \sqrt{\frac{E}{\rho}}.$$

Wir sehen: je schwerer das Seil, umso langsamer die Wellen; je höher die Zugspannung oder das Elastizitätsmodul umso schneller ist die Wellen.

Es gibt auch Situationen, da hat eine Welle zwei verschiedene Geschwindigkeiten. Das tritt dann auf, wenn die oben beschriebene Ausbreitungsgeschwindigkeit auch noch von der Frequenz beziehungsweise der Wellenlänge abhängt. Das ist zum Beispiel bei einer Wasserwelle der Fall:

$$c_{\text{Wasser}} = \sqrt{\frac{g \cdot \lambda}{2\pi}}$$

$$\text{mit } g = \text{Fallbeschleunigung.}$$

Man spricht dann von **Dispersion**. Sie wird in der Optik noch sehr wichtig, denn auch bei Lichtwellen in Glas tritt diese Wellenlängenabhängigkeit die Ausbreitungsgeschwindigkeit auf. Dort wie hier nimmt die Ausbreitungsgeschwindigkeit mit steigender Frequenz (sinkender Wellenlänge) ab. Einen interessanten Effekt hat diese Wellenlängenabhängigkeit bei kurzen Wellenzügen („**Wellenpaketen**"). ◨ Abb. 4.22 Zeigt ein solches Wellenpaket, das auch nicht näherungsweise durch eine Sinusfunktion beschrieben werden kann, denn eine Sinusfunktion reicht ja von minus unendlich bis plus unendlich.

Ähnlich wie bei der Fourier-Analyse, die wir bei den Schwingungen kennen gelernt haben, kann man sich das Wellenpaket aber aus vielen Sinusfunktionen (harmonischen Wellen) verschiedener Frequenz und Wellenlänge zusammengesetzt denken. Diese vielen Wellen haben wegen der Dispersion verschiedene

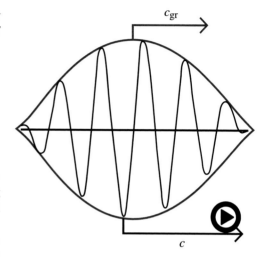

◨ **Abb. 4.22** (Video 4.7) **Wellenpaket** mit unterschiedlicher Phasengeschwindigkeit c und Gruppengeschwindigkeit c_{gr} (► https://doi.org/10.1007/000-bt3)

Geschwindigkeiten. Dies führt zu einer Verformung des Wellenpaketes und vor allem dazu, dass das Wellenpaket deutlich langsamer läuft, als die im Wellenpaket sichtbaren Wellenberge und -Täler. Man unterscheidet zwischen der **Phasengeschwindigkeit** c der Wellenberge im Wellenpaket und der **Gruppengeschwindigkeit** c_{gr} des Wellenpaketes. Die Gruppengeschwindigkeit ist dabei immer kleiner als die Phasengeschwindigkeit.

Rechenbeispiel 4.3: Was für eine Welle?

Aufgabe: Welche Ausbreitungsgeschwindigkeit hat eine Welle mit einer Frequenz von 10^{10} Hz und einer Wellenlänge von 3 cm?

Lösung: $c = \lambda \cdot f = 3 \cdot 10^8$ m/s. Das ist eine ziemlich hohe Geschwindigkeit, tatsächlich die höchste, die es gibt: die von Licht im Vakuum.

Es handelt sich wohl um eine elektromagnetische Mikrowelle (► Abschn. 7.1).

4

4.2.3 Intensität und Energietransport

Ein ganz wichtiger Aspekt von Wellen ist, dass sie Energie übertragen. Bei einer Seilwelle kann dies einfach durch eine Leistung, also Energie pro Zeit, beschrieben werden: an einer bestimmten Stelle auf dem Seil läuft in einer gewissen Zeit eine gewisse Energie vorbei. Schwieriger wird das, wenn wir es mit einer Welle auf einer Oberfläche (Wasserwellen) oder einer Welle im Raum (Schallwellen) zu tun haben. Deren Form müssen wir erst einmal klar beschreiben. Das tut man mit so genannten **Phasenflächen**. Das sind Flächen im Raum, auf denen die Phase der Welle konstant ist. Als **Phase** bezeichnet man das, was im Argument der Sinusfunktion steht:

$$u(x,t) = u_0 \cdot \sin\left(\underbrace{\omega \cdot t - \frac{2\pi}{\lambda} \cdot x + \varphi_0}_{\text{Phase}} \right).$$

Solche Phasenflächen sind für spezielle dreidimensionale Welle in der ◘ Abb. 4.23 dargestellt.

Am besten stellt man sich die Flächen als Position der Wellenberge vor. Die einfachste Struktur hat eine ebene Welle, bei der die Phasenflächen Ebenen sind. Die Ausbreitungsrichtung der Welle ist überall im Raum gleich und steht überall senkrecht auf den Phasenflächen. Dass die Ausbreitungsrichtung an jedem Ort senkrecht auf der Phasenfläche steht, ist auch bei den anderen abgebildeten Wellenformen so und gilt für alle Wellenformen fast immer.

Die Energieübertragung in einer solchen Welle beschreibt man mit einer Art Dichte. Wir stellen uns vor, dass wir ein kleines Flächenstück senkrecht zur Ausbreitungsrichtung in die Welle hinein stellen. Wir fragen nun, wie viele Energie in einer Sekunde durch dieses Flächenstück hindurchtritt. Das hängt natürlich von dem Flächeninhalt des Flächenstücks ab. Deshalb bekommen wir eine Größe, die uns die Stärke des Energietransports der Welle be-

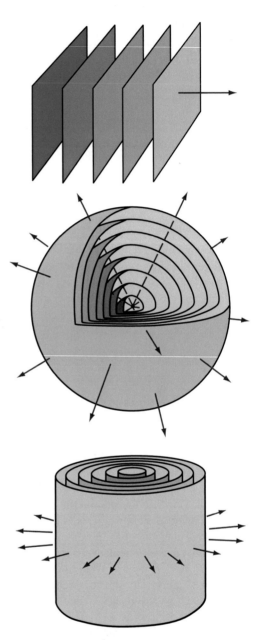

◘ **Abb. 4.23** **Phasenflächen** für eine ebene Welle, eine Kugelwelle und eine Zylinderwelle

schreibt, indem wir die Energie E durch den Flächeninhalt A und die Zeit t teilen:

$$I = \frac{E}{A \cdot t}; \quad \text{Einheit: } 1\frac{\text{J}}{\text{m}^2 \cdot \text{s}} = 1\frac{\text{W}}{\text{m}^2}$$

Diese Größe I wird präzise mit **Energieflussdichte** bezeichnet, viel häufiger aber mit **Intensität**.

$$\text{Intensität} = \frac{\text{Energie}}{\text{Fläche} \cdot \text{Zeit}}; \quad \text{Einheit: } 1\,\frac{\text{W}}{\text{m}^2}$$

Bei der ebenen Welle ist die Intensität überall gleich und verändert sich auch nicht mit Fortschreiten der Welle, es sei denn, das Medium, in denen sich die Welle ausbreitet, absorbiert einen Teil der Energie. Anders ist dies bei der Kugelwelle, die von einem Punkt gleichmäßig in alle Richtungen ausgeht. Die Punktquelle sendet mit einer gewissen Leistung, die sich mit zunehmendem Abstand aufzunehmend größere Phasenflächen verteilt. Die Intensität nimmt also in dem Maße ab, in dem der Flächeninhalt der Phasenflächen zunimmt. Die Oberfläche einer Kugel wächst mit dem Radius r ins Quadrat, die Intensität sinkt also mit eins durch den Radius ins Quadrat:

$$I \sim \frac{1}{r^2}.$$

Man nennt dies das **quadratische Abstandsgesetz** für die Intensität von Wellen, die von Punktquellen ausgehen. Man kennt dies aus dem Alltag von dem Licht einer Lampe, das mit zunehmendem Abstand schwächer wird, oder von der Stimme eines Sprechers, die mit zunehmendem Abstand leiser wird. Auch bei der von einer Linienquelle ausgehenden zylinderförmigen Welle (◻ Abb. 4.23, unteres Bild) nimmt die Intensität mit dem Abstand r von der Quelle ab, hier aber nur proportional zu $1/r$.

Insbesondere in der Lichtmesstechnik gibt es noch andere Größen, die die Energieübertragung und die Helligkeit einer Welle beschreiben. Das wird in ▶ Abschn. 7.3.1 besprochen.

Rechenbeispiel 4.4: Erdbebenstärke

Aufgabe: Die Intensität einer Erdbebenwelle 100 km von der punktförmigen Quelle entfernt sei $I_1 = 1{,}0 \cdot 10^6$ W/m². Wie hoch ist sie 400 km von der Quelle entfernt?

Lösung: Die Intensität sinkt mit eins durch Abstand ins Quadrat, also:

$$I_2 = \left(\frac{100\,\text{km}}{400\,\text{km}}\right)^2 \cdot 10^6\,\text{W/m}^2$$
$$= 6{,}2 \cdot 10^4\,\text{W/m}^2$$

4.2.4 Stehende Wellen

Bei der Besprechung der Seilwellen wurde es schon erwähnt: läuft die Welle gegen das festgebundene Ende des Seils, so wird sie reflektiert. Einlaufende und reflektierte Welle überlagern sich dann zu einer sogenannten **stehende Welle**. ◻ Abb. 4.24 und das Video wollen das verdeutlichen.

Die Summen der beiden gegenläufigen Wellen ist rot gezeichnet. An manchen Stellen bleibt das Seil ständig in Ruhe, sie liegen in *Schwingungsknoten*; andere Stellen sind in maximaler Bewegung, sie liegen in *Schwingungsbäuchen*. Der Abstand zwischen benachbarten Knoten oder Bäuchen beträgt eine halbe Wellenlänge, der zwischen Knoten und Bauch ein Viertel. Diese Schwingungsstruktur bleibt ortsstabil, deshalb „stehende" Welle.

❯ **Merke**
Zwei gegenläufige Wellen gleicher Amplitude und Frequenz liefern eine stehende Welle mit ortsfesten Schwingungsbäuchen und -knoten.

Edelste Form der Musikerzeugung ist die mit der Geige. Ihre Saiten schwingen in der Form stehender Seilwellen. Da eine Saite an beiden Enden fest eingespannt ist, müssen dort Schwingungsknoten liegen. Sie haben den Abstand einer halben Wellenlänge und liefern damit den einen bestimmenden Faktor (Saitenlänge l) zur **Grundfrequenz** f_0 der Saitenschwingung:

$$f_0 = \frac{c}{\lambda} = \frac{c}{2 \cdot l}$$

4

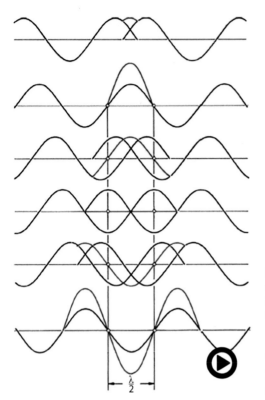

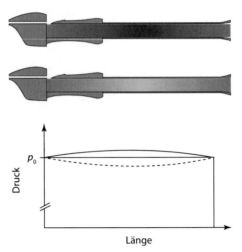

□ **Abb. 4.26 Offene Pfeife** (Blockflöte). Der Luftdruck p hat an beiden Enden einen Knoten und schwankt im Schwingungsbauch ein ganz klein wenig um den Barometerdruck p_0

□ **Abb. 4.24** (**Video 4.8**) **Stehende Welle**. Zwei gegenläufige Wellen mit gleicher Auslenkungsamplitude und gleicher Frequenz geben eine stehende Welle mit ortsfesten Schwingungsknoten (Ruhe) und ortsfesten Schwingungsbäuchen (maximale Amplitude der Auslenkung) (▶ https://doi.org/10.1007/000-bt4)

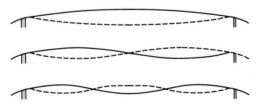

□ **Abb. 4.25** Geigensaite in ihrer Grundschwingung und den beiden ersten Oberschwingungen

Diese Frequenz lässt sich erhöhen, wenn man die wirksame Länge der Saite verkürzt: so werden Geigen gespielt. Die Grundfrequenz steigt aber auch, wenn man die Saite straffer spannt, denn damit erhöht man die Ausbreitungsgeschwindigkeit c der Seilwelle: so werden Geigen gestimmt. Die Forderung nach Knoten an den Enden der Saite verbietet nicht, dass weitere Knoten auftreten, z. B. einer genau in der Mitte oder zwei auf je einem Drittel der wirksamen Länge (□ Abb. 4.25). Unterteilen können die Knoten ihre Saite aber nur in ganzzahligen Bruchteilen; die zugehörigen Frequenzen sind demnach ganzzahlige Vielfache der Grundfrequenz. Derartige **Obertöne** erzeugt jedes Musikinstrument, sie machen seine *Klangfarbe* aus.

Auch in einer Blockflöte gibt es stehende Wellen; hier sind es Druckwellen (□ Abb. 4.26). Die Blockflöte ist an beiden Enden offen: dort ist der Druck immer gleich Umgebungsdruck. In der Mitte der Flöte schwingt der Druck hingegen, hier liegt der Schwingungsbauch der stehenden Schallwelle. Wieder ist die Wellenlänge gleich der doppelten Flötenlänge. Welche Frequenz zur Wellenlänge gehört, bestimmt die Schallgeschwindigkeit in der Luft; bläst man eine Blockflöte mit Wasserstoff an, steigt ihre Tonhöhe um mehr als eine Oktave.

Es gibt nicht nur eindimensionale stehende Wellen. Im Hörsaal werden gerne die „Chladni'schen Klangfiguren" gezeigt (□ Abb. 4.27).

○ **Abb. 4.27 Chladni'sche Klangfigur**. Schwingungs-knotenlinien auf einem mit 8780 Hz schwingenden Aluminiumblech

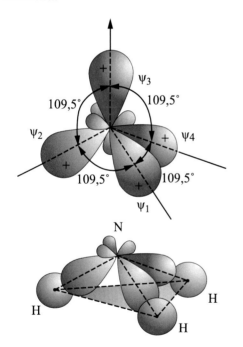

○ **Abb. 4.28 Molekülorbital**. Es wird die Aufenthaltswahrscheinlichkeit der Bindungselektronen dargestellt. Die Form des sp3-Orbitals von Stickstoff (*oben*) bestimmt die Struktur des Amoniakmoleküls NH₃ (*unten*). (Nach Demtröder)

Ein quadratisches Blech ist mit einer Schraube in der Mitte an einem schwingungsfähigen Elektromagneten befestigt. Wird dieser mit passenden Frequenzen angeregt, so bilden sich auf dem Blech komplizierte Schwin-

gungsstrukturen aus. Die Schwingungsknoten können mit aufgestreutem Sand sichtbar gemacht werden, der sich an ihnen sammelt.

Es gibt auch dreidimensionale stehende Wellen, unter anderem in einem Bereich, wo man sie vielleicht nicht erwartet. Da in der Quantenphysik die Aufenthaltswahrscheinlichkeit von Teilchen auch Wellencharakter hat, kann auch sie stehende Wellen ausbilden. In ○ Abb. 4.18 in ▶ Abschn. 4.2.1 hatten wir das schon gesehen. Auch die Elektronenwolken um die Atomkerne herum sind stehende Wellen und können komplizierte Formen bilden. ○ Abb. 4.28 zeigt die Form eines bestimmten Orbitals im Stickstoff-Atom. Diese Form bestimmt wiederum die tetraedrische Struktur des Ammoniakmoleküls (NH₃), das darunter abgebildet ist.

4.2.5 Schallwellen

Druckwellen in Luft, aber auch in anderen Gasen, in Flüssigkeiten und Festkörpern bezeichnet man als Schall. In Gasen und Flüssigkeiten sind das immer longitudinale Wellen, so wie es die ○ Abb. 4.16 zeigt. Im Festkörper können Schallwellen auch transversalsein.

Schallwellen im Frequenzbereich von etwa 16 Hz bis etwa 16 kHz kann der Mensch hören; man nennt sie **Hörschall**. Schwingungen kleinerer Frequenz werden als Bewegungen empfunden, unterhalb von 3 Hz lassen sie sich unmittelbar abzählen; in der Akustik nennt man sie *Infraschall*. Die obere *Hörgrenze* hängt vom Lebensalter ab und geht mit den Jahren zurück. Schall, dessen Frequenz über der Hörgrenze liegt, heißt **Ultraschall**.

❯ Merke

Hörschall: Frequenzen zwischen ca. 16 Hz und ca. 16 kHz,
Ultraschall: Frequenzen über dem Hörbereich.

Die Schallgeschwindigkeit wird durch die Elastizität und die Dichte ρ des Mediums be-

4

stimmt. Für Gase gilt:

$$c = \sqrt{\frac{Q}{\rho}}$$

mit dem Kompressionsmodul Q (▶ Abschn. 3.3.6). Bei Festkörpern oder Flüssigkeiten wäre hier das Elastizitätsmodul einzusetzen. Die Schallgeschwindigkeit in Luft beträgt ungefähr 340 m/s. Heliumsgas hat eine viel geringere Dichte, in ihm beträgt die Geschwindigkeit 980 m/s. Die Schallgeschwindigkeiten in Wasser (1480 m/s) und in Aluminium (5 km/s) sind viel höher, da die Materialien viel steifer sind als Gase. Im Prinzip breiten sich Schallwellen nach den gleichen Gesetzen aus wie sichtbares Licht: Welle ist Welle. Schallwellen zeigen alle Erscheinungen der Beugung, Brechung und Interferenz, die im ▶ Abschn. 7.4 für Licht ausführlich besprochen werden; nur verlangen die vergleichsweise großen Wellenlängen größere Apparaturen. Für die Schallreflexion des Echos nimmt man am besten gleich eine ganze Bergwand; für echten Schattenwurf sind normale Häuser schon zu klein. Immerhin dringt der tiefe, d. h. langwellige Ton der großen Trommel einer Blaskapelle leichter in Seitenstraßen ein als die hohen Töne der Querflöten.

Alles, was sich in Luft bewegt, erzeugt Schall; bewegt es sich periodisch und im Bereich des Hörschalls, so erzeugt es einen Ton oder einen Klang; bewegt es sich nichtperiodisch, so gibt es nur ein Geräusch. Die Zähne einer Kreissäge greifen periodisch ins Holz und kreischen dementsprechend; die Tonhöhe sinkt, wenn es dem Motor Mühe macht, das Sägeblatt durchzuziehen. Auch Drehbewegungen sind periodische Bewegungen; der Bohrer des Zahnarztes singt penetrant und drehzahlabhängig.

Vielseitigste Form der Schallerzeugung ist die mit der Membran eines Lautsprechers: Sie vermag Stimmen von Mensch und Tier zu imitieren und alle Musikinstrumente. Dazu wird eine meist konische Membran aus starkem Papier von einem Elektromagneten gewaltsam hin und her gezogen, und zwar im Takt eines Wechselstromes, den ein elektronischer Verstärker liefert. Bewegt sich die Membran momentan nach rechts, so schiebt sie dort Luftmoleküle zusammen, erzeugt also einen (geringen) Überdruck; entsprechend führt eine Bewegung in Gegenrichtung zu einem Unterdruck. Über- wie Unterdruck breiten sich mit Schallgeschwindigkeit aus:

❯ Merke

Schallwellen in Gasen und Flüssigkeiten sind Druckwellen.

Die für den Menschen wichtigste Form der Schallerzeugung ist die mit dem **Kehlkopf**. Dieser besitzt zwei *Stimmbänder*, die er über den *Stellknorpel* willkürlich anspannen kann. Durch die *Stimmritze* zwischen ihnen wird beim Sprechen und Singen Luft gepresst. Die in Grenzen einstellbaren Eigenfrequenzen der Stimmbänder bestimmen die Tonlage, nicht aber den Laut, der den Mund verlässt. Hier spielen Unterkiefer und vor allem die bewegliche Zunge die entscheidenden Rollen: Sie legen die momentane Form des Rachenraumes fest und damit die Eigenfrequenzen dieses Hohlraumes, die von den Stimmbändern zu Resonanz angeregt werden können.

Der Mensch zwar nicht, aber Fledermäuse und Delphine können Schallwellen wie Radar einsetzen. Sie senden kurze Laute aus, und hören dann wann und aus welcher Richtung Echos zurückkommen. So nehmen Sie Hindernisse oder auch Beute war und bestimmen auch deren Entfernung. U-Boote mit ihrem Sonargerät können das auch. Etwas harmloser kommen Werkstoffprüfer daher, die nach Ultraschallreflexen von Rissen und Defekten in Bauteilen fahnden. Während sich Werkstoffprüfer meistens mit einfachen Laufzeitmessungen in senkrechte Richtung zur Bauteiloberfläche zufrieden geben, erzeugen Mediziner mit Ultraschallreflexen Abbildungen von inneren Organen oder noch nicht geborenen Kindern (◗ Abb. 4.29).

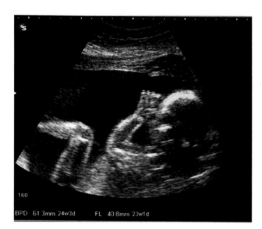

◘ Abb. 4.29 **Ultraschallaufnahme** des Kopfes eines ungeborenen Kindes. (Aufnahme: Prof. Dr. M. Hansmann, Bonn)

Rechenbeispiel 4.5: Echolot

Aufgabe: Delphine benutzen Schallwellen, um ihre Beute zu lokalisieren. Ein 10 cm großes Objekt kann er so auf 100 m Entfernung wahrnehmen und diese Entfernung aus der Laufzeit des Reflexes bestimmen. Wie lange war eine Schallwelle zum Objekt und zurück dann unterwegs?

Lösung: die Schallgeschwindigkeit im Wasser beträgt etwa 1500 m/s. Für 200 m braucht ein Schallpuls also etwa 0,13 Sekunden.

4.2.6 Schallwahrnehmung

Das Organ, mit dem der Mensch Schallschwingungen in Nervensignale überführt, ist das **Corti-Organ**, mechanisch gekoppelt an das Trommelfell, einer dünnen, schallweichen Haut, die quer im Gehörgang steht. Dem Prinzip des schallweichen Trommelfells folgen auch die Membranen technischer Mikrophone. Diese Geräte haben die Aufgabe, ankommende Schallschwingungen so getreu wie mög-

lich in synchrone elektrische Schwingungen zu übertragen, die dann elektronisch weiterverarbeitet werden. Vollkommen kann das nie gelingen, denn notwendigerweise bilden Membran und Elektronik schwingungsfähige Gebilde mit Eigenfrequenzen und der Neigung zu Resonanzüberhöhungen. Die technischen Tricks, mit denen man gute und teure, oder auch nicht ganz so gute, dafür aber billigere Mikrophone herstellt, brauchen hier nicht besprochen werden.

Der Überschallknall der Düsenjäger ist zumindest unangenehm. Als ein Warnsystem, das auch im Schlaf nicht abgeschaltet wird, hat das Gehör seine Empfindlichkeit bis an die Grenze des Sinnvollen gesteigert; noch ein wenig mehr, und es müsste die thermische Bewegung der Luftmoleküle als permanentes Rauschen wahrnehmen. Zum Hörschall normaler Sprechlautstärke gehören Druckschwankungen, **Schalldruck** oder auch *Schallwechseldruck* genannt, deren Amplituden in der Größenordnung Zentipascal (10^{-2} Pa) liegen. Sie bedeuten Schwingungen der Moleküle mit Amplituden im Bereich 10 nm und mit Geschwindigkeitsamplituden von 0,1 mm/s. Wie jede Welle transportiert Schall Energie. Wie viel, das sagt die Energiestromdichte mit der Einheit W/m^2, die auch **Schallintensität** genannt wird und den Buchstaben I bekommt. Sie ist ein rein physikalisches, vom menschlichen Gehör unabhängiges und darum auch für Ultraschall verwendbares Maß für die Leistung, die ein Mikrophon oder auch Ohr mit seiner Empfängerfläche aufnehmen kann.

Geräte zur Messung von Schallintensität benötigen grundsätzlich ein Mikrophon, einen Verstärker und einen Anzeigemechanismus. Die Eichung in W/m^2 macht im Prinzip keine Schwierigkeiten. Dem Arbeitsphysiologen aber, der sich für den Krach in einer Kesselschmiede interessiert oder die Störung der Nachtruhe durch den nahe gelegenen Flugplatz, ist damit wenig gedient. Schall stört nur, wenn man ihn hört: Ultraschall macht keinen Lärm (was nicht heißt, dass er harmlos ist). Auch im Hörbereich wertet das Ohr Schall verschiedener Frequenzen höchst unterschiedlich.

4

Seine höchste Empfindlichkeit liegt bei 3 kHz; nicht ohne Grund brüllen Babys bevorzugt auf dieser Frequenz: Hier hört die Mutter bereits eine Schallstärke von 10^{-12} W/m². Schon bei 1 kHz erfordert die Hörschwelle zehnfache Intensität. Den Frequenzgang des normalen menschlichen Gehörs versucht man durch eine neue Messgröße zu berücksichtigen, durch die Lautstärke mit der Einheit **Phon**.

Im empfindlichsten Bereich des Gehörs liegen zwischen Hör- und Schmerzschwelle ungefähr 12 Zehnerpotenzen der Intensität. Kein Gerät mit linearer Skala kann einen derart großen Bereich überdecken. Das gilt auch für Sinnesorgane. Folglich reagieren sie logarithmisch, das postuliert jedenfalls das *Weber-Fechner-Gesetz*. Es hat bei der Festlegung der Phonskala Pate gestanden, der das in der Technik übliche *Pegelmaß* zugrunde liegt. Es wird in Dezibel (dB) angegeben.

Hintergrundinformation

Wem das Dezibel nicht geläufig ist, dem kann es Kummer bereiten. Der Name lässt eine Einheit vermuten, tatsächlich handelt es sich aber eher um eine Rechenvorschrift. Ist eine Energie W_1 im Laufe der Zeit auf irgendeine Weise auf $W_2 = 0{,}01\,W_1$ heruntergegangen, so beträgt der Unterschied der beiden *Pegel* 20 dB. Um das herauszufinden, bildet man zunächst den Bruch W_1/W_2, logarithmiert ihn dekadisch und multipliziert anschließend mit 10. Das Ergebnis ist der Pegelunterschied in Dezibel:

$$W_1/W_2 = 100; \lg 100 = 2; 10 \cdot 2 = 20;$$

also 20 dB Pegelunterschied.

Ein „Unterschied" der Pegel von 0 dB bedeutet $W_1 = W_2$, weil

$$\lg 1 = 0 = 10 \cdot \lg 1 \text{ ist.}$$

Bei linearem Kraftgesetz der Schraubenfeder ist die Schwingungsenergie W des Federpendels dem Quadrat der Amplitude A proportional:

$$W_1/W_2 = A_1^2/A_2^2.$$

Daraus folgt

$$10\lg(W_1/W_2) = 10\lg(A_1/A_2)^2 = 20\lg(A_1/A_2).$$

Man kann das Pegelmaß also auch aus dem Amplitudenverhältnis bestimmen, aber dann verlangt die Rechenvorschrift einen Faktor 20 zum Logarithmus.

Echt logarithmisch wie das Pegelmaß ist die Phonskala allerdings nur für den Normalton von 1000 Hz: Hier wird der Hörschwelle der Messwert 4 Phon zugeordnet; jede Zehnerpotenz in der Schallstärke bringt dann 10 Phon mehr. Damit liegt eine Vergleichsskala fest. Versuchspersonen müssen nur noch sagen, bei welcher Schallstärke sie Töne anderer Frequenzen gleich laut wie einen Normalton hören: Beiden Tönen wird dann die gleiche Lautstärke zugeordnet. Einige Anhaltswerte zur Phonskala liefert die folgende Aufstellung:

– Blätterrauschen   10 Phon
– Flüstern   20 Phon
– Umgangssprache   50 Phon
– starker Straßenlärm   70 Phon
– Presslufthammer in der Nähe   90 Phon
– Motorrad in nächster Nähe   100 Phon
– Flugzeug Motor 3 m entfernt   120 Phon

Lautstärken über 120 Phon schmerzen. Eine Lautstärke ist übrigens nur für den Ort des Empfängers definiert, nicht etwa für eine Schallquelle.

❯ Merke

Die Lautstärke mit der Einheit Phon ist ein an die spektrale Empfindlichkeit des menschlichen Gehörs angepasstes und im Wesentlichen logarithmisches Maß der Schallintensität.

Die Phonskala birgt Überraschungen für jeden, dem der Umgang mit Logarithmen nicht geläufig ist. Knattert ein Moped in einiger Entfernung mit 62 Phon, so schaffen vier vom gleichen Typ zusammen nicht mehr als 68 Phon. Umgekehrt kann der Hersteller von Schalldämmstoffen schon ganz zufrieden sein, wenn es ihm gelingt, von 59 Phon auf 39 Phon herunterzukommen, denn das bedeutet die Reduktion der Schallstärke auf 1 %.

4.2.7 Dopplereffekt

Normalerweise hört das Ohr einen Ton mit derjenigen Frequenz, mit der ihn die Schallquelle ausgesandt hat. Das muss aber nicht so sein. In dem Moment, in dem die Feuerwehr an einem vorbeifährt, sinkt die Tonhöhe des Martinshorns, für den Passanten auf der Straße, nicht für die mitfahrenden Feuerwehrmänner. Die Ursache dieses **Doppler-Effekts** liegt in der Relativbewegung der Schallquelle gegenüber Luft und Hörer. Fährt die Quelle auf einen zu, so treffen die Druckmaxima das Ohr in rascherer Folge, als sie vom Horn ausgesandt werden, denn der Schallweg wird immer kürzer (◘ Abb. 4.30). Folge: man hört einen zu hohen Ton. Das Umgekehrte tritt ein, wenn sich die Schallquelle fortbewegt.

Die Formeln dazu: So kann man nachrechnen, wie groß der Effekt ist: Die Schallquelle sendet ein Wellenmaximum in der Zeit $T_0 = 1/f_0$. Dieses breitet sich mit der Geschwindigkeit c aus. Daher haben die Wellenmaxima den Abstand $\lambda_0 = c \cdot T_0$ wenn die Quelle ruht. Bewegt sich die Quelle, so wird der Abstand vor der Quelle um $v \cdot T_0$ kürzer und hinter der Quelle um $v \cdot T_0$ länger. Also haben wir vor der Quelle:

$$\lambda = c \cdot T_0 - v \cdot T_0 = \lambda_0 - v \cdot T_0,$$

und hinter der Quelle:

$$\lambda = c \cdot T_0 + v \cdot T_0 = \lambda_0 + v \cdot T_0.$$

Also ist die Frequenz vor der Quelle

$$f = \frac{c}{\lambda} = \frac{c}{c \cdot T_0 - v \cdot T_0} = \frac{1}{T_0} \cdot \left(\frac{1}{1 - \frac{v}{c}} \right)$$

$$= f_0 \cdot \frac{1}{1 - \frac{v}{c}}$$

und hinter der Quelle:

$$f = \frac{c}{\lambda} = \frac{c}{c \cdot T_0 + v \cdot T_0}$$

$$= \frac{1}{T_0} \cdot \left(\frac{1}{1 + \frac{v}{c}} \right)$$

$$= f_0 \cdot \frac{1}{1 + \frac{v}{c}}$$

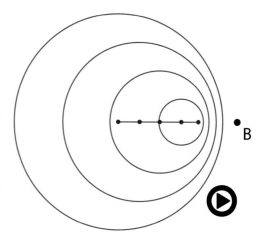

◘ **Abb. 4.30 (Video 4.9) Doppler-Effekt.** Wenn sich die Schallquelle auf den Beobachter B zu bewegt, registriert dieser eine erhöhte Schallfrequenz (► https://doi.org/10.1007/000-bt5)

Ist v/c sehr viel kleiner als eins, so kann man diese Terme in eine Taylorreihe entwickeln und erhält näherungsweise:

$$f = f_0 \cdot \frac{1}{1 - \frac{v}{c}} \approx f_0 \cdot \left(1 + \frac{v}{c} \right)$$

und

$$f = f_0 \cdot \frac{1}{1 + \frac{v}{c}} \approx f_0 \cdot \left(1 - \frac{v}{c} \right),$$

Damit können wir das Ergebnis recht einfach so schreiben:

$$\Delta f = f_0 \cdot \frac{\Delta v}{c}$$

wobei Δv positiv zu nehmen ist, wenn die Quelle auf mich zukommt und negativ, wenn sie sich wegbewegt. Die gleiche Formel ergibt sich, wenn die Schallquelle ruht, der Hörer sich aber auf sie zu oder von ihr weg bewegt.

Das kann man so verstehen: wenn der Hörer in Ruhe ist, kommen in der Zeit Δt $f_0 \cdot \Delta t$ Wellenmaxima bei ihm vorbei und er hört die Frequenz f_0.

Wenn der Hörer sich mit Geschwindigkeit v auf die Quelle zu bewegt, kommen zusätzlich noch $\frac{\Delta t \cdot v}{\lambda_0}$ Wellenmaxima vorbei und

4

er hört die Frequenz:

$$f = f_0 + \frac{v}{\lambda_0} = f_0 \cdot \left(1 + \frac{v}{c}\right),$$

denn die gehörte Frequenz ist:

$$f = \frac{\text{Zahl der Wellenmaxima}}{\Delta t};$$

$\lambda_0 = \frac{c}{f_0}$ ist die Wellenlänge.

Entfernt sich der Hörer, so bekommen wir entsprechend ein Minus-Zeichen:

$$f = f_0 - \frac{v}{\lambda_0} = f_0 \cdot \left(1 - \frac{v}{c}\right)$$

❯ Merke

Als Doppler-Effekt bezeichnet man die Frequenzverschiebung, die ein Wellenempfänger bei einer Relativgeschwindigkeit zwischen Wellenquelle und Wellenempfänger wahrnimmt.

Delphine können mit der „Schall-Radar"-Methode nicht nur die Position eines Objektes feststellen, sie können auch die Doppler Verschiebung des reflektierten Schallsignals wahrnehmen und damit grob die Geschwindigkeit bestimmen. Kardiologen können das gleiche mit ihrem Ultraschallgerät: es kann die Blutstrom-Geschwindigkeit an verschiedenen Stellen des Herzens messen.

Wer mit mehr als Schallgeschwindigkeit durch die Luft fliegt, kann nach vorn keinen Schall mehr abstrahlen. Dafür erzeugt er einen Druckstoß, den er als kegelförmig sich ausbreitende *Kopfwelle* hinter sich her zieht (■ Abb. 4.31). Eine plötzliche Druckänderung empfindet das Ohr als Knall. Überschallflugzeuge lösen mit ihrer Kopfwelle einen zumindest lästigen Überschallknall aus, und zwar nicht *in* dem Moment, in dem sie die Schallgeschwindigkeit überschreiten („die Schallmauer durchbrechen"), sondern *von da ab*. Sie ziehen eine Knallschleppe hinter sich her, solange sie schneller sind als der Schall.

Im Bereich des Druckstoßes ist die Dichte der Luft erhöht und damit auch ihr Brechungsindex für Licht. Mit einem speziellen Abbildungsverfahren kann man das sichtbar

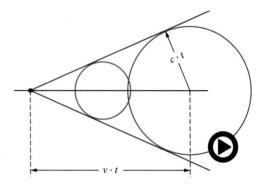

■ **Abb. 4.31** (**Video 4.10**) **Kopfwelle** eines mit der Geschwindigkeit v nach links fliegenden Überschallflugzeuges (c = Schallgeschwindigkeit). Die Kopfwelle ist die Einhüllende der vom Flugzeug ständig ausgesandten Kugelwellen (▶ https://doi.org/10.1007/000-bt6)

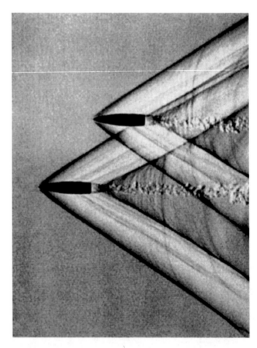

■ **Abb. 4.32 Druckfront.** Eine Aufnahme zweier fliegender Gewehrkugeln. die spezielle Aufnahmetechnik macht Dichteschwankungen in der Luft sichtbar. (Aufnahme: G. S. Settles, PSU)

machen. ■ Abb. 4.32 zeigt die Kopfwellen von zwei Gewehrkugeln in fast schon künstlerischer Qualität.

(■ Tab. 4.1)

Rechenbeispiel 4.6:
Dopplerverschiebung
Aufgabe: Die Beute bewege sich mit 3 m/s auf unseren Delphin zu. Welche Frequenzverschiebung ergibt das im reflektierten Signal, wenn die Schallwelle eine Frequenz von 5000 Hz hat?

Lösung: Tatsächlich gibt es hier zwei Dopplerverschiebungen: An der Beute hat die Welle eine höhere Frequenz, da die Beu-

te sich auf die Quelle zu bewegt. Die Beute reflektiert die Welle auch mit dieser höheren Frequenz. Sie ist dann selber wieder eine bewegte Quelle, deren Signal am Ort des Delphins frequenzerhöht war genommen wird. Also bekommen wir:

$$\Delta f = 2 \cdot f_0 \cdot \frac{3\,\text{m/s}}{1480\,\text{m/s}} = 20{,}3\,\text{Hz}.$$

■ **Tab. 4.1** In Kürze

Harmonische Schwingungen

Harmonische Schwingungen werden durch eine Sinusfunktion oder Kosinusfunktion beschrieben. Nichtharmonische Schwingungen können mathematisch immer als eine Überlagerung solcher sinusförmiger Schwingungen aufgefasst werden. Mechanische Schwingungen sind praktisch immer durch Reibungskräfte gedämpft (■ Abb. 4.4). In einfachen Fällen klingt die Amplitude exponentiell ab. Durch periodisches Anstoßen des schwingenden Systems kann diese Dämpfung kompensiert werden. Der Oszillator führt dann eine erzwungene Schwingung mit der Frequenz aus, mit der er angestoßen wird. Entspricht diese Frequenz seiner Eigenfrequenz, so liegt Resonanz vor und der Oszillator schwingt besonders stark (■ Abb. 4.7)

Harmonische Schwingungen	$\begin{aligned} x(t) &= A_0 \cdot \sin\left(\frac{2\pi}{T} \cdot t\right) \\ &= A_0 \cdot \sin(2\pi \cdot f \cdot t) \\ &= A_0 \cdot \sin(\omega \cdot t) \end{aligned}$	A_0: Amplitude [m] f: Frequenz [Hz (Hertz)] $T = 1/f$ Schwingungsdauer, Periodendauer [s] $\omega = 2\pi \cdot f$: Kreisfrequenz [1/s]
Gedämpfte Schwingung	$x(t) = A_0 \cdot e^{-\delta \cdot t} \cdot \sin(\omega \cdot t)$ Tritt bei der Schwingung ein Energieverlust ein, so liegt eine *gedämpfte* Schwingung vor (■ Abb. 4.4)	δ: Dämpfungskonstante [1/s]

Pendel

Welche Schwingungsdauer sich einstellt, hängt beim harmonischen schwingenden Oszillator nur von seiner Bauart ab. Beim Federpendel wird die Schwingungsdauer von der Masse und der Federkonstante bestimmt

Federpendel	$\omega_0 = \sqrt{\frac{D}{m}}$	ω_0: charakteristische Frequenz D: Federkonstante [N/m]
Fadenpendel	$\omega_0 = \sqrt{\frac{g}{l}}$	m: Masse g: Fallbeschleunigung l: Fadenlänge

4

◘ **Tab. 4.1** (Fortsetzung)

Harmonische Wellen (Schall, Licht)

Mechanische Wellen breiten sich in einem Medium (Luft, Wasser, Festkörper) aus. Dabei transportieren sie
Energie, aber keine Materie. An jedem Ort in der Welle schwingen die Teilchen des Mediums. Schwingen sie
senkrecht zur Ausbreitungsrichtung der Welle, so spricht man von einer **transversalen** Welle, schwingen sie in
Ausbreitungsrichtung, so spricht man von einer **longitudinalen** Welle. Die Frequenz f der Welle wird von der
erzeugenden Quelle bestimmt. Die Ausbreitungsgeschwindigkeit c hingegen, mit der Wellenberge und -täler
fortschreiten, ist für das Medium charakteristisch. Der Energietransport der Welle wird durch die **Intensität** beschrieben, die proportional zum Quadrat der Amplitude ist. Präzise gesprochen ist sie eine Energiestromdichte
und gibt an, wie viel Energie in einer bestimmten Zeit durch eine bestimmte Fläche senkrecht zur Ausbreitungsrichtung hindurchtritt. Ist die Quelle der Welle punktförmig, so sinkt die Intensität umgekehrt proportional
zum Abstand r von der Quelle ins Quadrat $I \sim 1/r^2$

Phasengeschwindigkeit	$c = \lambda \cdot f$	c: Phasengeschwindigkeit $\left[\frac{m}{s}\right]$ λ: Wellenlänge [m] f: Frequenz [Hz]
Polarisation	*Transversal* – Auslenkung senkrecht zur Ausbreitungsrichtung der Welle *Longitudinal* – Auslenkung parallel zur Ausbreitungsrichtung der Welle	
Intensität	*Intensität I* einer Welle: Energiestromdichte $\left[\frac{J}{m^2 \cdot s}\right]$	
Quadratisches Abstandsgesetz	$I \sim \frac{1}{r^2}$, r: Abstand von einer punktförmigen Quelle	

Schall

Schall ist eine longitudinale Druckwelle (Ausbreitungsgeschwindigkeit: in Luft ca. 330 m/s; in Wasser:
ca. 1500 m/s). Das menschliche Ohr ist empfindlich für Frequenzen etwa zwischen 16 Hz und 16 kHz und kann
Schallintensitäten über ca. 12 Größenordnungen hinweg wahrnehmen. Dieser gewaltige Intensitätsbereich
ist möglich, da das Ohr in etwa logarithmisch reagiert. Entsprechend wird die Lautstärke im logarithmischen
Pegelmaß angegeben. Eine Erhöhung der Intensität um einen Faktor 100 (das bedeutet eine Erhöhung der Amplitude des Schalldrucks um einen Faktor 10) entspricht einer Pegelerhöhung um 20 dB.
Schallwellen haben in Medien unterschiedlicher Dichte und Härte unterschiedliche Ausbreitungsgeschwindig-
keiten. Tritt eine Schallwelle von einem in ein anderes Medium über, so wird deshalb ein Teil von ihr an der
Grenzfläche zwischen den Medien reflektiert. Dieser Effekt ist die Basis der Sonographie, die mit Hilfe reflek-
tierter Ultraschallwellen (nichthörbarer Schall hoher Frequenz) ein Bild vom Inneren eines Werkstücks oder des
Körpers erzeugt. Bewegen sich Schallquelle, Empfänger oder auch eine reflektierende Grenzfläche, so treten
Frequenzverschiebungen auf (**Doppler-Effekt**). Auch dies kann technisch genutzt werden, um zum Beispiel die
Strömungsgeschwindigkeit von Flüssigkeiten in Rohren oder von Blut im Körper zu messen. Für die Schall-
ausbreitung gilt weitgehend das Gleiche wie in der Optik für Licht (Brechungsgesetz, Reflexionsgesetz). Aber:
Schall ist eine longitudinale Welle

Schallpegel	$L = 10 \cdot \lg \frac{I}{10^{-12} \, W/m^2}$	L: *Schallpegel* [dB (SPL)] I: Intensität $\left[\frac{J}{m^2 \cdot s}\right]$
Lautstärke	Mit der Ohrempfindlichkeit ge- wichteter Schallpegel	[Phon]
Pegelmaß (Dezibel)	Eine Intensitätserhöhung um den Faktor 100 entspricht einer Erhöhung des Pegels um 20 Dezibel (dB)	

◻ **Tab. 4.1** (Fortsetzung)		
Schall		
Dopplereffekt	Näherungsformel: $\Delta f = f_0 \cdot \frac{\Delta v}{c}$	Δf: Frequenzänderung f_0: Frequenz des Senders Δv: Relativgeschwindigkeit Sender – Empfänger c: Schallgeschwindigkeit
	Bewegen sich Quelle und Empfänger aufeinander zu, so erhöht sich die Frequenz beim Empfänger, entfernen sich beide voneinander, so erniedrigt sich die Frequenz	

4.3 Fragen und Übungen

? Verständnisfragen

1. Eine an einer Feder aufgehängte Masse schwingt auf und ab. Gibt es einen Zeitpunkt, an dem die Masse ruht aber beschleunigt ist? Gibt es einen Zeitpunkt, an dem die Masse ruht und auch nicht beschleunigt ist?

2. Können bei einer Schwingung die folgenden Größen gleichzeitig in dieselbe Richtung gehen: Geschwindigkeit und Beschleunigung; Auslenkung und Geschwindigkeit; Auslenkung und Beschleunigung?

3. Ein Objekt hängt bewegungslos an einer Feder. Wenn das Objekt nach unten gezogen wird, wie ändert sich dann die Summe der elastischen potentiellen Energie der Feder und der potentiellen Energie der Masse des Objekts?

4. Beim der Formel für die Eigenfrequenz des Federpendels wurde angenommen, dass die Feder selbst näherungsweise masselos ist. Wie ändert sich die Frequenz, wenn die Masse der Feder doch zu berücksichtigen ist?

5. Eine Person schaukelt auf einer Schaukel. Wenn die Person stillsitzt, schwingt die Schaukel mit ihrer Eigenfrequenz vor und zurück. Wie ändert sich die Frequenz, wenn stattdessen zwei Personen auf der Schaukel sitzen?

6. Ein Fadenpendel hängt in einem Aufzug und schwingt. Ändert sich seine Frequenz, wenn der Aufzug nach oben oder unten beschleunigt ist?

7. Die Schallgeschwindigkeit hängt nicht von der Frequenz des Tones ab. Können Sie das aus Ihrer Erfahrung belegen?

8. Warum gibt es in einem Gas nur longitudinale Wellen?

9. Warum nimmt die Amplitude einer kreisförmigen Wasserwelle mit zunehmendem Radius ab?

10. Selbst bei ruhiger Hand kann es einem leicht passieren, dass bei gehen der Kaffee im Becher, den man trägt, heraus schwappt. Was hat das mit Resonanz zu tun und was könnte man dagegen unternehmen?

✓ Übungsaufgaben

Schwingungen

4.1 (II): In welcher Beziehung müssen Kraft und Auslenkung zueinanderstehen, damit es a) überhaupt zu Schwingungen kommt, b) zu harmonischen Schwingungen kommen kann?

4.2 (II): Die Amplitude einer ungedämpften harmonischen Schwingung betrage 5 cm, die Schwingungsdauer 4 s und der Phasenwinkel $\pi/4$. Welchen Wert besitzt die Auslenkung und die Geschwindigkeit zum Zeitpunkt $t = 0$. Welche maximale Beschleunigung tritt auf?

4

4.3 (I): Als Sekundenpendel bezeichnet man ein Fadenpendel, das genau eine Sekunde braucht, um von einem Umkehrpunkt zum anderen zu kommen. Wie groß ist seine Pendellänge?

4.4 (II): Eine kleine Fliege (0,15 g) wird in einem Spinnnetz gefangen. Dort schwingt sie mit etwa 4 Hz. Wie groß ist die effektive Federkonstante des Netzes? Mit welcher Frequenz würde die ein Insekt mit einer Masse von 0,5 g schwingen?

4.5 (II): Zwei Federpendel haben gleiche Masse und schwingen mit der gleichen Frequenz. Wenn eines die 10-fache Schwingungsenergie hat wie das andere, wie verhalten sich dann ihre Amplituden?

4.6 (II): Auf dem Ende eines Sprungbretts im Schwimmbad liegt ein Backstein. Das Sprungbrett schwingt mit einer Frequenz von 3,5 Hz. Ab welcher Schwingungsamplitude fängt der Stein an, auf dem Brett zu hüpfen?

4.7 (I): Muss Resonanz zu Resonanzüberhöhung führen?

Wellen

4.8 (I): Die Schallquellen der Ultraschallgeräte beim Arzt arbeiten meist bei Frequenzen in der Größenordnung 1 MHz. Wie groß ist die zugehörige Wellenlänge im Gewebe? (Zur Abschätzung darf die Schallgeschwindigkeit im Gewebe der des Wassers gleichgesetzt werden). Nur Objekte, die größer sind als die Wellenlänge, können von einer Welle gut wahrgenommen werden.

4.9 (II): Sie gehen mit einer Tasse Kaffee (Durchmesser der Tasse: 8 cm) die Treppe hinauf und machen dabei in jeder Sekunde einen Schritt. Der Kaffee schaukelt sich in der Tasse auf und nach ein paar Schritten kleckert er Ihnen auf die Schuhe. Welche Geschwindigkeit haben die Oberflächenwellen auf Ihrem Kaffee?

4.10 (II): Was ergibt 0 dB + 0 dB?

4.11 (II): Wenn jeder der 65 Sänger eines Chores für sich allein den Chorleiter mit 65 Phon „beschallt", mit welcher Lautstärke hört der Chorleiter den ganzen Chor?

4.12 (II): Sie stehen zwischen zwei Musikern, die beide den Kammerton A spielen. Einer spielt ihn richtig mit 440 Hz, einer falsch mit 444 Hz. Mit welcher Geschwindigkeit müssen Sie sich auf welchen Musiker zu bewegen, um beide Töne mit gleicher Tonhöhe zu hören?

4.13 (I): Angenommen, eine Schallquelle bewegt sich gerade genau im rechten Winkel zur Sichtlinie zu Ihnen. Tritt in diesem Moment Dopplereffekt auf?

4.14 (I): Welchen Öffnungswinkel hat der Kegel der Kopfwelle eines Flugzeuges, das mit „Mach 2", also mit doppelter Schallgeschwindigkeit fliegt?

Wärmelehre

Inhaltsverzeichnis

Ergänzende Information Die elektronische Version dieses Kapitels enthält Zusatzmaterial, auf das über folgenden Link zugegriffen werden kann https://doi.org/10.1007/978-3-662-68484-9_5. Die Videos lassen sich durch Anklicken des DOI Links in der Legende einer entsprechenden Abbildung abspielen, oder indem Sie diesen Link mit der SN More Media App scannen.

Materie besteht aus Atomen und Molekülen und die sind ständig in Bewegung. Die Wärmelehre handelt von dieser thermischen Bewegung und der Energie, die in ihr steckt. Die Temperatur ist ein Maß für die Stärke der Bewegung. Die Wärmelehre ist im Prinzip Mechanik, aber doch anders: da es um die Mechanik sehr vieler Moleküle auf einmal geht, kommt die Statistik und Wahrscheinlichkeiten ins Spiel. Daher laufen hier viele Prozesse immer nur in einer Richtung hin zum wahrscheinlicheren Zustand ab. Wärme strömt freiwillig von warm nach kalt, nicht umgekehrt.

5.1 Die Grundlegenden Größen

5.1.1 Wärme

Zu unseren Sinnen gehört der Sinn für warm und kalt. In der Haut haben wir sogar zwei verschiedene Nervensensoren, einen für warm und einen für kalt. Aber was registrieren diese Sensoren?

Sie registrieren die Bewegung der Atome und Moleküle in der Haut. Alle Atome und Moleküle in jedwedem Gegenstand führen eine **thermische Bewegung** aus. Man kann diese schon mit einem einfachen Kindermikroskop sehen, wenn man sich einen Tropfen Milch damit anschaut. In der höchsten Vergrößerung sind gerade schon die Fett Tröpfchen in der Milch zu sehen. Diese zittern im Gesichtsfeld herum, da sie ständig von den Wassermolekülen, die im Mikroskop natürlich nicht sichtbar sind, herumgeschubst werden (Brown'sche Molekularbewegung). Albert Einstein hat als erster diese Bewegung theoretisch analysiert und damit auch die letzten Skeptiker von der Existenz der Atome überzeugt. Die ◻ Abb. 5.1 soll eine Idee von dieser thermischen Bewegung der Atome für die verschiedenen Aggregatzustände geben.

Die Bilder zeigen die Spur der Bewegung in einer Computersimulation. Im Festkörper bewegen sich die Atome um ihre Gleichge-

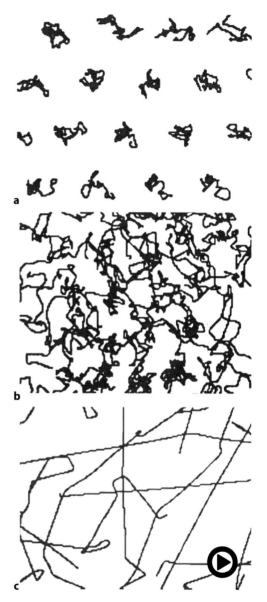

◻ **Abb. 5.1** (Video 5.1) **Spurbilder der thermischen Bewegung** von Atomen in Festkörper (**a**), Flüssigkeit (**b**) und Gas (**c**). Simulation für einen Argonkristall mit MOL-DYN (▶ https://doi.org/10.1007/000-btb)

wichtslage, die ihnen die Kristallstruktur zuweist, herum. Wird die Bewegung zu heftig, so lockern die chemischen Bindungen und der Festkörper schmilzt. In der Flüssigkeit bleiben die Atome noch beieinander, haben aber keinen festen Platz mehr und wandern herum. Wird die Bewegung noch heftiger, so reißen die Bindungskräfte vollständig auf und die Flüssigkeit verdampft. Im Gas fliegen die Atome oder Moleküle frei herum, stoßen aber natürlich noch aneinander.

Mit dieser thermischen Bewegung ist Energie verbunden: kinetische Energie der Bewegung, im Festkörper und in der Flüssigkeit auch noch potentielle Energie in der Abweichung aus der Gleichgewichtslage. Diese Energie wollen wir in diesem Buch **thermische Energie** oder genauer **thermische innere Energie** U dieses Gegenstandes nennen. Die gesamte innere Energie eines Gegenstandes umfasst auch noch die Bindungsenergie oder chemische Energie. Zuweilen wird die thermische Energie auch Wärme, Wärmeenergie oder Wärmeinhalt genannt. Das führt leicht zu Verwirrung. Denn streng genommen (und so soll es auch in diesem Buch sein) ist die **Wärme** Q jegliche Energie, die von einem Gegenstand auf einen anderen übertragen wird, außer es handelt sich dabei um mechanische Arbeit. Das ist eine durchaus etwas verworrene Begriffsbildung, an die man sich gewöhnen muss. Klar ist aber: alle Begriffe bezeichnen Energien und werden in Joule gemessen. Die thermische innere Energie des Menschen beträgt bei einer Masse von 75 kg etwa 100.000 kJ, vorausgesetzt, er hat die normale Körpertemperatur. Man könnte ihn auch so weit abkühlen, ihm Wärme entziehen, bis sich die Moleküle nicht mehr bewegen. Dann befände er sich am **absoluten Temperaturnullpunkt** und die thermische Energie wäre null.

Auch wenn der Mensch nur ruhig im Bett liegt, liefert sein Stoffwechsel weitere Wärme an den Körper, die der Mensch durch Konvektion, Schwitzen und Wärmestrahlung laufend wieder abgeben muss, um seine Temperatur und seine innere Energie konstant zu halten. Dieser Grundumsatz unseres Normmenschen beträgt etwa 100 W, also 100 Joule in jeder Sekunde, soviel wie bei einem e-bike.

> **Merke**
> Der Begriff thermische Energie oder thermische innere Energie (U) bezeichnet die Energie, die in der thermischen Wimmelbewegung der Atome und Moleküle steckt. Mit Wärme (Q) bezeichnet man Energie, die von einem Gegenstand auf einen anderen übertragen wird.

5.1.2 Temperatur

Wie warm oder wie kalt ein Gegenstand ist, kann an seiner thermischen inneren Energie bemessen werden. Da diese aber auch von der Größe des Gegenstands und seiner inneren Beschaffenheit abhängt, muss hier ein besseres Maß gefunden werden. Letztlich geht es darum, die „Stärke" der thermischen Bewegung anzugeben. Es hat sich herausgestellt, dass dafür die Energie schon das richtige Maß ist, aber nicht die des ganzen Gegenstandes, sondern die mittlere Energie der einzelnen Atome oder Moleküle. Genauer gesagt: Die **absolute Temperatur** T ist proportional zur mittleren kinetischen Energie der Schwerpunktbewegung der einzelnen Moleküle. In der thermischen Bewegung tauscht jedes Molekül laufend kinetische Energie mit den Nachbarn aus, deshalb muss zeitlich gemittelt werden. Als Formel geschrieben:

$$\frac{3}{2}k_\mathrm{b} \cdot T = \overline{\frac{m}{2}v^2}$$

Hier bezeichnet der Strich eine zeitliche Mittelung und m die Masse des Moleküls. Die absolute Temperatur wird in **Kelvin** (Einheitszeichen: K) gemessen und nicht in Joule, deshalb taucht in der Formel ein Umrechnungsfaktor, die **Boltzmann-Konstante** k_b auf. Die typische Zimmertemperatur beträgt knapp 300 K, die mittlere kinetische Energie eines Moleküls ist wegen seiner geringen Masse sehr klein. Deshalb hat auch die Boltzmann-Konstante einen sehr kleinen Wert:

$$k_\mathrm{b} = 1{,}38 \cdot 10^{-23}\,\frac{\mathrm{J}}{\mathrm{K}}$$

Dass vor der Boltzmann-Konstante noch ein Faktor 3/2 steht, hat praktische Gründe, die wir später verstehen werden.

> **Merke**
> Die absolute Temperatur T ist ein Maß für die Stärke der thermischen Bewegung. Sie ist proportional zur mittleren kinetischen Energie der einzelnen Moleküle. Die Einheit heißt Kelvin (1 K). Am absoluten Temperaturnullpunkt $T = 0\,\text{K}$ gibt es keine thermische Bewegung mehr. Kälter geht es nicht.

Sie werden nun vielleicht einwenden, dass es in ihrem Zimmer nur 20 Grad warm ist und nicht 300 Grad heiß. Im täglichen Leben wird die Temperatur in Grad Celsius gemessen, in einer Skala, die schon älter ist und sich an den Eigenschaften des Wassers orientiert (0 °C: schmelzen; 100 °C: kochen). Die absolute Temperatur mit der Kelvin-Skala orientiert sich direkter an der Physik dahinter. Am absoluten Temperaturnullpunkt bei 0 K gibt es gar keine thermische Bewegung mehr, kälter geht es nicht, negative *absolute* Temperaturen gibt es also nicht. In Grad Celsius gemessen liegt der absolute Temperaturnullpunkt bei −273,15 °C. Praktischerweise haben aber beide Temperaturskalen die gleiche Gradeinteilung, eine Temperaturdifferenz von 1 °C ist also auch eine Temperaturdifferenz von 1 K (siehe ◼ Abb. 5.2). Man kann deshalb beide Skalen leicht in einander umrechnen: wenn T die absolute Temperatur und t dieselbe Temperatur in Grad Celsius ist, so gilt:

$$T = t \cdot \frac{\text{K}}{°\text{C}} + 273,15\,\text{K} \quad \text{und}$$
$$t = T \cdot \frac{°\text{C}}{\text{K}} - 273,15°\text{C}$$

> **Merke**
> Die Kelvin-Skala zählt vom absoluten Nullpunkt der Temperatur aus. Man erhält ihre Maßzahl, indem man die der Celsius-Skala um 273,15 erhöht.

Lässt man eine schöne heiße Tasse Kaffee stehen, so wird der Kaffee kalt. Genauer: Er hat nach einer Weile die gleiche Temperatur wie das Zimmer drumherum. Dies ist eine zentrale Eigenschaft der Temperatur: innerhalb eines Gegenstandes und zwischen Gegenständen, die irgendwie miteinander in Kontakt sind, gleicht sich die Temperatur über kurz oder lang an. Die thermische Bewegung sorgt dafür, dass sich die thermische Energie gleichmäßig auf alle Atome und Moleküle verteilt. Wie lange dieses Angleichen der Temperatur dauert, hängt davon ab, wie schnell sich die Wärme in einem Gegenstand und zwischen Gegenständen ausbreitet. Diesen Wärmetransport besprechen wir in ▶ Abschn. 5.3.

> **Merke**
> Gegenstände, die in thermischem Kontakt sind, gleichen ihre Temperatur an.

5.1.3 Temperaturmessung

Die kinetische Energie eines Moleküls kann man nicht im Mikroskop nachgucken. Wie misst man also Temperatur? Man nutzt aus, dass bestimmte Materialeigenschaften von der Temperatur abhängen. Der Klassiker ist die thermische Ausdehnung. Ein Metallstab der Länge l_0 zum Beispiel ändert seine Länge ein wenig um Δl, wenn sich seine Temperatur ändert:

$$\Delta l = \alpha \cdot l_0 \cdot \Delta T$$

◼ **Abb. 5.2 Kelvin- und Celsius-Skala**

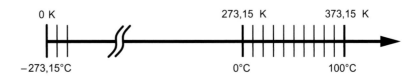

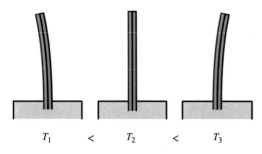

$$T_1 \quad < \quad T_2 \quad < \quad T_3$$

☐ **Abb. 5.3 Ein Bimetallstreifen** biegt sich bei Änderung der Temperatur wie gezeichnet, wenn sich das linke Metall stärker ausdehnt als das rechte

Hierbei ist α der **lineare Ausdehnungskoeffizient** des Materials. Der Effekt ist klein, der Ausdehnungskoeffizient in der Größenordnung von $10^{-5}\,\mathrm{K}^{-1}$. Ein 1 Meter langer Stab würde sich also bei einem Grad Temperaturerhöhung nur um ein hundertstel Millimeter ausdehnen. Will man daraus ein Thermometer machen, so nimmt man eine Flüssigkeit in einem kleinen Glasbehälter, auf den eine feine Kapillare aufgesetzt ist, in der die Flüssigkeit hochsteigt, wenn sie sich ausdehnt. So werden auch kleine Volumenänderungen gut sichtbar.

Volumenänderung
Bei einer Volumenänderung dehnt sich die Flüssigkeit in alle drei Raumrichtungen aus, der Volumenausdehnungskoeffizient ist deshalb dreimal so groß wie der lineare:

$$\Delta V = 3 \cdot \alpha \cdot V_0 \cdot \Delta T$$

Ein anderer Trick ist es, zwei Streifen aus verschiedenen Metallen mit verschiedenen Ausdehnungskoeffizienten aneinanderzukleben. Dieser **Bimetallstreifen** ist bei der Temperatur, bei der er zusammengeklebt wurde, gerade, verbiegt sich aber zur einen oder anderen Seite, wenn die Temperatur kleiner oder größer wird (☐ Abb. 5.3).

Das ist ein recht starker Effekt, der genutzt werden kann, Ventile zu betätigen (Thermostatventil am Heizkörper) oder elektrische Schalter zu schließen (Thermostaten in Zimmern oder Waschmaschinen).

Die Ausdehnungsthermometer sind bis auf die Bimetallvariante eher selten geworden,

denn meistens möchte man gern eine elektronische Anzeige der Temperatur. Dann verwendet man zur Temperaturmessung die Temperaturabhängigkeit der elektrischen Leitfähigkeit von Metallen oder Halbleitern. Man wickelt also zum Beispiel einen feinen Metalldraht auf eine kleine Spule und misst seinen elektrischen Widerstand. Mit steigender Temperatur steigt sein Widerstand, da die stärkere thermische Bewegung den Fluss der Elektronen behindert. Über einen weiten Temperaturbereich ist der Zusammenhang zwischen Temperatur und Widerstand linear. Aber wie bei der thermischen Ausdehnung ist der Effekt klein. Man braucht eine recht empfindliche Elektronik. Bei einem Halbleiterelement ist die Temperaturabhängigkeit des Widerstandes viel stärker und umgekehrt: mit steigender Temperatur nimmt der Widerstand ab. Der Zusammenhang ist leider gar nicht linear, sodass hier ins Thermometer noch ein Mikroprozessor zum Umrechnen hinein muss.

Eine interessante, aber teurere Methode der Temperaturmessung ist die Messung der Wärmestrahlung (▶ Abschn. 5.3.3). Jeder Gegenstand, der nicht gerade am absoluten Temperaturnullpunkt ist, strahlt elektromagnetische Wellen im Infraroten ab. Wie stark er strahlt und welche Wellenlängen die Wellen haben, hängt von der Temperatur ab. Mit einem Empfänger, der das messen kann, kann man also die Temperatur bestimmen. Diese Messung geht berührungslos und sehr schnell, da man gar nicht mehr warten muss, bis das Thermometer seine Temperatur an die des Gegenstandes angeglichen hat. Die Messung hat aber auch ihre Tücken, auf die in ▶ Abschn. 5.3.3 eingegangen wird.

☐ Abb. 5.4 zeigt drei Thermometer, die die drei besprochenen Messmethoden verwenden. Das linke Ausdehnungsthermometer mit eingefärbtem Alkohol wird kaum noch verwendet. In der Mitte sieht man ein typisches Industriethermometer, das einen elektrischen Widerstand in der Sensorspitze hat. Das rechte Thermometer misst die Intensität des von einem Gegenstand ausgestrahlten Infrarotlichts. Zur genauen Temperaturmessung muss man

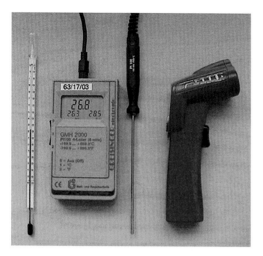

◪ **Abb. 5.4 Thermometer**: klassisches Flüssigkeitsthermometer (*links*), elektrisches Widerstandsthermometer (*Mitte*) und Strahlungsthermometer (*rechts*)

noch einen Faktor für die Strahlungseigenschaften der Oberfläche eingeben. Kennt man diesen nicht, so wird die Messung ungenau. Es gibt in der Technik noch einige weitere Messverfahren, deren Besprechung wir uns hier aber schenken wollen.

Rechenbeispiel 5.1: Stahlbrücke

Aufgabe: Der freitragende Teil einer Stahlbrücke sei bei 20 °C 200 m lang. Wie viel Längenspiel müssen die Konstrukteure einplanen, wenn die Brücke Temperaturen von −20 bis +40 °C ausgesetzt ist? Der Ausdehnungskoeffizient von Eisen beträgt $12 \cdot 10^{-6} \, \mathrm{K}^{-1}$.

Lösung: Da die Kelvinskala die gleiche Gradeinteilung hat wie die Celsiusskala, könnte man die Einheit des Ausdehnungskoeffizienten auch in $°\mathrm{C}^{-1}$ schreiben. Die Schrumpfung der Brücke im kältesten Fall wäre: $\Delta l = \alpha \cdot 200 \, \mathrm{m} \cdot (-20 \, °\mathrm{C}) = -4,8$ cm, die Ausdehnung $\Delta l = \alpha \cdot 200 \, \mathrm{m} \cdot 40 \, °\mathrm{C} = 9,6$ cm. Es muss also insgesamt ein Spielraum von 14,4 cm eingeplant werden.

5.1.4 Wahrscheinlichkeit und Ordnung

An einer heißen Kaffeetasse kann man gut die Hände wärmen, den Wärme fließt bereitwillig von heiß nach warm. Dass man aber mit seien Händen den Kaffee wieder zum Kochen bringt, wird niemals passieren. Der Energiesatz hätte nichts dagegen, aber trotzdem fließt Wärme nie von warm nach heiß. Warum?

Es liegt an der Wahrscheinlichkeit. Alles strebt in den Zustand mit der höchsten Wahrscheinlichkeit. So ist die Wahrscheinlichkeit definiert. Jeder kennt es von seinem Schreibtisch: Unordnung ist wahrscheinlicher als Ordnung. Das gilt auch in der Natur: ein System aus vielen Teilen wird sich so lange wandeln, bis es den wahrscheinlichsten Zustand, und das ist der Zustand höchsten Unordnung, erreicht hat. Dann befindet es sich im **thermodynamischen Gleichgewicht** und verändert sich nicht mehr. Auf dem Weg ins thermodynamische Gleichgewicht gibt es keinen Umweg zurück in einen unwahrscheinlicheren Zustand. Das ist das Gesetz der großen Zahl. Ein System mit wenigen Teilen, sagen wir zwei Würfel, mit denen gewürfelt wird, kann auch mal in einen unwahrscheinlichen Zustand kommen; dass zum Beispiel beide Würfel die gleiche Zahl zeigen. Würfelt man mit zehn Würfeln, so müsste man schon an die zehn Millionen mal würfeln, um eine reelle Chance zu haben, dass alle Würfel einmal die gleiche Zahl zeigen. Würfelt man mit einer Million Würfeln, kann man sicher sein, dass das wahrscheinlichste Ergebnis, dass nämlich alle Zahlen in etwa gleich oft vorkommen, immer eintritt. Die Gegenstände unserer Umgebung bestehen aus mindestens 10^{20} Atomen. Da kann man völlig sicher sein, dass sie zielstrebig ihrem wahrscheinlichsten Zustand entgegengehen. Ein wichtiger Punkt ist, dass **im thermodynamischen Gleichgewicht die Temperatur überall gleich** ist. Deshalb wird der Kaffee auf die Dauer die Temperatur der Hände haben und nicht wieder anfangen zu kochen. Wie lange es aber dauert, bis Kaffee und Hände im thermodynamischen Gleichgewicht sind, das hängt von den Details ab; wie gut zum Beispiel die Kaffeetasse isoliert. Es kann sehr lange dauern. Seit dem Urknall sind schon 14 Mrd. Jahre vergangen und trotzdem ist das Weltall noch lange nicht im wahrscheinlichsten Zustand.

Aber wie ist es mit dem Menschen? Der ist doch ein hoch komplex organisiertes System von Molekülen, also sehr unwahrscheinlich? Der Mensch hat einen Trick: er nimmt ständig Energie in sehr geordneter Form (zum Beispiel Schwarzwälder Kirschtorte) zu sich und gibt sie in sehr ungeordneter Form wieder ab. Damit ist weniger das Resultat auf der Toilette gemeint, sondern mehr die Wärmeenergie, die der Mensch ständig abgibt (100 bis 200 Joule pro Sekunde). Diese Energie bezieht er aus der Schwarzwälder Kirschtorte. Dadurch erhöht der Mensch die Unordnung der Umgebung, um bei sich selbst die hohe Ordnung aufrecht zu erhalten oder noch zu erhöhen. Mensch und Umgebung zusammengenommen bleiben aber tatsächlich auf dem Weg zu höherer Unordnung.

Wärme ist kinetische Energie in ungeordneter Form. Sie lässt sich nicht ohne weiteres in geordnete Bewegung, so wie sie ein Motor zur Verfügung stellt, umwandeln. Auch der Motor muss dazu Energieträger in einer geordneteren Form, wie zum Beispiel Benzin, verwenden. Einfach nur der Umgebung Wärme entziehen und daraus mechanische Arbeit gewinnen geht nicht. Ein solcher Motor könnte dann ja zum Beispiel eine Klimaanlage betreiben, die Wärmeenergie endlos von kalt nach warm transportiert und damit alles vom wahrscheinlicheren Zustand wegtreibt.

5.1.5 Die Entropie

Die **Wahrscheinlichkeit des Zustandes** eines Systems ist also eine sehr wichtige Größe, wenn man den Ablauf thermischer Prozesse verstehen will. Deshalb wird ihr eine eigene physikalische Größe gewidmet: die **Entropie**. Sie ist ein Maß für diese Wahrscheinlichkeit. Es würde über den Rahmen dieses Buches

hinausgehen, wenn hier genau erklärt würde, wie man Wahrscheinlichkeiten eigentlich misst oder berechnet, um dann eine neue physikalische Größe definieren zu können. Hier seien nur die wichtigsten Eigenschaften der Entropie aufgeführt:

- die Entropie eines Gegenstands steigt mit der Wahrscheinlichkeit seines Zustandes. Ein von der Umwelt völlig isolierter Gegenstand strebt in den Zustand mit höchster Wahrscheinlichkeit, seine Entropie steigt also an. Sie sinkt niemals. Hat sein Zustand die höchste Wahrscheinlichkeit erreicht, so ist er im **thermodynamischen Gleichgewicht** und seine Entropie bleibt konstant.
- Die Entropie ist als additive Größe definiert. Macht man den Gegenstand doppelt so groß, ohne ihn sonst wie zu verändern, verdoppelt sich seine Entropie.
- Unordnung ist wahrscheinlicher als Ordnung. Die Entropie flüssigen Wassers ist höher als die Entropie von zu Eiskristallen gefrorenem Wasser, denn in der Flüssigkeit sind die Atome ungeordnet.
- Überträgt man Wärme von einem Gegenstand auf einen anderen, so wird auch Entropie übertragen. Zugeführte Wärme verstärkt die atomare Wimmelbewegung und erhöht damit die Unordnung und die Entropie. Genau gilt: eine Wärme Q, die einem Gegenstand, der die Temperatur T hat, zugeführt wird, erhöht dessen Entropie um

$$\Delta S = \frac{Q}{T}$$

Den Umstand, dass im isolierten System die Entropie (also die Wahrscheinlichkeit des Zustandes) nicht sinken kann, bezeichnet man als **zweiten Hauptsatz der Thermodynamik**, also:

$$\Delta S \geq 0 \text{ im isolierten System.}$$

Mit der Größe Entropie kann man sehr handfest arbeiten und rechnen. Das tun vor allem die Chemiker, die wissen wollen, wie Stoffe miteinander chemisch reagieren. Auch dies bestimmt die Entropie. In diesem Buch wird die Entropie bei den Phasenübergängen wieder auftauchen, denn die sind auch chemische Reaktionen; und beim Wirkungsgrad von Dampfturbinen.

5.1.6 Wärmekapazität

Ein Tauchsieder soll Wasser erwärmen, also dessen Temperatur erhöhen. Dazu holt er elektrische Energie „aus der Steckdose", setzt sie in thermische Energie um und gibt sie an das Wasser weiter, in dem sie mikroskopisch betrachtet als kinetische Energie in der Wimmelbewegung der Atome gespeichert wird.

In leidlicher Näherung ist die erzielte Temperaturerhöhung ΔT (zu messen in Kelvin) der zugeführten Wärme Q (zu messen in Joule) proportional. Die Beziehung

$$Q = C \cdot \Delta T$$

definiert die **Wärmekapazität** C eines bestimmten festen, flüssigen oder auch gasförmigen „Gegenstands". Zu ihr gehört die Einheit J/K. Je mehr Atome ein Gegenstand enthält, umso größer ist seine Wärmekapazität, denn man braucht mehr Energie, wenn mehr Atome in stärkere Bewegung versetzt werden sollen. Ein Elefant ist größer als ein Kaninchen; für die Wärmekapazitäten der beiden gilt das auch. Bezieht man C auf die Masse m des Gegenstands, so erhält man die

spezifische Wärmekapazität $c = \dfrac{C}{m}$

Einheit: $1 \dfrac{\text{J}}{\text{kg} \cdot \text{K}}$;

bezieht man C auf die Stoffmenge n, erhält man die

molare Wärmekapazität $c_n = \dfrac{C}{n}$

Einheit: $1 \dfrac{\text{J}}{\text{mol} \cdot \text{K}}$.

Die beiden werden zuweilen nicht ganz korrekt, aber kürzer „spezifische Wärme" und „Molenwärme" genannt. Diese sind bei Ele-

fanten und Kaninchen in etwa gleich, da beide aus ähnlichem Körpergewebe bestehen.

❯ **Merke**

━ Wärmekapazität

$$C = \frac{Q}{\Delta T} \quad \text{Einheit: } 1 \frac{\text{J}}{\text{K}}$$

━ spezifische Wärmekapazität

$$c = \frac{C}{m} \quad \text{Einheit: } 1 \frac{\text{J}}{\text{kg} \cdot \text{K}}$$

━ molare Wärmekapazität

$$c_n = \frac{C}{n} \quad \text{Einheit: } 1 \frac{\text{J}}{\text{mol} \cdot \text{K}}$$

Wärmekapazitäten bestimmt man im **Kalorimeter**; indem man die Temperaturänderung einer Substanz mit bekannter Wärmekapazität misst. Favorisierte Kalorimetersubstanz ist das Wasser, in abgemessener Menge eingefüllt in ein Gefäß mit guter Wärmeisolierung. Bewährt haben sich die *Dewar-Gefäße* (sprich: Djuar), doppelwandige Glasflaschen mit evakuierter Wandung (◧ Abb. 5.5): Als thermische Bewegung von Molekülen ist Wärme an Materie gebunden, Vakuum unterbindet jede Wärme-

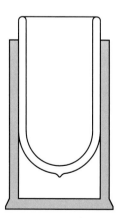

◧ **Abb. 5.5 Dewar-Gefäß** (Thermosflasche), doppelwandiges Gefäß mit guter Wärmeisolation. Der Zwischenraum zwischen den beiden Wänden ist evakuiert, um Wärmeverluste durch Wärmeleitung zu reduzieren; die Wände sind verspiegelt, um Wärmeverluste durch Strahlung zu reduzieren. Dewar-Gefäße können „implodieren" und gehören deshalb in einen stabilen Behälter

5

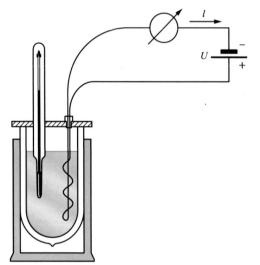

□ **Abb. 5.6 Kalorimeter**. Zur Bestimmung der spezifischen Wärmekapazität des Wassers (Einzelheiten im Text)

leitung. Im Haushalt bezeichnet man Dewar-Gefäße als *Thermosflaschen*.

In keinem Physikpraktikum fehlt ein Kalorimeterversuch. In der Regel wird die Wärmekapazität einer Substanz bestimmt. Entweder wird elektrisch mit einem Tauchsieder eine bestimmte Wärme zugeführt und die Temperaturerhöhung gemessen. Oder es wird eine Mischungstemperatur bestimmt.

Für alle Messungen braucht man ein gut gegen Wärmeaustausch isoliertes Gefäß, ein *Kalorimeter*. Auch bei guter Isolation hat das Kalorimeter (+ Thermometer + Rührer) selbst eine bestimmte Wärmekapazität C_W, die bei der Rechnung berücksichtigt werden muss.

Es gibt dann zwei Messmethoden:

1) Man führt einer Flüssigkeit (Masse m_{Fl}) mittels eines Tauchsieders (elektrischen Widerstandes) eine bestimmte elektrische Energie zu wie in □ Abb. 5.6 dargestellt. Legt man für die Zeitspanne Δt eine elektrische Spannung U_0 an den Tauchsieder, so fließt der Strom I_0 und setzt (wie in ▶ Abschn. 6.3.2 erläutert werden wird) die elektrische Energie

$$W = U_0 \cdot I_0 \cdot \Delta t$$

in die Wärme Q um. Diese heizt die Flüssigkeit entsprechend ihrer spezifischen Wärmekapazität c_{Fl} bis zur Endtemperatur T_1 auf:

$$Q = m_{Fl} \cdot c_{Fl} \cdot (T_1 - T_0).$$

Allerdings hat das Kalorimeter selbst (Gefäß + Thermometer + Heizwendel) auch eine gewisse Wärmekapazität C_W, die bei genauer Rechnung berücksichtigt werden muss:

$$Q = (m_{Fl} \cdot c_{Fl} + C_W) \cdot (T_1 - T_0).$$

Im ▶ Rechenbeispiel 5.2 wird das am Beispiel des Wassers durchgerechnet.

2) Ermittlung einer Mischtemperatur

Ist die spezifische Wärmekapazität des Wassers, nämlich

$$c(H_2O) = 4{,}18\ J/(g \cdot K),$$

bekannt, so können die Wärmekapazitäten anderer Substanzen nach folgendem Schema ausgemessen werden: Man hängt zum Beispiel einen Kupferring (Masse m_K) zunächst in siedendes Wasser (Temperatur T_3) und bringt ihn dann in kälteres Wasser in einem Kalorimeter; dessen Temperatur steigt dadurch von T_1 auf T_2. Die dafür notwendige Wärme muss der Ring durch Abkühlung geliefert haben. Der Kupferring liefert also die Wärme:

$$Q_K = m_K \cdot c_K \cdot (T_3 - T_2).$$

Wasser und Kalorimeter erhalten die Wärme:

$$Q_W = (m(H_2O) \cdot c(H_2O) + C_W) \cdot (T_2 - T_1)$$

Wegen der Energieerhaltung (wenn das Kalorimeter hinreichend gut isoliert) sind diese beiden Wärmen gleich:

$$Q_W = Q_K$$

Das lässt sich dann nach der spezifischen Wärmekapazität von Kupfer c_k auflösen:

$$c_k = \frac{(c(H_2O) \cdot m(H_2O) + C_W) \cdot (T_2 - T_1)}{m_k(T_3 - T_2)}.$$

Die Mischtemperatur T_2 berechnet sich gemäß:

$$T_2 = \frac{c_k \cdot m_k \cdot T_3 + (c(H_2O) \cdot m(H_2O) + C_W) \cdot T_1}{c_k \cdot m_k + c(H_2O) \cdot m(H_2O) + C_W}.$$

▶ Rechenbeispiel 5.3 gibt ein Beispiel zum Einsatz dieser Formeln.

Im Zusammenhang mit Wärme und der in Lebensmitteln enthaltenen Energie taucht zuweilen noch eine alte Energieeinheit auf, die an die spezifische Wärme von Wasser angepasste Einheit *Kalorie* (cal), definiert zu:

$$1\ cal = 4,1840\ J.$$

Sie gehört nicht zu den SI-Einheiten und verschwindet deshalb allmählich von der Bildfläche.

Leben braucht Energie; es setzt Energie um und das nicht nur, wenn man sich bewegt, also mechanische Arbeit produziert. Auch im Schlaf hat der Mensch noch einen *Grundumsatz* von etwa 80 W, also ungefähr $80\ W \cdot 24 \cdot 60 \cdot 60\ s = 6{,}91\ MJ$ pro Tag oder auch 1650 kcal/Tag. Er ist erforderlich, um lebenswichtige Funktionen wie Atmung und Herzschlag, aber auch die Körpertemperatur aufrechtzuerhalten. Der Mensch besitzt ferner eine Wärmekapazität; da er im Wesentlichen aus Wasser besteht, darf man bei 70 kg Körpermasse getrost schreiben:

$$C(Mensch) \sim 70\ kcal/K \sim 0{,}3\ MJ/K.$$

Das heißt nun wieder: Könnte man einen Menschen völlig wärmeisolieren, so würde ihn sein Grundumsatz mit einer Geschwindigkeit von etwa 1 K pro Stunde aufheizen. Viel schneller kann Fieber aus rein wärmetechnischen Gründen nicht steigen.

Mensch und Tier beziehen die zum Leben notwendige Energie aus der Nahrung, also aus komplizierten organischen Molekülen. Diese bestehen aber im Wesentlichen aus Atomen des Kohlenstoffs (C) und des Wasserstoffs (H). Letzten Endes werden sie in Kohlendioxid (CO_2) und in Wasser (H_2O) übergeführt, d. h. mit Sauerstoff (O) aus der Atmung oxidiert. Der Weg der chemischen Umsetzung ist kompliziert und läuft in vielen Einzelschritten ab; zu jedem gehört eine Energieumwandlung. Schließlich und endlich wird aber immer thermische Energie daraus, und zwar insgesamt genau so viel wie bei schlichter Verbrennung in einem Ofen; auf den Energiesatz ist Verlass. Deshalb kann man ganz unabhängig von einem lebenden Organismus den **Brennwert** von Nahrungsmitteln im Laboratorium messen, den Betrag der chemischen Energie also, die bei der Oxidation z. B. eines Pfeffersteaks frei wird; Beispiele: 2300 kJ bei 100 g Schokolade, 188 kJ bei 100 g Bier.

Rechenbeispiel 5.2: Nachgemessen

Aufgabe: Wasser wird mit einem Tauchsieder im Dewar-Gefäß aufgewärmt. Im Experiment wurden die folgenden Werte ermittelt: $m = 200\ g$, $U_0 = 10\ V$, $I_0 = 4{,}7\ A$, $\Delta t = 50\ s$, $T_1 = 18{,}3\ °C$, $T_2 = 21{,}1\ °C$. Kommt der Wert für die Wärmekapazität des Wassers $c(H_2O)$ tatsächlich wie oben angegeben heraus? Der Wasserwert des Kalorimeters sei vernachlässigbar. Anmerkung: Ein Volt mal Ampere entspricht einem Watt.

Lösung:

$$c(H_2O) = \frac{Q}{m \cdot \Delta T} = \frac{U_0 \cdot I_0 \cdot \Delta t}{m(T_2 - T_1)}$$
$$= \frac{47\ W \cdot 50\ s}{200\ g \cdot 2{,}8\ K} = 4{,}2\ \frac{J}{g \cdot K}$$

Rechenbeispiel 5.3: Kalorimeter

Aufgabe: Eine Probe mit einer Masse von $m_p = 46\ g$ und einer Temperatur von $T_P = 100\ °C$ wird in ein Kalorimeter, dass 200 g Wasser bei 20 °c enthält, geworfen. Der Behälter ist aus Kupfer und hat eine Masse von 100 g. Es stellt sich eine Mischtemperatur von 23,6 °C ein. Wie groß ist die spezifische Wärmekapazität c_P der Probe?

Sie brauchen die spezifischen Wärmekapazitäten von Wasser (4,18 J/gK) und von Kupfer (0,39 J/gK).

Lösung: Die von der Probe abgegebene Wärme muss gleich der von Wasser und Behälter aufgenommenen Wärme sein, also

$$c_P \cdot m_P \cdot (T_P - T_M) = c_P \cdot 46 \text{ g} \cdot 76,4 \text{ K}$$
$$= 200 \text{ g} \cdot 4,18 \text{ J/gK} \cdot 3,6 \text{ K}$$
$$+ 100 \text{ g} \cdot 0,39 \text{ J/gK} \cdot 3,6 \text{ K}$$
$$= 3139 \text{ J}$$

Nach c_p auflösen ergibt:

$$c_p = \frac{3139 \text{ J}}{46 \text{ g} \cdot 76,4 \text{ K}} = 0,893 \text{ J/gK}.$$

Das könnte Aluminium sein.

Rechenbeispiel 5.4: Schlankwerden auf die harte Tour

Aufgabe: Ein Student isst ein Mittagessen, dessen Brennwert mit 8370 kJ angegeben worden ist. Er will das wieder abarbeiten, indem er eine 50 Kg-Hantel stemmt. Sagen wir, er kann sie 2 m hoch heben. Wie oft muss er sie heben, um die 2000 kcal wieder los zu werden? Dabei ist zu beachten, dass der Mensch keine sehr effiziente mechanische Maschine ist. Er muss etwa fünfmal mehr Energie verbrennen als die mechanische Arbeit, die er leistet. Sein **Wirkungsgrad** ist nur etwa 20 %.

Lösung: Der Student leistet bei N-mal Stemmen die Arbeit $W = N \cdot m \cdot g \cdot h$ und verbrennt fünfmal so viel Energie. Also ist:

$$N = \frac{8,37 \cdot 10^6 \text{ J}}{5,50 \text{ kg} \cdot 9,81 \text{ m/s}^2 \cdot 2 \text{ m}} = 1706.$$

Der Student hat keine Chance.

Rechenbeispiel 5.5: Im Saloon

Aufgabe: Ein Cowboy schießt mit seiner Pistole eine 2 g-Bleikugel mit 200 m/s in die Holzwand, wo sie stecken bleibt. Angenommen, die freiwerdende Energie bleibt vollständig in der Kugel. Wie heiß wird sie dann? (Wärmekapazität von Blei: $c(Pb) = 0,13 \text{ J/g} \cdot \text{K}$)

Lösung: Die freiwerdende Energie ist $\frac{1}{2} m \cdot v^2 = 40$ J. Wir bekommen also die Temperaturänderung: $\Delta T = \frac{Q}{m \cdot c} = \frac{40 \text{ J}}{2 \text{ g} \cdot 0,13 \text{ J/g·K}} = 154$ K. War die Zimmertemperatur 20 °C, so bedeutet dies 174 °C.

5.2 Das ideale Gas

5.2.1 Die Zustandsgleichung

Thermische Energie ist die Energie in der Wimmelbewegung der Atome und Moleküle. Diese Wimmelbewegung gehorcht natürlich den Gesetzen der Mechanik, die wir in Kapitel zwei besprochen haben. Deshalb sollte es also grundsätzlich möglich sein, die mit der thermischen Energie zusammenhängende Eigenschaften aus diesen Gesetzen der Mechanik abzuleiten. Am besten geht dies für Gase, in denen die Atome und Moleküle Pingpong-Bällen ähnlich durch die Luft fliegen. Sie stoßen zuweilen aneinander oder mit den Wänden des Gefäßes. Durch die Stöße mit den Wänden entsteht dort ein Druck, also eine Kraft auf die Wand. Die Stöße gehorchen dem zweiten Newton'schen Gesetzen und dem Impulserhaltungssatz. Und alles gehorcht natürlich dem Energieerhaltungssatz. Besonders einfach ist die Situation dann, wenn die anziehenden Kräfte zwischen den Atomen vernachlässigt werden können. Man spricht dann von einem **idealen Gas**. Die Luft, die wir atmen, ist zum Beispiel praktisch ein solches ideales Gas. Natürlich gibt es zwischen ihren Molekülen doch schwache anziehende Kräfte. Diese führen dazu, dass Luft bei ca. $-200\,°C$ flüssig wird. Von dieser Temperatur sind wir aber normalerweise so weit entfernt, dass diese anziehenden Kräfte vernachlässigt werden können.

Bei einem idealen Gas wird außerdem noch angenommen, dass das Volumen der Ping-pong-Bälle viel kleiner ist als die Zwischenräume zwischen ihnen. Auch das ist bei Gasen meistens erfüllt. Für dieses ideale Gas kann nun eine wichtige Zustandsgleichung gefunden werden. Das geht so.

Verdoppelt man die Zahl N der Moleküle des Gases in einem Behälter mit Volumen V, verdoppelt man also die Gasmenge im Behälter, so verdoppelt sich auch die Häufigkeit, mit der die Moleküle an die Wände des Behälters trommeln. Damit verdoppelt sich auch die mittlere Kraft auf die Wände, also der Druck. Das gleiche passiert auch, wenn man das Volumen bei gleicher Molekülzahl halbiert, denn dann haben die Moleküle kürzere Wege von Wand zu Wand. Der Druck p ist also proportional zur Anzahldichte N/V der Moleküle im Gas:

$$p \sim \frac{N}{V}.$$

Verdoppelt man die mittlere Geschwindigkeit der Moleküle im Gas, so passiert zweierlei. Zum einen stoßen die Moleküle doppelt so häufig mit den Wänden, da sie doppelt so schnell durch den Behälter sausen. Zum anderen werden die Stöße heftiger. Doppelter Impuls (das ist Masse mal Geschwindigkeit) bedeutet doppelte Kraft bei einem Stoß, so lehrt uns das zweite Newton'sche Gesetz. Durch beide Effekte zusammen wird der Druck insgesamt viermal so groß, er ist also proportional zur mittleren Geschwindigkeit ins Quadrat:

$$p \sim \overline{v}^2.$$

Die mittlere Geschwindigkeit ins Quadrat ist aber wiederum proportional zur mittleren kinetischen Energie der Moleküle und damit proportional zur absoluten Temperatur T des Gases:

$$p \sim T$$

Der Druck ist also einerseits proportional zur Anzahldichte und andererseits proportional zur Temperatur T. Das bedeutet, der Druck ist proportional zum Produkt aus beidem:

$$p = k_B \cdot \frac{N}{V} \cdot T.$$

Eine genauere Rechnung (siehe zum Beispiel: Gerthsen: Physik, Springer-Verlag) zeigt, dass die Proportionalitätskonstante gerade die Boltzmann-Konstante k_B ist.

Damit das so hinkommt, stand in der Definition der Temperatur in ▶ Abschn. 5.1.2 der Faktor $3/2$.

Man schreibt die so gewonnene Gleichung üblicherweise etwas anderes hin. Für die Stoffmenge gibt man die Zahl der Mole n an statt der Zahl der Teilchen N. Das Volumen schreibt man auf die andere Seite. So erhalten wir:

$$p \cdot V = k_B \cdot N_A \cdot n \cdot T = R \cdot n \cdot T.$$

Boltzmann-Konstante mal Avogadro-Konstante (Zahl der Teilchen in einem Mol) nennt man die **universelle Gaskonstant** R:

$$R = k_B \cdot N_A = 8{,}31\,\frac{J}{mol \cdot K}$$

❯ **Merke**

Gasgesetz (Zustandsgleichung der idealen Gase)

$$p \cdot V = N \cdot k_B \cdot T = n \cdot R \cdot T$$

$$k_B = \text{Boltzmann-Konstante}$$

$$= 1{,}38 \cdot 10^{-23}\,J\,K^{-1}$$

$$R = \text{allgemeine Gaskonstante}$$

$$= 8{,}31\,J\,mol^{-1}\,K^{-1}$$

Der Quotient V/n ist das Molvolumen V_n. Unter **Normalbedingungen**, d. h. einem Druck $p = 101{,}3\,kPa$ und der Temperatur $T = 0\,°C$, beträgt das Molvolumen eines idealen Gases $22{,}4\,l/mol$, bei Zimmertemperatur etwa $24\,l/mol$.

Hat man ein Gas nicht auf Normalbedingungen, so kann man mit dem Gasgesetz leicht auf diese umrechnen, denn es verlangt bei einer abgeschlossenen Gasmenge, dass $p \cdot V$ proportional zu T, dass also $p \cdot V / T$ konstant sein muss. Daraus folgt zum Beispiel für die Umrechnung des Volumens in zwei Zuständen 1 und 2:

$$V_2 = \frac{T_2}{T_1} \frac{p_1}{p_2} V_1$$

Wichtig für alle Berechnungen mit der Zustandsgleichung ist: in der Gleichung steht die absolute Temperatur in Kelvin. Ist die Temperatur zunächst in Grad Celsius gegeben, so muss sie erst noch umgerechnet werden.

Reales Gas

Nicht ganz so ideale Gase folgen der **Zustandsgleichung von van der Waals** (Johannes Diderik van der Waals, 1837–1923)

$$(p + a/V^2) \cdot (V - b) = n \cdot R \cdot T.$$

Sie berücksichtigt mit der Materialkenngröße a die anziehenden Kräfte, die auch zwischen Gasmolekülen auftreten und auf diese ähnlich wirken wie eine Erhöhung des äußeren Drucks. Der Einfluss wächst, wenn die Moleküle dichter zusammenrücken, wenn also das Molvolumen abnimmt. Andererseits steht dieses Molvolumen der thermischen Bewegung der Moleküle nicht voll zur Verfügung; sie sind ja keine ausdehnungslosen Punkte im Sinn der Mathematik, sondern kleine Kügelchen mit einem *Eigenvolumen*. Mit der zweiten Materialkenngröße b wird es von V abgezogen. Mit sinkender Dichte der Gasteilchen verlieren beide Korrekturglieder an Bedeutung: Das *Van-der-Waals-Gas* nähert sein Verhalten immer mehr dem des idealen Gases an.

Rechenbeispiel 5.6: Wie viele Moleküle in einem Atemzug?

Aufgabe: Ungefähr wie viele Moleküle atmet man bei einem 1 Liter-Atemzug ein?

Lösung: Luft unter Normalbedingungen ist in guter Näherung ein ideales Gas. Das Molvolumen ($6{,}02 \cdot 10^{23}$ Moleküle) ist also 24 l. Man atmet also etwa $\frac{1 l}{22{,}4 l} \cdot 6 \cdot 10^{23} = 2{,}7 \cdot 10^{22}$ Moleküle ein.

Rechenbeispiel 5.7: Reifendruck

Aufgabe: Ein Reifen ist bei 10 °C auf einen Überdruck von 200 kPa aufgepumpt. Nachdem das Auto 100 km gefahren ist, ist die Reifentemperatur auf 40 °C gestiegen. Welcher Überdruck herrscht nun im Reifen?

Lösung: Das Volumen des Reifens bleibt in etwa konstant. Wir haben also: $\frac{p_1}{T_1} = \frac{p_2}{T_2}$. Um diese Formel nutzen zu können, müssen wir zwei Dinge tun: die Temperaturen in absolute Temperaturen umrechnen (273 K addieren) und zum Überdruck den Luftdruck (101 kPa) addieren, um auf den Gesamtdruck zu kommen. Dann bekommen wir: $p_2 = \frac{313\,\mathrm{K}}{283\,\mathrm{K}} \cdot 313\,\mathrm{kPa} = 333\,\mathrm{kPa}$. Das entspricht dann wieder einem Überdruck von 233 kPa. Das ist ein Anstieg um immerhin 15 %. Deshalb soll man Reifendrücke immer im kalten Zustand messen.

5.2.2 Partialdruck

Dass sich Luft im Wesentlichen aus Stickstoff und aus Sauerstoff zusammensetzt, dass diese Elemente zweiatomige Moleküle bilden, die Atome der Edelgase aber für sich allein bleiben, kümmert das Gasgesetz nicht: Ihm sind alle Moleküle gleich, und Atome hält es auch für Moleküle. Ihm geht es nur um deren Anzahl N. Bei einem Gasgemisch aus n Komponenten darf man deren Molekülanzahlen N_1 bis N_n darum einfach aufaddieren:

$$p \cdot V = (N_1 + N_2 + \cdots + N_n) \cdot k_B T$$
$$= k_B T \cdot \sum_{i=1}^{n} N_i$$

Auch das Produkt aus Druck p und Volumen V auf der linken Seite der Gleichung darf man den Komponenten zuordnen. Dies tut man vor allem für den Druck:

$$(p_1 + p_2 + \cdots + p_n) \cdot V = k_B T \cdot \sum_{i=1}^{n} N_i$$

Jeder Molekülsorte steht das gesamte Volumen V zur Verfügung; also trägt jede Komponente mit dem **Partialdruck** p_i ihren Anteil zum Gesamtdruck p bei:

$$p = p_1 + p_2 + \cdots + p_n = \sum_{i=1}^{n} p_i.$$

Definitionsgemäß stehen die Partialdrücke untereinander in den gleichen Verhältnissen wie die Molekülanzahlen:

$$p_1 : p_2 : p_3 = N_1 : N_2 : N_3.$$

5.2.3 Die Energie im Gas

Die thermische Energie in einem idealen Gas steckt praktisch vollständig in der kinetischen Energie der Moleküle. Das ist zunächst einmal die kinetische Energie, die in der Schwerpunkt-Bewegung steckt. Das ist die geradlinige Bewegung der Moleküle durch den Behälter. Natürlich bewegen sich nicht alle Moleküle mit der gleichen Geschwindigkeit. Die ◘ Abb. 5.7 zeigt die Geschwindigkeitsverteilung im thermodynamischen Gleichgewicht für zwei verschiedene Temperaturen.

Die grundlegende Form (Maxwell'sche Geschwindigkeitsverteilung) ist für alle Gase und alle Temperaturen gleich.

Moleküle können jedoch mehr als nur herumfliegen. Sie können sich auch noch drehen und sie können schwingen. Es ist wichtig, diese weiteren Bewegungsmöglichkeiten aufzuzählen. Dazu gibt es in der Physik den Begriff der **Freiheitsgrade**. Die Aufzählung geht so:

Atome können sich geradlinig in die drei Raumrichtungen bewegen. Man sagt: sie haben drei Freiheitgrade. Die zweiatomigen Moleküle des Stickstoffs (N_2) bilden hingegen Hanteln, die auch noch um zwei zueinander senkrechte Achsen rotieren können (◘ Abb. 5.8); Drehung um die Hantelachse ist aus quantenmechanischen Gründen nicht möglich.

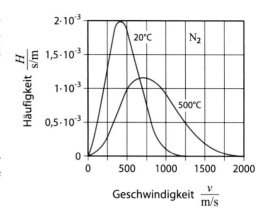

◘ **Abb. 5.7 Maxwell-Geschwindigkeitsverteilung**. Verteilung der thermischen Geschwindigkeiten von Stickstoffmolekülen für zwei Temperaturen. Als Ordinate ist die *Häufigkeit H* aufgetragen, mit der Moleküle in einem Geschwindigkeitsintervall der Breite Δv zu erwarten sind. Stecken in dem Intervall ΔN Moleküle, so haben die an der Gesamtanzahl N den Anteil $\Delta N/N$ und die Häufigkeit $H = \Delta N/(N \cdot \Delta v)$. Wegen des Geschwindigkeitsintervalls unter dem Bruchstrich kommt der Häufigkeit hier die Einheit s/m zu

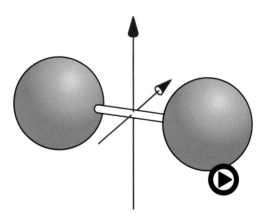

◘ **Abb. 5.8 (Video 5.2) Zweiatomiges, hantelförmiges Molekül** besitzt zwei Achsen, zwei *Freiheitsgrade*, in denen es Rotationsenergie unterbringen kann (▶ https://doi.org/10.1007/000-bt8)

Die Rotation liefert zwei zusätzliche Freiheitsgrade, zusammen fünf.

Dreiatomige Moleküle können sich um Achsen in allen drei Raumrichtungen drehen, haben also drei Freiheitsgrade der Rotation:

5

zusammen sechs. Komplizierter wird es, wenn ein Molekül auch noch in sich schwingt; jede Möglichkeit bringt gleich zwei Freiheitsgrade, einen für die kinetische, einen für die potentielle Energie der Schwingung. Das gilt dann auch für die Schwingungen der Gitterbausteine eines Kristalls: Atome im Kristall haben sechs Freiheitsgrade für die Schwingung in drei Raumrichtungen. Die Quantenmechanik legt fest, dass für Rotation und Schwingungen bestimmte Mindestenergien gelten. Ist die Temperatur zu niedrig, werden diese Mindestenergien nicht erreicht und das Molekül rotiert oder schwingt nicht. Man nennt dieses das „Ausfrieren" von Freiheitsgraden. Ist aber ein Freiheitsgrad aktiv, so trägt er im thermodynamischen Gleichgewicht immer die mittlere kinetische Energie

$$\overline{E_{kin}} = \frac{1}{2} k_b \cdot T.$$

Das sagt der wichtige **Gleichverteilungssatz**: durch die Stöße der Moleküle miteinander verteilt sich die thermische Energie im Mittel gleichmäßig auf alle Freiheitsgrade und deswegen ist auch die Temperatur überall gleich.

Die thermische Energie eines Gases, das aus einem Mol einzelner Atome besteht, ist demnach:

$$U_{th} = 3 \cdot N_A \cdot \frac{1}{2} \cdot k_B \cdot T = 3 \cdot \frac{1}{2} R \cdot T,$$

da die Atome in ihm ja drei Freiheitsgrade haben. Für die molare Wärmekapazität eines einatomigen Gases heißt das:

$$c_n = \frac{3}{2} R.$$

Für Luft sind es zwei Freiheitsgrade der Rotation mehr:

$$c_n(\text{Luft}) = \frac{5}{2} R.$$

Die Wärmekapazität der Luft ist also höher als die des Edelgases Argon, da es für die Luftmoleküle mehr Bewegungsmöglichkeiten gibt als für die Argonatome.

Im Kristall

In Metallen zum Beispiel schwingen die Atome im Kristallgitter in drei Raumrichtungen: macht zwei Freiheitsgrade pro Richtung, also insgesamt sechs. Die molare Wärmekapazität ist dann: $c_n = \frac{6}{2} R$ *(Regel von Doulong-Petit)*.

5.3 Transportphänomene

5.3.1 Wärmeleitung

Lange bevor sich ein Gasmolekül in der thermischen Bewegung ernsthaft von seinem Ausgangspunkt entfernt hat, ist es schon mit unzähligen Artgenossen unter Austausch von Energie und Impuls zusammengestoßen. Die Gitterbausteine des Kristalls können thermische Energie sogar weitergeben, ohne ihren Platz zu verlassen.

Steckt man Stäbe aus verschiedenen Materialien in heißes Wasser, so kann man mit der Wärmebildkamera sehr schön verfolgen, wie schnell die Wärme die Stäbe hochsteigt (◘ Abb. 5.9). Die fünf Stäbe in der Abbil-

◘ **Abb. 5.9 (Video 5.3) Wärmeleitfähigkeit.** Dieses Wärmebild zeigt die Temperatur in unterschiedlichen Grautönen. Fünf Stäbe stecken seit einer Minute in warmem Wasser. Der Kupferstab (rechts) ist schon recht warm. Dann kommen mit abnehmender Wärmeleitfähigkeit: Aluminium, Messing, Graphit und Kunststoff (► https://doi.org/10.1007/000-bt9)

dung sind von rechts nach links aus Kupfer, Aluminium, Messing, Graphit und Kunststoff. Das Wasser im flachen Behälter ist ca. 40 °C warm. Der Kupferstab ist nach einer Minute schon gleichmäßig etwa 30 °C warm, während man den Kunststoffstab praktisch noch gar nicht sieht, weil er noch auf Umgebungstemperatur ist. Kupfer hat von den Materialien die höchste **Wärmeleitfähigkeit**, die anderen Stäbe sind nach sinkender Wärmeleitfähigkeit sortiert.

> **Merke**
Wärmeleitung: Wärmeübertragung ohne Materietransport.

Durch die thermische Bewegung wird eine Wärme Q, gemessen in Joule, von einem Ort zu einem anderen gebracht. Das entspricht einem

Wärmestrom $I_Q = \mathrm{d}Q/\mathrm{d}t$

Einheit: $1\dfrac{\mathrm{J}}{\mathrm{s}} = 1$ Watt.

Er repräsentiert eine Leistung. Der Wärmestrom entsteht, wenn die Temperatur von Ort zu Ort verschieden ist. Er wird also angetrieben durch eine Temperaturdifferenz ΔT. Schon Newton hatte erkannt, dass der Wärmestrom proportional zur Temperaturdifferenz ist. Den genauen Zusammenhang wollen wir uns an einer Fensterscheibe klar machen. Dabei denken wir nicht an eine moderne doppelglasige Thermopenscheibe, sondern an ein einglasiges Fenster. Der Wärmestrom durch dieses Fenster wird also mit steigender Temperaturdifferenz zwischen drinnen und draußen steigen. Außerdem ist er natürlich umso größer, je größer die Fläche A der Fensterscheibe ist. Ist die Glasscheibe dicker, so ist die Temperaturänderung pro Länge (man spricht vom Temperaturgradienten) kleiner. Das reduziert auch den Wärmestrom. Und natürlich spielt die Materialeigenschaft des Glases, seine Wärmeleitfähigkeit λ, eine Rolle. Alles zusammen ergibt folgende Formel:

$$I_Q = \lambda \cdot A \cdot \frac{\Delta T}{d}.$$

Dabei ist A Fläche der Glasscheibe und d ihre Dicke. Die Wärmeleitfähigkeit λ wird in $\mathrm{W}/(\mathrm{m} \cdot \mathrm{K})$ gemessen und hängt oft auch noch etwas von der Temperatur ab.

> **Merke**
Wärmeleitungsgleichung:
Wärmestrom:

$$I_Q = \lambda \cdot A \cdot \frac{\Delta T}{d}$$

mit der Wärmeleitfähigkeit λ.

Auch die Elektronen, die im Metall den elektrischen Strom transportieren, nehmen an der Wärmebewegung teil. Gute elektrische Leiter wie Silber und Kupfer sind deshalb auch gute Wärmeleiter; Kochlöffel fertigt man seit alters her aus dem elektrischen Nichtleiter Holz oder Kunststoff, damit man sich nicht die Hand verbrennt. Gase haben schon wegen ihrer geringen Dichte auch nur geringe Wärmeleitfähigkeit. Deshalb sind Fenster fast immer aus doppelglasigen Scheiben mit einem Gasraum zwischen den Scheiben. Je schwerer die Gasatome sind, umso langsamer bewegen sie sich und transportieren Wärme entsprechend schlechter. Besonders gute Thermopenscheiben haben das schwere Edelgas Xenon zwischen den Gläsern. Bei normalen Scheiben ist es in der Regel Stickstoff. Am besten wäre es natürlich, zwischen den Gläsern wäre gar nichts (Vakuum). Das funktioniert aber nur bei Thermosflaschen. Fensterscheiben würden wegen der großen Fläche dem Luftdruck nicht standhalten und zusammenfallen.

Rechenbeispiel 5.8: Wärmeverlust durchs Fenster

Aufgabe: Welcher Wärmeverlust entsteht an einem $2\,\mathrm{m}^2$ großen Fenster (einglasig, Glasdicke $3\,\mathrm{mm}$), wenn an der Innenseite eine Temperatur von $15\,°\mathrm{C}$ und auf der Außenseite eine Temperatur von $14\,°\mathrm{C}$ herrscht. Die Wärmeleitfähigkeit von Glas ist etwa $1\,\mathrm{W}/\mathrm{m} \cdot \mathrm{K}$.

5

Lösung: Durch die Scheibe wird eine Leistung von $P = \frac{1\,\text{W/mK}\cdot 2\,\text{m}^2}{0{,}003\,\text{m}} \cdot 1\,\text{K} = 667\,\text{W}$ transportiert. Da muss ein kräftiger Heizstrahler gegen heizen. Also lieber doppelt verglasen, denn das Gas zwischen den Scheiben eines typischen Thermopen-Fensters hat eine Wärmeleitfähigkeit von nur 0,023 W/mK.

Abb. 5.10 (Video 5.4) **Konvektion**. Aufsteigende warme Luft bei einer Frau. Man kann auch erkennen, dass sie gerade durch die Nase ausatmet. Durch eine spezielle Schattenwurftechnik werden kleine Unterschiede im Brechungsindex der Luft sichtbar gemacht. (Mit freundlicher Genehmigung Cambridge University Press) (▶ https://doi.org/10.1007/000-bta)

5.3.2 Konvektion

Misst man zum Beispiel mit einem Strahlungsthermometer die Temperatur einer Fensterscheibe auf der Innenseite und auf der Außenseite, so stellt man fest, dass die Fensterscheibe im Winter auf der Innenseite kälter und auf der Außenseite wärmer als die umgebende Luft ist. Tatsächlich muss die Wärme, die durch das Fenster strömt, ja auch zum Fenster hin und vom Fenster weg gelangen. Dies geschieht durch Konvektion. Die Luft strömt an der Fensterscheibe entlang und gibt dabei Wärme an die Scheibe ab, wenn sie wärmer ist als die Scheibe, oder sie nimmt Wärme auf, wenn sie kälter ist. Die Luftströmung wird durch Auftrieb verursacht. Im Winter wärmt die Fensterscheibe zunächst durch Wärmeleitung die Außenluft an ihrer Oberfläche an. Diese warme Luft steigt wegen ihrer geringeren Dichte nach oben und transportiert damit die thermische Energie vorm Fenster weg.

Auf der Innenseite des Fensters sinkt entsprechend kältere Luft an der Scheibenoberfläche nach unten und transportiert so wärmere Luft zum Fenster hin. Die Wärmeübertragung ist hier also mit Materietransport verbunden.

Auch für den Temperaturhaushalt des Menschen ist Konvektion wichtig. Abb. 5.10 zeigt die mit einer besonderen Schattentechnik sichtbar gemachte aufsteigende warme Luft bei einer Frau. Besonders an der warmen Hand steigt die Luft, während die Konvektion an der kühleren Blusenoberfläche schwächer ist.

Wie beim Menschen ist meistens die Wärmeübertragung durch Konvektion viel effektiver als reine Wärmeleitung. Die notwendige Strömung kann natürlich auch aktiv angetrieben werden. Der Kühler eines Autos tut dies gleich zweimal: ein Ventilator bläst die kühlere Umgebungsluft durch einen Wärmetauscher („Kühler"), durch den wiederum das Kühlwasser zum Motor gepumpt wird. Im Wärmetauscher und im Motor muss die Wärme aber wieder durch Wärmeleitung vom Kühlwasser zur Luft gelangen.

Die Wirkung der freien, durch Auftrieb erzeugten thermischen Konvektion korrekt auszurechnen, ist nahezu unmöglich, dazu sind die Strömungsverhältnisse viel zu kompliziert. Unabhängig von den Details wird aber der Wärmestrom im Großen und Ganzen proportional zur Differenz der Temperaturen von Luft und fester Oberfläche sein. Es gilt ungefähr:

$$I_Q = A \cdot h_{cv} \cdot \Delta T$$

hierbei ist A der Flächeninhalt der umströmten Fläche und h_{cv} ein **Wärmeübergangskoeffizient**. Für Zimmerluft gibt es brauchbare Erfahrungswerte: eine horizontale warme Fläche bringt es auf $h_{cv} \sim 9\,W/(m^2 \cdot K)$, eine vertikale auf $h_{cv} \sim 5,5\,W/(m^2 \cdot K)$.

> **Merke**
> Wärmeübergang mit Konvektion:
> Wärmestrom
>
> $$I_Q = A \cdot h_{cv} \cdot \Delta T$$
>
> mit Wärmeübergangszahl h_{cv}.

Der Eisbär muss die Konvektion an seiner Hautoberfläche unterbinden. Eben dazu dient sein Fell, und der Mensch zieht sich warm an. Im Vakuum gibt es weder Konvektion noch Wärmeleitung. Die Thermosflasche nutzt das aus.

Rechenbeispiel 5.9: Frierender Mensch

Aufgabe: Der Mensch hat eine Oberfläche von etwa $1{,}5\,m^2$. Wie groß wäre sein Wärmeverlust durch Konvektion, wenn er nackt in einem 15 °C kalten Raum stünde?

Lösung: Die Temperatur der Hautoberfläche wird nicht ganze 37 °C sein, vielleicht nur 33 °C. Dann ist ca.

$$P = 5{,}5\,\frac{W}{m^2 \cdot K} \cdot 1{,}5\,m^2 \cdot (33°C - 15°C)$$
$$= 149\,W.$$

Das ist schon etwas mehr Leistung als die, die der Stoffwechsel eines ruhenden Menschen erzeugt. Daher zittert der Mensch, um seinen Stoffwechselumsatz zu erhöhen.

5.3.3 Wärmestrahlung

Vakuum unterbindet jeden Temperaturausgleich durch Wärmeleitung oder Konvektion; das gilt für die Doppelwand des Dewar-Gefäßes und für den Weltraum. Trotzdem bleibt eine Form des Wärmeaustausches möglich: der

durch **Wärmestrahlung** nämlich. Ohne diese elektromagnetische Strahlung gäbe es auf der Erde kein Leben; seine Energiequelle ist die Sonne, durch den leeren Weltraum von ihm getrennt.

Elektromagnetische Strahlung entsteht immer, wenn sich geladene Teilchen beschleunigt bewegen. Atome bestehen aus geladenen Teilchen und sind immer in thermischer Bewegung (außer am absoluten Temperaturnullpunkt). Daher strahlt alles, was wärmer als 0 K ist, elektromagnetische Wellen, also Licht im weitesten Sinne, ab. Und elektromagnetische Wellen transportieren Energie. Daher spricht man von Wärmestrahlung. Unsere Augen sind auf das Sonnenlicht adaptiert, also auf die Strahlung eines 5800 K heißen Gegenstandes. Die Wellenlänge dieses sichtbaren Sonnenlichtes liegt bei 0,5 µm. Genauer ergibt sich eine Wellenlängenverteilung, ein Spektrum, das die ▪ Abb. 7.4 zeigt. Je niedriger die Temperatur des Gegenstandes ist, umso größer sind die Wellenlängen, mit denen er strahlt. Die ▪ Abb. 5.11 zeigt, dass eine 3000 K heißer Glühdrahtes in einer Glühbirne am stärksten

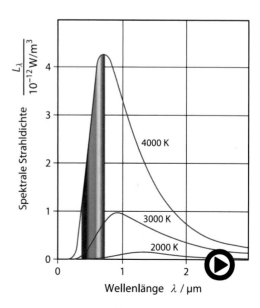

▪ **Abb. 5.11 (Video 5.5) Spektrum der Wärmestrahlung** für drei verschiedene Temperaturen (► https://doi.org/10.1007/000-bt7)

um eine Wellenlänge von 1 µm strahl, also jenseits des sichtbaren roten Lichtes im sogenannten Infrarot. Daher ist die Glühbirne ein so ineffizienter Spender sichtbaren Lichtes, kann aber gut als Infrarotleuchte einen steifen Hals erwärmen. Es gibt einen sehr einfachen Zusammenhang zwischen der Temperatur und der Wellenlänge, bei der ein Gegenstand am stärksten strahlt, das

Wien-Verschiebungsgesetz:

$$\lambda_{max} = \frac{2898\ \mu m \cdot K}{T}.$$

Setzt man nun hier die Oberflächentemperatur eines Menschen ein, also ca. 300 K, so kommt für die Wellenlänge 10 µm heraus. Das liegt im „fernen Infrarot". Solches Licht kann man mit Wärmebildkameras fotografieren (■ Abb. 5.11). In normalen Digitalkameras sind auf einem etwa 5 × 4 mm großen Siliziumchip einige Millionen lichtempfindliche Dioden (siehe auch ▶ Abschn. 6.7.4) angeordnet. In **Wärmebildkameras** (man spricht auch von **Thermographie**), die meist für Infrarotlicht mit Wellenlängen zwischen 8 und 13 µm empfindlich sind, geht es viel komplizierter zu. Auf dem Silizium-Chip werden durch Ätztechnik etliche Quadratmikrometer große freistehende Brücken aus einem leitfähigen Material gebaut, die von der Infrarotstrahlung erwärmt ihre Leitfähigkeit ändern (**Mikrobolometer**). Auf einem Chip sind aber bestenfalls 100.000 solcher Brücken, die Auflösung einer Wärmebildkamera ist also viel schlechter. Durch Glas geht diese Infrarotstrahlung gar nicht hindurch, deshalb ist die Objektivlinse aus dem Halbleiter Germanium gefertigt. Das alles macht Wärmebildkameras zehn- bis hundertmal teurer als Kameras für sichtbares Licht. In der Technik eingesetzt werden sie vor allem auf Baustellen zur Kontrolle der Wärmeisolation von Gebäuden und in Fabriken zur Kontrolle elektrischer Stromkreise auf Überhitzung.

Die ■ Abb. 5.12 zeigt ein Falschfarbenbild, jedem Farbton ist eine Temperatur zugeordnet. Die Kamera sieht eigentlich nur Hellig-

■ **Abb. 5.12** (Video 5.6) **Wärmebild des Autors**. Die Brille ist relativ kalt, die Infrarotstrahlung von den dahinter liegenden wärmeren Augen dringt nicht durch das Glas. Der Mund ist auch relativ kalt, weil ich gerade eingeatmet habe. Die Skala zeigt an, welcher Farbton zu welcher Temperatur gehört (▶ https://doi.org/10.1007/000-btc)

keitsstufen, die von der Elektronik in Temperaturen umgerechnet werden. Dahinter steckt das wichtigste Gesetz für die Wärmestrahlung, das **Stefan-Boltzmann-Gesetz**. Es gibt an, welche Strahlungsleistung einen Gegenstand bei einer bestimmten Oberflächentemperatur insgesamt abstrahlt:

$$P = \varepsilon \cdot A \cdot \sigma \cdot T^4$$

Hier ist A die Oberfläche des Gegenstandes und σ eine Naturkonstante, die Stefan-Boltzmann-Konstante:

$$\sigma = 5{,}67 \cdot 10^{-8} W/m^2 \cdot K^4.$$

ε ist der Emmissionskoeffizient der Oberfläche, der üblicherweise bei 0,95, also nahe bei dem größten Wert eins liegt. Eine wichtige Ausnahme sind silbrige, spiegelnde Oberflächen. Bei ihnen ist der Emissionskoeffizient nahe null, sie strahlen also fast gar nicht. Deswegen sind die Innenoberflächen in Thermoskanne und Dewar-Gefäßen immer verspiegelt. Auch dem Bergsteiger hilft es, wenn in seinem Schlafsack eine Silberfolie mit eingenäht ist, denn dann strahlt er kaum noch etwas ab. Tatsächlich gibt ein Mensch normalerweise etwa die Hälfte der thermischen

Energie, die sein Stoffwechsel ständig produziert, in Form von Wärmestrahlung ab (siehe ▶ Rechenbeispiele 5.9 und ▶ 5.10). Das wichtigste am Stefan-Boltzmann-Gesetz ist aber die gewaltig starke Temperaturabhängigkeit der Strahlungsleistung mit T^4. Die ◘ Abb. 5.11 machte dies schon deutlich. Wegen dieser starken Temperaturabhängigkeit kann die Wärmebildkamera die gemessene Helligkeit gut in Temperaturen umrechnen. Die Genauigkeit wird nur dadurch begrenzt, dass der Emissionskoeffizient doch von Oberfläche zu Oberfläche ein klein wenig schwanken kann.

Rechenbeispiel 5.10: Der Mensch friert noch mehr

Aufgabe. Außer durch Konvektion verliert der nackte Mensch Wärme auch durch Strahlung. Wie viel?

Lösung: Die meisten Menschen sind zwar nicht schwarz, aber doch in guter Näherung ein schwarzer, der Emmissionskoeffizient ist eins. Dann liefert das Stefan-Botzmann-Gesetz: $P = 1{,}5\,\text{m}^2 \cdot \sigma \cdot (306\,\text{K})^4 = 746\,\text{W}$. Diese gewaltige Strahlungsleistung lässt den Menschen aber nur erkalten, wenn er einsam durch die Weiten des Weltalls schwebt. Das 15 °C kalten Zimmer strahlt ja auch auf ihn zurück, und zwar mit: $P = 1{,}5\,\text{m}^2 \cdot \sigma \cdot (288\,\text{K})^4 = 585\,\text{W}$. Nur die Differenz von 161 W lässt den Menschen frieren. Diese Verlustleistung entspricht recht genau den 149 W, die durch Konvektion verloren gehen (▶ Rechenbeispiel 5.9)

5.3.4 Diffusion

Die thermische Bewegung wirbelt die Moleküle eines Gases ständig durcheinander und verteilt sie gleichmäßig im Gelände, auch und vor allem dann, wenn mehrere Molekülsorten gleichzeitig herumschwirren: Sie werden auf die Dauer homogen durchmischt. Im Gedan-

kenversuch kann man ein Gefäß durch eine herausnehmbare Trennwand unterteilen und z. B. auf der linken Seite Sauerstoff, auf der rechten Stickstoff einfüllen, beide Gase unter gleichem Druck (◘ Abb. 5.13a). Entfernt man die Trennwand, so werden im ersten Augenblick nur Sauerstoffmoleküle die alte Grenzfläche von links überqueren, einfach weil rechts keine vorhanden sind. Auch eine Weile später werden sie dort noch in der Minderzahl sein und deshalb überwiegend von links nach rechts *diffundieren* (◘ Abb. 5.13b). Erst wenn sich die Anzahldichten der beiden Molekülsorten nach längerer Zeit völlig angeglichen haben,

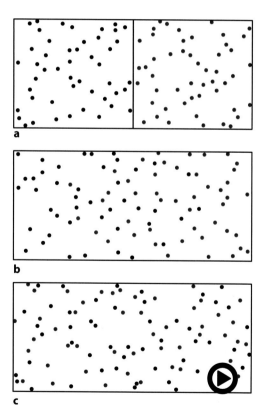

a

b

c

◘ **Abb. 5.13 (Video 5.7) Diffusion im molekularen Bild**, schematisch. Im ersten Moment nach Entfernen der Trennwand können die beiden Molekülsorten nur jeweils von einer Seite aus die alte Grenzfläche überschreiten. Erst wenn sich die Konzentrationen ausgeglichen haben, verschwinden auch die Nettoströme der Teilchen. Siehe Video zu ◘ Abb. 5.14 (▶ https://doi.org/10.1007/000-btd)

werden sich auch die Anzahlen der Grenzgänger in beiden Richtungen angleichen.

> **Merke**
> Diffusion: Transport von Molekülen durch thermische Bewegung.

Letztlich gibt es immer dann Diffusion, wenn ein Konzentrationsgefälle vorliegt, Moleküle an einem Ort häufiger sind als am Nachbarort. Man beschreibt das wie bei einer Temperatur mit Konzentrationsänderung pro Länge (einem **Konzentrationsgradienten**) $\Delta c/\Delta x$. Und entsprechend wie bei der Wärmeleitung ist der Teilchenstrom der Diffusion proportional zu diesem Konzentrationsgradienten und auch zur durchströmten Fläche A. Das **Diffusionsgesetz** für den Teilchenstrom I_T sieht der Wärmeleitungsgleichung sehr ähnlich:

$$I_T = D \cdot A \cdot \frac{\Delta c}{\Delta x}$$

mit dem *Diffusionskoeffizienten* D. Seine SI-Einheit ist m^2/s, oft wird er aber in cm^2/s angegeben.

> **Merke**
> Diffusionsgesetz: Teilchenstrom proportional zum Konzentrationsgradienten
>
> $$I_T = D \cdot A \cdot \frac{\Delta c}{\Delta x}$$

Mit steigender Temperatur wird die thermische Bewegung immer heftiger; kein Wunder, dass mit ihr auch der Diffusionskoeffizient zunimmt. Leichte Moleküle sind bei gegebener Temperatur schneller: Kein Wunder, dass der Diffusionskoeffizient von Wasserstoff größer ist als der von Sauerstoff oder Stickstoff. Dieses Faktum lässt sich sinnfällig demonstrieren; man braucht dazu einen hohlen und porösen Tonzylinder, an den unten ein gläserner Stutzen mit einem Wassermanometer angeschmolzen ist (◻ Abb. 5.14). Stülpt man jetzt ein mit gasförmigem Wasserstoff gefülltes Becherglas von oben über den Zylinder, so signalisiert das Manometer Überdruck: H_2 diffundiert schneller in den Zylinder hinein als Luft heraus.

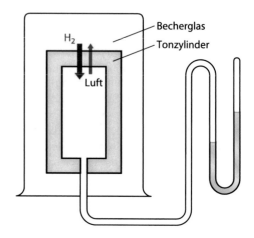

◻ **Abb. 5.14   Versuch zur Diffusion von Gasen**. Das Becherglas wird von unten mit Wasserstoff gefüllt. Da er schneller in den porösen Tonzylinder diffundiert als Luft hinauskommt, entsteht im Zylinder vorübergehend ein Überdruck

Was den Gasen recht ist, ist den Flüssigkeiten billig und vor allem auch den in ihnen gelösten Stoffen. Deren Moleküle haben aber in ihrer thermischen Bewegung sehr viel kleinere freie Weglängen und darum auch sehr viel kleinere Diffusionskoeffizienten als die Moleküle der Gase. Füllt man einen meterhohen Zylinder zur Hälfte mit Wasser, schichtet man vorsichtig unter sorgsamer Vermeidung von Wirbeln Tinte darüber, lässt man das Ganze ruhig stehen und schaut nach einem Jahr wieder nach, so ist die scharfe Grenzfläche zwar durchaus um einige Zentimeter auseinander gelaufen, aber von einer homogenen Durchmischung kann auch nach 100 Jahren noch nicht die Rede sein. Wer Milch in den Kaffee gießt, trinkt gern ein leidlich homogenes Gemisch. Im Grunde braucht er nur zu warten, die Diffusion wird es schon besorgen. Besser ist es umzurühren, d. h. die Diffusion durch *Konvektion* zu ersetzen.

Die geringe Diffusionsgeschwindigkeit in Flüssigkeiten hat erhebliche Konsequenzen für die Konstruktion von Mensch und Tier. Die von Muskeln und Organen benötigten Nährstoffe können zwar vom Blutkreislauf durch Konvektion „vor Ort" angeliefert werden, das letzte Stückchen des Weges müssen sie aber durch Diffusion zurücklegen. Dieses Stückchen soll nach Möglichkeit klein sein und die Querschnittsfläche des Diffusionsstromes nach Möglichkeit groß. Darum ist das System der Blutgefäße so unglaublich fein verästelt, darum sind die Lungenbläschen so winzig und so zahlreich.

Rechenbeispiel 5.11: Hechelndes Insekt?

Aufgabe: Ein Insekt atmet nicht, der Sauerstoff diffundiert hinein.

Sauerstoff diffundiert von der Oberfläche eines Insekts durch kleine Röhren, die man Tracheen nennt. Diese seien 2 mm lang und hätten eine innere Oberfläche von $2 \cdot 10^{-9}$ m². Angenommen, die Sauerstoffkonzentration im Insekt ist halb so groß wie in der Luft, welcher Sauerstofffluss geht durch die Trachea? Die Sauerstoffkonzentration in der Luft ist etwa $8{,}7$ mol/m³ und die Diffusionskonstante $D = 10^{-5}$ m²/s.

Lösung: Der Sauerstofffluss ist

$$I = A \cdot D \cdot \frac{\Delta c}{\Delta x}$$

$$= 2 \cdot 10^{-9} \text{m}^2 \cdot D \cdot \frac{4{,}35 \text{ mol/m}^3}{0{,}002 \text{ m}}$$

$$= 4{,}36 \cdot 10^{-11} \text{ mol/s}.$$

Bei einer Lungeninnenfläche von ca. 70 m² kommt der Mensch „nur" auf einen Sauerstofffluss von etwa $3 \cdot 10^{-4}$ mol/s.

---

gibt es so etwas fast nicht. Anderes gilt in Flüssigkeiten. Gerade lebende Organismen setzen in unglaublicher Vielfalt **selektivpermeable** Membranen ein, Membranen also, die z. B. Wassermoleküle hindurch lassen, gelöste Zuckermoleküle aber nicht (man spricht auch von „semipermeablen" Membranen; dieser Name ist nicht unbedingt glücklich gewählt worden, denn „semipermeabel" bedeutet in wörtlicher Übersetzung „halbdurchlässig"). Im einfachsten Fall darf man sich eine solche Membran als ein Sieb mit molekülfeinen Poren vorstellen (◘ Abb. 5.15): Die gelösten Moleküle sind einfach zu dick, um hindurch zu kommen. Spezialisierte Membranen entwickeln allerdings eine Fülle von Fähigkeiten der Selektion, die sich so einfach nicht erklären lassen; manche lebenden Membranen können sogar nicht nur sortieren, sondern auch aktiv pumpen, also von sich aus einen Konzentrationsunterschied auf ihren beiden Seiten aufbauen.

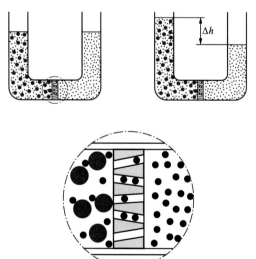

◘ **Abb. 5.15 Osmose.** Einfache Modellvorstellung zur Entstehung des osmotischen Druckes. Die feinen Poren der Membran lassen nur die kleinen Moleküle des Lösungsmittels hindurch, nicht aber die dicken der gelösten Substanz. Demnach kann nur das Lösungsmittel seinem Konzentrationsgefälle folgen und in die Lösung diffundieren und zwar grundsätzlich so lange, bis der dort entstehende Überdruck ($\hat{=} \Delta h$) einen Rückstrom durch die Membran auslöst, der den Diffusionsstrom kompensiert

5.3.5 Osmose

Der Teilchenstrom aufgrund von Diffusion kann zu einem Überdruck dort führen, wo er hinfließt. Dies geschieht dann, wenn ein entsprechender Gegenstrom durch eine selektivpermeable Membran, die nur Teilchen einer Sorte hindurch lässt, verhindert wird. In Gasen

> **Merke**
Osmose: Diffusion durch eine selektivper-meable, für verschiedene Moleküle unter-schiedlich durchlässige Membran.

Notwendigerweise ist die Anzahldichte der H_2O-Moleküle in einer Zuckerlösung geringer als in destilliertem Wasser. Sind beide Flüssig-keiten durch eine nur für Wasser durchlässige selektiv-permeable Membran getrennt, so dif-fundiert Wasser durch die Membran hindurch in die Lösung, versucht also, diese zu verdün-nen. Dadurch erhöht sich dort der Druck, und zwar grundsätzlich bis zu einem Grenzwert, der **osmotischer Druck** genannt wird.

> **Merke**
Osmotischer Druck: durch Osmose über ei-ner selektiv-permeablen Membran mögli-che (potentielle) Druckdifferenz.

Es kann lange dauern, bis sich dieser Grenz-wert p_{osm} wirklich einstellt; zudem platzt die Membran nicht selten vorher. Insofern kann man p_{osm} als „potentiellen" Druck bezeichnen, der oft gar nicht erreicht wird. Trotzdem lohnt es sich, nach einer Formel zu suchen, die ihn auszurechnen erlaubt. Dabei zeigt sich überra-schenderweise, dass es letztendlich nur auf die Stoffmengendichte (Molarität) n/V (oder die Anzahldichte N/V) der gelösten Moleküle an-kommt, nicht auf deren Natur und auf die der Moleküle des Lösungsmittels auch nicht (nur muss die Membran beide Sorten voneinan-der unterscheiden können). Aus quantitativer Rechnung, die hier nicht vorgeführt werden soll, folgt als gute Näherung die **van-'t-Hoff-Gleichung**

$$p_{osm} = \frac{n}{V} R \cdot T$$

Sie liefert den potentiellen osmotischen Druck einer Lösung gegenüber reinem Lösungsmit-tel. Stehen sich an der Membran zwei Lö-sungen gegenüber, so kann sich höchstens die Differenz der beiden osmotischen Drücke aus-bilden.

> **Merke**
Van-'t-Hoff-Gleichung für den osmotischen Druck:

$$p_{osm} = \frac{n}{V} R \cdot T$$

Formal stimmt die Van-'t-Hoff-Gleichung mit dem Gasgesetz überein (s. ▶ Abschn. 5.2.1). Dies kann zu der falschen Deutung verlei-ten, nur die gelösten Moleküle trommelten auf die für sie undurchdringliche Membran wie Gasmoleküle auf die Gefäßwand, während die Moleküle des Lösungsmittels quasi frei durch die Membran hindurchschlüpften. Warum soll-te dann aber das Lösungsmittel in die Lösung einzudringen und sie zu verdünnen suchen? Das Bild ist falsch.

Lösungsmittel können Fremdmoleküle be-trächtlich dichter packen als Gase unter Nor-malbedingungen; osmotische Drücke sind ent-sprechend hoch. Lebende Organismen müssen ihrer selektiv-permeablen Membranen wegen auf die Dichten der osmotisch wirksamen Teil-chen in ihren verschiedenen Gefäßen achten und der Arzt zuweilen auch. Wollte man ei-nem Unfallpatienten, weil gerade nichts Bes-seres zur Hand ist, seinen Blutverlust durch Leitungswasser ersetzen, so brächte man ihn auf der Stelle um: Die roten Blutkörperchen sind die Zusammensetzung des Blutplasmas gewohnt, ihr eigener Inhalt hat die entspre-chende Konzentration. Kommen sie in reines Wasser, so dringt dies durch ihre Oberflächen-membran ein und bringt sie zum Platzen. Um-gekehrt werden sie von einer zu konzentrier-ten Lösung ausgetrocknet. Bei mikroskopisch kleinen Zellen geht das schnell. Blutersatz-mittel müssen deshalb **isotonisch** zum Blut sein, d. h. die gleiche Stoffmengendichte os-motisch wirksamer Teilchen haben. Für den osmotischen Druck ist es allerdings gleich-gültig, welche Moleküle ihn erzeugen, so-fern sie die Membran nur nicht durchdrin-gen können. Die Haut der roten Blutkörper-chen vermag z. B. die Ionen des Kochsal-zes von Wassermolekülen zu unterscheiden. Deshalb kann die berühmte **physiologische**

Kochsalzlösung im Notfall als Blutersatz dienen.

Rechenbeispiel 5.12: Kochsalzlösung

Aufgabe: Wie groß ist der osmotische Druck der physiologischen Kochsalzlösung (0,9 Gewichtsprozent NaCl) bei Körpertemperatur? Holen Sie sich die notwendigen Daten für die molare Masse von NaCl aus dem Anhang.

Lösung: Wir wenden die Van-'t-Hoff-Gleichung an: $p_{osm} = \frac{n}{V} \cdot R \cdot T$.

$R = 8{,}31 \, \text{J/(mol} \cdot \text{K)}$; $T = 37\,°C = 310\,K$

wir brauchen die molare Masse:

$M(\text{Na}) = 23{,}0 \, \text{g/mol}$; $M(\text{Cl}) = 35{,}5 \, \text{g/mol}$; also $M(\text{NaCl}) = 58{,}5 \, \text{g/mol}$.

Die physiologische Kochsalzlösung enthält 0,9 Gewichtsprozent NaCl in H_2O. Da ein Liter Wasser recht genau ein Kilogramm Masse hat, bedeutet das 9 g/Liter Kochsalz. Dann ist die Molarität:

$\frac{n(\text{NaCl})}{V} = \frac{9 \, \text{g/Liter}}{M(\text{NaCl})} = 0{,}154 \, \text{mol/Liter}$. Es sind aber beide Ionensorten osmotisch wirksam, was den Wert für die Osmose verdoppelt: $\frac{n(\text{Ionen})}{V} = 0{,}308 \, \text{mol/Liter}$. Damit folgt: $p_{osm} = 793 \, \text{J/Liter} = 7{,}9 \cdot 10^5 \, \text{J/m}^3 = 0{,}79 \, \text{MPa}$.

Das ist achtmal höher als der Luftdruck. Spült man sich die Nase mit Leitungswasser, bekommt man diesen hohen Druck sehr unangenehm zu spüren. Man nimmt also besser eine Salzlösung. Im Körper kompensieren sich die osmotischen Drücke weitgehend.

5.4 Phasenumwandlungen

5.4.1 Umwandlungswärmen

H_2O kommt in der Natur in allen drei Aggregatzuständen vor, als Eis oder Schnee, als Wasser und als Wasserdampf. Dies weiß jeder. Allenfalls muss man erwähnen, dass Wasser-

dampf ein unsichtbares Gas ist. Wolken und Nebel enthalten bereits flüssiges Wasser, zu kleinen Tröpfchen kondensiert. Schnee kann **schmelzen** (Übergang von fest nach flüssig), Wasser zu Eis **erstarren** (Übergang von flüssig nach fest); Wasser kann **verdampfen** (Übergang von flüssig nach gasförmig) und Wasserdampf kann **kondensieren** (Übergang von gasförmig nach flüssig). Wer gut beobachtet, sieht aber auch, dass Schnee an sonnigen Wintertagen verschwindet, ohne zu schmelzen: Er **sublimiert** (Übergang von fest nach gasförmig). Auch der Übergang in Gegenrichtung wird Sublimation genannt.

Die Alchimisten des Mittelalters waren bitter enttäuscht, als sie bei dem Versuch, viele kleine Diamanten zu einem großen zusammenzuschmelzen, wertlose Krümel von Graphit erhielten. Kohlenstoff kommt ja in diesen beiden Kristallisationsformen vor (s. ▶ Abschn. 3.2.1) und kann grundsätzlich von der einen in die andere übergehen (in die des Diamanten allerdings nur unter extrem hohem Druck). Analoges gilt für viele andere Substanzen auch. Alle diese einer Substanz möglichen Erscheinungsformen bezeichnet man in der Thermodynamik als **Phasen**. Zwischen ihnen gibt es **Phasenübergänge**; die wichtigsten sind die Wechsel der Aggregatzustände.

Die anziehenden Kräfte zwischen den Molekülen reichen nicht weit. In Gasen spielen sie der großen Molekülabstände wegen nur eine untergeordnete Rolle. Wenn sie als gar nicht vorhanden angesehen werden dürfen, spricht man vom idealen Gas. Moleküle einer Flüssigkeit spüren dagegen die Kräfte der Kohäsion sehr deutlich und bilden ihretwegen Tropfen. In Festkörpern geben sie den Gitterbausteinen sogar feste Plätze vor, um die sie nur ein wenig schwingen dürfen. Bei der Sublimation werden Moleküle gegen diese Kräfte voneinander getrennt. Das kostet Energie; sie muss als **Sublimationswärme** von außen zugeführt werden. Bei späterer Kondensation zu Wasser und anschließender Kristallisation zu Eis wird sie in zwei Schritten wieder frei. **Umwandlungswärmen** (auch **latente Wärme** genannt) treten bei allen Phasenübergängen in der einen

5

◻ Abb. 5.16 Die Aggregatzustände und ihre Umwandlungswärmen

oder anderen Richtung auf. ◻ Abb. 5.16 nennt ihre Namen.

❯ Merke

Zu Phasenumwandlungen gehören Umwandlungsenergien (◻ Abb. 5.16).

Eine ganz wichtige Anwendung finden diese Umwandlungswärmen in Kühlschränken und Klimaanlagen. ◻ Abb. 5.17 zeigt eine Modellanordnung.

Ein Arbeitsstoff (in der Regel eine Fluorverbindung) wird durch Änderung seines Drucks laufend kondensiert und wieder verdampft. Das Verdampfen findet bei niedrigem Druck im Kühlschrank statt (im Bild linkes Manometer und Rohrwendel), so dass der Stoff dort Umwandlungswärme aufnimmt und diese Energie im gasförmigen Zustand nach außen transportiert. Mit einem Kompressor (im Bild unten links) wird das Gas dann auf hohen Druck gebracht, wobei es wieder kondensiert und die Umwandlungswärmen in einem Wärmetauscher an die Umgebung abgibt (rechtes Manometer und Rohrwendel). In flüssigem Zustand strömt dann der Stoff zurück in den Kühlschrank. Durch ein Drosselventil (im Bild längliches Teil zwischen den Rohrwendeln) wird der Druck der Flüssigkeit dort wieder abgesenkt und der Stoff verdampft erneut. So wird ständig Wärme aus dem Kühlschrank heraus gepumpt und innen kann sich eine niedrige Temperatur halten.

◻ Abb. 5.17 Wärmepumpe. Ein Kühlmittel wird vom Kompressor (*links*) auf hohen Druck gebracht und gibt beim Kondensieren Wärme ab (*rechts*). Es strömt dann durch ein feines Loch, verliert Druck und nimmt beim Verdampfen Wärme auf (*links*). Links wird es kalt, rechts warm

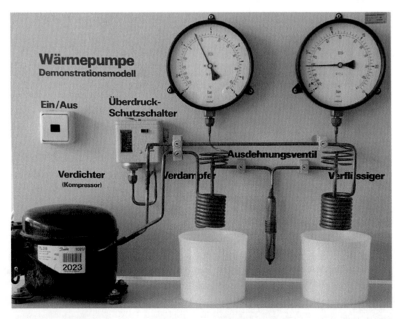

5.4.2 Schmelzen oder Aufweichen?

Ein Glasbläser sitzt neben einem etwa $1100\,°C$ heißen Ofen. In dem Ofen befindet sich ein Behälter mit orange glühendem zähflüssigem Glas. Mit einem Rohr-Ende nimmt der Glasbläser einen dicken Tropfen Glas und kann nun durch Blasen in das Rohr zum Beispiel eine Flasche formen. Das geht, weil das Glas beim Kälterwerden langsam immer fester wird, bis es bei knapp $800\,°C$ seine endgültige Form erreicht. Mit Wasser ginge das nicht. Wasser bleibt bis $0\,°C$ dünnflüssig und erstarrt dann schlagartig zu Eis. Eigentlich leuchtet das Verhalten des Glases mehr ein: mit sinkender Temperatur nimmt die thermische Bewegung kontinuierlich ab und die anziehenden Kräfte zwischen den Molekülen können diese immer fester aneinander binden. Warum erstarrt Wasser so plötzlich?

Das hat etwas mit der Entropie zu tun. Wie wir in ▶ Abschn. 5.1.5 gelernt haben, ist die Entropie ein Maß für die Wahrscheinlichkeit des Zustandes eines Materials. Je größer die Unordnung, umso höher die Wahrscheinlichkeit und damit die Entropie. Im flüssigen Wasser sind die Moleküle ungeordneter als im Eis. Deswegen hat Wasser in Form von Eis eine kleinere Entropie als flüssiges Wasser. Der zweite Hauptsatz der Thermodynamik sagte nun, dass Entropie immer steigt. Wieso kann Wasser dann überhaupt zu Eis werden? Das liegt an der Umwandlungswärme. Die gibt das Wasser ja ab, wenn es zu Eis erstarrt. Damit erhöht es aber die Entropie der Umgebung, da dort die thermische Bewegung heftiger wird. Wenn Wasser erstarrt senkt es also seine eigene Entropie ab, erhöht aber die Entropie der Umgebung. Die spannende Frage ist nun: was ist größer, die Entropieerhöhung in der Umgebung oder die Entropieabsenkung im Wasser? Das hängt von der Temperatur ab. In ▶ Abschn. 5.1.5 stand für die Entropieerhöhung bei Wärmezufuhr:

$$\Delta S = \frac{Q}{T}.$$

Je tiefer also die Temperatur, umso größer die Entropieänderung in der Umgebung durch die Zufuhr der Umwandlungswärme. Bei einer ganz bestimmten Temperatur, eben $0\,°C$, ist beim Erstarren die Entropieerhöhung in der Umgebung gerade genauso groß wie die Entropieabsenkung im Wasser. Unter $0\,°C$ erstarrt Wasser, denn dann wird dadurch insgesamt die Entropie erhöht. Über $0\,°C$ bleibt Wasser flüssig, denn ein Erstarren würde die Entropie insgesamt absenken und das erlaubt die zweite Hauptsatz der Thermodynamik nicht. Deswegen ist für Wasser $0\,°C$ eine ganz besondere Temperatur, bei der eine Phasenumwandlung stattfindet.

Na gut, und warum wird das Glas dann langsam fest? Die Moleküle im Glas bleiben auch beim Erstarren ungeordnet. Glas ist ein so genanntes **amorphes** Material. Glas besteht im Wesentlichen aus Siliziumoxid SO_2. Diese Moleküle wollen eigentlich auch einen Kristall bilden, einen Quarzkristall. Die Bildung eines Quarzkristalls ist aber ein sehr langsamer Prozess. Das Abkühlen beim Glasbläser geht zu schnell. Deswegen bleiben dort die Siliziumoxid-Moleküle auch beim Erstarren in einem ungeordneten Zustand. Im thermodynamischen Gleichgewicht wäre Siliziumoxid bei Zimmertemperatur einen Kristall. Glas ist also nicht im thermodynamischen Gleichgewicht sondern in einem **metastabilen** Zustand. In Museen kann man zuweilen Trinkgläser aus römischer Zeit bewundern. Diese haben manchmal irgendwo ein Loch. Dort ist das Glas nach 2000 Jahren tatsächlich zu Quarzkristallen kristallisiert und dabei zu Staub zerbröselt.

5.4.3 Schmelzen und Gefrieren

Wenn man ein kleines Becherglas mit Wasser füllt, ein Thermometer hineinstellt, das Ganze in einer Tiefkühltruhe einfriert und danach herausholt, dann kann man zusehen, wie die Temperatur langsam wieder ansteigt. Zunächst kommt das Thermometer aber nur bis auf 0 °C, bleibt dort längere Zeit stehen und klettert erst weiter, wenn das Eis geschmolzen ist (■ Abb. 5.18, links). Auch während dieses Haltepunktes nimmt das kalte Becherglas ständig Wärme aus der Umgebung auf; es steckt sie aber nicht in die Wärmekapazität seines Inhalts, sondern nutzt sie, Eis zu schmelzen. Die einströmende Wärme wird als **Schmelzwärme** gebraucht und kann darum die Temperatur nicht erhöhen. Das Analoge hätte man auch vorher beim Abkühlen beobachten können. Hier gab das Becherglas ständig Wärme an den Kühlschrank ab; zu Beginn und am Ende wurde sie der Wärmekapazität des Wassers entnommen, für die Dauer des Haltepunktes aber von dessen **Erstarrungswärme** geliefert (■ Abb. 5.18, rechts). Nur am **Schmelzpunkt** können Kristall und Schmelze nebeneinander existieren: Ein Zehntelgrad mehr und alles ist geschmolzen; ein Zehntelgrad weniger und alles ist erstarrt (im thermodynamischen Gleichgewicht wenigstens). Beim Schmelzen oder Erstarren muss die Umwandlungswärme allerdings von der Umgebung beschafft oder an sie abgegeben werden, und das kostet Zeit. Solange Eisstückchen im Wasser schwimmen, steht die Temperatur zuverlässig auf 0 °C (nahe der Oberfläche wenigstens; am Boden des Teiches kann es auch wärmer sein, weil das Eis oben schwimmt).

> **Merke**
>
> Haltepunkt: Bei gleichmäßiger Zu- oder Abfuhr von Wärme bleibt die Temperatur einer Probe während einer Phasenumwandlung konstant.

Die spezifische Schmelzwärme c_s des Eises lässt sich leicht im Wasserkalorimeter messen. Man wirft einen mit Filterpapier getrockneten Eiswürfel (Masse m_E) in Wasser (Masse m_w, spez. Wärmekapazität c_w, Temperatur T_0) und bestimmt die neue Temperatur T_1, wenn der Würfel gerade geschmolzen ist. Dann ist dem Kalorimeterwasser die Wärme

$$Q = m_W \cdot c_W(T_0 - T_1)$$

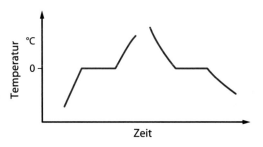

■ **Abb. 5.18   Erwärmungs- und Abkühlungskurve für H₂O.** Während des *Haltepunktes* bleibt die Temperatur konstant, weil Schmelz- bzw. Erstarrungswärme den Wärmeaustausch mit der Umgebung decken

entzogen und dazu verwendet worden, zunächst das Eis zu schmelzen und dann das Schmelzwasser auf T_1 aufzuwärmen:

$$Q = m_E[c_S + c_W(T_1 - 0\,°C)].$$

Heraus kommt $c_s = 333\,\text{kJ/kg}$. Wasser hat nicht nur eine ungewöhnlich hohe spezifische Wärmekapazität, sondern auch eine ungewöhnlich hohe spezifische Schmelzwärme.

Schmelz- und Erstarrungspunkt liegen bei der gleichen Temperatur T_s. Aber nicht immer erstarrt eine Schmelze, sobald diese Temperatur von oben her erreicht wird: Viele Substanzen kann man mit etwas Vorsicht **unterkühlen**, d. h. eine Weile deutlich unter dem Erstarrungspunkt flüssig halten. Irgendwann setzt die Kristallisation aber doch einmal ein; dann wird plötzlich viel Erstarrungswärme frei, die Temperatur springt auf T_s und wartet dort die reguläre Dauer des Haltepunkts ab (■ Abb. 5.19), sofern die Unterkühlung nicht schon zu weit heruntergeführt hat. Umwandlungen der Aggregatzustände sind so genannte **Keimbildungsprozesse**; sie müssen nicht nur thermodynamisch möglich sein, sie müssen eigens ausgelöst werden, und zwar durch einen Keim, der sich im statistischen Zufall bildet. Ein Beispiel sind die im Handel erhältliche „Taschenwärmer". Der Plastikbeutel enthält eine wässrige Lösung von Natriumacetat in unterkühltem Zustand. Aus Gründen, die nicht

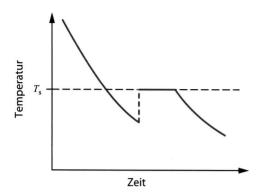

● **Abb. 5.19 Unterkühlung.** Der Erstarrungspunkt wird T_s zunächst unterschritten, bis die nach Einsetzen der Erstarrung plötzlich frei werdende Erstarrungswärme T wieder auf T_s anhebt

ganz klar sind, liefert das „Knackplättchen" im Beutel die notwendigen Keime für eine Verfestigung der Lösung (Hydratisierung des Natriumacetats). Dann wird der Beutel durch die Umwandlungswärme schön warm.

❯ Merke
Die Erstarrung ist ein Keimbildungsprozess; das macht die Unterkühlung einer Schmelze möglich.

Wasser-Anomalie
Die allermeisten Substanzen dehnen sich beim Schmelzen aus; ihr Kristall hat eine größere Dichte als ihre Flüssigkeit. Ein hoher äußerer Druck bringt darum den festen Aggregatzustand in Vorteil und hebt den Schmelzpunkt ein wenig an. Das ist aber kein Naturgesetz, sondern nur eine Regel. Regeln haben Ausnahmen, und wieder ist die pathologische Substanz H_2O dabei: Eisberge schwimmen, folglich sinkt der Eispunkt unter Druck, zur Freude der Schlittschuhläufer. Sie stehen mit voller Gewichtskraft auf schmaler Kufe. Das bedeutet hohen lokalen Druck und örtlich schmelzendes Eis: Der Schlittschuh gleitet auf einer dünnen Schicht flüssigen Wassers, allerdings auch wegen seiner höheren Temperatur. (Anomalie des Wassers).

Der Gefrierpunkt einer Flüssigkeit wird immer erniedrigt, wenn man eine andere Substanz in ihr löst. Dies nutzt aus, wer Salz streut, statt Schnee zu schippen. Er will eine wässrige Salzlösung erzeugen, deren Gefrierpunkt unter

der aktuellen Lufttemperatur liegt, und darum flüssig bleibt. Es mag überraschen, soll hier aber ohne weitere Begründung lediglich festgestellt werden: Die **Gefrierpunktserniedrigung** ΔT_s hängt nur vom Lösungsmittel und der Konzentration der gelösten Teilchen ab, nicht aber von deren Art, von der gelösten Substanz:

$$\Delta T_S = K_k \cdot c_m$$

Hierbei ist K_k die **kryoskopische Konstante** des Lösungsmittels und c_m die Molalität (Zahl der Mole des gelösten Stoffes pro Kilogramm Lösungsmittel) des gelösten Stoffes.

❯ Merke
Die Gefrierpunktserniedrigung ist nahezu proportional zur Konzentration der gelösten Substanz.

Rechenbeispiel 5.13: Eistee
Aufgabe: Für eine Feier soll Eistee produziert werden. Dazu werden 3 l auf 20 °C abgekühlter Tee genommen und ein halbes Kilo −10 °C kaltes Eis dazugetan. Führt das zu einer erwünschten Temperatur, oder gibt es gar Tee-Eis? Neben der Schmelzwärme ($c_s = 333$ kJ/kg) brauchen wir noch die spezifischen Wärmekapazitäten von Wasser ($c_w = 4,18$ J/(g · K)) und Eis ($c_E = 2,1$ J/(g · K)).

Lösung: Zunächst wollen wir feststellen, ob der Tee flüssig bleibt. Um den Tee auf 0 °C abzukühlen, müssen wir eine Energie von $W = m_W \cdot c_W \cdot (20\,°C - 0\,°C) = 250$ kJ entziehen. Um das Eis auf 0 °C zu erwärmen und dann zu schmelzen, brauchen wir $W = m_E \cdot c_E \cdot 10\,°C + m_E \cdot c_S = 10,5$ kJ $+ 167$ kJ $= 177,5$ kJ. Der Tee bleibt also flüssig, denn das Schmelzen des Eises entzieht dem Tee nicht genug Energie. Die resultierende Temperatur T stellt sich so ein, dass das Aufwärmen des Eises genau so

5

viel Energie benötigt, wie das Abkühlen des Tees bringt: $177{,}5\,\text{kJ} + 0{,}5\,\text{kg} \cdot c_\text{w} \cdot T = 3\,\text{kg} \cdot c_\text{w} \cdot (20\,°\text{C-}T)$. Daraus ergibt sich $T = 5{,}1\,°\text{C}$. Das ist gut getroffen.

5.4.4 Lösungs- und Solvatationswärme

Schmelzen ist nicht die einzige Möglichkeit, ein Kristallgitter kleinzubekommen: In einer passenden Flüssigkeit kann man einen Kristall auch *auflösen*. Weil dabei Arbeit gegen die Kräfte der Gitterbindung geleistet werden muss, liegt die Erwartung nahe, dass sich eine Lösung, nachdem man sie angesetzt hat, zunächst einmal abkühlt. Bei KNO_3 (Salpeter) in Wasser ist das auch so. Es kann aber auch anders kommen, denn möglicherweise lagern sich die Moleküle des Lösungsmittels an gelöste Teilchen an und bilden so eine **Solvathülle** (beim Wasser Hydrathülle genannt). In gewissem Sinn entspricht dieser Vorgang einer lokalen Erstarrung des Lösungsmittels, bei der dann **Solvatationsenergie** frei wird. Dies kann schon bei der Mischung zweier Flüssigkeiten geschehen; Lösen ist im Grunde ja nur eine Sonderform des *Mischens*. Gießt man Alkohol oder Schwefelsäure in Wasser, so erwärmt sich die Mischung. Die **Lösungswärme**, die sich unmittelbar beobachten lässt, ist die Differenz von freigesetzter Solvatationsenergie und gegebenenfalls aufzubringender Energie zum Aufbrechen eines Kristallgitters, kann also positiv oder negativ sein.

❯ **Merke**

Beim Ansetzen einer Lösung kann es zur Abkühlung oder Erwärmung kommen.

5.4.5 Verdampfen und Kondensieren

Auch die Moleküle einer Flüssigkeit verteilen ihre thermischen Geschwindigkeiten um einen temperaturbedingten Mittelwert; es gibt schnelle und langsame Moleküle. Zudem werden immer einige oberflächennahe Moleküle versuchen, in den Gasraum auszubrechen; aber nur den schnellsten wird es gelingen, denn an der Oberfläche wirken die zwischenmolekularen Kräfte ja einseitig und halten die langsameren Moleküle fest. Umgekehrt kann aber jedes Molekül aus dem Dampf in die Flüssigkeit zurückkehren, wenn es nur die Oberfläche erreicht.

Eine Flüssigkeit kann also bei allen Temperaturen **verdampfen**, nicht nur beim Siedepunkt. In der Tat trocknet eine regennasse Straße auch bei normaler Lufttemperatur, allerdings umso schneller, je wärmer es ist.

Weil nur die schnellsten Moleküle verdampfen, haben die verbleibenden Moleküle im Mittel eine niedrigere Geschwindigkeit, die Flüssigkeit kühlt also ab. Um die Moleküle von der Flüssigkeitsoberfläche los zu reißen, bedarf es also einer gewissem **Verdampfungswärme**. Diesen Effekt nutzt der Mensch, wenn er schwitzt um abzukühlen; sein Hund kann nicht schwitzen und muss darum hechelnd Wasser verdampfen. Mit 2,4 MJ pro Kilogramm verdampften Wassers liegt Wasser mit der Verdampfungswärme wieder einmal ungewöhnlich hoch. Das hilft dem Menschen, wenn er seinen Wärmehaushalt durch Transpiration in Ordnung halten muss. Es sorgt auch für die, verglichen mit dem Kontinentalklima, gemäßigten Temperaturwechsel des Seeklimas: Jede Änderung der Wassertemperatur verlangt viel Verdampfungswärme oder liefert viel Kondensationswärme.

Im thermodynamischen Gleichgewicht treten aus einer Flüssigkeitsoberfläche genauso viele Flüssigkeitsmoleküle aus wie ein. Das setzt voraus, dass die Konzentration der Flüssigkeitsmoleküle in der Luft (der **Dampfdruck**) einen ganz bestimmten Wert hat. Diese

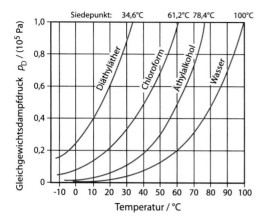

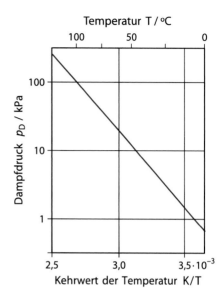

■ **Abb. 5.20** **Dampfdruckkurven** einiger Flüssigkeiten

■ **Abb. 5.21** **Arrhenius-Diagramm.** Der Dampfdruck des Wassers im Arrhenius-Diagramm; die Steigung der Geraden entspricht einer molaren Verdampfungsenthalpie von 43 kJ/mol. Genaue Messungen über einen größeren Bereich liefern eine leicht gekrümmte Kurve: Mit steigender Temperatur nimmt die Verdampfungsenthalpie ein wenig ab (s. auch Tabelle im Anhang)

Konzentration ist nichts anderes als der Partialdruck des Dampfes im Gleichgewicht. Dieser für das Gleichgewicht charakteristische Partialdruck wird **Gleichgewichtsdampfdruck** oder **Sättigungsdampfdruck** der Flüssigkeit genannt. Er ist für jede Flüssigkeit verschieden und hängt stark von der Temperatur ab (■ Abb. 5.20).

❯ **Merke**

Beim Gleichgewichtsdampfdruck (Sättigungsdampfdruck) p_D stehen Flüssigkeit und Dampf im thermodynamischen Gleichgewicht.

Zum Gleichgewichtsdampfdruck p_D gehört eine **Gleichgewichtsdampfdichte** ρ_D, zu messen beispielsweise in g/cm³. Sie muss gesondert bestimmt werden, denn auf das Gasgesetz kann man sich hier nicht verlassen: Dämpfe im Gleichgewicht mit ihrer Flüssigkeit sind keine idealen Gase. Für die wichtige Substanz Wasser steht eine Tabelle im Anhang.

Die Dampfdruckkurve ist eine e-Funktion

Die Verdampfung gehört zu den **thermisch aktivierten Prozessen:** Ein Molekül braucht, um die Flüssigkeit verlassen zu können, im Mittel eine Aktivierungsenergie w, die ihm die Temperaturbewegung liefern muss. Dem entspricht eine molare Verdampfungswärme $W = w \cdot N_A$. Allen thermisch aktivierten Prozessen ist nun eine charakteristische Temperaturabhängigkeit gemeinsam. Sie wird durch den sog. Boltzmann-Faktor $\exp(-w/k_b T) = \exp(-W/RT)$ beschrieben. Demnach gilt für den Gleichgewichtsdampfdruck

$$p_D = p_0 \cdot e^{\frac{W}{RT}}.$$

Hier ist p_0 ein hypothetischer Gleichgewichtsdampfdruck bei unendlich hoher Temperatur (sie würde den Exponenten zu null, die e-Funktion zu eins machen). Die Verdampfungswärme muss deshalb nicht selbst gemessen werden; sie lässt sich der Gleichgewichtsdampfdruckkurve entnehmen. Dazu empfiehlt sich eine Auftragung im *Arrhenius-Diagramm* (Swante Arrhenius, 1859–1927): logarithmisch geteilte Ordinate über dem Kehrwert der Temperatur längs der Abszisse. Wie ■ Abb. 5.21 zeigt, bekommt man eine fallende Gerade. Deren Steigung ist zur Verdampfungswärme proportional.

Übersteigt der Gleichgewichtsdampfdruck einer Flüssigkeit den äußeren Luftdruck (und den jeweiligen Schweredruck dazu), so können sich Dampfblasen auch innerhalb der Flüssigkeit bilden: sie **kocht.** Der Siedepunkt hängt deutlich vom Außendruck ab. Darum repräsentiert Wasser mit seinem **Siedepunkt** nur beim offiziellen Normaldruck von 1013 hPa den oberen Fixpunkt der Celsius-Skala. Auf der Zugspitze, also in 2960 m Höhe, siedet Wasser schon bei 90 °C, zu früh, um in 5 Minuten ein Hühnerei frühstücksweich zu kochen.

Grundsätzlich ist der Gleichgewichtsdampfdruck als solcher eine Kenngröße der Flüssigkeit; ein wenig hängt er aber auch von Beimengungen ab. Löst man z. B. Zucker in Wasser, so sinkt der Gleichgewichtsdampfdruck, und der Siedepunkt steigt. Wie beim Gefrierpunkt geht es auch hier nur um die Anzahldichte n der gelösten Moleküle, nicht um deren Art. Demnach gilt (in guter Näherung)

Gleichgewichtsdampfdruckerniedrigung

$$\Delta p_D \sim n.$$

Die Proportionalitätskonstante ist im Einzelfall abhängig vom Lösungsmittel und dem aktuellen Dampfdruck.

Bringt man eine Lösung zum Sieden, so dampft im Wesentlichen nur das Lösungsmittel ab; die Lösung wird immer konzentrierter, bis sie sich schließlich *übersättigt* und der gelöste Stoff auszukristallisieren beginnt. So gewinnt man seit Jahrhunderten Salz aus Meerwasser. Auch die Komponenten eines Flüssigkeitsgemisches verdampfen unterschiedlich leicht. Man kann sie durch **Destillation** voneinander trennen. Weinbrand lässt sich nur so, durch Brennen nämlich, herstellen; er besitzt Alkohol in höherer Konzentration, als die Hefe verträgt, die ihn produziert hat. Die Trennung gelingt allerdings nicht vollkommen. Der Alkohol, der im Kühler kondensiert, enthält auch nach wiederholter Destillation noch rund 4 % Wasser (**azeotropes Gemisch**).

Der Vollständigkeit halber muss hier erwähnt werden, dass auch Festkörper einen Dampfdruck (und einen Gleichgewichtsdampfdruck) haben, denn sonst könnten sie nicht sublimieren. Hiervon wird in ► Abschn. 5.4.7 noch kurz die Rede sein.

5.4.6 Luftfeuchtigkeit

Wälder und Wiesen, Flüsse und Seen geben ständig große Mengen Wasserdampf an die Luft ab. Dessen Dampfdruck bleibt meist unter dem zur lokalen Temperatur gehörenden Sättigungsdampfdruck p_D; erreicht er ihn, so ist die Luft mit Wasserdampf *gesättigt*. In den frühen Morgenstunden wird es draußen kühl, sodass der zugehörige Grenzwert p_D schon mal unter den tatsächlichen Dampfdruck geraten kann. Dann ist die Luft *übersättigt*, der Wasserdampf möchte kondensieren. Dazu braucht er aber Kondensationskeime. Zuweilen findet er sie im Staub der Luft, dann gibt es Morgennebel; immer findet er sie an den Blättern der Pflanzen, dann fällt Tau.

Die Feuchtigkeit der Luft hat für das Wohlbefinden des Menschen große Bedeutung, aus zwei Gründen vor allem: Einmal verlangen die empfindlichen Lungenbläschen mit Wasserdampf gesättigte Luft; die Schleimhäute der Atemwege müssen das nötige Wasser liefern. Ist die Luft zu trocken, dann macht ihnen das Mühe und sie fühlen sich gereizt. Zum andern verlangt der Energiehaushalt des Menschen eine ständige Abgabe von Wärme an die Umgebung; dazu nutzt die Natur auch die Verdampfungswärme des Wassers, das von den Schweißdrüsen der Haut je nach Bedarf abgegeben wird. Die Verdampfung funktioniert aber nicht mehr, wenn die Luft schon mit Wasserdampf gesättigt ist. Feuchte Wärme empfindet der Mensch als unangenehme Schwüle. Beide Effekte hängen weniger an dem tatsächlichen Dampfdruck p des Wasserdampfes in der Luft als an seinem Verhältnis zum Sättigungsdampfdruck p_D, also an der sog. **relativen Luftfeuchtigkeit** p/p_D. 40–60 % sind dem Menschen am zuträglichsten. Bei 100 % beginnt das Nebelnässen. Manche Frisuren reagieren auf Luftfeuchtigkeit; *Haarhygrometer* nutzen diesen Effekt zur Messung. Sehr genau sind sie nicht.

 Merke

$$\text{Relative Feuchte} = \frac{\text{aktueller Wasserdampfdruck}}{\text{Sättigungsdampfdruck}}.$$

Die technisch gängigste Methode zur Messung der relativen Luftfeuchtigkeit nutzt aus, dass gewisse poröse Kunststoffe Wasserdampf aus der Luft je nach Feuchtigkeit verschieden stark aufnehmen und dann ihre elektrische Permittivität (▶ Abschn. 6.2.4) ändern. Baut man mit diesem Material einen Kondensator (▶ Abschn. 6.3.5), so kann man seine Kapazitätsänderung messen und damit die Luftfeuchtigkeit bestimmen.

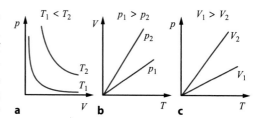

Abb. 5.22 Die drei Parameterdarstellungen des Zustandsdiagrammes idealer Gase: *Isothermen* im p-V-Diagramm (**a**), *Isobaren* im V-T-Diagramm (**b**), *Isochoren* im p-T-Diagramm (**c**). Solange die Achsen keine Zahlenwerte bekommen, ist es gleichgültig, ob man unter „Volumen" das Volumen V einer abgeteilten Gasmenge versteht oder das spezifische Volumen $V_s = V/m$ oder das stoffmengenbezogene (molare) Volumen $V_n = V/n$

Rechenbeispiel 5.14: Wasser in der Luft

Aufgabe: Wie viel Wasser enthält die Luft eines Wohnraumes (30 m² Grundfläche, 2,7 m hoch) bei 20 °C und 75 % relativer Luftfeuchtigkeit? (Tabelle im Anhang benutzen.)

Lösung: Die Sättigungsdichte von Wasserdampf bei 20 °C beträgt $\rho_D = 17,3 \, \mathrm{g/m^3}$. Das Volumen des Raumes ist $V = 81 \, \mathrm{m^3}$. Also ist die Masse des Wassers: $m = 0,75 \cdot \rho_D \cdot V = 1,05 \, \mathrm{kg}$, entspricht also einem Liter.

5.4.7 Zustandsdiagramme

Thermodynamisch ist der „Zustand" eines Gases durch seine **Zustandsgrößen** Druck p, Temperatur T, Volumen V und Anzahl der Mole (Anzahl der Teilchen) vollständig beschrieben. Zustandsgrößen sind nicht unabhängig voneinander; gibt man drei vor, stellt sich die vierte ein. Den Zusammenhang beschreibt im Einzelfall eine **Zustandsgleichung**. Das Gasgesetz

$$p \cdot V = n \cdot R \cdot T$$

ist die Zustandsgleichung der idealen Gase.

Gleichungen idealisieren. Wenn man mit ihnen die Realität nicht mehr gut genug beschreiben kann, zeichnet man einen Graphen, ein Diagramm. Ein **Zustandsdiagramm** muss

den Zusammenhang zwischen drei Zustandsgrößen darstellen; es braucht ein dreidimensionales Koordinatenkreuz und liefert darin ein räumliches Modell. Das ist mühsam herzustellen und lässt sich auf dem Papier nur in perspektivischer Zeichnung wiedergeben. Die ❑ Abb. 1.1 zeigt ein solches perspektivisches Zustandsdiagramm für ein ideales Gas. Oft weicht man in die sog. **Parameterdarstellung** aus: Man trägt im ebenen, zweiachsigen Koordinatenkreuz Kurven ein, zu denen jeweils feste Werte der dritten Größe als *Parameter* gehören. Als Beispiel diene das p-V-Diagramm eines idealen Gases (❑ Abb. 5.22a): Nach Aussage der Zustandsgleichung sind die **Isothermen**, die Kurven gleicher Temperatur also, Hyperbeln der Form $p \sim 1/V$. Ebenso gut könnte man im V-T-Diagramm **Isobaren** eintragen, also Kurven konstanten Druckes, (sie sind Geraden) oder im p-T-Diagramm Kurven konstanten Volumens, **Isochoren** genannt (sie sind ebenfalls Geraden): Alle drei Diagramme der ❑ Abb. 5.22 besagen dasselbe, und zwar dasselbe wie das Gasgesetz.

❯ Merke

— Isobare: Kurve konstanten Drucks
— Isotherme: Kurve konstanter Temperatur
— Isochore: Kurve konstanten Molvolumens

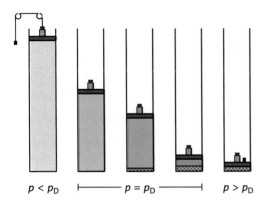

$p < p_D$ ⊢———— $p = p_D$ ————⊣ $p > p_D$

Abb. 5.23 Koexistenzbereich. Entspricht der Stempeldruck p genau dem Dampfdruck p_D, so bleibt der Stempel bei jedem gewünschten Volumen innerhalb des Koexistenzbereiches stehen. Ein kleines Zusatzgewicht lässt den Dampf vollständig kondensieren, ein kleines Entlastungsgewicht die Flüssigkeit vollständig verdampfen

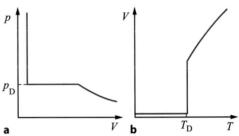

Abb. 5.24 Verdampfung und Kondensation bedeuten isobaren und isothermen Wechsel des Volumens. Im *Koexistenzbereich* von flüssiger und gasförmiger Phase verläuft die Isotherme im p-V-Diagramm demnach horizontal beim *Dampfdruck* p_D und die Isobare im V-T-Diagramm vertikal beim *Siedepunkt* T_D

Überschreitet der Druck eines Gases den Gleichgewichtsdampfdruck der dazugehörigen Flüssigkeit, so beginnt die Kondensation: Viel Gasvolumen verschwindet, wenig Flüssigkeitsvolumen entsteht. Druck und Temperatur bleiben konstant; lediglich die Kondensationswärme muss abgeführt werden. Im **Koexistenzbereich** von Gas und Flüssigkeit kann eine vorgegebene Substanzmenge jedes angebotene Volumen dadurch ausfüllen, dass sie sich passend auf die beiden Aggregatzustände verteilt. Deren spezifische oder auch Molvolumina bestimmen die Grenzen des Koexistenzbereiches ◻Abb. 5.23. Kondensation und Verdampfung erfolgen genau bei dem (temperaturabhängigen) Gleichgewichtsdampfdruck p_D: Hier ist die Isotherme zugleich Isobare, horizontal im p-V-Diagramm (◻Abb. 5.24). Nach Abschluss der Kondensation existiert nur noch die flüssige Phase. Sie ist nahezu inkompressibel und dehnt sich bei Erwärmung nur geringfügig aus; entsprechend verläuft die Isotherme im linken Teilbild sehr steil und die Isobare im rechten sehr flach (◻Abb. 5.24).

Nur beim Gleichgewichtsdampfdruck p_D können Gas und Flüssigkeit nebeneinander im thermodynamischen Gleichgewicht existieren. Überwiegt der Stempeldruck p auch nur minimal, so kondensiert der ganze Dampf, ist p auch nur ein wenig zu klein, so verdampft die ganze Flüssigkeit.

Es gibt nun einen sehr merkwürdigen Effekt. Erhöht man die Temperatur, so steigt der Gleichgewichtsdampfdruck, und zwar kräftig. Mit ihm steigt aber auch die Dampfdichte, spezifisches und Molvolumen nehmen also ab. Bei der Flüssigkeit nehmen sie aber zu, denn die dehnt sich bei Erwärmung aus (wegen der geringen Kompressibilität kommt die Druckerhöhung nicht dagegen an). Folglich wird die Dichte der Flüssigkeit und die Dichte des Gases immer ähnlicher. Die Dichte ist es aber gerade, die Flüssigkeit und Gas voneinander unterscheiden. Bei einem bestimmten Temperaturwert verschwindet der Unterschied dann ganz, Flüssigkeit und Gas unterscheiden sich gar nicht mehr. Dies ist die so genannte kritische Temperatur. Im p-V-Diagramm wandern die Volumina von beiden Seiten her, aufeinander zu und engen den Koexistenzbereich immer mehr ein, bis er am **kritischen Punkt** ganz verschwindet: *Die Gleichgewichtsdampfdruckkurve hat ein oberes Ende*; zur kritischen Temperatur gehört auch ein *kritischer Druck* und ein *kritisches Molvolumen*. Darüber unterscheiden sich Dampf und Flüssigkeit nicht mehr, ihre Dichten sind gleich geworden: Die *kritische Isotherme* ($T = T_k$) hat beim kritischen Druck p_k nur noch einen horizontalen

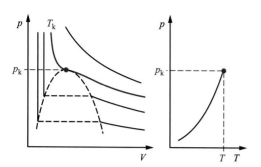

◘ Abb. 5.25 *p*-*V*-**Diagramm der Phasenumwandlung.**
Mit steigender Temperatur und steigendem Dampfdruck
engt sich der Koexistenzbereich (Grenze im *linken Teilbild
gestrichelt*) immer mehr ein, bis er am *kritischen Punkt*
verschwindet. Bel der *kritischen Temperatur* T_k und dem
kritischen Druck p_k endet die Dampfdruckkurve (*rechtes
Teilbild*)

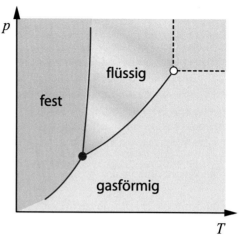

◘ Abb. 5.26 Phasendiagramm. (doppelt-logarithmische Darstellung) Die Grenzkurven der drei Phasenberei-
che treffen sich im *Tripelpunkt*, nur dort können die drei
Aggregatzustände nebeneinander (im thermodynamischen
Gleichgewicht) existieren. Die Dampfdruckkurve (Grenze
Gas/Flüssig) endet im kritischen Punkt. Den rosa Bereich
nennt man überkritisch

Wendepunkt, den kritischen Punkt. Darüber
besitzt sie kein horizontales Stück mehr. Dort
lässt sich ein Gas nicht verflüssigen, es ist zum
permanenten Gas geworden und wird mit steigender Temperatur einem idealen Gas immer
ähnlicher (◘ Abb. 5.25).

❯ Merke

Im Koexistenzbereich existieren Flüssigkeit
und Dampf nebeneinander. Er wird oben
durch den kritischen Punkt begrenzt: Flüssigkeit und Dampf unterscheiden sich nicht
mehr.

Analog zur Gleichgewichtsdampfdruckkurve
lassen sich im *p*-*T*-Diagramm Grenzkurven zwischen den anderen Aggregatzuständen
zeichnen; sie markieren die Druckabhängig-
keit des Schmelzpunktes und den Sublimati-
onsdruck des Festkörpers. Alles wird im **Phasendiagramm** zusammengefasst, das schnelle Auskunft darüber gibt, unter welchen Bedingungen welche Aggregatzustände gegeben
sind (◘ Abb. 5.26). Alle drei Kurven treffen
sich im **Tripelpunkt**, dem einzigen Punkt, in
dem die drei Aggregatzustände gleichzeitig
existieren, im thermodynamischen Gleichgewicht jedenfalls. Wenn an einem kalten Win-
tertag ein Bach, auf dem Eisschollen schwim-

men, sichtbar dampft, befindet er sich nicht
am Tripelpunkt, aber auch nicht im Gleichgewicht. Der Tripelpunkt des Wassers lässt sich
so genau feststellen, dass er zum Fixpunkt
der Kelvin-Skala erhoben wurde: 273,16 K; er
liegt 0,01 K über dem Eispunkt.

❯ Merke

Nur beim Tripelpunkt können alle drei Aggregatzustände nebeneinander existieren.

5.4.8 Absorption und Adsorption

Nicht nur Festkörper, auch Gase können sich
in Flüssigkeiten lösen. Man spricht hier von
Absorption. Das vielleicht bekannteste Beispiel liefert das Kohlendioxid in Bier, Sprudel-
wasser und Sekt. Die Löslichkeit ist begrenzt,
sie nimmt mit steigender Temperatur ab und
mit steigendem Partialdruck des Gases zu.
Schon vor dem Sieden perlt die vom Wasser
absorbierte Luft auf. Sektflaschen haben fei-
erlich vertäute Korken, denn ihr Inhalt steht

unter Druck. Der von Limonadenflaschen mit prosaischem Schraubverschluss tut das freilich auch. Lässt man den Druck entweichen, so ist die Lösung übersättigt und schäumt auf, nicht gerade explosionsartig, denn auch hier handelt es sich um einen Keimbildungsprozess, der seine Zeit braucht. Immerhin ist der Effekt interessant genug, um auch noch aus einem mittleren Wein ein festliches Getränk zu machen.

Die Konzentration des in der Flüssigkeit gelösten Gases ist in etwa proportional zum Partialdruck des Gases in der Luft. Dabei nimmt aber die Löslichkeit, also die Proportionalitätskonstante, wie schon gesagt mit steigender Temperatur deutlich ab. Der Zusammenhang wird **Henry-Dalton-Gesetz** genannt.

❯ **Merke**

Henry-Dalton-Gesetz: Konzentration des gelösten Gases ist proportional zum Partialdruck in der Luft.

Dieses Gesetz kann Sporttauchern durchaus gefährlich werden, wenn sie nämlich mit einem Atemgerät in größere Tiefen vorstoßen. Dort lastet der Schweredruck des Wassers auf ihnen. Sie müssen deshalb ihrer Lunge Atemluft von gleichem Druck zuführen; anders könnten sie ihren Brustkorb nicht heben. Das ist an sich unbedenklich, denn der Sauerstofftransport zu den Organen wird sowieso vom Hämoglobin besorgt und nicht etwa durch das im Blut absorbierte Gas. Gefahr droht aber beim Auftauchen, wenn nämlich der Luftdruck in der Lunge dem Wasserdruck entsprechend zurückgenommen werden muss. Geschieht dies zu schnell, so wird das Blut übersättigt und scheidet Luftbläschen aus, die zu einer Embolie führen können. Ähnliches droht Astronauten, wenn ein plötzliches Leck in ihrer Kapsel den gewohnten Luftdruck zu schnell herabsetzt.

Gas- und Flüssigkeitsmoleküle können auch an der Oberfläche von Festkörpern festgehalten, wie man sagt, **adsorbiert** werden, besonders wirksam natürlich, wenn die Oberfläche groß, der Körper also feinkörnig porös ist. Als eine Art Allerweltssubstanz erfreut sich hier die *Aktivkohle* besonderer Beliebtheit, eine nachbehandelte Holz- oder Knochenkohle, die es bis auf $400\,\mathrm{m^2/g}$ spezifische Oberfläche bringt. Der Arzt verordnet sie bei manchen Darmbeschwerden, um wenigstens die Symptome zu lindern.

❯ **Merke**

Absorption: Lösung von Gasmolekülen in einer Flüssigkeit,

Adsorption: Bindung von Gasmolekülen an Festkörperoberflächen.

5.5 Wärmenutzung

5.5.1 Warum kostet Energie?

Thermische Energie gibt es in Hülle und Fülle. Nehmen wir zum Beispiel die Weltmeere: sie enthalten etwa 1,3 Mrd. Kubikkilometer Wasser. Die Temperatur dieses Wassers beträgt im Mittel sagen wir 5 °C oder 278 K und die Wärmekapazität ist $4{,}18\,\mathrm{kJ/(kg \cdot K)}$. Das macht etwa $1{,}5 \cdot 10^{27}\,\mathrm{J}$ Energie. Die Menschheit setzt gegenwärtig etwa $5 \cdot 10^{20}\,\mathrm{J}$ Energie pro Jahr um (das entspricht übrigens ungefähr dem Energieumsatz sämtlicher Pflanzen der Erde bei ihrer Photosynthese). Die in den Meeren enthaltene thermische Energie würde also für zehn Milliarden Jahre reichen. Aber die Sonne liefert ja pro Jahr mit ihrer Strahlung auch noch etwa $5 \cdot 10^{24}$ J, also 10.000-mal mehr, als die Menschheit „verbraucht". Außerdem wird Energie nicht verbraucht, sondern nur von einer Form in eine andere umgewandelt. Warum also redet man von einem Energieproblem und warum kostet Energie überhaupt was und immer mehr?

Eigentlich geht es gar nicht um die Energie. Wir wollen Temperaturdifferenzen. Im Winter soll es im Haus wärmer sein als draußen und im Sommer oft umgekehrt. Viele industrielle Prozesse brauchen hohe Temperaturen, das heißt Temperaturen, die viel höher sind als die Temperatur der Umgebung. Wenn ein Motor mechanischer Arbeit verrichten soll, so muss auch sein Arbeitsgas in der Regel eine hohe Temperatur haben. Wie wir aber in ▶ Abschn. 5.1.4 gelernt haben, strebt alles dem thermodynamischen Gleichgewicht entgegen und da gibt es keine Temperaturunterschiede. Diesem Drang ins thermodynamische Gleichgewicht müssen wir also widerstehen oder ihn gar umkehren. Das geht, wenn es irgendwo ein starkes thermodynamisches Ungleichgewicht gibt, das wir sozusagen „anzapfen" können.

Es ist die Sonne. Ihre Oberfläche ist etwa 5800 K heiß und strahlt deshalb im Wesentlichen sichtbares Licht ab. Bündelt man dieses Licht mit Spiegeln auf eine kleine Fläche, so kann man dort leicht Temperaturen von 1000 °C und mehr erreichen. In Solarkraftwerken nutzt man das zur Stromerzeugung aus. Wie man die Strahlung der Sonne nutzt ist eine Frage der Technik. Im Moment nutzt die Menschheit im Wesentlichen einen an sich komplizierten Weg. Pflanzen wachsen mithilfe der Fotosynthese und verrotten unter bestimmten Bedingungen zu Öl oder Kohle. Über Jahrmillionen haben sich so große Mengen fossiler Brennstoffe angesammelt. Es ist technisch besonders einfach, diese Brennstoffe zu verfeuern und dadurch die gewünschten hohen Temperaturen zu erreichen. Leider ist der Vorrat begrenzt und wird wohl bestenfalls noch 200 bis 300 Jahre reichen. Außerdem erhöht das Verbrennen leider den CO_2-Anteil in der Atmosphäre und stört damit das Strahlungsgleichgewicht (Treibhauseffekt), das die durchschnittliche Temperatur der Erdoberfläche bestimmt (▶ Abschn. 5.5.5). Deshalb wird man immer mehr dazu übergehen müssen, die Strahlung der Sonne direkter zu nutzen.

Ein gutes Drittel des gesamten Energieverbrauchs entfällt auf das Erzeugen mechanischer Arbeit. Dies geschieht letztlich immer dadurch, dass man ein Arbeitsgas stark erhitzt, sodass es dann eine Turbine oder einen Kolbenmotor antreiben kann. Wie effizient kann man die thermische Energie im Arbeitsgas in mechanische Arbeit umwandeln?

Die Thermodynamik erlaubt es, dies auszurechnen. Leider ist sie eine recht abstrakte Wissenschaft, die zu mathematischen Formulierungen und zu reinen Gedankenversuchen neigt. Wir müssen zunächst einige mögliche Zustandsänderungen von Gasen genauer betrachten.

5.5.2 Zustandsänderungen

Überlässt man ein irgendwo eingesperrtes Gas lange genug sich selbst, so werden sich anfänglich möglicherweise vorhandene Unterschiede in der lokalen Druck- und Temperaturverteilung ausgeglichen haben. Dann befindet sich die gesamte Gasmenge im thermodynamischen Gleichgewicht und damit in einem bestimmten „Zustand", der sich durch einen Punkt im Zustandsdiagramm darstellen lässt. In diesem Kapitel „Wärmelehre" wurde immer stillschweigend angenommen, dass sich der betrachtete Stoff im thermodynamischen Gleichgewicht befindet, denn nur dann ist zum Beispiel die Maxwell'schen Geschwindigkeitsverteilung gegeben und es kann von einer Temperatur des Stoffes gesprochen werden.

Durch Eingriff von außen, beispielsweise durch Heizen, kann man das Gas in einen anderen Zustand bringen; der Übergang dorthin wird im Allgemeinen mehr oder weniger turbulent ablaufen. Wenn man aber sehr behutsam vorgeht, ist es denkbar, dass alle Teile der Gasmenge den neuen Zustand auf gemeinsamem Weg durch das Zustandsdiagramm, also immer im Gleichgewicht, erreichen. Man nennt die Zustandsänderung dann **reversibel**, das heißt *umkehrbar*. Die Zustandsänderung soll also in jedem Moment rückgängig gemacht werden können. Das klingt alles ein wenig hypothetisch; es ist auch hypothetisch, aber es erlaubt, einige grundsätzliche Erkenntnisse über Zustandsänderungen zu gewinnen.

Stellt man eine Pressluftflasche in einen abgeschlossenen Raum und lässt das Gas aus dem Ventil heraus pfeifen bis die Flasche leer ist, so beginnt und endet man mit dem Gas im thermodynamischen Gleichgewicht, also in einem bestimmten Zustand. Am Anfang ist das Gas in der Flasche in einem bestimmten Volumen bei bestimmter Temperatur und bestimmtem Druck. Am Ende füllt das Gas den ganzen Raum wieder bei bestimmter Temperatur und bestimmtem Druck. Dazwischen geht es aber sehr turbulent zu. Im Strahl sind die Moleküle nicht im thermodynamischen Gleichgewicht. Der ganze Vorgang ist nicht reversibel sondern **irreversibel**, denn die Gasmoleküle können in keinem Moment wieder in die Flasche zurückgestopft werden. Soll diese *Expansion* des Gases reversibel von statten gehen, so müsste folgendermaßen vorgegangen werden:

Das Gas wird in einen Zylinder eingesperrt, den ein reibungsfrei beweglicher Kolben gasdicht abschließt (für die Praxis bedeutet das einen Widerspruch in sich, aber im Gedankenversuch ist eine solche Annahme erlaubt). Nun kann durch langsames Herausziehen des Kolbens das Gas expandiert werden. In jedem Moment bleibt das Gas nun näherungsweise im Gleichgewicht und kann die Expansion durch zurückschieben des Kolbens rückgängig gemacht werden: der Vorgang ist reversibel.

Hundertprozentig reversible Zustandsänderungen gibt es nur im Gedankenversuch und nicht in Wirklichkeit. Aber nur mit ihnen kann man rechnen, wie es nun geschehen soll.

Die Zustandsgrößen Druck p, Temperatur T, Stoffmenge n und Volumen V, seien durch das Gasgesetz miteinander verknüpft; es soll sich also um ein ideales Gas handeln.

Aus der Unzahl möglicher Zustandsänderungen lassen sich vier Grundtypen herausschälen:

▪▪ (1) Isochore Zustandsänderung: $\Delta V = 0$

Hierfür wird der an sich bewegliche Kolben im Zylinder festgeklemmt. Weil er sich nicht verschieben kann, kann er auch keine mechanische Hubarbeit leisten. Wird dem Gas Wärme zugeführt, so wandert es im p-V-Diagramm senkrecht nach oben auf eine höhere Isother-

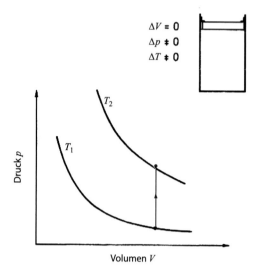

◻ Abb. 5.27 Isochore Erwärmung: Kolben festgeklemmt. Siehe Video zu ◻ Abb. 5.30

me (◻ Abb. 5.27). Die eingebrachte Wärme Q dient nur einer Temperaturerhöhung ΔT: Sie erhöht die innere Energie U des Gases um

$$Q = \Delta U = n \cdot c_V \cdot \Delta T$$

Hier ist c_v die molare Wärmekapazität bei konstantem Volumen und n die Zahl der Mole im Zylinder.

Für ein ideales Gas kann man sie mit Hilfe des Gleichverteilungssatzes ausrechnen (► Abschn. 5.2.3).

▪▪ (2) Isobare Zustandsänderung: $\Delta p = 0$

Die gleiche Temperaturerhöhung ΔT lässt sich auch bei konstantem Druck erreichen, in ◻ Abb. 5.28 symbolisiert durch ein Gewichtsstück auf dem Kolben. Im p-V-Diagramm wandert das Gas jetzt horizontal nach rechts. Dabei leistet es mechanische Arbeit W, weil es Kolben und Gewichtsstück anhebt:

$$W = -p \cdot \Delta V$$

(W bekommt ein negatives Vorzeichen, um anzudeuten, dass die Arbeit vom Gas abgegeben wird). Für die Temperaturerhöhung muss

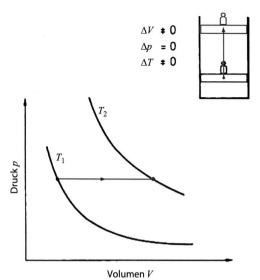

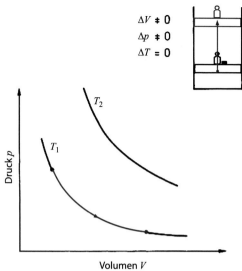

◨ **Abb. 5.28 Isobare Expansion**: Kolben leistet Hubarbeit. Siehe Video zu ◨ Abb. 5.30

◨ **Abb. 5.29 Isotherme Expansion**: Kolben leistet Hubarbeit bei abnehmendem Druck. Siehe Video zu ◨ Abb. 5.30

freilich auch diesmal innere Energie genauso produziert werden wie zuvor. es muss also insgesamt eine größere Wärme Q_p zugeführt werden als beim isochoren Prozess, denn sie muss sowohl für die Erhöhung der inneren Energie als auch für die Arbeitsleistung aufkommen:

$$Q_p = \Delta U - W = n \cdot c_p \cdot \Delta T$$

c_p ist die molare Wärmekapazität bei konstantem Druck. Der Quotient c_p/c_V wird **Adiabatenexponent** genannt und bekommt den Buchstaben κ. Grundsätzlich ist κ größer als eins.

❯ **Merke**

Die Beziehung

$$\Delta U = Q + W$$

gilt ganz allgemein. Sie heißt 1. Hauptsatz der Thermodynamik und stellt im Grunde nur eine spezielle Form des Energiesatzes dar. Mit Worten lässt sich der Zusammenhang so ausdrücken: die innere Energie

eines Gases U ändert sich entweder dadurch, dass es Wärme Q aufnimmt oder abgibt, oder dadurch, dass es mechanische Arbeit W aufnimmt oder leistet.

▪▪ **(3) Isotherme Zustandsänderung: $\Delta T = 0$**
In diesem Fall wandert das Gas im p-V-Diagramm längs einer Isotherme, z. B. nach rechts unten (Expansion). Seine innere Energie ändert sich nicht, denn diese hängt nur von der Temperatur ab: Aus $\Delta T = 0$ folgt $\Delta U = 0$. Das Gas leistet aber Hubarbeit W, und zwar bei kontinuierlich abnehmendem Druck (in der ◨ Abb. 5.29 durch ein weggenommenes Zusatzgewicht symbolisiert). Formal kann die mechanische Arbeit deshalb nur durch ein Integral ausgedrückt werden:

$$W = -\int_{V_1}^{V_2} p \cdot dV.$$

Daraus folgt für die isotherme Expansion eines idealen Gases

$$W = -R \cdot T \cdot \ln\left(\frac{V_2}{V_1}\right)$$

Herleitung

Ersetzt man im Integral den Druck p mit Hilfe des Gasgesetzes, so bekommt man

$$W = -\int_{V_1}^{V_2} \frac{RT}{V} dV = -RT \cdot \int_{V_1}^{V_2} \frac{dV}{V}.$$

R ist von Natur, T nach Voraussetzung konstant; beide können also vor das Integral gezogen werden. Nun sagt die Differentialrechnung ganz allgemein, dass

$$\frac{d(\ln x)}{dx} = \frac{1}{x}$$

sei. Dann muss aber auch

$$\int_{x_1}^{x_2} \frac{dx}{x} = \ln x_2 - \ln x_1 = \ln\left(\frac{x_2}{x_1}\right)$$

sein. Jetzt müssen nur noch die Buchstaben x gegen V ausgetauscht werden.

■ ■ **(4) Adiabatische Zustandsänderung:** $Q = 0$

Auch ein völlig gegen Wärmeaustausch isoliertes Gas kann seinen Zustand ändern; der Vorgang wird dann **adiabatisch** genannt. Eine Expansion leistet auch jetzt mechanische Arbeit. Nach dem 1. Hauptsatz kann sie nur der inneren Energie entnommen werden; das bedeutet eine Abnahme der Temperatur: Im p-V-Diagramm muss eine Adiabate steiler verlaufen als eine Isotherme (■ Abb. 5.30). Ihren exakten Verlauf bestimmt die Adiabaten-Gleichung:

$$p \cdot V^\kappa = \text{konstant} \quad \text{oder}$$

$$T \cdot V^{\kappa-1} = \text{konstant}$$

mit dem **Adiabatenkoeffizienten** $\kappa = \frac{c_p}{c_V}$.

Herleitung

Von einem zum anderen Punkt auf einer Adiabaten kann man auch in zwei Schritten kommen, einem isobaren (im Diagramm der ■ Abb. 5.31 „horizontalen") und einem anschließenden isochoren („vertikalen"). Der erste Schritt verlangt die Wärme

$$Q_1 = n \cdot c_p \cdot \Delta T_p$$

die der zweite exakt wieder übernehmen muss, denn sonst führte er ja nicht wieder auf die Adiabate zurück:

$$Q_2 = n \cdot c_V \cdot T_2 = -Q_1$$

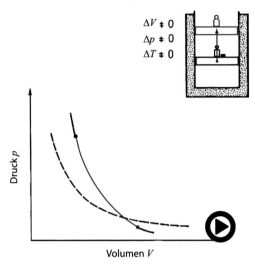

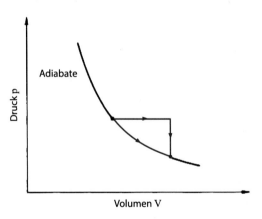

■ **Abb. 5.30** (Video 5.8) **Adiabatische Expansion**: Hubarbeit wird der inneren Energie entnommen (► https://doi.org/10.1007/000-bte)

■ **Abb. 5.31** Zur Herleitung der Adiabatengleichung

(hier darf das Vorzeichen nicht unterschlagen werden). Dann gilt aber für das Verhältnis der beiden Temperaturänderungen

$$\frac{\Delta T_1}{\Delta T_2} = -\frac{c_p}{c_V} = -\kappa$$

Andererseits folgt aus dem Gasgesetz für den ersten, isobaren Schritt

$$\Delta T_1 = \frac{p}{n \cdot R} \Delta V$$

und für den zweiten, isochoren

$$\Delta T_2 = \frac{V}{n \cdot R} \Delta p$$

also auch

$$\frac{\Delta T_2}{\Delta T_1} = \frac{V \cdot \Delta p}{p \cdot \Delta V} = -\kappa$$

Im Gedankenversuch dürfen die Schritte als differentiell klein angesetzt werden:

$$\frac{\mathrm{d}p \cdot V}{p \cdot \mathrm{d}V} = -\kappa$$

Oder

$$\frac{\mathrm{d}p}{p} = -\kappa \cdot \frac{\mathrm{d}V}{V}$$

und integriert

$$\ln\left(\frac{p_2}{p_1}\right) = -\kappa \cdot \ln\left(\frac{V_2}{V_1}\right) = \ln\left(\frac{V_1}{V_2}\right)^{\kappa}$$

Das bedeutet aber

$$\frac{p_2}{p_1} = \left(\frac{V_1}{V_2}\right)^{\kappa}$$

oder, wie herzuleiten war,

$$p_2 \cdot V_2^{\kappa} = p_1 \cdot V_1^{\kappa} = p \cdot V^{\kappa} = \text{konstant}$$

Die zweite Variante der Gleichung mit V und T bekommt man durch Anwenden der Gasgleichung.

Adiabatische Zustandsänderung kommen in der Natur häufiger vor, als man zunächst vermuten möchte: Wärmeaustausch braucht Zeit. Schallschwingungen z. B. haben diese Zeit nicht; darum richtet sich die Schallgeschwindigkeit nach der Adiabatengleichung. Auch wenn man einen schlappen Autoreifen aufpumpt, komprimiert man die angesaugte Luft zunächst adiabatisch, erwärmt sie also. Nach einiger Zeit gleicht sich die Temperatur wieder aus: Der Reifen verliert zwar nicht Luft, aber Druck.

Rechenbeispiel 5.15: Dieselmotor
Aufgabe: 20 °C warme Luft wird im Zylinder eines Dieselmotors von Atmosphärendruck und 800 cm³ auf 60 cm³ komprimiert. Nehmen wir an, die Kompression ist näherungsweise adiabatisch und die Luft benimmt sich wie ein ideales Gas mit $\kappa = 1{,}4$.

Wie groß ist Druck p_k und Temperatur T_k nach der Kompression?

Lösung: Für den Druck gilt

$$p_k = 1000 \text{ hPa} \cdot \left(\frac{800 \text{ cm}^3}{60 \text{ cm}^3}\right)^{\kappa}$$

$$= 37.600 \text{ hPa}.$$

Aufgrund der idealen Gasgleichung gilt für eine bestimmte Gasmenge: $\frac{p_1 \cdot V_1}{T_1} = \frac{p_2 \cdot V_2}{T_2}$.

Daher berechnet sich die Temperatur zu: $T_k = \frac{37.600 \text{ hPa} \cdot 60 \text{ cm}^3}{1000 \text{ hPa} \cdot 800 \text{ cm}^3} \cdot 293 \text{ K} = 826 \text{ K} = 553 \,°C$.

Die hohe Kompression in einem Dieselmotor heizt das Luft-Dieselöl-Gemisch so hoch auf, dass es ohne den Funken einer Zündkerze zündet.

5.5.3 Der Ottomotor

Mit der Vorarbeit des letzten Kapitels kann nun überlegt werden, welchen Wirkungsgrad der Benzinmotor eines Autos haben kann, das heißt, welcher Anteil der bei der Verbrennung des Benzins entstehender Wärme Q_h in mechanische Arbeit W umgewandelt werden kann.

❯ **Merke**
Wirkungsgrad eines Motors:

$$\eta = \frac{W}{Q_h} = \frac{\text{geleistete Arbeit}}{\text{freigesetzte Wärme}}$$

Dazu betrachtet man den Ablauf der Zustandsänderungen in einem Zylinder des Motors in einem Druck-Volumen-Diagramm (◻ Abb. 5.32).

Punkt 1 im Diagramm markiert den Anfangspunkt: es befindet sich ein Benzin-Luft-Gemisch bei Umgebungsdruck und Umgebungstemperatur im Zylinder mit ausgefahrenem Kolben. Nun muss der Kolben eingefahren werden, damit er nach dem Verbrennen des Benzins wieder herausfahren kann.

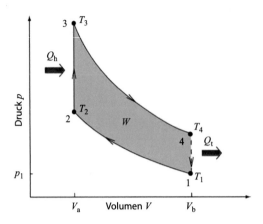

Abb. 5.32 Der Kreisprozess des Otto-Motors

Idealerweise soll diese Kompression adiabatisch, also ohne Wärmeaustausch, geschehen. Dabei muss natürlich mechanische Arbeit geleistet werden und Druck und Temperatur des Benzin-Luft-Gemisches steigt an, wie im letzten Rechenbeispiel nachgerechnet wurde. Im Schritt von 2 nach 3 wird das Benzin dann bei eingefahrenem Kolben verbrannt. Da dies ein isochorer Prozess ist, wird keine Arbeit umgesetzt, aber dem Motor wird eine Wärme Q_h zugeführt, Druck und Temperatur steigen stark an. Nun folgt die adiabatische Expansion, derentwegen der ganze Prozess abläuft und die mehr Arbeit liefert, als die vorherige Kompression gebraucht hat. Dabei kühlt sich das nun im Zylinder befindliche Abgas wieder ab, aber leider nicht bis auf Umgebungstemperatur. Deshalb wird im letzten Schritt von 4 nach 1 heißes Abgas durch das Auspuffrohr geblasen und die Wärme Q_t an die Umgebung abgegeben. Diese Energie ist verloren. Der Schritt von 4 nach 1 besteht eigentlich aus zwei Schritten, denn nachdem das heiße Abgas ausgestoßen wurde, wird noch frische Luft angesaugt und ein neues Benzin-Luft-Gemisch gebildet. Da bei der adiabatischen Expansion und Kompression idealerweise keine Wärme mit der Umgebung ausgetauscht wird, berechnet sich die vom Motor in der Summe in einem Zyklus geleistete Arbeit schlicht nach Energiesatz:

$$W = Q_h - Q_t$$

und der Wirkungsgrad ist dann:

$$\eta = \frac{W}{Q_h} = \frac{Q_h - Q_t}{Q_h} = 1 - \frac{Q_t}{Q_h}.$$

Wie groß ist nun die verlorene Wärme Q_t? In guter Näherung ist die Wärmekapazität C des Gases im Zylinder konstant, so dass gilt:

$$Q_h = C \cdot (T_3 - T_2) \quad \text{und}$$
$$Q_t = C \cdot (T_4 - T_1).$$

Nach der Adiabatenbeziehung gilt aber auch:

$$V_a^{\kappa-1} \cdot T_3 = V_b^{\kappa-1} \cdot T_4 \quad \text{und}$$
$$V_a^{\kappa-1} \cdot T_2 = V_b^{\kappa-1} \cdot T_1$$

Etwas Umformen liefert:

$$\frac{T_3 - T_2}{T_4 - T_1} = \left(\frac{V_b}{V_a}\right)^{\kappa-1}.$$

Das entspricht dem Verhältnis der Wärmen:

$$\frac{Q_h}{Q_t} = \frac{C \cdot (T_3 - T_2)}{C \cdot (T_4 - T_1)} = \left(\frac{V_b}{V_a}\right)^{\kappa-1}.$$

Nun kann der ideale Wirkungsgrad in Abhängigkeit vom Kompressionsverhältnis V_b/V_a angegeben werden, so wie es technisch üblich ist:

$$\eta = 1 - \frac{Q_h}{Q_t} = 1 - \frac{1}{(V_b/V_a)^{\kappa-1}}.$$

❯ **Merke**

Wirkungsgrad des idealen Otto-Motors:

$$\eta = 1 - \frac{1}{(V_b/V_a)^{\kappa-1}}$$

Für ein typisches Kompressionsverhältnis von 7 und $\kappa = 1{,}4$ (Luft) ergibt das 0,54 oder 54 %. Real ist der Wirkungsgrad eines Automotors leider eher bei 25 % wegen erheblicher Reibungsverluste und einer unvollständigen Verbrennung des Benzins.

Könnte man den auch einen Motor bauen, der wenigstens idealerweise die gesamte Wärme in Arbeit umwandelt?

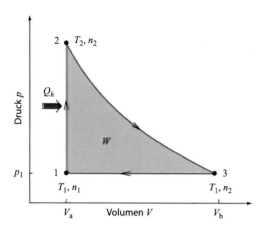

Abb. 5.33 Der Kreisprozess eines Nitroglycerin-Motors

Ja, das ginge schon, sogar mit unserem Otto-Motor. Man müsste ihn nur statt mit dem Benzin-Luft-Gemisch mit Nitroglycerin betreiben. Der Witz: Nitroglycerin ist eine hochexplosive Flüssigkeit, die den Sauerstoff für das Verbrennen schon in sich trägt. Beim Verbrennen verwandelt sich das Nitroglycerin vollständig in Gas, die Gasmenge im Zylinder steigt also stark an. Das ermöglicht einen ganz neuen Kreisprozess, den ■ Abb. 5.33 zeigt.

Im Punkt 1 befindet sich noch ein Teil des Abgases aus dem letzten Durchlauf im Zylinder. Außerdem wird eine bestimmte Menge Nitroglycerin in den Zylinder gegeben. Diese wird nun gezündet, worauf der Druck, die Temperatur und eben auch die Gasmenge n stark ansteigt (Punkt 2). Nun wird adiabatisch expandiert, und zwar so lange, bis im Zylinder wieder der Umgebungsdruck p_1 herrscht. Man kann nun die Nitroglycerinmenge und die Volumina V_a und V_b so einstellen, dass nach der Expansion auch die Temperatur wieder genau die Umgebungstemperatur ist. Das geht, weil im Punkt 3 die Gasmenge viel höher ist als im Punkt 1. Im Schritt von 3 nach 1 wird nun das Abgas zum Teil aus dem Zylinder ausgestoßen. Dabei ist keine Arbeit zu leisten, da das Abgas schon auf Umgebungsdruck ist. Es wird auch keine Wärme abgegeben, da das Abgas

Umgebungstemperatur hat. Die gesamte Wärme Q_h wird in Arbeit umgewandelt!

Sehr schön, nur leider möchte man aus Sicherheitsgründen doch lieber kein Nitroglycerin im Tank haben. Auch wären die Kosten trotz des tollen Wirkungsgrades zu hoch. Die Natur stellt als Oxydationsmittel für Verbrennung allgegenwärtig und kostenlos den Luftsauerstoff zur Verfügung. Deshalb arbeiten alle Verbrennungsmotoren mit ihm. Tatsächlich gibt es keinen Verbrennungsmotor in praktischer Anwendung, der den idealen Wirkungsgrad 100 % hätte.

Die richtige Nitroglyzerinmenge
Es soll noch schnell die Behauptung begründet werden, dass im Punkt 3 tatsächlich wieder Zimmertemperatur T_1 erreicht werden kann. Die Nitroglycerinmenge und das Volumen V_a bestimmen die Temperatur T_2 und die Gasmenge n_2. V_b kann so gewählt werden, dass in Punkt 3 die Gasgleichung in der Form:

$$p_1 \cdot V_b = n_2 \cdot R \cdot T_1$$

erfüllt wird. Das Volumen V_a kann wiederum so eingestellt werden, das die Adiabatengleichung für den Schritt von 2 nach 3 erfüllt ist:

$$V_a^{\kappa-1} \cdot T_2 = V_b^{\kappa-1} \cdot T_1.$$

Präziser gesagt: da n_2 die Gasmenge n_1 enthält und damit etwas von V_a abhängt, bilden die beiden Gleichungen ein (lösbares) Gleichungssystem für V_a und V_b bei einer vorgegebene Nitroglycerinmenge.

Der ein oder andere wird hier vielleicht stutzen, weil er in der Schule gelernt hat, das es für Wärmekraftmaschinen den so genannten Carnot-Wirkungsgrad gibt, der wegen des zweiten Hauptsatzes der Thermodynamik keinesfalls überboten werden kann. Der Nitroglycerin-Motor überbietet ihn aber locker. Damit hat es folgendes auf sich: Die Theorie, die auf den Carnot-Wirkungsgrad führt, wurde im Zeitalter der Dampfmaschinen von Carnot (1824) und Clausius (1865) entwickelt. Anders als bei Verbrennungsmotoren kann bei einer Dampfmaschine oder Dampfturbine (das ist die moderne Form in Kraftwerken) der Wasserdampf als Arbeitsgas immer im Kreis herumgepumpt werden und braucht die Maschine nicht zu verlassen. Ein Verbrennungsmotor tauscht mit der Umgebung hingegen Benzin, Luft und Abgas aus. Mann nennt das dann ein offenes System.

Das macht aus thermodynamischer Sicht einen großen Unterschied. Das können wir mit Hilfe der Entropie, die in ▶ Abschn. 5.1.5 eingeführt wurde, verstehen.

5.5.4 „Echte" Wärmekraftmaschinen

Verbrennungsmotoren nehmen Benzin und Luft auf und geben Abgase, Wärme und Arbeit ab. Es gibt auch Motoren, die nur Wärme aufnehmen und diese teilweise in mechanische Arbeit umwandeln. Dazu gehört der Heißluftmotor (Stirling-Motor), der technisch nicht besonders wichtig ist und hier nicht gesprochen werden soll. Von großer Bedeutung ist hingegen die Dampfmaschine beziehungsweise die Dampfturbine. Zum Verdampfen des Wassers wird natürlich auch hier in der Regel Brennstoff verbrannt. Diese Verbrennung gehört aber nicht zum eigentlichen Kreisprozess, der mechanische Arbeit abgibt. Für diese reinen Wärmekraftmaschinen gibt es eine grundsätzliche Begrenzung des Wirkungsgrades. Dies kann man mithilfe der Größe Entropie relativ leicht verstehen.

Eine Dampfmaschine nimmt im Brenner in einem Umlauf bei einer hohen Temperatur T_h eine Wärme Q_h auf (◘ Abb. 5.34).

Damit reduziert sie die Entropie ihrer Umgebung um $\Delta S = \frac{Q_h}{T_h}$ (▶ Abschn. 5.1.5). Diese Entropie muss die Maschine aber an die Umgebung zurückgeben. Sonst wäre sie eine Entropievernichtungsmaschine, und die kann es nach dem Zweiten Hauptsatz der Thermodynamik nicht geben. Die Abgabe von mechanischer Arbeit ist nicht mit einem Entropieübertrag verbunden. Da die Maschine mit der Umgebung sonst nur Wärme austauschen kann, kann sie die Entropie nur in Form von Wärme zurückgeben. Das dann überhaupt noch Wärme zur Umwandlung in Arbeit übrig bleibt ist

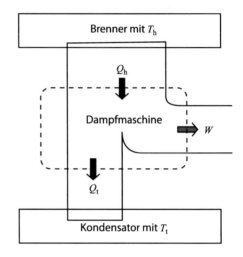

◘ **Abb. 5.34**   Energiefluss-Schema der Dampfmaschine

dem Umstand zu danken, dass die Dampfmaschine die Abwärme bei niedriger Temperatur T_t in den Kondensator, indem der Dampf wieder zu Wasser kondensiert, abgibt. Da reicht eine kleinere Wärme Q_t, um die gleiche Entropie $|\Delta S|$ zu übertragen:

$$\frac{Q_t}{T_t} = |\Delta S| = \frac{Q_h}{T_h}$$

$$\Rightarrow Q_h - Q_t = Q_h \cdot \left(\frac{T_h - T_t}{T_h} \right)$$

Diese Differenz der Wärmen kann also bestenfalls in Arbeit umgewandelt werden. Das gibt den so genannten **Carnot-Wirkungsgrad**:

$$\eta = \frac{W}{Q_h} = \frac{Q_h - Q_t}{Q_h} = \frac{T_h - T_t}{T_h}.$$

Natürlich kann die Dampfmaschine auch leicht einen schlechteren Wirkungsgrad haben. Eine Dampflokomotive kommt auf etwa 5 %. Deshalb werden Dampfmaschinen mit Kolben gar nicht mehr eingesetzt. In Kohlekraftwerken finden Dampfturbinen Einsatz, deren Wirkungsgrad bis zu 45 % betragen kann.

Ein Verbrennungsmotor wie zum Beispiel der Otto-Motor ist nicht an diesen Wirkungsgrad gebunden, denn er tauscht mit der Umgebung neben Wärme auch noch Materie (Brennstoff, Luft, Abgas) aus. Das bedeutet zusätzliche Entropieströme, die der Dampfmaschine nicht zu Gebote stehen.

Dreht man in der ◘ Abb. 5.34 alle Pfeile um, bekommt man das Schema einer Wärmepumpe (Kühlschrank, Klimaanlage, siehe ▶ Abschn. 5.4.1). Die gleiche Argumentation lehrt einem dann, wie viel Arbeit der Kompressor mindestens leisten muss, damit die Anlage eine gewisse Wärme von kalt nach warm transportiert.

5.5.5 Wärme- und Entropiehaushalt der Erde

Dass sich das Leben auf der Erde so entwickeln konnte, wie es sich entwickelt hat, verdankt es der Sonne. Sie liefert Energie in Form von elektromagnetischer Strahlung und was sehr wichtig ist: sie liefert eine Strahlung, die eine relativ niedrige Entropie mitbringt.

Auch eine elektromagnetische Welle transportiert neben Energie auch Entropie. Abgestrahlt wurde die Energie von der ca. 5800 K heißen Sonnenoberfläche. Ein so heißer Strahler strahlt relativ wenig Entropie pro abgestrahlter Energie und das ermöglicht es, mit der Sonnenstrahlung nützliche Energieträger zu schaffen. Der mit Abstand wichtigste Prozess ist dabei die **Photosynthese**, die im Chlorophyll der Pflanzen abläuft und letztlich die gesamte Nahrung für alle Tiere (auch den Menschen) und auch den Luftsauerstoff zum Atmen und Autofahren liefert. Die Photosynthese hat auch über Jahrmillionen das ganze Öl, Gas und die Kohle erzeugt, die wir heute verfeuern. Wir verfeuern diese viel schneller, als sie gebildet wurde. Das Gleichgewicht zwischen Erzeugung und Verbrauch von O_2, zwischen Verbrauch und Erzeugung von CO_2 ist deshalb seit einigen Jahrzehnten erkennbar gestört: Der CO_2-Gehalt der Erdatmosphäre nimmt rasanter zu als je zuvor. Damit greift die Menschheit in ein kompliziertes Fließgleichgewicht in der

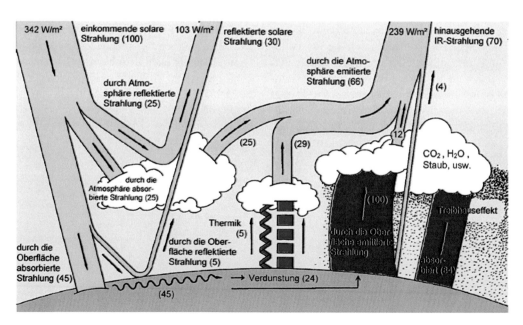

◘ **Abb. 5.35 Strahlungsströme.** Die von der Sonne kommende Strahlung wird reflektiert, absorbiert, umgewandelt und letztlich wieder in den Weltraum abgestrahlt. Alle Wege sind mit Prozentzahlen versehen, 100 % ist die Einstrahlung von 342 W/m². Das ist die mittlere Bestrahlungsstärke auf der Tagseite der Erde. Rot gezeichnet sind die beiden Strahlungsflüsse des Treibhauseffekts, die die Oberflächentemperatur der Erde auf ca. 5 °C halten. (Nach Klaus Stierstadt: Thermodynamik, Springer 2010)

Atmosphäre und am Boden ein. ◨ Abb. 5.35 zeigt die Vielzahl der Wege, die die eingestrahlte Energie der Sonne nimmt. Diese Energie muss auch wieder weg, sonst heizt sich die Erde immer weiter auf. Loswerden kann der Erdball diese Energie nur dadurch, dass er sie in den Weltraum zurückstrahlt, aus dem sie kommt.

Dazwischen passiert aber allerlei und ein für unser Leben besonders wichtiger Prozess ist in ◨ Abb. 5.35 rot eingezeichnet. Die Oberfläche der Erde hat eine mittlere Temperatur von ca. 5 °C. Mit dem Stefan-Boltzmann-Gesetz (▶ Abschn. 5.3.3) ergibt das, dass der Erdboden im Mittel in etwa $340\,W/m^2$ abstrahlt und das ist grad so viel, wie von der Sonne kommt. Am Boden kommt die Sonnenenergie aber nur knapp zur Hälfte an. Deshalb geht das nur, weil es eine starke Rückstrahlung der Atmosphäre auf die Erdoberfläche gibt. Das nennt man den Treibhauseffekt, eine Art Strahlungskurzschluss zischen Boden und Atmosphäre. Ohne ihn wäre es auf der Erde vielleicht etwa so kalt wie auf dem Mars ($-55\,°C$), der nur eine ganz dünne Atmosphäre hat. Vor allem der Wasserdampf in der Erdatmosphäre sorgt dafür, dass sie für die Infrarotstrahlung, mit der der Erdboden strahlt, ziemlich undurchlässig ist und sich der Treibhauseffekt entwickelt. Aber auch das CO_2 trägt bei und deshalb steigt die mittlere Oberflächentemperatur der Erde mit dem CO_2 aus den Schornsteinen langsam an. Das globale

Experiment läuft und ließe sich, selbst wenn man es wollte, nicht mehr ganz stoppen. Wie hoch der Temperaturanstieg ausfallen und was das für Folgen haben wird, ist bei einem so komplexen System kaum zuverlässig vorherzusagen.

Auch unabhängig von diesem Problem gilt: Will die Menschheit auch in Zukunft ihren Energiebedarf decken, kann sie nicht alleine auf Produkte der Photosynthese zurückgreifen, schon allein, weil Öl und Kohle irgendwann mal aufgebraucht sein werden. Sie wird immer stärker auf andere Möglichkeiten zurückgreifen müssen, die „heiße" Strahlung der Sonne zu nutzen. Das können alte Methoden wie Wind- und Wasserräder sein oder neuere, wie Solarkraftwerke und Solarzellen.

Alle Energie, die durch die heiße Sonnenstrahlung auf die Erde gelangt, wird von der Erde als wesentlich kältere Strahlung wieder abgestrahlt. Diese kältere Strahlung trägt wesentlich mehr Entropie von der Erde weg, als die Sonnenstrahlung mitgebracht hat. Diese negative Entropiebilanz ermöglicht die ganze komplexe Strukturbildung des Lebens auf der Erdoberfläche. Wir wissen heute, dass es auf dem Mars auch einmal fließendes Wasser und damit vielleicht auch Leben gab. Aber das ist wohl schon zwei Milliarden Jahre her. Warum die Marsoberfläche dann wieder so kalt und tot wurde, der Mars also seine Atmosphäre und mit ihr den lebenswichtigen Treibhauseffekt verlor, wissen wir nicht (◨ Tab. 5.1).

◻ Tab. 5.1 In Kürze

Absolute Temperatur

Soll die Temperatur direkt proportional zur mittleren kinetischen Energie der Atome sein, so nimmt man die **absolute Temperatur** in **Kelvin** (Symbol: K). Zu dieser gehört der absolute Temperaturnullpunkt, der dann erreicht ist, wenn sich nichts mehr bewegt. Gebräuchlicher ist die Celsius-Skala, bei der der Schmelzpunkt von Eis als Nullpunkt festgelegt ist. Der absolute Temperaturnullpunkt liegt dann bei $-273{,}15\,°C$

Absolute Temperatur	$T = $ Temperatur in $°C +$ $273{,}15\,K$	T: absolute Temperatur [K, Kelvin]

Wärme (Q)

Die mit der thermischen Wimmelbewegung von Atomen und Molekülen verbundene kinetische und potentielle Energie bezeichnet man als Wärme. Will man die Temperatur eines Stoffes erhöhen oder erniedrigen, so muss man Energie zu- bzw. abführen. Wie viel, das sagt die Wärmekapazität C oder die spezifische Wärmekapazität $c = C/$Masse, die eine Materialkonstante ist

Wärmekapazität	$C = \frac{Q}{\Delta T}$	C: Wärmekapazität [J/K] Q: Wärme [J, Joule] ΔT: Temperaturänderung durch Zuführen von Q
Spezifische Wärmekapazität	$c = \frac{C}{m}$ Wärmekapazität bezogen auf die Masse Wasser: $c = 4{,}2\ \frac{kJ}{kg\cdot K}$	C: spez. Wärmekapazität $\left[\frac{J}{kg\cdot K}\right]$ m: Masse [kg]

Gasgesetz

Das Gasgesetz gilt für ein **ideales Gas**, bei dem anziehende Kräfte zwischen den Atomen vernachlässigt werden können. Luft bei Raumtemperatur ist ein ideales Gas. Wenn man ein Gas soweit abkühlt, dass es schon fast verflüssigt, spielen die anziehenden Kräfte natürlich ein große Rolle und das Gas kann nicht mehr als ideal betrachtet werden

Gasgesetz	$p \cdot V = n \cdot R \cdot T$	p: Druck [Pa] V: Volumen [m³] n: Anzahl der Mole [mol] *Gaskonstante*: $R = 8{,}31\ \frac{J}{mol\cdot K}$

Phasenumwandlung

Bei einer Temperaturänderung kann es zu einer Änderung des Aggregatzustandes kommen, der Stoff kann zum Beispiel schmelzen. Dies nennt man eine Phasenumwandlung. Beim Schmelzen muss eine Umwandlungswärme aufgebracht werden, die bei der umgekehrten Phasenumwandlung (zum Beispiel Erstarren) wieder frei wird (◻ Abb. 5.17). Bei welchem Druck und welcher Temperatur sich ein Stoff in welchem Aggregatzustand befindet, zeigt das Zustandsdiagramm (◻ Abb. 5.26). Längs der Grenzlinien können zwei Aggregatzustände koexistieren. Praktisch wichtig ist oft die Dampfdruckkurve, die die Grenze zwischen gasförmig und flüssig markiert. Die Dampfdruckkurve des Wassers bestimmt die Sättigungsdampfdichte (thermodynamisches Gleichgewicht) in der Luft und damit die Luftfeuchtigkeit

Relative Feuchte	$f_r = \frac{\rho}{\rho_s}$	ρ: Dichte des Wassers in der Luft $\left[\frac{kg}{m^2}\right]$ ρ_s: Sättigungsdichte

5

◻ **Tab. 5.1**   (Fortsetzung)

Wärmetransport

Erwärmen oder Abkühlen geschieht über **Wärmeleitung, Konvektion** oder **Wärmestrahlung**. Bei Wärmeleitung und Konvektion ist der Wärmetransport zwischen zwei Orten proportional zur Temperaturdifferenz

Wärmeleitung	$I_Q = \frac{dQ}{dt} = A \cdot \lambda \cdot \frac{\Delta T}{l}$	I_Q: Wärmestrom [J/s] l: Länge A: Fläche, durch die der Wärmestrom geht λ: Wärmeleitfähigkeit $\left[\frac{W}{m \cdot K}\right]$ ΔT: Temperaturdifferenz über die Länge l
Konvektion	$I_Q = A \cdot h_{cv} \cdot \Delta T$	h_{cv}: Wärmeübergangskoeffizient A: Fläche, an der die Temperaturdifferenz ΔT auftritt
Strahlung (schwarzer Strahler)	$P = A \cdot \sigma \cdot T^4$	P : Strahlungsleistung [W] A : strahlende Fläche $\sigma = 5\,67 \cdot 10^{-8}\ \frac{W}{m^2 \cdot K^4}$ T: Temperatur der strahlenden Fläche [K]

Diffusion und Osmose

Sind die Komponenten eines Gases oder einer Flüssigkeit zunächst in verschiedenen Behältern und werden diese dann verbunden, so kommt es aufgrund der Wimmelbewegung zu einer Durchmischung aufgrund von **Diffusion**. Die Diffusionsgeschwindigkeit (genauer: Teilchenstromdichte) ist proportional zum Konzentrationsgefälle. Die Proportionalitätskonstante heißt **Diffusionskoeffizient**. Er steigt mit der Temperatur und ist für leichte Moleküle größer. Beim Durchmischen kann noch eine **Lösungswärme** auftreten.

Befindet sich zwischen Flüssigkeiten oder Gasen unterschiedlicher Zusammensetzung eine semipermeable Membran, so baut sich ein **osmotischer Druck** auf

Van-'t-Hoff-Gleichung:	$\Delta p = \frac{n}{V} R \cdot T$ Druckdifferenz einer Lösung mit n Mol aktiver Teilchen gegenüber dem reinen Lösungsmittel

---

Wärmekraftmaschinen

In Automotoren oder Dampfturbinen wird Wärmeenergie in mechanische Arbeit umgewandelt. Dabei leistet ein Arbeitsgas **Volumenarbeit**. Es gilt dabei natürlich der Energieerhaltungssatz, der hier **1. Hauptsatz der Wärmelehre** heißt

Volumenarbeit	$W = \int p(V) \cdot dV$	p : Druck [N/m^2] V : Volumen [m^3]
Energieerhaltungssatz	$\Delta U = Q + W$	Q: Wärme [J] U: innere Energie [J] W: mechanische Arbeit [J]

Der Wirkungsgrad eines Otto-Motors wird durch sein Kompressionsverhältnis bestimmt

Wirkungsgrad	$\eta = \frac{\text{geleistete Arbeit}}{\text{freigesetzte Wärme}}$ $= 1 - \frac{1}{(V_b/V_a)^{\kappa-1}}$	κ : Adiabatenkoeffizient V_a, V_b : Volumen des Zylinders bei ein bzw. ausgefahrenem Kolben

---

Entropie

Es gibt eine Zustandsgröße **Entropie**, die bei **reversiblen** Prozessen konstant ist und bei **irreversiblen** Prozessen steigt. Sie ist ein Maß für die Unordnung im System. Da Unordnung wahrscheinlicher ist als Ordnung, steigt die Entropie der Welt kontinuierlich an. Dies ist der **2. Hauptsatzes der Thermodynamik**

5.6 Fragen und Übungen

❓ Verständnisfragen

1. Ein Gas in einem senkrecht stehenden Zylinder wird durch das Gewicht eines Kolbens zusammengedrückt. Wenn ein Gewicht auf den Kolben gelegt wird, wird das Volumen von 500 ml auf 400 ml reduziert. Wird ein weiteres gleiches Gewicht noch dazugelegt, reduziert sich das Volumen des Gases dann um weitere 100 ml?

2. Wenn sich die Moleküle in einem Gas anziehen ist der Druck höher, gleich oder niedriger als es die ideale Gasgleichung vorhersagt?

3. Was passiert mit einem heliumgefüllten Kinderballon, wenn das Kind ihn loslässt und er aufsteigt. Dehnt er sich aus oder schrumpft er. Steigt er immer weiter oder steigt er nur bis zu einer bestimmten Höhe?

4. Was hat eine höhere Dichte: trockene Luft oder Luft hoher Feuchtigkeit?

5. Sie sind ein zweiatomiges Molekül im zweidimensionalen Raum. Sie bestehen also aus zwei starren Scheiben, die durch eine Feder miteinander verbunden sind. Wie groß ist dann Ihre mittlere kinetische Energie bei einer Temperatur T?

6. Warum sind die Temperaturschwankungen übers Jahr am Meer geringer als im Landesinneren?

7. Zunächst befinden sich Wasser und trockene Luft in einem geschlossenen Behälter. Was passiert nun?

8. Kann man Wasser zum Kochen bringen, ohne es zu erwärmen?

9. Werden die Kartoffeln schneller gar, wenn man das Wasser stärker kochen lässt?

10. Alkohol verdampft schneller als Wasser. Was kann man daraus über die Eigenschaften der Moleküle schließen?

11. Warum ist ein heißer, schwüler Tag viel unangenehmer als ein heißer, trockener Tag?

12. Sie wollen eine bestimmte Menge Gas mit einer möglichst geringen Wärme um zehn Grad erwärmen. Erreichen Sie das am besten bei konstantem Druck oder bei konstantem Volumen?

13. Zwei gleiche Behälter mit Wasser bei Raumtemperatur stehen auf einem Tisch. In einem ist doppelt so viel Wasser wie im anderen. Wir führen beiden die gleiche Wärme zu und lassen sie dann wieder auf Raumtemperatur abkühlen. Wenn die Wärmeleitung zur Tischplatte der wesentliche Verlustmechanismus für die Wärme ist, welcher Behälter ist schneller wieder auf Raumtemperatur?

14. Wenn der Kaffee lange warm bleiben soll: tut man Milch und Zucker lieber gleich rein oder erst direkt, wenn man ihn trinken will?

15. Warum hält sein Fell den Bären warm?

16. Wasser ist ein schlechter Wärmeleiter. Warum lässt es sich trotzdem in einem Kochtopf schnell erwärmen?

17. Warum müssen Thermometer, mit denen man die Lufttemperatur messen will, im Schatten sein?

18. Kann man einen Raum kühlen, indem man den Kühlschrank offen lässt?

✅ Übungsaufgaben

5.1 (I): Die Höhe des Funkturms in Berlin wird offiziell mit 135 m angegeben. Um welches Stückchen ist er an einem heißen Sommertag (30 °C) größer als bei strengem Frost (−25 °C)? (Ausdehnungskoeffizient im Anhang.)

5.2 (I): Wenn ein Stahlband um die Erde gelegt würde, sodass es bei 20 °C gerade passt, wie viel würde es über der Erde schweben (überall gleicher Abstand) wenn man es auf 30 °C erwärmt?

5.3 (I): Unter Normalbedingungen wiegt ein Liter Luft 1,293 g. Wie groß ist die mittlere Molekülmasse?

5.4 (I): Nahrungsmittel stellen eine hochveredelte Form der Energie dar und sind entsprechend teuer. Um welchen Faktor ist die chemische Energie einer 100-g-Tafel Schokolade (Brennwert 23 kJ/g), die 70 Cent kostet, teurer als die Energie aus der Steckdose?

5.5 (II): Ein Gas befindet sich auf einer Temperatur von 0 °C. Auf welchen Wert muss man die Temperatur erhöhen, um die mittlere Geschwindigkeit der Moleküle zu verdoppeln?

Dampfdruck

5.6 (I): Wie groß ist der Luftdruck, wenn Wasser schon bei 90 °C kocht?

5.7 (II): Es ist Winter und Sie sind in einem Raum bei 20 °C und 52 % Luftfeuchtigkeit. Sie beobachten, dass das Fenster beschlägt. Welche Temperatur hat dann die Glasoberfläche höchstens? (Benutzen Sie die Wasser-Tabelle im Anhang)

5.8 (II): Wenn in einem geschlossenen Raum mit einem Volumen von 680 m^3 bei 20 °C 80 % Luftfeuchte herrscht, wie viel Wasser kann dann noch aus einem Kochtopf bei Zimmertemperatur verdampfen? (Benutzen Sie die Wasser-Tabelle im Anhang.)

Gasgesetz:

5.9 (II): Ein ideales Gas durchläuft eine Zustandsänderung, bei der $P \cdot \sqrt{V}$ konstant bleibt und das Volumen abnimmt. Was passiert mit der Temperatur?

5.10 (II): Aus einer 50 l Druckflasche mit Helium werden Kinderluftballons aufgeblasen. Ursprünglich waren 28 · 10^5 Pa in der Flasche, nach vielen Ballons sind nur noch 5 · 10^5 Pa Druck auf der Flasche. Wie viel Prozent der ursprünglichen Gasmenge sind noch in der Flasche? Etwa wie viel Ballons (Durchmesser 30 cm) wurden aufgeblasen?

5.11 (II): Ein Kühlschrank mit einem Volumen von 155 l hat eine Tür mit 0,32 m^2 Innenfläche, die offen steht. Der Kühlschrank ist abgeschaltet und deshalb ist es in ihm 20 °C warm bei 1 bar. Nun wird der Kühlschrank geschlossen und angeschaltet. Die Innentemperatur sinkt auf 7 °C. Angenommen, der Schrank ist luftdicht, welche Kraft braucht man, um die Tür wieder aufzureißen? Tatsächlich haben die Hersteller an das Problem gedacht und irgendwo ein kleines Loch zum Druckausgleich eingebaut. Wie viel Luft strömt durch dieses in den Kühlschrank?

5.12 (I): Das beste im Labor erreichbare Vakuum ist etwa 10^{-10} Pa. Wie viel Moleküle befinden sich dann etwa in einem Kubikzentimeter bei 20 °C?

5.13 (I): Ein ideales Gas wird isotherm expandiert und leistet dabei eine Arbeit von 4000 J. Wie ändert sich die innere Energie des Gases und wie viel Wärme nimmt es auf?

Wärmekapazität

5.14 (II): In ▶ Abschn. 5.1.6 wird ein Verfahren zur Bestimmung der spezifischen Wärmekapazität des Wassers beschrieben. In einem Experiment wurden die folgenden Werte ermittelt: $m = 200$ g, $U_0 = 10$ V, $I_0 = 4,7$ A, $\Delta t = 50$ s, $T_1 = 18,3$ °C, $T_2 = 21,1$ °C. Welcher Wert für $c(H_2O)$ folgt daraus? Anmerkung: Ein Volt mal Ampere entspricht einem Watt.

5.15 (I): Ein Tauchsieder habe eine elektrische Leistungsaufnahme von 350 W. Wie lange braucht er um eine Tasse Suppe (250 ml) von 20 °C auf 50 °C zu heizen?

5.16 (II): Zwei Flüssigkeiten mit den Massen m_1, m_2, den spezifischen Wärmekapazitäten c_1, c_2 werden zusammengemischt. Vorher hatten sie die Temperaturen T_1 und T_2. Welche Mischtemperatur T stellt sich ein, vorausgesetzt, es entsteht keine Lösungswärme?

5.17 (II): In ▶ Abschn. 5.1.6 wird ein Verfahren zur Bestimmung der spez. Wärmekapazität des Kupfers angegeben.

Nach welcher Formel lässt sich $c(\text{Cu})$ ausrechnen?

5.18 (II): Ein gepflegtes Bier soll mit 8 °C serviert werden. Ehe der Organismus die in ihm gespeicherte chemische Energie von 1,88 kJ/g verwerten kann, muss er es auf Körpertemperatur aufwärmen. Welcher Bruchteil des Brennwertes wird dafür gebraucht? Bier besteht im Wesentlichen aus Wasser.

5.19 (II): Ein ruhender Mensch verheizt etwa 80 J pro Sekunde. a) Wie schnell würde die Körpertemperatur eines Menschen infolge dieses Grundumsatzes so ungefähr steigen, wenn man jeden Wärmeaustausch mit der Umgebung völlig unterbinden könnte? b) Wie viel Wasser pro Sekunde müsste ein Mensch so ungefähr ausschwitzen, wenn er diesen Grundumsatz nur durch Transpiration abgeben müsste? Die Masse des Menschen sei 70 kg.

5.20 (III): Für die Reibungswärme des Blutstromes bringt das Herz des Menschen eine Pumpleistung P_0 von ungefähr 1,6 W auf (s. Frage 3.13). Angenommen, es arbeite mit einem Nutzeffekt von 25 %, welche Leistung P muss es dann von seiner Energiequelle anfordern? Weiter angenommen, es beziehe diese Leistung vollständig aus der Verbrennung von Glukose (Heizwert 17 kJ/g), welcher Massenstrom $\frac{dm}{dt}$ von Glukose muss dann ständig angeliefert werden? Weiterhin angenommen, Glukose sei im Blut mit einer Massendichte $c = 100\,\text{mg/dl}$ gelöst, mit welcher Blutstromstärke I muss sich das Herz mindestens selbst versorgen? Im letzten Schritt wird der Glukosestrom $\frac{dm}{dt}$ per Diffusion durch eine Aderwand transportiert. Setzt man den Diffusionsweg Δx kurzerhand mit 0,1 mm an und die Glukosekonzentration im Gewebe des Herzmuskels der Einfachheit gleich null, welcher Konzentrations-gradient $\frac{dc}{dx}$ steht der Diffusion dann zur Verfügung? Messungen legen nahe, den Diffusionskoeffizienten D der Glukose im Muskelgewebe auf den runden Wert $1 \cdot 10^{-6}\,\text{cm}^2/\text{s}$ zu schätzen. Welche Diffusionsfläche A ist dann für die Versorgung des Herzens mindestens notwendig? Zweifellos kann man mit derart groben Annahmen nur Größenordnungen herausfinden; es lohnt nicht, zu den Zehnerpotenzen auch noch Faktoren mit dem Taschenrechner zu bestimmen. Trotz aller Ungenauigkeit sollte man aber den Nutzen solcher Überschlagsrechnungen nicht unterschätzen.

Wärmeaustausch

5.21 (II): Die Intensität der Sonnenstrahlung, die die Erde erreicht, beträgt $1,36\,\text{kW/m}^2$ (extraterrestrische Solarkonstante). Ein Teil wird von der Erde, insbesondere den Wolken, direkt zurückreflektiert. Etwa $1\,\text{kW/m}^2$ wird absorbiert und erreicht den Boden. Da sich die Erde aber praktisch nicht aufheizt, muss diese ganze gewaltige Energie von Ihr auch wieder abgestrahlt werden. Angenommen, die Erde ist ein schwarzer Strahler, was ergibt sich aus dieser Überlegung für eine mittlere Temperatur der strahlenden Erdoberfläche? Achtung: die Sonne strahlt immer nur eine Seite der Erde an, abgestrahlt wird von der gesamten Erdoberfläche.

Wärmekraftmaschine

5.22 (III): Zwei Mol eines einatomigen Gases sind am Anfang im Zustand $P_0 = 200\,\text{kPa}$ und $V_0 = 2\,\text{l}$. Das Gas durchläuft folgenden Kreisprozess: Es wird zunächst isotherm auf ein Volumen von $V_1 = 4\,\text{l}$ expandiert. Es wird dann bei konstantem Volumen erhitzt, bis es wieder einen Druck von $P_2 = 200\,\text{kPa}$ hat. Das Gas wird dann bei konstantem Druck so weit abgekühlt, bis es wieder im Anfangszustand ist.

a) Berechne die zugeführte Wärme und geleistete Arbeit für jeden Schritt des Kreisprozesses.

b) Berechne die Temperaturen T_0, T_1, T_3.

5.23 (I): Es ist bei einer Wärmekraftmaschine nicht nötig, dass das „heiße" Wärmereservoir über Raumtemperatur (20 °C) liegt. Flüssiger Stickstoff (ca. 90 K) ist etwa so teuer wie Mineralwasser. Wie wäre die maximale Effizienz einer Maschine, die flüssigen Stickstoff als „Brennstoff" verwendet?

Entropie

5.24 (II): Zwei 1100 kg schwere Autos kollidieren frontal mit jeweils 100 km/h Geschwindigkeit. Um etwa wie viel steigt dadurch die Entropie des Universums? Die Umgebungstemperatur sei 20 °C.

Elektrizitätslehre

Inhaltsverzeichnis

Ergänzende Information Die elektronische Version dieses Kapitels enthält Zusatzmaterial, auf das über folgenden Link zugegriffen werden kann https://doi.org/10.1007/978-3-662-68484-9_6. Die Videos lassen sich durch Anklicken des DOI Links in der Legende einer entsprechenden Abbildung abspielen, oder indem Sie diesen Link mit der SN More Media App scannen.

6

Elektrische Energie ist heutzutage die handlichste aller Energieformen. Sie lässt sich vielseitig nutzen und nahezu überall bereithalten, sofern ein dichtes Netz von Kraftwerken, Überlandleitungen, Umspannstationen, Kabeln und Steckdosen erst einmal installiert worden ist. Allerdings kann der Mensch auch diesen technischen Komfort nur unter Gefahr für Leib und Leben nutzen: Die Verhütung elektrischer Unfälle verlangt permanente Aufmerksamkeit. Die Natur hat organisches Leben untrennbar mit elektrischen Erscheinungen verknüpft. Das ermöglicht Unfälle, aber auch segensreiche Geräte für Diagnose (Elektrokardiograph) und Therapie (Herzschrittmacher). Zwischen elektrischen und magnetischen Feldern besteht eine so enge Verbindung, dass der Magnetismus mit unter der Überschrift „Elektrizitätslehre" besprochen werden kann.

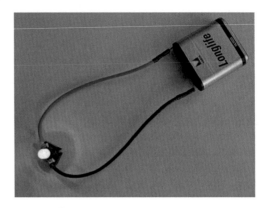

◘ **Abb. 6.1   Stromkreis.** Batterie und Glühbirne als geschlossener Stromkreis

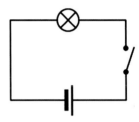

◘ **Abb. 6.2   Schaltskizze** zur Schaltung von ◘ Abb. 6.1

6.1 Grundlagen

6.1.1 Ladung und Strom

Mit elektrischen Geräten kann man Daten verarbeiten, Musik hören, Lasten heben und die Nacht zum Tage machen. Einige von ihnen, insbesondere Computer, benötigen eine enorm komplizierte Struktur, um ihre Aufgabe zu erfüllen. So reizvoll es sein kann, sich mit dieser auseinander zu setzen um Grundkenntnisse in einem neuen Gebiet zu erlangen, beginnt man zweckmäßigerweise nicht mit dem Komplizierten. Für erste Experimente eignet sich eine *Taschenlampenbatterie* darum besser. Man braucht die Elektrochemiker ja nicht zu fragen, wie sie funktioniert.

Wer sich Grundkenntnisse in einem ihm neuen Gebiet aneignen will, beginnt zweckmäßigerweise nicht mit so Kompliziertem.

Schraubt man ein Taschenlampenbirnchen in eine passende Fassung und verbindet man deren Klemmen durch Kupferdrähte mit den Polen eine Taschenlampenbatterie, so leuchtet das Lämpchen auf (◘ Abb. 6.1). Elektrotechniker beschreiben diesen einfachen Stromkreis mit einer **Schaltskizze** nach Art der ◘ Abb. 6.2. Das liegende Kreuz im Kreis steht für eine Glühbirne, die beiden ungleichen Querstriche entsprechen der Batterie, die Drähte werden durch gerade Linien repräsentiert. Weil es übersichtlicher ist, setzt man sie aus senkrechten und waagerechten Geraden zusammen, auch wenn die Drähte krumm und schief im Gelände liegen sollten. In der Skizze ist noch zusätzlich ein Schalter eingezeichnet. Öffnet man ihn, so erlischt die Glühbirne. In der fotografierten Schaltung würde man zu diesem Zweck einen der beiden Drähte an einem seiner beiden Enden abklemmen.

> **Merke**
>
> Ein **elektrischer Strom** fließt nur in einem geschlossenen Stromkreis, und er fließt nur, wenn eine **elektrische Spannung** im Kreis ihn dazu anhält.

Diese Formulierungen erwecken den Eindruck, als wisse man, dass in einem Stromkreis etwas „Elektrisches" in ähnlicher Weise ströme wie beispielsweise Wasser in einer Wasserleitung oder Blut in den Gefäßen eines Menschen. Das ist auch richtig: im Metalldraht strömen **Elektronen**. Das sind Elementarteilchen, die viel kleiner sind als die Wassermoleküle oder gar die Blutkörperchen und tatsächlich zwischen den Metallatomen hindurchschlüpfen können. Eigentlich sind sie Teil dieser Atome, denn diese haben eine Elektronenhülle und einen Kern aus Protonen und Neutronen. Zusammengehalten wird ein Atom von einer besonderen Eigenschaft der Elektronen und der Protonen: sie tragen **elektrische Ladung**. Es gibt zwei Arten Ladung: **negative Ladung** (Elektronen) und **positive Ladung** (Protonen). Das es positiv und negativ heißt, hat folgenden Grund: zwei negative oder zwei positive Ladungen stoßen sich ab, eine positive und eine negative Ladung ziehen sich an. Diese Anziehung hält die Elektronen im Atom am Kern. Der Kern besteht nämlich aus positiven Protonen (und ungeladenen Neutronen) und zieht die negativen Elektronen an. Da genauso viele Elektronen wie Protonen im Atom sind, spürt ein geladenes Teilchen außerhalb des Atoms genauso starke anziehende wie abstoßende Kräfte, in der Bilanz also gar keine Kraft. Daher sagt man: die Gesamtladung „addiert sich zu null", das Atom ist **neutral**.

Die Elektronen können durch den Metalldraht strömen und als **Stromstärke** bezeichnet man die Antwort auf die Frage, welche Ladung Q pro Zeiteinheit durch einen Draht oder ein Gerät hindurchfließt:

Stromstärke $I = \dfrac{Q}{t}$

❯ Merke

Stromstärke: Ladung pro Zeit
$I = \frac{Q}{t}$; Einheit: A (Ampere)

Die Einheit hat ihren Namen von André Marie Ampère, 1775–1836.

Eigentlich sind die Elektronen fest an ihr Atom gebunden durch die anziehende Kraft.

Bei den meisten Materialien ist das so und deshalb können sie auch keinen elektrischen Strom leiten, man nennt sie **Isolatoren**. Bei Metallen ist das anders: etwa ein Elektron pro Metallatom kann seinen Platz an ein Elektron vom Nachbaratom abgeben und so können diese **Leitungselektronen** durch den ganzen Draht wandern. Tatsächlich sind sie in thermischer Bewegung ständig unterwegs, aber wild durcheinander in allen Richtungen. Um da eine Richtung hineinzubringen, einen Strom zu erzeugen, braucht es eine Spannungsquelle. Wie jede mechanische Bewegung von einem Reibungswiderstand behindert wird, so ist es auch mit diesem Strom. Die strömenden Leitungselektronen stoßen quasi mit den Atomen zusammen und heizen dabei den Draht auf (Stromwärme ▶ Abschn. 6.3.4). Die Spannungsquelle muss also Energie liefern und die Elektronen irgendwie in eine Richtung durch den Draht treiben. Mit Einschränkungen kann man sich das so vorstellen, dass die Leitungselektronen durch den Draht geschoben werden, denn sie stoßen sich ja gegenseitig ab. Für eine präzisere Beschreibung müssen wir erst einmal die Kräfte zwischen den Ladungen genauer betrachten.

6.1.2 Kräfte zwischen Ladungen

Die Formel für die Kraft zwischen zwei geladenen Teilchen mit Ladung Q_1 und Q_2 im Abstand r voneinander erinnert stark an das Gravitationsgesetz für zwei Massen (▶ Abschn. 6.9.2):

$$F_C = \frac{1}{4\pi \cdot \varepsilon_0} \frac{Q_1 \cdot Q_2}{r^2}.$$

Hier erscheint die

elektrische Feldkonstante

$$\varepsilon_0 = 8{,}854 \cdot 10^{-12} \frac{A \cdot s}{V \cdot m}.$$

Sie ist eine Naturkonstante. Dass in der obigen Gleichung noch ein Faktor $1/4\pi$ eingefügt

6

ist, erweist sich in späteren Formeln als praktisch. Praktisch ist jetzt auch das Vorzeichen der Ladung: so ist die abstoßende Kraft bei Ladungen gleichen Vorzeichens positiv und die Kraft bei sich anziehenden Ladungen verschiedenen Vorzeichens negativ. Das kann man im geeigneten Koordinatensystem dann in Kraftrichtungen übersetzen.

> **Merke**
>
> Coulomb-Gesetz:
>
> Zwischen zwei Punktladungen Q_1 und Q_2 im Abstand r herrscht die Coulombkraft
>
> $$F_C = \frac{1}{4\pi \cdot \varepsilon_0} \frac{Q_1 \cdot Q_2}{r^2}.$$
>
> Ladungen gleichen Vorzeichens stoßen sich ab, bei verschiedenem Vorzeichen ziehen sie sich an.

Ziehen sich Elektron und Proton zum Beispiel nun stärker elektrisch an oder stärker aufgrund der Gravitationskraft (eine Masse haben sie ja auch)? Dazu müssen wir wissen, welche Ladung diese Teilchen tragen. Vom Betrag her tragen beide die gleiche Ladung die auch zugleich die kleinste überhaupt mögliche Ladung ist, die sogenannte **Elementarladung:**

$$e_0 = 1{,}60219 \cdot 10^{-19} \mathrm{A} \cdot \mathrm{s}$$

Satt von einem „geladenen Gegenstand mit dem Ladungswert Q" spricht man gern einfach von einer „Ladung Q". Das werden wir in diesem Buch auch oft so machen. Die Einheit der Ladung ist Ampere mal Sekunde, denn Ampere ist die Einheit vom Strom (Ladung pro Zeit). Es gibt natürlich auch größere Ladungswerte, diese sind aber immer ein Vielfaches der Elementarladung.

> **Merke**
>
> Elektrische Ladung Q: eine Eigenschaft von Ladungsträger mit positivem oder negativem Wert.
>
> Einheit der Ladung: $1\,\mathrm{As} = 1\,\mathrm{C}$ (Coulomb)

Kleinstmöglicher Ladungswert: die Elementarladung

$$e_0 = 1{,}60219 \cdot 10^{-19} \mathrm{A} \cdot \mathrm{s}.$$

Wenn nun unser Elektron und Proton 1 mm auseinanderliegen, kommt für die Coulombkraft $2{,}3 \times 10^{-22}$ N heraus: kleine Teilchen, kleine Kraft. Und die Gravitation? Das Proton hat wesentlich mehr Masse als das Elektron. Multipliziert man die beiden Massen, so kommt etwa $10^{-58}\,\mathrm{kg}^2$ heraus und die Gravitationskonstante macht es dann noch kleiner. Genau ergibt sich für die gravitative Anziehung $1{,}02 \cdot 10^{-61}$ N. Diese Kraft ist sage und schreibe 39 Größenordnungen kleiner als die Coulombkraft. Trotzdem merken wir von der elektrischen Kraft im Alltag fast gar nichts, ganz im Gegensatz zur Gewichtskraft. Das liegt daran, dass die Coulombkraft nur innerhalb der Atome stark ist. Da die Atome gleich viele negative wie positive Ladungen enthalten, merkt man von außen nichts. Und die Gewichtskraft ist nur deshalb so groß, weil wir die gewaltige Erde unter den Füßen haben.

Das bisher gesagte ist noch nicht die ganze Wahrheit über die Kräfte zwischen Ladungen. Die Coulombkraft alleine wirkt nur, wenn die geladenen Teilchen ruhen. Bewegen sie sich beide noch mit Geschwindigkeiten $\vec{v}_1$ und $\vec{v}_2$, so wirkt noch eine zusätzlich Kraft zum Beispiel auf das zweite Teilchen:

$$\vec{F}_2 = \frac{1}{4\pi \cdot \varepsilon_0} \cdot \frac{Q_1 \cdot Q_2}{\left|\vec{r}_1 - \vec{r}_2\right|^2} \cdot \frac{1}{c_0^2} \vec{v}_2$$
$$\times \left(\vec{v}_1 \times \frac{(\vec{r}_1 - \vec{r}_2)}{\left|\vec{r}_1 - \vec{r}_2\right|} \right).$$

Die Formel enthält die Formel für die Coulombkraft, dann aber zusätzlich die Geschwindigkeiten. Diese **magnetische Kraft** ist für Geschwindigkeiten klein gegen die Lichtgeschwindigkeit (die Formel gilt nur in dieser Näherung) viel kleiner als die Coulombkraft, da in ihr der Faktor eins durch Lichtgeschwindigkeit c_0 ins Quadrat auftaucht. Trotzdem ist sie wichtig, da sich die Coulombkräfte wie schon gesagt in neutraler Materie (gleich viele Elektronen wie Protonen) wegkompensieren. Wir werden die magnetische Kraft im ▶ Abschn. 6.9.2 behandeln.

Wie die Gravitationskraft auch, sind diese elektrischen und magnetischen Kräfte **Fernwirkungskräfte**. Die Teilchen brauchen sich nicht berühren. Dem haftet etwas Unheimliches an. Deshalb hat man sich schon ganz früh etwas dazwischen gedacht, das **elektrische Feld, magnetische Feld, Gravitationsfeld**. Aber erst mit Einsteins Relativitätstheorie haben diese Felder eine ganz eigene Realität gewonnen.

Rechenbeispiel 6.1: Die Pyramiden hochheben

Ein Stück Tafelkreide enthält etwa 10^{21} Moleküle. Angenommen, wir könnten jedem hundertstem Molekül ein Elektron entziehen und diese Elektronen einem zweiten Stück Tafelkreide zuführen. Mit welcher Kraft würden sich die beiden Stücke anziehen, wenn sie ein Meter voneinander entfernt wären?

(Ein Elektron trägt die Elementarladung $e_0 = 1{,}6 \cdot 10^{-19}$ A·s).

Lösung: Die Ladung auf einem Stück Kreide wäre 1,6 A·s. Dann ist die Kraft:

$$F_C = \frac{1}{4\pi \cdot \varepsilon_0} \cdot \frac{(1{,}6\,\text{A·s})^2}{(1\,\text{m})^2} = 2{,}3 \cdot 10^{10}\,\text{N}.$$

Das reicht locker, um die Pyramiden in Ägypten hochzuheben. Die Größe dieser Kraft verhindert zugleich, dass sie praktisch auftritt: Es gelingt nicht, ein Kreidestück tatsächlich derart aufzuladen.

Rechenbeispiel 6.2: Viele Elektronen

Durch eine LED-Lampe fließt ein Strom von 100 mA. Wie viel Elektronen pro Sekunde sind das?

Lösung: $I = 0{,}1\,\text{A} = \frac{N \cdot e_0}{1\,\text{s}}$. Dann ist die Zahl der Elektronen pro Sekunde

$$N = \frac{0{,}1\,\text{As}}{e_0} = 6{,}2 \cdot 10^{17}.$$

6.1.3 Elektrisches Feld

Es reicht, wenn wir erst einmal über ein Feld reden, das magnetische wird nachgereicht (▶ Abschn. 6.9).

Die wichtigste Erkenntnis der Relativitätstheorie ist, dass sich eine Kraftwirkung nur mit endlicher Geschwindigkeit von einem Gegenstand zum anderen ausbreitet, nämlich mit der Lichtgeschwindigkeit:

$$c_0 = 299792458\,\text{m/s}.$$

Das sind ziemlich genau 300.000 km/s, also sehr schnell. Aber trotzdem heißt das folgendes: Wenn wir ganz schnell hinschauen, gilt das 3. Newton'sche Gesetzt (Kraft = Gegenkraft) nicht sofort, denn zum Beispiel eine Positionsänderung der einen Ladung macht sich bei der anderen erst nach einer Verzögerungszeit bemerkbar. In dieser Verzögerungszeit ist sowohl der Impulserhaltungssatz als auch der Energieerhaltungssatz verletzt, wenn wir Impuls und Energie der beiden Ladungsträger betrachten. Der fehlende Impuls und die eventuell fehlende Energie müssen irgendwo stecken: Sie stecken im Feld. So kommen wir zu der Aussage, dass das Feld sowohl Energie als auch Impuls enthält. Damit wird das Feld „real". Wir sagen in der Physik heute: Im Universum gibt es zwei Dinge: Materie und Feld.

Jeder geladene Gegenstand ist von einem elektrischen Feld umgeben. Nahe am Gegenstand ist es stärker, weiter weg schwächer. An jedem Ort wird es durch einen Vektor $\vec{E}$ beschrieben, der folgende Eigenschaft hat: Bring man einen zweiten Gegenstand mit Ladung q in dieses Feld, so ist die Coulombkraft auf diesen zweiten Gegenstand $\vec{F}_C = q \cdot \vec{E}$. Auch der

zweite Gegenstand ist von einem Feld umgeben. Da es aber um die Kraft geht, die der
andere Gegenstand ausübt, zählt sein eigenes
Feld hier nicht mit.

> **Merke**
>
> Eine elektrische Ladung ist von einem elek-
> trischen Feld umgeben.
>
>   Ein elektrisches Feld ($\vec{E}$) ist ein Raum-
> zustand, in dem auf eine zweite elektrische
> Ladung (q) eine Coulomb-Kraft ($\vec{F}_\mathrm{C}$) ausge-
> übt wird:
>
> $$\vec{F}_\mathrm{C} = q \cdot \vec{E},$$
>
> elektrische Feldstärke $\vec{E}$, Einheit: $1\,\frac{\mathrm{N}}{\mathrm{A \cdot s}} =$
> $1\,\frac{\mathrm{V}}{\mathrm{m}}$

(Die Einheit Volt durch Meter müssen wir später klären.)

   Mit diesem Wissen können wir die elektrische Feldstärke bei einer punktförmigen La-

☐ **Abb. 6.4 Kräfteaddition**. Die Kraft auf eine Probe-
ladung im Feld eines Dipols ergibt sich als Summe der
von den Einzelladungen ausgeübten Kräfte. So entsteht
das Feldlinienbild der ☐ Abb. 6.5

dung Q direkt aus dem Coulomb-Gesetz ableiten:

$$\left| \vec{E} \right| = \frac{1}{4\pi \cdot \varepsilon_0} \frac{Q}{r^2},$$

wobei r der Abstand von der Ladung ist. Wenn
wir das mit einer zweiten Ladung q multiplizieren, haben wir gerade das Coulomb-
Gesetz. Die Richtung von $\vec{E}$ weist von der
Ladung Q weg, da eine zweite positive Ladung abgestoßen wird. Man stellt die Situation
gern mit einem Feldlinienbild dar, dass diese Richtungen von $\vec{E}$ zeigt (☐ Abb. 6.3). Die

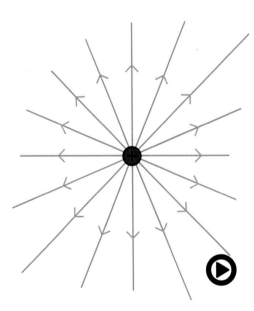

☐ **Abb. 6.3 (Video 6.1) Punktladung**. Die Feldlinien einer Punktladung, notwendig zur Berechnung
der Coulomb-Kraft zwischen zwei Ladungen
(▶ https://doi.org/10.1007/000-btg)

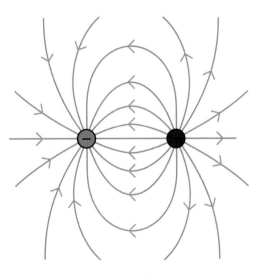

☐ **Abb. 6.5 Die Feldlinien des Dipols** suggerieren die
Anziehung ungleichnamiger Ladungen

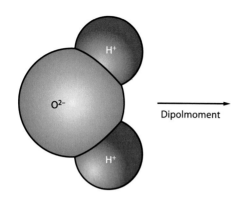

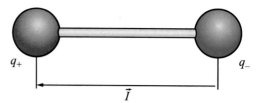

q_+ $\vec{l}$ q_-

Abb. 6.7 Dipol. Schematische Darstellung eines Dipols mit dem Dipolmoment $\vec{p} = q \cdot \vec{l}$

Dipolmoment

Abb. 6.6 Wassermolekül, schematisch

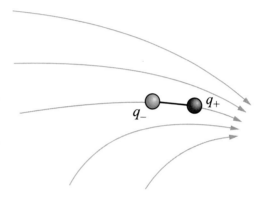

q_- q_+

Abb. 6.8 Dipol im inhomogenen Feld

Coulombkraft, die zwei Ladungen auf eine dritte Ladung ausüben, ist einfach die Vektorsumme der Coulombkräfte der einzelnen Ladungen (■ Abb. 6.4). So ergibt sich dann für das Feldlinienbild des Feldes einer positiven und einer negativen Ladung nebeneinander die ■ Abb. 6.5.

Eine solche Ladungsanordnung nennt man einen **elektrischen Dipol**. Das gibt dann neue Feldlinienbilder. Die Pfeile an den Feldlinien zeigen zur negativen Ladung hin, denn nach dort würde eine dritte positive Ladung gezogen. Dipole haben eine hohe Bedeutung in der Chemie, denn viele Moleküle sind kleine Dipole, insbesondere das Wassermolekül (■ Abb. 6.6). Das Sauerstoffatom zieht die Elektronen in der Hülle etwas zu sich hinüber, sodass die beiden Wasserstoffatome etwas positiv wirken. Formal wird so ein Dipol durch ein Dipolmoment:

$$\vec{p} = q \cdot \vec{l}$$

beschrieben, wobei $\vec{l}$ von der negativen zur positiven Ladung weist (■ Abb. 6.7). In einem äußeren Feld dreht sich der Dipol in Richtung der Feldlinien und wird in den Bereich mit höherem Feld gezogen, da auf die beiden Ladungen im Dipol unterschiedliche Kräfte wirken (■ Abb. 6.8). Folge: Schwimmen in einer wässrigen Lösung Ionen herum, z. B. die des NaCl, so bilden die Wassermoleküle *Hydrathüllen* (s. ▶ Abschn. 5.4.4); um die Na$^+$-Ionen

drängeln sie sich mit dem O-Atom voran, um die Cl$^-$-Ionen umgekehrt.

Rechenbeispiel 6.3: Fotokopierer

In einem Fotokopierer oder Laserdrucker wird das Schriftbild zunächst als Muster positiver Ladungen auf einer Trommel aus Halbleitermaterial eingeprägt. Leicht negativ geladene Toner(Farb)Partikel werden dann von diesen Ladungen auf die Trommel gezogen und anschließend durch Abrollen mechanisch auf das Papier übertragen. Nehmen wir an, dass die Partikel eine Masse von $9 \cdot 10^{16}$ kg haben und im Mittel 20 Überschusselektronen als negative Ladung tragen (das bedeutet $q = 20 \cdot 1,6 \cdot 10^{19}$ As). Welches Feld muss die Trommel am Ort des Toners erzeugen, um eine zuverlässige Kraft von mindestens zweimal dem Eigengewicht der Tonerpartikel aufzubringen?

6

Lösung: Für das minimale Feld gilt $q \cdot E = 2 \cdot m \cdot g$, wobei die Ladung der Tonerpartikel $q = 32 \cdot 10^{19}$ A · s ist. Das ergibt:

$$E = \frac{2 \cdot 9 \cdot 10^{-16} \text{ kg} \cdot 9{,}81 \text{ m/s}^2}{32 \cdot 10^{-19} \text{ A} \cdot \text{s}}$$
$$= 5{,}5 \cdot 10^3 \frac{\text{N}}{\text{A} \cdot \text{s}} = 5500 \frac{\text{V}}{\text{m}}.$$

6.1.4 Feld und Spannung

Jetzt kehren wir zu unserer Ausgangsfrage zurück: wie treibt die Spannungsquelle die Elektronen durch den Draht? Wir wissen nun: die Spannungsquelle bewirkt ein elektrisches Feld längs des Drahtes, das die Elektronen gegen die Reibung durch den Draht zieht. Je höher das Feld, umso höher der Strom. Und warum heißt es dann nicht Feldquelle? Die Kraft auf die Elektronen interessiert uns nicht wirklich. Uns interessiert die Energie, die uns der Strom zur Verfügung stellen kann. Das führt auf den Spannungsbegriff. Mit den Elektronen im Feld ist es so ähnlich wie mit einem Regentropfen, der durch die Luft fällt. Das Feld (elektrisch bzw. Gravitation) leistet ständig Arbeit, sodass sich der Draht (bzw. die Luft) aufheizt. Wie viel Arbeit geleistet wird, können wir mit „Kraft mal Weg" (▶ Abschn. 2.3.1) berechnen. Wenn der Draht die Länge l hat und im Draht das Feld $\vec{E}$ herrscht, so wird am Elektron, nachdem es durch den Draht gelaufen ist, die Arbeit:

$$W = \left| \vec{F}_C \right| \cdot l = e_0 \cdot \left| \vec{E} \right| \cdot l$$

geleistet worden sein. Es ist sehr nützlich in der Elektrizitätslehre, diese Arbeit oder die Änderung der potentiellen Lageenergie (es handelt sich wie in der Mechanik um eine Energie des Feldes, ▶ Abschn. 6.3.8) durch den Ladungsbetrag zu teilen. Das nennt man dann Spannung:

$$\textbf{Spannung } U = \frac{W}{Q} = \frac{\Delta W_{\text{pot}}}{Q} = \left| \vec{E} \right| \cdot l.$$

Die Spannung hat also die Einheit Joule pro Amperesekunde. Weil die Spannung so wichtig ist, bekommt die Einheit einen eigenen Namen: Volt V (zu Ehren von Alessandro Giuseppe Antonio Anastasio Volta, 1745–1827, dem zu Ehren seine Heimatstadt Como sogar einen kleinen Tempel gebaut hat). Das praktische ist nun, dass wir leicht angeben können, wie viel Leistung (Arbeit bzw. Energie pro Zeit) in einem Stromkreis umgesetzt wird:

$$\text{Leistung } P = \frac{W}{t} = \frac{\Delta W_{\text{pot}}}{Q} \cdot \frac{Q}{t} = U \cdot I.$$

Wir müssen also nur die Spannung der Spannungsquelle mit dem im Stromkreis fließenden Strom multiplizieren.

> **Merke**
>
> Elektrische Spannung: Energieverlust oder Arbeit an der Ladung
> $U = \frac{\Delta W_{\text{pot}}}{Q}$; Einheit 1 V (Volt)
> Umgesetzte Leistung im Stromkreis:
> $P = U \cdot I$, Einheit: 1 V · A = W (Watt)

Wie erzeugt die Spannungsquelle eine Spannung beziehungsweise ein Feld? Es gibt Batterien, die das auf elektrochemischem Weg tun (▶ Abschn. 6.7.2) und es gibt Generatoren, die die Spannung mit magnetischer Induktion herbeiführen (▶ Abschn. 6.10.1).

Warum Spannungsquellen meistens einen Plus-Anschluss und einen Minus-Anschluss haben, klären wir jetzt.

Rechenbeispiel 6.4: Gewaltige Energie

Unsere beiden Stück Tafelkreide aus Beispiel 6.1 ziehen sich an. Wie viel Arbeit können sie leisten, wenn wir sie vom Abstand 1 m auf 0,5 m zusammenrücken lassen?

Lösung: Für die Arbeit gilt gemäß letztem Kapitel: $\Delta W = Q \cdot \Delta U$. Wir denken uns also die eine Kreide bewegt im durch die andere

Kreide erzeugten Potenzial. Die Potenzialdifferenz zwischen ein Meter Abstand und
einem halben Meter Abstand beträgt:

$$\Delta U = \frac{Q}{4\pi\varepsilon_0}\left(\frac{1}{0,5\,\text{m}} - \frac{1}{1\,\text{m}}\right)$$
$$= 1{,}44 \cdot 10^{10}\,\text{V}.$$

Damit ergibt sich die Arbeit zu $\Delta W = 2{,}3 \cdot 10^{10}\,\text{J} = 6{,}4 \cdot 10^3\,\text{kWh}$. Das ist in etwa der halbe Jahresbedarf einer Familie an elektrischer Energie.

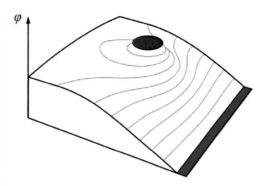

□ **Abb. 6.9 Potenzialgebirge.** Perspektivische Zeichnung des Potenzialgebirges für eine positiv geladene kreisförmige Elektrode und einem negativ geladenen Balken. Das Potenzial φ ist nach oben aufgetragen

---

Rechenbeispiel 6.5: Energie gespart
In ▶ Rechenbeispiel 6.2 floss durch eine LED-Lampe 100 mA. Welche Leistung setzt sie dann um (bei 230 V Netzspannung)? Lösung: Leistung $U \cdot I = 0{,}1\,\text{A} \cdot 230\,\text{V} = 23\,\text{W}$. Damit ist sie ungefähr so hell wie eine 100 W-Glühbirne, die wegen ihrer viel schlechteren Lichtausbeute inzwischen verboten ist.

6.1.5 Das elektrische Potenzial

Wie in der Mechanik kann die potenzielle Lageenergie, wenn ein geladener Gegenstand an einem bestimmten Ort r im Feld ist, auch absolut angegeben werden, wenn man irgendwo den Nullpunkt der Energie festlegt. In der Elektrizitätslehre wird die potenzielle Lageenergie dann Null gesetzt, wenn sich der geladene Gegenstand weit weg von den felderzeugenden Ladungsträgern entfernt befindet, das Feld also sehr klein ist. Dann lässt sich die Größe:

$$\text{elektrisches Potenzial } \varphi(r) = \frac{W_{\text{pot}}(r)}{Q}$$

definieren. (Um diese Definition eindeutig zu machen, muss noch festgelegt werden, dass es

um die potentielle Energie einer positiven Ladung geht.) Die Spannung ist dann also eine **Potenzialdifferenz**. An dem Pluspol der Spannungsquelle ist die potentielle Energie für eine positive Ladung hoch und am Minuspol niedrig. Für die negativen Elektronen ist es genau umgekehrt und deshalb fließen sie im Stromkreis von Minus nach Plus.

Hat man eine Ladungsanordnung im Raum, kann man für jeden Ort ein elektrisches Potenzial angeben, das die potentielle Energie einer dritten positiven Ladung an dieser Stelle liefert. In □ Abb. 6.9 ist das für eine positiv geladene Scheibe neben einem negativ geladenen Balken perspektivisch dargestellt. Nach oben ist das Potenzial aufgetragen. Die Linien sind Linien, auf denen das Potenzial konstant ist. Sie sind wie Höhenlinien auf einer Landkarte (□ Abb. 6.10). Diese Höhenlinien ermöglichen eine Darstellung des Potenzials auch in Aufsicht senkrecht von oben wie in □ Abb. 6.11. Man nennt diese Linien konstanten Potenzials **Äquipotenziallinien**. Wenn man nun auch noch die Feldlinien in dieses Bild mit hineinmalt (□ Abb. 6.12), dann sieht man, dass die Feldlinien immer senkrecht auf den Äquipotenziallinien stehen. Das macht Sinn. Die Feldlinien zeigen ja in die Richtung der Kraft auf eine Ladung. Bewegt man die Ladung in diese Richtung, verliert sie wegen „Kraft mal Weg" potentielle Energie,

6

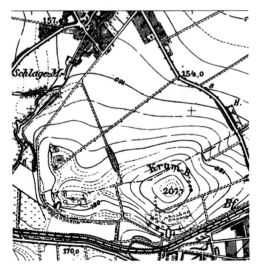

Abb. 6.10 Landkarte mit Höhenschichtlinien. Geschlossene bezeichnen Hügel wie den Kram-Berg. Das Gelände ist umso steiler, je dichter die Linien beieinander liegen. (Grundlage: Topographische Karte 1:25.000, Blatt 4425 Göttingen; Druck mit Genehmigung des Niedersächsischen Landesverwaltungsamtes – Landesvermessung – vom 26.02.1974)

das Potenzial sinkt. Bewegt man die Ladung senkrecht zur Kraftrichtung, kommt für die geleistete Arbeit null heraus (weil das Skalarprodukt null ist; ▶ Abschn. 2.3.1) und das Potenzial bleibt gleich.

Der Vektor $\vec{E}$ zeigt in die Richtung des größten Potenzial*gefälles*. Mathematisch nennt man so etwas einen **Gradienten** und schreibt

$$\vec{E} = -grad\, U.$$

Hier handelt es sich um eine besondere Form der Differentiation, die zu einem Vektor führt. Die Umkehrung ist das sog. **Linienintegral**. Es wird längs eines Weges $\vec{s}$ ausgeführt, der im Grundsatz beliebig krumm sein darf. Im elektrischen Feld liefert er die Potenzialdifferenz ΔU zwischen zwei Punkten $\vec{s}_1$ und $\vec{s}_2$:

$$\Delta U = \int\limits_{\vec{s}_1}^{\vec{s}_2} \vec{E}(\vec{s}) \cdot d\vec{s}.$$

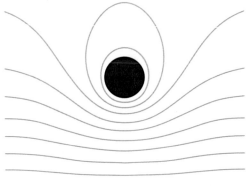

Abb. 6.11 Äquipotenziallinien des Potenzialgebirges der **Abb. 6.9**

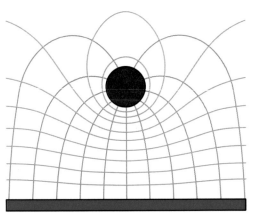

Abb. 6.12 Potenziallinien und Feldlinien. Elektrodenanordnung der **Abb. 6.9** mit Potenziallinien (*schwarz*) und Feldlinien (*blau*)

Dabei spielt es keine Rolle, auf welchem Wege man von $\vec{s}_1$ nach $\vec{s}_2$ kommt. Das ist aber eine Spezialität des Potenzialfeldes; es gilt nicht generell für alle Linienintegrale.

Abb. 6.13 zeigt eine technisch wichtige Ladungsverteilung: zwei parallele Platten, die an eine Spannungsquelle angeschlossen sind. Man nennt das einen Kondensator, über dessen Funktion wir später noch mehr lernen werden (▶ Abschn. 6.3.5). Damit zwischen den Platten eine Potenzialdifferenz, eine Spannung, entsteht, muss zwischen den Platten ein Feld herrschen. Da dies, wie **Abb. 6.13** zeigt, ei-

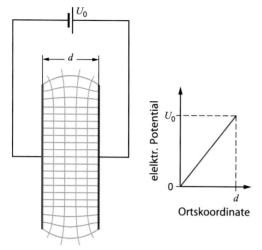

Abb. 6.13 Kondensator. Feldlinien (*blau*) und Schnitte von Potenzialflächen (*schwarz*) im weitgehend homogenen Feld zwischen zwei entgegengesetzt gleich geladenen Platten und der dazugehörige Verlauf des Potenzials auf einer geraden Feldlinie

nigermaßen gleichmäßig (homogen) ist, gilt:

$$U_0 = |\vec{E}| \cdot d.$$

Damit dieses Feld existiert, müssen die Platten natürlich geladen sein, auf der linken Seite negativ, auf der rechten positiv. Außerhalb der beiden Platten ist das *v* (außer im Randbereich) null, da sich dort das Feld von der negativen Platte und das Feld von der positiven Platte zu null addieren. Der Potenzialverlauf zwischen den Platten ist linear und die Äquipotenziallinien verlaufen parallel zu den Platten und haben gleiche Abstände.

Der Kondensator bietet eine gute Möglichkeit, ein homogenes, gleichmäßiges elektrisches Feld zu erzeugen. Das werden wir nutzen, wenn wir nun betrachten, wie Materie auf ein elektrisches Feld reagiert.

6.2 Materie im elektrischen Feld

6.2.1 Influenz und elektrische Abschirmung

Wenn ein Gegenstand nach außen elektrisch neutral erscheint, so heißt dies nicht, dass er keine elektrischen Ladungen enthielte, sondern nur, dass sich bei ihm positive und negative Ladungen gerade kompensieren. Elektrische Ströme transportieren Ladungen. In elektrischen Leitern müssen deshalb frei bewegliche Ladungsträger sein. In Metallen sind dies die Elektronen. Das macht es möglich, zwei Metallplatten entgegengesetzt aufzuladen, ohne sie mit einer Spannungsquelle in Berührung zu bringen.

Ganz ohne Spannungsquelle geht es natürlich nicht. Sie wird aber nur gebraucht, um zwischen zwei großen Kondensatorplatten ein elektrisches Feld E_0 zu erzeugen (Abb. 6.14a). Bringt man jetzt zwei kleinere Platten in dieses Feld, so geschieht so lange nichts, wie sie nichtleitend miteinander verbunden werden. Sind sie das aber, folgen die Elektronen den Coulomb-Kräften. Sie erzeugen im Drahtbügel einen Strom (Abb. 6.14b), der gerade so lange anhält, bis beide Platten auf gleichem Potenzial angekommen sind, bis also kein Feld mehr zwischen ihnen liegt (Abb. 6.14c). Anders ausgedrückt: Die Ladungen auf den kleinen Platten erzeugen ein Gegenfeld exakt in der Größe, dass es das Hauptfeld E_0 kompensiert. Das Gegenfeld besteht zwischen den Platten weiter, wenn man sie aus dem Hauptfeld herauszieht (Abb. 6.14d). Diese Ladungstrennung durch ein äußeres elektrisches Feld nennt man **Influenz**.

> **Merke**
> Influenz: Ladungstrennung durch ein äußeres elektrisches Feld.

Die Platten des Luftkondensators müssen beim Influenzversuch nur das äußere Feld liefern. Im Übrigen sind sie unbeteiligt, sie verlieren

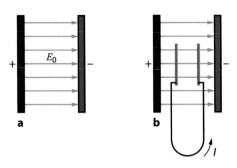

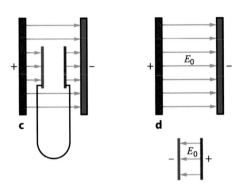

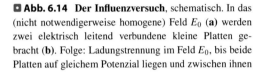

a   b   c   d

☐ **Abb. 6.14 Der Influenzversuch**, schematisch. In das (nicht notwendigerweise homogene) Feld E_0 (**a**) werden zwei elektrisch leitend verbundene kleine Platten gebracht (**b**). Folge: Ladungstrennung im Feld E_0, bis beide Platten auf gleichem Potenzial liegen und zwischen ihnen kein Feld mehr besteht (**c**). Trennt man die Leitung zwischen den Platten im Feld und zieht man sie heraus in den feldfreien Außenraum, so steht jetzt zwischen ihnen ein Feld mit dem Betrag E_0, aber in entgegengesetzter Richtung (**d**)

insbesondere auch keine Ladung. Nun kann es nicht verboten sein, die beiden kleinen Platten, nachdem man sie aus dem Luftkondensator entfernt hat, wieder elektrisch zu verbinden. Dann fließt ein Stromstoß, der Stromwärme erzeugt. Erlaubt die Influenz etwa, ein Perpetuum mobile zu konstruieren? Keineswegs! Wenn man die Platten aus dem Feld herausholt, muss man mit seinen Muskeln gegen elektrostatische Kräfte an arbeiten.

Solange beim Influenzversuch die beiden kleinen Platten elektrisch miteinander verbunden sind, herrscht zwischen ihnen kein Feld, gleichgültig, was außen geschieht. Das gilt erst recht für den Innenraum einer Blechdose: Mit ihrer Hilfe kann man empfindliche Messinstrumente von störenden elektrischen Feldern **abschirmen**. Die Dose darf Löcher haben, sie darf sogar zu einem Käfig aus Maschendraht degenerieren (**Faraday-Käfig**). Ein äußeres Feld reicht dann zwar ein wenig durch die Maschen hindurch, aber eben doch nicht sehr weit. Das Deutsche Museum in München besitzt einen derartigen Käfig, groß genug, einen sitzenden Menschen aufzunehmen. Er wird zwischen die Elektroden einer Hochspannungsanlage gehängt: Meterlange Entladungen schlagen oben und unten in den Käfig hinein (☐ Abb. 6.15). Der Mensch darin registriert dies nur optisch und akustisch; elektrisch spürt er nichts, denn er sitzt ja im feldfreien

☐ **Abb. 6.15 Faraday-Käfig** zum Abschirmen eines Menschen vom Feld einer Hochspannungsanlage

Raum. Wehe nur dem, der eine neugierige Nase durch die Maschen nach außen steckt!

Die Coulomb-Kräfte zwingen bewegliche Überschussladungen, sich so weit voneinan-

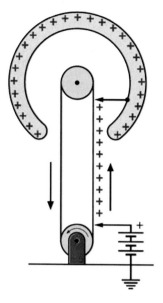

Abb. 6.16 **Van-de-Graaff-Generator**, Einzelheiten im Text

der zu entfernen, wie ihnen das geometrisch möglich ist. Bei Metallgegenständen sitzen sie deshalb immer auf der Außenseite. Innen können sie sich auch dann nicht halten, wenn sie gewaltsam dorthin gebracht werden. Dies nutzt der **Van-de-Graaff-Generator** zur Erzeugung extrem hoher Gleichspannungen (■ Abb. 6.16). Man sprüht zunächst Ladungen aus den Zinken eines Kammes auf ein isolierendes Förderband und schleppt sie dann rein mechanisch in eine große Hohlkugel hinein. Dort werden sie mit Metallbürsten wieder abgenommen: Sobald sie einen Weg zur Oberfläche der Kugel finden, können sie sich im Innern ja nicht halten. Das Innere ist so feldfrei, dass man dort auch ein kleines Laboratorium mit empfindlichen Instrumenten einrichten kann. Das hohe Potenzial gegen Erde stört den Experimentator nicht, genauso wenig wie den Vogel auf der Hochspannungsleitung. Das Potenzial allein ist harmlos und die Definition seines Nullpunkts reine Willkür. Gefährlich werden immer nur Potenzialdifferenzen, wenn sie einen Strom verursachen.

6.2.2 Der elektrische Strom

In einem Kupferdraht spaltet jedes Atom ein Elektron aus seiner Hülle ab. Das Kristallgitter wird also von positiven Kupferionen gebildet. Die abgegebenen Elektronen können zwischen ihnen „quasifrei" herumlaufen; richtig frei sind sie ja nicht, weil sie den Draht nicht verlassen dürfen (zumindest nicht so ohne weiteres). Diese quasifreien Elektronen sorgen für die hohe elektrische Leitfähigkeit der Metalle.

Zunächst einmal führen die Elektronen genau wie die Atome eine thermische Bewegung aus, weil sie sehr leicht sind besonders schnell; diese Bewegung ist statistisch gleichmäßig auf alle Raumrichtungen verteilt und kompensiert sich deshalb im Mittel zu null. Sobald aber längs des Drahtes ein elektrisches Feld erscheint, laufen sie ihm nach, genauer: Sie laufen ihm entgegen, ihrer negativen Ladung wegen.

> **Merke**
>
> Metalle transportieren einen Strom durch bewegliche Elektronen.

Im Draht bewegen sich die Elektronen wie der Löffel im Sirup: unter starker Reibung. Deshalb folgen sie der angelegten Spannung, d. h. der Coulomb-Kraft des angelegten Feldes E, nicht beschleunigt, sondern mit einer konstanten

$$\text{Driftgeschwindigkeit } v_\mathrm{d} = \mu \cdot E$$

(die Größe μ wird Beweglichkeit genannt). Diese Driftgeschwindigkeit ist übrigens erstaunlich klein: einige zehntel Millimeter pro Sekunde, natürlich abhängig vom Strom.

Der Strom I ist zu v_d proportional, aber auch zur Anzahl N der beweglichen Elektronen, bzw. zu deren Anzahldichte $n = N/V$. Für den Strom I kommt am Ende heraus

$$I = e_0 \cdot n \cdot A \cdot \mu \cdot E.$$

Hierin ist e_0 die Elementarladung, also die von den Elektronen getragene Ladung und A die Querschnittsfläche des Drahtes.

Herleitung

In der Zeitspanne Δt laufen alle Elektronen den Weg $\Delta s = v_d \cdot \Delta t = \mu \cdot E \cdot \Delta t$ weit. An einer bestimmten Stelle des Drahtes kommen dabei alle $\Delta N = n \cdot A \cdot \Delta s$ Elektronen vorbei, die dazu weniger als Δs marschieren mussten. Sie haben mit der Ladung $\Delta Q = \Delta N \cdot e_0$ den Strom $I = \Delta Q / \Delta t$ transportiert:

$$I \cdot \Delta t = e_0 \cdot \Delta N = e_0 \cdot n \cdot A \cdot \Delta s$$
$$= e_0 \cdot n \cdot A \cdot v_d \cdot \Delta t$$
$$= e_0 \cdot n \cdot A \cdot \mu \cdot E \cdot \Delta t.$$

Nun muss nur noch Δt heraus gekürzt werden.

In ▶ Abschn. 6.1.4 hatten wir gesehen, dass in einem Draht der Länge l, an dem eine Spannung U anliegt, die Feldstärke $E = U/l$ herrscht. So können wir den Strom auch in Abhängigkeit von der Spannung angeben:

$$I = e_0 \cdot n \cdot A \cdot \mu \cdot \frac{U}{l} = \frac{\sigma \cdot A}{l} \cdot U$$

Mit der sogenannten Leitfähigkeit des Metalls

$$\sigma = e_0 \cdot n \cdot \mu.$$

Diese Leitfähigkeit hängt nicht vom Feld oder der Spannung ab. Dies ist der Inhalt des **Ohm'schen Gesetzes:** Strom und Spannung sind proportional. Man drückt dies gern mit dem Begriff des elektrischen Widerstands R aus:

$$I = \frac{\sigma \cdot A}{l} \cdot U = \frac{U}{R} \quad \text{oder} \quad R = \frac{U}{I}.$$

❯ **Merke**

elektrischer Widerstand $R = \frac{U}{I}$;
Einheit: $1 \frac{V}{A} = 1\,\Omega$ (Ohm)

Das Ohm'sche Gesetz ist nicht diese Gleichung, sondern die Aussage, dass der Widerstand nicht von Strom und Spannung abhängt. In ▶ Abschn. 6.3.3 werden wir lernen, dass das Ohm'sche Gesetz nicht immer gilt, zum Beispiel nicht für einen Strom durch einen Menschen.

❯ **Merke**

Ohm'sches Gesetz: in einem Metalldraht sind Strom und Spannung proportional, das heißt, der elektrische Widerstand ist unabhängig von Strom und Spannung.

Rechenbeispiel 6.6: Elektronen im Toaster

Aufgabe: Durch einen Toaströster fließt typisch ein Strom von 2 A. Wie viel Elektronen pro Sekunde sind das?

Lösung: $I = 2\,\text{A} = \frac{N \cdot e_0}{1\,\text{s}}$. Dann ist die Zahl der Elektronen pro Sekunde

$$N = \frac{2\,\text{As}}{e_0} = 1.23 \cdot 10^{19}$$

6.2.3 Leitfähigkeit und Resistivität

Für den elektrischen Widerstand R eines Drahtes mit Länge l und Querschnittsfläche A ergibt sich aus dem eben gesagten:

$$R = \rho \cdot \frac{1}{A}$$

mit dem **spezifischen elektrischen Widerstand** ρ, der kürzer **Resistivität** genannt wird. Ihm gebührt die SI-Einheit $\Omega \cdot \text{m}$. Sein Kehrwert ist die **elektrische Leitfähigkeit** σ, die im vorherigen Kapitel stand.

σ und ρ sind Materialkenngrößen der Substanz, aus der ein Leiter besteht. Sind sie konstant, d. h. unabhängig von der angelegten elektrischen Spannung, so erfüllt der Leiter das ohmsche Gesetz, denn wenn sein spezifischer Widerstand nicht von der Spannung abhängt, so kann es sein Widerstand auch nicht.

Kaum eine andere physikalische Größe überdeckt einen so weiten messbaren Bereich: glatt 30 Zehnerpotenzen von den gut leitenden Metallen bis zu den guten Isolatoren (◻ Abb. 6.17). Dabei sind die Supraleiter noch nicht einmal mitgezählt: Deren spezifischer

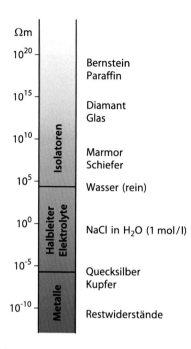

□ **Abb. 6.17 Spezifische Widerstände**. Der Bereich vorkommender spezifischer Widerstände; der *Restwiderstand* ist der Tieftemperaturwiderstand vor Einsetzen der Supraleitung

Widerstand fällt bei tiefen Temperaturen auf einen Wert, der sich experimentell von null nicht unterscheiden lässt. Außerhalb dieses Bereiches nimmt ρ bei praktisch allen Metallen mit der Temperatur T zu. Dies ist der Grund für das nicht-ohmsche Verhalten einer Glühbirne (▶ Abschn. 6.3.3): Mit steigender Spannung steigt der Strom, steigt die Entwicklung von Stromwärme, steigt die Temperatur und mit ihr der Widerstand.

▶ **Merke**

Spezifischer Widerstand ρ und elektrische Leitfähigkeit $\sigma = 1/\rho$ sind temperaturabhängige Kenngrößen elektrischer Leiter.

Den spezifischen Widerstand kann man zur Temperaturmessung benutzen – im Widerstandsthermometer, das meist aus einem dünnen, in Glas eingeschmolzenen Platindraht besteht. Oft werden auch Halbleiter zur Temperaturmessung verwendet. Bei ihnen sinkt

aber der elektrische Widerstand mit steigender Temperatur.

Die große technische Bedeutung von Halbleitern (z. B. Silizium) beruht darauf, dass sich zum einen durch verschiedene chemische Zusätze der spezifische Widerstand über einen weiten Bereich einstellen lässt und er sich zum anderen in Bauelementen wie Dioden und Transistoren auch noch von einer angelegten Spannung steuern lässt.

Rechenbeispiel 6.7: Anschlussleitung
Die Anschlussleitung einer Stehlampe sei 4 m lang und habe eine Querschnittsfläche der Kupferdrähte von 0,75 mm² je Ader. Wie groß ist ihr Widerstand? (An den Anhang denken!)

Lösung: Spezifischer Widerstand des Kupfers: $\rho = 1{,}7 \cdot 10^8 \, \Omega\mathrm{m}$. Also ist der Widerstand (zwei Adern):

$$R = 2 \cdot \rho \cdot \frac{4 \, \mathrm{m}}{0{,}75 \, \mathrm{mm}^2} = 0{,}18 \, \Omega$$

6.2.4 Die Permittivität (Dielektrizitätskonstante)

Ein leitender Gegenstand schirmt ein äußeres Feld ab, weil die beweglichen Leitungselektronen sich so verteilen, dass im Inneren des Leiters kein Feld mehr herrscht, es sei denn, er ist an eine Spannungsquelle angeschlossen und es fließt ein dauernder Strom. Aber auch im Isolator befinden sich viele Ladungen: die positiv geladenen Atomkerne und die negativ geladenen Elektronen in der Hülle. Wie reagieren sie auf ein äußeres Feld? Sie wollen eigentlich das Gleiche tun wie die Leitungselektronen im Metall, aber sie können ihr Atom nicht verlassen. Aber sie können sich doch ein bisschen verschieben. Die Folge ist eine Asymmetrie in den Atomen: Sie bekommen ein elektrisches Dipolmoment (▶ Abschn. 6.1.3). Im Isolator liegen dann lauter in gleicher Weise ausgerich-

6

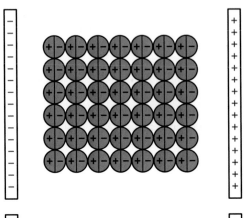

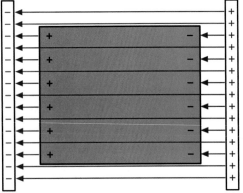

◘ Abb. 6.18 **Zur Polarisation:** In dem durch die geladenen Platten erzeugten Feld werden aus den Atomen Dipole (*oben*). Dies führt zu Oberflächenladungen am Isolator, die das Feld im Inneren abschwächen (*unten*)

schen Atomkern und Hülle, so beobachtet man dort natürlich immer ein sehr starkes Feld, da man zwischen der positiven Ladung des Kerns und der negativen Ladung der Hülle quasi wie in einem Kondensator sitzt. Als Ganzes ist das Atom aber neutral, außerhalb des unpolarisierten Atoms ist kein Feld. Mittelt man also das Feld über größere Längen (etwa einen Mikrometer), so ist es im unpolarisierten Material null. Wenn über das Feld in einem Material gesprochen wird, ist immer dieses über viele Atome gemittelte Feld gemeint.

Befindet sich der Isolator in einem äußeren Feld $\vec{E}_0$, so herrscht im Inneren zunächst auch dieses Feld. Die zu Dipolen polarisierten Atome umgeben sich aber zusätzlich alle mit einem Dipolfeld. Denkt man sich den Isolator zwischen zwei Kondensatorplatten (◘ Abb. 6.18), so verursacht die Polarisation in der Summe an den Oberflächen des Isolators effektive Oberflächenladungen, negative gegenüber der positiv geladenen Kondensatorplatte, positive gegenüber der negativen Kondensatorplatte. Diese Oberflächenladungen erzeugen ein dem äußeren Feld $\vec{E}_0$ entgegengesetztes Feld, sodass die Feldstärke $\vec{E}$ im Inneren des Isolators kleiner ist als das äußere Feld. In den meisten Materialien ist die Polarisation und damit auch das Feld im Inneren proportional zum äußeren Feld:

$$\vec{E} = \frac{\vec{E}_0}{\varepsilon_r}$$

Die Proportionalitätskonstante ist die schon erwähnte **relative Permittivität** ε_r (die alte Bezeichnung **Dielektrizitätskonstante** wird gelegentlich noch verwendet). Die Permittivität ist eine Materialkenngröße des Isolators. Bei gängigen Kunststoffen liegt sie meist zwischen 2 und 5. Dieser Faktor hilft den Herstellern von Kondensatoren, die metallisch beschichteten Folien zu Paketen aufzuwickeln. Denn befindet sich zwischen den Kondensatorplatten ein Isolator mit der Permittivität ε_r, so ist das Feld im Kondensator um diesen Faktor abgeschwächt und damit auch die Spannung zwischen den Platten entsprechend kleiner. Das

tete Dipole nebeneinander (◘ Abb. 6.18). Weil das äußere Feld Ladungen innerhalb der Atome, Moleküle, Molekülkomplexe verschoben hat, nennt man das **Verschiebungspolarisation** und sagt, der Isolator sei **polarisiert**. Maß dafür ist die sogenannte Polarisation $\vec{P}$, die als Dipolmomentdichte, also Dipolmoment pro Volumen, definiert ist.

Hat die Polarisation Auswirkungen auf das Feld im Inneren des Isolators? Ja, das Feld wird zwar nicht völlig abgeschirmt wie im Metall, aber es wird abgeschwächt.

Hier muss nun einmal genau gesagt werden, was mit „Feld im Isolator" oder „Feld im Metall" eigentlich gemeint ist. Macht man sich ganz klein und setzt sich zum Beispiel zwi-

bedeutet aber eine um den Faktor ε_r größere Kapazität $C = Q/U$ ($\blacktriangleright$ Abschn. 6.3.5).

Grundsätzlich muss das äußere Feld die atomaren oder molekularen Dipole nicht unbedingt selbst erzeugen. Sie können, wie im Wasser ($\blacktriangleright$ Abschn. 6.1.3), von vornherein vorhanden sein und sich nur deswegen nach außen nicht sofort bemerkbar machen, weil ihre Dipolmomente ständig in ungeordneter thermischer Bewegung sind. Ein äußeres Feld kann diesem Durcheinander aber eine gewisse Vorzugsrichtung geben, mit steigender Feldstärke immer ausgeprägter. Man nennt diesen Mechanismus **Orientierungspolarisation**. Diese führt zu deutlich höheren Werten der Permittivität. Wasser bringt es auf $\varepsilon_r = 80$.

$\blacktriangleright\!\!\blacktriangleright$ **Merke**

Durch Polarisation wird das elektrische Feld in Isolatoren abgeschwächt. Verschiebungspolarisation: Feld erzeugt durch Influenz molekulare Dipole, Orientierungspolarisation: Feld richtet polare Moleküle aus.

Es gibt noch weitere mit der Polarisation zusammenhängende Effekte. Technisch wichtig sind Isolatoren, die polarisiert werden, wenn man sie mechanisch belastet, sie also z. B. zusammendrückt. Man nennt diesen Effekt **Piezoelektrizität** („Piezo…" ausgesprochen). Geläufig ist er vielleicht aus Feuerzeugen, die das Brenngas dadurch entzünden, dass mit einem Schnappmechanismus auf einen piezoelektrischen Würfel geschlagen wird. Aufgrund der plötzlichen Polarisation entsteht eine so hohe Spannung, dass ein Funke überschlägt. Ein Effekt wie die Piezoelektrizität funktioniert immer in beiden Richtungen: Wird an ein piezoelektrisches Material ein äußeres Feld angelegt, so zieht es sich zusammen, als wäre es gedrückt worden. Dies benutzt man gern, um extrem kleine Verrückungen extrem präzise auszuführen. Beim sog. *Tunnelmikroskop* tastet eine feine Spitze die zu untersuchende Oberfläche kontrolliert in Schritten ab, die kleiner sein können als Atomabstände.

Rechenbeispiel 6.8: Oberflächenladung

Zwei parallele Metallplatten seien mit einer Ladung von plus bzw. minus 10^{-5} C aufgeladen. Zwischen den Platten befinde sich ein Isolator mit $\varepsilon_r = 2$. Wie groß ist die effektive Oberflächenladung auf dem Isolator?

Lösung: Der Isolator schwächt das Feld zwischen den Platten auf die Hälfte ab. Dazu muss die Hälfte der Ladungen auf den Platten durch entsprechende Gegenladung auf der Isolatoroberfläche kompensiert werden. Also beträgt diese Oberflächenladung $5 \cdot 10^{-6}$ C.

6.2.5 Gasentladung

Strom kann nicht nur durch Metalle fließen, sondern auch durch Luft. Luft besteht aber normalerweise aus neutralen Molekülen und zum Stromfluss braucht es geladene Teilchen. Daher muss erst irgendwas Dramatisches mit der Luft passieren, damit sie elektrisch leitend wird. Das passiert in Blitzen. Sehr hohe Spannungen bedeuten sehr hohe Feldstärken. Ab ca. eine Million Volt pro Meter passiert folgendes: Es gibt in der Luft aus verschiedenen Gründen immer ein paar wenige Moleküle mit einem Elektron zu wenig und dieses Elektron fliegt als freies Elektron auch herum. In dem hohen Feld wird dieses Elektron so stark beschleunigt, dass es aus dem nächsten Molekül, mit dem es zusammenstößt weitere Elektronen herausschlägt, die dann wiederum stark beschleunigt werden: Eine **Elektronenlawine** bricht los. Der Strom wächst entsprechend einer e-Funktion mit positivem Exponenten, die Wärmeentwicklung tut dies auch. Die Gasmoleküle werden elektronisch angeregt und fangen an zu leuchten: ein Blitz zuckt durch den Himmel. Man nennt dies eine **Gasentladung**.

In einer Leuchtstoffröhre brennt ein gebändigter Blitz. Wenn man den Gasdruck auf etwa ein Tausendstel Luftdruck vermindert, haben die Elektronen mehr Zeit zum Beschleunigen bis sie das nächste Molekül treffen. Daher kommt man mit viel kleineren Feldern und der Spannung aus der Steckdose aus. Begrenzt man mit einem Vorwiderstand außerdem den Strom, kann eine konstante Gasentladung brennen. Es fließt dann ein Strom durch das Gas in der Röhre, der von Elektronen, aber auch von geladenen Molekülen getragen wird. In der Leuchtstoffröhre hat das den Sinn, dass Quecksilberatome im Gas elektronisch angeregt werden. Sie strahlen dann blaues und ultraviolettes Licht ab (▶ Abschn. 7.5.2). Ultraviolettes Licht kann man nicht sehen: hier kommt der „Leuchtstoff", die weiße Beschichtung des Glasrohrs, zum Einsatz. Diese besteht aus Fluoreszenz-Farbstoff. Das sind Moleküle, die durch Ultraviolettes Licht angeregt werden, dann aber sichtbares Licht abstrahlen. So wird das ultraviolette Licht in sichtbares verwandelt.

> **Merke**

Gasentladung: Freie Elektronen lösen durch Stoßionisation eine Elektronenlawine aus. Mit einer Strombegrenzung kann sie kontinuierlich brennen.

6.3 Der Stromkreis

6.3.1 Strom und Spannung messen

Wer sich noch nicht auskennt, den mag überraschen, dass er in Laboratorien häufig sog. **Vielfachinstrumente** vorfindet, die nicht nur über mehrere Messbereiche verfügen, sondern sowohl Ströme als auch Spannungen zu messen vermögen. Wieso sie beides können, wird erst später klar. Folgendes überlegt man sich aber leicht: Ein Strommesser misst nur denjenigen Strom, der durch das Messwerk zwischen seinen beiden Anschlussklemmen hindurchläuft, das Instrument muss *im* Stromkreis liegen, in unserem einfachen Stromkreis der ◻ Abb. 6.2 mit Batterie und Glühbirne **in Reihe** (oder auch **in Serie**). Die ◻ Abb. 6.19 zeigt die

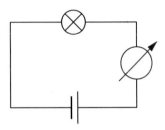

◻ **Abb. 6.19** **Ein Strommesser** wird *in Reihe* mit dem „Verbraucher" geschaltet

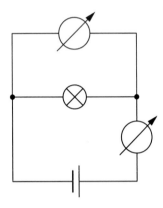

◻ **Abb. 6.20** **Ein Spannungsmesser** wird *parallel* zu Batterie und Glühbirne („Verbraucher") geschaltet

Schaltskizze dazu. Es ist gleichgültig, auf welcher Seite der Strommesser sich im Stromkreis befindet, rechts oder links. Ein Spannungsmesser hingegen soll die Spannung der Batterie unbeeindruckt vom restlichen Stromkreis messen. Er muss **parallel** zu der Batterie und dem Lämpchen geschaltet werden (◻ Abb. 6.20). Die Batterie hat eine Spannung zu liefern, damit der Strom fließen kann. Sie muss eine **Spannungsquelle** sein, aber ebenso auch eine **Stromquelle**.

Nicht nur die Spannungsquelle hat einen Plus- und einen Minus-Pol. Die Strom- und Spannungs-Messgeräte haben das auch. Sie zeigen nämlich den Strom und die Spannung mit einem Vorzeichen an. Diese Vorzeichen sind mit einer Konvention festgelegt, die ein Elektrotechniker genau kennen muss. Hier reichen ein paar Hinweise. Ein Strom gilt als positiv, wenn er außerhalb der Spannungsquelle vom Pluspol zum Minuspol fließt und innerhalb der Spannungsquelle von Minus nach Plus. Dabei wird immer so getan, als ob positiv geladene Ladungsträger fließen. Man nennt das die **konventionelle Stromrichtung**, denn die Elektronen im Metall fließen wegen ihrer negativen Ladung andersherum. Der Strommesser wird den Strom dann positiv anzeigen, wenn sein Pluspol zum Pluspol der Spannungsquelle orientiert ist und sein Minuspol zum Minuspol. Beim Spannungsmesser ist es genauso, denn die Konvention fordert, dass die Potenzialdifferenz in die Stromrichtung außerhalb der Spannungsquelle zu nehmen ist. Alte Messinstrumente mit mechanischem Zeiger darf man nicht falschherum polen, sonst schlägt der Zeiger in die falsche Richtung. Bei digitalen Instrumenten wird bei falscher Polung nur ein negativer Wert angezeigt, was meistens nicht weiter stört.

Dass es nützlich ist, die Klemmen der Batterie mit den mathematischen Vorzeichen + und − zu bezeichnen, zeigt sich, wenn man

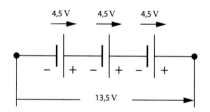

4,5 V 4,5 V 4,5 V

− + − + − +

13,5 V

◼ **Abb. 6.21 Batterien in Reihe.** Drei Taschenlampenbatterien *in Reihe* geschaltet: Ihre Einzelspannungen U_0 addieren sich zu $U = 3\,U_0$

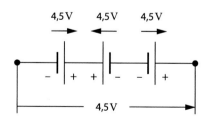

4,5 V 4,5 V 4,5 V

− + + − − +

4,5 V

◼ **Abb. 6.22 Batterien in Reihe.** Eine der drei Batterien liegt „verkehrt herum"; sie subtrahiert ihre Spannung von der Summenspannung der beiden anderen: $U = 2\,U_0 - U_0 = U_0$

mehrere Batterien elektrisch hintereinander schaltet, wenn man sie also in Reihe schaltet: Bei richtiger Polung, immer Plus an Minus, addieren sie ihre Spannungen (◼ Abb. 6.21); liegt aber eine Batterie falsch herum (◼ Abb. 6.22), so subtrahiert sie ihre Spannung von der Summe der anderen. Mathematisch ist eine Subtraktion aber nur eine Addition mit negativen Vorzeichen. Darum darf man die Gesamtspannung U einer Reihe hintereinander geschalteter Spannungsquellen als Summe der Einzelspannungen U_1, U_2 usw. schreiben:

$$U = U_1 + U_2 + U_3 + \ldots + U_n$$
$$= \sum_{i=1}^{n} U_i$$

6.3.2 Leistung und Energie

„Elektrizität" ist vielseitig verwendbar. Man kann mit ihr eine Armbanduhr betreiben, seinen Schreibtisch beleuchten, Brot rösten, ein Zimmer heizen oder auch eine Schnellzuglokomotive betreiben. Diese fünf Beispiele sind hier nach „steigendem Verbrauch" aufgelistet, zuweilen „Stromverbrauch" genannt. Was ist damit gemeint? Ausdrücklich sei betont: Der elektrische Strom fließt in einem geschlossenen Stromkreis. Er wird dabei nicht „verbraucht". Häufig dient das Wort „Strom" als Ersatz für die sprachlich unbequemere „elektrische Energie". Auch Energie lässt sich nicht „verbrauchen" in dem Sinn, dass sie verschwände; sie lässt sich aber umwandeln von einer Form in eine andere. Dabei ist elektrische Energie höherwertig, weil besser verwendbar als z. B. die Wärme der Zimmerluft, die man zwar aus elektrischer Energie gewinnen, aber nur schwer vollständig in sie zurückverwandeln kann. Letzten Endes ist eine derartige „Entwertung" elektrischer Energie gemeint, wenn man von Energie- oder gar Strom-„verbrauch" redet.

Eine anfahrende Lokomotive verlangt mehr Energie in kürzerer Zeit als eine leuchtende Glühbirne: Die oben aufgelisteten fünf Möglichkeiten sind nach steigender Leistung geordnet. Elektrische Leistung P wird immer dann umgesetzt, wenn bei einer Spannung U ein Strom I fließt; P ist zu beiden proportional: **elektrische Leistung** $P = I \cdot U$ (Einheit 1 **Watt** = 1 W = 1 V · A). Wenn man die Spannungsquelle umpolt, wechselt auch der Strom sein Vorzeichen. Für die Leistung hat das an dieser Stelle keine Bedeutung: Als Produkt von U und I bleibt sie positiv. Minus mal Minus gibt Plus, sagt die Mathematik.

❯ **Merke**

Elektrische Leistung
$$P = U \cdot I$$
Einheit: 1 Watt = 1 W = 1 V · A.

Die Typenschilder elektrischer Geräte können ein gewisses Gefühl für physikalische Leistung vermitteln. Für ein Notebook-Ladegerät sind 100 W genug bis reichlich. Der Mensch vermag sie mit seiner Beinmuskulatur für eine Weile zu liefern. Er versagt aber beim Kilowatt (kW) eines kleinen Heizlüfters. Kraftwerke werden heutzutage für Leistungen über 1000 Megawatt = Gigawatt = 10^9 W ausgelegt. Sinnesorgane wie Auge und Ohr sprechen, wenn sie gesund und ausgeruht sind, bereits auf Signalleistungen von 1 Picowatt = 1 pW = 10^{-12} W an.

Der Stromkunde muss dem Versorgungsunternehmen die **elektrische Energie** W_{el} bezahlen, also das Zeitintegral der elektrischen Leistung $P(t)$.

❯ **Merke**

Elektrische Energie (Leistung mal Zeit)

$$W_{el} = \int_{t_0}^{t_1} P(t) \cdot dt = \int_{t_0}^{t_1} U(t) \cdot I(t) \cdot dt.$$

Die Einheiten Volt und Ampere wurden so definiert, dass die elektrische Energieeinheit **Wattsekunde** mit dem **Joule** übereinstimmt.

❯ **Merke**

1 Wattsekunde = 1 Joule = 1 Newtonmeter,
1 Ws = 1 J = 1 Nm.

Diese Beziehung muss man sich merken. Auf jeden Fall braucht man sie, wenn man in irgendeiner Formel zwischen elektrischen und mechanischen Größen und ihren Einheiten hin- und herrechnen muss. Das kommt gar nicht so selten vor.

Für praktische Zwecke ist die Wattsekunde, ist das Joule unangenehm klein. Elektrizitätswerke rechnen in **Kilowattstunden** (1 kWh = 3,60 MJ) und verlangen derzeit dafür einen Arbeitspreis von ungefähr 40 Cent.

Der obige Vergleich der Einheiten für die Energie wirft nun allerdings die Frage auf, was Spannung mal Strom mal Zeit (also Spannung mal Ladung) denn mit Kraft mal Weg zu tun hat. Tatsächlich kann man sich den Stromfluss mechanisch vorstellen: die Elektronen werden im Stromkreis von der Batterie herumgepumpt. Dabei muss ein Widerstand, der sich aus Stößen der Elektronen mit den Atomen im Metall ergibt, überwunden werden. Eine Kraft muss die Elektronen vorantreiben. Die Spannung ist sowohl ein Maß für diese elektrische Kraft, als auch ein Maß für den Weg, den die Elektronen zurücklegen. So hatten wir die Spannung in ▶ Abschn. 6.1.4 definiert.

Rechenbeispiel 6.9: Wie viel ist ein Blitz wert?

Ein anständiger Blitz hat eine Spannung von vielleicht 1 GV, führt einen Strom der Größenordnung 10^5 A und dauert ungefähr 100 ps an. Welche Energie setzt er ungefähr um und was wäre sie im Kleinhandel wert?

Lösung: Wir nehmen mal an, der Strom wäre über die ganze Zeit konstant. Das ist dann eine Energie:

$$W = U \cdot I \cdot \Delta t = 10^9 \text{ V} \cdot 10^5 \text{ A} \cdot 10^{-4} \text{ s}$$
$$= 10^{10} \text{ Ws} = 2800 \text{ kWh}.$$

Das entspricht bei 40 Cent pro kWh etwa 1120 Euro, wenn man die Energie denn nutzen könnte.

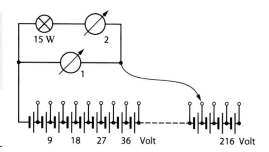

6.3.3 Elektrischer Widerstand

Welche Leistung ein Kunde seinem Elektrizitätswerk abnimmt, hängt von der Spannung an der Steckdose ab: ohne Spannung weder Strom noch Leistung. Ist die Spannung aber vorhanden, dann entscheidet der Kunde selbst, insofern nämlich, als das Gerät, das er anschließt, einen bestimmten **Leitwert** besitzt, der einen Stromfluss erlaubt, oder, umgekehrt formuliert, dem Stromfluss einen bestimmten **Widerstand** entgegensetzt. Letzteren hatten wir in ▶ Abschn. 6.2.2 schon eingeführt.

❯ **Merke**

Elektrischer Widerstand

$$R = \frac{U}{I},$$

mit der Einheit 1 Ohm = $1\,\Omega = 1\,\frac{V}{A}$,
elektrischer Leitwert

$$G = \frac{1}{U} = \frac{1}{R},$$

mit der Einheit 1 Siemens = $\frac{1}{\Omega}$.

Es ist nicht üblich, aber durchaus möglich, eine Nachttischlampe (230 V, 15 W, wir nehmen eine alte Glühbirne an) mit Taschenlampenbatterien zu betreiben: 51 von ihnen, in Reihe geschaltet, liefern 229,5 V. Das halbe Volt Unterspannung stört nicht. Für 15 W Leistung benötigt die Glühbirne, wie man leicht nachrechnet, 65 mA Strom. Das entspricht einem Widerstand von 3,5 kΩ. Nimmt man jetzt eine Taschenlampenbatterie nach der anderen heraus (◻ Abb. 6.23), so gehen mit der Spannung auch Strom und Leistung zurück. ◻ Abb. 6.24 zeigt **die Strom-Spannungs-Kennlinie** der Glühbirne. Mit steigender Spannung wird die

◻ **Abb. 6.23 Kennlinie**. Schaltung zur Messung der Strom-Spannungs-Kennlinie einer Glühbirne (welches der beiden hier mit 1 und 2 bezeichneten Instrumente ist der Spannungsmesser?)

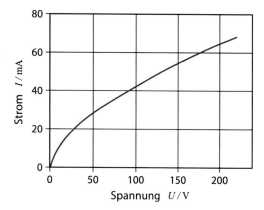

◻ **Abb. 6.24 Strom-Spannungs-Kennlinie** einer Glühbirne (220–230 V, 15 W)

Kurve immer flacher, I steigt weniger als proportional zu U: Der Leitwert nimmt ab, der Widerstand zu, weil der Glühdraht heiß wird. Das muss nicht so sein. Bei lebenden Organismen kommt gerade das Umgekehrte häufig vor. Alle Menschen sind verschieden, und darum gibt es auch nicht *den* elektrischen Widerstand des Menschen; aber man kann doch Grenzwerte bestimmen, gemessen z. B. über großflächige Elektroden an beiden Handgelenken. ◻ Abb. 6.25 zeigt das Ergebnis einer solchen Messung, durchgeführt an frischen Leichen. Vor einem Nachmessen an lebendigen Versuchspersonen sei dringend gewarnt! Die Ströme sind tödlich.

Beide Beispiele zeigen, dass der Widerstand sich mit der Spannung beziehungsweise

6

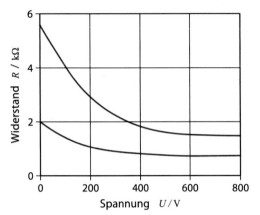

◘ Abb. 6.25 Widerstand des Menschen. Grenzkurven der Widerstandskennlinien menschlicher Leichen; *obere Grenzkurve*: zarte Gelenke, trockene Haut; *untere Grenzkurve*: starke Gelenke, feuchte Haut

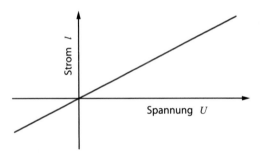

◘ Abb. 6.26 Ohmscher Widerstand. Strom-Spannungs-Kennlinie eines ohmschen Widerstands; sie ist immer eine Gerade durch den Nullpunkt

dem Strom ändern kann. In wichtigen Fällen ist das aber nicht so, zum Beispiel bei Metalldrähten, die sich, anders als in der Glühbirne, nicht sehr erhitzen. Sie haben eine schnurgerade Kennlinie wie in ◘ Abb. 6.26, der Widerstandswert hängt nicht von Strom und Spannung ab.

Viele, vor allem technische Widerstände, wie sie in der Elektronik verwendet werden, erfüllen diese Bedingung; man bezeichnet sie deshalb als *ohmsche Widerstände*. Hier muss auf eine Besonderheit der deutschen Sprache aufmerksam gemacht werden: Sie verwendet die Vokabel „Widerstand" sowohl für das Objekt, das man anfassen und in eine Schaltung einlöten kann, als auch für dessen physikali-

sche Kenngröße R. Das erlaubt die Behauptung, ein Widerstand habe einen Widerstand. Die Angelsachsen können zwischen dem Gegenstand „resistor" und der Größe „resistance" sprachlich unterscheiden.

> **Merke**
>
> Das Ohm'sche Gesetz: Strom und Spannung sind proportional.

Ohmsche Widerstände kommen in Technik und Laboratorium so häufig vor, dass manche Schulbücher so tun, als gäbe es nichts anderes. Metalldrähte etwa, ob nun gerade gespannt oder auf einen Keramikzylinder aufgewickelt, sind ohmsch, allerdings dabei abhängig von der Temperatur. Auch die Glühbirne hätte eine ohmsche Kennlinie, wenn sich der Glühfaden nicht erhitzte. In Schaltskizzen bekommt der Widerstand ein flaches Rechteck als Symbol (es erscheint zum ersten Mal in ◘ Abb. 6.36); wenn nicht ausdrücklich etwas anderes gesagt wird, ist damit ein ohmscher Widerstand gemeint.

Auch zwischen den Klemmen eines Vielfachinstruments liegt ein – meist ohmscher – (Innen-) Widerstand. Eben deshalb kann es Ströme wie Spannungen messen, denn zu jedem Strom gehört eine bestimmte Spannung und umgekehrt. Durch eine geeignete Anpassung der internen Schaltung im Instrument muss man nur für den richtigen Innenwiderstand sorgen (▶ Abschn. 6.5.3).

6.3.4 Wärme bei Stromdurchgang

Elektrische Erscheinungen sind schnell. Wenn man das Licht im Wohnzimmer mit dem Schalter neben der Tür anknipst, leuchtet die Lampe sofort auf. Das heißt aber nicht, dass da beim Schalter Elektronen in den Startlöchern gestanden hätten und wie der Blitz zu der Lampe gerannt wären. Wozu auch? Marschbereite Elektronen finden sich überall im Metall, auch in der Elektronik der LED-Lampe. Schnell war nur die Übermittlung des Marschbefehls; er läuft praktisch mit Lichtgeschwindigkeit den Draht entlang, vom Schalter zur Lampe.

Elektronen im Draht müssen sich mühsam zwischen dessen atomaren Bausteinen, den Ionen des jeweiligen Metalls, hindurchquälen. Da kommt es ständig zu Stößen, die einerseits den Bewegungsdrang der Elektronen dämpfen: sie kommen nur einige Zehntelmillimeter pro Sekunde voran und keineswegs mit Lichtgeschwindigkeit. Andererseits fachen die Stöße die ungeordnete thermische Bewegung der um ihre Gitterplätze schwingenden Ionen an: Elektrische Energie wird laufend in thermische Energie, in Wärme, umgesetzt. Man bezeichnet sie auch als Joule'sche Wärme oder Stromwärme. Von manchen „Verbrauchern" wie Heizkissen, Toaströster oder Kochplatten wird nichts anderes erwartet. Sie sollen die ganze, der Steckdose entnommene elektrische Leistung $P = U \cdot I$, in Wärme umwandeln. Man darf sie auch auf den Widerstand R beziehen; nach dessen Definition $R = U/I$ gilt:

$$P = I^2 \cdot R = U^2/R.$$

Beides ist grundsätzlich nicht auf ohmsche Widerstände beschränkt.

❯ Merke

Stromwärme: durch elektrischen Strom entwickelte Wärme,

Leistung $P = U \cdot I = I^2 \cdot R = \dfrac{U^2}{R}$.

Unvermeidlich entwickeln auch Kabel und Zuleitungen Stromwärme. Für die Energiewirtschaft bedeutet das Verlustwärme, die aus ökonomischen Gründen so gut wie möglich vermieden werden muss. Eben deswegen stehen Überlandleitungen unter lebensgefährlich hohen Spannungen. Transportiert werden muss eine bestimmte Leistung P, weil sie von den „Stromabnehmern" einer Stadt einfach verlangt wird. Je höher die Spannung U ist, mit der transportiert wird, umso kleiner kann der benötigte Strom $I = P/U$ gehalten werden, umso kleiner auch die Verlustleistung $P_v = I^2 \cdot R_L$.

Andersherum: einen umso größeren Leitungswiderstand R_L kann sich die Elektrizitätsgesellschaft noch leisten, umso weniger Kupfer muss sie in ihre Überlandleitungen investieren.

Rechenbeispiel 6.10: Überlandleitung

Eine kleine Großstadt verlange zu ihrer Energieversorgung eine elektrische Leistung von 100 MW. Welchem Gesamtstrom entspricht das in einer Überlandleitung von 380 kV? Wie groß darf der ohmsche Widerstand dieser Überlandleitung sein, wenn die Verlustleistung 1 % der übertragenen Leistung nicht überschreiten soll?

Lösung: Strom:

$$I = \frac{P}{U} = \frac{10^8 \text{ W}}{3{,}8 \cdot 10^5 \text{ V}} = 263 \text{ A}.$$

Bei 1 % Verlustleistung (also 10^6 W) ist der Widerstand: $R_L = \frac{10^6 \text{ W}}{I^2} = 14{,}4 \ \Omega$.

6.3.5 **Kondensator**

Zwei Metallplatten, auf kurzem Abstand elektrisch isoliert einander gegenübergestellt (◘ Abb. 6.27), bilden einen **Kondensator**. Was geschieht, wenn man ihn mit einer Batterie verbindet? Ein Strom kann durch das isolierende **Dielektrikum** Luft zwischen den beiden Platten ja wohl nicht fließen. Ein Dauerstrom fließt auch wirklich nicht; man kann aber bei einem hinreichend empfindlichen Strommesser beobachten, wie dessen Zeiger kurz zur Seite zuckt, wenn man zum ersten Mal Spannung an den Kondensator legt. Schließt man die Platten anschließend wieder kurz, so zuckt das Instrument in der entgegengesetzten Richtung. Eine empfehlenswerte Schaltung zeigt ◘ Abb. 6.28; sie benutzt einen Wechselschalter, der erlaubt, die linke Platte des Kondensators wahlweise an den positiven Pol der

◘ Abb. 6.27 Plattenkondensator für den Hörsaal

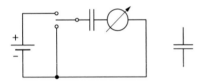

◘ Abb. 6.28 Kondensator im Stromkreis. Schaltung zur Beobachtung des elektrischen Verhaltens eines Kondensators – *rechts* sein Schaltzeichen

Batterie zu legen oder mit der rechten Platte kurzzuschließen.

Wenn der Zeiger eines Amperemeters ausschlägt, fließt ein Strom. Wenn er nur kurz gezuckt hat, ist der Strom auch nur für kurze Zeit geflossen, es hat sich um einen

$$\text{Stromstoß} \int I(t) \cdot \mathrm{d}t$$

gehandelt, also um eine elektrische Ladung Q. Sie wurde beim Aufladen an den Kondensator abgegeben und floss beim Entladen wieder zurück. Diese Ausdrucksweise ist verkürzt. Korrekt muss man sagen: Beim Aufladen (Wechselschalter oben) entzieht die Batterie der rechten Kondensatorplatte elektrische Ladung Q und drückt sie auf die linke Platte; beim Entladen (Wechselschalter unten) fließt Q wieder auf die rechte Platte zurück. Insgesamt enthält ein geladener Kondensator also genau soviel

Ladung wie ein ungeladener, nur verteilt sie sich anders: Die Platte am Pluspol der Batterie hat positive Ladung bekommen, der anderen Platte wurde positive Ladung entzogen, sie trägt jetzt negative Ladung vom gleichen Betrag.

Kondensatoren sind wichtige Bauelemente der Elektronik. Ihr Äußeres verrät nicht viel von ihrem inneren Aufbau, sie haben aber prinzipiell die gleichen Eigenschaften wie der Luftkondensator von ◘ Abb. 6.26. Nur sind sie stärker ausgeprägt und darum leichter zu untersuchen. Weiterhin hält die moderne Messelektronik Geräte bereit, die einen Stromstoß gleich über die Zeit integrieren, also die Ladung Q unmittelbar anzeigen. Damit lässt sich dann ohne große Mühe herausfinden: Die von einem technischen Kondensator gespeicherte elektrische Ladung Q ist proportional zur Spannung U, auf die der Kondensator aufgeladen wurde. Als dessen Kenngröße definiert man dementsprechend die

$$\textbf{\textit{Kapazität}}\; C = \frac{Q}{U}$$

mit der Einheit

$$1\,\text{Farad} = 1\,\text{F} = 1\,\text{C/V} = 1\,\text{A} \cdot \text{s/V}.$$

Hier muss man aufpassen: Das kursive C steht für die physikalische Größe Kapazität, das gerade C für die Einheit Coulomb. Das Farad ist eine recht große Einheit. Schon ein µF bedeutet einen ziemlich „dicken" Kondensator, auch nF sind im Handel, während unvermeidliche und darum ungeliebte „Schaltkapazitäten" zwischen den Drähten einer Schaltung zuweilen an Picofarad herankommen.

❯ Merke

Kapazität

$$C = \frac{Q}{U}$$

Einheit: $1\,\text{Farad} = 1\text{F} = 1\frac{\text{C}}{\text{V}} = 1\frac{\text{A}\cdot\text{s}}{\text{V}}.$

6.3.6 Feld im Kondensator

So leicht sich Feld- und Potenziallinien qualitativ zeichnen lassen, die quantitative Rechnung erfordert einen mathematischen Aufwand, der nur in besonders einfachen Fällen einfach bleibt. Ein solcher einfacher Fall ist der Plattenkondensator, dessen Feld wir schon in ▶ Abschn. 6.1.5 betrachtet hatten. Im fast homogenen Feld laufen die Feldlinien parallel zueinander geradewegs von einer Elektrode zur anderen; die Potenziallinien stehen senkrecht auf ihnen, also parallel zu den Elektroden (◻ Abb. 6.29). Marschiert man längs einer Feldlinie von links nach rechts, so wächst das Potenzial U linear an, mit konstanter Steigung also, und zwar von null bis zur Batteriespannung U_0 Die Länge der Feldlinien entspricht dem Plattenabstand d. Demnach betragen Potenzialgefälle und Feldstärke

$$E = \frac{U_0}{d},$$

wie schon im Metalldraht.

> **Merke**

> Homogenes elektrisches Feld im flachen Plattenkondensator: $\vec{E}_0$ = konstant;

> Betrag $E = \dfrac{U}{d}$.

Erzeugt wird dieses Feld von den positiven und negativen Ladungen auf den Metallplatten. Je mehr Ladung auf den Platten, je dichter die Ladungen auf den Platten gedrängt, umso größer die Feldstärke. Es leuchtet ein, dass die Feldstärke wohl proportional zu der Flächendichte Q/A der Ladungen auf den Platten mit der Fläche A ist. Tatsächlich ergibt eine genaue Rechnung, die hier nicht vorgeführt werden soll:

$$E = \frac{1}{\varepsilon_0} \cdot \frac{Q}{A}.$$

Mit dieser Beziehung kann nun auch die Kapazität des Kondensators aus seiner Geometrie berechnet werden:

$$C = \frac{Q}{U} = \frac{\varepsilon_0 \cdot E \cdot A}{E \cdot d} = \varepsilon_0 \cdot \frac{A}{d}.$$

Die Kapazität ist also umso größer, je größer die Plattenfläche und je kleiner der Plattenabstand. Dies verwundert nicht.

Zum Glück der Hersteller von Kondensatoren gibt es Isolatoren, die für technische Zwecke weit besser geeignet sind als Luft. In ▶ Abschn. 6.2.4 hatten wir die Polarisation von Isolatoren im elektrischen Feld behandelt, die das Feld im inneren des Isolators abschwächt. Das reduziert dann bei gleicher Ladung auf den Platten die Spannung. Damit erhöht sich die Kapazität um die Permittivitätszahl ε_r: $C = \varepsilon_r \cdot \varepsilon_0 \cdot A/d$. Werte um 3 sind keine Seltenheit.

Wie ◻ Abb. 6.29. zeigt, ist das Feld im Plattenkondensator am Rand nicht ganz homogen. Insofern gelten alle Beziehungen auch nur näherungsweise. Am Rand dringt das Feld etwas in den Außenraum außerhalb der Platten. Im Außenraum ist das Feld aber sehr klein, da sich die Felder der negativen Ladungen auf der einen Platte und die der positiven Ladungen auf der anderen Platte außen aufheben. Von außen betrachtet ist der Kondensator elektrisch neutral.

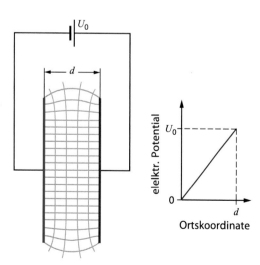

◻ **Abb. 6.29 Kondensator.** Feldlinien (blau) und Schnitte von Potenzialflächen (*schwarz*) im weitgehend homogenen Feld eines Plattenkondensators und der dazugehörige Verlauf des Potenzials auf einer geraden Feldlinie

6

Rechenbeispiel 6.11: Große Platten
Welche Plattenfläche müsste ein Luftkondensator haben, wenn er bei 1 mm Plattenabstand 1 µF Kapazität haben soll?

Lösung: Fläche

$$A = \frac{C \cdot d}{\varepsilon_r \cdot \varepsilon_0} = \frac{10^{-6}\,\text{As/V} \cdot 10^{-3}\,\text{m}}{1{,}0 \cdot 8{,}9 \cdot 10^{-12}\,\text{C/Vm}}$$
$$= 110\,\text{m}^2.$$

Da könnte man sich häuslich drauf einrichten.

6.3.7 Energie des geladenen Kondensators

Mit der Ladungsverschiebung zwischen seinen beiden Platten bekommt der Kondensator vom Ladestrom Energie übertragen. Er speichert sie und liefert sie bei der Entladung wieder ab.

Insofern verhält er sich ähnlich wie eine wieder aufladbare Batterie, arbeitet aber ohne deren komplizierte Elektrochemie. Warum dann der Aufwand bei den Lithium-Ionen-Akkus im Smartphone? Könnte man sie durch die technisch einfacheren Kondensatoren ersetzen? Man kann zwar inzwischen sogenannte Superkondensatoren mit einer Kapazität von 10.000 F bauen, die dann eine ähnliche Energie speichern könnte, sie sind aber etwa 10 mal so groß. Technisch interessant sind die Superkondensatoren da, wo man die Energie sehr schnell herausholen will, denn das geht viel schneller als bei Akkus. 45 Ah = 162 KC bei 12 V sind einen Akku nichts Besonderes; ein Kondensator müsste dafür 162 kC/12 V = 13,5 kF aufbringen.

Wie viel Energie W_0 ist bei einer Ladung Q_0 gespeichert? Beim Akku lässt sie sich leicht ausrechnen, weil er seine Klemmenspannung U_K konstant hält:

$$W_0 = U_K \cdot Q_0.$$

Beim Kondensator geht aber die Spannung mit der entnommenen Ladung zurück. Umgekehrt wächst $U(Q)$, der Kapazität C entsprechend, beim Aufladen proportional zu Q an, bis mit dem Endwert Q_0 auch der Endwert $U_0 = Q_0/C$ erreicht wird. Die gespeicherte Energie W kann man jetzt nur noch durch Integration bekommen:

$$W = \int_0^{Q_0} U(Q) \cdot dQ = \int_0^{Q_0} \frac{Q}{C} dQ$$

$$= \frac{1}{C} \int_0^{Q_0} Q \cdot dQ = \frac{Q_0^2}{2C}$$

$$= \frac{1}{2} C \cdot U_0^2 = \frac{1}{2} U_0 \cdot Q_0.$$

Die Integration bringt hier den Faktor 1/2 genauso herein, wie sie es in ▶ Abschn. 2.1.2 beim freien Fall ($s = 1/2 \cdot g \cdot t^2$) und bei der Energie der gespannten Schraubenfeder tat ($W = 1/2 \cdot D \cdot x^2$). Die graphische Darstellung der ◻ Abb. 6.30 macht den Faktor unmittelbar anschaulich.

> **Merke**
> Im Kondensator gespeicherte Energie:
> $$W = \frac{1}{2} U_0 \cdot Q_0 = \frac{1}{2} C \cdot U_0^2$$

Rechenbeispiel 6.12: Kurz aber heftig
Ein elektronisches Blitzgerät speichert die Energie für den Blitz in einem 150 µF-Kondensator mit einer Ladespannung von 200 V. Ein Blitz dauert etwa eine tausendstel Sekunde. Welche Leistung wird in dieser Zeit erreicht?

Lösung: Die gespeicherte Energie beträgt moderate $W = \frac{1}{2} C \cdot U^2 = 3{,}0\,\text{J}$. Wegen der kurzen Blitzzeit entspricht das aber einer Leistung von 3000 W. Das ist der Vorteil des Kondensators als Energiespeicher: er kann die Energie sehr schnell abgeben.

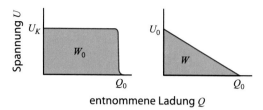

◻ **Abb. 6.30** **Vergleich Batterie – Kondensator.** Die Abhängigkeit der Spannung von der entnommenen Ladung bei einer Batterie (*links*) und beim Kondensator (*rechts*; schematisch); die blaue Fläche entspricht der gespeicherten Energie

6.3.8 Energie des elektrischen Feldes

Es hat sich als sehr nützliche und wichtige Vorstellung erwiesen, dass die Energie im elektrischen Feld im Kondensator gespeichert ist. Man sagt also: Dort, wo ein elektrisches Feld ist, ist auch Energie. Auch der ansonsten „leere" Raum, der keine Materie enthält, kann doch Energie enthalten, sofern dort ein elektrisches Feld herrscht. Diese zunächst etwas merkwürdige Vorstellung wird erst plausibel, wenn man schon einmal im Vorgriff auf die Optik an elektromagnetische Wellen (also Licht) denkt. Diese bestehen aus elektrischen und magnetischen Feldern und pflanzen sich durch den leeren Raum fort. Jeder, der schon mal die Erwärmung seiner Hand gespürt hat, wenn er sie nah an eine Glühbirne hält, weiß, dass Licht Energie transportiert, eben durch den leeren Raum. Und dies kann ja nur sein, wenn diese elektrischen und magnetischen Felder Energie haben. Beschreiben kann man das mit einer **Energiedichte** (Energie pro Volumen) des Feldes. Für das elektrostatische Feld können wir die Energiedichte w mit Hilfe der Formeln für den Kondensator ausrechnen:
Die Energie im geladenen Kondensator ist:

$$W = \frac{1}{2} U \cdot Q.$$

Diese steckt im Feld mit der Feldstärke:

$$E = \frac{1}{\varepsilon_0} \frac{Q}{A}.$$

Dieses Feld herrscht nur im Inneren des Kondensators zwischen den Platten. Das ist bei einer Plattenfläche $\ddot{A}$ und einem Plattenabstand d ein Volumen von:

$$V = A \cdot d.$$

Also ergibt sich für die Energiedichte des Feldes im Kondensator:

$$w = \frac{W}{V} = \frac{\frac{1}{2} U \cdot Q}{A \cdot d} = \frac{1}{2} \varepsilon_0 \frac{Q}{\varepsilon_0 \cdot A} \cdot \frac{U}{d}$$
$$= \frac{1}{2} \varepsilon_0 \cdot E \cdot \frac{U}{d} = \frac{1}{2} \varepsilon_0 E^2,$$

denn es ist $E = U/d$. Ist noch ein Isolator mit einer Permittivität ε_r zwischen den Platten, so wird diese Energiedichte noch etwas modifiziert:

$$w = \frac{1}{2} \varepsilon_r \cdot \varepsilon_0 \cdot E^2.$$

Die Energie im Feld steigt also quadratisch mit der Feldstärke.

6.4 Wechselspannung

6.4.1 Effektivwerte

51 Taschenlampenbatterien in Reihe können für eine Nachttischlampe die Steckdose ersetzen; beide Spannungsquellen halten 230 V bereit. Ein Vielfachinstrument, auf den richtigen Spannungsmessbereich geschaltet, zeigt die Spannung der Batteriekette bereitwillig an. Legt man es aber im gleichen Messbereich an die Steckdose, so wird nichts mehr angezeigt. Der Grund: Die Steckdose liefert nicht wie eine Batterie zeitlich konstante Gleichspannung, sondern eine **Wechselspannung**. Da muss der Messbereich umgeschaltet werden. Ein Oszillograph kann den zeitlichen Verlauf der Spannung aber leicht auf seinen Bildschirm zeichnen; ◻ Abb. 6.31 zeigt das Resultat: Die Steckdose präsentiert eine sinusförmige Wechselspannung, Schwingungsdauer 20 ms (Frequenz demnach 50 Hz),

6

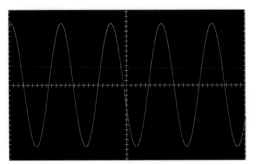

◻ **Abb. 6.31 Wechselspannung** der Steckdose auf dem Bildschirm eines Oszillographen; Ordinatenmaßstab: 130 V/cm; Abszissenmaßstab: 11,9 ms/cm

Spannungsamplitude 325 V(!). Wieso darf das Elektrizitätswerk behaupten, es halte die Netzspannung auf 230 V?

Diese Angabe meint den sog. **Effektivwert** U_{eff} der Wechselspannung, definiert durch folgende Festlegung: In einem ohmschen Widerstand soll eine sinusförmige Wechselspannung U_{eff} im Mittel die gleiche Stromwärme erzeugen wie eine Gleichspannung U_0 mit gleicher Maßzahl:

$$\overline{P(U_{eff})} = P(U_0)$$

Berechnung

Beim ohmschen Widerstand R sind Strom und Spannung zueinander proportional:

$$I(t) = U(t)/R.$$

Zu einer sinusförmigen Wechselspannung

$$U(t) = U_s \sin(\omega t)$$

mit der Amplitude U_s gehört also der sinusförmige Wechselstrom

$$I(t) = I_s \sin(\omega \cdot t)$$

mit der Amplitude $I_s = U_s / R$. Strom und Spannung haben ihre Nulldurchgänge zu gleichen Zeitpunkten, zu denen dann auch keine Leistung umgesetzt wird. Dazwischen wechseln U und I ihre Vorzeichen gemeinsam; die Leistung bleibt positiv; Stromwärme wird immer nur entwickelt und niemandem entzogen. $P(t)$ pendelt mit doppelter Frequenz zwischen 0 und ihrem Maximalwert

$$P_s = U_s \cdot I_s = \frac{U_s^2}{R}$$

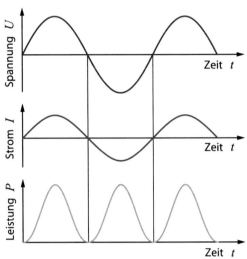

◻ **Abb. 6.32 Leistung des Wechselstromes**. Zeitlicher Verlauf von Spannung U, Strom I und Leistung P bei einem ohmschen Widerstand

(◻ Abb. 6.32). Ihr Mittelwert liegt in der Mitte:

$$\overline{P} = \frac{1}{2} P_s = \frac{1}{2} \cdot \frac{U_s^2}{R}.$$

Definitionsgemäß soll aber die Gleichspannung U_0 in R die gleiche Leistung umsetzen:

$$\overline{P} = P(U_0) = \frac{U_0^2}{R}.$$

Daraus folgen $U_0^2 = 1/2\ U_s^2$.

Damit ergibt sich die Effektivspannung zu:

$$U_{eff} = \frac{U_s}{\sqrt{2}}.$$

Das Elektrizitätswerk hat Recht: Zum Effektivwert $U_{eff} = 230$ V der Wechselspannung gehört die Spannungsamplitude $U_s = U_{eff} \cdot \sqrt{2} = 325$ V. Die gleichen Überlegungen gelten übrigens auch für den Strom und seinen Effektivwert, also:

$$I_{eff} = \frac{I_s}{\sqrt{2}}$$

Der Definition entsprechend kann man vernünftigerweise nur bei sinusförmigen Wechselspannungen und -strömen von Effektivwerten reden. Kompliziertere zeitliche Abläufe lassen sich zwar im Prinzip als Überlagerung mehrerer Sinusschwingungen auffassen (▸ Abschn. 4.1.5), aber in solchen Fällen muss man schon den ganzen Verlauf registrieren.

❯ **Merke**

Sinusförmige Wechselspannung: Effektivwert

$$U_\text{eff} = \frac{U_\text{S}}{\sqrt{2}},$$

sinusförmiger Wechselstrom: Effektivwert

$$I_\text{eff} = \frac{I_\text{S}}{\sqrt{2}}.$$

6.4.2 **Kapazitiver Widerstand**

Legt man eine Gleichspannung an einen ungeladenen Kondensator, so fließt ein kurzer Stromstoß; schließt man danach den Kondensator kurz, so fließt der Stromstoß wieder zurück, in Gegenrichtung also. Polt man jetzt die Spannungsquelle um, so fließt erneut ein Stromstoß zum Aufladen, jetzt aber in der gleichen Richtung wie der letzte Entladestromstoß. Schließt man noch einmal kurz, so fließt der Stromstoß wieder in der gleichen Richtung wie der erste. Dieses Spiel mit einem Polwender von Hand zu betreiben, ist langweilig. Eine Wechselspannung am Kondensator bewirkt Vergleichbares: Sie lädt und entlädt den Kondensator entsprechend ihrer Frequenz und löst damit einen frequenzgleichen Wechselstrom aus, einen **kapazitiven Strom**. Zumindest bei technischen Kondensatoren ist er sinusförmig wie die Spannung. Es besteht aber ein markanter Unterschied zum Wechselstrom durch einen ohmschen Widerstand: Der kapazitive Strom wird null, wenn der Kondensator mit dem einen oder anderen Vorzeichen voll geladen ist, also bei jedem Extremwert der Spannung. Umgekehrt hat der Strom seine Extremwerte immer dann, wenn der Kondensator leer und die Spannung Null ist. Im ohmschen Fall waren U und I in Phase, beim Kondensator sind sie um 90° = $\pi/2$ gegeneinander

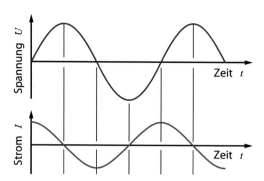

Spannung U

Zeit t

Strom I

Zeit t

◩ **Abb. 6.33 Kondensator im Wechselstromkreis.** Beim Kondensator eilt der Wechselstrom der Wechselspannung um 90° oder $\pi/2$ voraus

phasenverschoben, der kapazitive Strom eilt der Spannung voraus (◩ Abb. 6.33).

Es kann nicht verwundern, dass der Effektivwert I_eff des kapazitiven Stromes dem Effektivwert U_eff der Spannung proportional ist. Es liegt darum nahe, auch einen **kapazitiven Widerstand** mit dem Betrag $R_C = U_\text{eff}/I_\text{eff}$ zu definieren. Wie groß wird er sein? Hohe Kapazität C hat hohe Ladung zur Folge, hohe Kreisfrequenz ω ein häufiges Umladen. Beides vergrößert den Strom und verringert den Widerstand: der kapazitive Widerstand eines Kondensators hat den Betrag

$$R_C = \frac{U_\text{eff}}{I_\text{eff}} = \frac{U_\text{s}}{I_\text{s}} = \frac{1}{\omega \cdot C}.$$

Hintergrundinformation

Die Behauptung $R_C = 1/(\omega \cdot C)$ mag einleuchten, sie muss aber durch quantitative Rechnung bestätigt werden. Definitionsgemäß ist die elektrische Ladung das Zeitintegral des Stromes:

$$\Delta Q = \int I(t) \cdot \mathrm{d}t.$$

Daraus folgt rein mathematisch, dass der Strom der Differentialquotient der Ladung nach der Zeit ist:

$$I(t) = \frac{\mathrm{d}Q}{\mathrm{d}t}.$$

Die Ladung wiederum folgt der Wechselspannung $U(t) = U_\text{s} \cdot sin(\omega t)$ mit der Kapazität C als

Faktor:

$$Q(t) = C \cdot U(t) = C \cdot U_s \cdot \sin(\omega t).$$

Ob man den Sinus oder den Kosinus schreibt, hat nur für die hier uninteressante Anfangsbedingung eine Bedeutung; ◻ Abb. 6.33 ist für den Sinus gezeichnet. Differenziert ergibt er den Kosinus; die Kettenregel der Differentiation (▶ Abschn. 4.1.2) liefert zusätzlich ein ω als Faktor:

$$\frac{dQ(t)}{dt} = I(t) = \omega \cdot C \cdot U_s \cdot \cos(\omega t)$$
$$= I_s \cdot \cos(\omega t).$$

Sinus und Kosinus sind um 90° gegeneinander phasenverschoben. Wer will, darf deshalb auch

$$I(t) = I_s \cdot \sin(\omega t + 90°)$$

schreiben. Der Quotient U_s/I_s der beiden Spitzenwerte ist dem Quotienten U_{eff}/I_{eff} der beiden Effektivwerte und damit dem Betrag des Wechselstromwiderstands R_C gleich:

$$R_C = \frac{U_{eff}}{I_{eff}} = \frac{U_s}{I_s} = \frac{1}{\omega \cdot C},$$

wie vermutet.

❯ **Merke**

Betrag des kapazitiven Widerstands

$$R_C = \frac{1}{\omega \cdot C},$$

Strom eilt Spannung um $\pi/2$ voraus.

Die Phasenverschiebung zwischen Wechselspannung und kapazitivem Wechselstrom hat eine wichtige Konsequenz für die Leistung. In jeder Viertelschwingungsdauer, in der der Kondensator aufgeladen wird, haben Strom und Spannung gleiches Vorzeichen, positiv oder negativ. Folglich ist die Leistung positiv; die Spannungsquelle gibt Energie an den Kondensator ab. In den Viertelschwingungsdauern dazwischen wird der Kondensator entladen, Strom und Spannung haben entgegengesetztes Vorzeichen, die Leistung ist negativ, der Kondensator gibt die gespeicherte Energie wieder an die Spannungsquelle zurück

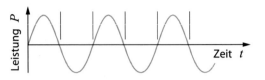

◻ **Abb. 6.34 Blindleistung** Beim Kondensator wechselt die Leistung bei Wechselstrom das Vorzeichen (Zeitmaßstab und Phasenlage entsprechen ◻ Abb. 6.33)

(◻ Abb. 6.34). Diese braucht also im zeitlichen Mittel gar keine Energie zu liefern, sie muss sie nur kurzfristig ausleihen. Insgesamt ist der kapazitive Strom (verlust-)leistungslos; man bezeichnet ihn als **Blindstrom**. Wie sich in ▶ Abschn. 6.10.4 herausstellen wird, können Blindströme auch mit Spulen erzeugt werden.

Ohmsche und kapazitive Wechselströme stellen zwei Grenzfälle dar, mit den Phasenwinkeln $\varphi_R = 0°$ und $\varphi_C = 90°$ gegenüber der Spannung nämlich. In der Technik können Phasenwinkel dazwischen ebenfalls vorkommen. In solchen Fällen wird von Strom und Spannung nur die

Wirkleistung $P_W = U_{eff} \cdot I_{eff} \cdot \cos \varphi$

tatsächlich umgesetzt.

Elektrizitätswerke haben Blindströme nicht gern. Sie müssen, wie jeder andere Strom auch, über die Fernleitungen herangebracht werden und produzieren dort, wie jeder andere Strom auch, Verlustwärme. Energie, die dem Kunden berechnet werden könnte, liefern sie aber nicht. Großabnehmern wird darum der „Kosinus Phi" nachgemessen und gegebenenfalls mit einem Zuschlag zum Arbeitspreis in Rechnung gestellt.

Rechenbeispiel 6.13: kapazitiver Widerstand

Welchen Wechselstromwiderstand hat ein Kondensator von 1 μF gegenüber technischem Wechselstrom (50 Hz)?

Lösung: $R_C = \frac{1\,V}{2\pi \cdot 50 s^{-1} \cdot 10^{-6}\,A \cdot s} = 3,2\,k\Omega.$

6.5 Elektrische Netzwerke

6.5.1 Widerstände in Reihe und parallel

Der Schaltplan eines Laptops zeigt eine verwirrende Vielfalt von Leitungen, Widerständen, Kondensatoren und allerlei anderen Schaltelementen. Wie kompliziert eine Schaltung aber auch immer aufgebaut sein mag, stets müssen sich Ströme und Spannungen an zwei im Grunde triviale Gesetze halten:
(1) Strom wird nicht „verbraucht", er fließt nur im Stromkreis herum. Treffen mehrere Leiter in einem Punkt, einem *Knoten*, zusammen, so müssen die einen gerade so viel Strom abführen wie die anderen heran. Wertet man die in konventioneller Stromrichtung zufließenden Ströme positiv und die abfließenden negativ, so schreibt sich die:

Knotenregel: $\sum_i I_i = 0,$

sie wird auch *1. Kirchhoff-Gesetz* genannt.
(2) Spannungen liegen nur zwischen zwei Punkten einer Schaltung; kein Punkt kann eine Spannung gegen sich selbst haben.

Läuft man in einer *Masche* einer Schaltung (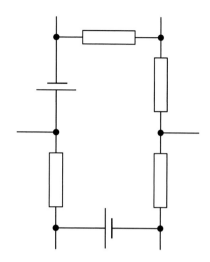 Abb. 6.35) einmal herum zum Ausgangspunkt zurück, so müssen sich alle Spannungen, über die man hinweggelaufen ist, zu null addiert haben:

Maschenregel: $\sum_i U_i = 0,$

sie wird auch 2. Kirchhoff-Gesetz genannt.
Bei der Anwendung der Maschenregel muss man aufpassen, dass man vorzeichenrichtig addiert. Alle Spannungen zählen, ob sie von Batterien herrühren, über geladenen Kondensatoren liegen oder als Spannungsabfälle über stromdurchflossenen Widerständen, bei denen es auf die Stromrichtung ankommt. Bezogen werden die Vorzeichen auf die Marschrichtung, mit der man seine Masche in Gedanken durchläuft; ob mit oder gegen den

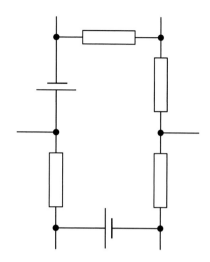

Abb. 6.35 Masche im Schaltbild. Zur Maschenregel; flache Rechtecke sind die Schaltsymbole von Widerständen (meist als ohmsch angenommen)

Uhrzeigersinn, ist letztlich egal, nur muss man bei der einmal gewählten Richtung bleiben. Dies klingt alles ein wenig abstrakt und kann auch auf sehr komplizierte Gleichungssysteme führen, wenn die Schaltung entsprechend kompliziert ist.

Hier sollen nur zwei wichtige einfache Situationen betrachtet werden:

Parallelschaltung von Widerständen. In 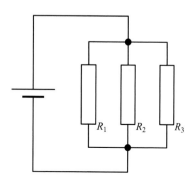 Abb. 6.36 liegen drei Widerstände parallel geschaltet an einer Batterie, nach deren Zeichenschema jeweils Plus oben und Minus unten sind. Es ist klar: der Gesamtstrom I_0, den

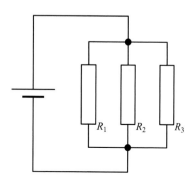

Abb. 6.36 Parallelschaltung von drei Widerständen

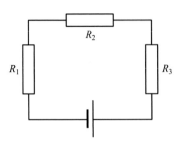

◘ Abb. 6.37 Serienschaltung (Reihenschaltung) von drei Widerständen

die Batterie abgibt, verteilt sich auf die Widerstände:

$$I_0 = I_1 + I_2 + I_3.$$

Andererseits liegt an allen Widerständen die gleiche Batteriespannung U_0. Also ergibt sich:

$$I_0 = \frac{U_0}{R_{ges}} = I_1 + I_2 + I_3$$
$$= \frac{U_0}{R_1} + \frac{U_0}{R_2} + \frac{U_0}{R_3}$$

Der Gesamtwiderstand der Parallelschaltung ergibt sich also zu:

$$\frac{1}{R_{ges}} = \frac{1}{R_1} + \frac{1}{R_2} + \frac{1}{R_3}$$

Man kann auch sagen: die Leitwerte addieren sich.

Reihenschaltung von Widerständen. In ◘ Abb. 6.37 liegen die drei Widerstände in Reihe mit der Batterie. Der Strom läuft durch alle Widerstände mit gleicher Stärke I_0. Die Batteriespannung hingegen teilt sich auf die Widerstände auf gemäß:

$$U_0 = U_1 + U_2 + U_3$$
$$= I_0 \cdot R_1 + I_0 \cdot R_2 + I_0 \cdot R_3$$
$$= I_0 \cdot R_{ges}.$$

Der Gesamtwiderstand dieser Reihen- (oder Serien-) Schaltung ist also die Summe der Einzelwiderstände.

> **Merke**
>
> Parallelschaltung: Leitwerte addieren sich:
>
> $$\frac{1}{R_{ges}} = \frac{1}{R_1} + \frac{1}{R_2} + \frac{1}{R_3} + \dots$$
>
> Reihenschaltung: Widerstände addieren sich:
>
> $$R_{ges} = R_1 + R_2 + R_3 + \dots$$

Rechenbeispiel 6.14: Ein Stromkreis
Die Widerstände im Stromkreis in ◘ Abb. 6.38 mögen alle den gleichen Widerstand von 2 Ω haben. Wie groß ist der Gesamtwiderstand? Welcher Strom fließt im Kreis? Welcher Strom fließt durch einen der parallelgeschalteten Widerstände? Welche Spannungen misst der eingezeichnete Spannungsmesser an den Punkten 1 bis 4?

Lösung: Die beiden parallelgeschalteten Widerstände haben einen Gesamtwiderstand von einem Ohm. Zusammen mit den beiden in Reihe geschalteten Widerständen ergibt sich der gesamte Widerstand zu 5 Ω. Der Strom durch den Kreis ist also $I = \frac{U}{R} = \frac{6\,V}{5\,\Omega} = 1{,}2$ A. Zwischen den beiden parallel geschalteten Widerständen teilt sich dieser Strom in gleiche Teile, also jeweils 0,6 A auf. Die Spannungen können nun gemäß $U = R \cdot I$ berechnet werden. Zwischen 1 und 2 beziehungsweise 3 und 4 liegen 2,4 V, zwischen 2 und 3 1,2 V. Das Spannungsmessgerät misst also an den Punkten 1 bis 4: 0 V, 2,4 V, 3,6 V und 6 V.

6.5.2 Spannungsteiler

Der elektrische Widerstand R eines homogenen Drahtes ist zu seiner Länge l proportional. Dabei zählt selbstverständlich nur die vom Stromkreis genutzte Länge; der Draht muss ja nicht an seinen Enden angeschlossen werden. Man kann ihn sogar auf einen isolierenden

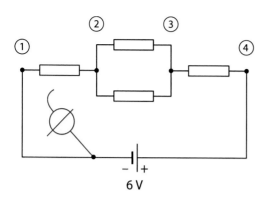

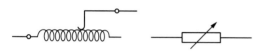

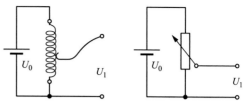

Abb. 6.41 Spannungsteiler (Potentiometer), Konstruktionsschema und Schaltskizze

Abb. 6.38 Schaltkreis zu ▶ Rechenbeispiel 6.14

Abb. 6.39 Variabler Widerstand, Konstruktionsschema und Schaltzeichen

Abb. 6.40 Drehpotentiometer

Träger aufwickeln und mit einem Schleifkontakt mit der Länge l auch R von Hand einstellen – nicht ganz kontinuierlich, sondern nur von Windung zu Windung. Aber bei ein paar hundert Windungen spielt das keine Rolle mehr. Man erhält so einen variablen **Schiebewiderstand** (Abb. 6.39). Ist der Träger ein Ring, wird das Wickeln etwas mühsamer, dafür kann der Schleifkontakt mit einem Drehknopf bewegt werden (Abb. 6.40).

Wer eine vorgegebene Spannung U_0 halbieren will, legt sie in Reihe mit zwei gleichen Widerständen. Sind diese ohmsch, so

teilen sie jede Gleich- oder Wechselspannung im Verhältnis 1:1. Sind die Widerstände nicht gleich, so teilen sie die Spannung in ihrem Widerstandsverhältnis. Eine derartige Schaltung heißt **Spannungsteiler** oder auch Potentiometer. Der Schleifkontakt der Abb. 6.39 unterteilt den aufgewickelten Draht in zwei Bereiche, deren elektrische Widerstände R_1 und R_2 sich zum Gesamtwiderstand R_0 addieren (Abb. 6.41). Alle Widerstände werden vom gleichen Strom $I = U_0/R_0$ durchflossen; jeder verlangt für sich den Spannungsabfall

$$U_n = I \cdot R_n = U_0 \cdot \frac{R_n}{R_0}.$$

Demnach lässt sich durch Verschieben des Schleifkontaktes die Spannung U_1 auf jeden beliebigen Wert zwischen 0 und U_0 einstellen. Streng gilt das allerdings nur für den *unbelasteten* Spannungsteiler, denn wenn beispielsweise neben R_1 noch ein Lastwiderstand R_x liegt (Abb. 6.42), dann zählt für die Spannungsteilung der Gesamtwiderstand der Parallelschaltung und der ist kleiner als R_1.

❯ **Merke**

Ein Spannungsteiler (Potentiometer) teilt die angelegte Spannung im Verhältnis der Widerstände:

$$\frac{U_1}{U_2} = \frac{R_1}{R_2} \quad U_1 = \frac{R_1}{R_1 + R_2} \cdot U_0$$

Potentiometer erlauben, eine unbekannte Spannung U_x *in Kompensation* zu messen, d. h. ohne deren Spannungsquelle einen Strom abzuverlangen – eine entsprechende Schaltung

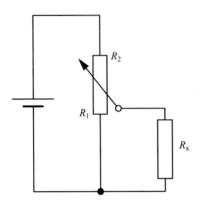

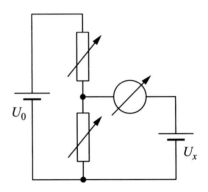

6

Abb. 6.42 Belasteter Spannungsteiler. In sein Teilungsverhältnis geht die Parallelschaltung von R_1 und R_x ein

Abb. 6.43 Spannungsmessung in Kompensation. Ein geeichter Spannungsteiler erzeugt mit Hilfe der bekannten Spannung U_0 eine ebenfalls bekannte Teilspannung U', und zwar so, dass sie die unbekannte Spannung U_x kompensiert: Das Instrument zeigt dann nichts an (*Nullinstrument*)

bringt ▫ Abb. 6.43: U_1 und U_x stehen gegeneinander. Sind sie gleich, zeigt das Instrument null an. Es braucht nicht geeicht zu sein, als *Nullinstrument* muss es ja nur die Null erkennen. Es darf aber auf hohe Empfindlichkeit geschaltet werden, wenn die Kompensation erst einmal ungefähr erreicht worden ist. Ein Vorteil des Messverfahrens liegt in seiner hohen Präzision, der andere darin, dass U_x stromlos gemessen wird: Es gibt empfindliche Spannungsquellen, die keine ernsthafte Belastung vertragen. Davon wird im nächsten Kapitel noch die Rede sein.

Das Prinzip der **Kompensationsmessung** ist nicht auf die Elektrizitätslehre beschränkt. Ein mechanisches Beispiel liefert die Küchenwaage: Sie kann vielleicht mit 10 kg belastet werden, reagiert aber bereits auf ein Übergewicht von wenigen Gramm auf einer Waagschale mit „Vollausschlag". Zu einer Kompensationsmessung gehört allerdings neben dem Nullinstrument immer auch ein Satz präzise geeichter Vergleichsnormale, hier der Gewichtssatz zur Waage, dort der Spannungsteiler mit seiner Batterie.

Es ist nicht verboten, die Spannung U_x der Kompensationsschaltung aus einem zweiten Spannungsteiler zu beziehen und diesen an die gleiche Spannungsquelle zu legen wie den ersten auch. Man erhält dann die **Wheatstone-Brücke**, deren Schaltskizze traditionell als auf

$$\frac{R_1}{R_2} = \frac{R_3}{R_4}$$

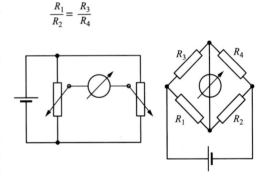

Abb. 6.44 Die Wheatstone-Brücke zur Präzisionsmessung von Widerständen; sie ist *abgeglichen*, wenn die *Brückenbedingung* $R_1/R_2 = R_3/R_4$ erfüllt ist

die Spitze gestelltes Quadrat gezeichnet wird: s. ▫ Abb. 6.44 (man muss das nicht tun). Das Brückeninstrument zeigt null, die Brücke ist *abgeglichen*, wenn beide Spannungsteiler die Batteriespannung U_0 im gleichen Verhältnis unterteilen, wenn also die *Brückenbedingung*

$$\frac{R_1}{R_2} = \frac{R_3}{R_4}$$

erfüllt ist. Kennt man drei Widerstände, so kann man den vierten ausrechnen. U_0 wird dazu nicht einmal gebraucht.

6.5.3 Innenwiderstände

Für die Autobatterie bedeutet das Anlassen des Motors Schwerarbeit. Sie meldet dies durch einen Rückgang ihrer Klemmenspannung: Alle eingeschalteten Lämpchen werden dunkler, solange der Anlasser läuft. Ursache ist der **Innenwiderstand** R_i der Batterie, bedingt durch deren Elektrochemie. Räumlich lässt er sich von der Spannungsquelle nicht trennen, auch wenn man ihn im **Ersatzschaltbild** abgesetzt von der (als widerstandslos angesehenen) Spannungsquelle zeichnet. An den „Draht", der die beiden in 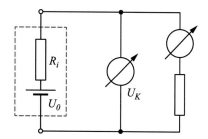 Abb. 6.45 elektrisch verbindet, kann man nicht herankommen. Der gestrichelte Kasten soll dies andeuten. Verlangt man jetzt von der Batterie einen Strom I, so erzeugt dieser über dem Innenwiderstand einen Spannungsabfall, sodass von der *Urspannung* U_0 nur noch die

Klemmenspannung $U_k = U_0 - I \cdot R_i$

übrig bleibt. Messen lässt sich nur U_k; diese Spannung stimmt aber im *Leerlauf*, d. h. bei hinreichend kleinem Strom, praktisch mit U_0 überein. Die Urspannung wird deshalb auch **Leerlaufspannung** genannt.

> **Merke**
>
> Der Innenwiderstand R_i einer Spannungsquelle senkt bei Belastung mit dem Strom I die Klemmenspannung auf
>
> $U_k = U_0 - I \cdot R_i,$
>
> U_0 = Leerlaufspannung.

Schließt man die Klemmen einer Spannungsquelle kurz, so zwingt man die Klemmenspannung auf null; das gesamte U_0 fällt über dem Innenwiderstand ab; die Batterie liefert den höchsten Strom, den sie überhaupt liefern kann, den

Kurzschlussstrom $I_k = \dfrac{U_0}{R_i}.$

Im Leerlauf wie im Kurzschluss gibt die Batterie keine Leistung nach außen ab: im Leerlauf nicht, weil kein Strom fließt, im Kurz-

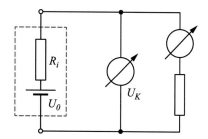

◘ Abb. 6.45 Innenwiderstand. Der Innenwiderstand R_i einer Spannungsquelle mit der Leerlaufspannung U_0 setzt die Klemmenspannung U_k um den Spannungsabfall $I \cdot R_i$ gegenüber U_0 herab. U_0 und R_i sind räumlich nicht voneinander getrennt; Zuleitungen erreichen nur die Klemmen (*Ersatzschaltbild*)

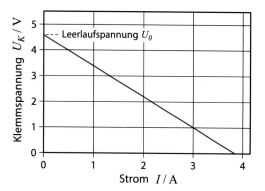

◘ Abb. 6.46 Innenwiderstand einer Batterie. Gemessenes Absinken der Klemmenspannung einer Taschenlampenbatterie bei Belastung

schluss nicht, weil sie ihre volle Leistung im Innenwiderstand verheizt. Keine Spannungsquelle hat Kurzschluss gern. Elektrizitätswerke schützen sich durch *Sicherungen* gegen ihn: Sie schalten den kurzgeschlossenen Stromkreis kurzerhand ab. Taschenlampenbatterien können das nicht, sie senken ihre Klemmenspannung (Abb. 6.46). Ist der Innenwiderstand ohmsch, so fällt U_K linear mit I ab.

Technische Spannungsquellen werden auf kleine Innenwiderstände gezüchtet: Sie sollen ihre Spannung konstant halten, von der Last so unabhängig wie möglich. Der Fernsehempfänger darf nicht wegen Unterspannung ausfallen, weil die Nachbarin in ihrer Küche drei Kochplatten eingeschaltet hat. Vielfachmessinstrumente können Strom wie Spannung messen, weil der Widerstand zwischen ihren Anschlussbuchsen Strom nicht ohne Spannung zulässt. Mit seinem Innenwiderstand darf ein Messgerät die *Belastbarkeit* einer Spannungsquelle nicht überfordern; er muss groß gegenüber deren Innenwiderstand sein. Will man mit dem Vielfachmessinstrument hingegen einen Strom messen, so soll sein Innenwiderstand verglichen mit allen Widerständen im Stromkreis sehr klein sein, denn es wird ja selbst in den Stromkreis hineingeschaltet und soll den Strom nicht reduzieren.

> ❯ Merke
>
> Der Innenwiderstand eines Spannungsmessers muss groß gegenüber dem Innenwiderstand der Spannungsquelle sein.
>
> Der Innenwiderstand eines Strommessers muss klein gegenüber allen Widerständen im Stromkreis sein.

Bei den üblichen digitalen Multimetern braucht man sich meist keine Gedanken über deren Innenwiderstände zu machen. Im Spannungsmessbereich liegt er bei einigen Megaohm und im Strommessbereich bei einigen Mikroohm. Nur wenn noch die alten analogen Instrumente mit Zeiger verwendet werden, muss man aufpassen, denn dort hat man es mit Kiloohm beziehungsweise Milliohm zu tun.

Rechenbeispiel 6.15: schwächelnde Batterie

Wie groß ist der Innenwiderstand der Batterie von ■ Abb. 6.46?

Lösung: Der Innenwiderstand ist der Betrag der Steigung der Geraden im Diagramm. Dieser berechnet sich zu: $R_i = \frac{U_0}{I_{max}} = \frac{4{,}5\,\text{V}}{3{,}8\,\text{A}} = 1{,}2\,\Omega$.

Das ist für eine Taschenlampenbatterie ein recht großer Innenwiderstand. Die Batterie ist schon recht leer. Eine frische Batterie bringt es auf ca. 0,3 Ω.

6.5.4 Hoch- und Tiefpass

Auch die Serienschaltung von Widerstand und Kondensator, **RC-Glied** genannt (■ Abb. 6.47), bildet einen Spannungsteiler. Er ist aber frequenzabhängig, denn der Wechselstromwiderstand der Kapazität C nimmt umgekehrt proportional zu f und ω ab:

$$R_C = \frac{1}{\omega \cdot C} = (2\pi \cdot f \cdot C)^{-1}$$

(▶ Abschn. 6.4.2). Hohe Frequenzen erscheinen deshalb vorwiegend über dem ohmschen Widerstand R_R:

$$U_R > U_C \quad \text{wegen} \quad R_R > R_C$$

und tiefe vorwiegend über dem Kondensator. Für den, der nur U_R elektronisch weiterverarbeitet, ist das RC-Glied ein **Hochpass**, und ein **Tiefpass** für den, den nur U_C interessiert. Die Grenze zwischen „hoch" und „tief" liegt bei der Frequenz f^*, für die U_R und U_C gleich werden, freilich nicht gleich der halben angelegten Wechselspannung U_0. Die Phasenverschiebung zwischen Strom und Spannung beim Kondensator hat

$$U_R(f^*) = U_C(f^*) = 0{,}707 \cdot U_0$$

zur Folge. Legt man ein Frequenzgemisch $U(t)$ an das RC-Glied, so erscheint $U_C(t)$ als „geglättet", weil es von den Zappeleien der hohen Frequenzen befreit ist. Eben dies ist die Wirkung eines Tiefpasses.

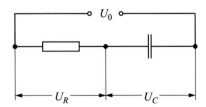

■ **Abb. 6.47 RC-Glied** als frequenzabhängiger Spannungsteiler: Wirkung als Tiefpass bei Abgriff von U_C über dem Kondensator; Wirkung als Hochpass bei Abgriff von U_R über dem Widerstand

Passverhalten ist nicht auf elektrische Schaltungen begrenzt. Die Aorta wirkt wegen ihrer Windkesselfunktion gegenüber dem periodisch wechselnden Blutdruck als Tiefpass: während der Blutdruck direkt am Herzen in dessen Ruhephase auf Null abfällt, schwankt er etwas vom Herzen entfernt viel schwächer (nur um ca. 20 %).

6.5.5 Kondensatorentladung und e-Funktion

In der Schaltung der ◻ Abb. 6.48 wird der Kondensator momentan aufgeladen, wenn man den Wechselschalter nach links legt. Legt man ihn anschließend nach rechts, so entlädt sich die Kapazität C des Kondensators über den ohmschen Widerstand R. Die zugehörige Mathematik lässt sich zunächst leicht hinschreiben. Kondensator und Widerstand bilden eine Masche (s. ▶ Abschn. 6.5.1); folglich verlangt die Maschenregel zu jedem Zeitpunkt t:

$$U_C(t) + U_R(t) = 0$$

oder

$$U_C(t) = -U_R(t).$$

Ohne Batterie ist die Batteriespannung Null.

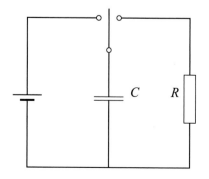

◻ **Abb. 6.48** **Entladung eines Kondensators** über einen ohmschen Widerstand; sie führt zur e-Funktion

Andererseits gilt für den von der Ladung $Q(t)$ des Kondensators gelieferten Entladungsstrom

$$I(t) = \frac{\mathrm{d}}{\mathrm{d}t}Q(t) = \frac{\mathrm{d}}{\mathrm{d}t}(C \cdot U_C(t))$$
$$= C \cdot \frac{\mathrm{d}}{\mathrm{d}t}U_C(t)$$

und ferner

$$U_R(t) = R \cdot I(t) = R \cdot C \cdot \frac{\mathrm{d}}{\mathrm{d}t}U_C(t),$$

also auch

$$\frac{\mathrm{d}}{\mathrm{d}t}U_C(t) = -\frac{1}{R \cdot C}U_C(t).$$

Jetzt wird die Mathematik schwieriger, denn dies ist eine Differentialgleichung. Von der Schwingungsdifferentialgleichung des ▶ Abschn. 4.1.2 unterscheidet sie sich nur um einen kleinen Unterschied: Bei den Schwingungen ging es um den *zweiten* Differentialquotienten $\mathrm{d}x(t)^2/\mathrm{d}^2t$ der Auslenkung $x(t)$ nach der Zeit, hier geht es um den *ersten* zeitlichen Differentialquotienten $\mathrm{d}U_C(t)/\mathrm{d}t$. Der Unterschied ist folgenschwer. Die Gleichung verlangt, die Spannung $U_C(t)$ solle mit einer Geschwindigkeit $\mathrm{d}U_C(t)/\mathrm{d}t$ abfallen, die zu ihr selbst proportional ist. Dass diese Forderung nicht von Schwingungen erfüllt werden kann, sieht man auf den ersten Blick. Die Funktion, die das schon nach der ersten Differentiation tut, muss eigens erfunden werden: Es ist die **Exponentialfunktion**, von der schon in ▶ Abschn. 1.5.2 die Rede war. Per definitionem gilt

$$\frac{\mathrm{d}}{\mathrm{d}x}\mathrm{e}^x = \mathrm{e}^x = \int\limits_{-\infty}^{x} \mathrm{e}^\varphi \mathrm{d}\varphi,$$

denn eine Funktion, die bei der Differentiation sich selbst ergibt, tut dies bei der Integration auch. Wenn e^x von der Zeit t abhängen soll, hat t im Exponenten zu erscheinen. Weil dieser aber dimensionslos sein muss, geht das nur zusammen mit einem Faktor, der auch $1/\tau$ heißen kann und negativ sein darf. Daraus folgt aber wegen der Kettenregel der Differentiation (▶ Abschn. 4.1.2)

$$\frac{\mathrm{d}}{\mathrm{d}x}\mathrm{e}^{-\frac{t}{\tau}} = -\frac{1}{\tau}\mathrm{e}^{-\frac{t}{\tau}}.$$

Die Differentialgleichung der Kondensatorentladung lässt sich also mit dem Ansatz

$$U_C = U_0 \cdot \mathrm{e}^{-\frac{t}{\tau}}$$

lösen:

$$\frac{\mathrm{d}}{\mathrm{d}t}U_C(t) = U_0 \cdot \frac{\mathrm{d}}{\mathrm{d}t}\mathrm{e}^{-\frac{t}{\tau}} = -\frac{U_0}{\tau}\mathrm{e}^{-\frac{t}{\tau}}$$
$$= -\frac{1}{\tau}U_C(t).$$

Demnach sind $1/\tau$ und $1/(R \cdot C)$ gleich. Somit gilt für die **Zeitkonstante τ der Kondensatorentladung**

$$\tau = R \cdot C.$$

❯ **Merke**

Kondensatorentladung:

$$U(t) = U_0 \cdot \mathrm{e}^{-\frac{t}{\tau}}$$

Zeitkonstante $\tau = R \cdot C$

Die Exponentialfunktion ist in gewissem Sinn die wichtigste mathematische Funktion in der Physik, vielleicht sogar in der ganzen Natur. Wem sie nach der soeben vorgeführten etwas formalen Herleitung immer noch ein bisschen unheimlich vorkommt, dem soll sie am Beispiel der Kondensatorentladung etwas anschaulicher, dafür aber nur halbquantitativ erläutert werden. Angenommen, ein Kondensator von 1 µF (C) wird auf 100 V (U_0) aufgeladen; er enthält dann 0,1 mC Ladung (Q_0). Überbrückt man seine Kondensatorplatten mit 100 kΩ (R), so beginnt die Entladung mit einem Strom von 1 mA (I_0). Flösse dieser Strom konstant weiter, so wäre der Kondensator nach 100 ms leer. Diese Zeitspanne entspricht genau der Zeitkonstanten τ des RC-Gliedes. Tatsächlich nimmt I_0 aber schon in der ersten Millisekunde 1 µC an Ladung mit, immerhin 1 % von Q_0. Damit sinkt die Spannung am Kondensator um 1 % gegenüber U_0 ab auf 99 V. Dadurch

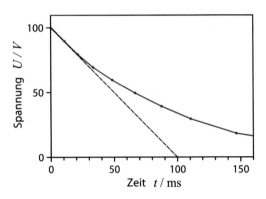

○ **Abb. 6.49** **Polygonzug als Annäherung an die e-Funktion** (Einzelheiten im Text)

verringert sich aber auch der Entladestrom um 1 % auf 0,99 mA. Er braucht jetzt 1,01 ms, um das zweite Mikrocoulomb aus dem Kondensator herauszuholen. Nach dieser Zeit sind Ladung, Spannung und Strom auf 98 % ihrer Ausgangswerte abgefallen, sodass für das dritte µC schon 1,02 ms gebraucht werden, für das zehnte 1,105 ms und für das zwanzigste 1,22 ms; die Entladung wird immer langsamer. Nach dieser Vorstellung könnte man ihren Verlauf als Polygonzug aus lauter kleinen Geraden zusammensetzen, wie ○ Abb. 6.49 es andeutet. Tatsächlich bleibt der Entladestrom freilich in keiner Millisekunde konstant; deshalb hält sich die echte Entladung an die e-Funktion. Sie ist eine glatte, gebogene Kurve, deren Funktionswerte numerisch ausgerechnet werden müssen, ein ermüdendes Geschäft für den Menschen, eine Zehntelsekundenarbeit für den Taschenrechner. Den Graphen der fallenden e-Funktion zeigt ○ Abb. 6.50 (wie auch schon früher ○ Abb. 1.16). Ihr folgen beim RC-Glied Ladung $Q(t)$, Spannung $U(t)$, Strom $I(t)$ und alle ihre Änderungsgeschwindigkeiten, d. h.

$$U(t) = U_0 \cdot \mathrm{e}^{-\frac{t}{\tau}},$$
$$Q(t) = Q_0 \cdot \mathrm{e}^{-\frac{t}{\tau}},$$
$$I(t) = I_0 \cdot \mathrm{e}^{-\frac{t}{\tau}}$$

usw.

Für jede dieser Größen zielt die (negative) Anfangssteigung ihres Graphen an der Abszis-

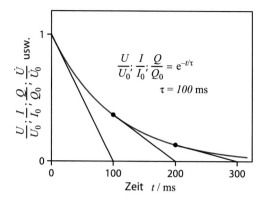

$$\frac{U}{U_0}; \frac{I}{I_0}; \frac{Q}{Q_0} = e^{-t/\tau}$$

$$\tau = 100 \text{ ms}$$

Zeit t / ms

◨ **Abb. 6.50 e-Funktion der Kondensatorentladung:** Jede zu einem beliebigen Zeitpunkt t_0 angelegte Tangente trifft die Abszisse um die Zeitkonstante τ nach t_0

se auf die Zeitkonstante τ, in der die Größe selbst allerdings erst auf den e-ten Teil ihres Ausgangswertes abfällt (◨ Abb. 6.49). Die Zeitspanne τ darf auch mitten in die laufende Entladung hineingelegt werden: In der Spanne zwischen den Zeitpunkten t_0 und $(t_0 + \tau)$ fällt jede der genannten Größen auf den e-ten Teil desjenigen Wertes ab, den sie zum Zeitpunkt t_0 besaß. Formal kann dieser Tatbestand durch die Gleichung

$$U(t_0) = e \cdot U(t_0 + \tau)$$

beschrieben werden. Bei solchen Formeln muss man aufpassen, sonst verwechselt man möglicherweise den Funktionswert $U(t_0 + \tau)$ mit dem (sinnlosen) Produkt $U \cdot (t_0 + \tau)$, das $U \cdot t_0 + U \cdot \tau$ betrüge.

Rechenbeispiel 6.16: Zeitkonstante
Welcher Widerstand muss in einem RC-Glied zu einem Kondensator mit $C = 2\,\mu\text{F}$ hinzugeschaltet werden, um die Zeitkonstante $\tau = 0{,}4\,\text{s}$ herauszubekommen?

Lösung:

$$R = \frac{\tau}{C} = \frac{0{,}4\,\text{s}}{2 \cdot 10^{-6}\,\text{As/V}} = 200\,\text{k}\Omega$$

6.6 Elektrochemie

6.6.1 Dissoziation

Luft ist ein Isolator. Die ionisierende Strahlung aus der Umwelt bringt ihr keine wesentliche Leitfähigkeit. Reines Wasser isoliert ebenfalls, wenn auch bei weitem nicht so gut. Mit seinem spezifischen Widerstand in der Größenordnung Megaohm pro Meter steht es an der Grenze zwischen Leitern und Isolatoren (▶ Abschn. 6.2.3). Es ist aber gar nicht einfach, Wasser rein darzustellen und rein zu erhalten. In Kontakt mit Luft nimmt es einige Gasmoleküle auf (Henry-Dal-ton-Gesetz). Luft besteht im Wesentlichen aus Stickstoff (drei Viertel) und Sauerstoff (ein Fünftel). Beide wirken sich auf die Leitfähigkeit des Wassers nicht nennenswert aus, wohl aber eines der Spurengase, obwohl es nur mit 0,04 % vertreten ist: Kohlendioxid. Einige der gelösten CO_2-Moleküle lagern ein H_2O an und bilden damit Kohlensäure H_2CO_3 Deren Moleküle zerfallen aber sofort in zwei positiv geladene Wasserstoffionen H^+ und ein doppelt negativ geladenes Carbonat-Ion CO_3^{2-}. Jedes H^+-Ion lagert sofort ein H_2O-Molekül an und bildet ein H_3O^+-Ion. Das hat aber nur in Sonderfällen Bedeutung, weshalb man ruhig weiter von positiv geladenen Wasserstoffionen spricht.

Einen derartigen Zerfall eines Moleküls in einige Bestandteile – sie müssen nicht elektrisch geladen sein – bezeichnet man als **Dissoziation.** Der Vorgang läuft auch umgekehrt; die Bestandteile können wieder zum Molekül rekombinieren. Zwischen Dissoziation und Rekombination stellt sich ein Gleichgewicht ein und bestimmt den Quotienten aus Anzahlen, Anzahldichten oder Stoffmengendichten, also kurz den Konzentrationen c_D der dissoziierten und c_0 der ursprünglich vorhandenen Moleküle. Er heißt

Dissoziationsgrad $x_D = \dfrac{c_D}{c_0}$

und ist eine dimensionslose Zahl zwischen 0 und 1 (keine bzw. vollständige Dissoziation). Moleküle werden durch Bindungsenergie zusammengehalten; für die Dissoziation muss deshalb eine Dissoziationsenergie aufgebracht werden. Sie entstammt normalerweise der thermischen Energie: Der Dissoziationsgrad steigt mit wachsender Temperatur, oftmals freilich kaum erkennbar, wenn nämlich x_D die eins fast schon erreicht hat.

> **Merke**
>
> Den Zerfall eines Moleküls in Bestandteile bezeichnet man als Dissoziation, den entgegengesetzten Vorgang als Rekombination. Die Bestandteile können Ionen sein, müssen es aber nicht.
> $$\text{Dissoziationsgrad } x_D = \frac{c_D}{c_0}.$$

Dahinter steckt das **Massenwirkungsgesetz**. Jedes Lehrbuch der Chemie behandelt es ausführlich. Für ein Molekül AB, das sich aus den Bestandteilen A und B zusammensetzt und in sie zerfällt, besagt es

$$\frac{c(A) \cdot c(B)}{c(AB)} = K(T)$$

(hier bedeutet $c(AB)$ die Konzentration der undissoziiert gebliebenen Moleküle, also nicht die Konzentration c_0 der ursprünglich vorhandenen, die im Nenner des Dissoziationsgrades steht). Die temperaturabhängige **Massenwirkungskonstante** $K(T)$ ist eine Kenngröße der (Zerfalls- und Rekombinations-) Reaktion.

Ein Molekül Kohlensäure spaltet zwei positive Wasserstoffionen ab; dafür trägt das Carbonat-Ion zwei negative Elementarladungen. Die Stoffmengendichten (Molaritäten) c_n unterscheiden sich also um einen Faktor 2:

$$c_n(H^+) = 2c_n(CO_3^{2-}).$$

Für die Dichten der Elementarladungen gilt das nicht, denn die Elektroneutralität bleibt bei der Dissoziation selbstverständlich gewahrt. Deshalb spricht man zuweilen neben der Molarität einer Lösung auch von ihrer Normalität, bei der doppelt geladene, also *zweiwertige* Ionen doppelt zählen, dreiwertige dreifach usw.

Bei Wasser tritt diese Komplikation nicht auf; es dissoziiert in H^+-Ionen und OH^--Ionen, beide einwertig, beide einfach geladen. Die hohe Resistivität ist Folge eines geringen Dissoziationsgrades: $x_D(H_2O) \approx 1{,}9 \cdot 10^{-9}$ bei 25 °C. In einem solchen Fall lässt sich das Massenwirkungsgesetz vereinfachen, weil dessen Nenner, die Konzentration der undissoziierten Moleküle, praktisch konstant bleibt und darum in die Massenwirkungskonstante hineinmultipliziert werden kann: $K^*(T) = c_0 \cdot K(T)$. Für Wasser bei Zimmertemperatur kommt

$$c_n(H^+) \cdot c_n(OH^-) \approx 10^{-14}(\text{mol}/1)^2$$

heraus, also

$$c_n(H^+) = c_n(OH^-) \approx 10^{-7}\ \text{mol}/1.$$

In „neutralem" Wasser liegen die Stoffmengendichten beider Ionensorten bei ziemlich genau 10^{-7} mol/l: „pH 7". Als **pH-Wert** bezeichnet man den negativen dekadischen Exponenten der Maßzahl der Wasserstoffionenkonzentration zur Einheit Mol/Liter.

In einer Flüssigkeit können mehrere Massenwirkungsgesetze gleichzeitig gelten. Löst man Ätznatron NaOH in Wasser, so dissoziiert es nach seinem eigenen Massenwirkungsgesetz vollständig in Na^+-und OH^--Ionen. Damit greift es aber in das Massenwirkungsgesetz der Wasserdissoziation ein. Wenn $c_n(OH^-)$ steigt (z. B. auf 10^{-5} mol/l), geht $c_n(H^+)$ zurück, im Beispiel auf 10^9 mol/l: pH 9, die Lösung ist eine Lauge. Umgekehrt dissoziiert HCl in H^+ und Cl^-, erhöht also $c_n(H^+)$ auf beispielsweise 10^3 mol/l und drängt dementsprechend $c_n(OH^-)$ auf 10^{11} mol/l zurück: pH 3, die Lösung reagiert sauer.

> **Merke**
>
> pH-Wert:
>
> negativer dekadischer Logarithmus der Wasserstoffionenkonzentration $c_n(H^+)$ in mol/l;
>
> pH < 7: sauer, $c_n(H^+)$ groß,
> pH = 7: neutral, $c_n(H^+) = 10^7$ mol/l,
> pH > 7: alkalisch, $c_n(H^+)$ klein.

6.6.2 Elektrolyte

Ionen im Wasser folgen einem von außen angelegtem Feld ähnlich wie Elektronen im Draht. Beide müssen sich zwischen neutralen Molekülen hindurchdrängeln, bewegen sich also wie unter starker Reibung. Folglich *driften* auch die Ionen mit konstanter, zur Feldstärke proportionaler Geschwindigkeit, sodass sich für sie ebenfalls eine **Beweglichkeit** definieren lässt. Sie bekommt meist den Buchstaben u statt des bei Elektronen üblichen μ. Die Ionen machen ihre Wirtsflüssigkeit zum *Elektrolyten*, sie geben ihm eine elektrische, eine **elektrolytische Leitfähigkeit**.

> **Merke**
> Elektrolytische Leitung: Stromtransport durch Ionen.

Ionen gibt es in vielerlei Arten und mit beiderlei Vorzeichen. Die positiven Ionen laufen zur Kathode und heißen darum **Kationen**, die negativen laufen zur Anode und heißen darum **Anionen**. Dies ist ehrwürdiger chemischer Sprachgebrauch; der Physiker muss sich merken, dass er hier mit der Vorsilbe *kat-* nicht so ohne weiteres das negative Vorzeichen der Kathode verbinden darf. Der Stromtransport kann von Kationen und Anionen in gleicher Weise übernommen werden: Die konventionelle Stromrichtung fragt nicht, ob negative Ladungsträger ihr entgegen oder positive zu ihr parallel laufen. Alle Ionensorten addieren grundsätzlich ihre Beiträge zur elektrolytischen Leitfähigkeit:

$$\sigma = e_0 \cdot \sum_i (z_i \cdot n_i \cdot u_i).$$

Diese Formel berücksichtigt, dass verschiedene Ionensorten (durch die Laufzahl i gekennzeichnet) unterschiedliche Beweglichkeiten u, unterschiedliche Anzahldichten n und unterschiedliche Ladungen q haben können – die Wertigkeit z entspricht der Anzahl der Elementarladungen eines Ions unabhängig vom Vorzeichen: $\pm q = z \cdot e_0$. Das u liegt weit unter dem μ der Elektronen im Metall und steigt mit der Temperatur. Vom Modell her ist das verständlich: Ionen sind weit dicker als Elektronen, sie schwimmen wie Fremdkörper in einem Medium, dessen Zähigkeit mit wachsender Temperatur abnimmt.

> **Merke**
> Anionen laufen zur Anode, sind also negativ geladen;
> Kationen laufen zur Kathode, sind also positiv geladen.

Die elektrolytische Leitung durch Ionen ist immer mit einem Materietransport verbunden. Man kann unmittelbar zusehen, wie die negativen MnO_4-Ionen des Kaliumpermanganats im Feld laufen. Hierzu setzt man eine etwa 1 mm dicke Wasserlamelle zwischen zwei Glasplatten, die an den Enden durch zwei schmale Streifen Fließpapier auf Abstand gehalten werden. Dort sitzen auch die Elektroden, die an eine Batterie angeschlossen sind. Tränkt man zuvor den einen Papierstreifen mit Permanganat-Lösung, so wandert aus ihm eine violette Wolke mit gerader Front in das klare Wasser, sofern er Kathode ist (◻ Abb. 6.51). Die Wolke macht kehrt, wenn man die Spannung um-

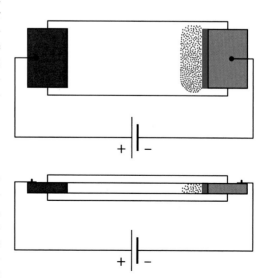

◻ **Abb. 6.51 Ionenwanderung**, schematisch (Einzelheiten im Text)

polt. Das Marschkommando des elektrischen Feldes breitet sich mit Lichtgeschwindigkeit aus, die Marschkolonne der Ionen gehorcht momentan, aber die Marschgeschwindigkeit bleibt so gering, dass man sie leicht mit Lineal und Stoppuhr bestimmen kann. So lässt sich wenigstens bei „bunten" Ionen die Beweglichkeit leicht ermitteln. Kennt man sie, so kann man sie auch zur qualitativen chemischen Analyse heranziehen – beliebtes Verfahren in manchen Bereichen der organischen Chemie (**Elektrophorese**). Man tränkt einen langen Streifen Fließpapier mit einem neutralen Elektrolyten, malt ihm quer einen Strich der zu untersuchenden Flüssigkeit auf und legt ein elektrisches Feld an. Die bunten Ionen marschieren ab und sind nach einiger Zeit, ihren Beweglichkeiten entsprechend, mehr oder weniger weit gekommen. In analogem Verfahren können dissoziierende Medikamente mit elektrischen Feldern durch die Haut eines Patienten transportiert werden (Ionophorese).

> **Merke**
> Elektrolytische Leitung Ist mit dem Transport chemischer Stoffe verbunden.

Nur selten besteht ein Stromkreis allein aus Elektrolyten; fast immer sind Messinstrumente, Widerstände und Kabel, sind metallische Leiter mit im Spiel. Das erfordert Elektroden, an deren Oberfläche der Leitungsmechanismus wechselt: Die quasifreien Elektronen des Metalls müssen auf Ionen umsteigen und umgekehrt. Damit sind allemal elektrochemische Prozesse verbunden, in schier unüberschaubarer Vielfalt.

Ein besonders einfaches Beispiel liefern zwei Silberelektroden in einer wässrigen Lösung von AgNO₃ (Silbernitrat); es dissoziiert praktisch vollständig in Ag^+ und NO_3^-. Im Endeffekt läuft der Stromtransport so ab, als werde er nur von den Ag^+-Ionen getragen (◻ Abb. 6.52). Vorhanden sind sie auch im Metall der Elektroden; bei der Anode können sie den Kristallverband verlassen und in den Elektrolyten hineinschwimmen. Sie werden dazu von der Spannungsquelle ermutigt,

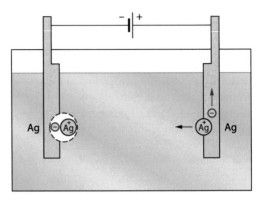

◻ **Abb. 6.52 Elektrolyse.** Elektrolytische Abscheidung von Silber aus wässriger Lösung von Silbernitrat. Ag^+-Ionen gehen bei der Anode in Lösung und werden an der Kathode abgeschieden, während die entsprechende Ladung als Elektronenstrom durch den Metalldraht fließt

die ja der Anode Elektronen entzieht, sodass diese versuchen muss, auch positive Ladungen loszuwerden. Umgekehrt schließen sich Ag^+-Ionen der Lösung dem Kristallgitter der Kathode an, weil sie hier von Elektronen erwartet werden, die der Leitungsstrom im Draht inzwischen angeliefert hat.

Elektroneutralität im Elektrolyten muss gewahrt bleiben: Die Anzahlen gelöster Anionen (NO_3^-) und gelöster Kationen (Ag^+) ändern sich insofern nicht, als für jedes Silberion, das an der Anode in Lösung geht, ein anderes an der Kathode abgeschieden wird. Dazu läuft eine Elementarladung durch den Draht. Das Experiment bestätigt die Erwartung des Modells: Es besteht eine strenge Proportionalität zwischen der Masse Δm des elektrolytisch abgeschiedenen Silbers und der vom Elektronenstrom transportierten Ladung ΔQ. Am Transport waren N Ionen mit der Einzelmasse m_M und der Einzelladung $z \cdot e_0$ beteiligt:

$$\Delta m = N \cdot m_M \quad \text{und} \quad \Delta Q = N \cdot z \cdot e_0.$$

Es ist also nicht schwer, die Atommasse m_M elektrolytisch zu bestimmen und danach durch Division mit der Avogadro-Konstanten N_A die molare Masse M auszurechnen. Wer sich nur für M interessiert, kann von vornherein stoffmengenbezogen rechnen und statt der Elementarladung die

Faraday-Konstante $F = N_A \cdot e_0$
$$= 96484 \, \text{C/mol}$$

verwenden:

$$M = z \cdot F \cdot \frac{\Delta m}{\Delta Q}.$$

Hinter diesen Überlegungen stehen die beiden **Faraday-Gesetze**. Das erste besagt: Die abgeschiedene Masse ist zur transportierten Ladung proportional; das zweite: Die abgeschiedene Masse ist zur molaren Masse der Ladungsträger proportional.

Wenn man es genau nimmt, kommen für m_M und M Mittelwerte heraus, weil die beteiligten Ionen ein und derselben Art nicht unbedingt gleiche Massen haben müssen; an ihnen können verschiedene *Isotope* eines chemischen Elements beteiligt sein (hierzu ▶ Abschn. 8.2.1).

❯ **Merke**

1. Faraday-Gesetz: $\Delta m \sim \Delta Q$,

2. Faraday-Gesetz: $\Delta m \sim M$,

Δm = elektrolytisch transportierte Masse,

ΔQ = elektrisch transportierte Ladung,

M = molare Masse der Ionen.

Nur selten liegen die Verhältnisse so einfach wie beim Silbernitrat, wo einwertige Metallionen ohne ernsthafte Schwierigkeiten bei der Anode in Lösung gehen und bei der Kathode abgeschieden werden. Im Allgemeinen kommt es an den Elektroden zu mehr oder weniger komplizierten chemischen Reaktionen. Die *elektrolytische Zersetzung* reinen Wassers funktioniert wegen dessen geringer Leitfähigkeit σ nur sehr langsam. Setzt man NaCl als *Leitsalz* zu, so steigt σ; der Strom wird aber nicht von den H^+- und OH^--Ionen des Wassers getragen, sondern von denen des Leitsalzes. Trotzdem perlt an der Kathode Wasserstoff (H_2) auf und an der Anode Sauerstoff (O_2), dies der Formel H_2O entsprechend im Stoffmengen- und Volumenverhältnis 2:1. Dies zu erklären, ist Sache der Chemie.

6.7 Grenzflächen

6.7.1 Membranspannung

Die Membran der roten Blutkörperchen ist selektivpermeabel: Sie lässt die Moleküle des Wassers hindurch, hält aber beide Ionensorten des NaCl zurück. Sind die Flüssigkeiten auf ihren beiden Seiten nicht isotonisch, so diffundiert das Wasser seinem eigenen Konzentrationsgefälle nach in die konzentrierte Lösung hinein, baut dort einen osmotischen Überdruck Δp_{osm} auf und bremst damit seinen Diffusionsstrom (▶ Abschn. 5.3.5).

Demgegenüber ist die Membran, die eine Nervenfaser umhüllt, „ionensensitiv": Sie lässt die eine Ionensorte hindurch und die mit dem anderen Vorzeichen nicht. Wieder diffundieren die Teilchen, die es können, ihrem Konzentrationsgefälle nach; diesmal tragen sie aber elektrische Ladung und bauen mit ihr eine **Membranspannung** U_M auf, die jetzt die Diffusion bremst. Freilich kann die Membran der Nervenfaser noch viel mehr: Sie unterscheidet z. B. K^+-Ionen und Na^+-Ionen trotz gleicher Ladung; sie kann sogar aktiv „pumpen", d. h. unter Energieaufwand Ionen gegen deren Konzentrationsgefälle auf ihre andere Seite bringen und so unterschiedliche Konzentrationen aufbauen – und sie kann alle diese Fähigkeiten auf Kommando kurzfristig und vorübergehend so ändern, wie das für den Transport eines Nervensignals, für das „Feuern" einer Nervenzelle, von ihr verlangt wird. Dahinter stecken die sog. „Ionenkanäle" lebender Membranen, die, Mitte der 70er-Jahre entdeckt, in ihrer Vielfalt die Forschung noch für längere Zeit beschäftigen werden. Wer nur die Membranspannung studieren will, hält sich darum besser an eine der technisch hergestellten leblosen Membranen, die der Fachhandel in allerlei Varianten bereithält.

Eine solche **ionenselektiv-permeable** Membran lässt von einer Kochsalzlösung die positiven Natriumionen hindurch, nicht aber die negativen Chlor-Ionen. Die im Konzentrationsgefälle vorgepreschten Na^+-Ionen sammeln sich in dünner Schicht hinter der

Membran, festgehalten von den Coulomb-Kräften der Cl^--Ionen, die sich notgedrungen vor der Membran sammeln müssen. Die Situation ähnelt der eines geladenen Plattenkondensators.

Wie das Δp der Osmose ist auch die Membranspannung U_M eine Folge der selektiven Permeabilität der Membran und der unterschiedlichen Konzentrationen in den Lösungen auf ihren beiden Seiten. Man spricht deshalb auch vom **Konzentrationspotenzial** U_M. Allerdings hängt es nicht wie Δp von der Konzentrations*differenz* ab, sondern vom Konzentrations*verhältnis*, genauer: von dessen Logarithmus. Dies besagt die **Nernst-Formel:**

$$U_M = \frac{k \cdot T}{z \cdot e_0} \ln(c_1/c_2) = \frac{R \cdot T}{z \cdot F} \ln(c_1/c_2).$$

Diese Schreibweise liefert nur den Betrag der Membranspannung; das Vorzeichen überlegt man sich leicht: Auf welcher Seite der Membran sammeln sich welche Ionen? Da die Formel nur nach dem Verhältnis der Konzentrationen fragt, spielt es keine Rolle, ob man Anzahl-, Stoffmengen- oder Massendichten einsetzt.

Verwundern mag auch, dass die Ionenladung, ohne die es keine Membranspannung gäbe, unter dem Bruchstrich erscheint; doppelt geladene Ionen liefern, wenn sie von der Membran durchgelassen werden, nur die halbe Membranspannung. Wer sich an die nötige Mathematik herantraut, erkennt, dass es anders gar nicht sein kann.

Die Mathematik

Quer zur Membran (Ortskoordinate x, Dicke d) existiert für die Ionen, die durchgelassen werden, ein Konzentrationsgefälle dc/dx – weil es nur um den Betrag von ΔU gehen soll, braucht sich die Rechnung um Vorzeichen nicht zu kümmern. Zum Gefälle gehört die Diffusionsstromdichte

$$j_D = D \cdot \frac{dc}{dx}$$

(s. ▶ Abschn. 5.3.4). Sie ist eine Teilchenstromdichte mit der Einheit $m^{-2} \cdot s^{-1}$ und soll im Gleichgewicht kompensiert werden von der elektrisch erzeugten *Teilchen*stromdichte

$$j_E = u \cdot c(x) \cdot E = u \cdot c(x) \cdot \frac{dU}{dx}$$

(u: Beweglichkeit der Elektronen; zu der die elektrische Stromdichte $j_E \cdot z \cdot e_0$) gehört, weil jedes Teilchen die Ladung $z \cdot e_0$ trägt (siehe auch ▶ Abschn. 6.7.2). Gleichsetzen und Auflösen nach dU führt zu

$$dU = \frac{D}{u} \frac{dc}{c}$$

Man erhält U durch Integration über die Dicke der Membran, auf deren beiden Seiten die Teilchendichten c_1 und c_2 herrschen:

$$U = \frac{D}{u} \int_{c_1}^{c_2} \frac{dc}{c} = \frac{D}{u} \ln\left(\frac{c_1}{c_2}\right)$$

Hinter dem letzten Gleichheitszeichen steht reine Mathematik; ganz allgemein führt die Integration über $1/x$ zu $\ln x$. Diffusionskonstante D und Beweglichkeit u sind eng miteinander verwandt; generell gilt $D/u = kT/(ze_0)$, was hier nicht ausführlich nachgewiesen werden soll. Setzt man dies ein, so bekommt man die Nernst-Formel.

Es macht etwas Mühe, den Faktor $R \cdot T/(z \cdot F)$ aus Tabellenwerten auszurechnen. Da sich biologische Prozesse aber immer in der Nähe der Zimmertemperatur abspielen, lohnt es sich, den hierfür zuständigen Zahlenwert zu merken und dabei zugleich noch vom natürlichen Logarithmus auf den etwas bequemeren dekadischen überzuwechseln:

$$U_M = \frac{1}{z} 59\,mV \cdot \lg\left(\frac{c_1}{c_2}\right)$$

Je Zehnerpotenz, je Dekade im Konzentrationsverhältnis liefern einwertige Ionen bei Zimmertemperatur ungefähr 59 mV Membranspannung. Real existierende Membranen liefern meist ein paar Millivolt weniger. An den Logarithmus muss man sich gewöhnen: Eine Verzehnfachung des Konzentrationsverhältnisses bringt keineswegs einen Faktor 10 in der Membranspannung, sondern nur ein Plus von 59 mV.

❯ **Merke**

Membranspannung (Nernst-Formel):

$$U_M = \frac{R \cdot T}{z \cdot F} \lg\left(\frac{c_1}{c_2}\right)$$

und speziell bei Körpertemperatur und einwertigen Ionen

$$U_M \approx 59\,mV \cdot \lg\left(\frac{c_1}{c_2}\right).$$

6.7.2 Galvani-Spannung

Das Entstehen einer Konzentrationsspannung lässt sich, wie das vorige Kapitel gezeigt hat, recht gut verstehen, zumindest qualitativ. Eine zuverlässige Messung macht schon mehr Mühe. Das Messinstrument verlangt allemal metallische Zuleitungen und damit metallische Elektroden in den beiden Kammern des Elektrolyten. Auch an deren Oberflächen bilden sich Potenzialunterschiede aus, im Grunde nach dem gleichen Schema: **Grenzflächenspannungen** treten immer dort auf, wo von den zwei Sorten von Ladungsträgern, die wegen der Elektro-neutralität ja mindestens vorhanden sein müssen, die eine leichter durch die *Phasengrenze* hindurchkommt als die andere.

Ein Beispiel gibt das Silberblech in der Silbernitratlösung. Das Metall besitzt Ag^+-Ionen und Elektronen, der Elektrolyt ebenfalls Ag^+-Ionen und dazu NO_3^--Ionen. Aus chemischen Gründen können nur die Silberionen aus der einen Phase in die andere überwechseln; die Elektronen dürfen das Metall nicht verlassen und die negativen Ionen nicht die Lösung. Folglich baut sich eine **Galvani-Spannung** zwischen Elektrode und Elektrolyt auf. Sie hat einen beträchtlichen Schönheitsfehler: Man kann sie nicht messen, und zwar prinzipiell nicht! Dazu wäre ja eine zweite Elektrode in der Nitratlösung nötig. Besteht sie ebenfalls aus Silber, so entwickelt sie die gleiche Galvani-Spannung, aber in entgegengesetzter Richtung, und lässt für das Messinstrument nichts übrig – besteht sie aus einem anderen Metall, so bildet dies seine eigene Galvani-Spannung aus und das Instrument bekommt nur die Differenz. Das ist interessant genug, misst aber keine der beiden Galvani-Spannungen für sich allein.

> ⊘ Merke
>
> Kontaktspannung (Kontaktpotenzial, Galvani-Spannung):
>   elektrische Grenzflächenspannung zwischen zwei Leitern; nur Differenzen sind messbar.

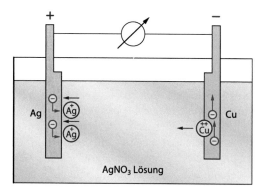

◘ **Abb. 6.53** **Beispiel eines galvanischen Elements** (Einzelheiten im Text)

Die Differenz zweier (oder auch mehrerer) Galvani-Spannungen erscheint als Klemmenspannung eines **galvanischen Elements**, z. B. einer Taschenlampenbatterie. Ein im Modell übersichtliches, praktisch freilich bedeutungsloses Beispiel geben ein Silber- und ein Kupferblech, leitend durch einen Draht miteinander verbunden und gemeinsam eingetaucht in eine wässrige Lösung von Silbernitrat (◘ Abb. 6.53).

In diesem Fall liegen die Galvani-Spannungen so, dass Kupferionen stark in die Lösung hineindrücken und ihrer zweifach positiven Ladung wegen doppelt so viele Silberionen verdrängen, günstigenfalls in deren Elektrode hinein. Insgesamt muss die Elektroneutralität ja gewahrt bleiben. Dabei laufen Elektronen im Draht vom Kupfer zum Silber und können dort Arbeit leisten. Für den Außenkreis ist das Kupferblech negativer Pol, für den Elektrolyten positiver. In der Praxis läuft dieser Versuch freilich meist so ab, dass sich das verdrängte Silber unmittelbar auf dem Kupferblech abscheidet. Ist dieses schließlich voll versilbert, so tritt keine Spannung mehr zwischen den Elektroden auf: Die Klemmenspannung geht also rasch gegen null. Die Technik muss Systeme finden, bei denen sich derartige unerwünschte Reaktionen unterdrücken lassen. Immer ist die technische Verwirklichung, die auf vielerlei Nebenbedingungen Rücksicht zu nehmen hat, weit komplizierter als ihr physikalisches Prinzip.

Wer verdrängt eigentlich wen aus der Lösung? Dies ist eine Frage an die Chemie. Primär geht es um die positiven Kationen, die relativ leicht durch die Phasengrenze zwischen Elektrode und Elektrolyt hindurchtreten können; wer verdrängt wird, lädt seine Elektrode notwendigerweise positiv auf, bringt sie also auf eine positive Spannung gegenüber der anderen Elektrode. Im Leerlauf und unter normalisierten Bedingungen gibt diese Spannung Antwort auf die eingangs gestellte Frage. Danach kann man alle Ionensorten in eine **Spannungsreihe** ordnen, für deren Zahlenwerte freilich eine gemeinsame Bezugselektrode vereinbart werden muss. Aus hier nicht zu erörternden Gründen hat man sich auf die *Wasserstoffelektrode* geeinigt, repräsentiert durch ein von gasförmigem Wasserstoff umspültes, oberflächenpräpariertes Platinblech – auch der Wasserstoffbildet ja Kationen. Die Position in der Spannungsreihe legt fest, wie **edel** ein Metall ist; Gold und Silber liegen obenan. In der Elektrochemie gilt, dass der Unedle den Edleren verdrängt. Man soll daran keine philosophischen Betrachtungen knüpfen, dem Grundsatz getreu, in kein Wort mehr „hineinzugeheimnissen" als hineindefiniert wurde.

Galvani-Spannungen lassen sich nicht vermeiden, auch nicht bei den Sonden, mit denen z. B. Aktionspotenziale von Nervenfasern gemessen werden. In manchen Fällen genügt es, wenn die Grenzflächenspannungen der Sonden lediglich für die Dauer des Experiments konstant bleiben; dann kommt man mit einfachen Platindrähtchen aus. Wenn aber mehr verlangt wird, muss man zu eigens für bestimmte Zwecke entwickelten **Normalelektroden** greifen. Die „Kalomel-Elektrode" beispielsweise ist darauf gezüchtet, die Wasserstoffionenkonzentration nicht zu bemerken, im exakten Gegensatz zur „Glaselektrode". Die Spannung zwischen beiden erlaubt, pH-Werte elektrisch zu messen. Wie man das erreicht, ist Sache der Experten; dem Anwender bleibt nicht mehr als sich strikt an die mitgelieferte Gebrauchsanweisung zu halten.

Die überaus wichtige Anwendung der Galvani-Spannung sind natürlich Batterien und Akkus für elektronisches Gerät und Spielzeug. In handelsüblichen Batterien entsteht die Galvani-Spannung praktisch immer zwischen Elektrodenpaaren, die chemische Verbindungen enthalten. Die nicht wieder aufladbaren Batterien sind heute meist sogenannte „Alkali-Mangan-Zellen" mit der Paarung Zink/Manganoxid (Galvani-Spannung 1,5 V). Die gängigsten wieder aufladbaren Batterien (Akkumulatoren) sind die Lithium-Ionen-Akkus mit zum Beispiel der Paarung Lithiumkobaldoxid/Lithium-Graphit-Interkalat (Galvani-Spannung 3,6 V).

6.7.3 Thermospannung

Es gibt eine Spannungsquelle, die ganz besonders robust ist. Sie braucht keine flüssige Chemie wie die Batterie und auch keine bewegliche Mechanik wie ein Generator. Alles was sie braucht, sind zwei Metalle mit unterschiedlicher Beweglichkeit ihrer Leitungselektronen und eine Temperaturdifferenz (◘ Abb. 6.54). Bringt man die Enden eines Metalldrahtes auf verschiedene Temperatur, so ist die thermische Bewegung der Leitungselektronen am warmen Ende schneller und am kalten Ende langsamer. Das führt zu einer Art Diffusion der schnelleren Elektronen auf die kalte Seite. Auf der kalten Seite sind also mehr Leitungselektronen als auf der warmen, das kalte Ende lädt sich also gegenüber dem warmen negativ auf. Das führt natürlich zu einem elektrischen Feld im Draht und zu einer Spannung zwischen den Drahtenden (die **Thermospannung**). Diese Spannung beträgt bei einer Temperaturdifferenz von 10 °C nur Bruchteile von Millivolt, ist also reichlich klein. Wie groß sie für ein Metall ist, hängt vor allem von der Beweglichkeit der Leitungselektronen ab. Diese Beweglichkeit bestimmt auch in hohem Maß die Leitfähigkeit des Metalls (▶ Abschn. 6.2.2). Das Ganze nennt sich **Seebeck-Effekt** und seine Stärke für ein bestimmtes Metall ist der Seebeck-Koeffizient. Verbindet man zwei

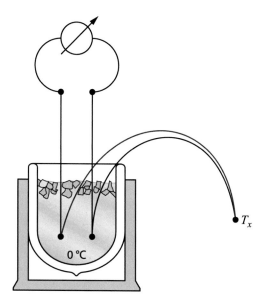

> **Merke**
> Ein Thermoelement nutzt die Thermodiffusion von Leitungselektronen zur Temperaturmessung. Man kann den Effekt auch für eine Stromquelle (Thermogenerator) nutzen.

□ Abb. 6.54 Temperaturmessung. Messung der Temperatur mit einem in °C eichbaren Thermoelement: Die Vergleichslötstelle wird durch Eiswasser auf 0 °C gehalten. Das Instrument darf über eine lange Leitung angeschlossen werden (Fernthermometer)

Drähte mit verschiedenen Seebeck-Koeffizienten in einen Stromkreis und bringt die Enden beider Drähte auf verschiedene Temperaturen wie in □ Abb. 6.54, dann kann man eine Spannung messen und auch einen Strom ziehen. Die in der Abbildung dargestellte Anordnung dient dem Messen einer Temperatur T_x und wird **Thermoelement** genannt. Die Mars-Rover „Curiosity" und „Perseverance", die auf dem Mars herumfahren, benutzten eine ähnliche Anordnung mit sehr vielen Metall-Halbleiter-Paaren hintereinander geschaltet zur Energieversorgung. Dann nennt man es **Thermoelektrischer Generator**. Den nötigen Temperaturunterschied liefert in dem Fall ein heißer radioaktiver Klotz Plutonium. Für grüne Marsmännchen wäre das also durchaus gefährlich.

Auch beim Kontakt verschiedener Metalle miteinander tritt eine Galvani-Spannung auf. Diese ist aber gar nicht messbar, selbst dann, wenn Kontakte verschiedene Temperatur haben. Deshalb ist die Thermospannung keine

6.7.4 Halbleiter

Die technisch verwendeten Halbleiter wie Silizium sind Elektronenleiter ähnlich den Metallen – aber sie sind es zumeist nicht aus eigener Kraft: ihnen werden in Spuren bestimmte Fremdatome zugesetzt, z. B. 1 ppm Antimon (chemisches Symbol Sb) (*ppm* bedeutet „parts per million", also einen Gehalt an Fremdatomen von 10^{-6}).

Im Gegensatz zu den Gitterbausteinen eines Metalls bleiben die eines Halbleiters neutrale Atome und spalten keine frei beweglichen Leitungselektronen ab, denn dazu müsste zu viel Energie aufgewendet werden. Antimon aber, eingesprengt auf Gitterplätzen des Siliziums, kann mit wenig thermischer Energie Elektronen abspalten, die dann für eine elektrische Leitfähigkeit sorgen. Der *Antimon-Donator* bleibt derweil an seinen Gitterplatz gefesselt (□ Abb. 6.55, rechtes Teilbild). Durch passende **Dotierung** mit Donatoren kann die Leitfähigkeit grundsätzlich in weiten Grenzen eingestellt werden – die technischen Schwierigkeiten, derartig kleine Mengen gezielt in einen Kristall einzubauen, stehen hier nicht zur Debatte. Eine solche, von negativen Elektronen getragene Leitfähigkeit heißt **n-Leitung**.

Diese Bezeichnung ist nur dem verständlich, der weiß, dass man einen Halbleiter auch anders dotieren kann, mit Akzeptoren nämlich, die in Silizium z. B. von Gallium-Atomen gebildet werden. Sie nehmen einem benachbarten Siliziumatom ein Elektron weg. Das wirken so, als spalteten sie elektronenähnliche Partikel mit positiver Elementarladung ab, **De-**

6

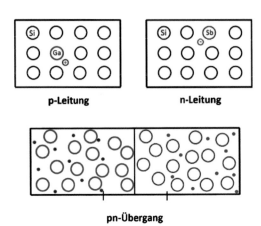

p-Leitung   **n-Leitung**

pn-Übergang

⬛ **Abb. 6.55 Dotierung des Halbleiters Silizium**, schematisch. Rechtes oberes Teilbild: Sb-Atome (Antimon) auf Gitterplätzen (*Donatoren*) spalten bewegliche Elektronen ab und werden positive Ionen. Linkes oberes Teilbild: Ga-Atome auf Gitterplätzen (*Akzeptoren*) spalten Defektelektronen (auch „Löcher" genannt) ab und werden negative Ionen. Unteres Teilbild: die Grenze zwischen einem p- und einem n-Gebiet innerhalb eines Einkristalls bildet einen *pn-Übergang* mit einer Raumladungszone verminderter Leitfähigkeit, in der bewegliche Ladungsträger nahezu fehlen (Dicke in der Größenordnung μm) – Si-Atome sind hier nicht mitgezeichnet

fektelektronen geheißen (⬛ Abb. 6.55, linkes Teilbild). Diese etwas gewundene Ausdrucksweise hat ihren Grund darin, dass der Mechanismus des Stromtransportes nach Dotierung mit Akzeptoren korrekt nur unter einigem Aufwand an wellenmechanischer Rechnung beschrieben werden kann. Ein Festkörperphysiker sollte ihn beherrschen, aber Praktiker der Halbleiterelektronik können darauf verzichten. Hier muss also die Feststellung genügen, dass sich durch Dotierung auch eine wie von positive Ladungen getragene **p-Leitung** willkürlich erzeugen lässt, – und das sogar in zwei unmittelbar aneinandergrenzenden Zonen ein und desselben Einkristalls. Ein solches Gebilde heißt **pn-Übergang** und besitzt eine Phasengrenze mit Galvanispannung (▶ Abschn. 6.7.2): die beweglichen Ladungsträgersorten können die Grenze überschreiten, die Elektronen aus dem n-Gebiet nämlich und die Defektelektronen aus dem p-Gebiet, aber

die positiven Donator-Ionen und die negativen Akzeptor-Ionen können dies nicht. Ohne nähere Begründung sei hier folgendes konstatiert: An der Dotierungsgrenze des pn-Überganges bildet die Galvanispannung eine vergleichsweise dicke Raumladungszone aus, in der beide Arten beweglicher Ladungsträger weit unterrepräsentiert sind – die Raumladung stammt von Donatoren und Akzeptoren (⬛ Abb. 6.55, unteres Teilbild). Es leuchtet ein, dass diese Zone relativ hohen elektrischen Widerstand haben muss, weil bewegliche Ladungsträger knapp sind. Dieser Widerstand lässt sich aber durch eine äußere Spannung merklich erniedrigen; nur muss sie so gepolt sein, dass sie Elektronen wie Defektelektronen in die Raumladungszone hineindrückt (⬛ Abb. 6.57b, linkes Bild). Dann wird der schlecht leitende Bereich schmaler, sein Widerstand sinkt und lässt einen vergleichsweise großen Strom hindurch. Polt man um, so saugt man bewegliche Träger auch noch aus der Raumladungsschicht heraus, sie wird dicker (⬛ Abb. 6.57c, linkes Bild), erhöht ihren Widerstand und sperrt den Strom, wenn auch nicht vollkommen: der pn-Übergang wirkt als Diode, ein Bauelement, das den Strom nur in einer Richtung hindurch lässt.

Solche Dioden können, wenn sie aus einem entsprechenden Halbleitermaterial gefertigt werden, auch noch in allen möglichen Farben leuchten. Sie haben Energiesparlampen und Leuchtstoffröhren für unsere Zimmerbeleuchtung schon fast abgelöst. Um dieses Leuchten zu verstehen, muss man sich noch die Energien der Leitungselektronen und Defektelektronen anschauen. Die ⬛ Abb. 6.56 stellt die Grundidee dar: für die Elektronen im Halbleiter gibt es einen vollständig gefüllten unteren Energiebereich (**Valenzband** genannt, hellblau gezeichnet), und einen vollkommen leeren oberen Energiebereich (grau gezeichnet), **Leitungsband** genannt. Im Leitungsband sind die Elektronen nicht mehr an die Atome gebunden, sondern Leitungselektronen. Die Energielücke zwischen den beiden Bändern (Bandlücke genannt) ist beim Halbleiter so, dass durch die thermische Bewegung praktisch

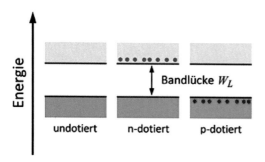

Energie

Bandlücke W_L

undotiert   n-dotiert   p-dotiert

◻ **Abb. 6.56 Bandlücke**. Beim undotierten Halbleiter ist das untere Valenzband vollständig mit Elektronen gefüllt und das obere Leitungsband leer. Der Halbleiter ist dann nichtleitend. Leitfähig wird das Material durch Donatoren, die zusätzlich Elektronen in das Leitungsband geben, oder durch Akzeptoren, die Elektronen aus dem Valenzband entfernen und damit bewegliche „Löcher" (Defektelektronen) hinterlassen

keine Elektronen in das Leitungsband hinein befördert werden und sich damit von den Atomen lösen. Im n-leitenden Material liefern die Donatoren aber Elektronen in das Leitungsband und der Halbleiter wird leitend. Im p-leitenden Material liefern die Akzeptoren De-

fektelektronen in das untere sonst mit Elektronen vollständig gefüllte untere Energieband. Auch hierdurch wird das Material leitend. In ◻ Abb. 6.56 sehen wir, dass Elektronen und Defektelektronen unterschiedliche Energien haben. Die Energiedifferenz entspricht der Bandlücke. Defektelektronen möchten gerne die Elektronen aus dem Leitungsband „fressen", denn bei den Defektelektronen fehlt ja ein Elektron. Bei einem solchen Prozess, den man **Rekombination** nennt, wird eine Energie entsprechend der Bandlücke frei. Diese kann als Lichtteilchen, als Photon, abgestrahlt werden. Genaueres über diese Photonen lernen wir bei der Quantenoptik ▸ Abschn. 7.5. Hier sei schon vorab gesagt, dass die Wellenlänge λ des Lichts eines Photons umgekehrt proportional zu seiner Energie W ist:

$$\lambda = \frac{h \cdot c}{W}$$

(h: Planck'sches Wirkungsquantum, c: Lichtgeschwindigkeit)

In einem pn-Übergang kann es nun zu einer Rekombination kommen. In ◻ Abb. 6.57

◻ **Abb. 6.57 pn-Übergang als Gleichrichter**
Ohne äußere Spannung hat die Raumladungszone eine bestimmte Dicke und relativ hohen Widerstand (**a**). Legt man den positiven Pol einer Batterie an das p-Gebiet, so schwemmt man Defektelektronen wie Elektronen in die Raumladungszone hinein; sie wird schmaler, der Widerstand sinkt: Durchlassrichtung. In Leuchtdioden führt die Rekombination zu Lichtabstrahlung (**b**). Polt man um, so wird die Raumladungszone dicker und erhöht den Widerstand: Sperrrichtung (**c**)

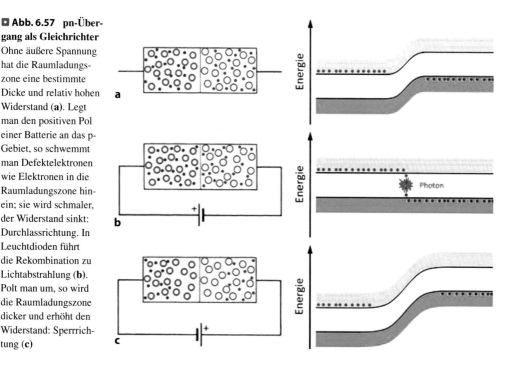

ist das einmal räumlich und einmal mit den Energiebändern dargestellt. Ist die Diode nicht mit einer Spannungsquelle verbunden, so stellt sich zwischen n-leitenden und p-leitenden Material eine Galvanispannung ein, die einer Energiedifferenz entspricht, die etwas kleiner als die Bandlücke ist gemäß der Formel:

$$e_0 \cdot U_{\mathrm{G}} \leq W_{\mathrm{L}}$$

(e_0 ist die Elementarladung eines Elektrons. Diese multipliziert mit einer Spannung gibt eine Energie des Elektrons.)

Die Galvanispannung sorgt dafür, dass Leitungselektronen und Defektelektronen nur noch einen kleinen Energieunterschied haben (◘ Abb. 6.57a). Der Raumladungsbereich in der Mitte, in dem sich die Energiebänder biegen, hält sie aber auseinander, sodass es keine Rekombination gibt. Das ändert sich, wenn wir eine äußere Spannung in Durchlassrichtung anlegen (◘ Abb. 6.57b). Der Raumladungsbereich verschwindet nun und damit auch die Verbiegung der Energiebänder. Leitungselektronen und Defektelektronen strömen aufeinander zu, rekombinieren und es kann ein Photon ausgesendet werden. Damit ein nennenswerter Strom fließt und die Diode einigermaßen hell leuchtet, muss die außen angelegte Spannung in etwa der Galvanispannung entsprechen. Dies zeigt die Kennlinie der Diode in ◘ Abb. 6.58. Es ist die Kennlinie einer grünen Leuchtdiode aus dem Halbleitermaterial Aluminium-Gallium-Phosphid. Die Bandlücke dieses Materials entspricht etwa 2,4 V, was wiederum eine Lichtwellenlänge von etwa 530 nm bedeutet (grün). Die Galvanispannung dieser Diode beträgt etwa 2 V und für größere Ströme muss die Durchlassspannung größer als diese 2 V sein. Legen wir die Spannung andersherum an (◘ Abb. 6.57c), so wird der Raumladungsbereich breiter und die Verbiegung der Energiebänder stärker. Weder fließt ein Strom, noch gibt es Licht.

Möchte man, dass die Diode Licht einer anderen Farbe abstrahlt, so muss die Energiedifferenz der Bandlücke einen anderen Wert haben: man braucht ein anderes Material. Für

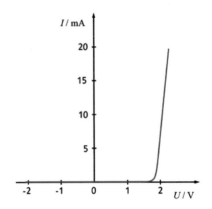

◘ **Abb. 6.58 Kennlinie einer grünen LED**. Erst ab ca. 2 V fließt ein so großer Strom, dass die Diode anfängt, sichtbar zu leuchten. Diese Schwellenspannung hängt von der Lichtfarbe ab

blaue Leuchtdioden verwendet man Galliumnitrit. Für gute Leuchtdioden ist es wichtig, diese Legierung in hoher Reinheit herzustellen, vor allem ein Problem der chemischen Verfahrenstechnik. Das Nitrid hat Probleme gemacht. Deshalb gibt es die blauen Leuchtdioden noch nicht so lange. Sie sind wiederum Voraussetzung für die weißen Leuchtdioden, die sozusagen getarnte blaue sind. Sie haben noch eine Fluoreszenzfarbstoffschicht über der Diode, die einen Teil des Lichtes in grünes, gelbes und rotes wandelt, sodass es für das Auge weiß wird. Es ist der gleiche Trick wie bei der Leuchtstoffröhre (siehe ▶ Abschn. 6.2.5).

Der modernen Halbleitertechnik macht es keine ernsthafte Mühe, auf einem p-leitenden Si-Scheibchen eine dünne n-leitende Oberflächenschicht mit nur wenigen Elektronen darin zu erzeugen (◘ Abb. 6.59). Die beiden

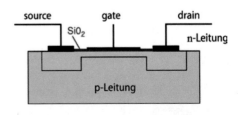

◘ **Abb. 6.59 MOSFET**, schematisch. (Einzelheiten im Text)

Elektroden an ihren Enden sind nur durch diese Elektronen leitend miteinander verbunden; den Strompfad durch das Innere des Scheibchens versperrt der pn-Übergang. Man lässt nun über der n-Schicht eine dünne Haut aus isolierendem Quarzglas (SiO_2) wachsen und versieht sie außen mit einem schmalen Metallbelag. Dieser bildet dann mit der n-Schicht einen Kondensator; lädt man ihn, so ändert man die Zahl der Elektronen in seinen „Platten", also auch in der n-Schicht. Entsprechend ändert sich deren Leitwert zwischen den Elektroden: Spannung an der metallischen **Gate**-Elektrode steuert den Strom zwischen **Source**- und **Drain**-Elektrode. Dieser sog. **Mosfet** (Metal-Oxyd-Semiconductor Field-Effect-Transistor) hat sich weite Gebiete der Verstärker- und Prozessortechnik erobert. Er ist winzig und kann darum millionenweise auf kleinem Raum zusammengepackt werden. Hätte man ihn nicht rechtzeitig erfunden, so gäbe es heute kein Computer-Zeitalter.

Eine weitere technisch wichtige Anwendung von Halbleitern ist die Umkehrung dessen, was wir für die Leuchtdiode besprochen haben. Strahlt man auf einen pn-Übergang Licht mit Photonenenergie größer als die Bandlücke, so kann man die Rekombination von Leitungselektronen und Defektelektronen umkehren: man *erzeugt* Paare von Leitungselektronen und Defektelektronen. Im pn-Übergang werden die optisch erzeugten Ladungsträgerpaare gleich im Feld der Galvanispannung geboren und von ihm getrennt. Das bedeutet einen Strom im Außenkreis, sofern dieser geschlossen ist: Der pn-Übergang wird zur Spannungsquelle, die einen Strom liefern kann. Dies ist das Prinzip der **Solarzellen** auf den Dächern und an den Satelliten im Weltraum. Auf der Erde könnte dieses Prinzip, großtechnisch eingesetzt, grundsätzlich manche Probleme der Energieversorgung deutlich mildern helfen, insbesondere wird kein Treibhausgas erzeugt. Dem steht vorerst noch manches technische Hindernis im Wege, vor allem der hohe Preis.

6.8 Elektrische Unfälle

Im Elektrolyten, also auch im Menschen, transportieren elektrische Ströme nicht nur Ladung, sondern auch Materie. Das führt zu Konzentrationsverschiebungen in den Körperzellen, die aber harmlos sind, solange sie sich in den von der Natur vorgesehenen Grenzen halten. Schließlich darf der Mensch sein eigenes EKG nicht spüren. Geringfügige Störungen werden auch dann stillschweigend überspielt, wenn eine äußere Spannung der Auslöser war. Starke Störungen können aber leicht zu Dauerschäden führen und sogar zum Tod. Auf jeden Fall tun sie weh.

Besondere Gefahr droht dem Herzen. Seine Funktion verlangt eine koordinierte Kontraktion aller seiner Muskelfasern nach dem Kommando des Steuerzentrums, das den Puls regelt. Fällt die Koordinierung aus, so kann es zu meist tödlichem **Herzflimmern** kommen; es lässt sich elektrisch auslösen. Gefährlich sind demnach vor allem Ströme, deren Bahnen von Hand zu Hand quer durch den Brustkorb laufen. Wer im Laboratorium mit ungeschützten hohen Spannungen zu tun hat, hält darum nach alter Expertenregel immer eine Hand fest in der Hosentasche, denn dann geht ein Schlag allenfalls von der anderen Hand in den Fuß und nicht ganz so dicht am Herzen vorbei. Robuste Elektriker prüfen zuweilen mit Zeige- und Mittelfinger, ob „Strom in der Leitung ist". Zumal mit öligen Händen kann das gut gehen, weil kein lebenswichtiges Organ im Stromkreis liegt. Wer einen elektrischen Schlag bekommt, unterbricht meist durch seine Schreckreaktion den Stromkreis. Wer aber einen defekten Tauchsieder voll umfasst, dessen Hand verkrampft sich möglicherweise so, dass er nicht wieder loslassen kann.

Ausgelöst werden elektrische Unfälle von Spannungsquellen; die physiologische Wirkung rührt aber vom Strom her – folglich hat der Widerstand im Stromkreis erhebliche Bedeutung und mit ihm die Frage: Wie kommt der Strom von dem spannungsführenden Metallteil durch das Unfallopfer zur

Erde? Dicke Schuhsohlen, weiche Teppiche, Holz-, Kunststoff- und Fliesenböden mögen hier manches Schlimme schon gemildert haben. Die feuchten Kacheln des Badezimmers sind da weniger gut. Wer aber großflächig geerdet in der Badewanne sitzt, muss alle elektrischen Geräte meiden; schon der kleinste Isolationsfehler im Griff eines Haartrockners kann gefährlich werden. Bis 0,4 mA braucht man nichts zu befürchten; ab 100 mA muss man aber mit dem Schlimmsten rechnen.

> ⚫ Merke

Wechselstrom von 50 Hz:

    < 0,4 mA: keine spürbare Wirkung

    0,4–4 mA: geringe, aber merkliche Wirkung

    5–25 mA: erhebliche Störungen

    25–80 mA: Bewusstlosigkeit, reversible Herzstillstand

    > 100 mA: Verbrennungen, Herzstillstand

Welche Spannungen gehören zu diesen Strömen? Das hängt sehr vom Einzelfall ab. Grob über den Daumen gepeilt hat der menschliche Körper einen Widerstand in Kiloohm-Bereich. Die 230 V der Steckdose können als schon tödlich sein.

Die moderne Elektrifizierung der Haushalte ist nur zu verantworten, wenn strenge Sicherheitsvorschriften konsequent eingehalten werden. Vor einer Taschenlampenbatterie braucht man sich nicht zu schützen. Man darf ihre Brauchbarkeit sogar dadurch überprüfen, dass man seine Zunge zwischen die Kontaktbleche hält: Schmeckt es sauer, ist die Batterie noch in Ordnung. Bei 4,5 V kann man sich das leisten. Spannungen bis 24 V mit den Händen anzufassen, bedeutet für den Menschen im Allgemeinen keine ernstliche Gefahr; sie sind sogar für Puppenstuben und Modelleisenbahnen zugelassen. Das gilt aber nur für Zuleitungen an den „Körperstamm", nicht für Körperhöhlen oder gar das Körperinnere (und für die sehr niederohmige Erdung in der Badewanne ebenfalls nicht). Einen Haushalt kann man mit 24 V leider nicht versorgen. Schon

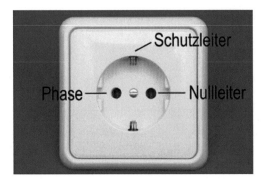

⚫ **Abb. 6.60 Schukosteckdose** mit Anschlüssen für Phase, Nullleiter und Schutzkontakt; Phase und Nullleiter können vertauscht sein. (© Eddi – Fotolia.com)

dem Toaströster müssten 20 Ampere angeliefert werden, über ein dickes und unhandlich steifes Kabel.

Die 230 V der Steckdose sind alles andere als harmlos. Auf jeden Fall darf man den Spannung führenden **Phasenleiter** nicht versehentlich berühren können. Er muss sorgfältig gegen das Gehäuse eines elektrischen Gerätes isoliert sein – kein Problem, wenn das Gehäuse selbst zuverlässig isoliert. In kondensierendem Wasserdampf (Haartrockner im Badezimmer) tut es das nicht unbedingt. Da man nicht wissen kann, welche der beiden Litzen **Nullleiter** ist, welche Spannung führt (ob der Netzstecker nämlich so oder anders herum in der Steckdose steckt), müssen beide Leitungen vom Gehäuse elektrisch getrennt sein.

Für den Hausgebrauch genügt die sog. „Betriebsisolierung", in Sonderfällen wird eine zusätzliche „Schutzisolierung" verlangt. Kommt es aber, zum Beispiel wegen eines Kabelbruchs, zu einem Isolationsfehler beim Phasenleiter, kann das Gerät lebensgefährlich werden. Um dieses Risiko zu mindern, haben Steckdosen und die meisten Stecker einen dritten Kontakt, den **Schutzkontakt** (⚫ Abb. 6.60)

Er wird vor der Steckdose (vom Kraftwerk aus gesehen) mit dem Nullleiter elektrisch verbunden (⚫ Abb. 6.61a), hinter dem Stecker mit dem Gehäuse des Gerätes. Damit liegt dieses berührungssicher auf Erdpotenzial. Kapazitive

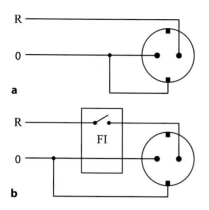

a

b

◘ **Abb. 6.61 Die Funktionen des Schutzkontakts** (SK): Im Haushalt ist der Schutzkontakt mit dem Nullleiter (0) verbunden (**a**); ein Isolationsfehler des Phasenleiters (R) führt zum Kurzschluss. Der Fehlerstrom-Schutzschalter (FI) unterbricht die Stromversorgung, wenn die Differenz zwischen den Strömen in Phasen- und Nullleiter einen Grenzwert überschreitet (**b**)

und andere Leckströme führt der Schutzleiter zuverlässig ab. Wird aber die Isolation des Phasenleiters ernsthaft beschädigt, so gibt es Kurzschluss über den Schutzleiter und die Sicherung vor der Steckdose „fliegt heraus". Ein Kabelbruch im Schutzleiter führt zu der Situation, die anfangs noch allgemein akzeptiert wurde. Erst Kabelbruch *plus* Isolationsfehler werden gefährlich; man nennt das *doppelte Sicherheit.*

Tritt dieser doppelte Fehler tatsächlich ein, so bekommt man bei Berührung des Gehäuses einen elektrischen Schlag und zieht normalerweise die Hand instinktiv zurück, bevor Ernsthaftes geschieht. Darauf verlassen sollte man sich aber nicht. Es ist besser, Leckströme zu begrenzen. Dafür sorgt ein **Fehlerstromschutzschalter** („FI-Schutzschalter"), der vor der Steckdose fest installiert wird. Elektrisch liegt er hinter der Verbindung von Schutz- und Nullleiter (◘ Abb. 6.61b). Der FI-Schutzschalter vergleicht die beiden Ströme in Phasen- und Nullleiter miteinander; im Idealfall müssen sie gleich sein. Besteht eine Differenz, so kann sie harmlos über den Schutzleiter abgeflossen sein, möglicherweise aber auch nicht ganz so harmlos über einen Menschen. Wird

ein Grenzwert überschritten (meist 30 mA), so unterbricht der Schutzschalter die Stromversorgung der Steckdose(n) und schaltet so die angeschlossenen elektrischen Geräte ab.

6.9 Magnetische Felder

6.9.1 Einführung

Schon im Mittelalter navigierten Kapitäne und Seeräuber nicht nur nach der Sonne und den Gestirnen, sondern auch nach dem Kompass, also einem kleinen Stabmagneten, der sich einigermaßen zuverlässig in Nord-Süd-Richtung einstellt, wenn man ihm erlaubt, sich reibungsarm um eine vertikale Achse zu drehen. Er tut dies als kleiner magnetischer Dipol im großen Magnetfeld der Erde (◘ Abb. 6.62). Ganz analog würde sich ein elektrischer Dipol einstellen (siehe ▶ Abschn. 6.1.3), wenn die Erde ein entsprechendes elektrisches Feld besäße. Wie dieses kann auch ein **magnetisches Feld** mit Hilfe von Feldlinien dargestellt werden; eine Kompassnadel stellt sich nach Möglichkeit zu ihnen parallel. Nur laufen sie nicht von plus nach minus, sondern von Nord nach Süd – Bezeichnungen dürfen frei vereinbart werden. Die noch genauer zu definierende magnetische Feldstärke ist auf jeden Fall ein Vektor. Auch

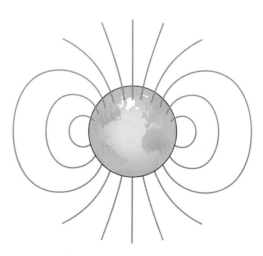

◘ **Abb. 6.62** Magnetfeld der Erde

in magnetischen Feldern ziehen sich ungleichnamige Pole an, stoßen sich gleichnamige ab.

> **Merke**
> Magnetische Felder können wie elektrische Felder qualitativ durch Feldlinien dargestellt werden.

Einigermaßen kräftige Magnetfelder kann man sichtbar machen. Man legt einen glatten Karton beispielsweise auf einen Hufeisenmagneten und streut Eisenfeilspäne darüber. Wenn man durch vorsichtiges Klopfen ein wenig nachhilft, ordnen sich die Späne zu einer Art Feldlinienbild; legt man noch eine Kompassnadel dazu, so meint man zu „sehen", wie die Feldlinien versuchen, die Nadel als magnetischen Dipol in Feldrichtung zu drehen (◘ Abb. 6.63).

Ein Magnetfeld ist ein Raumzustand, in dem auf einen magnetischen Dipol ein Drehmoment ausgeübt wird. Analoges kann man vom elektrischen Feld ebenfalls behaupten. Die dort übliche Formulierung vom „Raumzustand, in dem auf eine elektrische Ladung eine Kraft ausgeübt wird", darf man freilich nicht auf das Magnetfeld übertragen, und zwar aus folgendem Grund: Ein makroskopischer elektrischer Dipol besteht aus zwei entgegengesetzt geladenen Kugeln, die von einem isolierenden Stab auf Distanz gehalten werden. Zerbricht man den Stab, kann man die beiden Ladungen im Prinzip beliebig weit auseinander ziehen; man muss nur die dazu nötige Arbeit gegen die Coulomb-Kraft aufbringen. Zerbricht man hingegen einen makroskopischen magnetischen Dipol, also einen Stabmagneten, so bekommt man zwei kleinere magnetische Dipole, beide vollständig mit Nord- und Südpol ausgestattet (◘ Abb. 6.64). Es gibt keine magnetischen

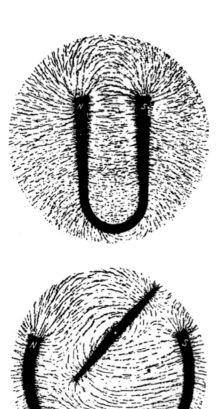

◘ **Abb. 6.63 Magnetische Feldlinien** lassen sich mit Eisenfeilspänen sichtbar machen: Hufeisenmagnet ohne und mit Kompassnadel

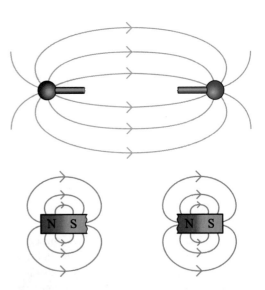

◘ **Abb. 6.64 Dipole.** Bricht man einen elektrischen Dipol auseinander, so bekommt man zwei Monopole; bricht man einen magnetischen Dipol (Stabmagneten) auseinander, so bekommt man zwei kleine Dipole

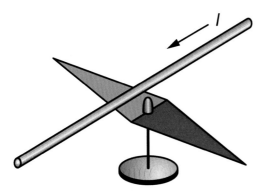

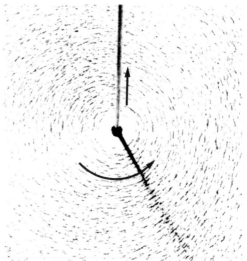

Abb. 6.65 Magnetische Kraft. Eine Kompassnadel stellt sich quer zu einem elektrischen Strom I

Einzelladungen im Sinne der elektrischen, die z. B. durch Ionen repräsentiert werden können.

Kompassnadeln reagieren nicht nur auf Magnete, sie reagieren auch auf elektrische Ströme: Sie stellen sich so gut, wie es ihre Lagerung erlaubt, quer zum Draht (◘ Abb. 6.65). Tatsächlich umgibt sie ein Strom mit kreisförmig-konzentrischen magnetischen Feldlinien, die weder Anfang noch Ende haben (◘ Abb. 6.66); sie hüllen den stromdurchflossenen Draht wie ein Schlauch ein. Für den Umlaufsinn der Feldlinien gibt es eine Rechte-Hand-Regel wie in der Abbildung gezeigt.

Stellt man parallel zum ersten Draht einen zweiten, der aber in Gegenrichtung vom Strom durchflossen wird, so überlagern sich die beiden Ringsysteme; sie verstärken sich im Gebiet zwischen den Drähten und kompensieren sich mehr oder weniger im Außenraum. Man kann auch gleich einen einzigen Draht zur Schleife biegen; sein Feld ähnelt dem eines kurzen Stabmagneten – nur kann man jetzt gewissermaßen in dessen Inneres blicken. Setzt man einige solcher Schleifen, parallel geschaltet und von gleichen Strömen durchflossen, hintereinander, so wird der „Stabmagnet" länger (◘ Abb. 6.67): Viele kleine, parallel orientierte Dipole geben einen großen. Setzt man die Schleifen dicht genug und macht man die Reihe lang gegenüber dem Durchmesser,

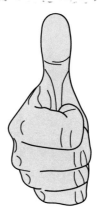

Abb. 6.66 Gerader Draht. Ein stromdurchflossener Leiter umgibt sich mit ringförmig geschlossenen magnetischen Feldlinien, hier durch Eisenfeilspäne sichtbar gemacht (nach Orear). Für den Umlaufsinn der Feldlinien gibt es eine Rechte-Hand-Regel: Strom in Richtung des Daumens, Feldlinien in Richtung der gekrümmten Finger

so laufen die Feldlinien im Inneren praktisch parallel: Sie liefern ein homogenes magnetisches Feld in Längsrichtung der Schleifenreihe (◘ Abb. 6.68). Im Außenraum ergibt sich das gleiche Feld wie bei einem entsprechend geformten Permanentmagneten. Im Innenraum gilt das auch, aber wie die Feldlinien im Inneren eines Permanentmagneten verlaufen, lässt sich nur mit sehr trickreichen Messverfahren herausfinden.

6

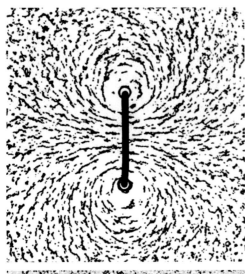

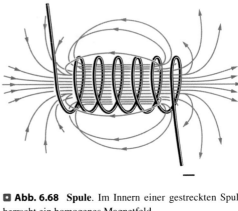

○ **Abb. 6.68 Spule**. Im Innern einer gestreckten Spule herrscht ein homogenes Magnetfeld

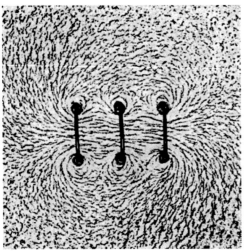

Wo ist Norden?

Frage: Der Nordpol einer Kompassnadel zeigt nach Norden. Wo also liegt der Nordpol des Erdmagnetfeldes?

Antwort: In der Antarktis, also am Südpol; denn der Nordpol eines Magneten wird vom Südpol des anderen angezogen und umgekehrt. Dass Atlanten ihn in die Arktis verlegen, ist zwar physikalisch falsch, aber trotzdem sinnvoll: man müsste sonst zu viel erklären.

○ **Abb. 6.67 Stromschleife.** Magnetfeld einer Stromschleife und von drei in gleicher Richtung von Strom durchflossenen Schleifen

Alle Beispiele zeigen: Magnetische Feldlinien bilden immer in sich geschlossene Schleifen, ganz anders als elektrische Feldlinien, die immer auf elektrischen Ladungen starten oder enden. Dies liegt eben daran, dass es keine magnetischen Ladungen gibt.

❯ Merke

Magnetische Feldlinien bilden immer geschlossene Schleifen.

6.9.2 **Kräfte im Magnetfeld**

Wenn der Stabmagnet „Kompassnadel" auf das Magnetfeld der Erde reagiert, dann reagiert auch eine stromdurchflossene Spule auf eine andere stromdurchflossene Spule und sogar ein einzelner stromdurchflossener Draht auf einen anderen. Auf welchem technischen Weg die Magnetfelder entstehen, kann schließlich keinen grundsätzlichen Unterschied ausmachen. Die einfachste Geometrie bekommt man, wenn man einen horizontalen Draht quer zu einem ebenfalls horizontalen, homogenen Magnetfeld spannt. Schickt man jetzt einen Gleichstrom durch den Draht, so versucht er, nach

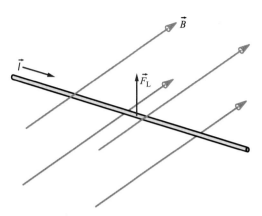

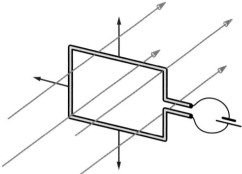

☐ **Abb. 6.69 Lorentz-Kraft**. Auf einen vom Strom $\vec{I}$ durchflossenen Draht, der quer im Magnetfeld $\vec{B}$ liegt, wirkt eine zu beiden senkrechte Kraft $\vec{F}$

☐ **Abb. 6.70 Kraft auf Leiterschleife.** Eine um eine horizontale Achse drehbare Leiterschleife dreht sich bei Stromfluss bis in die gezeichnete Stellung

oben oder unten aus dem Feld herauszukommen. Auf ihn wirkt eine vertikale Kraft, die **Lorentz-Kraft** genannt wird (☐ Abb. 6.69), die nicht nur zur Stärke des Magnetfeldes B und zum Strom I proportional ist, sondern auch zur Länge l, mit der sich der Draht im Feld befindet, sei es, weil er nicht länger ist, sei es, weil das Feld nicht weiter reicht. Der Zusammenhang für die Beträge ist in diesem Fall denkbar einfach:

$$F_{\mathrm{L}} = l \cdot I \cdot B.$$

Verläuft der Draht allerdings unter einem Winkel α schräg zum Feld, so kommt noch ein Sinus herein:

$$F_{\mathrm{L}} = l \cdot I \cdot B \cdot \sin \alpha.$$

Ganz allgemein wird die Lorentz-Kraft durch das Kreuzprodukt beschrieben, dass über die Rechte-Hand-Regel (▶ Abschn. 1.4) auch gleich die Richtung eindeutig festlegt:

Lorentz-Kraft $\vec{F}_{\mathrm{L}} = l \cdot \vec{I} \times \vec{B}.$

Da diese Gleichung den Strom $\vec{I}$ zum Vektor ernennt, kann sie die Drahtlänge l nur als skalaren Faktor werten. Die Größe $\vec{B}$ ist ein Maß

für die Stärke des magnetischen Feldes; sie bekommt den Namen **magnetische Flussdichte** und die Einheit $\mathrm{Vs/m^2} = \mathrm{T}$ (**Tesla**).

Warum nennt man $\vec{B}$ nicht „magnetische Feldstärke"? Man tut es zuweilen, und vielleicht setzt sich diese Bezeichnung mit der Zeit offiziell durch. Historisch wurde der Name aber an eine zu $\vec{B}$ proportionale und im Vakuum als Vektor parallel gerichtete Größe $\vec{H}$ mit der Einheit A/m vergeben (genaueres siehe ▶ Abschn. 6.9.5).

Diese Größe ist für das ingenieurmäßige Rechnen von Bedeutung.

❯ Merke

Kraft auf Strom im Magnetfeld: Lorentz-Kraft

$$\vec{F}_{\mathrm{L}} = l \cdot \vec{I} \times \vec{B}.$$

Biegt man den Draht zu einer rechteckigen Schleife, drehbar um eine horizontale Achse gelagert, so dreht er sich bis in die Stellung der ☐ Abb. 6.70.

Dann hört die Bewegung auf: Alle Leiterteile stehen jetzt senkrecht zum Feld, die Kräfte möchten die Leiterschleife auseinander ziehen; das verhindert aber ihre mechanische Festigkeit. Schaltet man den Strom kurz vor Erreichen dieser Stellung ab und kurz danach

6

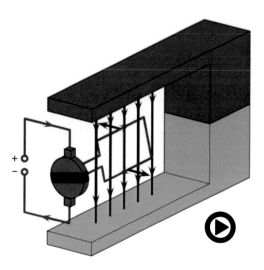

◻ Abb. 6.71 (Video 6.2) Elektromotor schematisch. Ein starker Hufeisenmagnet erzeugt ein Magnetfeld, in dem eine Leiterschleife drehbar gelagert ist. Ein Strom durch die Leiterschleife führt zu Lorenzkräften (*schwarze Pfeile*), die ein Drehmoment ausüben. Damit das Drehmoment immer in die gleiche Richtung zeigt, muss der Strom durch die Schleifkontakte immer hin und her geschaltet werden (siehe Video). Tatsächlich gibt es viele Varianten von Elektromotoren. (Bild und Animation mit freundlicher Genehmigung von Walter Fendt) (► https://doi.org/10.1007/000-btf)

in Gegenrichtung wieder ein, so dreht sich die Schleife dank ihrer mechanischen Trägheit über den Totpunkt hinweg und dann unter Kraftwirkung im alten Drehsinn weiter. Nach diesem Prinzip arbeiten viele Elektromotoren: Ein mit der Achse fest verbundener Polwender schaltet den Strom in der Schleife immer im richtigen Moment auf Gegenrichtung um (◻ Abb. 6.71) Zur Verstärkung der Kraft wird der Draht in vielen Windungen zu einer Drehspule gewickelt und bekommt auch noch einen Weicheisenkern.

Die Drehspule bildet einen stromabhängigen magnetischen Dipol. Analog zum elektrischen Dipol ordnet man ihm ein sog. **magnetisches Moment** $\vec{m}$ zu, ein magnetisches Dipolmoment also, und schreibt für das wirkende Drehmoment

$$\vec{T} = \vec{m} \times \vec{B}.$$

Fließt ein Strom im Metalldraht, so wandern Elektronen. Auch ein Strahl freier Elektronen bedeutet einen Strom, auf den die Lorentz-Kraft wirkt. In der Tat wurde der Elektronenstrahl in einer alten Fernsehbildröhre mit Magnetfeldern gesteuert. Die Formel für die Lorentz-Kraft auf ein einzelnes Elektron lautet:

$$\vec{F}_{\mathrm{L}} = e_0 \cdot \vec{v} \times \vec{B}$$

Diese Gleichung ist ein Teil der komplizierten Gleichung im ► Abschn. 6.1.2. Hierbei ist e_0 die Elementarladung des Elektrons und $\vec{v}$ seine Geschwindigkeit. Weil hiernach die Lorentz-Kraft immer senkrecht auf der Geschwindigkeit steht, wird ein Elektronenstrahl in einem homogenen Magnetfeld auf eine Kreisbahn abgelenkt und irgendwelche anderen frei fliegenden geladenen Teilchen (Ionen) auch. Aus dem Durchmesser der Kreisbahn lässt sich die Masse des Teilchens bestimmen. Zu diesem Zweck hat die Technik komfortable **Massenspektrometer** entwickelt, die auf geschickte Weise die Ablenkung geladener Teilchen in elektrischen und magnetischen Feldern kombinieren.

Was aber ist mit der Kompassnadel, die dieses Kapitel eingeleitet hat? Offensichtlich übt das Magnetfeld der Erde ein Drehmoment auf sie aus. Folglich muss sie ein magnetisches Moment besitzen. Das können ihr nur die Atome gegeben haben, aus denen sie besteht. Normalerweise sind es Atome des Elementes Eisen. Um genau zu verstehen, wie diese zu einem magnetischen Moment kommen, müsste man Quantenphysik betreiben. In einem ganz einfachen klassischen Bild ist die Vorstellung erlaubt, die Elektronen der Atomhülle kreisten um den Atomkern, bildeten also einen atomaren Ringstrom. Der erzeugt dann ein Magnetfeld und gibt dem Atom ein magnetisches Moment.

6.9.3 Erzeugung von Magnetfeldern

Die einfachste Anordnung, mit der man ein Magnetfeld erzeugen kann, ist ein einfacher stromdurchflossener Draht. Die Magnetfeldlinien laufen in konzentrischen Kreisen um ihn herum (◘ Abb. 6.66). Nachmessen zeigt, dass für die Stärke des Magnetfeldes im Abstand r vom Draht gilt:

$$B = \mu_0 \cdot \frac{I}{2\pi \cdot r}.$$

Das Feld wird also mit wachsendem Abstand schwächer. μ_0 ist die

magnetische Feldkonstante:

$$\mu_0 = 1{,}256 \cdot 10^{-6} \, \frac{\text{Vs}}{\text{Am}}$$

Der Umlaufsinn des Feldes folgt der Schraubenregel: Dreht man eine Schraube mit Rechtsgewinde im Umlaufsinn, so windet sich die Schraube in Stromrichtung.

Wickelt man den Draht zu einer Spule auf, so addieren sich die Felder der einzelnen Schleifen, wie es ◘ Abb. 6.67 und 6.68 anschaulich machen. Das Feld im Inneren einer langen zylindrischen Spule ist homogen und hat die Stärke:

$$B = \mu_0 \cdot \frac{n \cdot I}{l}$$

Dabei ist n die Windungszahl und l die Länge der Spule.

Dies sind spezielle Formeln für spezielle Situationen. Will man das Magnetfeld für andere Situationen berechnen, so braucht man allgemeinere Formeln, die gemeinhin mathematisch komplizierter sind. Eine solche Formel ist das sogenannte **Durchflutungsgesetz**:

$$\oint \vec{B} \cdot d\vec{s} = \mu_0 \cdot I$$

Diese Formel enthält ein Linienintegral, wie es schon in ▶ Abschn. 6.1.5 vorkam, um dort den Zusammenhang zwischen Potenzial und elektrischem Feld zu beschreiben. Grob gesprochen wird die magnetische Flussdichte längs einer Linie im Raum aufaddiert. Der Kreis auf dem Integralzeichen bedeutet, dass diese Linie hier in sich selbst geschlossen sein soll. I ist der Strom, der durch diese geschlossene Linie fließt. Um diese Formel erfolgreich zur Magnetfeldberechnung anwenden zu können, muss man Vektoranalysis beherrschen. Nur in einfachen Fällen geht es auch ohne.

Ströme durch Drähte sind aber nicht die einzige Quelle magnetischer Felder. Wären sie es, so gäbe es kaum technische Anwendungen für Magnetfelder, denn sie wären schlicht zu schwach.

Schraubt man einen Elektromotor auseinander, so stellt man fest, dass alle Spulen in ihm um Eisenkerne gewickelt sind. Eisen ist ein **ferromagnetisches Material**, das das magnetische Feld in der Spule um bis zu einem Faktor 10.000 verstärkt. Erst dadurch werden die magnetischen Felder und Kräfte so groß, dass es sich lohnt, einen Elektromotor zu bauen.

Rechenbeispiel 6.17: Luftspule
Aufgabe: Eine Spule habe 1000 Windungen, sei 10 cm Lang und werde von einem Strom von 10 A durchflossen. Welche magnetische Flussdichte ergibt sich im Inneren?

Lösung:

$$B = \mu_0 \frac{1000 \cdot 10 \, \text{A}}{0{,}1 \, \text{m}} = \mu_0 \cdot 10^5 \frac{\text{A}}{\text{m}}$$
$$= 0{,}126 \, \text{T}.$$

6

Rechenbeispiel 6.18: Motor aus Draht und Luft

Aufgabe: Wir wollen einmal abschätzen, was ein Elektromotor ohne Eisen schaffen kann. Wir nehmen die Anordnung der ◼ Abb. 6.71 und setzen sie in das eben berechnete Magnetfeld. Statt einer Leiterschleife nehmen wir eine rechteckige Spule mit 1000 Windungen und den Abmessungen 10 cm in Drehachsenrichtung und 5 cm senkrecht zur Drehachse. Welche Kräfte und welches Drehmoment wirkt maximal auf diese Drehspule, wenn 1 A hindurchfließt?

Lösung: Die Lorentzkraft auf einen achsparallelen Teil der Spule beträgt 1000 mal die Kraft auf einen einzelnen Leiter: $F_L = 1000 \cdot 0,1\,\text{m} \cdot 1\,\text{A} \cdot 0,126\,\text{T} = 13\,\text{N}$.

Das maximale Drehmoment ist dann $T = 5\,\text{cm} \cdot 13\,\text{N} = 0,65\,\text{Nm}$. Das schafft ein Mechaniker mit seinem Schraubenschlüssel mit Leichtigkeit. Eine Straßenbahn bekommt man damit nicht in Bewegung.

6.9.4 Materie im Magnetfeld

Es wurde schon über Substanzen mit höchst unterschiedlichen magnetischen Eigenschaften gesprochen. Eine Kompassnadel stellt einen permanenten magnetischen Dipol dar; einmal aufmagnetisiert behält sie ihre **Magnetisierung** (weitgehend) bei – Substanzen dieser Art bezeichnet man als **harte Ferromagnetika** (auch dann, wenn sie gar kein Eisen enthalten). Die Eisenfeilspäne, die auf glattem Karton Feldlinienbilder produzierten, liefern ebenfalls kleine, aber durchaus makroskopische magnetische Dipole, dies aber nur, solange sie sich in einem äußeren Magnetfeld befinden; im feldfreien Raum verlieren sie (weitgehend) ihre Magnetisierung – Substanzen dieser Art nennt man **weiche Ferromagnetika**. Der glatte Karton hingegen diente nur als mechanische Unterlage; im Vergleich zu den Ferromagneten darf man ihn als *unmagnetisch* ansehen. So ganz ist er das freilich nicht.

Atome bestehen aus einem kleinen Kern, der von einer vergleichsweise großen Elektronenhülle umgeben ist. Auch wenn das Bild nicht genau stimmt, darf man zuweilen so tun, als kreisen die Elektronen in dieser Hülle um den Kern herum wie Planeten um eine Sonne. Ein kreisendes Elektron repräsentiert aber einen elektrischen Kreisstrom und damit einen elementaren magnetischen Dipol. Dabei gibt es nun zwei grundsätzlich verschiedene Möglichkeiten. Die verschiedenen Elektronen einer Hülle können ihre Kreisbahnen so legen, dass sich ihre magnetischen Dipolmomente kompensieren und sich nur in einem äußeren Feld mehr oder weniger ausrichten; dann ist das Atom als Ganzes unmagnetisch, kann aber quasi durch Induktion magnetisiert werden – solche Substanzen nennt man *dia-magnetisch*. Die Kompensation kann aber auch von vornherein nicht gelingen; dann besitzt das einzelne Atom ein magnetisches Moment, das nur deswegen makroskopisch nicht in Erscheinung tritt, weil die thermische Bewegung die Richtungen aller Dipole ständig durcheinander wirbelt; ein äußeres Feld kann sie aber ausrichten – solche Substanzen nennt man *paramagnetisch* (elektrische Analogie wäre die Orientierungspolarisation – s. ▶ Abschn. 6.2.4).

Ob diamagnetisch, ob paramagnetisch – die Magnetisierung durch ein äußeres Feld bleibt gering. Manche paramagnetischen Atome richten sich aber spontan im Feld ihrer Nachbarn aus und bilden dann im Kristall Domänen gleichgerichteter Magnetisierung. Solange viele Domänen durcheinander liegen, macht sich auch das zunächst nach außen kaum bemerkbar. In einem äußeren Feld wachsen aber die Domänen mit „richtig gerichteter" Magnetisierung auf Kosten der anderen. Das geht relativ leicht, denn kein Atom braucht dafür seinen Gitterplatz zu verlassen. Die Magnetisierung ist kräftig und kann bis zur vollständigen Ausrichtung, bis zur **Sättigung** steigen. Je mehr Magnetisierung nach Abschalten des äußeren Feldes übrigbleibt, desto „härter" ist das **Ferromagnetikum**.

Der genaue Zusammenhang zwischen Magnetisierung und außen vorgegebenem Feld (mit Flussdichte $\vec{B}_0$) ist kompliziert und wird durch eine **Hysteresekurve** beschrieben (◨ Abb. 6.72). Sie ergibt sich, wenn man den Betrag der **Magnetisierung** $\vec{M}$ (definiert als magnetische Dipolmomentdichte analog zur elektrischen Polarisation $\vec{P}$) gegen den Betrag von $\vec{B}_0$ aufträgt. Ist das Material am Anfang völlig unmagnetisiert und wird $\vec{B}_0$ langsam hochgefahren, so folgt die Magnetisierung der Neukurve bis zu voll-ständiger Magnetisierung in der Sättigung. Wird $\vec{B}_0$ nun wieder auf Null reduziert, so sinkt die Magnetisierung auf einen Restwert, die remanente Magnetisierung $\vec{M}_R$. Für harte Ferromagnetika (Kurve a) ist diese groß (Permanentmagnet), für weiche (Kurve b) klein. Polt man nun $\vec{B}_0$ um (negative Werte im Diagramm), so wird zunächst diese Restmagnetisierung abgebaut und dann entsteht eine Magnetisierung in Gegenrichtung. Auch diese kann den Sättigungswert nicht übersteigen. Wird $\vec{B}_0$ wieder auf null gefahren und dann umgepolt, wiederholt sich alles entsprechend. Welche Magnetisierung $\vec{M}$ sich also bei einem bestimmten außen angelegten Feld $\vec{B}_0$ einstellt, ist nicht eindeutig bestimmt, sondern hängt von der Vorgeschichte ab. Nur bei sehr weichen Ferromagnetika kann der Zusammenhang als näherungsweise linear betrachtet werden. Dann kann man da-

von sprechen, dass das Magnetfeld einer Spule durch den Eisenkern um einen bestimmten Faktor verstärkt wird. Dieser Faktor hängt von der Geometrie und vom Material ab. Das (magnetische weiche) Material kann dann durch die **relative magnetische Permeabilität** μ_r beschrieben werden. Sie ist das Verhältnis von Flussdichte mit Eisenkern zu Flussdichte ohne Eisenkern in einer geschlossenen Ringspule:

$$\mu_r = \frac{|\vec{B}|}{\left|\vec{B}_0\right|}.$$

μ_r hat je nach Material Werte zwischen 100 und 10.000. Das bedeutet, dass die Flussdichte in der Spule mit Eisenkern fast ganz von den atomaren Kreisströmen im Eisen erzeugt wird. Der Strom durch die Spule dient fast nur dazu, die Magnetisierung aufzubauen. Ein weiterer Nutzen des Eisenkerns liegt darin, dass er die Feldlinien führt: das Feld bleibt, auch wenn das Eisen um die Ecke geht, vorwiegend in seinem Inneren (was hier nicht erklärt werden soll). Ein typischer Elektromagnet, der an einer Stelle ein hohes Magnetfeld liefern soll, sieht deshalb aus wie in ◨ Abb. 6.73 schematisch dargestellt. Der Ei-

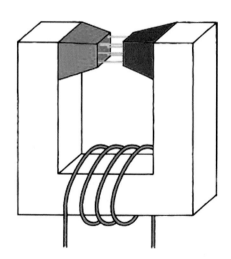

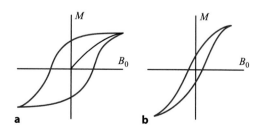

◨ **Abb. 6.72 Hysterese:** Verlauf der Magnetisierung eines Ferromagneten in Abhängigkeit vom außen angelegten Feld. **a** hartmagnetisches Material; **b** weichmagnetisches Material

◨ **Abb. 6.73 Elektromagnet**. Die magnetischen Feldlinien laufen weitgehend in der hohen Permeabilität, müssen aber an den Polschuhen austreten

senkern ist bis auf einen schmalen Luftspalt geschlossen und führt so die Feldlinien im Kreis. Die am Luftspalt zugespitzten Polschuhe konzentrieren das Feld in ein kleineres Volumen.

> **Merke**
>
> Ferromagnetische Materialien verstärken Magnetfelder um viele Größenordnungen.

Freilich steht die thermische Bewegung der Ausrichtung der atomaren Kreisströme entgegen; oberhalb seiner *Curie-Temperatur* (bei Eisen ca. 800 °C) wird jeder Ferromagnet zum Paramagneten.

6.9.5 Die Feldgrößen $\vec{H}$ und $\vec{D}$

Magnetische und elektrische Felder werden jeweils durch eine Größe vollständig beschrieben, $\vec{B}$ im magnetischen, $\vec{E}$ im elektrischen Fall. So behauptet es dieses Buch und so ist heute die Meinung der Physiker. Das war nicht immer so. Ende des 19. Jahrhunderts meinten die meisten, dass man jeweils zwei Feldgrößen braucht, grob gesprochen jeweils eine Feldstärke für die Kraftwirkung und eine Flussdichte für die Induktionswirkung des Feldes (von der im nächsten Kapitel die Rede ist). Deshalb führte man noch eine magnetische Feldstärke $\vec{H}$ und eine elektrische Flussdichte $\vec{D}$ ein. In der ersten Hälfte des 20. Jahrhunderts wuchs dann die Erkenntnis, dass diese Interpretation falsch war, man verstand jetzt die mikroskopischen Vorgänge bei Polarisation und Magnetisierung besser. Auch Einsteins Relativitätstheorie half. Die Namen sind aber die alten geblieben und deshalb heißt $\vec{B}$ immer noch Flussdichte und nicht Feldstärke, wie es der Größe eigentlich gebührt.

Die Größen $\vec{H}$ und $\vec{D}$ sind aber deshalb nicht überflüssig geworden. Für den Elektroingenieur sind sie wertvolle Rechengrößen für die Berechnung von Feldern. Im Umkehrschluss heißt dies allerdings auch: wer keine Felder ausrechnen will, braucht sich nicht um diese Größen zu kümmern.

Wie sind $\vec{H}$ und $\vec{D}$ überhaupt definiert? So:

$$\vec{D} = \varepsilon_0 \cdot \vec{E} + \vec{P}$$

$$\vec{H} = \frac{\vec{B}}{\mu_0} - \vec{M}$$

Neben den Feldgrößen gehen also noch die einen Materialzustand beschreibenden Größen Polarisation $\vec{P}$ und Magnetisierung $\vec{M}$ ein (siehe ▸ Abschn. 6.2.4 und 6.9.4); und zwar in einfachen Fällen so, dass sich ihr Anteil am Feld wieder herausrechnet. An den Achsen der Hysteresekurve in ◻ Abb. 6.72 kann deshalb $\vec{B}_0$ durch $\vec{H}$ ersetzt werden. An der vertikalen Achse kann $\vec{M}$ durch $\vec{B}$ ersetzt werden, da die Flussdichte fast ganz von der Magnetisierung geliefert wird. Die Hysteresekurve verändert sich durch einen solchen Wechsel in den aufgetragenen Größen praktisch nicht.

Ist am betrachteten Ort keine Materie, so sind $\vec{H}$ und $\vec{D}$ einfach über die Feldkonstanten proportional zu $\vec{B}$ und $\vec{E}$.

Der besondere Nutzen von $\vec{H}$ liegt darin, dass das Durchflutungsgesetz aus ▸ Abschn. 6.9.3, das dort tatsächlich nur für den Fall aufgeschrieben wurde, dass keine magnetisierbare Materie anwesend ist, nun für jede Situation hingeschrieben werden kann. Das **Durchflutungsgesetz** in ganz allgemeiner Form lautet:

$$\oint \vec{H} \cdot \mathrm{d}\vec{s} = I$$

Mit Hilfe dieses Durchflutungsgesetzes und der Hysteresekurve des Eisens kann zum Beispiel der magnetische Fluss im Luftspalt des Elektromagneten der ◻ Abb. 6.73 relativ leicht berechnet werden. Darzustellen, wie das geht, sei aber Lehrbüchern der Elektrotechnik überlassen.

6.10 Induktion

6.10.1 Einführung

Für die Lorentz-Kraft hat nur die Bewegung der Ladungsträger Bedeutung, nicht deren Ursache. Liegt sie, wie im vorigen Kapitel besprochen, in einem elektrischen Feld, das die Elektronen einen Draht entlang zieht, so weichen sie im Magnetfeld quer zum Draht aus und nehmen ihn mit; Resultat ist eine mechanisch nachweisbare Kraft. Denkbar wäre aber auch dies: Man bewegt den Draht „von Hand" quer zu sich selbst durch das Magnetfeld, nimmt also die Elektronen mechanisch mit. Wieder weichen sie quer zu Feld und Bewegung aus, diesmal also in Längsrichtung des Drahtes, und sammeln sich an seinem Ende. Resultat ist eine Spannung und, wenn der Leiterkreis außerhalb des Feldes geschlossen ist, ein elektrischer Strom (◻ Abb. 6.74).

Die Vorhersage des Modells lässt sich leicht experimentell bestätigen. Mit der drehbaren Leiterschleife, die in ◻ Abb. 6.70 verwendet wurde, kann man den Versuch sogar periodisch wiederholen; man ersetzt die Spannungsquelle durch einen Spannungsmes-

ser und dreht die Schleife mit einer Handkurbel (◻ Abb. 6.75). Ergebnis ist eine Wechselspannung. Nach diesem Prinzip arbeiten die Generatoren der Elektrizitätswerke in aller Welt. Wer freilich die Schleife nicht dreht, sondern nur in Richtung der Feldlinien parallel verschiebt (◻ Abb. 6.76), der darf keine Spannung erwarten: Für die Lorentz-Kraft zählt ja nur eine Bewegungskomponente quer zum Feld.

Es mag auf den ersten Blick überraschen, aber auch dann, wenn man die komplette Drahtschleife quer zum Feld verschiebt (◻ Abb. 6.77), bekommt man keine Span-

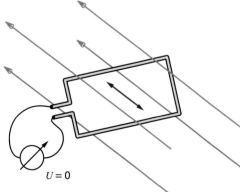

◻ **Abb. 6.75 Generator.** Dreht man eine Leiterschleife im Magnetfeld wie gezeichnet, so wird eine Wechselspannung induziert

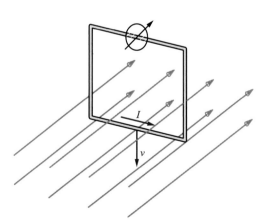

◻ **Abb. 6.74 Induktion.** Bewegt man einen Draht mit der Geschwindigkeit *v* quer zu einem Magnetfeld (das hier nach hinten weist), so wird an seinen Enden eine Spannung *induziert*. Ist der Leiterkreis außerhalb des Magnetfeldes geschlossen, so fließt ein Strom *I*

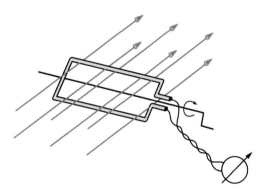

◻ **Abb. 6.76 Zur Induktion.** Keine Spannung wird induziert, wenn man die Schleife parallel zum Magnetfeld bewegt

6

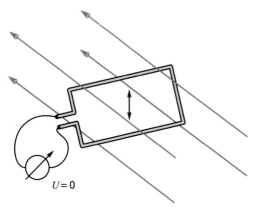

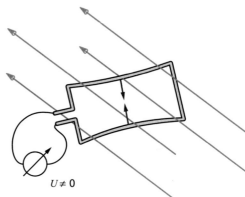

○ **Abb. 6.77 Zur Induktion.** Keine Spannung wird induziert, wenn man die Schleife parallel zu sich selbst in einem homogenen Magnetfeld verschiebt

○ **Abb. 6.78 Zur Induktion.** Spannung wird induziert, wenn man die Leiterschleife im Magnetfeld verbiegt

nung, jedenfalls so lange nicht, wie man im homogenen Teil des Magnetfeldes verbleibt. Eine genauere Überlegung besagt: Wohl zieht die Lorentz-Kraft die Elektronen im oberen und im unteren Horizontaldraht der Schleife zur Seite, aber beide Male in der gleichen geographischen Richtung; im Umlaufsinn der Maschenregel stehen die Spannungen darum gegeneinander und heben sich, da ihre Beträge gleich sind, auf. Im inhomogenen Feld tun sie dies nicht; sie sind ja nicht gleich.

Denkbar wäre schließlich noch, dass man die beiden in Frage stehenden Drahtstücke in entgegengesetzten Richtungen verschiebt (○ Abb. 6.78); das geht nur mit Gewalt, weil man die Schleife verbiegen muss. Immerhin liegen die Lorentz-Kräfte in diesem Fall geographisch entgegengesetzt und addieren die von ihnen erzeugten Spannungen in der Masche.

Die Ergebnisse der fünf Gedankenversuche, die man alle praktisch ausführen kann, lassen sich folgendermaßen zusammenfassen:
— Schleife rotiert, Feld homogen oder inhomogen – Resultat: Wechselspannung,
— Schleife gleitet parallel zum Feld, homogen oder inhomogen – Resultat: keine Spannung,
— Schleife gleitet quer zum homogenen Feld – Resultat: keine Spannung,

— Schleife gleitet quer zum inhomogenen Feld – Resultat: Spannung,
— Schleife wird verformt, Feld homogen oder inhomogen – Resultat: Spannung.

Frage: Gibt es einen übergeordneten Gesichtspunkt, der die beiden spannungsliefernden Fälle von den anderen unterscheidet?

Es gibt ihn. Eine Spannung tritt immer dann auf, wenn der **magnetische Fluss** Φ, der die Schleife durchsetzt, sich ändert. Der magnetische Fluss ist, grob gesprochen, die Zahl der Feldlinien, die durch die Schleife hindurchtreten. Mathematisch präziser ist er das Skalarprodukt aus der magnetischen Flussdichte $\vec{B}$ und der Fläche $\vec{A}$, die von der Schleife umrandet wird:

$$\Phi = \vec{B} \cdot \vec{A} = B \cdot A \cdot \cos\alpha.$$

Hier ist diese Fläche als Vektor angegeben. Dieser Vektor soll senkrecht auf der Fläche stehen und sein Betrag ist der Flächeninhalt. α ist der Winkel zwischen dem Flächenvektor und den Magnetfeldlinien. Steht $\vec{B}$ senkrecht auf der Fläche, sind $\vec{B}$ und $\vec{A}$ also parallel, so ist dieses Skalarprodukt einfach gleich dem Produkt der Beträge B und A: $\Phi = B \cdot A$.

Dreht die Schleife aber im Magnetfeld um den Winkel α, so wird Φ kleiner – von der tatsächlichen Fläche zählt ja nur die Kompo nente, die quer im Feld steht und wirklich von ihm durchsetzt wird. Rotiert die Schleife, wie im ersten Fall, so ändert sich der magnetische Fluss also periodisch. Im vierten Fall bleibt A konstant, aber B nicht, und im fünften Fall wird A gewaltsam verändert.

Diese Deutung verleitet zu einer kühnen Hypothese: Wenn es nur auf eine Änderung des wirksamen Flusses Φ ankommt, dann muss man eine Spannung auch ohne jede mechanische Bewegung induzieren können, indem man eine *Induktionsschleife* zwischen die Windungen einer Magnetspule schiebt und den Spulenstrom ein- oder ausschaltet. In der Tat: Das Experiment bestätigt diese Erwartung! Genaue Messungen führen zum **Induktionsgesetz:**

induzierte Spannung $U_{\text{ind}} = \mathrm{d}\Phi/\mathrm{d}t$.

(oft steht hier in Lehrbüchern ein negatives Vorzeichen. Dies ist nur eine Frage der Vorzeichenkonvention).

> **Merke**

Induktionsgesetz: In eine Leiterschleife induzierte Spannung

$U_{\text{ind}} = \mathrm{d}\Phi/\mathrm{d}t$

Magnetischer Fluss Φ: „Zahl der Feldlinien durch die Leiterschleife"

Das ist die in eine einzelne Leiterschleife induzierte Spannung. Eine Spule mit N Windungen besteht aus N solcher Leiterschleifen hintereinander, in sie wird also die N-fache Spannung induziert:

Spule: $U_{\text{ind}} = N \cdot \dfrac{\mathrm{d}\Phi}{\mathrm{d}t}$.

Sind die Enden der Induktionsspule über einen Widerstand leitend miteinander verbunden, so gehört zu der induzierten Spannung auch ein Strom und als Produkt beider eine in Stromwärme umgesetzte elektrische Leistung. Sie muss, dem Energiesatz entsprechend,

von demjenigen aufgebracht werden, der beispielsweise die Spule im Magnetfeld dreht. Dies fällt ihm umso schwerer, je höher der Leitwert des Widerstandes ist: Durch Induktion kann mechanische Energie in elektrische umgewandelt werden, unmittelbar und ohne Zeitverzögerung. Darin liegt die Aufgabe der Elektrizitätswerke und ihr Problem zugleich: Sie können elektrische Energie nicht auf Vorrat halten; die Turbine, die den Generator dreht, muss jederzeit just diejenige Leistung an ihn abliefern, die alle Verbraucher zusammen am anderen Ende der Leitung elektrisch verlangen (plus Leitungs- und Reibungsverluste).

Rechenbeispiel 6.19: Generator aus Luft und Draht

Die in ▶ Rechenbeispiel 6.17 als Motor betrachtete Anordnung kann auch als Generator gedacht werden, der eine Wechselspannung liefert. Wie groß ist ihr Maximalwert, wenn die Rechteckspule mit einer Winkelgeschwindigkeit von $\omega = 100\,\mathrm{s}^{-1}$ rotiert?

Lösung: Die Querschnittsfläche der Spule beträgt $A = 0{,}1\,\mathrm{m} \cdot 0{,}05\,\mathrm{m} = 5 \cdot 10^{-3}\,\mathrm{m}^2$. Der magnetische Fluss durch diesen Querschnitt variiert mit dem Drehen der Spule gemäß $\Phi = B \cdot A \cdot \sin(\omega \cdot t)$. Die Zeitableitung ist nach Kettenregel $\frac{\mathrm{d}\Phi}{\mathrm{d}t} = \omega \cdot B \cdot A \cdot \cos(\omega \cdot t)$. Die maximale Flussänderung ist also

$$\left(\frac{\mathrm{d}\Phi}{\mathrm{d}t}\right)_{\text{max}} = \omega \cdot B \cdot A$$
$$= 100\,\mathrm{s}^{-1} \cdot 0{,}126\,\mathrm{T} \cdot 5 \cdot 10^{-3}\,\mathrm{m}^2$$
$$= 0{,}063\,\frac{\mathrm{T} \cdot \mathrm{m}^2}{\mathrm{s}} = 0{,}063\,\mathrm{V}.$$

Da die Drehspule 1000 Windungen hat ist die induzierte Spannung tausendmal so groß: 63 V. Richtige Generatoren mit Eisenkern können etliche tausend Volt liefern.

6

6.10.2 Transformatoren

Wer die Spule eines Elektromagneten mit Wechselspannung füttert, bekommt ein magnetisches Wechselfeld, in das er nur eine zweite Spule hineinzuhalten braucht, um in ihr eine frequenzgleiche Wechselspannung induziert zu erhalten. Die Spannung wird umso größer ausfallen, je mehr Windungen die Sekundärspule hat und je vollständiger sie vom magnetischen Fluss der Primärspule durchsetzt wird. Um eine vorgegebene Wechselspannung auf einen anderen Effektivwert zu transformieren, wickelt man am besten beide Spulen auf die Schenkel eines geschlossenen Eisenkerns (◘ Abb. 6.79).

Es leuchtet auf den ersten Blick ein, dass der Effektivwert U_s der in der Sekundärspule induzierten Wechselspannung proportional zu deren Windungszahl N_s ist. Keineswegs auf den ersten Blick leuchtet freilich ein, dass U_s zur Windungszahl N_p der Primärspule umgekehrt proportional ist. Eine korrekte Begründung erfordert mehr Aufwand als die damit gewinnbare Erkenntnis rechtfertigt – Hinweise gibt das nächste Kapitel. Jedenfalls erlaubt ein **Transformator**, Wechselspannungen nicht nur herabzusetzen (das könnte ein Spannungsteiler ja ebenfalls), sondern auch herauf. Das

◘ **Abb. 6.79 Experimentiertransformator**, mit windungsreicher Primärspule (*links*) und windungsarmer Sekundärspule (*rechts*) zur Erzeugung hoher Ströme bei kleiner Spannung. Hier wird mit etwa 300 A ein Nagel durchgeschmort

Übersetzungsverhältnis zwischen Primärspannung U_p und Sekundärspannung U_s entspricht dem Verhältnis der Windungszahlen N_p und N_s:

$$\frac{U_S}{U_P} = \frac{N_S}{N_P},$$

genau allerdings nur, wenn die ohmschen Widerstände der Spulen vernachlässigt werden.

Da die elektrische Leistung $P = U \cdot I$, die in den Transformator hinein geht auch wieder herauskommen muss, gilt für die Ströme an Primär- und Sekundärseite gerade das umgekehrte:

$$\frac{I_S}{I_P} = \frac{N_P}{N_S}.$$

Daher kann der Transformator in ◘ Abb. 6.80 auf der Sekundärseite sehr hohe Ströme liefern.

> **Merke**
> Übersetzungsverhältnis des Transformators:
> $$\frac{U_S}{U_P} = \frac{N_S}{N_P}.$$

Steckdosen liefern Wechselstrom, weil mit Gleichspannung keine Transformatoren betrieben werden können. Die sind aber nach dem heutigen Stand der Technik unerlässlich für die allgemeine Versorgung mit elektrischer Energie. Nur sie erlauben den Umspannwerken, die Leistung, die eine Stadt mit 230 V umsetzen will, aus der Fernleitung mit 340 kV zu beziehen, also mit rund einem Tausendstel des Stromes und rund einem Millionstel an Leitungsverlusten durch Stromwärme.

> **Rechenbeispiel 6.20: Hoher Strom aus der Steckdose**
> Der Transformator in ◘ Abb. 6.79 habe primärseitig 500 Windungen und sekundärseitig 5 und werde an die Steckdose

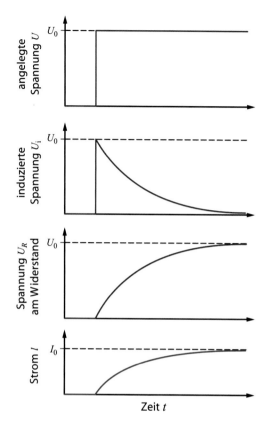

Fließt durch eine Spule ein Strom, so erzeugt dieser ein Magnetfeld in der Spule und damit auch einen magnetischen Fluss durch die Spule. Ändert sich dieser Strom, so ändern sich auch das Magnetfeld und der Fluss. Ein sich ändernder magnetischer Fluss induziert aber eine Spannung in die Spule, auch dann, wenn die Spule selbst den Fluss verursacht. Hier beißt sich die Spule sozusagen in den eigenen Schwanz. Das nennt man dann **Selbstinduktion**. Mathematisch sieht das so aus: Das Feld in der Spule ist:

$$B = \mu_0 \cdot \mu_r \cdot \frac{N \cdot I}{l}.$$

Der Fluss durch die Spule ist dieses Feld mal der Querschnittsfläche A der Spule. Die induzierte Spannung ist dann:

$$U_{\text{ind}} = N \cdot \frac{\mathrm{d}\Phi}{\mathrm{d}t} = N \cdot \frac{A\mu_0\mu_r N}{l}\frac{\mathrm{d}I}{\mathrm{d}t}$$

$$= L \cdot \frac{\mathrm{d}I}{\mathrm{d}t}.$$

Die Abkürzung L nennt man die **Induktivität** der Spule mit der Einheit: $1\,\text{Vs/A} = 1\,\text{H}$ (*Henry*).

❯ Merke

Selbstinduktion: Induktion einer Spule auf sich selbst

$$U_{\text{ind}} = L \cdot \frac{\mathrm{d}I}{\mathrm{d}t}$$

L = Induktivität der Spule

Nun hat eine Spule auch immer einen ohmschen Widerstand R. Die gesamte Spannung an der Spule ist immer die Summe aus der induzierten Spannung und dem Spannungsabfall U_R am ohmschen Widerstand:

$$U_0 = U_R + U_{\text{ind}} = R \cdot I + L\frac{\mathrm{d}I}{\mathrm{d}t}.$$

Wird nun die Spannung U_0 zum Beispiel einer Batterie an die Spule gelegt, so kann U_{ind} diese Batteriespannung U_0 nicht überschreiten,

☐ **Abb. 6.80 Selbstinduktion.** Die Batteriespannung U_0 teilt sich so in induzierte Spannung $U_i(t)$ und ohmschen Spannungsabfall $U_R(t)$ auf, dass der Strom $I(t)$ träge auf seinen Endwert I_0 zuläuft (schematische Skizze, nicht maßstabsgerecht)

(230 V) angeschlossen. Welche Spannung ergibt sich etwa auf der Sekundärseite und welcher Strom kann sekundärseitig gezogen werden, bevor die 16 A Sicherung hinter der Steckdose herausfliegt?

Lösung: Das Windungsverhältnis ist 100:1. An der Sekundärseite ist die Spannung etwa 2,3 V und der Strom kann bis ca. 1500 A steigen. Es ist ein schöner Vorlesungsversuch mit diesem Trafo einen dicken Eisennagel durchzuschmelzen.

6

sonst hätten wir gerade ein Perpetuum mobile erfunden, das die Batterie aus dem Nichts auflädt. Wenn aber U_{ind} einen Höchstwert nicht überschreiten kann, dann können es die Anstiegsgeschwindigkeiten des Flusses und des Stromes dI/dt auch nicht. Folglich steigt der Strom beim Einschalten mit begrenzter Geschwindigkeit an. Wenn er aber steigt, dann verlangt der Spulenwiderstand R einen mit der Zeit wachsenden Anteil an der Batteriespannung U_0 als Spannungsabfall U_R. Für U_{ind} bleibt immer weniger übrig, dI/dt muss immer kleiner werden. Wen wundert es, dass auch hier die Exponentialfunktion ihre Hand im Spiel hat, wie ◻ Abb. 6.80 zeigt. Durch die *Selbstinduktion* wird der elektrische Strom *träge*, der Induktionsvorgang wirkt seiner Ursache entgegen (**Lenz'sche Regel**).

Die Energie, die I und U_R zusammen im Widerstand der Spule umsetzen, wird Stromwärme, nicht aber die Energie, die zu I und U_{ind} gehört: Sie findet sich im magnetischen Feld wieder. Ganz analog zum elektrischen besitzt auch ein magnetisches Feld der Stärke B eine

$$\text{Energiedichte } w = \frac{1}{\mu_{\text{r}} \cdot \mu_0} B^2.$$

Die dazu gehörende Feldenergie wird beim Abschalten eines Magnetfeldes frei; für große Elektromagneten ist das durchaus ein Problem. Schaltet man nämlich den Spulenstrom plötzlich ab, so versucht die Selbstinduktion auch jetzt, ihre eigene Ursache zu behindern, den Abbau des Feldes also – das heißt aber, dass sie jetzt die Batteriespannung unterstützt. Dem sind aber keine Grenzen nach oben gesetzt: Möglicherweise reicht die induzierte Spannung aus, einen Lichtbogen über dem Schalter zu zünden, der diesen zerstört – aber das Magnetfeld (zunächst) erhält. Große Elektromagnete können nur langsam abgeschaltet werden.

Wer die Trägheit des Stromes als Folge der Selbstinduktion beobachten will, dem sei die Schaltung der ◻ Abb. 6.81 empfohlen. Hier muss zwar die Batterie neben dem Strom durch die Spule auch noch einen zweiten durch den

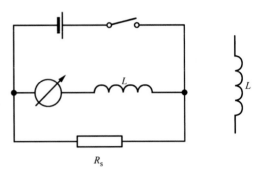

◻ **Abb. 6.81 Schaltung zur Beobachtung der Selbstinduktion.** Der Schutzwiderstand R_{s} gestattet die allmähliche „Entladung" der Induktionsspule nach Öffnen des Schalters. *Rechts*: Schaltzeichen eines Elements mit (merklicher) Induktivität

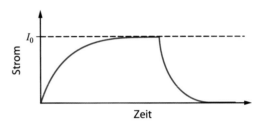

◻ **Abb. 6.82 Trägheit des Stromes.** In der Schaltung der ◻ Abb. 6.81 steigt der Strom nach Schließen des Schalters träge auf seinen Endwert und fällt nach Öffnen mit kürzerer Zeitkonstanten wieder ab

Schutzwiderstand R_{s} liefern, das Instrument misst ihn aber nicht mit. Der allein gemessene Strom in der Spule steigt nach dem Einschalten so träge an, wie er es ohne den Schutzwiderstand auch täte; jetzt kann man aber den Schalter gefahrlos öffnen. Für die Spule wird der Stromkreis ja nicht unterbrochen, sie kann sich über den Schutzwiderstand „entladen". Vom Instrument angezeigt, fließt der Strom noch eine Weile „träge", nämlich in der alten Richtung, weiter (◻ Abb. 6.82).

Wenn man in ◻ Abb. 6.81 den Schalter öffnet, so muss von diesem Moment an die selbstinduzierte Spannung U_i ganz allein den Strom nicht nur durch die Spule, sondern auch durch den Schutzwiderstand treiben. Sind beide Widerstände ohmsch und addieren sie sich zum Gesamtwiderstand R, so gilt zu jedem

Zeitpunkt t:

$$U_{\text{ind}}(t) + R \cdot I(t) = 0.$$

$U_{\text{ind}}(t)$ hängt aber über L an dI/dt. Daraus folgt

$$\frac{dI(t)}{dt} = -\frac{R}{L} \cdot I(t).$$

Mit anderen Buchstaben ist diese Differentialgleichung schon häufiger aufgetaucht, zuletzt bei der Kondensatorentladung in ▶ Abschn. 6.5.5. Deshalb kann die zugehörige e-Funktion leicht hingeschrieben werden:

$$I(t) = I_0 \cdot e^{-\frac{t}{\tau}}$$

mit der **Zeitkonstanten** $\tau = L/R$.

❯ Merke

RL-Glied aus Spule und Widerstand:

$$I(t) = I_0 \cdot e^{-\frac{t}{\tau}}$$

$$\tau = \frac{L}{R} = \text{Zeitkonstante};$$

„Trägheit des elektrischen Stromes"

Schneller runter

Frage: Warum fällt in ◻ Abb. 6.82 der Strom mit kürzerer Zeitkonstanten ab als er zuvor angestiegen ist?

Antwort: In der Anstiegszeitkonstanten steht nur der ohmsche Widerstand der Spule (wenn wir die Innenwiderstände von Batterie und Strommesser vernachlässigen können). In der Zeitkonstanten für den Stromabfall steht auch noch R_S.

6.10.4 Induktiver Widerstand

Verlangt man von einer Spule ohne ohmschen Widerstand, aber mit der Induktivität L, dass sie einen Wechselstrom

$$I(t) = I_0 \cdot \sin(\omega \cdot t)$$

führt, dann verlangt sie ihrerseits eine von einem Generator anzuliefernde Wechselspannung,

$$U_{\text{g}}(t) = U_0 \cdot \sin(\omega \cdot t + \varphi),$$

die der auf sich selbst induzierten Spannung U_{ind} entspricht. Nach den Überlegungen des vorigen Kapitels gilt

$$\begin{aligned} U_{\text{g}} = U_{\text{ind}}(t) &= L \cdot \frac{dI(t)}{dt} \\ &= \omega \cdot L \cdot I_0 \cos(\omega \cdot t) \\ &= \omega \cdot L \cdot I_0 \sin\left(\omega \cdot t + \frac{\pi}{2}\right) \end{aligned}$$

Im Gegensatz zum Kondensator führt die Spule einen um 90° **nachhinkenden** Wechselstrom, nämlich eine dem Strom **vorauseilende** Wechselspannung. Analog zum kapazitiven Widerstand R_C eines Kondensators (siehe ▶ Abschn. 6.4.2) lässt sich demnach für die Spule ein **induktiver Widerstand** R_L definieren:

$$R_L = \frac{U_{\text{eff}}}{I_{\text{eff}}} = \frac{U_0}{I_0} = \omega \cdot L$$

Er steigt mit der Kreisfrequenz ω der Wechselspannung an, hat also gerade den entgegengesetzten Frequenzgang wie R_C.

❯ Merke

Induktiver Widerstand

$$R_L = \omega \cdot L.$$

Der Strom hinkt der Spannung um 90° nach.

Weiterhin führt ein rein induktiver Widerstand wie ein kapazitiver einen im zeitlichen Mittel leistungslosen Blindstrom: Er entzieht der Spannungsquelle für eine Viertelschwingungsdauer Energie, um das Magnetfeld aufzubauen, und liefert sie in der nächsten Viertelschwingungsdauer aus dem zerfallenden Magnetfeld wieder zurück (◻ Abb. 6.83). Allerdings lassen sich nur für relativ hohe Frequenzen Spulen wickeln, deren ohmscher Widerstand klein gegenüber dem induktiven ist.

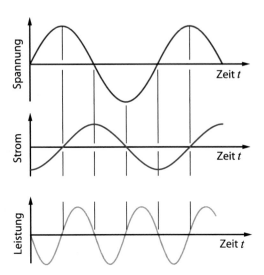

Abb. 6.83 Blindleistung. Bei rein induktiver Last läuft die Spannung dem Strom um 90° voraus; im zeitlichen Mittel fließt ein leistungsloser Blindstrom (vgl. **Abb. 6.32–6.33)

Wird aber in merklichem Umfang Stromwärme entwickelt, so bekommt die Spannungsquelle nur einen Teil der in der letzten Viertelschwingung abgegebenen Energie in der nächsten wieder zurück. Die Folge ist ein Phasenwinkel $\varphi < 90°$ und eine

Wirkleistung $P = U_{\text{eff}} \cdot I_{\text{eff}} \cdot \cos \varphi$.

Beim Transformator hat die Belastung der Sekundärspule Einfluss auf den Phasenwinkel und damit auf die Leistungsaufnahme im Primärkreis. Die Formel für die Wirkleistung gilt übrigens allgemein, also auch für Kondensatoren mit Leckwiderständen. Bei rein ohmscher Last ist $\varphi = 0$ und somit $\cos(\varphi) = 1$.

Schaltungstechnisch stellen Kondensator und Spule Wechselstromwiderstände mit gegenläufigem Frequenzgang und Phasenverschiebung dar. Schaltet man beide irgendwie mit ohmschen Widerständen zusammen, so erhält man eine Schaltung mit einem Wechselstromwiderstand (**Impedanz**), der einen komplizierten Frequenzgang hat und bei dem auch die Phasenverschiebung frequenzabhängig wird.

6.11 Elektrische Schwingungen

6.11.1 Der Schwingkreis

Eine besonders interessante Situation ergibt sich, wenn eine Spule und ein Kondensator zusammengeschaltet werden. Dann entsteht ein schwingungsfähiges Gebilde, ein elektrisches Pendel sozusagen. Wie dieses Schwingungen ausführen kann, soll anhand der ◘ Abb. 6.84 erläutert werden, und zwar zunächst nur mit den linken Teilbildern. Die rechten dienen dann später dem Vergleich mit dem mechanischen Federpendel von ▶ Abschn. 4.1.2.

Zunächst soll der Kreis noch unterbrochen und der Kondensator von außen auf eine bestimmte Spannung U_0 aufgeladen sein. Schließt man jetzt den Stromkreis (1. Teilbild), so entlädt sich der Kondensator. Wäre die Spule nur ein verschwindend kleiner ohmscher Widerstand, so gäbe es einen kurzen und kräftigen Stromstoß – und alles wäre vorbei. Hierzu gehörte aber ein sehr steiler Anstieg des Stromes auf hohe Werte, unmittelbar gefolgt von einem kaum weniger steilen Abfall; dagegen wehrt sich die Spule mit ihrer Selbstinduktion aber ganz entschieden. In dem Moment, in dem die Spule angeschlossen wird, übernimmt sie die volle Spannung U_0, die der Kondensator ja zunächst noch hat. Damit erlaubt sie dem Strom eine ganz bestimmte, durch ihren Selbstinduktionskoeffizienten L begrenzte Anstiegsgeschwindigkeit $\frac{dI}{dt} = U_0/L$. Dementsprechend entlädt sich der Kondensator und ist nach einer Weile leer. Von ihm aus könnte alles vorbei sein, aber wieder erhebt die Spule Einspruch: Sie hat inzwischen ein Magnetfeld aufgebaut (2. Teilbild), das nicht einfach und folgenlos wieder zerfallen kann. Es verlangt, dass der Strom noch eine Weile in der alten Richtung weiter fließt, schwächer werdend, aber immerhin. Damit wird der Kondensator aber wieder aufgeladen. Ist das Magnetfeld verschwunden, hat der Kondensator seine alte Spannung, nur mit entgegengesetztem Vorzeichen (3. Teilbild). Jetzt muss die Spule einen Strom in Gegenrichtung erlauben; hat sich der Kondensator erneut entladen, ist auch das Mag-

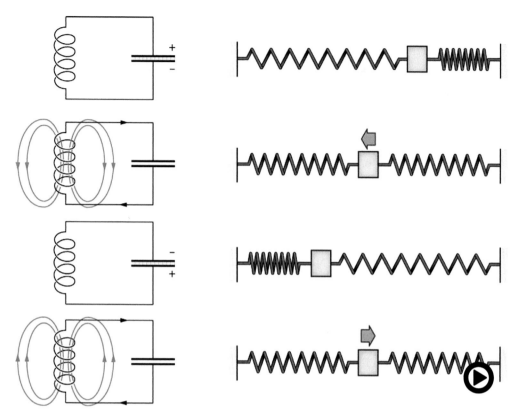

■ **Abb. 6.84** **(Video 6.3) Elektrischer Schwingkreis in Analogie zum Federpendel**, Einzelheiten im Text. Beim Schwingkreis pendelt die Energie zwischen dem E-Feld im Kondensator und B-Feld in der Spule hin und her (► https://doi.org/10.1007/000-bth)

netfeld wieder vorhanden, aber in umgekehrter Richtung (4. Teilbild). Um zerfallen zu können, erzwingt es in der Spule wieder einen Strom, der den Kondensator auflädt – just bis in die Situation, die zu Beginn vorlag: Der **Schwingkreis** hat eine volle Schwingung absolviert.

Die Analogie zum mechanischen Federpendel (■ Abb. 4.1) zeigen die rechten Teilbilder der ■ Abb. 6.84; es ändert nichts am Prinzip, dass hier die Pendelmasse zwischen zwei Schraubenfedern eingespannt ist: Sie addieren lediglich ihre Federkonstanten. Wie der Vergleich zeigt, entspricht die Spannung U_C am Kondensator der Auslenkung x des Federpendels, die Energie W_E des elektrischen Feldes der potentiellen Energie W_{pot} in den Federn und die Energie W_B des magnetischen Feldes in der Spule der kinetischen Energie W_{kin} der

Pendelmasse. Es kann kaum überraschen, dass dann auch Kapazität C und Federkonstante D einerseits sowie Induktivität L und Masse m des Pendelkörpers andererseits einander entsprechen. Wer dies nicht glauben will, kann den mathematischen Beweis im nächsten Kapitel nachlesen.

❯ **Merke**

Ein elektrischer Schwingkreis besteht aus Kondensator und Spule (Kapazität und Induktivität).

Grundsätzlich sollte der Schwingkreis rein sinusförmige Schwingungen konstanter Amplitude ausführen (■ Abb. 6.85, oberstes Teilbild). Das kann er freilich nur, wenn er nirgendwo Wärme entwickelt und (wie sich spä-

6

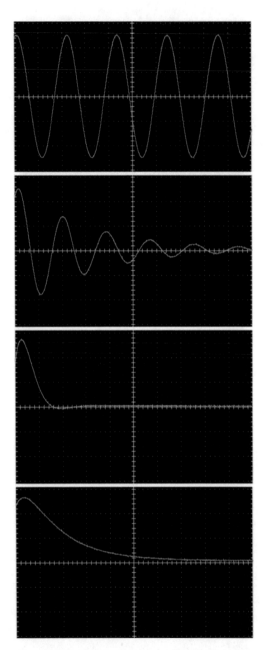

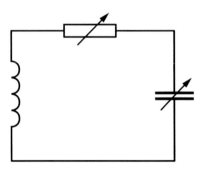

◘ **Abb. 6.86 Schwingkreis.** Prinzipschaltung eines Schwingkreises mit variablem „Drehkondensator" zur Einstellung der Frequenz und variablem Widerstand zur Einstellung der Dämpfung

ter noch herausstellen wird) keine elektromagnetische Welle abstrahlt. Tatsächlich geht ihm Schwingungsenergie verloren, die Spannungsamplitude am Kondensator wird von Mal zu Mal kleiner: Die Schwingung ist gedämpft (2. Teilbild). Durch einen variablen Widerstand im Kreis lässt sich die Dämpfung einstellen. Erhöht man sie, so kann die Schwingung ganz unterbleiben (*aperiodischer Grenzfall*, 3. Teilbild) und schließlich in den exponentiellen Abfall der Kondensatorentladung des reinen RC-Gliedes übergehen (*Kriechfall*, letztes Teilbild).

Elektrische Schwingungen lassen sich recht bequem mit einem Oszillographen beobachten und mit variablen Schwingkreisen erzeugen. Die Prinzipschaltung eines solchen Schwingkreises mit einstellbarer Frequenz und Dämpfung zeigt ◘ Abb. 6.86. Aus technischen Gründen hält man die Induktivität der Spule meist unverändert oder schaltet sie in groben Stufen. Die einzelnen Kurven der ◘ Abb. 6.85 sind so entstanden und von einem Speicheroszillographen abfotografiert worden.

Auch ein gedämpfter elektrischer Schwingkreis kann – ganz analog zum mechanischen Pendel – ungedämpfte freie Schwingungen ausführen, wenn man über eine *Selbststeuerung* immer wieder im richtigen Augenblick die verloren gegangene Energie nachliefert. Dazu zweigt man z. B. von der Induktionsspule eine kleine Hilfsspan-

◘ **Abb. 6.85 Dämpfung.** Spannung am Kondensator eines elektrischen Schwingkreises; die Figuren sind vom Bildschirm eines Speicheroszillographen abfotografiert. *Von oben nach unten*: ungedämpfte Schwingung, gedämpfte Schwingung, aperiodischer Grenzfall, Kriechfall

nung ab und gibt sie auf die Steuerelektrode eines Transistors. Wenn dies phasenrichtig geschieht, kann die vom Transistor geschaltete Spannungsquelle den Kondensator jeweils im rechten Moment auf die volle Ausgangsspannung aufladen. Dann ist die Schwingung zwar nicht exakt sinusförmig, bei kleiner Dämpfung spielt die Abweichung aber keine Rolle. Die Frequenz der freien Schwingung liegt bei

$$\omega_0 = \frac{1}{\sqrt{L \cdot C}},$$

Dies ist die Eigenfrequenz des elektrischen Schwingkreises.

> **Merke**
> Elektrischer Schwingkreis: Eigenfrequenz
> $\omega_0 = \frac{1}{\sqrt{L \cdot C}}$.

Schwingungsgleichung elektrisch

Die Analogie zwischen mechanischen und elektrischen Schwingungen lässt sich mathematisch begründen: Beide halten sich an dieselbe Differentialgleichung, wenn auch mit unterschiedlichen Buchstaben und entsprechend unterschiedlichen physikalischen Bedeutungen.

Beim reibungslosen mechanischen Federpendel löst die Auslenkung $x(t)$ eine rücktreibende und darum negative Kraft

$$F(x) = -D \cdot x(t)$$

aus (D = Federkonstante). Diese Kraft beschleunigt die Pendelmasse m nach dem Grundgesetz der Mechanik

$$a(t) = \frac{d^2}{dt^2} x(t) = \frac{F(t)}{m} = -\frac{D}{m} \cdot x(t).$$

Das ist die einfachste Form der Schwingungsdifferentialgleichung.

Lädt man einen Kondensator auf die Spannung $U(t)$, so enthält er die elektrische Ladung

$$Q(t) = C \cdot U(t)$$

(C = Kapazität). Weil sich die Ladung mit der Zeit t ändert, fließt der Strom

$$I(t) = \frac{d}{dt} Q(t).$$

Da der einfache Schwingkreis keine Batterie enthält ist die Summe der Spannung am Kondensator und der Spannung an der Spule (Induktivität L) gleich null:

$$\frac{Q(t)}{C} + L \cdot \frac{d}{dt} I(t) = \frac{Q(t)}{C} + L \cdot \frac{d^2}{dt^2} Q(t) = 0.$$

Auch dies ist die Schwingungsdifferentialgleichung, jetzt in der Form

$$\frac{d^2}{dt^2} Q(t) = -\frac{1}{L \cdot C} \cdot Q(t),$$

So wie im Fall des Federpendels die Eigenfrequenz

$$\omega_0 = \sqrt{\frac{D}{m}}$$

war, ist sie also für den Schwingkreis

$$\omega_0 = \sqrt{\frac{1}{L \cdot C}}.$$

Wem die mathematische Kurzschrift geläufig ist, der kann die Schwingungsdifferentialgleichung leicht um ein Dämpfungsglied erweitern; es wird proportional zur Geschwindigkeit $\frac{dx}{dt}$ bzw. zum Strom $I = \frac{dQ}{dt}$ angesetzt. Die Lösungen liefern dann alle Möglichkeiten gedämpfter Schwingungen von Schwing- bis Kriechfall einschließlich der genauen Bedingung für den aperiodischen Grenzfall. Setzt man schließlich noch ein periodisches Glied für einen möglichen Erreger hinzu, so kommen die erzwungenen Schwingungen mit allen Einzelheiten der Resonanzkurve heraus.

Rechenbeispiel 6.21: Radiobastler

Ein Radiobastler möchte einen Schwingkreis für den UKW-Bereich herstellen, also für ca. 100 MHz. Er besitzt einen Kondensator von 25 pF. Die Spule will er mit dünnem Draht auf einen Bleistiftstummel wickeln (3 cm lang, 7,5 mm Durchmesser). Wie viele Windungen braucht er?

Lösung: Der Schwingkreis soll mit $\omega = 2\pi \cdot 10^{-8} \, s^{-1} = \frac{1}{L \cdot C}$ schwingen. Also brauchen wir ein

$$L = \frac{1}{(\omega^2 \cdot C)}$$

$$= \frac{1}{(3,95 \cdot 10^{17} s^{-2} \cdot 2,5 \cdot 10^{-11} \, F)}$$

$$= 1,0 \cdot 10^{-7} \, H = \mu_r \cdot \mu_0 \cdot N^2 \cdot A/l.$$

Der Bleistift ist nicht ferromagnetisch, also $\mu_r = 1$. *Die Querschnittsfläche ist* $A = \pi \cdot (\frac{1}{2} \cdot 7,5 \, mm)^2 = 4,5 \cdot 10^{-5} \, m^2$.

Dann gilt für die Zahl der Windungen: $N^2 = L \cdot l \cdot \mu_0 \cdot A = 52,7$, also $n = 7,3$.

6.11.2 Geschlossene elektrische Feldlinien

Schwingkreise für hohe Frequenzen kommen mit kleinen Kapazitäten und Induktivitäten aus; möglicherweise genügen der Spule schon wenige Windungen. Noch höhere Frequenzen erreicht man ganz ohne Spule. Auch ein zum Kreis gebogener Draht, der zwei Kondensatorplatten verbindet, hat eine Induktivität, denn stromdurchflossen umgibt er sich mit einem Schlauch magnetischer Feldlinien (◘ Abb. 6.87), die auf ihn eine Spannung induzieren, sobald sich Feldstärke und Flussdichte zeitlich ändern. Sie tun dies notwendigerweise, wenn sich der Kondensator entlädt, denn dann bleibt der Strom ja nicht konstant. Was geschieht mit dem schlauchförmigen Magnetfeld bei den Kondensatorplatten? Es endet dort nicht, es weitet sich lediglich auf: Obwohl zwischen den Kondensatorplatten kein Strom fließt, herrscht dort ein schlauchförmiges Magnetfeld! Es wird dadurch hervorgerufen, dass sich im Kondensator das elektrische Feld mit einer Änderungsgeschwindigkeit $\frac{\mathrm{d}\vec{E}}{\mathrm{d}t}$ der elektrischen Feldstärke zwischen den Platten ändert. Demnach haben I und $\frac{\mathrm{d}\vec{E}}{\mathrm{d}t}$ die gleiche Wirkung: Ein Strom umgibt sich mit geschlossenen magnetischen Feldlinien, ein sich änderndes elektrisches Feld tut das auch.

Diese Erkenntnis kann auch mathematisch formuliert werden, indem das Durchflutungsgesetz in ▶ Abschn. 6.9.3 ergänzt wird. Das Gesetz lautete:

$$\oint \vec{B} \cdot \mathrm{d}\vec{s} = \mu_0 \cdot I$$

Anschaulich einfach ist es, den Integrationsweg des Linienintegrals längs einer kreisförmigen Feldlinie zu wählen. Auch um den Kondensator herum ist dieses Integral nicht Null; es fließt dort kein Strom, aber es ist dort ein magnetisches Feld. Also muss auf der rechten Seite noch ein Term hinzukommen, der die Zeitableitung der elektrischen Feldstärke enthält. Hinzu kommt noch die von der Integrationslinie umschlossene Fläche A:

$$\oint \vec{B} \cdot \mathrm{d}\vec{s} = \mu_0 \cdot I + \varepsilon_0 \cdot A \cdot \frac{\mathrm{d}E}{\mathrm{d}t}$$

Die elektrische Feldkonstante sorgt dafür, dass die Einheiten stimmen.

Auch wenn man dies nicht auf den ersten Blick sieht: Diese Erscheinung ist analog zur

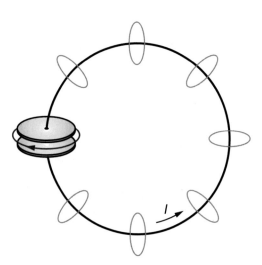

◘ **Abb. 6.87 Elektrische Induktion.** Der Draht, der die Platten eines geladenen Kondensators verbindet, umgibt sich, solange der Strom fließt, mit einem Schlauch geschlossener magnetischer Feldlinien; das sich ändernde elektrische Feld im Dielektrikum des Kondensators tut dies auch

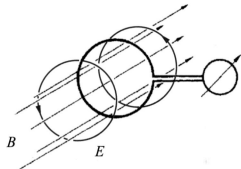

◘ **Abb. 6.88 Nachweis ringförmig geschlossener** Feldlinien um ein sich änderndes Magnetfeld nach dem Schema in der vorherigen Abbildung: allgemeinere Interpretation des Induktionsversuches

magnetischen Induktion (s. ▶ Abschn. 6.10.1). Magnetische Induktion bedeutet nämlich, dass ein sich änderndes magnetisches Feld sich mit einem elektrischen Feld umgibt. In Formelsprache:

$$\oint \vec{E} \cdot d\vec{s} = -A \cdot \frac{dB}{dt}$$

Solche ringförmig geschlossenen elektrischen Feldlinien kann man mit einem fast geschlossenen Drahtring, an dem ein sehr hochohmiges Spannungsmessgerät angeschlossen ist, nachzuweisen, das heißt mit einer Induktionsschleife (🔲 Abb. 6.88). Das eingeschlossene Instrument sollte dann die Spannung

$$U = \oint \vec{E} \cdot d\vec{s} = -A \cdot \frac{dB}{dt} = -\frac{d\Phi}{dt}$$

anzeigen. Das ist genau das Induktionsgesetz aus ▶ Abschn. 6.10.1. (Dort stand das Induktionsgesetz mit positivem Vorzeichen: nur eine Frage der Vorzeichenkonvention für die Spannung).

Magnetische Induktion findet aber auch ohne Leiterschleife statt, eben in Gestalt dieses ringförmigen elektrischen Feldes. Und hier zeigt sich noch etwas Neues: Elektrische Feldlinien müssen nicht immer, wie bisher behauptet, auf einer positiven Ladung beginnen und auf einer negativen Ladung enden; sie können auch genau wie magnetische Feldlinien geschlossene Kreise bilden. Das tun sie aber eben nur dann, wenn sie von einem sich ändernden Magnetfeld erzeugt werden.

6.11.3 Der schwingende elektrische Dipol

Will man die Eigenfrequenz eines Schwingkreises erhöhen, so muss man Kapazität und Induktivität verringern. Gegebenenfalls kann man auf die Induktionsspule ganz verzichten, wie das vorige Kapitel ja gezeigt hatte: Auch der Drahtbügel, der zwei Kondensatorplatten verbindet, besitzt eine Induktivität. Wenn man

🔲 **Abb. 6.89 Haarnadel.** Auch eine Haarnadel bildet noch einen Schwingkreis; die Eigenfrequenz lässt sich weiter erhöhen, wenn man die Haarnadel aufbiegt

mit der Frequenz noch weiter hinauf will, muss man den Kondensator verkümmern lassen: Zwei parallele Drähte haben immer noch eine Kapazität gegeneinander. Auch eine Haarnadel bildet einen Schwingkreis, obwohl man Kondensator und Spule nicht mehr so recht voneinander trennen kann. Wem die Frequenz immer noch nicht hoch genug ist, dem bleibt als letztes Mittel, die Haarnadel aufzubiegen (🔲 Abb. 6.89). Mehr als strecken kann man sie allerdings nicht. Die höchstmögliche Eigenfrequenz besitzt ein Leiter vorgegebener Länge in der Form des geraden Drahtes. Er vermag als elektrischer Dipol elektrisch zu schwingen.

🔲 Abb. 6.90 zeigt grobschematisch die Situationen nach jeweils einer Viertelschwingung des Dipols. In 🔲 Abb. 6.90a ist der Dipol gerade durch eine äußere Spannungsquelle aufgeladen worden; es existiert ein inhomogenes elektrisches Feld zwischen seinen Hälften. Dieses Feld löst aber einen Strom aus, der wegen der Selbstinduktion nur ein wenig träge ansteigen kann. Dabei baut er ein konzentrisches Magnetfeld auf. Nach einer Viertelschwingungsdauer ist das E-Feld verschwunden und das B-Feld auf seinem Maximum (🔲 Abb. 6.90b). Von nun an bricht es seinerseits zusammen und zwingt den Strom, in der alten Richtung weiterzulaufen und den Dipol mit entgegengesetztem Vorzeichen wieder aufzuladen. Ist das B-Feld verschwunden, so kehrt das neue E-Feld die Stromrichtung um (🔲 Abb. 6.90c), verschwindet (🔲 Abb. 6.90d) und wird vom weiterfließenden Strom in der ursprünglichen Richtung wieder aufgebaut: Ist die Ausgangssituation (von Dämpfungsverlusten einmal abgesehen) wieder erreicht, so ist

6

■ Abb. 6.90 Schwin-
gender Dipol,
Einzelheiten im Text

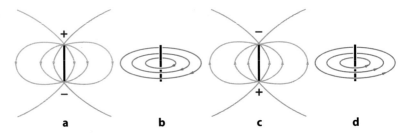

eine volle Schwingung abgelaufen. Die zugehörige Zeit T wird von der Dipollänge l und
der Lichtgeschwindigkeit c bestimmt; es gilt

$$T = \frac{2 \cdot l}{c}.$$

Erst die Überlegungen des nächsten Kapitels können diese etwas überraschende Beziehung verständlich machen.

Grundsätzlich dürfte dieses nächste Kapitel hier unmittelbar und ohne neue Überschrift
angeschlossen werden, denn wenn ein elektrischer Dipol schwingt, dann strahlt er auch **eine
elektromagnetische Welle** ab. Ein schmaler
Spektralbereich dieser Wellen hat aber für den
Menschen eine ganz besondere Bedeutung:
Sein wichtigstes Sinnesorgan reagiert auf elektromagnetische Wellen mit Wellenlängen von
etwa einem halben Mikrometer. Vor allem Gesichtssinn und *sichtbares Licht* vermitteln ihm
das Bild, das er sich von seiner Umwelt macht;
Grund genug, dem Licht ein eigenes großes
Kapitel „Optik" zu widmen (■ Tab. 6.1).

> **Rechenbeispiel 6.22: Handy-Antenne**
> Der Handy-Funkverkehr spielt sich bei ei-
> ner Frequenz von etwa 1 GHz ab. Was ist
> dann die optimale Sendeantennen-Länge?
>
> Lösung: 1 GHz entspricht einer Peri-
> odendauer von 10^{-9} s. In dieser Zeit legt das
> Licht 0,3 m zurück. Die optimale Länge des
> strahlenden Dipols beträgt also etwa 15 cm.

■ Tab. 6.1 In Kürze

Ladung

Es gibt zwei Sorten von Ladungen, positive und negative. In der Natur sind die Träger positiver Ladung fast
immer die Protonen im Atomkern und die Träger negativer Ladung die Elektronen in der Atomhülle. Sie tragen
die kleinstmögliche Ladung, die **Elementarladung** $e_0 = 1{,}6 \cdot 10^{-19}$ As. Die Ladung wird in Ampere mal Sekunde (Coulomb) angegeben. Ladungen können nicht erzeugt oder vernichtet werden. Will man einen Körper
negativ aufladen, so muss man ihm Elektronen zuführen, für positives Aufladen Elektronen entziehen. Gleichnamige Ladungen stoßen sich ab, ungleichnamige Ladungen ziehen sich an. In beiden Fällen wird die Kraft
zwischen zwei Ladungen q_1 und q_2 durch das **Coulomb-Gesetz** bestimmt

| Coulomb-Kraft | $F_C = \frac{1}{4\pi\varepsilon_0} \frac{q_1 \cdot q_2}{r^2}$ | F_C: Coulomb-Kraft [N]
 q_1, q_2: Punktladungen [A · s]
 r: Abstand der Ladungen [m]
 ε_0: elektrische Feldkonstante
 $\varepsilon_0 = 8{,}8 \cdot 10^{-12}$ As/Vm |

■ **Tab. 6.1** (Fortsetzung)

Elektrisches Feld

Man kann diese Kraft auch so beschreiben: eine Ladung Q erzeugt ein **elektrisches Feld** um sich herum mit einer Feldstärke $\vec{E}$ und die andere Ladung q erfährt in diesem Feld eine Kraft:

Elektrisches Feld	$\vec{E} = \frac{\vec{F}_C}{q}$	$\vec{E}$: elektrische Feldstärke [V/m] q: „Probeladung" [A · s]

Das elektrische Feld wird veranschaulicht durch **Feldlinien**, die bei den positiven Ladungen beginnen und auf den negativen Ladungen enden. Vor allem im Zusammenhang mit elektromagnetischen Wellen zeigt sich die volle Bedeutung des Feldbegriffs. Elektrische und magnetische Felder enthalten Energie und können diese transportieren

Strom und Spannung

Wenn ein elektrischer Strom durch einen Metalldraht fließt, so bedeutet dies, dass geladene Teilchen, hier Elektronen, durch den Draht strömen. Da Stöße mit den Atomen diesen Fluss behindern, muss eine Kraft auf die Elektronen ausgeübt werden, um den Strom aufrechtzuerhalten. Diese wird von einem elektrischen Feld ausgeübt, das in diesem Draht herrscht. Strömen Elektronen unter der Wirkung des elektrischen Feldes durch den Draht, so verlieren sie genau wie ein Stein, der unter der Wirkung der Schwerkraft herunterfällt, potentielle Energie. Diese wird durch die Stöße mit den Atomen in Wärme umgewandelt. Der Verlust an potentieller Energie, den ein Elektron erleidet, wenn es von einem Ende eines Drahtes zum anderen bewegt, wird durch die **elektrische Spannung** oder Potenzialdifferenz U zwischen den Drahtenden beschrieben

Spannung	$\Delta W_{pot} = e_0 \cdot U$	ΔW_{pot}: Verlust an potentieller Energie eines Elektrons e_0: Elementarladung U: Spannung [V, Volt]

Im Draht der Länge l ist die elektrische Feldstärke in etwa überall gleich, sodass gilt:

	$U = l \cdot \left|\vec{E}\right|$	l: Drahtlänge $\vec{E}$: Feldstärke im Draht
Strom	$I = \frac{\Delta Q}{\Delta t}$	ΔQ: pro Zeit strömende Ladung [A · s = C, Coulomb] t: Zeit [s]

Widerstand

Je höher die Spannung zwischen den Drahtenden, umso stärker das Feld und die Kraft auf die Elektronen. Die Elektronen werden dann schneller und der elektrische Strom größer. Für einen Metalldraht und generell für ohmsche Widerstände ist der Strom I proportional zur Spannung U, der elektrische Widerstand R

Widerstand	$R = \frac{U}{I}$	R: Widerstand [Ω, Ohm] U: Spannung [V, Volt] I: Strom [A, Ampere]
Ohmsches Gesetz	In vielen Fällen ist R unabhängig von U bzw. I	

Der Widerstand hängt von der Länge l des Drahtes, seiner Querschnittsfläche A und vom **spezifischen Widerstand** ρ des verwendeten Materials ab:

	$R = \rho \cdot \frac{l}{A}$	ρ: spez. Widerstand [$\Omega \cdot m$] l: Drahtlänge A: Querschnittsfläche

6

◼ **Tab. 6.1** (Fortsetzung)

Stromkreis

Im Stromkreis fließen die Ladungsträger im Kreis herum. Sie können dabei nicht verloren gehen (Knotenregel) und wenn sie einmal herum geflossen sind, befinden sie sich wieder auf demselben elektrischen Potenzial, haben dieselbe potentielle Energie (Maschenregel). Das bedeutet zum Beispiel für in Serie geschaltete Widerstände $R_1, R_2, \ldots$ an einer Batterie, dass die Summe der an ihnen abfallenden Spannungen gleich der Batteriespannung sein muss

Spannungsteiler	$U_1 + U_2 + \ldots = U_0 \quad U_1 = \frac{R_1}{R_{ges}} \cdot U_0$	U_1: Spannung am Widerstand R_1 [V] U_0: Spannung der Batterie
Reihenschaltung	$R_{ges} = R_1 + R_2 + R_3 + \ldots$ Strom I durch alle Widerstände gleich	R_{ges}: Gesamtwiderstand [Ω]
Parallelschaltung	$\frac{1}{R_{ges}} = \frac{1}{R_1} + \frac{1}{R_2} + \frac{1}{R_3} + \ldots$ Spannung U an allen Widerständen gleich. Strom I_1 z. B. durch R_1: $I_1 = \frac{R_{ges}}{R_1} \cdot I_0$	R_{ges}: Gesamtwiderstand [Ω] I_1: Strom durch R_1 [A] I_0: Strom durch R_{ges}

Die Spannungsquelle (zum Beispiel die Batterie) hält die Spannung im Stromkreis aufrecht und „pumpt" die Elektronen im Kreis herum. Der Strom fließt also auch durch die Spannungsquelle selbst, die einen gewissen **Innenwiderstand** hat, der möglichst klein sein sollte. Sie muss ständig Energie liefern, die in den Widerständen im Stromkreis wieder verheizt wird

Leistung	$P = U \cdot I = R \cdot I^2 = \frac{U^2}{R}$	P: Leistung [W, Watt] U: Spannung [V] I: Strom [A] R: Widerstand [Ω]

Kondensator

Zwei parallel im Abstand d liegende Metallplatten mit Fläche A bilden einen **Kondensator**

Kapazität	$C = \frac{Q}{U}$	C: Kapazität $\left[\frac{As}{V} = \text{F, Farad}\right]$ Q: Ladung auf dem Kondensator [A · s] U: Spannung am Kondensator [V]
Energie im Kondensator	$W = \frac{1}{2} Q \cdot U$	W: Energie im Kondensator [J]
Kapazität eines Plattenkondensators	$C = \varepsilon_r \varepsilon_0 \cdot \frac{A}{d}$	ε_r: relative Permittivität des Isolators ε_0: elektrische Feldkonstante A: Plattenfläche [m^2] d: Plattenabstand [m] E: elektrisches Feld im Kondensator [V/m]
Elektrisches Feld im Kondensator	$E = \frac{U}{d}$	A: Plattenfläche [m^2] d: Plattenabstand [m] E: elektrisches Feld im Kondensator [V/m]

Wird ein Kondensator über einen Widerstand entladen, so sinken die Ladung, die Spannung und der Entladestrom exponentiell ab. Auch beim Aufladen ergeben sich exponentielle Verläufe

Kondensatorentladung über Widerstand R	$\tau = R \cdot C$	τ: Zeitkonstante [s]

■ **Tab. 6.1** (Fortsetzung)

Kondensator (Fortsetzung)

Bringt man ein Metallstück in ein elektrisches Feld, so strömen die Leitungselektronen so lange im Metall, bis das Innere feldfrei ist. Man nennt diese Erscheinung **Influenz** und kann sie zur Abschirmung elektrischer Felder nutzen.

In Isolatoren gibt es keine freien Ladungsträger. Aber Elektronen und Atomkerne werden durch ein elektrisches Feld etwas verschoben und schwächen es dadurch ab. Dies nennt man **Polarisation** und kann es zum Beispiel dazu nutzen, die Kapazität eines Kondensators zu erhöhen. Beschrieben wird die Feldabschwächung durch die **relative Permittivität** (*Dielektrizitätskonstante*) ε_r

Halbleiter

In Metallen ist die Konzentration der frei beweglichen Elektronen (**Leitungselektronen**), die den Strom transportieren, durch das Material vorgegeben und kann praktisch nicht variiert werden. In Halbleitern wie Silizium hingegen werden Leitungselektronen erst durch das Beimischen sehr kleiner Mengen von Fremdatomen (**Donatoren**) erzeugt.

Ihre Konzentration und damit der spezifische Widerstand des Materials kann deshalb über weite Bereiche eingestellt werden. Durch Beigabe anderer Fremdatome (**Akzeptoren**) kann darüber hinaus ein Leitungsmechanismus hervorgerufen werden, der als Bewegung von positiven Ladungen (**Defektelektronen**) beschrieben werden kann. Diese vielfältigen Einstellmöglichkeiten bei Halbleitern ermöglichen die Bauelemente (Dioden, Transistoren, etc.), die Grundlage moderner Elektronik sind

Elektrochemie

Viele Moleküle, insbesondere Salze, Säuren und Laugen, zerfallen beim Lösen in Wasser in Ionen, sie dissoziieren. Entstehen dabei H^+-Ionen oder OH^--Ionen, so verändert dies den **pH-Wert** des Wassers, der der negative dekadische Logarithmus der H^+-Ionenkonzentration, gemessen in mol/l, ist. Ionen im Wasser führen zu einer hohen Leitfähigkeit. Fließt ein Strom durch eine Lösung (Elektrolyt), so wird dieser durch die Ionen getragen und an den eingetauchten Elektroden scheiden sich die entsprechenden Substanzen ab (Elektrolyse). Dies nutzt man zum Beispiel großtechnisch, um aus Kochsalz Chlor und Natrium zu gewinnen. Fertigt man die beiden Elektroden, die man in die Lösung taucht, aus zwei verschiedenen Metallen, so tritt auch ohne äußere Spannungsquelle eine Galvani-Spannung zwischen ihnen auf. Dies beruht darauf, dass an beiden Elektroden unterschiedlich stark Metallionen in Lösung gehen und Elektronen hinterlassen. Verbindet man die Elektroden elektrisch, so fließt ein Strom, um die unterschiedliche Elektronenkonzentration auszugleichen. Dies ist die Basis für alle Batterien

Magnetisches Feld

Ein elektrischer Strom, sei es ein Strom durch eine Spule oder atomare Kreisströme in einem Permanentmagneten, umgibt sich mit einem magnetischen Feld. Seine Stärke wird durch die (historisch so genannte) **magnetische Flussdichte** $\vec{B}$ beschrieben. Die magnetischen Feldlinien sind immer geschlossen, da es keine magnetischen Ladungen gibt, auf denen sie enden könnten. Ein stromdurchflossener Draht ist deshalb mit kreisförmigen Magnetfeldlinien umgeben. Die Flussdichte nimmt umgekehrt proportional zum Abstand ab. Ein Magnetfeld übt wiederum auf einen elektrischen Strom I durch einen Draht eine Kraft, die *Lorentzkraft* $\vec{F}_L$, aus, die senkrecht auf Strom und Magnetfeld steht

Magnetische Kraft auf einen Leiter	$\vec{F}_L = l \cdot \vec{I} \times \vec{B}$	$\vec{F}_L$: magnetische Kraft auf einen Leiter [N] l: Länge des Leiters [m] $\vec{I}$: Strom (mit Richtung) [A] $\vec{B}$: magnetische Flussdichte $\left[\frac{N}{Am} = T, \text{Tesla}\right]$
Magnetfeld um einen Draht	$B = \frac{\mu_0 \cdot I}{2\pi \cdot r}$	μ_0: mag. Feldkonstante $\mu_0 = 4\pi \cdot 10^{-7} \frac{Vs}{Am}$ r: Abstand vom Draht
Magnetfeld in einer Spule	$B = \mu_0 \cdot \frac{n \cdot I}{l}$	B: mag. Flussdichte [T, Tesla] n: Windungszahl l: Spulenlänge [m]

◻ Tab. 6.1 (Fortsetzung)

Induktion

Ändert man das durch eine Leiterschleife hindurchtretende Magnetfeld, so wird zwischen den Drahtenden eine Spannung **induziert**. In einer geschlossenen Leiterschleife fließt dann ein induzierter Strom. Die induzierte Spannung hängt von der Änderungsgeschwindigkeit des **magnetischen Flusses** Φ durch die Leiterschleife ab. Dur magnetische Fluss ergibt sich aus der von der Leiterschleife eingeschlossenen Fläche $\vec{A}$, der magnetischen Flussdichte $\vec{B}$ und dem Winkel α, unter dem das Magnetfeld durch die Leiterschleife tritt

Magnetischer Fluss	$\Phi = \vec{B} \cdot \vec{A} = B \cdot A \cdot \cos\alpha$	Φ: magnetischer Fluss $[\text{T} \cdot \text{m}^2]$ $\vec{A}$: Fläche der Leiterschleife $[\text{m}^2]$ $\vec{B}$: Magnetfeld durch die Leiterschleife $[\text{T}]$
Induktionsspannung	$U_{\text{ind}} = \frac{d\Phi}{dt}$	U_{ind} ist die in eine einzelne Leiterschleife, die vom Fluss Φ durchsetzt wird, induzierte Spannung. $[\text{V}]$
Induktivität einer Spule	$U_{\text{ind}} = L \cdot \frac{dI}{dt}$	U_{ind}: durch Stromänderung induzierte Spannung L: Induktivität $\left[\frac{\text{T} \cdot \text{m}^2}{\text{A}} = \text{H}, \text{Henry} \right]$

Materie im Magnetfeld

Materie wird im **Magnetfeld** magnetisiert, was bei den technisch wichtigen **Ferromagneten** zu einer hohen **Feldverstärkung** führt

Wechselspannung

Technisch werden sehr häufig Wechselspannungen und Wechselströme verwendet, die einen sinusförmigen Zeitverlauf haben. Die Frequenz der Netzspannung beträgt 50 Hz und ihr **Effektivwert** 230 V. In einen ohmschen Widerstand verlaufen Wechselstrom und Wechselspannung synchron. Auch durch einen Kondensator kann ein Wechselstrom „fließen", indem die Platten immer wieder umgeladen werden. Strom und Spannung sind am Kondensator phasenverschoben: Der Strom läuft der Spannung voraus. Bei einer Spule ist es wegen der Selbstinduktion gerade umgekehrt: Der Strom hinkt der Spannung hinterher. Frequenzabhängige Widerstände werden genutzt, um elektrische Frequenzfilter (**Hochpass, Tiefpass**) zu bauen

Wechselspannung	$U(t) = U_S \cdot \sin(\omega \cdot t)$	U_S: Spannungsamplitude $[\text{V}]$ ω: Kreisfrequenz $[1/\text{s}]$ t: Zeit $[\text{s}]$
Effektivspannung	$U_{\text{eff}} = \frac{U_S}{\sqrt{2}}$	U_{eff}: Effektivspannung $[\text{V}]$
Kapazitiver Widerstand (Kondensator)	$R_C = \frac{1}{\omega \cdot C}$. Der Strom eilt der Spannung um 90° voraus	R_C: kapazitiver Widerstand $\left[\frac{\text{s}}{\text{F}} \right]$ C: Kapazität des Kondensator $[\text{F}]$
Induktiver Widerstand (Spule)	$R_L = \omega \cdot L$. Der Strom hinkt der Spannung um 90° nach	R_L: induktiver Widerstand $[\text{s}/\text{H}]$ L: Induktivität der Spule $[\text{H}]$

Schaltet man einen Kondensator und eine Spule parallel, so entsteht ein *Schwingkreis*, in dem Strom und Spannung mit einer charakteristischen **Resonanzfrequenz** f_0 schwingen können

Frequenz des Schwingkreis	$f_0 = \frac{1}{2\pi} \frac{1}{\sqrt{L \cdot C}}$	f_0: Frequenz des Schwingkreis $[\text{Hz}]$

6.12 Fragen und Übungen

❓ Verständnisfragen

1. Üblicherweise bemerkt man weder etwas von der Gravitationskraft zwischen Körpern, noch von einer elektrostatischen Kraft. Warum?

2. Mit einem durch Reibung elektrisch aufgeladenen Plastiklineal kann man kleine Papierschnitzel anziehen. Warum? Manche angezogenen Papierschnitzel hüpfen gleich wieder weg. Warum?

3. Warum können sich elektrische Feldlinien nie kreuzen?

4. Was kann man über das elektrische Feld in einem Bereich sagen, in dem das elektrische Potenzial konstant ist?

5. Wenn eine Batterie mit einem Plattenkondensator verbunden wird, laden sich beide Platten mit der gleichen Ladung auf (nur das Vorzeichen ist verschieden). Warum? Ist die Ladung auch noch gleich, wenn die Platten verschieden groß sind?

6. Wenn man die Platten eines aufgeladenen Plattenkondensators auseinander zieht, ändert sich dann die gespeicherte elektrostatische Energie?

7. Sie fallen aus einem Hubschrauber und können ihren Fall durch beherztes Festhalten an einer Hochspannungsleitung stoppen. Bringt Sie die Hochspannung um?

8. Warum könnte ein guter elektrischer Leiter auch ein guter Wärmeleiter sein?

9. Warum hat ein längerer Draht einen höheren elektrischen Widerstand?

10. Wann wird es bei gleicher Spannungsquelle heller: wenn man zwei gleiche Glühbirnen in Reihe schaltet oder wenn man sie parallel schaltet?

11. Was passiert, wenn eine Glühbirne durchbrennt?

12. Ist ein elektrischer Widerstand ein „Stromverbraucher"? Was verbraucht er?

13. Kann man ein ruhendes Elektron mit einem Magnetfeld in Bewegung setzen?

14. Ein Magnet zieht im Wesentlichen nur Gegenstände aus Eisen an und nicht beliebige Metalle. Warum?

✅ Übungsaufgaben

Strom, Spannung, Leistung

6.1 (I): Vier Taschenlampenbatterien mit je 4,5 V lassen sich auf mehrerlei Weise hintereinander schalten. Welche Gesamtspannungen kann man dadurch mit ihnen erzeugen?

6.2 (I): Welchen Strom zieht ein Fernsehempfänger mit 125 W Leistung aus der Steckdose? Welche Leistung setzt eine Röntgenröhre um, die mit 80 kV Hochspannung und 5 mA Röhrenstrom betrieben wird?

6.3 (I): Eine Kilowattstunde elektrische Energie kostet 40 Cent. Was kostet es, eine 40 W-Glühbirne das ganze Jahr brennen zu lassen?

6.4 (II): Wie viele 100 W-Glühbirnen kann man gleichzeitig an einer Steckdose betreiben, wenn sie mit einer 16 A-Sicherung abgesichert ist?

6.5 (I): Welche Energie, in kWh und J gemessen, speichert ein 45 Ah-Akku bei 12 V?

6.6 (II) Ein Elektroauto ist 1000 kg schwer und wird von 26 Batterien mit jeweils 12 V und 45 Ah betrieben. Das Auto fährt mit 40 km/h auf ebener Strecke, die durchschnittliche Reibungskraft ist 240 N. Welche Leistungsaufnahme hat der Motor wenn wir 100 % Effizienz annehmen? Wie lange kann das Auto mit den Batterien fahren?

6.7 (I) Mathematisch wird Wechselspannung der Steckdose durch die Gleichung $U(t) = U_s \cdot \cos(\omega t)$ beschrieben. Welche Werte sind für U_s und ω einzusetzen?

6

■ **Abb. 6.91** Zu Frage 6.10

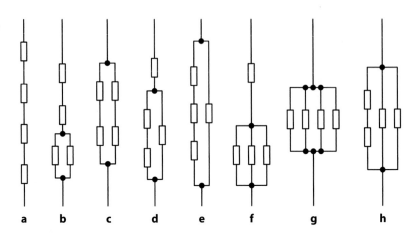

a   b   c   d   e   f   g   h

Widerstand

6.8 (II): Wieso ist das Ohm'sche Gesetz gleichbedeutend mit Beweglichkeit μ = const.?

6.9 (II): Acht gleiche Glühbirnen sind in Reihe an einer Steckdose angeschlossen. Welche Spannung liegt an jeder Birne? Wenn ein Strom von 0,4 A fließt, welchen Widerstand hat jede Birne und welche Leistung setzt sie um?

6.10 (II): Es gibt mehrere Möglichkeiten, vier gleiche Widerstände zusammenzuschalten. ■ Abb. 6.91 zeigt acht von ihnen. Sie lassen sich ohne genaue Rechnung nach steigendem Gesamtwiderstand ordnen. Wie? Und was liefert die genaue Rechnung?

6.11 (II): Wie teilt ein 6 kΩ-Potentiometer, dessen Schleifkontakt 3 kΩ abgreift, eine Spannung von 60 V auf, wenn es a) nicht belastet und b) mit 3 kΩ belastet wird?

6.12 (II): Wenn in der Wheatstone-Brücke der ■ Abb. 6.44 der Widerstand R_1 7352 Ω beträgt, R_2 6248 Ω und R_3 5000 Ω, wie groß ist bei abgeglichener Brücke dann R_4?

6.13 (II): Welche Potenziale haben die vier markierten Punkte in der nebenstehenden Schaltung (Punkt zwei hat das Potenzial 0 V: Erde) (■ Abb. 6.92)?

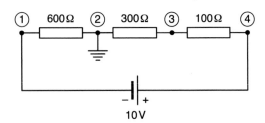

■ **Abb. 6.92** Zu Frage 6.13

6.14 (II): Zwei Widerstände an einer Spannungsquelle setzen, wenn sie in Reihe geschaltet werden, nur ein Viertel der Leistung um wie wenn sie parallel geschaltet sind. Ein Widerstand hat 2,2 KΩ. Wie groß ist der andere?

6.15 (II): Die Spannung an einer 12 V-Autobatterie sinkt auf 10 V, wenn der Anlasser betätigt wird. Der Anlasser zieht einen Strom von 60 A. Wie groß ist der Innenwiderstand der Batterie? Welchen Widerstand hat der Anlassermotor?

6.16 (III): In den dreißiger Jahren des vorigen Jahrhunderts kam in Deutschland noch 110 V Gleichspannung aus den Steckdosen. Wollte man da eine 12 V, 50 W-Glühbirne eines Filmprojektors betreiben, so konnte man nicht wie heute einen Transformator einbauen, der die Spannung herunter transformiert, sondern man schaltete einen Vorwiderstand in Reihe mit der Glühbirne. Welchen Widerstand musste dieser haben und welche Leistung wurde in ihm verheizt?

Feld und Potenzial

6.17 (II): Wie verlaufen die Feld- und Potenziallinien zu der nebenstehenden Elektrodenanordnung ungefähr (◘ Abb. 6.93)?

6.18 (I): Das sog. „Ruhepotenzial" einer nicht „feuernden" Nervenfaser liegt etwas über 70 mV; die Dicke normaler Membranen, die z. B. auch Nervenfasern umgeben, beträgt ungefähr 5 nm. Welche Feldstärke erzeugt das Ruhepotenzial in der Membran?

6.19 (I): Warum werden Dipole im inhomogenen Feld immer in Richtung höherer Feldstärke gezogen?

6.20 (I): Nach der Formel für die Coulomb-Kraft muss das Produkt aus der Einheit der Ladung und der elektrischen Feldstärke eine Krafteinheit geben. Wie lässt sich das nachprüfen?

6.21 (I): Wie groß ist die Kraft zwischen dem Kern eines Eisenatoms ($Q = 26 \cdot e_0$) und dem Kernnächsten Elektron, wenn wir einen Abstand von $1{,}5 \cdot 10^{12}$ m annehmen?

6.22 (II): Zwei geladene Teilchen haben eine Gesamtladung von 80 µC. Der Abstand zwischen ihnen beträgt 1 m und sie stoßen sich mit 12 N ab. Wie groß sind die einzelnen Ladungen?

6.23 (II): Drei positiv geladene Teilchen mit einer Ladung von jeweils 11 µC befinden sich in den Ecken eines gleichseitigen Dreiecks mit einer Kantenlänge von 10 cm. Wie groß ist die resultierende Kraft auf jede Ladung?

6.24 (II): Zwei punktförmige Ladungsträger mit je einer Ladung von +7.5 µC und einer Masse von 1 g befinden sich in Ruhe in einem Abstand von 5,5 cm voneinander. Wenn sie nun losgelas-

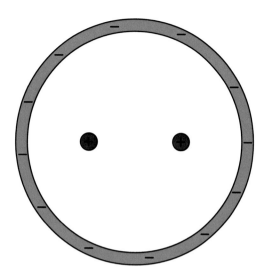

◘ **Abb. 6.93** Zu Frage 6.17

sen werden, welche Endgeschwindigkeit erreichen sie, wenn sie sehr weit auseinander sind?

6.25 (III): Wie viel Arbeit war erforderlich, um die drei Ladungen aus Aufgabe 6.23 aus dem Unendlichen in ihre Position zu bringen?

6.26 (II): Mit welcher Geschwindigkeit treffen die freien Elektronen in der Bildröhre eines alten Fernsehempfängers auf dem Bildschirm auf, wenn die Röhre mit 2 kV Anodenspannung betrieben wird?

6.27 (III): An der Erdoberfläche herrscht ein elektrisches Feld von etwa 150 V/m, das nach unten gerichtet ist. Zwei gleiche Bälle mit einer Masse von 0,54 kg werden von einer Höhe von 2 m fallengelassen. Ein Ball trägt eine Ladung von +550 µC, der andere von −550 µC. Wie groß ist der Unterschied der Geschwindigkeiten, mit denen sie auf dem Boden auftreffen? Verwenden Sie den Energiesatz und vernachlässigen sie die Luftreibung.

Kondensator

6.28 (I): Die Ladung auf einem Kondensator steigt um 15 μC wenn die Spannung von 97 V auf 121 V erhöht wird. Wie groß ist die Kapazität des Kondensators?

6.29 (I): Trockene Luft hat eine Durchbruchfeldstärke von $3 \cdot 10^6$ V/m. Wie viel Ladung kann auf einen Plattenkondensator gebracht werden, wenn der eine Plattenfläche von 50 cm^2 hat?

6.30 (II): In einen geladenen Plattenkondensator wird ein Isolator mit einer Permittivität von $\varepsilon_r = 2$ geschoben. Wie ändern sich Kapazität, Spannung und Ladung auf den Platten, wenn

a) der Kondensator isoliert ist?

b) der Kondensator noch an der Spannungsquelle angeschlossen ist?

6.31 (II): Jede Taste in einer Computertastatur ist mit einer kleine Metallplatte verbunden, die eine Platte eines Plattenkondensators bildet. Wird die Taste gedrückt, so vermindert sich der Abstand der Kondensatorplatten und die Kapazität erhöht sich entsprechend. Diese Kapazitätserhöhung wird elektronisch registriert und der Rechner weiß dann, dass die Taste gedrückt ist. Nehmen wir an, die beiden Metallplatten haben je eine Fläche von 50 mm^2 und sind 4 mm auseinander, wenn die Taste nicht gedrückt ist. Die Elektronik spricht an, wenn sich die Kapazität um 0,25 pF erhöht. Wie weit muss die Taste heruntergedrückt werden?

6.32 (II): Ein 7,7 μF-Kondensator ist auf 125 V aufgeladen. Die Spannungsquelle wird abgekoppelt und dafür ein zweiter, zunächst ungeladener Kondensator mit Kapazität C_2 an den Kondensator angeschlossen. Ein Teil der Ladung fließt auf den zweiten Kondensator über. Dadurch sinkt die Spannung um 15 V. Wie groß ist die Kapazität C_2?

6.33 (II): Wie ändert sich die in einem Kondensator gespeicherte Energie, wenn:

a) die Spannung verdoppelt wird?

b) die Ladungen auf den Platten verdoppelt wird?

c) der Plattenabstand verdoppelt wird während der Kondensator mit einer Spannungsquelle verbunden bleibt?

6.34 (II): Ein großer 4 F-Kondensator hat genug Energie gespeichert, um 2,5 kg Wasser von 20 °C auf 95 °C zu erhitzen. Welche Spannung liegt am Kondensator?

6.35 (II): Welche Kapazität muss man in einem RC-Glied zu einem ohmschen Widerstand von 10 kΩ hinzuschalten, um die Grenzfrequenz f^* zwischen Hoch- und Tiefpass auf 50 Hz zu bringen?

Stromleitung, Elektrochemie

6.36 (III): In welcher Größenordnung liegt die Geschwindigkeit, mit der die Elektronen in der Zuleitung zu einer Schreibtischlampe hin und her pendeln? (Leistung 60 W, Kupferquerschnitt 0,75 mm^2, Molare Masse $M(Cu) = 63,54$ g/mol).

6.37 (I): In einer Taschenlampe hat die Leuchtdiode eine Leistungsaufnahme von 1 W bei einer Spannung von 3 V. Wie viele Elektronen fließen pro Sekunde durch die Leuchtdiode?

6.38 (II): Wieso führt der Dissoziationsgrad $x_D = 1,9 \cdot 10^{-9}$ beim Wasser zu pH 7?

6.39 (II): Welche Wasserstoffionenkonzentration gehört zu pH 2,5?

6.40 (II): Bei der elektrolytischen Abscheidung von Silber aus Silbernitrat ($AgNO_3$) wurde gemessen: $\Delta m / \Delta Q = 1,1179$ mg/C. Welche molare Masse M(Ag) und welche Atommasse $m_M(Ag)$ folgen daraus? Silber ist hier einwertig.

Magnetfeld

6.41 (II): Ein längerer Draht befindet sich in einem Magnetfeld von 10^4 T und verläuft senkrecht zu den Feldlinien.

Nun wird ein Strom von 5 A durch den Draht geschickt. Wo und in welchem Abstand vom Draht ist dann die Feldstärke Null?

6.42 (II): Zwei Drähte verlaufen senkrecht zueinander und haben einen kürzesten Abstand von 20 cm. Wie groß ist das magnetische Feld genau zwischen ihnen, wenn der eine Draht 20 A und der andere Draht 5 A Strom führt?

6.43 (II): Ein langer Draht, durch den 12 A fließen, übt auf einen 7 cm entfernten parallelen Draht eine anziehende Kraft von $8{,}8 \cdot 10^4$ N pro Meter aus. Wie groß ist der Strom im zweiten Draht und welche Richtung hat er?

6.44 (I): Wie groß ist die Kraft auf ein Flugzeug, dass mit 120 m/s senkrecht zum Erdmagnetfeld von $5 \cdot 10^{-5}$ T fliegt und eine Ladung von 155 As trägt?

6.45 (II): Ein stromführender Draht wird zu einem Quadrat mit 6 cm Kantenlänge gebogen. Der Strom durch den Draht betrage 2,5 A. Welches Drehmoment wirkt auf diese Leiterschleife in einem gleichförmigen Magnetfeld ($B = 1$ T), wenn die Feldlinien
a) senkrecht zu der Schleifenebene stehen?
b) parallel zur Schleifenebene und zu zwei Kanten des Quadrates liegen?

Induktion

6.46 (II): In einer geschlossen Spule mit 100 Windungen, einer Querschnittsfläche von 25 cm^2 und einem Widerstand von 25 Ω wird ein Magnetfeld parallel zur Spulenachse in 2 s von 0 T auf 1 T erhöht. Welcher induzierte Strom fließt dabei im Mittel durch die Spule?

6.47 (II): Zwischen den Polschuhen eines großen Elektromagneten (◘ Abb. 6.94) wird eine Probespule mit konstanter Geschwindigkeit parallel zu sich selbst genau auf der Symmetrieebene des Feldes entlang gezogen, aus dem feldfreien Raum in den feldfreien Raum. Wie sieht der

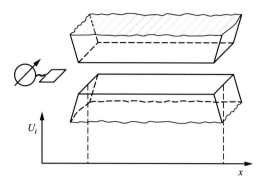

◘ **Abb. 6.94** Zu Frage 6.47

Verlauf der induzierten Spannung, bezogen auf die momentane Position der Probespule, qualitativ aus?

6.48 (II): Ein einfacher Generator hat eine quadratische Drehspule mit einer Kantenlänge von 10 cm und 720 Windungen. Die Spule wird in einem 0,65 T-Magnetfeld gedreht. Wie schnell muss sie mindestens gedreht werden um eine effektive Spannung von 50 V zu liefern?

6.49 (II): Jede Schule besitzt in ihrer physikalischen Sammlung einen „Experimentiertrafo", bestehend aus einem U-Kern mit aufsetzbarem Joch und einem Satz auswechselbarer Spulen. Vorhanden seien die Spulen mit 24, 250, 500, 1000 und 25.000 Windungen. Welche Kombination wird der Lehrer wählen, wenn er für einen Versuch ca. 12 kV Hochspannung haben möchte und für einen anderen 6 V Niederspannung. Primäre Spannungsquelle ist die Steckdose (23,V).

Schwingkreis

6.50 (II): Welche Größen im elektrischen Schwingkreis entsprechen der Auslenkung x des Federpendels, der Geschwindigkeit v seines Pendelkörpers, der potentiellen und der kinetischen Energie?

Optik

Inhaltsverzeichnis

Ergänzende Information Die elektronische Version dieses Kapitels enthält Zusatzmaterial, auf das über folgenden Link zugegriffen werden kann https://doi.org/10.1007/978-3-662-68484-9_7. Die Videos lassen sich durch Anklicken des DOI Links in der Legende einer entsprechenden Abbildung abspielen, oder indem Sie diesen Link mit der SN More Media App scannen.

U. Harten, *Physik*, https://doi.org/10.1007/978-3-662-68484-9_7

Optik ist die Lehre vom Licht, vor allem von seiner Ausbreitung. Als Licht bezeichnet man zunächst einmal diejenige Strahlung, die das Auge des Menschen wahrnimmt, also elektromagnetische Wellen in einem sehr schmalen Spektralbereich. In erweitertem Sinn werden auch die benachbarten Gebiete als Licht bezeichnet. Kennzeichen der Wellenausbreitung sind Interferenz und Beugung. Allerdings machen sie sich im makroskopischen Alltag meist gar nicht bemerkbar, weil die Wellenlänge sichtbaren Lichtes zu klein ist. Dann gelten die Regeln der geometrischen Optik. Licht überträgt Energie. Der selektiven Empfindlichkeit des menschlichen Auges wegen müssen für den Strahlungsfluss einer elektromagnetischen Welle und den Lichtstrom verschiedene Messverfahren und Einheiten definiert werden. Sichtbares Licht wird von Atomen und Molekülen emittiert und absorbiert. Weil sie so klein sind und weil die kurzen Wellenlängen hohe Frequenzen zur Folge haben, spielt hier eine Eigenschaft der Natur eine bedeutsame Rolle, die sich im Alltag sonst nicht bemerkbar macht: die Quantelung der Energie.

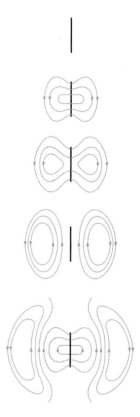

◘ **Abb. 7.1 Schwingender Dipol.** Verlauf der elektrischen Feldlinien um einen schwingenden Dipol, schematisch, aber realistischer als in ◘ Abb. 6.90 gezeichnet

7.1 Elektromagnetische Wellen

7.1.1 Der strahlende Dipol

Die Bilderreiheder letzten Abbildung des vorigen Kapitels (◘ Abb. 6.90) macht zwar plausibel, wieso ein gerader Draht als elektrischer Dipol schwingen kann und eine Eigenfrequenz besitzt, aber sie schematisiert die Feldverteilung doch zu sehr. Nicht nur die Ladungen des Dipols lösen ein elektrisches Feld aus, dasselbe tut auch das sich ändernde Magnetfeld um den Dipol herum. Resultat: Die elektrischen Feldlinien werden in einer Weise vom Dipol weggedrängt, wie dies ◘ Abb. 7.1 etwas realistischer darstellt, und zwar durch Teilbilder in zeitlichen Abständen von jeweils $T/6$, dem Sechstel einer Schwingungsdauer. Beim ersten Nulldurchgang (4. Teilbild) ist der Dipol selbst feldfrei; das Feld hat sich von ihm gelöst und bildet in der Zeichenebene ein System geschlossener Feldlinien, räumlich aber einen torusähnlichen Schlauch mit dem Dipol als Achse. Danach entstehen neue Feldlinien gleicher Gestalt aber mit entgegengesetztem Vorzeichen und drängen die alten nach außen ab. Diese nehmen zunächst nierenförmige Gestalt an, passen sich aber mit wachsendem Abstand immer mehr Kreisausschnitten an. Das zugehörige Magnetfeld läuft mit, in Form konzentrischer Kreise, die mit periodisch wechselndem Umlaufsinn gewissermaßen aus dem Dipol herausquellen. ◘ Abb. 7.2 zeigt eine „Momentaufnahme" für die Symmetrieebene des Dipols. In ihr sind die beiden Felder am stärksten, nach oben und unten werden sie schwächer und in der Längsrichtung des Dipols geschieht gar nichts mehr. Praktisch

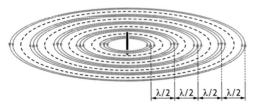

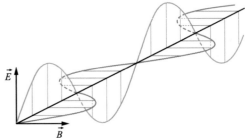

■ **Abb. 7.2   Schwingender Dipol.** Verlauf der magnetischen Feldlinien in der Symmetrieebene eines schwingenden Dipols, Momentaufnahme

■ **Abb. 7.3   Elektromagnetische Welle.** Augenblicksdiagramm einer nach hinten laufenden elektromagnetischen Welle

strahlt der Dipol in alle Richtungen, aber er strahlt nicht homogen.

Greift man ganz willkürlich eine einzige Ausbreitungsrichtung heraus, so kann man in räumlicher Darstellung die Stärken der beiden Felder, wieder als Momentaufnahme, graphisch aufzeichnen. ■ Abb. 7.3 zeigt das Ergebnis, nämlich ein elektrisches Wechselfeld parallel zur Dipolachse und ein magnetisches Wechselfeld senkrecht dazu. Beide schwingen synchron, sie haben ihre Maxima und ihre Nulldurchgänge zur gleichen Zeit am gleichen Ort (absolut exakt stimmt diese Feststellung nicht, aber die Abweichungen brauchen nur den Spezialisten zu interessieren). Maxima wie Nulldurchgänge laufen mit Lichtgeschwindigkeit vom Dipol weg, dabei nehmen beide Felder ihre Energieinhalte mit: Der Dipol strahlt eine **elektromagnetische Welle** ab und muss die entsprechende Leistung liefern. Auch wenn er selbst keine Stromwärme entwickelte, kämen seine Schwingungen durch Strahlungsdämpfung rasch zur Ruhe, würden sie nicht durch einen passenden Wechselspannungsgenerator immer wieder aufgefrischt.

> **Merke**
> Elektromagnetische Welle: ein elektrisches und ein magnetisches Wechselfeld schwingen synchron zueinander; sie stehen (im Wesentlichen) senkrecht aufeinander und senkrecht auf der Fortpflanzungsrichtung.

In jeder halben Schwingungsdauer kommt die Welle um eine ganze Dipollänge weiter. Dem entspricht die schon am Ende des letzten Kapitels genannte Beziehung $T = 2\,l/c$ zwischen der Ausbreitungsgeschwindigkeit c, der Dipollänge l und der Schwingungsdauer T, denn die allgemeine Beziehung

$$c = \lambda \cdot f = \frac{\lambda}{T}$$

gilt für elektromagnetische Wellen genauso wie für alle anderen.

> **Merke**
> Für alle Wellen gilt:
> Ausbreitungsgeschwindigkeit = Wellenlänge mal Frequenz.

Lichtgeschwindigkeit und Feldkonstanten
Elektromagnetische Wellen entstehen, weil ein sich änderndes elektrisches Feld sich mit magnetischen Feldlinien umgibt und umgekehrt. Formelmäßig wird dieser Sachverhalt durch die beiden geschlossenen Linienintegrale des ▶ Abschn. 6.11.2 beschrieben. Sie enthalten die beiden Naturkonstanten ε_0 und μ_0. Verwunderlich wäre es nicht, wenn diese Größen die Ausbreitungsgeschwindigkeit bestimmten. Multipliziert man ihre Einheiten miteinander, so bekommt man

$$1\,\frac{\mathrm{VsAs}}{\mathrm{AmVm}} = 1\,\frac{\mathrm{s}^2}{\mathrm{m}^2}$$

also den Kehrwert des Quadrates der Einheit der Geschwindigkeit. Das legt die Vermutung nahe, für die Lichtgeschwindigkeit im Vakuum könne

$$c = \frac{1}{\sqrt{\varepsilon_0 \cdot \mu_0}}$$

Gelten und so ist es auch. In einem Medium wären dann noch dessen Dielektrizitätszahl ε_r und Permeabilität μ_r

in die Wurzel hinein zu multiplizieren. Selbstverständlich kann eine solche **Dimensionsanalyse** einen physikalischen Zusammenhang nicht nachweisen; sie kann aber Hinweise geben, wo es sich lohnen könnte, mit genauen Rechnungen einem möglichen Zusammenhang nachzuspüren.

7.1.2 Spektralbereiche

Der Gesichtssinn des Menschen reagiert nicht auf Licht allein. Wem so sehr mit der Faust aufs Auge geschlagen wird, dass er „Sterne sieht und die Funken stieben", der sieht die Sterne und die Funken wirklich, aber sie sind die Folgen eines mechanischen Reizes und keines optischen. Man kann es auch weniger gewalttätig haben: Schon ein leichter Druck auf den ausgeruhten, von Licht abgeschirmten Augapfel löst im Gehirn das Signal „Licht" aus, wie ein jeder leicht bei sich selbst nachprüfen kann.

Zum Gesichtssinn gehört nicht nur das Auge mit Hornhaut, Linse, Glaskörper und Netzhaut, sondern auch der Sehnerv mitsamt dem für das Sehen zuständigen beträchtlichen Teil des Großhirns. Alles zusammen vermittelt dem Menschen Eindrücke von einer bei ausreichendem Licht bunten, immer aber räumlichen Welt, und das, obwohl die Netzhaut nur flächenhafte Bilder aufnehmen kann. Hier lässt sich der Gesichtssinn denn auch täuschen: Zumal in ebene Bilder interpretiert er virtuos räumliche Vorstellungen hinein, sofern die Perspektive auch nur einigermaßen stimmt – Maler und Photographen nutzen das aus. Der Gesichtssinn hat auch nur eine begrenzte Aufnahmegeschwindigkeit: Bei einer Folgefrequenz von 25 Hz und mehr verschmelzen diskrete Bilder zu einem kontinuierlichen Eindruck – Film und Fernsehen nutzen dies aus. Auf jeden Fall aber liefert der Gesichtssinn dem Menschen weit vollkommenere Informationen über seine Umwelt als die vier anderen Sinne zusammen. Voraussetzung ist natürlich, dass der Sinneseindruck „Licht" durch das physikalische Phänomen „Licht" ausgelöst wird und nicht durch mechanische Reize

oder gar durch Rauschgifte. Die beiden Bedeutungen des Wortes **Licht** müssen deshalb sorglich auseinander gehalten werden; sie sind zwar eng miteinander verknüpft, können aber unabhängig voneinander existieren. Licht im physikalischen Sinn war in der Welt, lange bevor es Augen gab.

Konstruiert ist das Auge des Menschen für den Nachweis elektromagnetischer Wellen, deren Wellenlängen um ein halbes Mikrometer herum liegen. Die für den Normalsichtigen damit verbundenen Farbeindrücke reichen von violettblau bei kurzer Wellenlänge (ca. 450 nm) über grün (ca. 520 nm) und gelb (ca. 570 nm) bis rot bei langer Wellenlänge (ca. 700 nm).

Die Welt ist gar nicht bunt, sie sieht nur so aus. Ohne Augen gäbe es keine Farben, sondern nur elektromagnetische Wellen unterschiedlicher Wellenlänge. Dass bei Nacht alle Katzen grau sind, liegt auch nicht an den Katzen, sondern an der Netzhaut. Von deren Sensoren sprechen bei schwachem Licht nur die **Stäbchen** an, die lediglich Grautöne vermelden, und noch nicht die für das Farbsehen zuständigen **Zapfen**. Von ihnen gibt es drei Gruppen, durch drei verschiedene Farbstoffe (**Sehpurpur**) für die langen, die mittleren und die kurzen Wellen des sichtbaren Spektrums sensibilisiert. Aus den relativen Signalstärken dieser drei Zapfensorten konstruiert das Gehirn den Farbeindruck. Für den Computer-Bildschirm reicht es deshalb, das Bild aus nur drei Farben (Blau, Grün, Rot) aufzubauen.

Grob gemessen reicht der **sichtbare Spektralbereich** von etwa 400 bis etwa 750 nm. Das ist nicht viel, just eine knappe Oktave im Sinne der Akustik. Aber dies ist genau der Bereich, in dem das Sonnenlicht, das auf der Erdoberfläche ankommt, am hellsten ist (◘ Abb. 7.4). Tieraugen sehen bei manchen Tieren noch etwas mehr, aber im Wesentlichen auch nur in diesem Bereich. Kurzwelliges **Ultraviolett-Licht** strahlt schon die Sonne viel weniger und das wird auch noch vor allem vom Ozon der hohen Atmosphäre abgefangen, während der Wasserdampf wesentliche

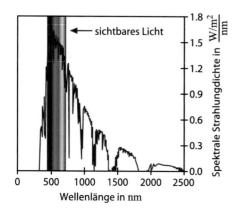

◻ Abb. 7.4 Sonnenspektrum. Die Sonne glüht bei 5778 K und sendet entsprechende Temperaturstrahlung (◻ Abb. 5.10) mit Maximum bei ca. 500 nm Wellenlänge. Die Intensitätseinbrüche bei manchen Wellenlängen beruhen auf der Absorption des Lichtes durch diverse Gase in der Erdatmosphäre. (Nach Nicolas L. Stokes)

Teile vom langwelligen **Infrarot-Licht** herausnimmt.

Es ist üblich, nicht nur die Strahlung im sichtbaren Spektralbereich als *Licht* zu bezeichnen, sondern auch die angrenzenden Gebiete. Was dann weiter außen liegt, heißt auf der kurzwelligen Seite *Strahlung* (Röntgen- und γ-Strahlung) und auf der anderen *Welle* (Millimeter-, Meter-, Kurz-, Mittel und Langwelle im Radiobereich). Physikalisch handelt es sich dabei um immer die gleiche Erscheinung: um elektromagnetische Wellen, nur durch Frequenz und Wellenlänge voneinander unterschieden (◻ Abb. 7.5). Darum ist auch die Ausbreitungsgeschwindigkeit im ganzen

Spektrum prinzipiell dieselbe, die

Vakuum-Lichtgeschwindigkeit
$$c = 299.792.458 \text{ m/s}$$

Es ist erlaubt, sich stattdessen $3 \cdot 10^8$ m/s oder auch 300.000 km/s zu merken.

❯ Merke

Lichtgeschwindigkeit (im Vakuum)
$$c \approx 3 \cdot 10^8 \text{ m/s}$$
(wichtige Naturkonstante).

7.1.3 Wellenausbreitung

Alle Wellen breiten sich nach den gleichen Gesetzen aus. Darum ist es durchaus erlaubt, auch die Ausbreitung des Lichts am Modell der Wasserwellen zu studieren; die *Wellenwanne* (◻ Abb. 7.6) ist ein nützliches Hilfsmittel im Bereich der Optik. Sie reduziert zugleich die immer ein wenig unübersichtliche Wellenausbreitung im Raum auf die leichter überschaubaren Verhältnisse der Ebene.

Bei hinreichend großem Abstand von der Wellenquelle, vom *Wellenzentrum*, sind Wellen immer kugel- bzw. kreisförmig (◻ Abb. 7.7); wenn nichts im Wege steht, breiten sie sich gleichmäßig nach allen Richtungen aus. Geht man sehr weit weg, so erscheinen sie in einem hinreichend schmalen Bereich der Beobachtung als ebene Wellen mit gerader Front in der Wanne (◻ Abb. 7.8). Lässt

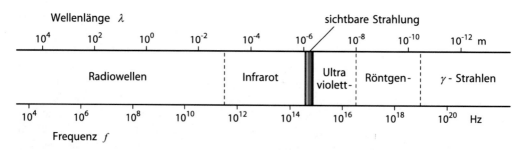

◻ Abb. 7.5 Das Spektrum der elektromagnetischen Wellen

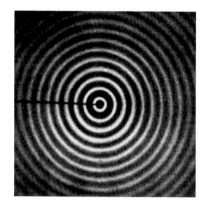

Abb. 7.6 Skizze einer Wellenwanne im Schnitt; ein Stift tippt periodisch in ein flaches Wasserbecken

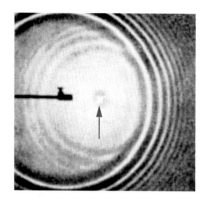

Abb. 7.9 Kleines Hindernis wird zum Wellenzentrum

Abb. 7.7 Kreiswelle in einer Wellenwanne

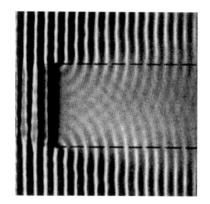

Abb. 7.10 Großes Hindernis wirft einen Schatten

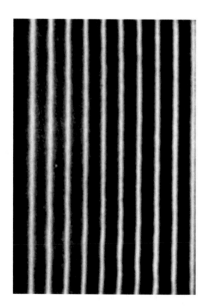

Abb. 7.8 Ebene Wellen in einer Wellenwanne

man die Welle an einem Hindernis vorbeilaufen, so hängt das Resultat sehr von der Größe dieses Hindernisses ab. Ist es klein gegenüber der Wellenlänge, so wird es zu einem sekundären Wellenzentrum (■ Abb. 7.9), ist

es sehr groß, so entsteht hinter ihm ein **Schattenraum**, der, wenn man nicht allzu genau hinsieht, durch Geraden begrenzt wird, vom Wellenzentrum aus über die Kanten des Hindernisses hinweg gezeichnet (■ Abb. 7.10). Sieht man aber genauer hin, so dringt die Welle doch etwas in den Schattenraum hinein. Das ist auch beim umgekehrten Fall eines breiten Spaltes so (■ Abb. 7.11). Macht man einen solchen Spalt schmaler, so wird dieser Effekt immer stärker. Im Grenzfall, wenn die Spaltbreite klein ist verglichen mit der Wellenlänge, gibt es hinter dem Spalt gar keinen Schatten mehr und die Welle breitet sich als Kreiswelle überall hin aus (■ Abb. 7.12). Auch das ganz kleine Hindernis von ■ Abb. 7.9 warf ja keinen Schatten. Wellen können also „um die Ecke" gehen. Diese Erscheinung nennt man

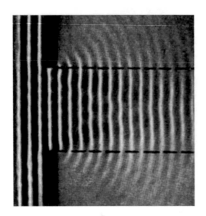

Abb. 7.11 **Größeres Loch** liefert ein begrenztes Wellenbündel

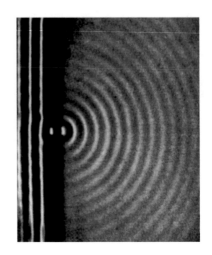

Abb. 7.12 **Kleines Loch** wird zum Wellenzentrum

Beugung. Sie ist umso ausgeprägter, je kleiner die Abmessungen der Hindernisse gegenüber der Wellenlänge sind. Für Schallwellen ist das aus dem Alltag geläufig. Man kann jemanden, der hinter einem Baum steht, durchaus etwas zurufen und er hört es, weil die Schallwellenlänge eher größer als der Baumdurchmesser ist und der Schall „um den Baum herum" geht. Ist das Hindernis hingegen groß (ein Haus), dann wirft es einen Schatten und hinter dem Hindernis ist es wirklich dunkel (beziehungsweise still). Ist die Lichtwellenlänge vernachlässigbar gegenüber allen Lineardimensionen des Experiments, so ist der Ausdruck **Lichtstrahl** mit scharfer Bündelbegrenzung gerechtfertigt.

Für Röntgenstrahlen gilt dies in höherem Maß als für sichtbares Licht, aber auch dessen Wellenlänge ist in der normalen Umgebung des Menschen verschwindend klein. Darum hat es auch so lange gedauert, bis man seine Wellennatur erkannte. Derjenige Teil der Optik, der sich um diese nicht kümmert, heißt **geometrische Optik**.

Wellen können sich, wie Schwingungen, bei der Überlagerung verstärken, schwächen und sogar auslöschen. Dies nennt man **Interferenz** (s. ▶ Abschn. 7.4.2). Zusammen mit der Beugung führt Interferenz zu *Beugungsfiguren* (s. ▶ Abschn. 7.4.5). Das Wort „Strahl", dass gerade Bündelbegrenzung, scharfe Schatten und gleichmäßige Ausleuchtung des schat-

tenfreien Raumes einschließt, wird diesen Erscheinungen nicht mehr gerecht. Interferenz und Beugung machen sich umso deutlicher bemerkbar, je näher die Wellenlänge λ an die Abmessungen der „Geräte" des Experiments herankommt: Die *Langwelle* des Deutschlandfunks ($\lambda \approx 1 \, km$) läuft über Berg und Tal und wirft keine Schatten, die *Ultrakurzwelle* der Mobilfunksender ($\lambda \approx 30 \, cm$) lässt sich zwar von Bäumen kaum stören, von Häusern aber durchaus. Derartige Effekte behandelt die **Wellenoptik**: Als weiterführende Theorie schließt sie alle Aussagen der geometrischen Optik ein, eben in der Näherung vernachlässigbarer Wellenlänge – vernachlässigbar im Vergleich zu den Abmessungen der Objekte im Wellenfeld.

7.2 Geometrische Optik

7.2.1 Lichtbündel

Als Carl Friedrich Gauß überprüfen wollte, ob der Satz von der Winkelsumme im Dreieck auch dann noch gilt, wenn dieses Dreieck vom Brocken im Harz, vom Hohen Hagen bei Göttingen und vom Großen Inselberg bei Eisenach aufgespannt wird, da maß er auf jedem der drei Gipfel den Winkel, den er zwischen den

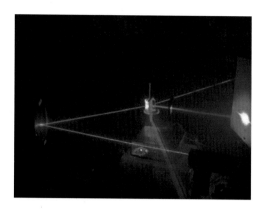

beiden anderen sah. Zusammengezählt ergaben sie in der Tat mit hoher Genauigkeit 180°. Gauß hat dabei stillschweigend vorausgesetzt, dass Lichtbündel als Seiten eines mathematischen Dreiecks fungieren können, sich also geradlinig im Raum ausbreiten.

Ein geometrisches Gebilde, das, von einem Punkt ausgehend, gerade durch den Raum läuft und nur in dieser einen Richtung ausgedehnt ist, heißt in der Mathematik *Strahl*. Physikalisch lässt sich ein solcher Strahl nicht realisieren, das **Lichtbündel** eines Lasers (s. ▶ Abschn. 7.5.3) kommt ihm aber einigermaßen nahe (⬛ Abb. 7.13). Es hat zwar

einen durchaus nachweisbaren Durchmesser, aber der ist doch vergleichsweise klein. Mit wachsendem Laufweg wird er allerdings immer größer, denn das Lichtbündel auch des besten Lasers ist immer noch *divergent*, es hat einen nicht verschwindenden **Öffnungswinkel** ω, (näherungsweise) definiert als Quotient aus Bündeldurchmesser d und Abstand l von der als punktförmig angesehenen Lichtquelle (⬛ Abb. 7.14). Dahinter steht eine gewisse Abstraktion, denn wirklich existierende Lichtquellen sind immer ausgedehnt und werfen von einem Hindernis neben dem eigentlichen *Kernschatten* einen Halbschatten, in den sie mit einem Teil ihrer strahlenden Oberfläche hineinleuchten (⬛ Abb. 7.15 und 7.16).

❯ **Merke**

Öffnungswinkel eines Lichtbündels: $\omega = \frac{d}{l}$

Der Mensch sieht Licht nur dann, wenn es in seine Augen fällt. Bündel, die quer zur Blickrichtung laufen, bleiben unbemerkt. Man kann sie sich deshalb nur dadurch sichtbar machen, dass man ihnen Fremdkörper wie Staub, Wasserdampf oder Tabakrauch in den Weg bringt: Sie streuen Licht aus dem Bündel hinaus und zum kleinen Teil in ein Auge oder in die Linse eines Fotoapparates hinein. Auch die handfesten Gegenstände der täglichen Umwelt wer-

⬛ **Abb. 7.14 Bündelbegrenzungen** eines „schlanken" Bündels. Hier gilt für in guter Näherung: Öffnungswinkel $\omega = \frac{\text{Bündeldurchmesser } d}{\text{Laufweg } l}$

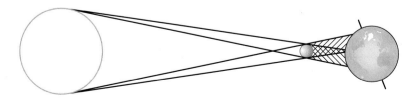

⬛ **Abb. 7.15 Mondschatten.** Dort, wo der von der Sonne geworfene Kernschatten des Mondes die Erdoberfläche trifft, kann man eine totale Sonnenfinsternis beobachten. Im Bereich des Halbschattens deckt der Mond nur einen Teil der Sonnenscheibe ab (partielle Sonnenfinsternis)

7

Abb. 7.16 Mondschatten auf Jupiter. Europa und Castillo werfen Schatten auf Jupiter. Der Schatten des rechten Monds Io ist nicht im Bild. (NASA, ESA, Hubble Heritage)

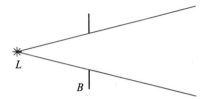

Abb. 7.17 Divergentes Lichtbündel, aus dem Licht der allseitig strahlenden Punktlichtquelle L von der Blende B herausgeblendet. Die Bündelbegrenzungen werden schon vor der Blende gezeichnet

den, wenn man sie beleuchtet, zu unselbständigen **Sekundärlichtquellen**, die Licht aus dem Primärbündel seitlich hinauswerfen. In der Welt der frühen Menschen gab es im Wesentlichen nur eine **Primärlichtquelle**, die Sonne. Auch wenn sie nicht „scheint", genügt das Streulicht der Wolken, um die Szene hinreichend zu erhellen. Selbst bei klarem Himmel reicht das Streulicht, die anderen Primärlichtquellen des Kosmos, die Fixsterne, völlig zu überstrahlen. Man lasse sich hierdurch nicht irreleiten: Lichtbündel verschiedener Quellen durchsetzen sich gegenseitig, ohne sich (nennenswert) zu beeinflussen. Auch am Tage sind die Sterne „da", aber das Auge nimmt ihr schwaches Licht nicht wahr, weil es von dem hellen zu sehr beansprucht wird.

> **Merke**
>
> Eine Primärlichtquelle erzeugt Licht, eine Sekundärlichtquelle streut Licht.

Sekundärstrahler sind naturgemäß weitaus lichtschwächer als der primäre, der sie beleuchtet. Der Gesichtssinn ist zur Wahrnehmung von Sekundärstrahlern entwickelt wor-

den, mit entsprechender Empfindlichkeit. Direktes Sonnenlicht blendet nicht nur, es kann die Netzhaut schädigen. Auch künstliche Primärstrahler wie Leuchtdioden sollten durch Mattglas abgedeckt werden oder einen Raum indirekt beleuchten.

Aus den unzähligen, diffus in alle Richtungen durcheinander laufenden Sekundärlichtbündeln blendet ein Auge nur einen verschwindend kleinen Bruchteil für sich selbst heraus. Es handelt sich um schlanke, divergente Bündel, mit von der Pupille bestimmten, kleinen Öffnungswinkeln. Die Ausgangspunkte dieser Bündel vermag das Hirn zu erkennen; es setzt aus ihnen ein räumliches Bild der Umwelt zusammen.

Wollte man bei einem konkreten, optischen Problem alle benutzten Lichtbündel auf Papier zeichnen, die Linienfülle würde unüberschaubar. Darum beschränkt man sich auf ganz wenige besonders wichtige Bündel und zeichnet von ihnen nur die Bündelbegrenzungen, wie sie durch Blenden festgelegt werden – und das nicht nur hinter, sondern auch vor der Blende, als wüsste das Bündel schon, was ihm noch widerfahren wird (**Abb. 7.17**). Zuweilen wird auch diese Methode noch zu unübersichtlich; dann zeichnet man nur den *Zentralstrahl* längs der Bündelachse, der die Hauptrichtung des Bündels markiert. In jedem Fall stehen Lichtstrahlen, auf Papier gezeichnet, für Ausschnitte aus elektromagnetischen Kugelwellen bis hin zum Grenzfall des **Parallellichtbündels**, das mit dem Öffnungswinkel null eine (streng genommen nicht realisierbare) ebene Welle darstellt (**Abb. 7.18**).

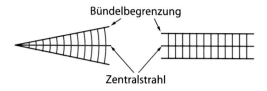

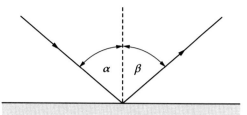

Abb. 7.18 Divergentes und Parallellichtbündel. Lichtstrahlen repräsentieren als Bündelbegrenzungen wie als Zentralstrahlen Ausschnitte aus elektromagnetischen Kugelwellen (Wellenfronten hier *rot* gezeichnet, „Momentaufnahme"). Grenzfall: Parallellichtbündel, ebene Welle

Abb. 7.20 Reflexionsgesetz: $\alpha = \beta$

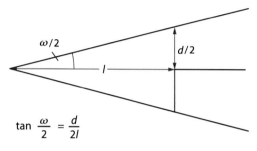

$$\tan \frac{\omega}{2} = \frac{d}{2l}$$

Abb. 7.19 Öffnungswinkel. Zur Herleitung der korrekten Formel für den Öffnungswinkel

Öffnungswinkel genau

Zumeist sind optisch genutzte Lichtbündel so schlank, dass man für ihre Öffnungswinkel $\omega = d/l$ schreiben darf. Die korrekte Formel lautet freilich

$$\tan\left(\frac{\omega}{2}\right) = \frac{d}{2l},$$

wie Abb. 7.19 zeigt. Zuweilen wird auch $\omega/2$ als Öffnungswinkel bezeichnet.

scharf ausgerichtet, wie es ankam. Einfallender und reflektierter Strahl liegen zusammen mit dem *Einfallslot*, der Flächennormalen am Auftreffpunkt, in einer Ebene; *Einfallswinkel* α und *Ausfallwinkel* β, zum Lot gemessen, sind gleich (Abb. 7.20). Dies ist die Aussage des **Reflexionsgesetzes**. Bei senkrechtem Lichteinfall ($\alpha = \beta = 0$) läuft ein Strahl in sich selbst zurück; in dem anderen Grenzfall der streifenden Inzidenz ($\alpha = \beta = 90°$) wird er gar nicht abgelenkt.

> Merke

Reflexionsgesetz: Einfallswinkel = Ausfallswinkel.

Katzenauge

Setzt man zwei Spiegel im rechten Winkel zusammen, so erhält man einen *90°-Winkelspiegel*, der schlanke Bündel parallel zu sich selbst zurückwirft, gleichgültig, aus welcher Richtung sie auftreffen, sofern dies nur in der Zeichenebene der Abb. 7.21 geschieht. Will man sich

7.2.2 Spiegelung

Nur im Sonderfall einer matt getünchten Oberfläche streut ein Gegenstand das Licht, das ihn trifft, völlig diffus nach allen Seiten. Im Allgemeinen gibt er dem Licht eine mehr oder weniger ausgeprägte Vorzugsrichtung mit, die von der Einfallsrichtung abhängt. Je ausgeprägter dies geschieht, desto blanker und glänzender erscheint die Fläche. Idealisierter Grenzfall ist die reguläre **Reflexion** eines vollkommenen Spiegels: Das einfallende Licht wird vollständig zurückgeworfen und bleibt dabei so

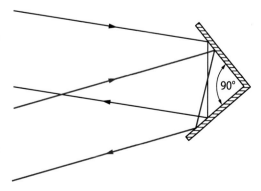

Abb. 7.21 90°-Winkelspiegel wirft in der Zeichenebene anlaufendes Licht parallel zu sich selbst zurück

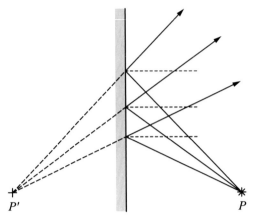

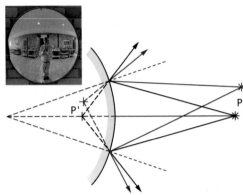

◘ Abb. 7.22 Reflexion am ebenen Spiegel. Ein im reflektiertes Bündel platziertes Auge meldet das virtuelle Spiegelbild P' der Lichtquelle P als Ausgangspunkt des Bündels an das Gehirn

◘ Abb. 7.23 Gewölbter Spiegel. Er vergrößert den Öffnungswinkel des reflektierten Bündels gegenüber dem des einfallenden. Ein Auge meldet ein verkleinertes, etwas an den Spiegel herangerücktes, virtuelles Spiegelbild P' der Lichtquelle P

von dieser Einschränkung frei machen, muss man drei Spiegel zusammensetzen wie die Ecke einer Kiste. Nach diesem Prinzip arbeiten die Rückstrahler an Fahrzeugen und Fahrbahnmarkierungen („Katzenaugen"). Die Augen von Katzen haben eine reflektierende Netzhaut und reflektieren ähnlich, allerdings nur in einem ganz kleinen Winkelbereich.

Bei einem ebenen Spiegel stehen alle Einfallslote parallel. Ein divergent einfallendes Bündel behält deshalb nach der Reflexion seinen Öffnungswinkel bei: Zentralstrahl wie Randstrahlen folgen dem Reflexionsgesetz (◘ Abb. 7.22). Das reflektierte Bündel scheint deshalb von einem Punkt herzukommen, der im gleichen Abstand hinter dem Spiegel liegt wie die wahre Lichtquelle vor ihm. Genau diesen Punkt meldet das Auge seinem Hirn als Ausgangspunkt des reflektierten Bündels: Ein Mensch sieht ein **virtuelles Bild** an einer Stelle, an der sich tatsächlich etwas ganz anderes befindet.

Spiegelbilder sind seitenverkehrt. Dies ist nicht eine Eigentümlichkeit der Optik, sondern der Richtungsbegriffe des Menschen: Wer von Ost nach West in einen Spiegel schaut und seine rechte Hand hebt, hebt seine nördliche Hand; sein Spiegelbild hebt ebenfalls die nördliche Hand, aber weil es von West nach Ost schaut, ist es die linke. Zwei Menschen, die

sich gegenüberstehen, sind gleicher Meinung bezüglich oben und unten, aber entgegengesetzter bezüglich rechts und links.

Ist ein Spiegel vorgewölbt, so stehen die Einfallslote nicht mehr parallel nebeneinander; der Öffnungswinkel des reflektierten Bündels ist größer als der des einfallenden, und das virtuelle Bild erscheint verkleinert und an den Spiegel herangerückt (◘ Abb. 7.23). Verkehrsspiegel an unübersichtlichen Einfahrten nutzen das aus; sie liefern ein vergleichsweise großes Bildfeld, erschweren aber die Abschätzung von Entfernungen.

Anders ist es beim Hohlspiegel: Hier wird der Öffnungswinkel verkleinert. Das kann zu zwei verschiedenen Konsequenzen führen. Liegt die Lichtquelle hinreichend nahe am Spiegel, so bleibt das reflektierte Bündel divergent, und der Betrachter sieht wieder ein virtuelles Bild (◘ Abb. 7.24), diesmal vergrößert und vom Spiegel abgerückt: Prinzip des Rasierspiegels. Bei hinreichend großem Abstand der Lichtquelle ist der Öffnungswinkel des einfallenden Bündels aber so klein, dass der des reflektierten negativ wird. Das gespiegelte Bündel bleibt nicht divergent, es läuft konvergent auf einen Punkt zu und erst hinter ihm divergent weiter (◘ Abb. 7.25). Von nun ab verhält es sich, als sei es im Konver-

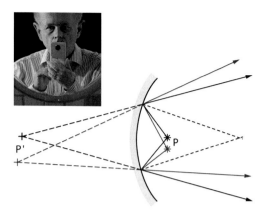

⬛ Abb. 7.24 Hohlspiegel bei kleinem Objektabstand. Der Öffnungswinkel wird verkleinert, bleibt aber positiv: virtuelles, vergrößertes und vom Spiegel weggerücktes Bild P' von der Lichtquelle P. Animation im Web

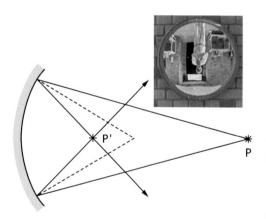

⬛ Abb. 7.25 Hohlspiegel bei großem Objektabstand: Der Öffnungswinkel wird bis ins Negative verkleinert. Das reflektierte Bündel läuft konvergent auf den reellen Bildpunkt P' der Lichtquelle P zu und erst hinter P' wieder divergent auseinander

genzpunkt entstanden; ein Auge meldet diesen Punkt als Ausgangspunkt des reflektierten Bündels, der Mensch sieht ein **reelles Bild** an einer Stelle, an dem sich die Lichtquelle zwar nicht befindet, das Licht aber immerhin gewesen ist. Es scheint nicht, wie beim virtuellen Bild, nur von dort zu kommen, es kommt wirklich von dort.

> **Merke**
> Ein virtuelles Bild wird von divergenten Lichtbündeln erzeugt und lässt sich nur durch abbildende Systeme wahrnehmen (Auge, Kamera).
>   Ein reelles Bild wird von konvergenten Lichtbündeln erzeugt und lässt sich auf einem Bildschirm auffangen.

Die Erzeugung reeller Bilder realer Objekte heißt in der Optik **Abbildung**. Vornehmlich die Teleskope der Astronomen benutzen hierfür tatsächlich Hohlspiegel; anderswo in Physik und Technik bevorzugt man die Abbildung durch Linsen. Auch die Natur hat sich bei der Konstruktion der Augen höherer Tiere für dieses Verfahren entschieden. Wer die Abbildung durch Linsen beherrscht (sie wird ab ▶ Abschn. 7.2.6 ausführlich besprochen), kann seine Kenntnisse leicht auf die Abbildung durch Hohlspiegel übertragen. Dies braucht hier also nicht näher behandelt zu werden.

> **Übersicht**
> **Frage:** In ⬛ Abb. 7.25 ist in Punkt P eine Lichtquelle und in Punkt P' ihr reelles Bild. Setzen wir nun die Lichtquelle in den Punkt P'. Gibt es dann auch ein reelles Bild? Und wenn ja, wo?
>
> **Antwort:** Bei der Reflexion ist Einfallswinkel gleich Ausfallswinkel. Der Vorgang ist vollkommen symmetrisch und läuft genau umgekehrt ab, wenn man die Richtung des Lichtstrahls umkehrt. Deshalb ergibt sich ein reelles Bild genau im Punkt P, wo die Lichtquelle vorher war.

7.2.3 Brechung

Ein guter Metallspiegel reflektiert fast vollständig; sein **Reflexionsvermögen**

$$R = \frac{\text{reflektierte Strahlungsleistung}}{\text{einfallende Strahlungsleistung}}$$

liegt kaum 1 % unter eins. Immerhin, es liegt unter eins, und darum gibt es eine Differenz zwischen den beiden Strahlungsleistungen, die in das Metall eindringen muss; dort kommt sie allerdings nicht weit, weil sie schon auf weniger als einer Wellenlänge durch Absorption stecken bleibt. Man kann aber elektrisch leitende Metallschichten auf Glasplatten aufbringen, die so dünn sind, dass sie durchaus noch Licht hindurch lassen. Gold sieht dann grün aus, Silber blau.

Gläser reflektieren weit schlechter und absorbieren eingedrungenes Licht weit weniger. Eine gut geputzte, d. h. streuteilchenfreie Glasscheibe stört den Blick so wenig, dass manche Geschäftshäuser auf ihre Glastüren Sichtstreifen kleben, damit ihre Kunden sie überhaupt bemerken.

In Glas läuft Licht langsamer als im Vakuum; für jedes andere lichtdurchlässige Medium gilt das auch, sogar für die Luft, wenn man genau genug misst. Infolgedessen durchsetzt Licht eine Glasplatte nur bei senkrechter Inzidenz ohne Richtungsänderung; bei schrägem Einfall wird es *gebrochen*. Fällt, wie in ◩ Abb. 7.26 gezeichnet, ein Parallellichtbündel von oben rechts, aus dem Vakuum mit der Lichtgeschwindigkeit c kommend, unter dem Einfallswinkel α auf die ebene Oberfläche eines *brechenden Mediums*, so kommt zunächst einmal der untere Randstrahl ein klein wenig früher an als der obere, um die Zeitspanne

$$\Delta t = \frac{s_1}{c}$$

nämlich. Im Medium herrscht die Lichtgeschwindigkeit $v < c$; das Licht kann in Δt deshalb nur die Strecke

$$s_2 = v \cdot \Delta t = \frac{s_1 \cdot v}{c}$$

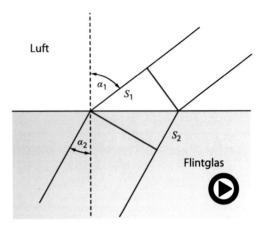

◩ **Abb. 7.26** (Video 7.1) **Brechung.** Zur Herleitung des Brechungsgesetzes, Einzelheiten im Text (► https://doi.org/10.1007/000-btk)

durchlaufen und muss darum, will es Parallelbündel bleiben, seine Richtung ändern. Den Ausfallswinkel β liefern die beiden aus Bündelbegrenzung und Wellenfront gebildeten Dreiecke der ◩ Abb. 7.26, und zwar durch die Gleichung

$$\frac{\sin \alpha_1}{\sin \alpha_2} = \frac{s_1}{s_2} = \frac{c}{v} = n;$$

der Quotient c/v wird **Brechzahl** n oder auch *Brechungsindex* genannt. Gebrochen wird Licht nicht nur beim Übertritt vom Vakuum in ein brechendes Medium, sondern auch bei Wechsel zwischen zwei Medien mit unterschiedlichen Brechzahlen n_1 und n_2 Darum gibt man dem **Brechungsgesetz** besser die vollständige Form

$$\frac{\sin \alpha_1}{\sin \alpha_2} = \frac{n_2}{n_1}.$$

> **Merke**

Brechzahl n

$$= \frac{\text{Lichtgeschwindigkeit } c \text{ im Vakuum}}{\text{Lichtgeschwindigkeit } v \text{ im Medium}} > 1$$

Brechungsgesetz: $\dfrac{\sin \alpha_1}{\sin \alpha_2} = \dfrac{n_2}{n_1}$

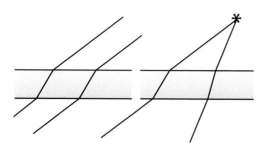

☐ Abb. 7.27 Planparallele Glasplatte. Beim Durchgang durch eine planparallele Glasplatte werden parallele wie divergente Lichtbündel lediglich parallelversetzt

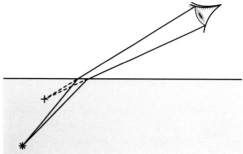

☐ Abb. 7.28 Blick ins Wasser. Das vom Auge ausgeblendete Bündel einer Lichtquelle, die sich in einem brechenden Medium befindet (Goldfisch im Teich), scheint von einer Stelle zu kommen, an der sie sich nicht befindet

Tritt Licht vom optisch „dünneren" Medium (dem mit der kleineren Brechzahl) in ein „dichteres" über, so wird *es zum Lot hin* gebrochen, andernfalls *vom Lot weg*. Beim Durchgang durch eine planparallele Glasplatte heben sich beide Brechungen gegenseitig auf; ein Lichtbündel wird lediglich parallelversetzt (☐ Abb. 7.27). Den Blick durchs Fenster stört das nicht.

Anderes gilt bei einem Teich. Hier ist das brechende Medium Wasser dick, und die Sekundärlichtquelle, etwa die Rückenflosse eines Goldfischs, befindet sich mitten darin. Das divergente Lichtbündel kommt nicht so geraden Weges beim Auge an, wie der Gesichtssinn vermutet; darum wird die Flosse an einer anderen Stelle „gesehen" als sie sich befindet, und der Rest des Fisches auch. Das führt zu markanten Verzerrungen, vor allem bei schräger Blickrichtung (☐ Abb. 7.28).

Mehr als streifende Inzidenz ist nicht möglich: Nach ihrer Definition können Einfalls- und Ausfallswinkel 90°, kann ein Sinus 1 nicht überschreiten. Demzufolge erlaubt das Brechungsgesetz beim Übertritt aus einem dünnen in ein dichteres Medium keinen Austrittswinkel α_2, der größer wäre als durch die Ungleichung

$$\sin \alpha_2 \leq \frac{n_2}{n_1} < 1$$

vorgegeben. Im dichteren Medium gibt es demnach einen Winkelbereich, den Licht

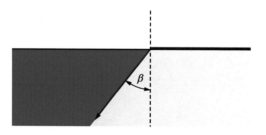

☐ Abb. 7.29 Dunkelheit. Leuchtet man von außen in einen Glasblock hinein, ist der im Bild dunkel gehaltene Bereich vom Licht nicht erreichbar. Der Winkel α_2 ist zugleich der Grenzwinkel der Totalreflexion (siehe auch nächstes Bild)

von außen nicht erreichen kann. Er ist in ☐ Abb. 7.29 dunkler gerastert.

Was geschieht mit Licht, das, aus diesem Bereich stammend, von der Seite des dichteren Mediums aus die Grenzfläche anläuft und heraus möchte? Gezeichnete **Strahlengänge** sagen nichts über die Marschrichtung des Lichtes aus: *Lichtwege sind umkehrbar.* Daraus folgt notwendigerweise: Kann Licht aus dem dünneren Medium *in* einen bestimmten Bereich des dichteren nicht hinein, so kann umgekehrt Licht *aus* diesem Bereich das dichtere Medium nicht verlassen – es verbleibt unter *Totalreflexion* auf der dichteren Seite der Grenzfläche (☐ Abb. 7.30). Das Reflexionsvermögen lässt sich hier von 1 kaum noch unterscheiden, allenfalls wird es ein wenig durch

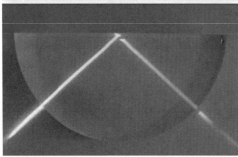

Abb. 7.30 Totalreflexion. Fällt ein Lichtstrahl von innen auf die Oberfläche eines Glasblocks, so wird es mit steigendem Einfallswinkel immer stärker reflektiert. Ab dem Grenzwinkel der Totalreflexion wird es vollständig reflektiert

Abb. 7.31 Lichtleiter, schematisch. Das durch eine Stirnfläche eingedrungene Licht kann wegen der Totalreflexion erst an deren anderen Stirnfläche wieder hinaus

möglicherweise vorhandene Streuteilchen und Absorptionsschichten an der Grenzfläche beeinträchtigt. Der Winkel α_2 der ◘ Abb. 7.29 heißt **Grenzwinkel der Totalreflexion.** Man kann ihn zur Bestimmung von Brechzahlen verwenden.

❯ **Merke**

Totalreflexion: Licht kann optisch dichteres Medium nicht verlassen, wenn der Grenzwinkel der Totalreflexion α_{grenz} überschritten wird:

$$\sin \alpha_{grenz} = \frac{1}{n}$$

(bei Übertritt in Vakuum oder Luft).

In der Medizin wird die Totalreflexion beim sog. **Lichtleiter** angewendet, um Körperhöhlen, wie etwa den Magen, für photographische Zwecke auszuleuchten. Man nehme ein Bündel feiner Glasfäden, der einzelne vielleicht 30 μm im Durchmesser; er lässt sich dann leicht um den Finger wickeln, ohne zu brechen. Gibt man durch seine Stirnfläche Licht in ihn hinein, so kann es nur durch die Stirnfläche am anderen Ende wieder heraus: Auf Seitenflächen trifft es auch in der Biegung immer nur mit Winkeln jenseits des Grenzwinkels der Totalreflexion auf (◘ Abb. 7.31). Zwischen zwei Reflexionen kommt das Licht nicht weit; ehe es das andere Ende eines ein Dezimeter langen Glasfadens erreicht, hat es einige hundert Spiegelungen hinter sich gebracht. Läge das Reflexionsvermögen auch nur um ein Promille unter der 1, käme kaum noch Licht an. Die heimische schnelle Internetverbindung ist ohne die Informationsübertragung durch solche Glasfasern hindurch nicht denkbar. Glasfasern dienen in Endoskopen in der Medizin dazu, Licht ins Dunkel des Magens, des Darms oder des Knies zu bringen.

7.2.4 Dispersion

Brechzahlen sind von Frequenz und Wellenlänge abhängig; meist fallen sie mit wachsendem λ ab. Man bezeichnet diesen Effekt als **Dispersion**. Er ist nicht groß, wie die Ordinate der ◼ Abb. 7.32 zeigt. Trotzdem lässt er sich mit einem *Prisma* leicht demonstrieren.

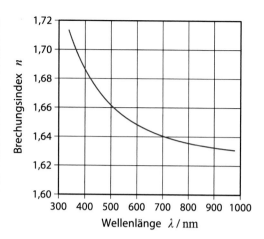

◼ **Abb. 7.32** Dispersionskurve von Flintglas

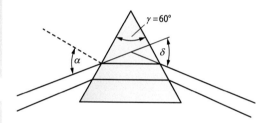

◼ **Abb. 7.33 Glasprisma.** Ein Parallellichtbündel durchsetzt symmetrisch ein 60°-Glasprisma; Einfallswinkel α, Ablenkwinkel δ

◼ Abb. 7.33 zeigt schematisch ein Parallellichtbündel, das ein *60°-Prisma* symmetrisch durchsetzt: Brechung zum Lot beim Eintritt, hier ein Abknicken nach rechts bedeutend; Brechung beim Austritt vom Lot weg, wieder ein Abknicken nach rechts bedeutend, denn die beiden Lote sind ja um den Prismenwinkel γ gegeneinander gekippt.

❯ **Merke**
Dispersion:
Abhängigkeit der Brechzahl von der Wellenlänge, d. h. $n = n(\lambda)$.

Es leuchtet ein, dass der Ablenkwinkel δ nicht nur vom Einfallswinkel α und dem Prismenwinkel γ abhängt, sondern auch von der Brechzahl n und damit von deren Dispersion $n(\lambda)$. ◼ Abb. 7.33 kann deshalb nur nach einem Laserexperiment gezeichnet wor-

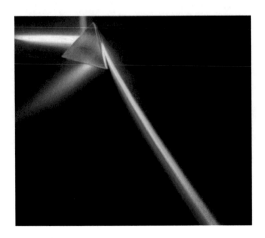

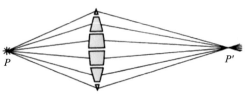

◘ Abb. 7.35 Linse als Prismenstapel. Ein Prismenstapel zieht Parallellichtbündel, deren Zentralstrahlen von einem Punkt P stammen, in einem Punkt P' zusammen – sofern die brechenden Winkel richtig gewählt werden

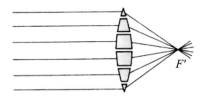

◘ Abb. 7.36 Linse als Prismenstapel. Parallel anlaufende Bündel werden nach F' gesammelt

◘ Abb. 7.34 Regenbogenfarben. Mit einem Prisma kann das Licht in die verschiedenen Wellenlängen zerlegt werden. Im Regenbogen geschieht dies durch Brechung an der Oberfläche von Regentropfen

den sein: Laserlicht ist *monochromatisch*, es enthält praktisch nur Licht einer Wellenlänge, sodass sich die Dispersion nicht auswirkt. Lässt man aber ein schmales Bündel Sonnenlicht auf das Prisma fallen, so wird das ursprünglich „weiße" Licht in alle Farben des Regenbogens aufgespalten (◘ Abb. 7.34). Vom Gesichtssinn als weiß empfundenes Licht ist normalerweise ein homogenes Gemisch aus allen Wellenlängen des sichtbaren Spektralbereiches, wie es etwa von Wolken als Sekundärstrahlern abgegeben wird. Im blauen Himmel überwiegen die kürzeren, im Abendrot die größeren Wellenlängen. Das Prisma kann ein Wellenlängen- oder auch Frequenzgemisch spektral zerlegen, in sein *Spektrum* zerlegen.

❯ Merke

Spektrale Zerlegung: Aufteilung eines Wellenlängengemisches in einzelne Wellenlängen.

7.2.5 Linsen

Von der Seite gesehen muss ein optisches Prisma nicht unbedingt die Form eines Dreiecks haben. Für das in ◘ Abb. 7.33 gezeichnete

Bündel hat die Spitze des Prismas keine Bedeutung, sie kann gekappt werden. Wichtig ist nur der *brechende Winkel* γ; mit ihm wächst der Ablenkwinkel δ.

Zumindest im Gedankenversuch kann man sich einen Stapel aufeinandergesetzter Prismen nach Art der ◘ Abb. 7.35 vorstellen. Ihre brechenden Winkel sollen so gewählt sein, dass sie die (gezeichneten) Zentralstrahlen von Parallellichtbündeln, die alle vom Punkt P ausgehen, in einen Punkt P' hinein sammeln. Auch parallel ankommende Bündel würden sie sammeln, aber auf kürzeren Abstand, also in den Punkt F' der ◘ Abb. 7.36. Mit schmaleren Prismen ließe sich eine größere Anzahl von Bündeln erfassen; im Grenzfall wird dann die Oberfläche des Glaskörpers nicht mehr von Facetten gebildet, sondern von zwei Zylindermänteln mit horizontaler Achse. Es ändert sich nichts Wesentliches, wenn man den einen zur Ebene entarten lässt: eine derartige *Zylinderlinse* zieht ein anlaufendes Parallellichtbündel zu einem horizontalen Strich zusammen (◘ Abb. 7.37). Setzt man dicht hinter die Linse eine zweite mit vertikaler Zylinderachse, so wird das Bündel zu einem Punkt zusammengezogen (◘ Abb. 7.38). Dieses Resultat kann

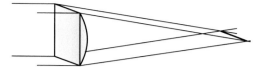

◘ Abb. 7.37 Eine Zylinderlinse liefert einen Bildstrich

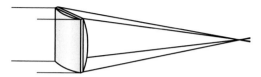

◘ Abb. 7.38 Zwei Zylinderlinsen mit gleichen Brennweiten und zueinander senkrechten Zylinderachsen bilden ab wie eine sphärische Linse

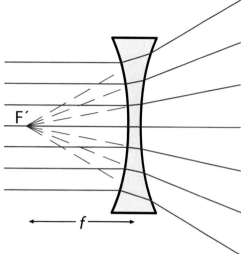

◘ Abb. 7.40 Zerstreuungslinse. Sie weitet Parallellichtbündel zu divergenten Bündeln auf; sie scheinen von virtuellen Bildpunkten auf der bildseitigen Brennebene vor der Linse zu stammen: negative Brennweite

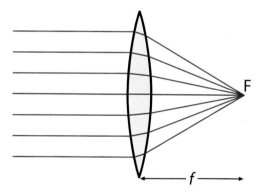

◘ Abb. 7.39 Sammellinse. Parallellichtbündel werden von der Linse auf Punkte, den Brennpunkten, zusammengezogen

man auch in einem Schritt haben, wenn man den Glaskörper durch zwei Kugelflächen begrenzt; er bildet dann eine **sphärische Linse**, und zwar eine *bikonvexe* **Sammellinse**. Wieder ändert sich nichts Wesentliches, wenn die eine Fläche zur Ebene entartet (*Plankonvexlinse*). Nicht die äußere Form ist das Entscheidende an einer Linse, sondern ihre **Brennweite**.

Als Brennweite *f* bezeichnet man den Abstand der Brennebene von der Linse. In der Brennebene liegen die Konvergenzpunkte aller Bündel, die als Parallelbündel unter verschiedenen Richtungen an der anderen Seite der Linse anlaufen (◘ Abb. 7.39), in der Brennebene liegen also auch die reellen Bilder, welche die Linse von weit entfernten Objekten entwirft. Die Lage der Bildpunkte kann man leicht ermitteln: im Zentrum der Linse stehen sich deren Oberflächen parallel gegenüber, die dort durchlaufenden *Zentralstrahlen* werden ohne Richtungsänderung durchgelassen (die Parallelversetzung darf man, bei dünnen Linsen zumindest, vernachlässigen).

Grundsätzlich kann eine sphärische Linse in ihrer Mitte dünner sein als am Rand. Einfallende Parallellichtbündel werden dann nicht gesammelt, sondern zu divergenten Bündeln aufgeweitet (◘ Abb. 7.40); sie scheinen von Punkten zu kommen, die auf einer Ebene *vor* der Linse liegen. Es ist deshalb sinnvoll, einer solchen *konkaven* oder **Zerstreuungslinse** eine negative Brennweite zuzuordnen.

„Starke" Linsen haben kurze Brennweite, werden also durch eine Kenngröße mit kleiner Maßzahl charakterisiert. Wem das missfällt, der bevorzugt zur Kennzeichnung die **Brechkraft**, sie ist als Kehrwert der Brennweite definiert. Ihre Einheit heißt **Dioptrie** (dpt), sie

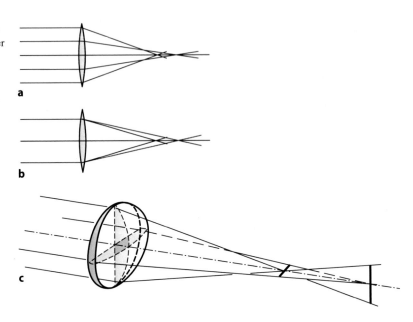

◘ Abb. 7.41 Linsenfehler. a Öffnungsfehler und **b** Farbfehler, Einzelheiten im Text.
c Eine astigmatische Linse („sphärisch" mit Zylinderanteil) gibt zwei zueinander senkrechte Bildstriche

7

entspricht dem Kehrwert eines Meters:

$$1 \text{ dpt} = 1 \text{ m}^{-1}.$$

Jeder, der eine Brille trägt, weiß, dass Augenoptiker immer mit Dioptrien rechnen. Das liegt vor allem daran, dass sich die Brechkräfte zwei dicht hintereinander gesetzter Linsen (wie Auge und Brille) näherungsweise addieren.

Eine Sammellinse bildet Parallellichtbündel in eine einzige Ebene ab, sie liegt im Abstand der Brennweite. Strenggenommen ist dieser Satz keine Feststellung, sondern ein Postulat, das keine existierende Linse exakt zu erfüllen vermag. Man sagt deshalb, sie habe **Linsenfehler.** Am leichtesten einzusehen ist der Farbfehler (**chromatische Aberration**), eine Folge der Dispersion des Linsenmaterials: rotes Licht bekommt eine größere Brennweite als blaues. Besonders bei großen Linsen mit kleiner Brennweite stört der Öffnungsfehler (**sphärische Aberration**): randnahe Bündel haben eine etwas kleinere Brennweite als zentrumsnahe. Weiteren Ärger bereitet der **Astigmatismus:** wer schräg auf eine Linse schaut, sieht sie perspektivisch verkürzt und schätzt darum die Krümmung ihrer Oberfläche in der

einen Richtung höher ein als in der anderen. Die Folge: ein schräg einfallendes Parallellichtbündel wird gar nicht in einem Punkt zusammengezogen, sondern in zwei zueinander senkrechte Striche mit verschiedenen Entfernungen von der Linse. Dies gilt erst recht (und dann auch für ein achsen-parallel einfallendes Bündel), wenn zumindest eine Oberfläche der Linse tatsächlich in der einen Richtung stärker gekrümmt ist als in der anderen dazu senkrechten. Die Linse ist dann keine sphärische Linse mehr, sondern hat einen Zylinderanteil. In dieser Weise entsteht der Astigmatismus des Auges, eine Fehlsichtigkeit, die durch ein Brillenglas mit entsprechendem Zylinderanteil korrigiert werden kann. Schließlich liegen die Bildpunkte eines ebenen Gegenstandes nicht notwendigerweise selbst in einer Ebene – man spricht dann von Bildfeldwölbung („Fischaugeneffekt"). ◘ Abb. 7.41 deutet die wichtigsten Linsenfehler schematisch an.

Linsenfehler lassen sich *korrigieren*, durch Kompensation nämlich. Mehrere Linsen, aus verschiedenen Glassorten geschliffen und geschickt zusammengesetzt, können ihre Fehler gegenseitig weitgehend aufheben und insgesamt trotzdem noch wie eine abbildende Linse wirken. Speziell gegen die sphärische

Aberration und Bildfeldwölbung helfen auch **asphärische** Linsen, also solche mit zum Beispiel parabolisch gekrümmten Oberflächen. Smartphone-Kameraobjektive sind aus typisch 5 asphärischen Linsen zusammengesetzt. Diese Linsen werden preisgünstig aus Kunststoff gepresst.

7.2.6 Abbildung durch Linsen

❯ Merke

Einer hinreichend dünnen Linse kann man zuverlässig die Ebene zuordnen, von der aus die Abstände zu Gegenstand und Bild gemessen werden müssen; sie heißt **Hauptebene**. Senkrecht zu ihr durch die Linsenmitte läuft die **optische Achse**. Ein achsenparallel einfallendes Parallellichtbündel wird von der Linse in den Brennpunkt F' zusammengezogen, er liegt auf der Achse im Abstand der Brennweite f von der Hauptebene (◘ Abb. 7.42 und 7.36).

Dieser Satz enthält im Grunde alles, was man über die Abbildung durch (fehlerfreie) Linsen wissen muss; den Rest kann man sich leicht überlegen.

Erstens: Linsen wirken symmetrisch – unmittelbar einleuchtend bei einer bikonvexen Linse – d. h. die Brennweiten auf beiden Seiten der Hauptebene sind gleich.

Zweitens: Lichtwege sind umkehrbar – d. h. das divergente Lichtbündel einer Quelle, die im Brennpunkt liegt, verlässt die Linse als achsenparalleles Parallelbündel.

Drittens: Zentralstrahlen, d. h. Strahlen durch den Schnittpunkt von Achse und Hauptebene werden auch dann nicht gebrochen, wenn sie schräg einfallen. Damit lässt sich der für die Bildkonstruktion wichtige Tatbestand auch folgendermaßen formulieren:

❯ Merke

Jeder *achsenparallele Strahl* wird an der Hauptebene zum Strahl durch den Brennpunkt und umgekehrt; jeder *Zentralstrahl* läuft geradeaus weiter.

◘ Abb. 7.43 illustriert dies.

Nun weiß eine Linse nicht, ob ein achsenparallel bei ihr ankommender Strahl (etwa der rot gezeichnete in ◘ Abb. 7.43) zu einem Parallellichtbündel gehört und damit einer sehr fer-

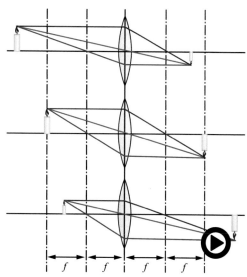

◘ **Abb. 7.43** (Video 7.2) **Bildkonstruktion.** Die rot gezeichneten, von links achsenparallel einlaufenden Strahlen werden rechts von der Hauptebene zu Strahlen durch den Brennpunkt; für die blau gezeichneten Strahlen ist es gerade umgekehrt: weil sie links durch den Brennpunkt laufen sind sie rechts achsparallel. Die grün gezeichneten Zentralstrahlen werden nicht abgeknickt. Man kann die Zeichnungen als Konstruktion des Bildes links vom Gegenstand rechts denken oder auch umgekehrt (► https://doi.org/10.1007/000-btj)

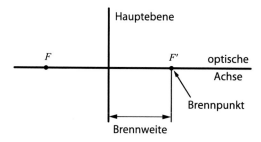

◘ **Abb. 7.42** **Vokabeln.** Die wesentlichen Elemente einer dünnen Linse

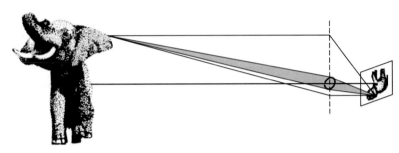

◻ Abb. 7.44 Abbildung mit kleiner Linse. Strahlengang zu Bildkonstruktion (*schwarz*) und abbildendes Bündel (*rot*) vom Elefantenohr bei der Photographie

nen Lichtquelle entstammt, oder ob er Teil eines divergenten Bündels ist, das von der Kerzenflamme ausgeht; in jedem Fall knickt der Strahl an der Hauptebene zum Brennpunkt hin ab. Zum divergenten Bündel der Kerzenflamme gehört nun aber auch der blau gezeichnete Strahl, wenn auch in Gegenrichtung durchlaufen. Er ist links der Hauptebene ein Strahl durch den Brennpunkt, also rechts achsenparallel. Er trifft den roten im Bild der Flamme und dies gilt für alle Strahlen des divergenten Bündels, das bei der Flamme startet, der grüne Zentralstrahl zeigt es unmittelbar: die Linse bildet die Kerze in ein auf dem Kopf stehendes Bild ab, und weil Lichtwege umkehrbar sind, könnte sie auch die auf dem Kopf stehende Flamme in die Gegenrichtung abbilden. Nach diesem Schema lässt sich zu jedem Punkt eines Gegenstandes der zugehörige Bildpunkt konstruieren. Da grundsätzlich drei Strahlen für die Konstruktion zur Verfügung stehen, kann man sogar seine Zeichengenauigkeit überprüfen.

Es ist keineswegs notwendig, dass die zur **Bildkonstruktion** auf dem Papier verwendeten Strahlen im praktischen Versuch als Lichtbündel tatsächlich realisiert werden. Strahlen dürfen auch weit außerhalb der Linsenfassung auf die Hauptebene treffen, Lichtbündel laufen nur durch die Linsenöffnung; auf jeden Fall wird aber alles, was vom Gegenstandspunkt ausgeht, im Bild gesammelt, sofern es nur durch die Linse hindurchkommt. Deren Durchmesser bestimmt den Öffnungswinkel des abbildenden Bündels, nicht aber die Lage des Bildpunktes. Auch ein Elefant lässt sich fotografieren, obwohl er viel größer ist als Linse und Kamera (◻ Abb. 7.44).

Alle Abbildungen dieses Kapitels sind bisher stillschweigend für Sammellinsen gezeichnet worden, obwohl im Text schlicht von „Linsen" die Rede war. Tatsächlich gelten die aufgestellten Sätze auch für Zerstreuungslinsen, sofern man nur Folgendes beachtet: Im üblichen Zeichenschema konstruierter Strahlengänge liegt der Gegenstand links, das Bild rechts der Hauptebene – Entsprechendes gilt für den gegenstandsseitigen Brennpunkt F und den bildseitigen F'; eine Zerstreuungslinse aber hat negative Brennweite, bei ihr liegt im Schema F' links und F rechts. Die Bildkonstruktion läuft dann nach dem gleichen Verfahren ab (◻ Abb. 7.45b), sie führt zu einem

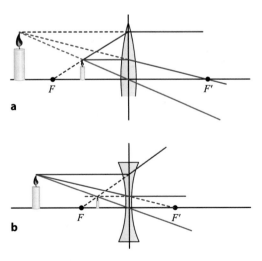

◻ Abb. 7.45 Konstruktion virtuelle Bilder. a Sammellinse (Lupe): Gegenstandsweite kleiner als Brennweite, virtuelles Bild groß. **b** Zerstreuungslinse (Spion in der Tür): negative Brennweite, bildseitiger Brennpunkt F' links von der Linse, virtuelles Bild klein

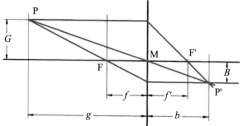

☐ Abb. 7.46 Reell und Virtuell. Der Hohlspiegel links wirkt wie eine Sammellinse und wirft ein kopfstehendes reelles Bild in den Raum vor den Spiegel, das die Kamera sieht. Der Wölbspiegel rechts zeigt ein verkleinertes virtuelles Bild des Fotografen

☐ Abb. 7.47 Zur Herleitung der Abbildungsgleichung (Einzelheiten im Text)

virtuellen Bild im Schnittpunkt der gestrichelt fortgesetzten roten und blauen Strahlen, verkleinert und an die Hauptebene herangerückt.

Auch Sammellinsen können virtuelle Bilder geben, dann nämlich, wenn der Gegenstand innerhalb der Brennweite f liegt. Auch jetzt wird das Bild nach dem gleichen Schema konstruiert (☐ Abb. 7.45a). Die Lage des virtuellen Bildes ergibt sich, wenn man sich die Strahlen, die die Linse verlassen, rückwärts gerade fortgesetzt denkt (gestrichelt gezeichnet). Das virtuelle Bild, das sich dann ergibt, ist aufrecht und vergrößert: So funktioniert eine *Lupe*.

Wie schon in ► Abschn. 7.2.2 besprochen, bilden auch gewölbte Spiegel ab. In ☐ Abb. 7.46 sieht sich der Fotograf einmal im reellen und einmal im virtuellen Bild.

7.2.7 Abbildungsgleichungen

Man kann nach dem Schema des vorigen Kapitels den Zusammenhang zwischen **Gegenstandsweite** g, **Bildweite** b und Brennweite f mühsam und Punktweise durch Konstruktion mit Bleistift und Lineal gewinnen, man kann ihn aber auch ausrechnen mit Hilfe der **Abbildungsgleichung**

$$\frac{1}{g} + \frac{1}{b} = \frac{1}{f}.$$

Herleitung: In ☐ Abb. 7.47 sind zusätzlich zu den bisher schon genannten Elementen der optischen Abbildung der Linsenmittelpunkt M und die Abstände G und B der Punkte P und P′ von der optischen Achse eingetragen. Auf der Gegenstandsseite enthält der Strahlengang drei ähnliche rechtwinklige Dreiecke mit dem blauen Strahl durch den Brennpunkt als Hypotenuse. Das kleinste mit dem rechten Winkel bei M hat Achse und Hauptebene als Katheten, ihre Längen betragen f und B. Das mittlere hat seine spitzen Ecken bei P und F, seine Katheten sind $x = g - f$ und G. Diese beiden Dreiecke sind einander ähnlich, darum stehen einander entsprechende Seiten untereinander im gleichen Verhältnis:

$$\frac{G}{g-f} = \frac{B}{f},$$

also

$$\frac{B}{G} = \frac{f}{g-f}.$$

B und G sind aber Messwerte für die Größen von Bild und Gegenstand. Deshalb liefert diese Gleichung den Vergrößerungs- bzw. Verkleinerungsfaktor der Abbildung.

Eine weitere Gleichung liefert ein Vergleich der rechtwinkligen Dreiecke mit spitzen Winkeln bei P und M bzw. P′ und M:

$$\frac{B}{G} = \frac{b}{g}.$$

Beide Gleichungen zusammen ergeben:

$$\frac{f}{g-f} = \frac{b}{g}.$$

Auf beiden Seiten den Kehrwert nehmen und durch b teilen liefert schon fast die Abbildungsgleichung.

> **Merke**

Für die Berechnung der reellen Abbildung mit dünner Linse:

Abbildungsgleichung:

$$\frac{1}{g} + \frac{1}{b} = \frac{1}{f}$$

Vergrößerung:

$$\frac{B}{G} = \frac{b}{g} = \frac{f}{g-f}$$

Ist $g = 2f$ so ist der Abbildungsmaßstab gerade 1:1 und Bildweite gleich Gegenstandsweite.

Rechenbeispiel 7.3: Scharfstellen

Aufgabe: Das „Normalobjektiv" einer Spiegelreflexkamera hat die Brennweite $f =$ 50 mm. Dem entspricht auch der Abstand zwischen bildseitiger Hauptebene und Film bei „Normaleinstellung auf Unendlich". Um wie viel Millimeter muss das Objektiv zur Scharfeinstellung auf einen 45 cm entfernten Gegenstand vorgeschoben werden?

Lösung: Für „Normaleinstellung auf Unendlich" lautet die Abbildungsgleichung

$$\frac{1}{b} + \frac{1}{\infty} = \frac{1}{f}$$

und deshalb $b = f = 50$ mm. Für $g = 45$ cm ergibt sich

$$b = \left(\frac{1}{f} - \frac{1}{g} \right)^{-1} = 56{,}23 \text{ mm.}$$

Also muss das Objektiv um 6,23 mm verschoben werden. Ist die Brennweite kleiner,

wird auch dieser Verschiebeweg kleiner. Das nützen kleine Autofocus-Sucherkameras gern aus: Da sie kleinere Bild-(CCD) Chips verwenden als Spiegelreflexkameras, sind die Brennweiten der Objektive und die Verschiebemechanik kann einfacher und ungenauer werden.

Rechenbeispiel 7.4: Teleobjektiv

Aufgabe: Ein Tierfreund möchte einen scheuen Hasen auf 3 m Distanz bildfüllend auf seinen CCD-Chip (Bildmaße 24 × 36 mm) bannen.

Welche Brennweite muss sein Objektiv dazu haben?

Lösung: Sagen wir mal, der Hase ist 30 cm hoch, also $G = 30$ cm. Die Bildhöhe soll $B' = 26$ mm sein. Die Gegenstandweite ist $g = 3$ m. Jetzt müssen wir nur noch die Gleichung $\frac{B}{G} = \frac{f}{g-f}$ nach f auflösen. Das Ergebnis ist: $f = g \cdot \left(\frac{G}{B} + 1 \right)^{-1} = 24$ cm. Es gibt Tricks um zu erreichen, dass ein solches sogenanntes *Teleobjektiv* nicht wirklich so unhandlich lang sein muss (siehe nächstes Kapitel). Will man im Gegenteil möglichst viel aufs Bild bekommen, nimmt man ein *Weitwinkelobjektiv* mit kurzer Brennweite (z. B. 35 mm). Dann lässt sich eine gewisse Bildverzerrung allerdings nicht vermeiden.

7.2.8 Dicke Linsen und Objektive

Für eine Sammellinse ist jeder Gegenstand mit einer Gegenstandsweite groß gegen die Brennweite praktisch unendlich weit weg: er wird in die Brennebene hinein abgebildet. Daraus ergibt sich ein einfaches Verfahren zur Bestimmung der Brennweite: man misst den Abstand, in dem man ein Leseglas vor die Zimmerwand halten muss, um das gegenüberliegende Fensterkreuz scharf abzubilden. Die Methode ist

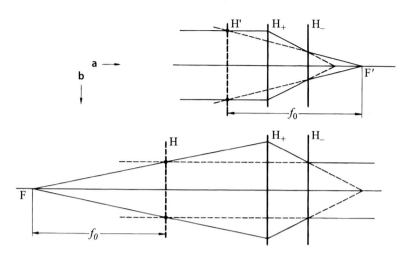

Abb. 7.48 Hauptebenen. Zur Definition der Hauptebenen: Strahlengang in einem Teleobjektiv (vereinfacht). **a** ein von links einfallendes achsenparalleles Parallellichtbündel wird so in den bildseitigen Brennpunkt F' gesammelt, als stünde in der bildseitigen Hauptebene H' eine einfache Sammellinse. **b** Entsprechend führt ein von rechts einfallendes Parallellichtbündel zum gegenstandsseitigen Brennpunkt F und der gegenstandsseitigen Hauptebene H. Einzelheiten im Text – gegenüber der dort zum Mitzeichnen gemachten Angaben im Maßstab 1:3 verkleinert

freilich nicht sehr genau; nur bei sehr dünnen Linsen kann man hinreichend sicher sagen, wo ihre Hauptebene liegt. Bei dicken Linsen und erst recht bei mehrlinsigen Objektiven wird es schwierig – hier lassen sich Abbildungsgleichung und geometrische Bildkonstruktion nur noch mit sanfter Gewalt der Wirklichkeit anpassen.

Die Hauptebenen: Die Methode sei am (vereinfachten) Beispiel eines *Teleobjektives* erläutert – wer zur Übung den folgenden Strahlengang auf Millimeterpapier nachzeichnet, den können auch kompliziertere Probleme der geometrischen Optik kaum noch schrecken.

Das Teleobjektiv bestehe aus einer Sammellinse der Brennweite $f_+ = 50\,\text{mm}$ und einer Zerstreuungslinse mit $f_- = 40\,\text{mm}$, beider Hauptebenen H_+ und H_- in 30 mm Abstand hintereinander. Ein von links achsenparallel auf die konvexe Frontlinse einfallendes Parallellichtbündel steuert konvergent deren Brennpunkt an, wird aber 20 mm vor ihm von der Konkavlinse abgefangen und auf weniger Konvergenz aufgeweitet. Den neuen Konvergenzpunkt kann man ganz formal mit der Abbildungsgleichung ausrechnen: Der Gegenstandspunkt für die Zerstreuungslinse liegt (virtuell, wenn man so will) rechts von der Hauptebene H_-, die Gegenstandsweite ist also negativ, nämlich $g = -20\,\text{mm}$. Die Brennweite dieser Linse muss ebenfalls negativ angesetzt werden ($f_- = 40\,\text{mm}$); damit kommt die Bildweite b, bezogen auf die Hauptebene H_- zu $+40\,\text{mm}$ heraus: reeller Bildpunkt rechts auf der Achse (Abb. 7.48a). Dort liegt demnach der Brennpunkt des ganzen Objektivs. Verlängert man jetzt die Randstrahlen des letzten konvergenten Bündels nach links, so treffen sie die Randstrahlen des einfallenden Bündels 30 mm vor der Hauptebene H_+ der Frontlinse. Stünde dort eine einfache Sammellinse der Brennweite $f_0 = 100\,\text{mm}$, das von ihr gelieferte konvergente Bündel wäre in Achsennähe von dem des Teleobjektives nicht zu unterscheiden. In der Tat darf man dem Objektiv die Brennweite $f_0 = 100\,\text{mm}$ zuordnen, gezählt von einer Hauptebene 30 mm vor der der Frontlinse – die Brennweite des Objektives ist also größer als seine Baulänge. Das geht so freilich nur für ein von links einfallendes Bündel.

Wiederholt man die ganze Konstruktion für ein achsenparalleles Bündel von rechts, so kommt man zu dem Teilbild b der Abb. 7.48: der neue Brennpunkt liegt über-

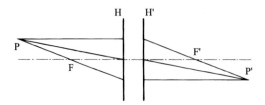

□ Abb. 7.49 Formale Bildkonstruktion für ein Objektiv: der Raum zwischen den beiden Hauptebenen H und H′ wird als nichtexistierend behandelt

raschend weit links und die neue Hauptebene auch, aber beider Abstand, die Brennweite, beträgt wieder 100 mm.

Um Abbildungsgleichung und geometrische Konstruktion zu retten, führt man für ein Objektiv zwei Hauptebenen ein, eine gegenstandsseitige (H) und eine bildseitige (H′), und tut so, als existiere der Raum zwischen ihnen gar nicht. Dies gilt sogar für den Zentralstrahl (□ Abb. 7.49): Er wird vom Gegenstandspunkt P bis zum Schnittpunkt der Achse mit der Hauptebene H gezeichnet und parallel zu sich selbst vom Schnittpunkt Achse – Hauptebene H′ fortgesetzt. Hier ist die Konstruktion eines Bildpunktes nur noch darstellende Geometrie: Die abbildenden Lichtbündel laufen auf völlig anderen Wegen als die gezeichneten Strahlen, aber sie laufen von P nach P′.

Wie unser Beispiel zeigt, können die Hauptebenen sogar außerhalb, zum Beispiel vor dem Objektiv liegen. Smartphone-Kameraobjektive nutzen diesen Effekt, um Brennweiten zu realisieren, die größer sind als die Dicke des Smartphones, was oft wünschenswert ist.

Die Brennweite entscheidet unter sonst gleichen Umständen über die Bildweite und damit über den Abbildungsmaßstab – je größer *f*, desto näher glaubt sich der Betrachter des Bildes dem abgebildeten Objekt. Zoom-Objektive mit variabler Brennweite erlauben deshalb dem Filmamateur wie dem Kameramann des Fernsehens „Fahraufnahmen", die gar keine sind: Ohne Bewegung der Kamera wird das Objekt durch reine Verlängerung der Brennweite scheinbar „herangeholt".

7.2.9 Das Auge

Grundsätzlich ist für eine Abbildung durch Brechung die Rückseite der Linse gar nicht erforderlich. Eine einzelne Kugelfläche allein tut es auch, nur liegt das Bild dann notwendigerweise innerhalb des Glaskörpers.

Aus welcher Richtung auch immer ein Parallellichtbündel auf eine Glaskugel zuläuft, einer seiner Strahlen trifft senkrecht auf und geht ungebrochen durch den Kugelmittelpunkt weiter. Alle anderen werden zu diesem Strahl hin abgeknickt und treffen ihn in einem Bildpunkt, jedenfalls sofern der Bündelquerschnitt von einer äußeren Blende hinreichend eingeengt wird (□ Abb. 7.50a). Jedes Bündel hätte da gern seine eigene Blende, aber bei nicht zu großem Sehwinkel zwischen ihnen geht es auch mit einer einzigen (□ Abb. 7.50b). Die Bildpunkte unendlich ferner Gegenstände liegen nicht mehr auf einer Brennebene, sondern auf einer kugelförmigen Brennfläche,

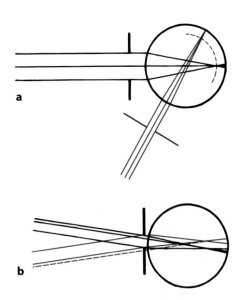

□ Abb. 7.50 Abbildende Kugel (Augenmodell). Abbildung schlanker Bündel durch eine einzige Kugelfläche. Brennfläche ist eine Kugelfläche (**a**). Bei nicht zu großem Winkel gegeneinander dürfen zwei Parallellichtbündel durch die gleiche Blende treten (**b**). Die Zeichnung verlangt für die Brechzahl der Kugel einen Wert über 2; für sichtbares Licht allenfalls durch Diamant realisierbar

konzentrisch zur Glaskugel selbst. Das ist die Grundlage der Abbildung im Auge.

Das Auge des Menschen besteht zunächst einmal aus einem kugelförmigen Glaskörper von 23 mm Durchmesser mit einer Pupille vorn, das Licht hereinzulassen, und der lichtempfindlichen Netzhaut (*Retina*) hinten (◻ Abb. 7.51). Seine Brechzahl beträgt 1,34 und die sich daraus ergebende Brennweite ist zu lang, um Parallellichtbündel ohne weiteres auf die Retina abzubilden. Als erste und wichtigste Maßnahme zur Abhilfe wölbt die Natur beim Eintrittsfenster die *Hornhaut* ein wenig vor. Dadurch wird der Krümmungsradius ein wenig kleiner als der des Augapfels und die Brechkraft entsprechend größer: sie kommt auf 43 dpt. Das genügt aber noch nicht: Die restlichen 15 dpt übernimmt eine echte Linse, bestehend aus einer gallertartigen Masse mit der Brechzahl 1,42. Sich selbst überlassen nähme sie, von der Oberflächenspannung veranlasst, Kugelform an – Fische besitzen solche Augenlinsen und stellen scharf wie ein Fotoapparat durch Verschieben. Säuger sind raffinierter, sie ziehen die Kugel mit radial angreifenden Spannfasern flach und machen so aus ihr eine echte Bikonvexlinse. Zum Scharfstellen kann ein Ringmuskel sich gegen diese Fasern stemmen; das erlaubt der Linse, der Oberflächenspannung etwas mehr nachzugeben und mit der Krümmung auch die Brechkraft zu erhöhen: Der Brennpunkt rückt näher an das Zentrum des Augapfels und das Bild näherer Objekte auf die Retina.

Bei manchen Menschen ist der Augapfel ein wenig zu groß für die Krümmung der Hornhaut; auch bei völlig entspanntem Auge liegen die Bilder von Mond und Sternen noch vor der Netzhaut und können nicht scharfgestellt werden. Nur hinreichend nahe Gegenstände werden scharf gesehen. Die lebenswichtigen großen Sehweiten lassen sich aber durch eine Brille mit Zerstreuungslinsen zurückgewinnen: Einfallende Parallelbündel müssen derart divergent aufgeweitet werden, dass ihre Konvergenzpunkte hinter der Hornhaut bei entspanntem Auge gerade auf die Netzhaut fallen. Die meisten Brillenträger sind in diesem Sin-

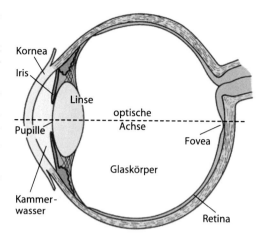

◻ **Abb. 7.51 Auge.** Horizontaler Schnitt durch ein menschliches Auge Bei dicht hintereinandergestellten Linsen addieren sich näherungsweise die Brechkräfte

ne *kurzsichtig*. Auch das Umgekehrte kommt vor: Der Augapfel ist zu kurz, die Krümmung der Hornhaut zu gering; fehlende Brechkraft des *weitsichtigen* Auges ersetzt eine Brille mit Sammellinsen. Augenoptiker rechnen immer mit der Brechkraft, also dem Kehrwert der Brennweite, weil sich näherungsweise bei hintereinander gesetzten Linsen die Brechkräfte addieren (wenn man die Brechkraft einer Zerstreuungslinse negativ nimmt).

❯ Merke

Bei dicht hintereinandergestellten Linsen addieren sich näherungsweise die Brechkräfte.

7.2.10 Optische Instrumente

Wie groß ein Spaziergänger eine Pappel sieht, hängt nicht nur von der Höhe des Baumes ab, sondern auch von seiner Entfernung. Entscheidend ist die Größe des Bildes auf der Netzhaut, und die wird vom Sehwinkel bestimmt, dem Winkel zwischen den Zentralstrahlen der abbildenden Bündel von Fuß und Gipfel der Pappel (◻ Abb. 7.52). Sonne und Mond erscheinen dem irdischen Beobachter gleich groß –

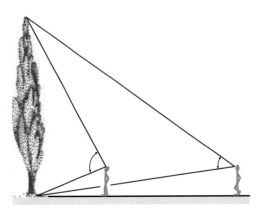

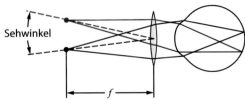

Abb. 7.53 Strahlengang einer Lupe

Abb. 7.52 Sehwinkel. Je näher der Beobachter an die Pappel herangeht, umso größer wird der Sehwinkel, unter dem sie ihm erscheint

7

sie sind es nicht, aber ihre **Sehwinkel** sind es. Wenn man ein Objekt „mit einem Blick" erfassen kann, beträgt der Sehwinkel nur einige Grad. Dann darf man in guter Näherung schreiben:

$$\text{Sehwinkel} = \frac{\text{Abmessung des Objektes}}{\text{Entfernung des Objektes}}$$

Der Mensch sieht, was auf seiner Netzhaut erscheint: ein flaches Bild der Umwelt. Der Gesichtssinn hat aber gelernt, dieses Bild räumlich zu interpretieren. Bei hinreichend nahen Gegenständen hilft dabei das *binokulare*, das beidäugige Sehen: Da beide Augen aus etwas unterschiedlichem Gesichtswinkel schauen, übermitteln sie auch etwas verschiedene Bilder vom gleichen Objekt; das Gehirn deutet diese Unterschiede räumlich. **Stereoskopische Doppelaufnahmen** nutzen diese Fähigkeit; sie erlauben sogar, den Eindruck der Tiefe kräftig zu übertreiben, wenn die beiden Bilder nämlich aus Positionen aufgenommen wurden, die weit mehr als nur einen Augenabstand auseinander lagen. Die räumliche Interpretation gelingt aber auch bei einem flachen Bild mühelos, sofern es nur die Perspektive einigermaßen richtig wiedergibt. Ein ferner Gegenstand muss kleiner gezeichnet werden, denn in der Natur käme ihm ein kleiner Sehwinkel zu.

Wer etwas genauer betrachten will, muss den Sehwinkel vergrößern. Das gängige Verfahren heißt: näher herangehen. Im Theater ist das nicht möglich und in freier Wildbahn nur selten. Man greift zum Opernglas oder zum Feldstecher. Ist man aber schon so nahe, dass die Scharfeinstellung keine weitere Annäherung mehr erlaubt, hilft eine **Lupe.** Im einfachsten Fall besteht sie aus einer Sammellinse von wenigen Zentimetern Brennweite. Von allen Gegenstandspunkten in ihrer Brennebene erzeugt sie Parallellichtbündel, die das entspannte Auge auf seine Netzhaut abbildet, als kämen sie von unendlich fernen Gegenständen. Die Sehwinkel werden jetzt aber von der Lupe vorgegeben; sie sind so groß, als könne das Auge auf deren Brennebene scharf stellen (**Abb. 7.53). Der Abstand zwischen Lupe und Auge spielt der Parallelbündel wegen keine grundsätzliche Rolle. Nur wenn man ihn klein hält, erlaubt die Lupe ein größeres Gesichtsfeld, denn dieses wird von der Linsenfassung begrenzt. Große Lesegläser verschwenden Glas, denn sie erzeugen weite Parallelbündel, von denen die kleine Pupille des Auges nur einen kleinen Bruchteil ausnutzen kann; damit erlauben sie aber, das Buch weiterhin auf den Knien zu halten. Der Uhrmacher klemmt seine kleine Lupe unmittelbar vor das Auge und muss sein Werkstück entsprechend dicht heranholen.

Den *Vergrößerungsfaktor* Γ eines optischen Instruments bezieht man auf die von ihm bewirkte Vergrößerung des Sehwinkels:

$$\Gamma = \frac{\text{Sehwinkel mit Instrument}}{\text{Sehwinkel ohne Instrument}}$$

Bei der Lupe entspricht der Gewinn an Sehwinkel dem Gewinn an Nähe zum Objekt. Dabei bezieht man den Sehwinkel ohne Instrument auf die offizielle **Bezugssehweite** von 25 cm (sie wird zuweilen nicht ganz glücklich „deutliche Sehweite" genannt). Folglich gilt

$$\Gamma = \frac{25 \text{ cm}}{f_{\text{Lupe}}}$$

❯ **Merke**

Optische Instrumente: Vergrößerungsfaktor

$$\Gamma = \frac{\text{Sehwinkel mit Instrument}}{\text{Sehwinkel ohne Instrument}}$$

$$\text{Sehwinkel} = \frac{\text{Abmessung des Objektes (Bildes)}}{\text{Entfernung des Objektes (Bildes)}}$$

Auf weniger als Nasenlänge kann man ein Objekt nur schwer an das Auge heranführen; dadurch ist der Bereich sinnvoller Lupenbrennweiten nach unten begrenzt. Niemand muss aber das Objekt seines Interesses unmittelbar unter die Lupe nehmen: Es genügt ein reelles Bild, entworfen von einem *Objektiv* in handlichem Abstand vor der Nasenspitze. Deckt sich dieser Abstand so ungefähr mit der Brennweite des Objektivs, so ist der betrachtete Gegenstand weit weg, ein verkleinertes Bild liegt in der Brennebene, und das Instrument ist ein Fernrohr. Hat das Objektiv demgegenüber kurze Brennweite, dann liegt das Objekt nahezu in seiner Brennebene, ein vergrößertes Bild auf Abstand dahinter in Nasennähe, und das Instrument ist ein **Mikroskop**. Das Grundsätzliche seines Strahlenganges zeigt ◻ Abb. 7.54.

Die optische Industrie hat sich darauf geeinigt, das Zwischenbild des Mikroskops normalerweise 180 mm hinter die Hauptebene des Objektivs zu legen; dadurch kommt der Mikroskoptisch mit dem Objekthalter in handliche Entfernung.

Demnach ist das Zwischenbild gegenüber dem Objekt ziemlich genau um den Abbildungsmaßstab $\Gamma_{\text{obj}} = 180 \text{ mm}/f_{\text{obj}}$ vergrößert. Es wird mit einer Lupe betrachtet, die jetzt *Okular* heißt und den Vergrößerungsfaktor $\Gamma_{\text{ok}} = 250 \text{ mm}/f_{\text{ok}}$ mitbringt. Daraus ergibt

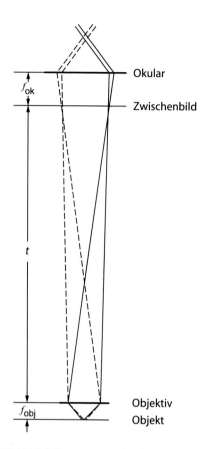

◻ **Abb. 7.54 Mikroskop**, grundsätzlicher Strahlengang; das Objektiv entwirft mit seiner kurzen Brennweite ein vergrößertes reelles Zwischenbild im Abstand der „optischen Tubuslänge" *t* (meist 180 mm) hinter seiner bildseitigen Hauptebene, das Okular macht daraus Parallelbündel für das Auge des Betrachters. In die Ebene des Zwischenbildes kann ein *Okularmikrometer* gesetzt werden. In der Nähe dieser Ebene befindet sich meist eine konvexe *Feldlinse*, die der Vergrößerung des überschaubaren Bildfeldes dient. Das Objekt befindet sich etwas unterhalb der gegenstandsseitigen Brennebene, weil das Zwischenbild nicht im Unendlichen liegt; der Effekt ist zu gering, um in der Zeichnung maßstabsgerecht dargestellt werden zu können

sich für die Gesamtvergrößerung des Mikroskops

$$\Gamma_{\text{M}} = \Gamma_{\text{obj}} \cdot \Gamma_{\text{ok}} = \frac{180 \text{ mm}}{f_{\text{obj}}} \cdot \frac{250 \text{ mm}}{f_{\text{ok}}}$$

Γ_{obj} und Γ_{ok} sind auf den Mikroskopobjektiven und -okularen eingraviert, auf den Objektiven zusätzlich noch die „numerische Apertur", von der im nächsten Kapitel die Rede sein wird.

Das Zwischenbild existiert nicht materiell, es schwebt frei im Tubus des Mikroskops. Man kann an seine Position eine Glasplatte bringen, in die ein Maßstab eingeritzt ist, ein sog. **Okularmikrometer**: Der Beobachter sieht es zusammen mit dem Objekt scharf. Das Zwischenbild „steht auf dem Kopf", es ist gegenüber dem Objekt um 180° gedreht, aber es ist nicht seitenverkehrt wie ein Spiegelbild. Der Kopfstand stört nicht und man lernt rasch, wie man ein Objekt auf dem Mikroskoptisch verschieben muss, um es richtig ins Bildfeld zu bekommen.

Mikroskope können sich erheblich darin unterscheiden, wie das Objekt beleuchtet wird. Durchsichtige Objekte kann man von unten beleuchten (*Hellfeld*). Man kann sie und Oberflächen auch von der Seite beleuchten und sieht dann helle Strukturen auf dunklem Untergrund (*Dunkelfeld*). Man kann mit dem Licht auch von oben durch das Objektiv kommen (*Auflicht*). Arbeitet man mit polarisiertem Licht, kommt zuweilen die Struktur von Kristallschliffen besonders gut heraus (◘ Abb. 7.55). Mit der komplizierteren *Phasenkontrast*-Mikroskopie kann man nicht nur hell-dunkel-Unterschiede in Objekten sehen, sondern auch Brechungsindexunterschiede im Objekt. Auch die Topographie einer Oberfläche kommt wesentlich deutlicher heraus und durch die Wellenlängenabhängigkeit des Bre-chungsindex wird es auch noch bunt. In Scanning-Laser-Mikroskope kann man gar nicht mehr hineinschauen. Ein elektronisch gesteuerter Lichtstrahl tastet das Objekt ab und liefert eine perspektivische Darstellung der dreidimensionalen Struktur einer Oberfläche auf einen Computerbildschirm.

In die Ferne sehen

Auch beim astronomischen **Fernrohr** wird das Objekt kopfüber abgebildet. Alle Mondkarten haben den Südpol oben, also so, wie man den Mond von der Nordhalbkugel der Erde im *umkehrenden astronomischen Fernrohr* sieht. Darauf muss nicht achten, wer seinen *Feldstecher* benutzt. Der ist ja für terrestrische Beobachtung gebaut und darf sein Bild eben nicht auf den Kopf stellen. Man muss aber die Parallelbündel, die man seinem Auge mit vergrößertem Sehwinkel anbieten will, nicht unbedingt mit einer Sammellinse herstellen, die *hinter* dem Zwischenbild liegt; eine Zerstreuungslinse *vor* ihm tut es auch. Dann werden die Sehwinkel nicht umgekehrt und das Bild erscheint auf der Netzhaut in gewohnter Stellung. So arbeitet das *Opernglas*. Hohe Vergrößerungen verlangen beim Fernrohr langbrennweitige Objektive und entsprechend große Lichtwege. Trotzdem kann man mit kleiner Baulänge auskommen, wenn man den Strahlengang durch mehrfache Reflexionen zusammenfaltet. Der Prismenfeldstecher benutzt hierfür totalreflektierende Prismen, mit denen er das Bild auch gleich noch aufrichtet.

Vom Standpunkt der geometrischen Optik sind den Vergrößerungsfaktoren optischer Instrumente keine Grenzen gesetzt. Tatsächlich wird die noch sinnvolle Vergrößerung aber durch Beugungserscheinungen bestimmt, die von der Wellenlänge des Lichtes abhängen (▶ Abschn. 7.4.5): Details von Objekten, die unter 1 μm liegen, lassen sich im Lichtmikroskop kaum noch auflösen. Das entspricht einer Grenzvergrößerung von etwa 1000, genug für Einzeller und viele Bakterien, zu wenig für Viren.

◘ **Abb. 7.55 Polarisationsbild.** Benzoesäure-Kristalle im Polarisationsmikroskop. (© crimson –Fotolia.com)

> **Rechenbeispiel 7.5: Vorsicht mit dem Objektiv**
> **Aufgabe:** Wie dicht muss die Frontlinse eines Mikroskopobjektivs mit dem Vergrößerungsfaktor 100 an das Objekt herangeführt werden?

Lösung: Genau lässt sich das erst sagen, wenn man die Lage der gegenstandsseitigen Hauptebene kennt. Auf jeden Fall muss das Objekt ziemlich genau in die gegenstandseitigen Brennebene gebracht werden: $f \approx 180\,mm/100 = 1{,}8\,mm$. Um eine möglichst hohe Auflösung zu erlangen (▶ Abschn. 7.4.4), muss ein möglichst großer Winkelbereich vom Objektiv erfasst werden. Deshalb ist der Glaskörper der Linse bei so stark vergrößernden Objektiven tatsächlich oft nur noch wenige Zehntel Millimeter vom Objekt entfernt. Die Gefahr, beim Scharfstellen das Objekt zu beschädigen, ist dann groß.

7.3 Intensität und Farbe

7.3.1 Strahlungs- und Lichtmessgrößen

Eine elektromagnetische Welle transportiert Energie. Sie tut dies mit einer Leistung, die **Strahlungsfluss** genannt wird, üblicherweise den Buchstaben Φ bekommt und in Watt gemessen werden kann. In einem schmalen Frequenzbereich transportiert die Welle zusätzlich sichtbares Licht, dieses mit einem **Lichtstrom,** der ebenfalls den Buchstaben Φ bekommt, aber in *Lumen* (lm) gemessen wird. Bei der **Strahlungsmessung** zählt nur die Leistung, unabhängig von ihrer spektralen Verteilung. Bei der **Lichtmessung** wird die spektrale Verteilung entsprechend der spektralen Empfindlichkeit des normalen menschlichen Auges bewertet. Strahlungsleistung im Grünen bringt viel, im Blauen und Roten weniger, im Ultraviolett und Infrarot gar nichts.

Von Strahlungsfluss und Lichtstrom wird eine ganze Reihe von Strahlungs- und Lichtmessgrößen abgeleitet, die sich im Wesentlichen nur durch Geometriefaktoren voneinander unterscheiden. Wo diese keine Rolle spielen, darf man die in ▶ Abschn. 4.2.3 eingeführte Vokabel **Intensität** benutzen. Immer ist das aber nicht erlaubt; deshalb müssen diese Größen hier kurz besprochen werden, mehr zum Nachschlagen, nicht zum Auswendiglernen.

> **Merke**
>
> Strahlungsmessgrößen:
>   wellenlängenunabhängig,
> Lichtmessgrößen: an die spektrale
> Empfindlichkeit des Auges angepasst.

Die Feinheiten

Ein Strahlenbündel besitzt eine Querschnittsfläche A_0 und damit die

$$Strahlungsflussdichte\ \varphi = \frac{\Phi}{A_0}$$

zu messen in W/m^2. Ist der Strahler so klein, dass er als punktförmig angesehen werden darf, so nimmt die Querschnittsfläche des divergenten Bündels mit dem Quadrat des Abstandes r zur Strahlenquelle zu:

$$\varphi \sim \frac{1}{r^2}.$$

Das ist das **quadratische Abstandsgesetz**, von dem schon in ▶ Abschn. 4.2.3 die Rede war.

Seit vielen Jahrmillionen liefert die Sonne auf die Distanz des Erdbahnradius Strahlung mit der extraterrestrischen Solarkonstanten $1{,}36\,kW/m^2$ ab; auf der Erdoberfläche kommt davon noch ungefähr $1\,kW/m^2$ an, aber nur auf einer Empfängerfläche, die quer in der prallen Mittagssonne steht. Steht sie schräg, wird sie also unter dem Einfallswinkel α vom Sonnenschein getroffen,

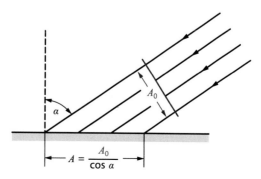

□ **Abb. 7.56 Schräger Lichteinfall** Bei schräger Inzidenz verteilt sich die Strahlungsleistung aus dem Bündelquerschnitt A_0 auf die größere Empfängerfläche A

so erfasst ein Bündel mit der Querschnittsfläche A_0 eine Empfängerfläche A, die um den Faktor $1/\cos \alpha$ größer ist (◻ Abb. 7.56). Dementsprechend definiert man die

Bestrahlungsstärke $E = \Phi/A = \varphi \cdot \cos \alpha,$

ebenfalls mit der Einheit $1\,\mathrm{W/m^2}$. Die gleiche Einheit besitzt schließlich noch die gesamte Strahlung der Quelle, wenn man sie auf deren Oberfläche A bezieht, also die

spezifische Ausstrahlung $M = \dfrac{\Phi}{A'}.$

Jedes von einer punktförmigen Strahlenquelle ausgehende divergente Bündel erfasst einen bestimmten *Raumwinkel* ω. In Analogie zum Bogenmaß des ebenen Winkels, also zum Quotienten aus erfasster Bogenlänge und Kreisradius mit der dimensionslosen „Einheit" Radiant, definiert man den Raumwinkel als Quotienten aus erfasster Kugelfläche und Quadrat des Kugelradius (◻ Abb. 7.57) und gibt ihm die ebenfalls dimensionslose „Einheit" *Steradiant* ($1\,\mathrm{sr} = 1\,\mathrm{m^2/m^2}$). Das quadratische Abstandsgesetz unterstellt konstanten Raumwinkel.

Die Oberfläche einer Kugel beträgt $4\pi \cdot r^2$; größer als 4π kann ein Raumwinkel also nicht werden. Eine ebene Strahlerfläche hat über sich nur den *Halbraum* 2π. Im Allgemeinen leuchtet sie ihn nicht gleichmäßig aus. Man muss also damit rechnen, dass die (als Differentialquotient definierte)

Strahlstärke $I = \dfrac{\mathrm{d}\Phi}{\mathrm{d}\omega}$

mit der Einheit $\mathrm{W/sr}$ von der Strahlrichtung abhängt. Zudem wird I auch noch von der Wellenlänge λ bzw. der Frequenz f der Strahlung abhängen. Das führt gleich zu zwei *spektralen Strahlstärken*, nämlich

$I_f = \dfrac{\mathrm{d}I}{\mathrm{d}f}$ und $I_\lambda = \dfrac{\mathrm{d}I}{\mathrm{d}\lambda}$

mit den Einheiten $1\,\mathrm{Ws/sr}$ und $1\,\mathrm{W/(m \cdot sr)}$.

Ein für Strahlungsmessungen gut verwendbares Instrument ist das *Strahlungsthermoelement*. Es misst primär die stationäre Temperaturerhöhung, die ein geschwärztes

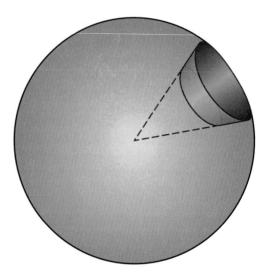

◻ **Abb. 7.57** Zur Definition des Raumwinkels

Blech als Strahlungsempfänger infolge der absorbierten und in Wärme umgesetzten Strahlungsenergie annimmt; sie ist der Bestrahlungsstärke im Wesentlichen proportional und das über einen weiten Spektralbereich. Das hat messtechnische Bedeutung, denn die Strahlungsmessgrößen sind ja wellenlängenunabhängig definiert.

Für den Bereich sichtbaren Lichts wird zu jeder **Strahlungsmessgröße** eine korrespondierende **Lichtmessgröße**, die sich an der Augenempfindlichkeit orientiert, definiert. Sie bekommt einen eigenen Namen und eine eigene Einheit, üblicherweise aber das gleiche Buchstabensymbol. Das *Candela* (cd) ist Einheit der *Lichtstärke* I, das *Lumen* ($1\,\mathrm{lm} = 1\,\mathrm{cd} \cdot \mathrm{sr}$) die des *Lichtstromes* und das *Lux* ($1\,\mathrm{lx} = 1\,\mathrm{lm/m^2}$) die der *Beleuchtungsstärke*. Auf der Verpackung von LED-Leuchtmitteln findet man die Helligkeitsangabe in Lumen. $2000\,\mathrm{lm}$ ist gegenwärtig (2020) in etwa das hellste, was man bekommt. ◻ Tab. 7.1 fasst das Wichtigste zusammen.

◻ **Tab. 7.1** Strahlungsmessgröße

Strahlungsmessgröße		Einheit	Lichtmessgröße	Einheit
Q	Strahlungsenergie	$1\,\mathrm{J}$	Lichtmenge	$1\,\mathrm{lm \cdot h}$
$\Phi = \mathrm{d}Q/\mathrm{d}t$	Strahlungsfluss	$1\,\mathrm{W}$	Lichtstrom	$1\,\mathrm{lm}$
$I_e = \Phi/\omega$	Strahlstärke	$1\,\mathrm{W/sr}$	Lichtstärke	$1\,\mathrm{cd}$
$L_e = I/A_0$	Strahldichte	$1\,\mathrm{W/(m^2 sr)}$	Leuchtdichte	$1\,\mathrm{cd/m^2}$
$E_e = \Phi/A$	Bestrahlungsstärke	$1\,\mathrm{W/m^2}$	Beleuchtungsstärke	$1\,\mathrm{lx}$

Die Lichtstärke ist Grundgröße des SI; die Einheit Candela war früher so definiert, dass für schmelzendes Platin (1768 °C) eine Leuchtdichte von $6 \cdot 10^5$ cd/m² herauskommt. Für das menschliche Auge liegt dieser Wert hart an der Grenze der Blendung. Von Schwelle bis Blendung überdeckt der Gesichtssinn 8 Zehnerpotenzen der Leuchtdichte. Als Anhaltswerte können gelten:

- 10^{-2} cd/m² Schwelle (ohne Farberkennung)
- 10 cd/m² ausreichend zum Lesen
- 10^3 cd/m² gute Schreibtischbeleuchtung
- 10^6 cd/m² Blendung

Es ist Sache der Technik, für die Lichtmessung die spektrale Empfindlichkeit von Photozellen mit Hilfe von Farbfiltern der spektralen Empfindlichkeit des Auges anzupassen.

7.3.2 Optische Absorption

Farben im Sinne des lateinischen Wortes *color* sind subjektive Sinneseindrücke, allenfalls mit Worten beschreibbar, aber keiner rein physikalischen Messung zugänglich. Niemand kann wissen, ob er das Rot einer Rose geradeso sieht wie sein Nachbar. *Farben* im Sinne des lateinischen Wortes *pigmentum* kann man kaufen. Es handelt sich um Farbstoffe, die Licht unterschiedlicher Wellenlänge unterschiedlich **absorbieren**. Diese Eigenschaft ist nicht auf den sichtbaren Spektralbereich beschränkt und lässt sich zuverlässig ausmessen – am einfachsten bei *Farbfiltern* aus buntem Glas.

Geeignete Messgeräte sind unter dem Namen **Spektralphotometer** im Handel. Ihr wichtigster Teil ist der **Monochromator** (◘ Abb. 7.58). Das *weiße* Licht einer Glühbirne wird vom *Kondensor* auf den schmalen *Eingangsspalt Sp* 1 konzentriert, vom *Kollimator* als Parallelbündel auf ein Prisma gegeben, dort spektral zerlegt und in die Brennebene einer weiteren Linse zusammengezogen. Hier entsteht ein Spektrum aus dicht an dicht liegenden, nach der Wellenlänge sortierten Bildern des Eingangsspaltes. Der *Ausgangsspalt Sp 2* fischt einen schmalen Wellenlängenbereich heraus und gibt ihn auf die nächste Linse, die das divergente Bündel wieder parallel richtet und durch das auszumessende Filter oder auch eine Küvette schickt (sie kann eine Flüssigkeit enthalten, deren Absorption untersucht werden soll). Eine letzte Linse sammelt dann das durchgelassene Licht auf die nachweisende Photozelle. Die Abbildung kann auch durch Spiegel, die spektrale Zerlegung durch ein Beugungsgitter (s. ▶ Abschn. 7.4.4) erfolgen (Vorteil: Die Absorption im Glas wird vermieden). Die Optik hinter dem Austrittsspalt und die Photozelle machen den Monochromator zum Spektrometer.

Man vergleicht jetzt die von der Küvette durchgelassene Strahlstärke $I(\lambda)$ mit der einfallenden Strahlstärke $I_0(\lambda)$ – wegen der Reflexionsverluste am Glas zieht man die Küvette

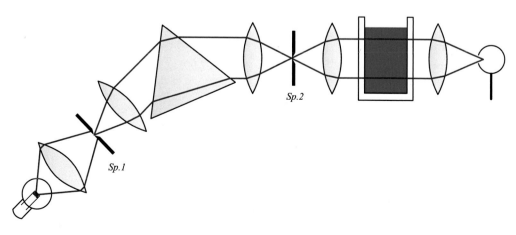

◘ **Abb. 7.58 Spektralphotometer,** schematischer Strahlengang; Einzelheiten im Text

nicht einfach aus dem Strahlengang heraus, sondern vertauscht sie mit einer leeren. Division liefert die **Durchlässigkeit**

$$D(\lambda) = \frac{\text{durchgelassene Strahlstärke } I(\lambda)}{\text{einfallende Strahlstärke } I_0(\lambda)}$$

Sie liegt notwendigerweise zwischen 0 (vollständige Absorption) und 1 (keine Absorption).

Senkt ein bestimmtes Filter die Strahlstärke I für eine bestimmte Wellenlänge auf die Hälfte ab, so reduziert ein zweites Filter gleicher Eigenschaft I auf ein Viertel, ein Drittes auf ein Achtel usw.: Optische Filter, hintereinander gestellt, multiplizieren ihre Durchlässigkeit D. Dass sie außerdem ihre Dicken d addieren, hat dann Bedeutung, wenn sie aus gleichem Material gefertigt sind und folglich Durchlässigkeit und Absorption in gleicher Weise spektral verteilen, wie etwa homogene Flüssigkeiten in der Küvette der ◘ Abb. 7.58. Dann gilt nämlich das sog. **Lambert-Gesetz**:

$$D(\lambda, d) = e^{-k(\lambda) \cdot d}$$

mit der **Extinktionskonstanten** $k(\lambda)$. Sie ist eine Materialkenngröße mit der SI-Einheit m^{-1} Ihr Kehrwert wird **Eindringtiefe** $a(\lambda)$ genannt. Bei so genannten *Graufiltern* sind a und k unabhängig von der Wellenlänge, zumindest im sichtbaren Spektralbereich.

Absorbiert wird Licht von einzelnen Atomen, Ionen, Molekülen, Molekülkomplexen, die beispielsweise in einer wässrigen Lösung herumschwimmen. Jede Teilchenart bevorzugt bestimmte Wellenlängenbereiche und trägt ihr **Absorptionsspektrum** wie eine Visitenkarte mit sich herum: *Hämoglobin*, zuständig für den Sauerstofftransport im Blut, hat in seiner oxidierten Form *Oxyhämoglobin* ein deutlich anderes Absorptionsspektrum als in seiner reduzierten Form (◘ Abb. 7.59). Deshalb sieht auch das sauerstoffbeladene arterielle Blut hellrot aus und das venöse bläulicher: Zufällig liegen die wesentlichen Absorptionen im sichtbaren Spektralbereich.

Das Absorptionsspektrum sagt zunächst nur etwas über die spektrale Verteilung der

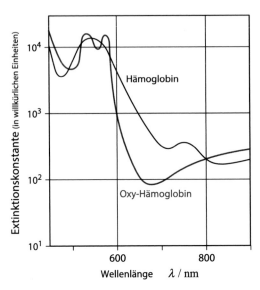

◘ **Abb. 7.59 Rot- und blaublütig.** Absorptionsspektrum von Hämoglobin (*schwarz*) und Oxy-Hämoglobin (*rot*)

optischen Absorption und ermöglicht damit, bestimmte Substanzen in einer Lösung zu identifizieren, also eine qualitative chemische Analyse. Die Messung der Extinktionskonstanten $k(\lambda)$ selbst erlaubt aber auch eine quantitative Analyse, denn zumindest bei nicht zu hohen Konzentrationen erweist sich das k einer bestimmten Wellenlänge als zur Konzentration c der absorbierenden Teilchen in der Lösung proportional. Dies besagt das *Beer-Gesetz*:

$$k(\lambda) = K(\lambda) \cdot c,$$

(◘ Abb. 7.60). Zusammen mit dem Lambert-Gesetz ergibt es das **Lambert-Beer-Gesetz**

$$I(\lambda, c, d) = I_0 \cdot e^{-K(\lambda) \cdot c \cdot d}.$$

Von ihm „leben" viele analytische Laboratorien geradezu, denn es erlaubt, Stoffe zu identifizieren und ihre Konzentration in einer Lösung zu bestimmen.

Wieso?

Dass viele, vor allem komplizierte Moleküle ein charakteristisches Absorptionsspek-

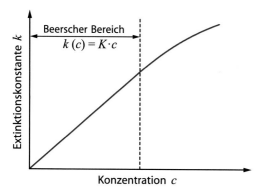

◻ Abb. 7.60 Das Beer'sche Gesetz

trum besitzen, lässt sich anschaulich begründen. Sie bestehen nun einmal aus Atomen, die unter Beteiligung von Coulomb-Kräften chemisch aneinander gebunden sind. Viele Moleküle stellen deshalb elektrische Dipole dar. Ein äußeres elektrisches Feld versucht nicht nur, die Moleküle zu drehen, es biegt auch an ihnen herum. Nun sind die Molekülteile nicht vollkommen starr miteinander verbunden: Sie können mit einer durch Masse und Bindungskräfte festgelegten Eigenfrequenz gedämpft um ihre Normallage schwingen. Passt die Frequenz des elektrischen Wechselfeldes, so kommt es zu Resonanz und Energieübertragung. Die Frequenzen der meisten Molekülschwingungen liegen im Bereich infraroten Lichts – die Folge ist Infrarotabsorption. In dicken Atlanten beziehungsweise Computerdatenbanken sind die Spektren zahlloser Substanzen mit ihren Werten für $K(\lambda)$ gesammelt – unentbehrliches Hilfsmittel der chemischen **Absorptionsspektralanalyse**.

❯ **Merke**
Optische Absorption
- Durchlässigkeit $D(\lambda) = \frac{I(\lambda)}{I_0(\lambda)}$
- Lambert-Gesetz: $D(d) = e^{-k \cdot d}$
  $k(\lambda)$ = Extinktionskonstante
  d: Schichtdicke
  und
- Beer-Gesetz: $k(\lambda) = K(\lambda) \cdot c$
  (für kleine Konzentrationen c)
  bilden zusammen

- Lambert-Beer-Gesetz:
  $$I(\lambda,c,d) = I_0 \cdot e^{-K(\lambda) \cdot c \cdot d}$$

Das Lambert-Beer-Gesetz ist kein Naturgesetz, sondern ähnlich dem Ohm'schen Gesetz nur eine oft erfüllte Regel.

Rechenbeispiel 7.6: Grau in Grau
Aufgabe: Zwei Graufilter haben die Durchlässigkeiten $D_1 = 0{,}60$ und $D_2 = 0{,}35$. Welche Durchlässigkeit haben sie hintereinander gesetzt?

Lösung: Hintereinander gesetzte optische Filter multiplizieren ihre Durchlässigkeiten: $D = D_1 \cdot D_2 = 0{,}21$.

7.3.3 Farbsehen

Die Welt ist gar nicht bunt, sie sieht nur so aus. Ohne Augen gäbe es keine Farben, sondern nur elektromagnetische Wellen unterschiedlicher Wellenlänge. Dass bei Nacht alle Katzen grau sind, liegt auch nicht an den Katzen, sondern an der Netzhaut. Von deren Sensoren sprechen bei schwachem Licht nur die **Stäbchen** an, die lediglich Grautöne vermelden, und noch nicht die für das Farbsehen zuständigen **Zapfen**. Von ihnen gibt es drei Gruppen, durch drei verschiedene Farbstoffe (**Sehpurpur**) für die langen, die mittleren und die kurzen Wellen des sichtbaren Spektrums sensibilisiert. Sie sorgen dafür, dass wir jede Wellenlänge mit einem bestimmten Farbeindruck wahrnehmen (◻ Abb. 7.61), da jeweils die drei Zapfensorten in verschiedenem Verhältnis angeregt wer-

◻ Abb. 7.61 Farbempfinden des normalsichtigen Menschen bei verschiedenen Wellenlängen sichtbaren Lichts

7

Abb. 7.62 (Video 7.3) **Additive Farbmischung:** Die drei Farben Rot, Grün und Blau ergeben zusammen weiß. Die Überlagerung von zwei der drei Grundfarben ergibt die Komplementärfarbe zur dritten (► https://doi.org/10.1007/000-btm)

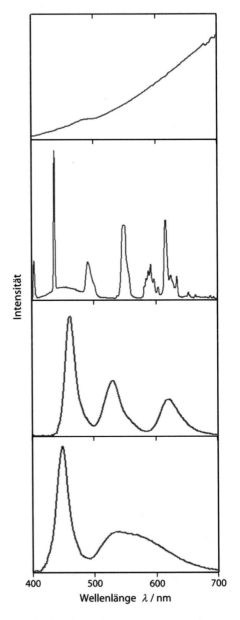

Abb. 7.63 **Alles weiß.** Licht mit diesen Spektren vermittelt den Farbeindruck Weiß. *Von oben nach unten*: Glühlampe, Energiesparlampe, Smartphone-Display, weiße Leuchtdiode/Computerbildschirm

den. Weiß und auch andere Farben sind in diesem Regenbogenspektrum nicht enthalten, da es für die entsprechende Anregung der Zapfen mehrerer Wellenlängen bedarf. Weiß bedarf einer **additiven Farbmischung** mindestens der drei Grundfarben Rot, Blau und Grün (■ Abb. 7.62). In Reinkultur erzeugen Smartphone-Displays mit organischen Leuchtdioden Weiß auf diese Weise. ■ Abb. 7.63 zeigt aber auch noch andere Wellenlängenkombinationen, die den Farbeindruck Weiß hervorrufen:

— Das oberste Spektrum ist das einer Glühbirne. Rot ist stärker als blau, daher ist das Licht etwas gelblich, was allgemein als „warm" und „gemütlich" empfunden wird.

— Daher hat auch das viel kompliziertere Spektrum einer Leuchtstoffröhre oder Energiesparlampe (zweites Spektrum) einen relativ starken Rot-Anteil, damit ein „warmes" Licht entsteht.

— Das dritte Spektrum von oben ist das Weiß eines modernen Smartphone-Displays mit organischen Leuchtdioden (OLED). Man erkennt deutlich die drei Farben Blau (460 nm), Grün (530 nm) und Rot

(630 nm). Hier ist nun Blau stärker, sodass dieses Licht „härter" wirkt und damit eher dem Sonnenlicht (Spektrum in ■ Abb. 7.4) entspricht.

◙ Abb. 7.64 Subtraktive Farbmischung. Im Druck werden die Komplementärfarben Magenta, Cyan und Gelb subtraktiv überlagert. Eine Überlagerung der drei Farben mit gleicher Stärke ergibt Schwarz oder Grau

— Weiße Leuchtdioden, die auch zur Beleuchtung von Computermonitoren verwendet werden (unteres Spektrum in ◙ Abb. 7.63) sind eigentlich blaue Leuchtdioden mit Fluoreszensfarbstoff und liefern auch ein bläulicheres Licht.

Indem man in der additiven Mischung die drei Grundfarben jeweils heller oder dunkler macht, lässt sich jeder beliebige Farbeindruck erzeugen. Im Buchdruck oder beim Malen wird nicht additiv gemischt, sondern man verwendet die **subtraktive Farbmischung**. Den meisten werden die Farben der Farbpatronen eines Tintenstrahldruckers geläufig sein: Magenta, Cyan und Gelb (◙ Abb. 7.64). Nicht zufällig sind dies die Mischfarben der additiven Farbmischung, wenn man eine der drei Grundfarben weglässt. Es sind die sogenannten Komplementärfarben zu Grün (Magenta), Rot (Cyan) und Blau (gelb). Druckt man auf weißem Papier über eine transparente Schicht Magenta, die Blau und Rot durchlässt, eine transparente Schicht Cyan, die Blau und Grün durchlässt, so kommt nur noch Blau durch. Druckt man Magenta, Cyan und Gelb überein-

ander, so kommt gar nichts mehr durch, wir bekommen Schwarz.

7.4 Wellenoptik

7.4.1 Polarisiertes Licht

Licht gehört zu den transversalen Wellen: Die beiden Vektoren des elektrischen und des magnetischen Feldes stehen senkrecht auf der Ausbreitungsrichtung, wie ◙ Abb. 7.3 bereits dargestellt hat. Damit sind die Richtungen der beiden Vektoren aber noch nicht festgelegt, sondern nur eingeschränkt: Dem einen Feld steht eine ganze Ebene zur Verfügung, in der es grundsätzlich seine Schwingungsrichtung frei wählen kann; das andere muss dann den rechten Winkel einhalten. In der Symmetrieebene des schwingenden Dipols liegt der elektrische Vektor parallel zur Dipolachse (s. ◙ Abb. 7.1): Die abgestrahlte Welle ist **polarisiert**, genauer, sie ist *linear polarisiert* (es gibt auch noch zirkulare und elliptische Polarisation; beide brauchen hier nicht besprochen zu werden).

Von einer makroskopischen Lampe darf man sagen, sie sei aus unzähligen Dipolen zusammengesetzt, die unabhängig voneinander in allen nur denkbaren Richtungen schwingen. Was sie gemeinsam abstrahlen, ist unpolarisiertes *natürliches* Licht, in dem alle Polarisationsrichtungen in unauflösbar rascher Zeitfolge vorkommen. Keine wird im Mittel bevorzugt.

Ein bequemes Verfahren natürliches Licht zu polarisieren bieten die **Polarisationsfolien**. Sie sind *dichroitisch*, d. h. sie bestehen aus einem Material, dessen Absorptionsspektrum von der Polarisationsrichtung des einfallenden Lichtes abhängt. So wird etwa für eine bestimmte Richtung des elektrischen Vektors der ganze sichtbare Spektralbereich nahezu ungehindert hindurch gelassen, für die dazu senkrechte Richtung aber schon auf weniger als einem Millimeter fast vollständig abgefangen. Eine solche Folie erscheint dem Auge grau: Nur knapp die Hälfte vom Lichtstrom des natürlichen Lichtes lässt sie passieren. Erst eine zweite Folie am Strahlengang macht deut-

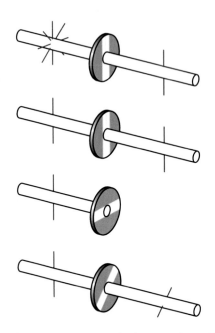

□ **Abb. 7.65 Lineare Polarisation.** Natürliches Licht
nutzt mit seinem elektrischen Vektor die Ebene senkrecht
zur Fortpflanzungsgeschwindigkeit voll und gleichmäßig
aus (*1. Teilbild, linke Seite*). Ein Polarisator lässt nur eine,
hier vertikale Schwingungsrichtung hindurch (*1. Teilbild,
rechte Seite*). Ein Analysator mit gleicher Polarisationsrichtung hindert den Durchgang polarisierten Lichtes nicht
(*2. Teilbild*); er lässt kein Licht mehr durch, wenn man
ihn um 90° dreht („gekreuzte Polarisatoren", *3. Teilbild*).
In Zwischenstellungen wird das Licht mehr oder weniger
stark durchgelassen; die Richtung seines elektrischen Vektors hält sich an die Vorgabe des letzten Polarisators

lich, dass es sich nicht um einfache Graufilter
handelt: Möglicherweise schwächt die zweite Folie den Lichtstrom allenfalls durch die
unvermeidlichen Reflexionsverluste. Dann stehen die beiden Polarisatoren *parallel*. Dreht
man aber die zweite Folie in ihrer eigenen
Ebene um 90°, dann lässt sie kein Licht mehr
durch: Die Polarisatoren sind *gekreuzt*. Auch
in den Stellungen dazwischen absorbiert die
zweite Folie Licht, mit wachsendem Drehwinkel immer mehr. Die Schwingungsrichtung des
durchgelassenen Lichtes dreht sich mit; sie
folgt immer dem Befehl des letzten Polarisators. □ Abb. 7.65 versucht, diesen Tatbestand
etwas schematisch zu skizzieren. Nach altem
Sprachgebrauch wird der zweite Polarisator

gern *Analysator* genannt; physikalisch unterscheidet er sich von dem ersten, dem *Polarisator*, nicht.

❯ **Merke**

Natürliches Licht: unpolarisiert, d. h.
Schwingungsrichtung des elektrischen Vektors wechselt rasch und regellos.
(Linear) polarisiertes Licht: die Schwingungsrichtung wird über längere Zeit konstant gehalten.

Einige der komplizierten organischen Moleküle, z. B. manche Zucker, sind **optisch aktiv;** sie
drehen den elektrischen Vektor des sie durch-
setzenden Lichtes selbst dann noch, wenn sie
in Wasser gelöst sind – der magnetische Vektor
dreht sich selbstverständlich mit. Bringt man
eine mit Zuckerwasser gefüllte Küvette zwischen gekreuzte Polarisatoren, so hellt sich das
Gesichtsfeld auf. Man bekommt wieder Dunkelheit, wenn man den Analysator um einen
Winkel δ nachdreht – man hätte auch den Polarisator um den gleichen Winkel in Gegenrichtung drehen können. δ ist der Länge der Küvette proportional und der Konzentration der
aktiven Moleküle: ein Messverfahren der **Sac-
charimetrie** zur raschen Bestimmung des Zu-
ckergehaltes im ausgepressten Saft einer Rübe.

❯ **Merke**

Optische Aktivität: Drehung der Polarisationsebene bei Durchgang durch eine Lösung
optisch aktiver Moleküle.

Eine ganz wichtige technische Anwendung optischer Aktivität findet sich in **LCD-Displays**
(□ Abb. 7.66). In einem solchen Display befindet sich zwischen zwei gekreuzten Polarisatoren eine dünne Schicht aus **Flüssigkristallen.**
Das ist eine Flüssigkeit aus stäbchenförmigen
kleinen Kristallen. Sind diese Kristalle aneinander ausgerichtet, so kann die Flüssigkristallschicht optisch aktiv sein. Die Hinterseite des
Displays bildet eine Glasplatte, auf der durchsichtige Elektroden für die Bildpixel und An-
steuertransistoren aufgedampft sind. Darüber
befindet sich eine in eine Richtung gebürste-

te Polymerschicht, an der sich die Kriställchen ausrichten. Die Vorderseite des Displays besteht aus einer Kunststofffolie, die ebenfalls durchsichtige Elektronen und die gebürstete Polymerschicht aufweist. Der Abstand zwischen Glasplatte und Folie, also die Dicke der Flüssigkristallschicht, muss sehr präzise stimmen. Dies wird mit kleinen Glaskügelchen als Abstandhalter erreicht. Interaktive Bildschirme oder Displays für den Außenbereich haben dann noch eine Glasplatte, Computerbildschirme meist nicht. Wenn man auf sie drückt, verändert sich an der Druckstelle die Schichtdicke und man sieht eine Veränderung der Helligkeit. Die beiden gebürsteten Polymerschichten sind wie die Polarisationsfolien, die das Display auch noch enthält, 90° gegeneinander gedreht, sodass die stabförmigen Kristalle im Ruhezustand gedrillt liegen und die Polarisationsebene des Lichtes gerade um 90° drehen 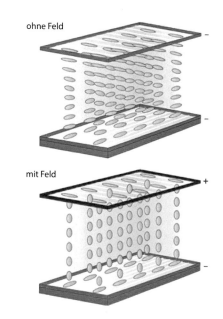 Abb. 7.66, oberes Bild. Wird das Display von hinten beleuchtet (mit weißen LEDs), so ist es hell. Wird nun an die Elektroden der Pixel eine Spannung angelegt, so richten sich die Kristalle parallel zum elektrischen Feld aus und die optische Aktivität verschwindet: das Display wird dunkel. Mit diesem Prinzip und vielen farbigen Pixeln lässt sich so ein Bildschirm bauen. Zunehmend werden die LCD-Bildschirme aber durch OLED-Bildschirme ersetzt, die mit aufgedampften organischen Leuchtdioden arbeiten und eine bessere Farbdarstellung bieten.

Auch in der freien Natur gibt es polarisiertes Licht, meist freilich von natürlichem Licht überlagert – man spricht von **unvollständiger Polarisation**. Bienen orten mit seiner Hilfe die Sonne auch dann noch, wenn sie von Wolken oder Bergen verdeckt wird: Das Streulicht des blauen Himmels ist polarisiert wie anderes Streulicht meist auch. Dies lässt sich leicht einsehen. Man darf die Streuteilchen nämlich als Dipole auffassen, die vom einfallenden Licht zu erzwungenen Schwingungen angeregt werden – naturgemäß nur in Richtungen, die der elektrische Vektor des Primärlichtes vorgibt. Die Dipole schwingen also nur senkrecht zu dessen Einfallsrichtung

ohne Feld

mit Feld

◘ Abb. 7.66 LCD-Display. Stäbchenförmige Kristalle können die Polarisation des Lichts drehen und richten sich in einem elektrischen Feld aus. (Aus Gerthsen: Physik)

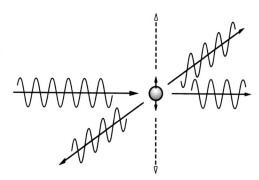

◘ Abb. 7.67 Polarisation durch Streuung. Die vom einfallenden Licht in Resonanz angeregten Dipole strahlen nicht in ihrer Längsrichtung; polarisiert einfallendes Licht wird in Richtung seines elektrischen Vektors nicht gestreut. Voraussetzung: Die Streuteilchen dürfen nicht so groß sein, dass sie *depolarisieren*

und strahlen dementsprechend quer zu dieser Richtung linear polarisiertes Licht ab. Das sieht man besonders deutlich, wenn das einfallende Licht bereits linear polarisiert ist: In Richtung seines eigenen elektrischen Vektors kann es nicht gestreut werden (◘ Abb. 7.67);

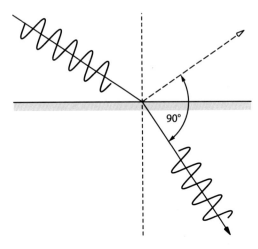

7

Dipole strahlen nicht in ihrer Längsrichtung
(s. ► Abschn. 7.1.1).

Das Modell vom Resonanzdipol funktioniert auch noch bei der Polarisation durch
Reflexion (**Brewster-Gesetz**). Hier halten sich
die reflektierenden Dipole bereits an die neue
Marschrichtung des gebrochenen Lichtes im
optisch dichteren Medium. Muss das reflektierte Bündel senkrecht zu dieser Richtung
laufen, so kann es kein Licht enthalten, dessen elektrischer Vektor in der Einfallsebene
schwingt, in der Ebene also, die von Lot und
Einfallsrichtung gebildet wird (□ Abb. 7.68).
Der zugehörige Einfallswinkel hängt von der
Brechzahl des Mediums ab; er heißt *Brewster-
Winkel*. Lenkt man also unter diesem Winkel
in richtiger Richtung linear polarisiertes Licht
auf eine Glasplatte, so geht alles durch, nichts
wird reflektiert.

❯ Merke

Polarisation durch Streuung und durch Brechung: Ein vom Licht zu Schwingungen
angeregter elementarer Dipol strahlt nicht in
seiner Längsrichtung.

7.4.2 Interferenz

Indirekt folgt die Wellennatur des Lichtes bereits aus seiner Polarisierbarkeit: Nur transversale Wellen lassen sich so, wie beschrieben,
polarisieren. Den offenkundigen Beweis liefert
aber erst die **Interferenz**, die Überlagerung
von zwei Wellenzügen gleicher Wellenlänge
und Frequenz. Es müssen nicht Lichtwellen
sein; Wasser- und Schallwellen interferieren
genauso. Man kann sogar an einem rein geometrischen Modell recht anschaulich erläutern,
was bei der Überlagerung zweier Kreiswellen
(als ebenem Schnitt zweier Kugelwellen) passieren muss.

Die Momentaufnahme einer Kreiswelle sei
dargestellt durch ein System konzentrischer
Kreise gleicher Strichbreite, abwechselnd jeweils schwarz und hell auf transparente Folie
gezeichnet; sie sollen Wellentäler und Wellenberge repräsentieren. Legt man zwei derartige Systeme um 12 „Wellenlängen" gegeneinander versetzt übereinander, so erhält man
die Figur der □ Abb. 7.69. Sie suggeriert,
was bei einer entsprechenden Überlagerung
zweier Wellen tatsächlich herauskommt: ein
System heller und dunkler *Interferenzstreifen*.

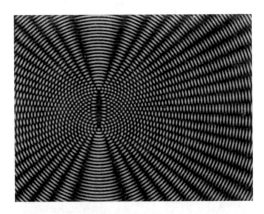

□ **Abb. 7.69** **Modellversuch zur Interferenz.** Zwei
Wellenfelder werden durch zwei Systeme konzentrischer
Kreise simuliert. Auslöschung dort, wo helle und dunkle
Streifen alternierend aufeinander treffen, also Berg auf Tal
und Tal auf Berg: destruktive Überlagerung der lokal aus-
gelösten Schwingungen

Abb. 7.70 Interferenz zweier Wasserwellen in der Wellenwanne

■ Abb. 7.70 bringt den experimentellen Beweis für Wasserwellen.

Zur Begründung sei an die Überlagerung von Schwingungen erinnert (s. ▶ Abschn. 4.1.5). Eine jede Welle löst überall in ihrem Wellenfeld lokale Schwingungen aus; überlagern sich zwei Wellenfelder, so überlagern sich auch deren Schwingungen. Konstruktive Interferenz verstärkt, destruktive mindert die Amplitude der Auslenkung und löscht die Schwingung im Grenzfall aus.

Im Modell der konzentrischen Kreise erscheinen die Minima dort, wo schwarze und helle Streifen sich gegenseitig abdecken; die Folien lassen kein Licht hindurch. Bei den Maxima fallen schwarz auf schwarz und hell auf hell; Licht kann durchtreten.

❯ **Merke**

Interferenz: Überlagerung zweier Wellen gleicher Wellenlänge;

Maximum: beide Wellen am Ort in Phase, Wellenberg trifft auf Wellenberg und Tal auf Tal; Minimum: beide Wellen am Ort in Gegenphase, Wellenberg trifft auf Wellental und umgekehrt.

Es ist nicht zu leugnen: Die Vorhersage des Modells widerspricht der alltäglichen opti-schen Erfahrung, denn sie behauptet, dass Licht plus Licht unter Umständen Dunkelheit ergeben könnte. Trotzdem soll das Modell hier weiter verfolgt werden, und zwar quantitativ. Angenommen sei, dass die beiden Wellenzentren nicht nur mit gleicher Frequenz und Amplitude, sondern auch in gleicher Phasenlage schwingen. Dann hängt die Phase der von jedem Wellenfeld ausgelösten lokalen Schwingung nur vom Laufweg ab, von der Entfernung des betrachteten Ortes vom Wellenzentrum. Beträgt sie ein ganzzahliges (nämlich n-faches) Vielfaches der Wellenlänge λ, so ist die Schwingung im Zentrum und am betrachteten Ort in Phase; beträgt der Laufweg ein ungeradzahliges $(2n+1)$-faches von $\lambda/2$, so sind sie in Gegenphase. Das gilt gegenüber beiden Wellenzentren. Wie eine Überlagerung sich auswirkt, bestimmt demnach der **Gangunterschied** x der beiden Wellen, die Differenz der beiden Laufwege. Es kommt zu Verstärkung und Maximum, wenn

$$x = n \cdot \lambda;$$

es kommt zu Auslöschung, wenn

$$x = (2n + 1) \cdot \frac{\lambda}{2}.$$

Am leichtesten zu erkennen ist dies in Richtung der verlängerten Verbindungslinie beider Wellenzentren. In ■ Abb. 7.69 beträgt ihr Abstand genau 12 Wellenlängen, geradzahliges Vielfaches von $\lambda/2$: Verstärkung oben und unten. In ■ Abb. 7.71 ist dieser Abstand auf 12,5 Wellenlängen erhöht, ungeradzahliges Vielfaches von $\lambda/2$: Auslöschung oben und unten.

❯ **Merke**

Gangunterschied: Differenz der Abstände von den beiden Wellenzentren zum betrachteten Ort.

Alle Punkte auf der Symmetrieebene zwischen den Wellenzentren sind dadurch ausgezeichnet, dass sie zu beiden Zentren gleichen Abstand haben; der Gangunterschied ist

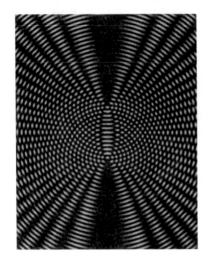

■ **Abb. 7.71 Modellversuch zur Interferenz;** gegenüber der ■ Abb. 7.69 ist der Abstand der Wellenzentren um eine halbe Wellenlänge erhöht worden

che Winkel α wie zwischen der Richtung der Strahlen und der Symmetrieebene. Aus der Definition der Winkelfunktionen im rechtwinkligen Dreieck folgt dann

$$\sin\alpha = \frac{x}{d}$$

(d = Abstand der Zentren). Mit $x = n \cdot \lambda$ ergibt sich als Bedingung für das Maximum n-ter Ordnung

$$\sin\alpha_n = \frac{n \cdot \lambda}{d}.$$

Aus dieser Beziehung kann man die Wellenlänge λ bestimmen, wenn man α_n und d gemessen hat.

7.4.3 Kohärenz

null: Auf der Symmetrieebene liegt das Maximum 0. Ordnung. Der Winkel α_n, um den das Maximum n-ter Ordnung gegen diese Ebene versetzt ist, lässt sich für hinreichend große Abstände leicht anhand der ■ Abb. 7.72 ausrechnen. Die beiden an einem fernen Ort interferierenden Strahlen verlassen die Zentren praktisch parallel. Ihren Gangunterschied x bis zum Treffpunkt findet man, indem man von einem Zentrum ein Lot auf den Strahl des anderen fällt. Zwischen diesem Lot und der Verbindungslinie der Zentren liegt der gleiche

Wenn Licht eine elektromagnetische Welle ist, warum gehören dann optische Interferenzen nicht zu den alltäglichen Erfahrungen, die jedermann geläufig sind? In reale, makroskopische Lampen senden Atome und Moleküle das Licht aus und sie tun dies grob gesprochen in Form von Wellenpaketen (Lichtquanten, ▶ Abschn. 7.5.1). Jedes Molekül strahlt unabhängig zu einer zufälligen Zeit, sodass das Licht aus einer zufälligen Überlagerung von Wellenpaketen besteht. Die ■ Abb. 7.73 versucht dies darzustellen. Die Wellenpakete

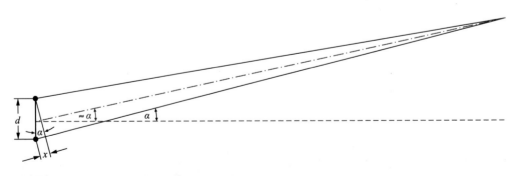

■ **Abb. 7.72 Gangunterschied.** Zur Herleitung der Beziehung für den Winkel α zwischen der Symmetrieebene zweier Wellenzentren und der Richtung eines Interferenzmaximums

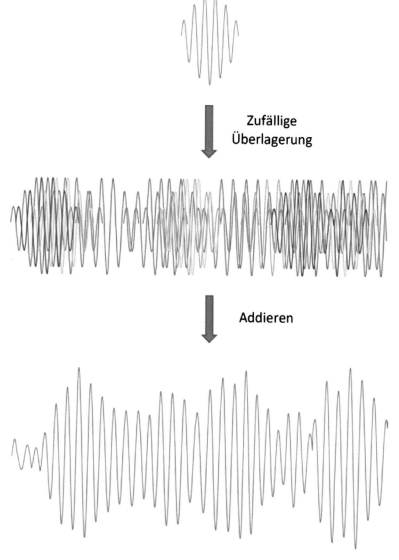

■ **Abb. 7.73 Inko-
härentes Licht.** Die
Lichtwelle, die eine nor-
male Lampe aussendet,
schwankt schnell in der
Amplitude und der Wel-
lenlänge, da sie sich aus
Wellenpaketen (Licht-
quanten) zusammensetzt

Zufällige
Überlagerung

Addieren

addieren sich einigermaßen zu einem Wellenzug. In ■ Abb. 7.73 kann man aber erkennen,
dass in diesem Wellenzug nicht nur die Amplitude schwankt, sondern auch die Wellenlänge.
Überlagern sich solche Wellenzüge aus zwei
verschieden Quellen an einem Ort, so wird die
Helligkeit dort sehr schnell schwanken. Das
Auge nimmt aber nur eine mittlere Helligkeit
(Intensität) war und diese ist einfach die Summe der Helligkeit der einzelnen Quellen. Man
sagt: das Licht ist **inkohärent**.

Dagegen hilft nur eines: Man muss ein
Lichtbündel aufspalten und die beiden Teilbündel einander überlagern. Auch dann besteht jedes Teilbündel aus der unregelmä-
ßigen Folge kurzer Wellenpakete, aber diese Folge ist in beiden Bündeln die gleiche
(■ Abb. 7.74). Je nach Gangunterschied x verstärken oder schwächen sie sich auf Dauer: Die
Interferenzfigur steht still, das Licht ist für hinreichend kleine Gangunterschiede **kohärent**.
Je größer der Gangunterschied aber wird, um-

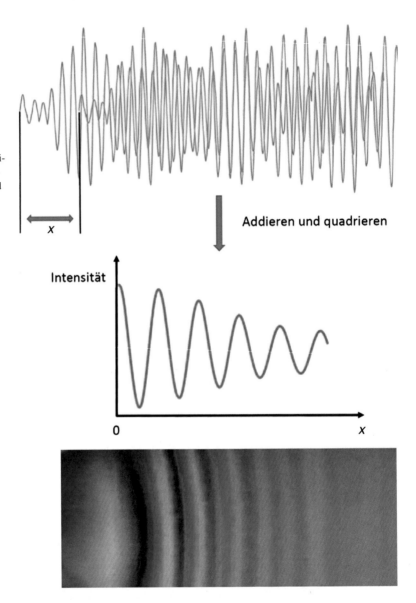

◻ Abb. 7.74 Interferenz durch Aufspaltung. Spaltet man einen Lichtstrahl auf und überlagert die Teilstrahlen mit nicht zu hohem Gangunterschied x, so gibt es Interferenz. *Unten* ist das Muster an einer Seifenhaut dargestellt, die nach rechts dicker wird

Addieren und quadrieren

Intensität

0 x

so schwächer wird der Interferenzkontrast. In ◻ Abb. 7.74 sieht man das gut im Foto von einer keilförmigen Seifenhaut unten. Die Seifenhaut wird nach rechts dicker. Dann nimmt der Gangunterschied zwischen dem an der Vorderseite und an der Rückseite reflektierten Licht zu. Man sieht gut, wie die Interferenzstreifen nach rechts schwächer werden. Sie sind auch noch bunt, da das Licht weiß und nicht einfarbig ist, wie in den Schemazeichnungen

angenommen. Der Gangunterschied, bei den sich der Interferenzkontrast etwa halbiert hat, nennt man die **Kohärenzlänge.** Sie ist ungefähr so lang wie ein Wellenpaket.

> **❯ Merke**
>
> Kohärenz: feste Phasenbeziehung zwischen zwei interferierenden Wellenzügen, Kohärenzlänge: Länge im Wellenzug, in der die Wellenlänge einigermaßen konstant bleibt.

7.4.4 Dünne Schichten und Beugungsgitter

Experimentell gibt es viele Möglichkeiten, ein Lichtbündel aufzuspalten, z. B. durch Reflexion an Vorder- und Rückseite eines Seifenfilms wie eben oder auch an einem dünnen Glimmerblatt (Dicke d). Eine Lichtquelle bekommt dadurch zwei virtuelle Spiegelbilder, die im Abstand $2d$ hintereinander stehen. Die Kohärenzlänge des Lichtes einer Quecksilberdampflampe genügt, um ein stehendes Interferenzfeld zu bilden, das auf der Wand metergroße Ringe erzeugt (◘ Abb. 7.75).

Die Interferenzmaxima bilden spitze Kegel, aus denen die Zimmerwand Kreise herausschneidet. Deren Zentrum liegt in Richtung größten Gangunterschiedes der interferierenden Wellen; dort befindet sich das Maximum oder Minimum der höchsten Ordnung. Das Maximum 0. Ordnung tritt nicht auf; es müsste ja auf der Symmetrieebene zwischen den beiden virtuellen Wellenzentren, also hinter dem Glimmerblatt liegen. Solche Interferenzeffekte treten immer dann auf, wenn zwei reflektierende Grenzflächen nur wenige Lichtwellenlängen, das heißt also wenige tausendstel Millimeter auseinander liegen. Da die Interferenzbedingungen wellenlängenabhängig sind, sind solche Erscheinungen meistens bunt. Besonders prachtvoll zeigt sich das z. B. bei dünnen Ölfilmen auf Wasser, bei denen die Interferenz zwischen dem von der Oberseite und der Unterseite des Ölfilms reflektierten Licht schillernde Farben hervorruft. Entsprechendes sieht man bei Seifenblasen.

Interferenz an dünnen Schichten wird auch technisch genutzt. Bei *reflexvermindernden Schichten* auf Brillengläsern und photographischen Objektiven interferieren sich Reflexionen im sichtbaren Spektralbereich weitgehend weg. Statt Reflexionsverminderung kann aber auch Reflexionsverstärkung erreicht werden. Die Reflektoren moderner Halogenlampen sind nicht, wie man meinen könnte, mit Metall beschichtet, sondern mit einem ganzen Stapel dünner Interferenzschichten. Diese bewirken, dass das sichtbare Licht reflek-

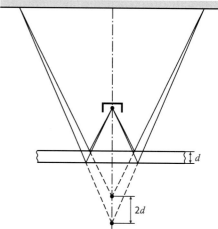

◘ **Abb. 7.75 Interferenzversuch nach R.W. Pohl.** Das Licht einer Quecksilberdampflampe wird an Vorder- und Rückseite eines Glimmerblattes der Dicke d reflektiert. Es entsteht ein Wellenfeld, das von den beiden virtuellen Spiegelbildern der Lampe herzurühren scheint. Sie stehen im Abstand $2d$, strahlen kohärent und liefern an der Wand metergroße Interferenzringe, gestört durch den Schatten der Lampe und ihrer Halterung. Dass in vier schmalen Zonen die Ringe fehlen, hängt mit einer optischen Spezialität des Glimmers zusammen, der sog. *Doppelbrechung*

tiert wird, die Wärmestrahlung des infraroten Lichtes aber hindurchgeht und dadurch das beleuchtete Objekt nicht so stark erwärmt wird (*Kaltlichtquellen*). Dieses Beispiel lässt schon vermuten, dass so auch Filter gebaut werden können, die nur einen ganz bestimmten, schmalen Wellenlängenbereich durchlassen (**Interferenzfilter**).

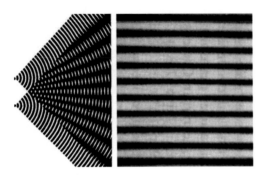

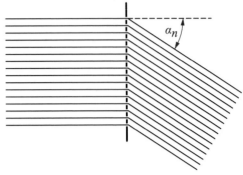

◘ **Abb. 7.76 Doppelspalt.** Interferenzstreifen eines Doppelspaltes

◘ **Abb. 7.77 Beugungsgitter**, schematisch. Die Richtungen der Interferenzmaxima sind die gleichen wie beim Doppelspalt; die Maxima selber sind aber wesentlich schärfer ausgeprägt, weil sich auch die Wellenzüge weit entfernter Spalte mit entsprechend höheren Gangunterschieden gegenseitig auslöschen können

Eine weitere Methode, mit Licht kleiner Kohärenzlänge Interferenzerscheinungen zu beobachten, nutzt die **Beugung** aus. Im ▶ Abschn. 7.1.3 wurde diese Erscheinung schon beschrieben. Lässt man insbesondere Licht durch ein sehr kleines Loch oder einen Spalt hindurchtreten, so kommt auf der anderen Seite eine Welle mit kreisförmigen Wellenfronten heraus (s. ◘ Abb. 7.12). Schneidet man also in ein Blech zwei schmale Schlitze, in geringem Abstand parallel zueinander (**Doppelspalt**) und beleuchtet dieses von der einen Seite, so interferieren die auf der anderen Seite austretenden kreisförmigen Wellen miteinander (◘ Abb. 7.76). Die Schlitze strahlen kohärent, weil sie von praktisch der gleichen Primärwelle angeregt werden. Folglich liefern sie ein System paralleler Interferenzstreifen mit der 0. Ordnung in der Mitte. Der Streifenabstand ergibt sich aus den Überlegungen zur ◘ Abb. 7.72. Entsprechende Messungen zeigen, dass die Wellenlängen sichtbaren Lichtes tatsächlich in einem relativ schmalen Bereich um 0,5 µm liegen.

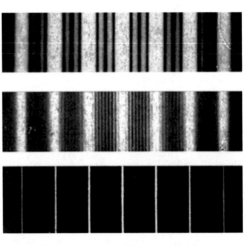

◘ **Abb. 7.78 Beugungsfiguren von Gittern** mit 6, 10 und 250 Spalten

> ❯ Merke
>
> Beugung am Doppelspalt
>
> Maximum n-ter Ordnung: $\sin\alpha_n = \frac{n\cdot\lambda}{d}$.

Wenn man den Doppelspalt zu einem **Beugungsgitter** aus vielen äquidistanten Spalten erweitert (◘ Abb. 7.77), so ändert sich an den Richtungen der Interferenzmaxima nichts,

wohl aber an der Strahlungsleistung zwischen ihnen: Beim Doppelspalt fällt sie allmählich auf den Wert null und erreicht ihn genau in der Mitte zwischen zwei Maxima. Beim Gitter sind die Maxima deutlich schärfer und durch breite dunkle Streifen voneinander getrennt, umso deutlicher, je mehr Gitterspalten beleuchtet werden (◘ Abb. 7.78). Warum? Der Doppelspalt liefert lediglich zwei Wellenzüge; nur bei einem Gangunterschied von $\lambda/2$ (oder einem ungeradzahligen Vielfachen davon) löschen sie sich vollkommen aus. Bei einem Gitter mit 1000 Spalten genügt aber schon ein Gangunterschied von einem Tausendstel λ zwischen Nachbarn zur Auslöschung, denn dies bedeutet eine halbe Wellenlänge Gangunterschied zwischen den Spalten 1 und 501, zwischen 2 und 502 usw.: Zu jedem Wellenzug aus einem Spalt findet sich schon jetzt ein zweiter, der die zur Interferenzauslöschung notwendige halbe Wellenlänge Gangunterschied mitbringt.

Optische Gitter haben praktische Bedeutung: Beleuchtet man sie mit einem Parallelbündel weißen Lichtes, so fächern sie es in wellenlängensortierte Parallelbündel auf, ein jedes ausgesandt in Richtung seines Interferenzmaximums. Ähnlich den Prismen können auch Beugungsgitter Licht spektral zerlegen (**Gitterspektrometer**). Aus dem täglichen Leben kennt man das von den Compact Discs zur Musikwiedergabe. Die digitale Information ist auf einer CD in Rillen gespeichert, die einen Abstand von 1,6 μm haben. Das liefert ein gutes Beugungsgitter und lässt die CDs auf der Abspielseite bunt schillern, wie auch diverse Beugungsgitter auf dem Silbrigen Sicherheitsstreifen von Geldscheinen.

Rechenbeispiel 7.7: Kohärenzlänge

Aufgabe: Angenommen, ◻ Abb. 7.75 sei mit dem grünen Licht der Quecksilberlampe (λ = 546 nm) und einem 0,11 mm dicken Glimmerblatt erzeugt worden. Von welcher Ordnung ungefähr wäre dann das zentrale Maximum? Wie groß müsste die Kohärenzlänge der Lampe mindestens gewesen sein?

Lösung: Der kleinste Gangunterschied entspricht dem Abstand der virtuellen Spiegelbilder, also zweimal die Glimmerdicke. Für die Ordnung gilt also: $n = 2 \cdot d/\lambda = 0,22$ mm/546 nm ≈ 400. Die Kohärenzlänge muss $2 \cdot d = 0,22$ mm deutlich übersteigen.

Rechenbeispiel 7.8: Die Spektren überlappen

Aufgabe: Weißes Licht mit Wellenlängen zwischen 400 und 750 nm fallen auf ein Beugungsgitter mit 4000 Spalten auf ein Zentimeter. Zeige, dass das Blau (λ = 450 nm) der dritten Ordnung mit dem Rot (λ = 700 nm) der zweiten Ordnung überlappt.

Lösung: Der Abstand der Spalte im Gitter beträgt $d = (1/4000)$ cm = 2,5 μm. Für die Lage des dritten Interferenzmaxima des blauen Lichts ergibt sich: sin α_3 = 3 · 450 nm/2,5 μm = 0,54, das ist α_3 = 33°. Für Rot ergibt sich: sin α_3 = 2 · 700 nm/2,5 μm = 0,56, das ist α_3 = 34°.

7.4.5 Beugungsfiguren

Gleichmäßige Beugung aus einem Loch oder Spalt heraus in den ganzen Halbraum hinein (s. ◻ Abb. 7.12) setzt einen Lochdurchmesser, eine Spaltbreite voraus, die gegenüber der Wellenlänge klein ist.

Bei Wasserwellen lässt sich das noch einigermaßen erreichen, bei sichtbarem Licht würden die Interferenzfiguren aber zu dunkel für eine bequeme Beobachtung. Folglich macht man die Spalte breiter. Ein breiter Spalt liefert aber schon für sich allein eine Beugungsfigur. ◻ Abb. 7.79 zeigt sie. Um dies zu verstehen, nimmt man an, in der Spaltebene lägen elementare Wellenzentren dicht an dicht, die vom (senkrecht einfallenden) Primärlicht zu gleichphasigen Schwingungen angeregt werden und

◻ **Abb. 7.79 Beugungsfigur eines Spaltes** in dem die Bildmitte zur Vermeidung von Überstrahlungen ausgeblendet ist

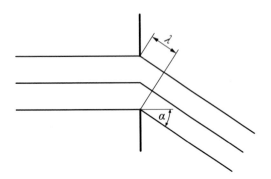

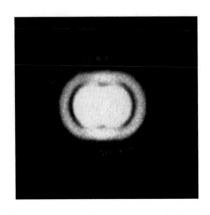

□ **Abb. 7.80 Zur Beugung am Spalt.** In der Spaltebene werden elementare Wellenzentren als Ausgangspunkte von *Huygens-Elementarwellen* angenommen. Erstes Interferenzminimum bei einer vollen Wellenlänge Gangunterschied zwischen den Randstrahlen

□ **Abb. 7.81 Zum Auflösungsvermögen** eines Mikroskops: überlappende Beugungsscheibchen zweier Bildpunkte

entsprechend abstrahlen (*Huygens-Elementarwellen*). Hat der Spalt die Breite D, so beträgt der Gangunterschied zwischen den beiden unter dem Winkel α emittierten Randstrahlen $x = D \cdot \sin \alpha$. Deckt sich x mit der Wellenlänge λ, so bekommt ein Randstrahl gegenüber dem des Elementarzentrums in der Spaltmitte den Gangunterschied $\lambda/2$, und beide löschen sich durch Interferenz aus (□ Abb. 7.80).

Demnach lässt sich zu jedem Elementarzentrum in der einen Spalthälfte ein korrespondierendes in der anderen finden, dessen Welle sich mit der seinen weginterferiert: α bestimmt die Richtung des ersten Minimums in der Beugungsfigur des Einzelspaltes. Vergleichbare Situationen wiederholen sich immer dann, wenn der Gangunterschied zwischen den Randstrahlen ein ganzzahliges Vielfaches der Wellenlänge wird. Dazwischen bleibt ein Teil elementarer Wellenzentren übrig, die keinen Partner zur Interferenzlöschung finden. Ein einzelner Spalt der Breite D liefert demnach Beugungsminima in Richtungen, die der Beziehung

$$\sin \alpha_n = \frac{n \cdot \lambda}{D}$$

gehorchen. Sie ähnelt der Formel für die Interferenzmaxima zweier punktförmiger Wellenzentren.

> **Merke**
> Beugung am Spalt,
>   Minimum: $\sin \alpha_n = \frac{n \cdot \lambda}{D}$

Bemerkenswert an dieser Formel ist: Je schmaler der Spalt, je kleiner D, umso größer wird α, umso breiter also das zentrale Maximum im Beugungsmuster. Diese paradox anmutende Tatsache ist wichtig, um das **Auflösungsvermögen** von optischen Instrumenten zu verstehen. Grundsätzlich liefert jedes Loch eine Beugungsfigur, auch die Fassung einer Linse. Selbst ein ideales, im Sinne der geometrischen Optik fehlerfreies Objektiv bildet deshalb einen Gegenstandspunkt nicht in einen Bildpunkt ab, sondern als ausgedehntes Beugungsscheibchen. Dessen Durchmesser bestimmt das Auflösungsvermögen zum Beispiel eines Mikroskops: Zwei Detailpunkte des Objekts können allenfalls dann noch getrennt wahrgenommen werden, wenn das Beugungsscheibchen des einen mit seinem Zentrum auf das erste Minimum des anderen fällt (□ Abb. 7.81). Will man ein hohes Auflösungsvermögen, so muss also der Durchmesser der Objektivlinse möglichst groß sein. Eine genauere Betrachtung zeigt, dass das Verhältnis von Linsendurchmesser zu Brennweite möglichst groß sein muss. Deshalb rückt das Objektiv umso dichter an das Objekt heran, je höher die Vergrößerung gewählt wird. Bei

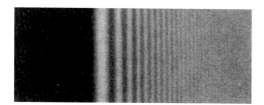

◻ Abb. 7.82 Beugung an der Halbebene

maximaler Vergrößerung ist der Abstand zuweilen nur noch ein zehntel Millimeter oder kleiner, um die nötige Auflösung zu erreichen. Maß für das Auflösungsvermögen ist die numerische Apertur des Objektivs. Sie ist der Sinus des halben Winkels des Winkelbereiches, den das Objektiv erfasst. Dieser hängt eng mit dem Verhältnis Durchmesser zu Brennweite zusammen. Es gilt nun in etwa:

$$\text{numerische Apertur} = \frac{\lambda}{d},$$

wobei d die kleinste noch auflösbare Distanz ist. Sehr gute Objektive erreichen eine numerische Apertur von etwa 0,9. Die Auflösbare Länge d ist also immer etwas größer als die Lichtwellenlänge λ. Die Verwendung von kurzwelligem blauem Licht bringt die beste Auflösung.

Beugung tritt nicht nur an Spalten oder Löchern auf, sondern an beliebigen Kanten. Das Licht dringt dort etwas in den Schatten ein und im hellen Bereich bildet sich ein Streifenmuster (◻ Abb. 7.82). Die Wellenausbreitung zum Beispiel in ◻ Abb. 7.11 lässt dies schon erahnen. Ein relativ anschauliches Verfahren, solche Streifenmuster zu erklären ist das Prinzip der **Huygens-Elementarwellen**. Man kann die Ausbreitung einer jeden Welle so vorstellen, dass alle Punkte im Raum des Wellenfeldes zu elementaren Sekundärstrahlern werden, die phasengleich mit der erregenden Welle schwingen. Diese Wellenzentren liegen im freien Bündel dicht an dicht, ihre Sekundärwellen interferieren sich in allen Richtungen weg, außer in der Richtung der durchlaufenden Welle. Sobald aber, z. B. durch einen Schatten werfenden Schirm, lokal Wellenzentren ausfal-

len, bekommt der Rest die Möglichkeit, eine Beugungsfigur zu bilden, wie sie ◻ Abb. 7.82 zeigt. Es sei aber betont, dass diese Vorstellung der Elementarwellen nur ein mathematisches Werkzeug ist, real ist nur die Welle, die wir im Ergebnis sehen.

Rechenbeispiel 7.9: Breit aber dunkel
Aufgabe: Das Licht eines He-Ne-Lasers ($\lambda = 633\ \text{nm}$) fällt auf einen 1 μm weiten Spalt.
Wie breit ist das Beugungsmaximum gemessen in Winkelgrad beziehungsweise in Zentimetern auf einem 20 cm entfernten Schirm?

Lösung: das erste Minimum erscheint unter dem Winkel:

$$\sin\alpha = \frac{\lambda}{d} = \frac{633 \cdot 10^{-9}\ \text{m}}{10^{-6}\ \text{m}} = 0,633$$
$$\Rightarrow \alpha = 39°.$$

Die halbe Breite x auf dem Schirm ergibt sich aus dem Tangens dieses Winkels:

$$\tan\alpha = \frac{x}{20\ \text{cm}} \Rightarrow x = 20\ \text{cm} \cdot 0,82$$
$$= 16,4\ \text{cm}.$$

Die volle Breite hat den doppelten Wert.

Das Maximum ist also sehr breit, aber auch sehr lichtschwach, denn durch 1 μm kommt nicht viel Licht durch. Um das im Hörsaal vorzuführen, muss man sehr gut abdunkeln.

7.5 Quantenoptik

7.5.1 Das Lichtquant

Licht transportiert Energie; grundsätzlich muss deshalb ein Elektron, das sein Metall verlassen möchte, sich die dafür nötige Austrittsarbeit auch von absorbiertem Licht geben

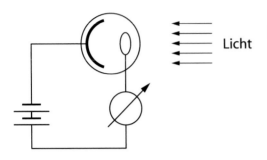

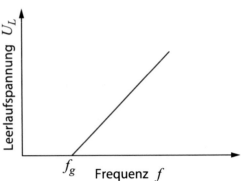

▢ **Abb. 7.83** **Vakuumphotozelle**, schematisch

▢ **Abb. 7.84** **Spannung an der Photozelle.** Abhängigkeit der Leerlaufspannung U_L einer Vakuumphotozelle in Abhängigkeit von der Frequenz f des Lichtes. Die Grenzfrequenz f_g, bei der der Photoeffekt einsetzt, hängt vom Material der Photokathode, nicht aber von der Bestrahlungsstärke des Lichtes ab

lassen können. Praktisch geschieht dies in der sog. „Vakuumphotozelle", einem evakuierten Glaskolben mit einer großflächigen **Fotokathode** und einer unscheinbaren Anode gegenüber, die einfallendem Licht möglichst wenig im Weg stehen soll. Legt man zwischen beide eine Spannung mit richtigem Vorzeichen, misst man bei passender Beleuchtung in der Tat einen *Photostrom* (▢ Abb. 7.83); polt man um, fließen allenfalls Leckströme. Dies ist **der lichtelektrische Effekt** (*Photoeffekt*).

Wer es ganz genau nimmt, spricht vom *äußeren* Photoeffekt, im Gegensatz zum *inneren*, bei dem nicht Leitungselektronen ihren Leiter verlassen, sondern lediglich gebundene Elektronen vorübergehend zu Leitungselektronen werden und so die Resistivität des *Photoleiters* während der Belichtung ändern. Dieser innere Photoeffekt wird üblicherweise in Lichtmessgeräten ausgenutzt.

Die Vakuumphotozelle vermag sogar eine Spannung zu erzeugen. Ein Elektron kann nämlich vom absorbierten Licht mehr als nur die exakte Austrittsarbeit übernehmen, den Überschuss als kinetische Energie ins Vakuum mitnehmen und so bei passender Startrichtung die Anode nicht nur ohne Nachhilfe durch äußere Spannung erreichen, sondern sogar eine Gegenspannung überwinden. Diese stellt sich als *Leerlaufspannung* U_L dann von selbst ein, wenn man Batterie und Strommesser aus dem Außenkreis herausnimmt und ihn über einen hochohmigen Spannungsmesser schließt. Das Ergebnis sorgfältiger Messreihen überrascht: U_L hängt nicht von der Bestrahlungsstärke der Photokathode ab, sondern von der Wellenlänge des Lichts, besser von dessen Frequenz f. Unterhalb einer Grenzfrequenz f_g passiert gar nichts, oberhalb steigt U_L linear mit f an (▢ Abb. 7.84). Mit dem „klassischen" Bild einer elektromagnetischen Welle ist dieses experimentelle Faktum nicht zu verstehen, denn deren Leistung und Energie hängt nur von den Amplituden der beiden Felder $\vec{E}$ und $\vec{B}$ ab und nicht von der Frequenz f. Was tun?

Deuten lässt sich der äußere Photoeffekt mit der **Quantenhypothese**: Ein rotierendes Rad, ein schwingendes Pendel, kurz jedes System, das einen periodischen Vorgang mit der Frequenz f ausführt, kann die Energie dieses Vorganges nicht kontinuierlich ändern, wie die klassische Physik annimmt, sondern nur in Sprüngen mit der

Quantenenergie $W_Q = h \cdot f$.

Das **Planck'sche Wirkungsquantum** h, nach seinem Entdecker Max Planck benannt (1858–1947) erweist sich als fundamentale Naturkonstante:

$$h = 6{,}6262 \cdot 10^{-34}\ \text{J} \cdot \text{s}$$

Sie wird *Wirkungsquantum* genannt, denn die Joulesekunde ist Einheit der physikalischen Größe *Wirkung* (Energie mal Zeit).

> **Merke**
>
> Quantenhypothese: Ändern kann ein periodischer Vorgang mit der Frequenz f seine Energie nur in Quantensprüngen
>
> $$\Delta W_Q = h \cdot f;$$
>
> Planck'sches Wirkungsquantum $h = 6{,}6 \cdot 10^{-34} \, \text{J} \cdot \text{s}$.

Dass sie nicht früher entdeckt wurde, liegt an ihrer Kleinheit. Das Pendel von Großvaters Standuhr schwingt mit etwa einem Hertz. Die zugehörige Quantenenergie von weniger als 10^{-33} J entzieht sich jeder Messung. Wenn die Uhr abgelaufen ist, schwingt das Pendel nach einer e-Funktion aus; Quantensprünge kann niemand erkennen. Molekülschwingungen absorbieren oder emittieren meist infrarotes Licht; dazu gehören dann Frequenzen in der Größenordnung 10^{14} Hz und Quantenenergien im Bereich 10^{-20} J – für makroskopische Systeme immer noch blitzwenig, aber für ein einzelnes Molekül keineswegs. Bei Zimmertemperatur liegt die ihm zustehende mittlere thermische Energie nur in der gleichen Größenordnung, nicht etwa weit darüber.

Die Quantenhypothese macht Beobachtungen nach Art der ▪ Abb. 7.85 geradezu selbstverständlich: Liegt die Austrittsarbeit W_A des Metalls über der Quantenenergie W_Q des Lichtes, kann das Elektron mit ihr nichts anfangen; liegt sie darunter, bleibt dem Elektron die Differenz, um die Leerlaufspannung U_L aufzubauen:

$$h \cdot f = W_Q = e_0 \cdot U_L + W_A.$$

Das ist die Gleichung eines linearen Zusammenhanges. Mit der Grenzfrequenz f_g lässt sich demnach die Austrittsarbeit messen:

$$W_A = h \cdot f_g.$$

Im Bereich der elektromagnetischen Wellen versteht man unter *energiereicher Strahlung* eine kurzwellige Strahlung mit hoher Quantenenergie, nicht etwa eine „intensive" Strahlung mit hoher Strahlungsstärke. Bei der Photokathode bewirkt eine Steigerung der Bestrahlungsstärke lediglich, dass mehr Quantenenergien absorbiert werden und mehr Elektronen austreten können: Der Photostrom steigt, nichts sonst. So gesehen, darf man einen Strahlungsfluss (Gemessen als Leistung in Watt) als Strom von *Quanten*, von **Photonen** interpretieren, als „Quantenstrom" oder „Photonenstrom", gemessen als Anzahl durch Sekunde. Allerdings ist es vollkommen unanschaulich, dass die Frage, wo das Lichtteilchen (das Photon) denn hinfliegt, durch Wellenfunktionen beschrieben wird. Durch dieses wellenartige Verhalten der Photonen gibt es Beugung und Interferenz.

Dahinter steckt der berühmte **Dualismus von Welle und Korpuskel**, der in den 20er-Jahren schier zu einem „Umsturz im Weltbild der Physik" führte – so der Titel eines Buches aus jener Zeit – und die Grenze der bis dahin betriebenen (und bisher in diesem

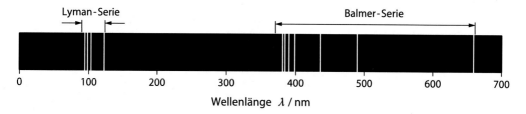

▪ **Abb. 7.85 Spektrum des Wasserstoffs** (Ausschnitt); die stärkeren Linien sind hier von Hand gezeichnet; zu kurzen Wellen folgen noch zahlreiche, dichter beieinander liegende schwächere Linien

Buch behandelten) sog. „klassischen Physik" markiert. Diese Physik ist nicht falsch, in ihrem Geltungsbereich liefert auch die „moderne Physik" keine anderen Ergebnisse; sie tut es nur auf kompliziertere und weniger anschauliche Weise. Die Welt der Quanten bleibt freilich der klassischen Physik verschlossen.

> **Merke**
> Licht besteht aus Photonen, deren Ausbreitung aber durch Wellen beschrieben wird.

Rechenbeispiel 7.10: Photonen aus der Glühlampe
Aufgabe: Wie viele sichtbare Photonen kommen größenordnungsmäßig aus einer 100 W Glühbirne?

Lösung: Wir nehmen eine mittlere Wellenlänge von 500 nm für das sichtbare Licht. Das liefert eine Energie des einzelnen Photons von

$$W_Q = h \cdot f = h \cdot \frac{c}{\lambda}$$
$$= 6{,}6 \cdot 10^{-34} \text{ Js} \cdot 6 \cdot 10^{14} \text{ Hz}$$
$$= 4 \cdot 10^{-19} \text{ J}.$$

Da unsere Glühbirne pro Sekunde 100 J abgibt, wären das etwa 10^{20} Photonen. Tatsächlich gehen aber nur etwa 5 % der Leistung in sichtbares Licht (der Rest ins Infrarot). Deshalb ist 10^{19} eine bessere Schätzung.

7.5.2 Energiezustände und Spektren

Moleküle sind nicht starr; ihre Teile können gegeneinander schwingen und, da sie meist nicht elektrisch neutral sind, als schwingende Dipole elektromagnetische Wellen abstrahlen oder mit ankommenden in Resonanz geraten. Die Eigenfrequenzen organischer Moleküle liegen im Bereich bis etwa 10^{14} Hz hinauf, entsprechen also infrarotem Licht. Jede Molekülsorte besitzt ein sie charakterisierendes *Spektrum*, das, meist in Absorption beobachtet, gern zur chemischen *Absorptionsspektralanalyse* benutzt wird (s. ▶ Abschn. 7.3.2). Soweit das Bild der klassischen Physik. Die Quantenphysik fügt nur noch ergänzend hinzu: Auch ein molekularer Oszillator kann seine Schwingungsenergie nur in **Quantensprüngen** ändern; ihm sind nur diskrete **Energiezustände** erlaubt, die man in vertikaler Energieskala wie die Sprossen einer Leiter übereinander zeichnen kann.

Auch Atome emittieren Licht. Die an sich farblose Flamme des Bunsenbrenners wird leuchtend gelb, wenn Spuren von Kochsalz in sie hineingeraten. Ein Fingerabdruck auf einem sauberen Stab aus Quarzglas genügt bereits. Eine spektrale Zerlegung liefert zwei eng benachbarte, scharfe Linien bei 589,0 und 589,6 nm, die sog. „D-Linien" des Natriums. Atome anderer Elemente führen zu anderer **Flammenfärbung**, die in einfachen Fällen eine durchaus praktikable Methode zur qualitativen chemischen Analyse liefert. In den raffinierten Techniken der **Emissions-Spektral-Analyse** ist dieses Verfahren zu hoher technischer Vollkommenheit entwickelt worden.

Beim Atom fällt es der klassischen Physik schwer, einen mechanischen Oszillator mit Rückstellkraft und geladener Pendelmasse zu identifizieren; darum verzichtet man auf sie ganz und hält sich gleich an die Energiezustände der Quantenmechanik, an das **Niveauschema**, das man für jedes chemische Element in mühsamer Kleinarbeit aus dem Spektrum seines Atoms hat erschließen müssen.

Zunächst einmal befindet sich ein Atom im Zustand niedrigster Energie, im **Grundzustand**. Dort passiert solange nichts, wie dem Atom keine **Anregungsenergie** zugeteilt wird, mit der es mindestens in einen angeregten Zustand übergehen kann. Woher diese Energie stammt, spielt keine Rolle; sie darf der thermischen Energie einer Flamme entstammen, dem Elektronenstoß in einer Gasentladung oder auch einem genau passenden Lichtquant.

Führt die Anregung nur in den ersten angeregten Zustand, so hat das Atom keine Wahl: Es kann nur mit dem gleichen Quantensprung in den Grundzustand zurückkehren, mit dem es ihn verlassen hat. Ist das Atom aber in einen höheren angeregten Zustand gelangt, darf es unter Beachtung bestimmter *Auswahlregeln* entscheiden, ob es in einem großen Sprung, also unter Emission eines relativ energiereichen „kurzwelligen" Quants zurückkehrt oder in mehreren Sprüngen mit mehreren Quanten. Zuweilen geht das bis zum Grenzfall des Hoppelns von Sprosse zu Sprosse, von Niveau zu Niveau.

Die Abstände der Sprossen sind nicht gleich wie bei einer Leiter, sie werden nach oben immer kleiner, die zugehörigen Quanten immer „langwelliger". Das macht die Übersetzung eines beobachteten Spektrums in das zugehörige Niveauschema so mühsam. Relativ leicht gelingt dies noch beim einfachsten aller Atome, dem des Wasserstoffs; ◘ Abb. 7.85 zeigt einen zeichnerisch etwas reduzierten Ausschnitt aus seinem Spektrum. Man erkennt zwei *Serien* mit kurzwelligen *Seriengrenzen*, vor denen sich die Spektrallinien so drängeln, dass sie sich nicht mehr getrennt zeichnen lassen. Zur Emission von Linien der *Lyman-Serie* im Ultravioletten gehören Quantensprünge in den Grundzustand, zu der ins Sichtbare reichenden *Balmer-Serie* Sprünge in den ersten angeregten Zustand. Die infrarote *Paschen-Serie* mit Sprüngen in den zweiten angeregten Zustand ist in der Abbildung nicht mehr enthalten. ◘ Abb. 7.86 zeigt das Niveauschema des Wasserstoffs. Bei Atomen „höherer", weiter oben im Periodensystem stehender Elemente sehen die Niveauschemata komplizierter aus. Führt man einem H-Atom im Grundzustand mehr als die Quantenenergie zur Lyman-Grenze, also mehr als 13,59 eV = 22 10^{-19} J zu, verliert es sein Hüllenelektron und wird zum H^+-Ion: Die Lyman-Grenze entspricht der Ionisierungsenergie. Dies legt die Vermutung nahe, dass alle Niveauschemata etwas mit den Elektronenhüllen der Atome zu tun haben. Davon wird später noch die Rede sein (s. ► Abschn. 8.1.1).

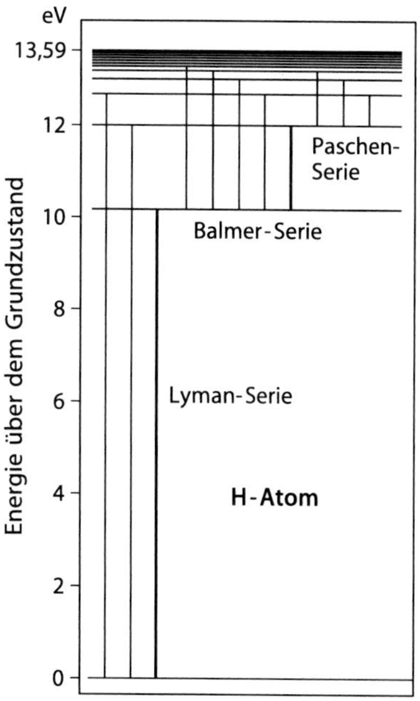

◘ **Abb. 7.86** Niveauschema des Wasserstoffatoms ($1\,\text{eV} = 1{,}6 \cdot 10^{-19}$ J)

Merke

Niveauschema:

Graphische Darstellung der einem Atom von der Quantenmechanik erlaubten Energiezustände mit Grundzustand und angeregten Zuständen.

Quantensprünge zwischen diesen Zuständen entsprechen Linien im Emissions- oder Absorptionsspektrum.

Im Licht einer Natriumdampflampe wirft kalter Natriumdampf tiefschwarze Schatten. Das gleiche Licht, das ein Atom emittiert, wird auch von ihm absorbiert. Fällt das so angeregte Atom nach kurzer Zeit wieder in den Ausgangszustand zurück, emittiert es das Quant, das es eben erst absorbiert hatte; das eingestrahlte Licht wird ohne Frequenzänderung gestreut. Zwischen den Quantensprüngen von Emission und Absorption vergeht aber eine gewisse Zeit; sie hängt von der mittleren Lebensdauer des angeregten Zustands ab. Die beiden Quanten wissen also nichts voneinander, und die Phasen der beiden zugehörigen

Wellen auch nicht: Die Streuung erfolgt inkohärent, der in ◨ Abb. 7.67 beschriebene Polarisationsversuch funktioniert nicht.

> **Merke**
>
> Kohärente Streuung: Streuzentrum selbst gar nicht beteiligt, inkohärente Streuung: Absorption und rasch folgende Re-Emission eines Quants.

Führt der Quantensprung der Anregung in einem Schritt über mehrere Niveaus hinweg, darf das Atom bei der Abregung in mehreren Quantensprüngen von Niveau zu Niveau zurückkehren. Jedes der emittierten Quanten ist dann „kleiner", jede emittierte Strahlung langwelliger als bei der Absorption. Der Energiesatz muss nur in summa befolgt werden. Leuchtstoffe werden auf diesen Mechanismus hin geradezu gezüchtet. Sie erlauben, kurzwelliges ultraviolettes oder Röntgenlicht sichtbar zu machen: Ein solcher Leuchtstoff wird von energiereichen Quanten angeregt und strahlt dafür energieärmere Quanten im sichtbaren Spektralbereich wieder ab. Liegt die Lebensdauer der angeregten Zustände unter 10 Nanosekunden, so spricht man von **Fluoreszenz**, andernfalls von *Phosphoreszenz*. Oberbegriff zu beiden ist **Lumineszenz**. Man muss einen Leuchtstoff nicht auf optische Anregung hin züchten; die Bildröhre in alten Fernsehempfängers verlangt *Elektrolumineszenz*, Glühwürmchen betreiben *Biolumineszenz*.

Die Anregung durch Elektronenstoß in der Gasentladung hat große technische Bedeutung, denn sie erzeugt wenig Wärme und wenig infrarotes Licht, liefert also einen wesentlich besseren Wirkungsgrad als die Glühbirne. Nur ist ihr Licht so farbig, dass man es allenfalls zur Straßenbeleuchtung und besser zur Lichtreklame in sog. „Neonröhren" verwenden kann (die nur selten wirklich Neon enthalten). Quecksilberdampflampen emittieren blaugrünes Licht und vor allem ultraviolettes. Man kann es zur Bräunung der Haut verwenden; in **Leuchtstoffröhren**, Energiesparlampen und weißen Leuchtdioden fängt man das UV im Glaskolben ab und setzt es mit geeigneten Leuchtstoffen in sichtbares Licht um. Durch deren geschickte Mischung eine spektrale Verteilung zu erreichen, die das menschliche Auge als angenehm empfindet, ist nicht ganz einfach.

Atome emittieren und absorbieren die für sie charakteristischen Linienspektren nur, solange sie auch wirklich Atome sind, im Dampf also, im Gas. Sobald sie sich in chemischer Bindung einem Molekül anschließen, vergessen sie ihr eigenes Spektrum: Das Molekül bestimmt jetzt das Niveauschema. Hier nun kommt das Anschauungsvermögen des Menschen in Bedrängnis. In ► Abschn. 7.3.2 waren die infraroten Absorptionsbanden organischer Moleküle als Resonanzkurven von Oszillatoren gedeutet worden, von Schwingungen einzelner Molekülteile gegeneinander. In der Quantensprache muss man diese Banden aber als Folge des energetischen Abstandes angeregter Zustände im Niveauschema des Moleküls beschreiben. Sie sind nur deswegen nicht scharf und monochromatisch, weil die Lage eines Niveaus statistisch schwankt – auch die Spektrallinien der Atome sind nicht unendlich scharf. Diese Schwankungen werden umso größer, je dichter man die Moleküle zusammenpackt und je mehr thermische Energie man ihnen zur Verfügung stellt. Deshalb sendet ein glühendes Metall ja auch ein kontinuierliches Spektrum aus, obwohl es aus Atomen besteht: Die Niveaus sind so sehr verschmiert, dass ihre Abstände alle gewünschten Quantensprünge erlauben. Es hängt vom Einzelfall ab, ob man mit dem klassischen Modell der Oszillatoren auskommt, oder ob man besser die Quantenphysik und die Energieniveaus bemüht. Anschaulich verbinden lassen sich die beiden Modelle nicht.

Streng genommen sind alle Vorgänge gequantelt, denen sich eine Frequenz zuordnen lässt. Strenggenommen kann das Pendel einer Standuhr Reibungsenergie nur in Quanten abgeben. Praktische Bedeutung hat diese Quantelung nicht, weil die Quantenenergie im Vergleich zur Schwingungsenergie verschwindend klein ist. Wäre die Planck-Konstante größer, so gehörten Quanteneffekte zu den

Erfahrungen des Alltags; das Anschauungsvermögen hätte sich längst auf sie eingestellt.

7.5.3 Laser

Normalerweise führen die Atome einer Gasentladung ihre Quantensprünge völlig unabhängig voneinander aus; entsprechend ist das ausgesandte Licht inkohärent. Von dieser Regel gibt es aber eine markante Ausnahme: der *Laser*. Sie sei am Beispiel des Helium-Neon-Lasers besprochen.

Das Helium dient hier nur der leichteren Anregung. Aus nicht näher zu erörternden Gründen nehmen seine Atome besonders gern eine ganz bestimmte Energie durch Elektronenstoß auf und geben sie als angeregte Atome beim nächsten Treff bevorzugt an Neonatome unmittelbar weiter. Dabei geht das He-Atom strahlungslos in seinen Grundzustand zurück. Es hat seine Schuldigkeit getan. Das so angeregte Ne-Atom bevorzugt nun einen Abregungsschritt, der nicht zum Grundzustand zurückführt, sondern lediglich ein infrarotes Quant emittiert. Damit landet das Atom aber in einer Sackgasse: Sein neuer Anregungszustand ist *metastabil*, er hat eine ungewöhnlich lange Lebensdauer. Infolgedessen geraten ungewöhnlich viele Atome in diesen Zustand; sie möchten herunterspringen, trauen sich aber nicht.

Irgendwann riskiert es ein Atom im metastabilen Zustand aber doch. Dann sendet es ein Quant der Laserlinie von 632,8 nm Wellenlänge aus (helles Rot). Dieses Quant verbreitet nun die Kunde von dem mutigen Springer; Folge: Andere Atome wagen es auch. Weil sie aber nicht aus eigenem Entschluss *spontan* heruntergesprungen sind, sondern auf Abruf gewartet haben, gibt das erste Quant die Phasenlage vor: Alle anderen Quanten schließen sich an. ◘ Abb. 7.87 versucht, diesen Vorgang der **stimulierten Emission** schematisch darzustellen. Von ihr hat der Laser seinen Namen: Light Amplification by Stimulated *E*mission of *R*adiation. Weil sich die Strahlung der abgerufenen Quanten in der Phase an die des

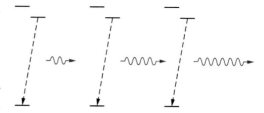

◘ **Abb. 7.87 Laser.** Schema der stimulierten Emission beim Laser: Das vom linken Atom bei Übergang aus dem metastabilen Zustand heraus emittierte Quant ruft die anderen Quanten phasenrichtig ab

◘ **Abb. 7.88 Aufbau eines He-Ne-Lasers**, schematisch. Die lange Röhre des Entladungsgefäßes steht zwischen zwei Spiegeln, die den wirksamen Lichtweg für die stimulierte Emission verlängern. Der eine Spiegel ist zu wenigen Prozent lichtdurchlässig; bei ihm tritt das Laserbündel aus

auslösenden Quants anschließt, bekommt das Laserlicht eine ungewöhnlich hohe Kohärenzlänge, bis in die Größenordnung Meter. Dies macht seine Besonderheit aus; es erlaubt ungewöhnliche Interferenzversuche.

Die Abrufwahrscheinlichkeit im He-Ne-Laser ist nicht so sehr hoch; das abrufende Quant muss gewissermaßen dicht am wartenden Atom vorbeilaufen. Man baut den Laser deshalb als langes, dünnes Entladungsrohr und verlängert den Lichtweg noch durch zwei Spiegel, zwischen denen das Licht dann hin und her gejagt wird (◘ Abb. 7.88). Der eine Spiegel ist zu wenigen Prozent lichtdurchlässig. Bei ihm tritt der scharf gebündelte, hochkohärente Laserstrahl aus, den ◘ Abb. 7.13 gezeigt hatte. Nur ein Quant, das in dieser Richtung startet, hat die Chance, Laserlicht abzurufen; wer quer läuft, verlässt das Entladungsrohr zu früh, bleibt allein und emittiert inkohärentes Licht, wie jede andere Gasentladung auch.

Das, was hier für eine Gasentladung beschrieben wurde, kann, wenn man es geschickt anstellt auch in einer Leuchtdiode (LED) funktionieren. Dies führt auf die **Diodenlaser**. Es gibt sie handlich und klein als Laserpointer zu kaufen. Ganz ungefährlich sind diese kleinen Laser keineswegs. Man darf mit ihnen niemandem in die Augen leuchten.

Die hohe Kohärenzlänge des Laserlichtes macht ein bemerkenswertes Abbildungsverfahren möglich: die *Holographie*. Dazu muss das schmale Laserbündel zunächst einmal mit einer Linse so stark aufgeweitet werden, dass es den abzubildenden Gegenstand voll ausleuchtet. Danach überlagert man das von diesem zurückgestreute Licht einem Referenzbündel, das von dem gleichen Laser stammt, also zur Streustrahlung kohärent ist. Man kann es sich durch einen Spiegel besorgen, den man an eine Stelle im Laserbündel stellt, an der er nicht stört. Die Überlagerung liefert eine stationäre Interferenzfigur (sofern nichts wackelt). Stellt man eine photographische Platte irgendwo hinein, so hält sie das Interferenzmuster fest, das sich an ihrem Ort befindet – sofern ihr Korn fein genug für Strukturen in den Abmessungen der Lichtwellenlänge ist. Die entwickelte Fotoplatte enthält dann das *Hologramm* des fraglichen Gegenstandes. Beleuchtet man es mit Laserlicht, das dem Referenzbündel entspricht, so entsteht ein virtuelles Beugungsbild, das dem Objekt entspricht. Man sieht es, wenn man durch das Hologramm hindurchschaut wie durch ein Fenster. Dabei darf man seine Position wechseln und das Beugungsbild aus verschiedenen Richtungen betrachten: Es zeigt sich jeweils so, wie es das Original auch getan hätte. Hologramme minderer Qualität lassen sich auch in Reflexion und für weißes Licht herstellen. Dazu benutzt man Kunststoffe, die eine mikrometerfeine Riffelung ihrer Oberfläche erlauben: fälschungssicheres Merkmal beispielsweise von Geldscheinen.

Die große Kohärenzlänge des Laserlichtes erlaubt nicht nur interessante Interferenzversuche; die zugehörige scharfe Bündelung führt zu extremen Bestrahlungsstärken E: 5 mW konzentriert auf 0,1 mm² bedeutet $E = 50\,\mathrm{kW/m^2}$. Diese Intensität ist für das Auge auf jeden Fall gefährlich. Daher tragen alle La-

◘ Abb. 7.89 Warnung vor Laserlicht. Ab einer Lichtleistung von 1 mW (heller als ein Laserpointer) wird der Laserstrahl als gefährlich für das Auge eingestuft (Schutzklasse 3 und höher). (© markus marb – Fotolia.com)

ser ein Warnschild (◘ Abb. 7.89) und sind in Gefährdungsklassen eingeteilt.

Laserpointer haben bei 1 mm² Strahlquerschnitt eine Lichtleistung von kleiner 1 mW und gehören damit in Schutzklasse 2. Dies gilt gerade noch als ungefährlich, weil man das Auge normalerweise reflexhaft schließt, wenn ein solcher Strahl hineinfällt. Für Alkoholisierte mit reduzierten Reflexen kann ein Laserpointer schon gefährlich sein.

Was das Augenlicht gefährdet kann bei chirurgischen Eingriffen aber auch nützlich sein wie etwa das „Anschweißen" einer sich ablösenden Netzhaut (*Laserchirurgie*). Generell bluten Schnitte mit dem Laser nicht so stark wie Schnitte mit dem Messer, lassen sich kariöse Bereiche aus Zähnen weniger schmerzhaft herausbrennen als herausbohren

❯ Merke
Laser:
> *Light amplification by stimulated emission of radiation,*
> Licht hoher Kohärenzlänge, spektraler Schärfe und Intensität.

So oder so: Licht wird in Quanten emittiert und absorbiert, breitet sich aber als Welle

aus. Das hier zur Erläuterung der stimulierten Emission benutzte Bild vom geradeaus
fliegenden, reflektierten und Artgenossen kohärent abrufenden Quant verquickt die beiden
Aspekte in unzulässiger Weise. Trotzdem liefert es eine brauchbare Eselsbrücke für jeden,
der eine leidlich anschauliche Vorstellung vom
Mechanismus eines Lasers haben möchte, ohne den korrekten Gedanken- und Rechnungs-
gang der Quantenmechanik nachzuvollziehen.
Über die Brücke zu gehen, ist aber nur erlaubt, weil die korrekten Quantenmechaniker
festgestellt haben, dass man auch so zum richtigen Ziel gelangt. Selbstverständlich ist das
nicht. Wer ein Modell überzieht, muss sich
beim Fachmann erkundigen, wieweit das erlaubt ist.

7.5.4 Röntgenstrahlen

In der Vakuumphotozelle geben Quanten Energie an Elektronen ab. Das Umgekehrte geschieht in der **Röntgenröhre**: Elektronen erzeugen Quanten. Die Elektronen stammen aus
einer Glühkathode, werden durch eine hohe
Spannung beschleunigt und auf die Anode ge-
schossen (◨ Abb. 7.90). ◨ Abb. 7.91 zeigt
die Anordnung in natura für eine Röntgenröhre ähnlich der beim Zahnarzt. Die Anode
bremst die Elektronen in wenigen Atomab-
ständen wieder ab; dabei geht der größte Teil
der Elektronenenergie in Wärme über. Nur ein
kümmerlicher Rest in der Größenordnung ein
Prozent wird von Quanten übernommen.

Jedes Elektron bezieht die kinetische Energie W_{kin}, die es an der Anode abgibt, aus der
Anodenspannung U:

$$W_{kin} = e_0 \cdot U$$

(genau genommen kommt die thermische
Energie, mit der es die Glühkathode verlassen
hat, noch hinzu; sie kann als klein vernachlässigt werden). Im günstigsten Fall übergibt ein
Elektron beim Abbremsen seine ganze Energie einem einzigen Quant, häufiger nur einen
Teil, meistens gar nichts; dann erzeugt es nur

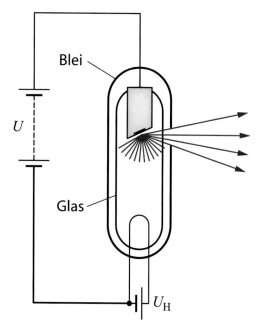

◨ **Abb. 7.90 Aufbau und Schaltung einer Röntgenröhre.** Aus der Glühkathode, geheizt mit der Heizspan-
nung U_H, treten Elektronen aus, die, von der Anodenspannung U beschleunigt, mit der kinetischen Energie $e_0 \cdot U$
auf die Anode treffen und dort bei der Abbremsung Röntgenquanten erzeugen

◨ **Abb. 7.91 Die Kathode glüht.** Eine kleine Röntgenröhre wie beim Zahnarzt. Rechts sieht man das Austritts-
fenster für die Röntgenstrahlung

Wärme. Folge: Für die Quantenenergie der
Röntgenstrahlen existiert eine obere, für das
Spektrum eine untere, eine **kurzwellige Gren-**

ze. In Formeln:

$$W_Q = h \cdot f \leq W_{kin} = e_0 \cdot U,$$

und

$$\lambda \geq \frac{h \cdot c}{e_0 \cdot U}.$$

Das vollständige **Bremsspektrum** einer Röntgenröhre zeigt ◻ Abb. 7.92. Es ist vom Material der Anode unabhängig, abhängig aber von der Anodenspannung U. Steigert man sie, so verschiebt sich der Schwerpunkt des Spektrums zu kürzeren Wellen: Die Strahlung wird *härter*. Zugleich wird sie *intensiver*, weil die von den Elektronen umgesetzte Leistung zunimmt. Die Intensität lässt sich aber auch unabhängig von der Anodenspannung durch den Heizstrom der Glühkathode steuern: Er bestimmt deren Temperatur und damit den Emissionsstrom. Die Anodenspannungen medizinisch genutzter Röntgenröhren beginnen bei etwa 10 kV und reichen über 200 kV hinaus. Dem entsprechen Wellenlängen von 0,1 nm abwärts, d. h. von Atomdurchmessern abwärts, jenseits vom Ultraviolett. Neben dieser Bremsstrahlung sendet eine Röntgenröhre auch noch Quanten mit ganz bestimmten Energien aus, die charakteristisch für das Anodenmaterial sind. Sie entstehen, wenn die Elektronen von der Kathode Elektronen aus den Atomen der Anode herausschlagen. Ein komplettes Röntgenspektrum zeigt ◻ Abb. 8.4. Näheres wird dort in ▶ Abschn. 8.1.4 besprochen.

> **Merke**
>
> Röntgenröhre, Röntgenstrahlen:
> Freie Elektronen aus einer Glühkathode werden mit Spannungen $U > 10$ kV auf eine Anode geschossen und erzeugen dort bei der Abbremsung energiereiche Quanten. Das Bremsspektrum hat eine kurzwellige Grenze bei $W_Q = e_0 \cdot U$.

Die Quanten der Röntgenstrahlung sind recht energiereich. Deshalb richten sie, gelangen sie in Mensch und Tier, erheblichen Schaden im Gewebe an. Für Röntgenstrahlen und ebenfalls

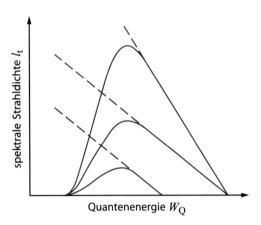

◻ **Abb. 7.92 Bremsspektrum einer Röntgenröhre**, schematisch. Der Abfall zu kleinen Quantenenergien ist eine Folge der Filterung durch das Strahlfenster; im Vakuum der Röhre setzt sich das Spektrum entsprechend den gestrichelten Geraden fort. Eine Erhöhung der Anodenspannung verschiebt die Gerade parallel zu sich selbst nach rechts (*untere und mittlere Kurve*); eine Erhöhung des Anodenstroms dreht die Gerade im Uhrzeigersinn um ihren Schnittpunkt mit der Abszisse (*mittlere und rechte Kurve*). Dieser Schnittpunkt markiert die kurzwellige Grenze des Bremsspektrums

◻ **Abb. 7.93 Warnung vor Röntgenstrahlen und Strahlung aus Radioaktivität.** Da die Röntgenquanten ihre ganze Energie in Molekülen freisetzen, zerstören oder schädigen sie diese, was zu Fehlfunktionen in den Körperzellen führt. (© T. Michel – Fotolia.com)

sehr energiereiche radioaktive Strahlung gibt es daher ein Warnschild (◻ Abb. 7.93).

Warum also überhaupt Röntgenröhren bauen? Weil die Quantenenergie so hoch ist,

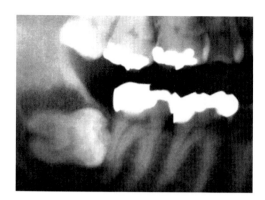

Abb. 7.94 Röntgenaufnahme mit einer kleinen Röntgenröhre beim Zahnarzt. Röntgenbilder sind in der Regel Negativbilder wie dieses: Die das Röntgenlicht vollständig absorbierenden Amalgam-Plomben erscheinen weiß. Unter anderem zeigt das Bild einen querliegenden Weisheitszahn, der dem Autor unter einigen Schmerzen heraus gemeißelt wurde

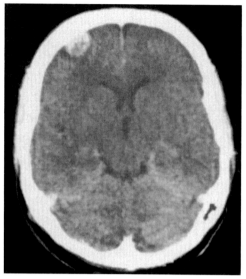

Abb. 7.95 Computertomogramm. Ein Schnittbild durch das Gehirn

dringen Röntgenstrahlen gut durch Materialien hindurch, man kann in sie hineinsehen. Dies nutzt der Arzt, um nach zerbrochenen Knochen oder Karies tief im Zahn zu fahnden. Der Werkstoffprüfer kann nach Lunkern oder Rissen in seinem Werkstück suchen.

Für Röntgenlicht lassen sich keine Linsen schleifen, denn in seinem Spektralbereich weichen die Brechzahlen aller Substanzen kaum von 1 ab. Die Röntgendiagnose ist also zunächst einmal auf lebensgroße Schattenbilder, festgehalten auf photographischem Film oder einer Art Riesen-CCD-Chip, angewiesen (■ Abb. 7.94)

Im Schattenbild überdecken sich Organe des Patienten, die in Strahlrichtung hintereinander lagen. Im Gegensatz zum Lichtmikroskop erlaubt der Schattenwurf nicht nur eine Ebene des Objekts scharf abzubilden; seine Schärfentiefe lässt sich nicht begrenzen. Hier hilft die **Computertomographie** (**CT**; auch **Röntgentomographie** genannt). Sie durchleuchtet den Patienten momentan immer nur mit einem dünnen „Fächerstrahl", verschiebt ihn in einer Ebene, registriert dabei die durchgelassene Dosisleistung und wiederholt das Ganze in der gleichen Ebene noch einmal aus einer anderen Richtung. Ein Computer merkt

sich die zu allen Positionen des Nadelstrahls gehörenden Dosisleistungen, rechnet danach die Röntgenschwächung für jeden Kreuzungspunkt aus und setzt so ein Bild der abgetasteten Ebene aus „Pixels" von der Größen des Strahldurchmessers zusammen (■ Abb. 7.95). Der diagnostische Gewinn ist beträchtlich, der technische Aufwand auch.

Noch raffinierter nutzt der Kristallograph die Röntgenstrahlen in der **Röntgenstrukturanalyse.** Sie durchdringen nicht nur den Kristall, ihre Wellenlänge hat auch die gleiche Größenordnung wie die Abstände der schön gleichmäßig angeordneten Atome im Kristall. Er wirkt deshalb auf das Röntgenlicht wie ein Beugungsgitter in der Wellenoptik, nur dreidimensional. Freilich ist es nicht leicht, die Beugungsfigur eines zunächst ja unbekannten dreidimensionalen Raumgitters richtig zu interpretieren. In Grenzen geht es aber und man kann dabei sogar Aussagen über die Struktur der Gitterbausteine gewinnen, selbst wenn es komplizierte biologische Moleküle sind. Die Doppelhelix-Struktur der Desoxyribonukleinsäure DNS, der Trägerin aller Erbinformationen irdischen Lebens, wurde so gefunden.

7.6 Elektronenoptik

7.6.1 Elektronenbeugung

Licht ist als kontinuierliche elektromagnetische Welle unterwegs; bei Emission und Absorption benehmen sich die Photonen aber wie diskrete Teilchen. Da wäre es nicht mehr als recht und billig, wenn sich echte Teilchen, Elektronen etwa, unterwegs wie Wellen benähmen. Sie tun dies in der Tat.

Auch Elektronen können eine photographische Emulsion schwärzen. ◘ Abb. 7.96 zeigt das photographische Positiv der Beugungsstreifen, die ein zur Hälfte von einem Blech mit scharfer Kante abgedecktes Elektronenbündel erzeugt hat; es entspricht der ◘ Abb. 7.82 im ► Abschn. 7.4.5, das mit Licht erzeugt worden war. Ein Zweifel ist nicht mehr möglich: Auch Elektronen unterliegen der Beugung und der Interferenz, auch materielle Teilchen breiten sich als Wellen aus. Man nennt sie **Materiewellen**.

Damit stellt sich die Frage der Wellenlänge λ eines Bündels freier Elektronen. Sie ist von deren Geschwindigkeit abhängig, genauer von deren mechanischem Impuls $\vec{p}$:

$$\lambda = \frac{h}{|\vec{p}|} \text{ (de Broglie-Wellenlänge)}$$

Die Gleichung gilt nicht nur für Elektronen, sie gilt auch für schwerere Teilchen und sogar für Photonen. Licht überträgt auf einen Absorber nicht nur Energie, sondern auch Impuls; es übt einen **Lichtdruck** aus.

Was „wellt" bei einer Materiewelle? Wer hat da eine Amplitude? Beim Licht sind es die beiden Felder $\vec{E}$ und $\vec{B}$. Ihre Amplituden sind ein Maß für die Strahlungsleistung, für die Photonenstromdichte, die einen Absorber erreicht, und damit ein Maß für die Wahrscheinlichkeit, in einer Zeitspanne Δt auf einem Flächenstück ΔA ein Photon anzutreffen. Analog ist die Amplitude der *Wellenfunktion* einer Materiewelle ein Maß für die Wahrscheinlichkeit, ein Elektron (oder ein anderes von der Welle repräsentiertes Teilchen) anzutreffen. In diesem Sinn spricht man auch von **Wahrscheinlichkeitswellen** (siehe ◘ Abb. 4.18). Je schwerer ein Teilchen, desto größer sein Impuls, desto kürzer die Wellenlänge seiner Materiewelle. Je kleiner λ, desto unauffälliger die Beugungserscheinungen, desto richtiger das Bild der klassischen Physik von geradeaus fliegenden Partikeln.

Rechenbeispiel 7.11: Kurze Wellenlänge

Aufgabe: Welche Wellenlänge haben Elektronen in einer Fernsehbildröhre, die mit 2 kV beschleunigt werden? Welche Wellenlänge hat ein 200 g-Ball, der mit 2 m/s geworfen wird?

Lösung: $\lambda = \frac{h}{p} = \frac{h}{m \cdot v}$. Beim Elektron brauchen wir zunächst die Geschwindigkeit, die sich aus der kinetischen Energie von 2 keV = 2000 V $\cdot$ 1,6 $\cdot$ 10^{-19} As = 3,2 $\cdot$ 10^{-15} J ergibt:

$$v = \sqrt{\frac{2 \cdot 3,2 \cdot 10^{-15} \text{ J}}{m_e}} = \sqrt{\frac{6,4 \cdot 10^{-15} \text{ J}}{9 \cdot 10^{-31} \text{ kg}}}$$
$$= 8,4 \cdot 10^7 \text{ m/s}.$$

Daraus ergibt sich: $\lambda = \frac{h}{m_e \cdot v} \approx 10^{-11}$ m. Drehen wir die Beschleunigungsspannung auf ein paar Volt herunter, so bekommen wir Wellenlängen, die den von Rönt-

---

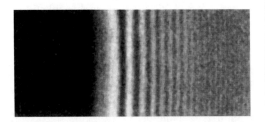

◘ **Abb. 7.96 Elektronenbeugung** an der Halbebene, photographisches Positiv; man vergleiche mit der ◘ Abb. 7.82

genstrahlen entsprechen. Elektronen können dann gut an Kristallstrukturen gebeugt werden. Der Ball hingegen bringt es auf eine Wellenlänge von $\lambda = \frac{6{,}6 \cdot 10^{-34}\ \text{Js}}{0{,}2\ \text{kg} \cdot 2\ \text{m/s}} \approx 10^{-33}$ m. Eine so kleine Länge ist durch keinerlei Messmethode nachweisbar.

7.6.2 Elektronenmikroskope

Mit passend angeordneten Magnetfeldern lassen sich Elektronenstrahlbündel in ähnlicher Weise ablenken wie Lichtbündel mit Linsen. Das erlaubt, beispielsweise **Elektronenmikroskope** zu konstruieren. Deren Strahlengänge entsprechen denen der Lichtmikroskope (❑ Abb. 7.97), besitzen also Strahlenquelle,

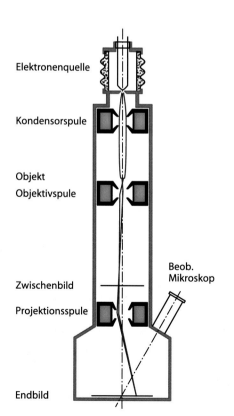

❑ Abb. 7.97 Strahlengang eines Elektronenmikroskops

Elektronenquelle

Kondensorspule

Objekt
Objektivspule

Zwischenbild

Projektionsspule

Beob.
Mikroskop

Endbild

Kondensor, ein Zwischenbild erzeugendes Objektiv und statt des Okulars eine „Projektionsspule", die auf dem Leuchtschirm ein reelles Elektronenbild erzeugt, das der Betrachter auch noch durch ein optisches Mikroskop mit großem Objektabstand betrachten kann.

Das Auflösungsvermögen eines Mikroskops wird grundsätzlich durch die Beugung beim Objektiv begrenzt. Die Beschleunigungsspannungen moderner Elektronenmikroskope liegen zumeist im Bereich von 120 bis 500 kV. Wer danach erwartet, mit Elektronenwellenlängen im Bereich Picometer (= pm = 10^{-12} m) könne man die Auflösung um rund 5 Zehnerpotenzen gegenüber dem Lichtmikroskop ($\lambda \approx 500$ nm) verbessern und so Details vom inneren Aufbau der Atome sichtbar machen, der wird enttäuscht. Die optische Industrie hat gelernt, die Linsenfehler von Objektiven vorzüglich zu korrigieren und so hohe Aperturen zu erreichen. Bei Elektronenlinsen gelingt das nicht; sie erlauben nur kleine Öffnungswinkel und entsprechend kleineres Auflösungsvermögen. Trotzdem ist es in günstigen Fällen und mit sehr hoher Beschleunigungsspannung möglich, die Atomstruktur eines Moleküls sichtbar zu machen (❑ Abb. 7.98). Voraussetzung ist, dass man einen Kristall aus diesen Molekülen zur Verfügung hat.

> ❯ **Merke**
>
> Elektronenmikroskop:
>   Strahlengang entspricht dem des Lichtmikroskops,
>   Materiewellenlänge üblicherweise im Bereich Picometer,
>   Linsenfehler verhindern, den grundsätzlich möglichen Gewinn an Auflösungsvermögen voll zu erreichen.

Nicht mit dem Elektronenmikroskop verwechselt werden darf das **Rasterelektronenmikroskop**. Bei ihm wird ein feiner Elektronenstrahl dazu benutzt, das Objekt zeilenweise abzutasten. Alle Punkte der Objektoberfläche emittieren dann so, wie sie vom Elektronenstrahl getroffen werden, nacheinander Sekundärelektronen, also einen elektrischen Strom,

7

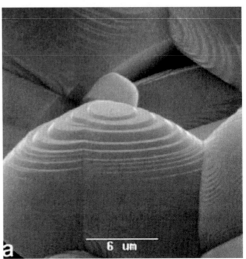

◨ **Abb. 7.99 Stufenberg**. Mit einem Rasterelektronenmikroskop gewonnenes Bild von Titankristallkörnern in einem Sintermaterial. Bei den einzelne Körnern sieht man kristalline Stufen. (Nach D. M. Brunette)

◨ **Abb. 7.98 Atomare Auflösung.** Mit einem 500 keV-Elektronenmikroskop kann man einzelne Atome sehen, hier besonders die schweren, elektronenreichen Atome im chlorierten Kupfer-Phtalocyanin. Organische Moleküle sehen tatsächlich aus wie im Chemiebuch (Auflösung etwa $1,3\ldots 10^{-10}$ m; nach Gerthsen)

der sich verstärken und zu einer Art „Fernsehbild" zusammensetzen lässt. Das Auflösungsvermögen wird durch die Bündelung des abtastenden Elektronenstrahls begrenzt; es ist geringer als beim normalen Elektronenmikroskop. Eine große Schärfentiefe erlaubt aber Aufnahmen, die überraschend plastisch wirken (◨ Abb. 7.99).

7.6.3 Die Unschärferelation

Die reine Sinusschwingung

$$y(t) = y_0 \cdot \sin(\omega \cdot t)$$

hat weder Anfang noch Ende, denn die Amplitude y_0 der Auslenkung $y(t)$ ändert sich mit der Zeit t ausdrücklich *nicht*. Die Schwingung war schon da, als die Welt geschaffen wurde, und dauert über den jüngsten Tag hinaus unentwegt an. Realistisch ist das nicht, aber mathematisch leicht zu beschreiben. Hingegen muss eine Schwingung, die nur eine begrenzte Zeitspanne Δt andauern soll, mathematisch durch Überlagerung aus vielen Einzelschwingungen zusammengesetzt werden, die sich vor und nach Δt weginterferieren. Ihre Frequenzen müssen einen Bereich $\Delta\omega$ dicht an dicht ausfüllen – je kleiner Δt, desto größer $\Delta\omega$, und umgekehrt. „Dicht an dicht" heißt kontinuierlich; die Mathematik braucht unendlich viele Einzelschwingungen mit unendlich kleinen, aber doch unterschiedlichen Amplituden. Sie muss einigen Aufwand treiben, um eine realistische Situation korrekt zu beschreiben.

Was den Schwingungen recht ist, ist den Wellen billig. Ein begrenzter Wellenzug der Länge Δx entspricht der Überlagerung unendlich vieler unendlicher Wellen, deren Wellenlängen λ einen Bereich $\Delta\lambda$ dicht an dicht mit unendlich kleinen, aber unterschiedlichen Amplituden ausfüllen. Je kleiner Δx, desto größer $\Delta\lambda$, und umgekehrt. Zu den großen Kohärenzlängen des Laserlichts gehören mit mathematischer Notwendigkeit besonders schmale Spektrallinien.

Auch die Materiewelle, die ein Elektron repräsentiert, braucht als **Wellenpaket** der Länge Δx einen Wellenlängenbereich $\Delta\lambda$, wenn das Elektron auf den Bereich Δx lokalisiert sein soll. Zu $\Delta\lambda$ gehört aber ein Bereich Δp des mechanischen Impulses und Δv der Geschwindigkeit. Je geringer die *Ortsunschärfe* Δx, desto größer die *Impulsunschärfe* Δp, und umgekehrt. Werner Heisenberg hat herausgefunden, dass das Produkt der beiden Unschärfen nicht kleiner sein kann als die Planck-Konstante h:

$$\Delta p \cdot \Delta x \geq h,$$

und das prinzipiell, nicht etwa wegen mangelnder Messtechnik (deren Messungenauigkeiten meist viel größer sind). Diese **Unschärferelation** gilt für alle Paare physikalischer Größen, deren Produkt die physikalische Größe *Wirkung* ergibt, sich also in der Einheit $1\,\mathrm{J}\cdot\mathrm{s}$ messen lässt – beispielsweise auch für Energie- und Zeitunschärfe:

$$\Delta W_Q \cdot \Delta t \geq h;$$

je größer die mittlere Lebensdauer Δt eines angeregten Zustands im Atom, desto schärfer die emittierte Spektrallinie.

Wer Atommodelle entwirft, darf die Unschärferelation nicht vergessen; auch in Gedanken darf man ein Elektron nicht genauer lokalisieren, als die Unschärferelation erlaubt. Anschaulich ist das nicht, denn in der makroskopischen Welt, an der sich das menschliche Anschauungsvermögen entwickelt hat, spielt das Plank-Wirkungsquantum h keine nennenswerte Rolle, weil es so klein ist. Das Zusammenspiel von elektromagnetischer Welle und Quant, von Partikel und Materiewelle bleibt unanschaulich; man kann sich allenfalls durch häufigen Gebrauch daran gewöhnen. Dies mag der Grund sein, warum zuweilen vom *Dualismus von Welle und Korpuskel* gesprochen wird, als handele es sich um einen unauflöslichen Widerspruch in der Natur. Der Widerspruch existiert aber nur in der Vorstellungswelt des Menschen; Elektronen und Quanten kennen die Naturgesetze und richten sich nach ihnen. Die Natur ist nicht verpflichtet, ihre Gesetze dem Hirn des Menschen anzupassen (◻ Tab. 7.2).

◻ Tab. 7.2 In Kürze

Licht		
Licht ist eine **elektromagnetische Welle**. Die Feldstärken stehen senkrecht zur Ausbreitungsrichtung; die Welle ist damit transversal und kann mit einem Polarisationsfilter linear *polarisiert* werden. Reflexion und Streuung kann polarisationsabhängig sein		
Vakuumlichtgeschwindigkeit	$c = 3\cdot 10^8$ m/s	
Sichtbares Licht	$\lambda = 0{,}4$ bis $0{,}7\,\mu$m	λ: *Wellenlänge* [m]
Lichtintensität		
Die **Intensität** einer Welle ist die Energie, die pro Zeiteinheit durch eine Fläche hindurchtritt, die senkrecht zur Ausbreitungsrichtung steht (**Energiestromdichte**). Die Intensität nimmt bei einer punktförmigen Lichtquelle mit dem Quadrat des Abstandes von der Lichtquelle ab. Für die **Strahlungsleistung** einer Lampe gibt es physikalische Einheiten (Watt, Watt pro Raumwinkel, Watt pro Quadratmeter) und mit der spektralen Empfindlichkeit des Auges bewertete Einheiten (Lumen, Candela, Lux)		
Quadratisches Abstandsgesetz (punktförmige Quelle)	$I \sim \frac{1}{r^2}$	I: Intensität [W/m^2] r: Abstand von der Quelle

7

◘ Tab. 7.2 (Fortsetzung)

Absorption

Die meisten Substanzen absorbieren Licht, und zwar unterschiedlich stark bei unterschiedlichen Wellenlängen. Diese Wellenlängenabhängigkeit der Absorption ist charakteristisch für die Anregungszustände der in der Substanz enthaltenen Atome. Innerhalb einer absorbierenden Substanz nimmt die Intensität **exponentiell** mit der Eindringtiefe ab, abhängig von der Konzentration der absorbierenden Atome. Dies wird zur qualitativen und quantitativen chemischen Analyse genutzt (**Absorptionsspektroskopie**)

Absorption	$I(d) = I_0 \cdot e^{-k \cdot d}$	I: Intensität [W/m^2] I_0: einfallende Intensität k: Absorptionskoeffizient [1/m] d: Eindringtiefe [m]

Brechung

In Materie ist die **Lichtgeschwindigkeit** v reduziert. Darauf ist das Phänomen der Brechung zurückzuführen. Das Verhältnis $c/v = n$ heißt **Brechungsindex** oder **Brechzahl** des Materials. Die Brechzahl hängt meistens von der Frequenz bzw. Wellenlänge des Lichtes ab. Dies wird ausgenützt, wenn man mit einem Prisma Licht in seine Farben zerlegt

Brechzahl	$n = \frac{c}{v}$	n: Brechzahl (Brechungsindex) dimensionslos v: Lichtgeschwindigkeit im Medium [m/s] c: Vakuumlichtgeschwindigkeit
Reflexionsgesetz	Einfallswinkel gleich Ausfallswinkel	
Brechungsgesetz	$\frac{\sin\alpha_1}{\sin\alpha_2} = \frac{n_2}{n_1}$	α_1: Einfallswinkel Medium 1 n_1: Brechzahl Medium 1 α_2: Einfallswinkel Medium 2 n_2: Brechzahl Medium 2

Beim Übergang von einem **optisch dünnen** Medium (kleine Brechzahl) in ein **optisch dichteres** Medium (größere Brechzahl) wird ein Lichtstrahl *zum Lot hin* gebrochen, im umgekehrten Fall *vom Lot weg*. Dies beruht darauf, dass die Lichtwelle im optisch dichteren Medium eine niedrigere Geschwindigkeit hat. Dadurch ändert sich nicht ihre Frequenz, wohl aber ihre Wellenlänge, was wiederum zu einer Änderung der Ausbreitungsrichtung führt. Würde beim Übergang von einem dichteren Medium in ein dünneres Medium der Ausfallswinkel größer als 90°, so wird alles einfallende Licht an der Grenzfläche reflektiert (**Totalreflexion**)

Grenzwinkel α_{grenz}	$\sin\alpha_{grenz} = \frac{n_2}{n_1}$	α_{grenz}: Grenzwinkel der Totalreflexion

Linse

Sammellinsen können ein **reelles Bild** eines Gegenstandes auf einen Schirm werfen. Wenn bei einer Sammellinse die Gegenstandweite kleiner ist als die Brennweite (**Lupe**) – und immer bei Zerstreuungslinsen – ergibt sich kein reelles, sondern nur ein durch die Linse hindurch sichtbares **virtuelles** Bild

Brennweite: Abstand des Punktes hinter der Linse, in dem sich Strahlen, die vor der Linse parallel laufen, treffen (Sammellinse, ◘ Abb. 7.36)

Brechwert	$D = \frac{1}{f}$ D positiv: Sammellinse D negativ: Zerstreuungslinse	f: Brennweite [m] D: Brechwert $\left[\frac{1}{m} = dpt, \text{Dioptie}\right]$

Setzt man mehrere Linsen dicht hintereinander, so addieren sich die Brechwerte. Dabei ist die Brechwert von Zerstreuungslinsen negativ zu nehmen

☐ Tab. 7.2 (Fortsetzung)

Linse (Fortsetzung)

Linsengleichung	$\frac{1}{f} = \frac{1}{g} + \frac{1}{b}$	f: Brennweite [m] g: Gegenstandsweite [m] b: Bildweite [m]
	Gilt für das reelle Bild einer dünnen Sammellinse	
Vergrößerungsfaktor	$\frac{\text{Bildgröße}}{\text{Gegenstandsgröße}} = \frac{b}{g} = \frac{f}{g-f}$	
Vergrößerungsfaktor eines Mikroskops Maximales Auflösungsvermögen entspricht der Wellenlänge des verwendeten Lichts	$\Gamma_M = \frac{180\ \text{mm}}{f_{\text{Objektiv}}} \cdot \frac{250\ \text{mm}}{f_{\text{Okular}}}$	f_{Obfektiv}: Objektivbrennweite [m] f_{okular}: Okularbrennweite

Wellenoptik

Tritt Licht durch einen sehr schmalen Spalt, so geht es dort „um die Ecke" (**Beugung**). Beugung ist dafür verantwortlich, dass das Auflösungsvermögen eines Lichtmikroskops in der Größenordnung der Lichtwellenlänge liegt. Licht von gleichmäßig dicht nebeneinander liegenden Quellen (z. B. im Beugungsgitter) erzeugt ein **Interferenzmuster**, das, wenn weißes Licht eingestrahlt wird, immer farbig ist. Beispiele aus dem Alltag sind die Schillerfarben auf einem Geldschein, bei Vogelfedern und Schmetterlingen

Beugung	Licht, das durch einen hinreichend schmalen Spalt fällt, geht „um die Ecke"
Interferenz	Wenn sich Licht aus verschieden Richtungen überlagert, so entsteht ein Interferenzmuster aus hellen und dunklen Gebieten
Beugungsgitter viele Spalten nebeneinander bewirken ein Interferenzmuster mit ausgeprägten, scharfen Intensitätsmaxima unter den Winkeln:	$\sin \alpha_n = \frac{n \cdot \lambda}{g}$	α_n: Winkel des Intensitätsmaximums n: Nummer der Ordnung λ: Wellenlänge [m] g: Gitterkonstante [m] (Spaltabstand)

Röntgenstrahlen

Auch Röntgenstrahlen sind elektromagnetische Wellen wie Licht, nur mit wesentlich kürzerer Wellenlänge, höherer Frequenz und damit höherer Quantenenergie. Deswegen durchdringen sie biologisches Gewebe, schädigen es aber auch. In der Röntgenröhre werden die Röntgenstrahlen den Beschuss einer Anode mit hochenergetischen Elektronen erzeugt. Typische Beschleunigungsspannungen sind 30–200 kV. Das Spektrum wird geprägt durch die Bremsstrahlung und die charakteristische Strahlung (s. ☐ Abb. 8.4, ▶ Abschn. 8.1.4)

Quanten

In manchen Zusammenhängen kann Licht auch als ein Strom von Lichtquanten (Photonen) mit einer Energie $W_q = h \cdot f$ (h: Planck-Wirkungsquantum, f: Frequenz) aufgefasst werden. Atome strahlen Licht mit ganz charakteristischen Quantenenergien ab. Dies wird für Analysezwecke genutzt (Spektralanalyse, Absorptionsspektroskopie). Umgekehrt kann auch ein Teilchen in gewissen Zusammenhängen als Materiewelle betrachtet werden (**Welle-Teilchen-Dualismus**)

7.7 Fragen und Übungen

❓ Verständnisfragen

1. Was wäre die Farbe des Himmels wenn die Erde keine Atmosphäre hätte?

2. Welche Werte einer Lichtwelle ändern sich, wenn sie von Luft in Glas eintritt, welche nicht?

3. Warum kann man einen Tropfen Wasser auf dem Tisch sehen, obwohl Wasser transparent und farblos ist?

4. Könnte man aus Eis eine Linse formen, die durch das fokussieren von Sonnenlicht ein Feuer entfacht?

5. Warum sieht ein Schwimmer alles nur ganz verschwommen, wenn er unter Wasser die Augen aufmacht?

6. Die Linse in einem Overhead-Projektor bildet ein Bild auf einer Folie auf einer Projektionsleinwand ab. Wie muss die Linse verschoben werden, wenn die Leinwand näher zum Projektor gerückt wird?

7. Mit Laserlicht wird das Beugungsmuster eines Spaltes auf einen Schirm geworfen. Wenn das Beugungsmuster entlang einer senkrechten Linie verläuft, wie liegt dann der Spalt?

8. Warum kann man Interferenzexperimente viel besser mit einem Laser durchführen als mit Glühlampen?

9. Warum können Sie jemanden, der hinter einer Hausecke steht zwar hören, aber nicht sehen?

10. Licht welcher Farbe liefert bei einem vorgegebenen Linsendurchmesser die beste Auflösung bei einem Mikroskop?

11. Warum verwenden moderne astronomische Teleskope nur noch Hohlspiegel und keine Linsen?

12. Blaues Licht mit der Wellenlänge λ gelangt durch einen schmalen Schlitz der Breite a und bildet ein Interferenzbild auf einer Projektionsfläche. Wie muss man die Spaltbreite ändern, wenn man mit rotem Licht mit der Wellenlänge 2λ das ursprüngliche Interferenzbild reproduzieren will?

✅ Übungsaufgaben

Geometrische Optik

7.1 (I): Das Licht großer Laser ist so intensiv, dass man den Widerschein eines auf die abgeschattete Seite des Halbmondes gerichteten Bündels von der Erde aus beobachten kann. Von einem 1962 ausgeführten Experiment wird berichtet, das Bündel habe auf dem Mond eine Fläche von 4 km Durchmesser ausgeleuchtet. Wie groß war der Öffnungswinkel?

7.2 (II): In einem Textilhaus sollen senkrechte Garderobenspiegel so aufgestellt werden, dass sich die Kunden darin von Kopf bis Fuß vollständig betrachten können. Dazu brauchen die Spiegel nicht bis zum Boden reichen, sie dürfen in einer Höhe h über ihm enden. Wie hängt h ab

  (1) von der Augenhöhe H des Kunden,

  (2) vom horizontalen Abstand d zwischen Kunden und Spiegel?

7.3 (I): Der Glaskörper des menschlichen Augen hat die Brechzahl 1,34. Welcher Grenzwinkel der Totalreflexion gegenüber Luft ($n \approx 1,00$) gehört dazu?

7.4 (II): Ein Lichtstrahl trifft aus Luft auf eine Glasoberfläche ($n = 1,52$) und wird teilweise reflektiert und teilweise gebrochen. Der Reflexionswinkel ist doppelt so groß wie der Winkel des gebrochen Strahls. Wie groß ist der Einfallswinkel? $\left(\sin 2\alpha = \frac{1}{2}\sin\alpha \cdot \cos\alpha\right)$

7.5 (III): Wenn das 60°-Prisma aus dem Flintglas der ◻ Abb. 7.32 besteht und das Lichtbündel einem Laser mit der Wellenlänge 632,8 nm entstammt, welchen Einfallswinkel α_1 muss man ihm dann für symmetrischen Durchgang geben und um welchen Winkel δ wird es insgesamt abgelenkt?

7.6 (I): Wenn Sie Ihr Spiegelbild in einer Weihnachtsbaumkugel betrachten, sehen Sie dann ein reelles oder ein virtuelles Bild?

Abbildung mit Linsen

7.7 (I): Sie wollen sich selbst im Spiegel fotografieren. Der Spiegel ist 1,5 m vor Ihnen. Auf welchen Abstand müssen Sie fokussieren?

7.8 (II): Zeigen Sie, dass für weit entfernte Objekte die Vergrößerung eines reellen Bildes näherungsweise proportional zur Brennweite ist.

7.9 (II): Ein Fotograf will einen 22 m hohen Baum aus einer Entfernung von 50 m fotografieren. Welche Brennweite muss er für sein Objektiv wählen, damit das Bild vom Baum gerade den 24 mm hohen Film ausfüllt?

7.10 (II): Wenn ein Teleobjektiv mit 135 mm Brennweite Objekte zwischen 1,5 m und ∞ scharf abbilden soll, über welche Stecke muss es dann relativ zur Filmebene verfahrbar sein?

7.11 (II): Konstruiere (am besten auf Karopapier) für eine Sammellinse mit $f = 30$ mm den Bildpunkt P' zu einem Gegenstandspunkt P, der 6 cm vor der Hauptebene und 2,5 cm neben der optischen Achse liegt. Konstruiere für die gleiche Linse den Bildpunkt eines Parallelbündels, dessen Zentralstrahl durch einen Punkt 6 cm vor der Hauptebene und 2 cm unter der optischen Achse läuft.

7.12 (II): Wie weit sind Objekt und reelles Bild auseinander, wenn die abbildende Linse eine Brennweise von 75 cm hat und das Bild um den Faktor 2,75 vergrößert ist?

7.13 (I): Unter welchem Sehwinkel erscheinen Sonne und Mond von der Erde ausgesehen?

7.14 (II): Welche Brennweite hat eine Lupe mit der Aufschrift „8x"?

Strahlungsmessgrößen

7.15 (I): In welchen Raumwinkel strahlt die Sonne?

7.16 (I): Zu welcher Strahlungsmessgröße gehört die Solarkonstante (▶ Abschn. 7.3.1)?

7.17 (II): Welche Leistung strahlt die Sonne in Form elektromagnetischer Wellen ab? (Sie strahlt außerdem noch Teilchenströme ab)

Wellenoptik

7.18 (I): Wie müssen die Polarisationsfolien einer Spezialsonnenbrille orientiert sein, wenn sie am Strand den Augen ihres Trägers Sonnenreflexe vom Wasser mildern sollen?

7.19 (II): Einfarbiges Licht fällt auf einen Doppelspalt, bei dem die Spalte 0,04 mm Abstand haben. Auf einem 5 m entfernten Schirm sind die Interferenzmaxima 5,5 cm auseinander. Welche Wellenlänge und welche Frequenz hat das Licht?

7.20 (II): Ein Lehrer steht ein Stück hinter einer 80 cm breiten Tür nach draußen und bläst in seine Trillerpfeife, die einen Ton von etwa 750 Hz aussendet. Wenn wir annehmen, dass draußen auf dem Schulhof nichts reflektiert, unter welchem Winkel wird man die Trillerpfeife kaum hören?

7.21 (II): Für welche Wellenlänge fällt bei einem Beugungsgitter das Maximum 10. Ordnung auf das Maximum 9. Ordnung der Wellenlänge $\lambda = 500$ nm?

7.22 (I): Die Flügel eines tropischen Falters schillern in wunderschönem Blau, wenn man sie unter etwa 50° zur Senkrechten betrachtet. Dieser Farbeindruck entsteht, weil die Flügeloberfläche ein Reflexionsbeugungsgitter darstellt. Wenn wir annehmen, dass das gebeugte Licht senkrecht auf den Flügel eingefallen ist, welche Gitterkonstante hat das Beugungsgitter auf dem Flügel in etwa?

Quantenoptik

7.23 (II): Zu größeren Wellenlängen gehört kleinere Quantenenergie, zu größerer Quantenenergie kleinere Wellenlänge.

Sollte das Produkt $W_Q \cdot \lambda$ konstant sein?

7.24 (I): In welchem Energiebereich liegen die Quanten sichtbaren Lichtes?

7.25 (II): Welchen „Quantenstrom" (gemessen in Anzahl der Quanten durch Sekunde) gibt ein Laser in sein Lichtbündel, wenn er 5 mW bei der Wellenlänge 632,8 nm abstrahlt?

7.26 (I): Warum gibt es keinen Leuchtstoff, der infrarotes Licht sichtbar macht?

7.27 (II): Eine Röntgenröhre beim Arzt werde mit 150 kV Anodenspannung und 20 mA Elektronenstrom betrieben.

(1) Wie groß ist die höchste Quantenenergie im Bremsspektrum?

(2) Welche Leistung wird in der Röhre umgesetzt?

(3) In welcher Größenordnung liegt die Strahlungsleistung der erzeugten Röntgenstrahlen?

7

Atom- und Kernphysik

Inhaltsverzeichnis

Ergänzende Information Die elektronische Version dieses Kapitels enthält Zusatzmaterial, auf das über folgenden Link zugegriffen werden kann https://doi.org/10.1007/978-3-662-68484-9_8. Die Videos lassen sich durch Anklicken des DOI Links in der Legende einer entsprechenden Abbildung abspielen, oder indem Sie diesen Link mit der SN More Media App scannen.

Materie besteht aus Molekülen, ein Molekül aus Atomen, ein Atom aus Kern und Hülle, die Hülle aus Elektronen und der Kern aus Nukleonen, aus Protonen und Neutronen nämlich. An chemischen Reaktionen sind nur die Hüllenelektronen beteiligt. Die (positive) Kernladung bestimmt aber, wie viele Elektronen in die Hülle gehören, und damit auch, zu welchem chemischen Element das Atom gehört. Bei Kernreaktionen wird pro Atom sehr viel mehr Energie umgesetzt als bei chemischen Reaktionen. Kernumwandlungen erfolgen vor allem beim radioaktiven Zerfall und emittieren dann ionisierende Strahlung.

8.1 Aufbau des Atoms

8.1.1 Das Bohr'sche Atommodell

In einem Metall liegen die Atome so dicht nebeneinander, dass sie sich praktisch berühren. Ihre Durchmesser bleiben knapp unter einem Nanometer. Eine Aluminiumfolie, wie man sie zum Grillen verwendet, ist immer noch viele Hundert Atomlagen dick. Für einen Strahl schneller Elektronen sollte da kein Durchkommen sein.

Das Experiment widerspricht. Die allermeisten der eingeschossenen Elektronen durchdringen die Folie, als habe ihnen gar nichts im Wege gestanden; nur einige wenige sind auf Hindernisse gestoßen, die sie aus ihrer Bahn geworfen haben. Atome können deshalb keine Kügelchen aus homogener Materie sein; zumindest aus Sicht schneller Elektronen sind sie im Wesentlichen „leer". Nur wenn ein Elektron auf den **Atomkern** trifft, wird es abgelenkt. Das geschieht selten, denn dessen Durchmesser liegt in der Größenordnung Femtometer (10^{-15} m). Ihn umgibt eine wesentlich größere **Hülle** aus Elektronen, deren Durchmesser in der Größenordnung 10^{-10} m liegt. Deren Masse ist klein gegenüber der des Kerns; von durchfliegenden Elektronen wird die Hülle kaum bemerkt.

> ❯ **Merke**
> Im Atom ist die Masse auf den kleinen Atomkern konzentriert, während der Durchmesser von der lockeren Elektronenhülle bestimmt wird.

Elektronen sind negativ elektrisch geladen. Nach außen erscheint ein Atom elektrisch neutral. Das ist nur möglich, wenn der Kern ebenso viele positive Elementarladungen besitzt wie die Hülle Elektronen. In der Tat erweist sich die **Kernladungszahl Z** als wichtigste Kenngröße des Atoms. Sie bestimmt seine Position im Periodensystem der chemischen Elemente. Warum aber ist ein Atom stabil? Warum folgen die Hüllenelektronen nicht der Coulombkraft des Kerns und stürzen in ihn hinein?

> ❯ **Merke**
> Ein Atomkern besitzt positive Elementarladungen; die Kernladungszahl Z ist zugleich die Atomnummer im Periodensystem der chemischen Elemente.

Das **Bohr'sche Atommodell** (Niels Bohr, 1885–1962) macht da eine Anleihe bei der Astronomie: Warum stürzen die Planeten nicht in die Sonne? Weil sie auf geschlossenen Bahnen um sie herumlaufen und so auf die Kraft der Gravitation mit einem „um die Sonne herumfallen" reagieren. Analog laufen im Bohr'sche Atommodell die Elektronen der Hülle auf geschlossenen Bahnen um den Kern herum.

> ❯ **Merke**
> Bohr'sches Atommodell: Die Hüllenelektronen laufen auf Bohr-Bahnen um den Kern wie Planeten um die Sonne.

Nach den Vorstellungen der klassischen Physik müsste freilich ein auf einer **Bohr-Bahn** umlaufendes Elektron eine seiner Umlauffrequenz entsprechende elektromagnetische Welle abstrahlen; es würde Energie verlieren und auf einer Spiralbahn doch in den Kern hineinstürzen. Weil es das offensichtlich nicht

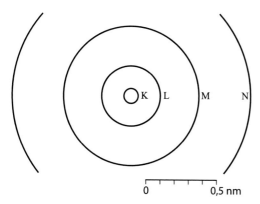

K L M N

0   0,5 nm

◩ **Abb. 8.1 Bohr'sches Atommodell:** Maßstabsgerechte Zeichnung der Bohr-Bahnen für das H-Atom; der Kern ist in diesem Maßstab nicht zu erkennen

tut, half es Bohr gar nichts: Er musste ohne nähere Begründung postulieren, dass dem Elektron lediglich einige stabile Bahnen erlaubt sind, auf denen es nicht strahlt, während es die ihm verbotenen Bereiche dazwischen nur im Quantensprung überqueren darf. Die zu einer Bohr-Bahn gehörende Energie lässt sich berechnen. Spektrum und Niveauschema eines Atoms gestatten somit Aussagen über die erlaubten Bahnen. Für das einfachste aller Atome, das des Wasserstoffs (Z = 1, nur ein Elektron in der Hülle) kommen ganz vernünftige Bahnradien heraus, wie ◩ Abb. 8.1 zeigt. Die innerste Bahn des Grundzustandes erhält den Kennbuchstaben K, die größeren Bahnen der angeregten Zustände folgen alphabetisch.

So recht befriedigen kann das Bohr-Atommodell freilich nicht. Das ist auch kein Wunder, denn liefe ein Elektron tatsächlich auf einer Bohr-Bahn, so wären zu jedem Zeitpunkt Ort und Geschwindigkeit, Impuls und Energie gemeinsam genauer bekannt, als die Unschärferelation erlaubt. Niels Bohr konnte das nicht wissen. Als er sein Modell aufstellte, ging Werner Heisenberg (1901–1976) noch zur Schule.

8.1.2 Elektronenwolken

Als elektrische „Punktladung" sitzt der Atomkern des Wasserstoffs im Zentrum eines kugelsymmetrischen Feldes; die Feldlinien laufen radial nach außen, die Potenzialflächen sind konzentrische Kugeln. Wie weit sich das Hüllenelektron entfernen kann, hängt von seiner Energie ab. In der Quantenphysik wird die Wahrscheinlichkeit, dass sich das Elektron an einer bestimmten Stelle befindet, durch eine Welle beschrieben. Diese (Materie-)Welle wird durch das elektrische Feld des Atomkerns eingesperrt. Es entsteht dadurch eine stehende Welle genau so, wie das im ▶ Abschn. 4.3 für eine Geigensaite oder eine Flöte besprochen wurde. Ein schönes Beispiel für eine zweidimensionale stehende Materiewelle zeigt die ◩ Abb. 8.2. Es handelt sich um eine Tunnelmikroskopische Aufnahme, die direkt die Aufenthaltswahrscheinlichkeit von Elektronen auf der Oberfläche eines Metallkristalls zeigt. Es wurde ein Ring aus einzeln Atomen auf der Kristalloberfläche angeordnet und im Inneren hat sich eine stehende Elektronenwelle ausgebildet. Wenn sie ihre gefüllte Kaffeetasse am Rand anstoßen sehen sie für kurze Zeit eine ähnliche stehende Welle auf der Kaffeeoberfläche. Eigentlich handelt es sich um ein

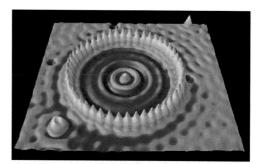

◩ **Abb. 8.2 Materiewellen.** Auf einer Kristalloberfläche sind Atome in einem Kreis angeordnet. Im Inneren des Kreises sieht man die stehende Materiewelle von Oberflächenelektronen. Das verwendete Raster-Tunnelmikroskop macht die Aufenthaltswahrscheinlichkeit von Elektronen und damit auch einzelne Atome sichtbar. (D. Eigler, IBM aus NanoEthics Vol. 5 Issue 2)

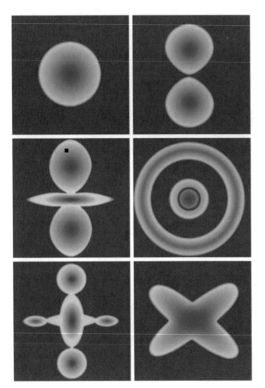

◻ Abb. 8.3 Elektronenwolken kennzeichnen die Aufenthaltswahrscheinlichkeit eines Hüllenelektrons in verschiedenen angeregten Zuständen

zweidimensionales Schwarzweißbild, das hier mit Bildverarbeitung „aufgehübscht" wurde.

Dreidimensionale stehende Wellen können noch viel kompliziertere Formen annehmen. Leider können die stehenden Materiewellen des Hüllenelektrons eines Atoms nicht mit einem Mikroskop sichtbar gemacht werden, aber man kann sie berechnen und als wolkige Gebilde darstellen, wie das in ◻ Abb. 8.3 versucht wurde. Dort wo es blau ist, ist die Aufenthaltswahrscheinlichkeit für das Elektron hoch. Man spricht von einer **Elektronenwolke**. Jedes Bild zeigt einen Schnitt durch diese Wolke für verschiedene Energiezustände des Wasserstoffatoms.

Erhellend sind solche Bilder nur in Grenzen. Darum spricht man gern weiter von so anschaulichen Bohr-Bahnen, obwohl man weiß, dass es sie, genau genommen, gar nicht gibt.

Dabei muss man dann neben den Kreisbahnen der ◻ Abb. 8.1 auch noch elliptische Bahnen mit halbwegs gleicher Größe und Energie zulassen. Sie werden zu **Elektronenschalen** zusammengefasst. Die Buchstaben L, M, N usw. bezeichnen derartige Schalen. Nur die K-Schale muss sich allein mit einer Kreisbahn zufriedengeben.

8.1.3 Das Pauli-Prinzip

Das einsame Hüllenelektron des Wasserstoffs darf sich auf jede Bohr-Bahn seines Atoms setzen, sofern es sich die dazu nötige Energie beschaffen kann. Sobald sich aber der Kernladungszahl Z entsprechend mehrere Elektronen in einer Hülle versammeln, müssen sie das **Pauli-Prinzip** beachten: Es erlaubt immer nur zwei Elektronen, gemeinsam auf einer Bohr-Bahn umzulaufen, und keinem weiteren.

> **Merke**
> Pauli-Prinzip: Jede Bohr-Bahn darf von nicht mehr als zwei Hüllenelektronen besetzt werden.

Eine K-Schale besitzt nur eine einzige Bahn, die Kreisbahn. Sie hat also nur für zwei Elektronen Platz. Das genügt dem Wasserstoff ($Z = 1$) und dem Helium ($Z = 2$). Das nächste Element im Periodensystem, das Lithium, muss sein drittes Elektron bereits in die L-Schale setzen. Diese fasst mit Kreis- und Ellipsenbahnen zusammen 8 Elektronen, reicht also bis zum Neon mit $Z = 10$. Natrium ($Z = 11$) braucht bereits einen Platz in der M-Schale. Darüber wird es komplizierter. Zuweilen setzt sich ein neues Elektron „vorzeitig" in eine höhere Schale, und die innere wird erst bei Elementen mit größerer Atomnummer aufgefüllt. Chemisch zeigt sich eine Systematik: Alle Elemente, deren Elektronen eine Schale voll besetzen, eine Schale „abschließen", sind reaktionsunwillige **Edelgase**; ihre Nachbarn zu beiden Seiten entwickeln demgegenüber besondere chemische Aggressivität. Elemente, denen nur noch ein Elektron zur abgeschlossenen Schale fehlt, sind **Halogene**. Diejenigen, die ein Elektron zu viel besitzen, sind **Alkalimetalle**. Die ersten bilden gern negative Ionen, die zweiten gern positive, denn dann sind ihre Elektronenschalen abgeschlossen. Die chemische Natur eines Elements hängt weitgehend von seinem äußersten Elektron ab; es wird **Leuchtelektron** genannt, weil es auch für das optische Linienspektrum des Atoms zuständig ist. Die inneren Elektronen haben ja keine freien Bahnen in ihrer Nähe, in die sie mit den Quantenenergien des Spektrums hineinspringen könnten.

> **Merke**
> Bohr'sches Atommodell und Pauli-Prinzip machen nicht nur die Atomspektren, sondern auch das Periodensystem der chemischen Elemente verständlich.

8.1.4 Charakteristische Röntgenstrahlung

Das Niveauschema eines Atoms wird üblicherweise nur für das Leuchtelektron gezeichnet. Alle anderen Elektronen haben über sich nur besetzte Bahnen und können deshalb ihre Plätze nur mit relativ hohem Energieaufwand verlassen. Immerhin bringt das freie Elektron, das in der Röntgenröhre auf die Anode zu jagt, genug Energie mit, um auch einmal einen Artgenossen aus der K-Schale eines Anodenatoms herauszuschlagen (■ Abb. 8.4). Dessen Platz bleibt aber nicht lange frei, z. B. kann ein Elektron aus der L-Schale nachrücken. Dabei wird dann ein energiereiches Quant aus dem Spektralgebiet der Röntgenstrahlen emittiert, es gehört zur K_α-*Linie* des Atoms. Dem kontinuierlichen Bremsspektrum der Röntgenröhre überlagert sich das Linienspektrum der **charakteristischen Strahlung**, charakteristisch für das Material am Ort des Brennflecks. Dass die Linien in ■ Abb. 8.5 recht breit erscheinen, liegt an dem geringen Auflösungsvermögen des benutzten Röntgenmonochromators. Die Quantenenergien der Linien wachsen nahezu proportional mit dem Quadrat der Kernladungszahl. In Absorption treten sie nicht auf, statt ihrer erscheinen etwas kurzwelligere **Absorptionskanten**. Warum? Zur Absorption eines K_α-Quants müsste ein K-Elektron in die L-Schale springen; dort ist aber kein Platz frei. Darum kann es nur die höhere Quantenenergie der Absorptionskante annehmen, die ihm erlaubt, die Atomhülle ganz zu verlassen.

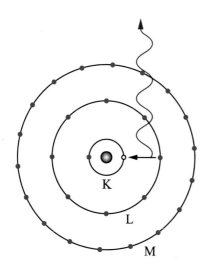

■ **Abb. 8.4** Emission der K_a-Linie im Bohr-Atommodell

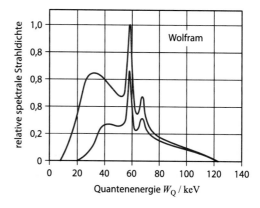

■ **Abb. 8.5 Bremsspektrum mit überlagerter charakteristischer Strahlung**. Der Abfall zu kleinen Quantenenergien wird durch Aluminiumfilter hervorgerufen; *obere Kurve*: Filterdicke 1 mm; *untere Kurve*: 2 mm

Besondere Bedeutung hat das Linienspektrum für die *Röntgenstrukturanalyse* (▶ Abschn. 7.5.4). Um ein klares, scharfes Beugungsbild von einem Kristall zu bekommen, muss das Röntgenlicht monochromatisch mit nur einer Wellenlänge sein, also möglichst nur Quanten einer Energie enthalten.

8.2 Aufbau des Atomkerns

8.2.1 Nukleonen und Nuklide

Auch der Atomkern, so klein er ist, lässt sich noch in **Nukleonen** zerlegen. Von ihnen gibt es aber nur zwei Sorten: die positiv geladenen *Protonen* und die ungeladenen *Neutronen*. Ihre Massen sind nahezu gleich. Wenn man sich mit 3 Dezimalstellen begnügt, darf man schreiben:

$$m_p \approx m_n \approx 1{,}67 \cdot 10^{-27} \text{ kg.}$$

Als makroskopische Einheit führt das Kilogramm in der Welt der Atome zu unhandlichen Zehnerpotenzen. Deshalb definiert man für diesen Bereich eine

atomare Masseneinheit u

$$= 1{,}66057 \cdot 10^{-27} \text{ kg}$$

und bekommt mit ihr

$$m_p = 1{,}007265 \text{ u} \quad \text{und}$$
$$m_n = 1{,}008650 \text{ u.}$$

Immerhin ist das Neutron um rund 1,5 Promille und damit fast zwei Elektronenmassen schwerer als das Proton. Das hat physikalische Bedeutung, wie wir noch sehen werden.

Das häufigste chemische Element ist der Wasserstoff: ein Proton im Kern, ein Elektron in der Hülle, kein Neutron, $Z = 1$. Wieso sind andere Elemente überhaupt möglich? Zwei oder gar mehr Protonen im Kern müssen sich doch mit der Coulomb-Kraft ihrer positiven Elementarladungen abstoßen. Sie können in der Tat nur zusammenbleiben, weil zwischen Nukleonen eine **Kernkraft** herrscht, nach deren Natur hier nicht gefragt werden soll; sie

lässt sich nur durch wellenmechanische Rechnung korrekt erfassen. Jedenfalls bewirkt sie eine kräftige, von der Ladung unabhängige Anziehung, allerdings nur auf extrem kurze Distanz: Die Nukleonen müssen sich gewissermaßen „berühren", wenn sie Atomkerne, wenn sie **Nuklide** bilden wollen.

Zwei Zahlen kennzeichnen ein Nuklid: Die Protonenanzahl Z und die Neutronenanzahl N. Als Kernladungszahl bestimmt Z die Anzahl der Elektronen in der Hülle und über sie die chemischen Eigenschaften des Atoms. Deshalb ist Z zugleich die *Atomnummer* des chemischen Elementes im Periodensystem. Die Neutronen bestimmen zusammen mit den Protonen die Masse des Kerns und des ganzen Atoms. Darum wird die **Nukleonenanzahl** $A = Z + N$ auch *Massenzahl* genannt. Mit ihr unterscheidet man üblicherweise die **Isotope** eines Elementes, also Nuklide gleicher Protonen-, aber unterschiedlicher Neutronenanzahl. Wie kommt es dazu?

> ❯ Merke
> Kenngrößen des Nuklids:
> ▬ Z = Protonenanzahl, Kernladungszahl, Atomnummer
> ▬ N = Neutronenanzahl
> ▬ $A = Z + N$ = Nukleonenanzahl, Massenzahl

Die anziehende Kernkraft zwischen zwei Protonen reicht nicht aus, die abstoßende Coulomb-Kraft zwischen zwei positiven Elementarladungen zu überwinden. Mindestens ein Neutron muss mit seiner Kernkraft hinzukommen, zwei sind besser. Es gibt also zwei stabile Isotope des zweiten Elementes im Periodensystem, des Edelgases Helium:

Helium − 3, ^{3}He, $^3_2$He mit $Z = 2$,
$$N = 1, A = 3,$$
Helium − 4, ^{4}He, $^4_2$He mit $Z = 2$,
$$N = 2, A = 4,$$

Hier sind die gebräuchlichsten Schreibweisen zusammengestellt. Das chemische Symbol steht für alle Isotope eines Elements. Zu ihrer

Unterscheidung fügt man die jeweilige Massenzahl *A* oben links an. Die Kernladungszahl unten links kann man sich grundsätzlich sparen, da sie ja schon im chemischen Element zum Ausdruck kommt.

> **Merke**
>
> Isotope sind Nuklide mit gleicher Protonenanzahl *Z*, aber unterschiedlicher Neutronenanzahl und damit Massenzahl.

Die Isotope des Wassers: Eine gewisse Sonderrolle unter den Isotopen spielen die des Wasserstoffs. Bei einem Kern, der nur aus einem Proton besteht, vergrößert ein hinzukommendes Neutron die Masse gleich um einen Faktor zwei. Dadurch ändern sich zwar nicht die chemischen, wohl aber die physikalischen Eigenschaften so sehr, dass es sich lohnt, dem *schweren Wasserstoff* ^2_1H einen eigenen Namen und ein eigenes chemisches Symbol zu geben: *Deuterium* ^2_1D. Der Atomkern heißt *Deuteron*. Sogar ein *überschwerer Wasserstoff* mit zwei Neutronen existiert, lebt aber nicht allzu lange. Er bekommt ebenfalls einen eigenen Namen und ein eigenes Symbol: Tritium, ^3_1T, Triton.

Alle denkbaren Nuklide, ob sie nun existieren oder nicht, lassen sich übersichtlich in der sog. **Nuklidtafel** zusammenfassen. Dafür weist man jedem von ihnen ein quadratisches Kästchen zu und stapelt diese wie Schuhkartons im Regal, Isotope mit gleichem *Z* übereinander, gleiche Neutronenanzahlen *N* nebeneinander. Gleiche Nukleonenanzahlen *A* liegen dann in Diagonalen von oben links nach unten rechts. Den Bereich der leichtesten Elemente bis *Z* = 4 (Beryllium) zeigt ◻ Abb. 8.6. Abweichend von der Norm ist hier das Tritium als instabiles Nuklid nicht aufgeführt.

8.2.2 Der Massendefekt

Es überrascht, aber die Masse des häufigeren Heliumisotops ^4_2He liegt mit 4,0020 u etwas unter der gemeinsamen Masse der 4 Nukleo-

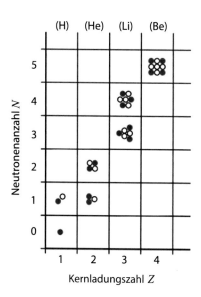

◻ **Abb. 8.6 Unteres Ende der Nuklidtafel**; volle Kreise symbolisieren Protonen, offene Neutronen. Siehe auch ◻ Abb. 8.7

nen, die es bilden. Mit knapp 2 % springt dieser **Massendefekt** nicht ins Auge, aber bedeutsam ist er durchaus. Hinter ihm steht nämlich die Feststellung der Relativitätstheorie, Masse *m* und Energie *W* seien äquivalent entsprechend der Gleichung

$$W = m \cdot c^2.$$

Die Lichtgeschwindigkeit *c* ist groß, ihr Quadrat erst recht. Demnach wiegt Energie nicht viel. Umgekehrt repräsentiert ein Gramm irgendwelcher Materie bereits 89,9 TJ oder 25.000 Kilowattstunden. Um einen Kern des Helium-4 in seine Nukleonen zu zerlegen, muss man ihm seinen Massendefekt zurückgeben, das sind $4,4 \cdot 10^{-12}$ J oder $1,1 \cdot 10^{-12}$ J pro Nukleon. Das ist eine beachtliche Energie angesichts der geringen Masse von 10^{-27} kg. Sie wurde zuvor als **Bindungsenergie** abgegeben. Diese für die Stabilität eines Nuklids wichtige Größe kann man also gewissermaßen „mit der Waage" bestimmen. Bei chemischen Reaktionen gilt grundsätzlich dasselbe. Nur liegen hier die frei werdenden Bindungsenergien eine Million mal niedriger. Der zugehörige Massendefekt ist auch für die beste Analysenwaage viel zu klein. Insofern haben die Chemiker recht, wenn sie behaupten, bei ihren Reaktionen blieben die Massen der beteiligten Partner erhalten.

Vom Massendefekt des ^{4}He „lebt" die Erde, ihre Flora und Fauna sogar im unmittelbaren Sinn des Wortes, der Mensch nicht ausgenommen. Seit rund 5 Mrd. Jahren „verbrennt" die Sonne Wasserstoff zu Helium und strahlt die dabei durch Massendefekt frei werdende Energie in den Weltraum hinaus. Das wird vermutlich noch einmal $5 \cdot 10^9$ Jahre so weitergehen, bis sich die Sonne sterbend zum „roten Riesen" aufbläht, über die Erdbahn hinaus.

8.2.3 Radioaktivität

Grundsätzlich versucht jedes physikalische System, so viel Energie, d. h. so viel Masse loszuwerden, wie ihm die Umstände erlauben. Das Neutron ist um knapp eine Elektro-

nenmasse schwerer als Proton und Elektron zusammen. Tatsächlich kann es sich in ein Proton umwandeln, dabei ein Elektron abstoßen und ihm noch das Äquivalent der verbleibenden Masse als kinetische Energie mitgeben. Aus historischen Gründen bezeichnet man ein solches, praktisch lichtschnelles Elektron, als β-*Teilchen*. Als man den **β-Zerfall** entdeckte und ihm einen Namen geben musste, konnte man seine Natur noch nicht feststellen und hat einfach das griechische Alphabet bemüht.

Im Atomkern verlieren die Nukleonen ihre Identität; über Stabilität und Zerfall entscheiden Masse und Massendefekt des Kollektives. Darum stößt das Neutron des Deuterons $^2_1$D kein Elektron aus, denn täte es das, entstünde ein Kern aus zwei Protonen. Die werden aber von ihrer Coulomb-Kraft auseinander gejagt. Übersetzt heißt das: Zwei dicht gepackte Protonen sind schwerer als ein Deuteron. Das Triton $^3_1$T ist dahingegen leichter als der Kern

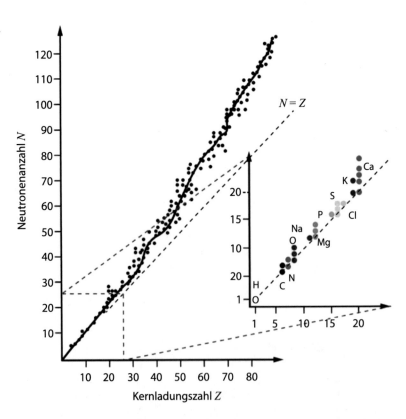

◘ **Abb. 8.7 Nuklidtafel**. Die dicken Punkte markieren die stabilen Nuklide („stabile Rinne"), die feinen Punkte markieren das leichteste und das schwerste bekannte Isotop des jeweiligen Elements. Weiter außen liegende Nuklide sind so kurzlebig, dass sie sich nicht nachweisen lassen

$^3_2$He des leichteren Helium-Isotops: Tritium ist ein β-*Strahler*, es ist **radioaktiv**.

Nuklide, die zu viele Neutronen besitzen, betreiben β-Zerfall (genauer: β$^-$-Zerfall, s. unten). Aber was heißt das: zu viele Neutronen? In einem stabilen Nuklid müssen Kern- und Coulomb-Kräfte in einem ausgewogenen Verhältnis zueinander stehen. Viel Spielraum lässt die Natur ihnen nicht: In der Nuklidtafel besetzen sie nur eine recht schmale **stabile Rinne**. Leichtere Kerne benötigen ungefähr ein Neutron pro Proton, schwerere aber mit wachsendem Z einen immer größeren Neutronenüberschuss. Die stabile Rinne beginnt unten links unter 45° und wird nach oben immer steiler und endet beim letzten stabilen Nuklid, dem Wismut-209 mit 83 Protonen und 126 Neutronen (◻ Abb. 8.7). Ab Atomnummer 84 (Polonium) ist alles radioaktiv.

Um die stabile Rinne zu erreichen, müssen die schweren Elemente vor allem Nukleonen loswerden: Dazu stoßen sie einen vollständigen Atomkern ab, den des Helium-4. Dadurch reduzieren sich die Protonen- und Neutronenanzahlen je um 2, die Nukleonenanzahl also um 4. In der Nuklid-Tafel bedeutet das einen Sprung über 2 Zeilen und 2 Spalten unter 45° nach unten links. Diese Art radioaktiver Strahlen wurde als erste entdeckt; man brauchte einen Namen und nannte sie, weil man nichts Besseres wusste, α-*Strahlen*. Dementsprechend heißen im **α-Zerfall** emittierten $^4_2$He-Kerne bis heute α-*Teilchen*. Auch das berühmte Radium-226, von Marie Curie (1867–1934) erstmals chemisch isoliert, ist ein α-Strahler. Mit seiner Atomnummer 86 kann es freilich die stabile Rinne nicht in einem Sprung erreichen; dem ersten α-Zerfall müssen sich weitere anschließen. Die führen aber, ihrer 45° wegen, in der Nuklid-Tafel unter die stabile Rinne. Darum wird ab und an ein β-Zerfall eingeschoben. Er ändert die Massenzahl nicht, erhöht aber die Atomnummer. In der Nuklidtafel entspricht er einem Sprung auf das Nachbarfeld unten rechts. Auf diese Weise zieht ein schweres Atom eine ganze *Zerfallsreihe* hinter sich her. ◻ Abb. 8.8 zeigt die des

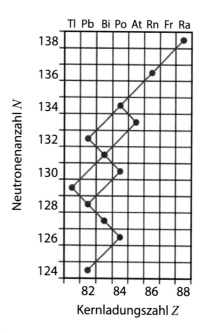

◻ **Abb. 8.8** Zerfallsreihe des Radium-226

Radium-226. Sie verfehlt das stabile Wismut-Isotop $^{209}_{83}$Bi und endet beim Blei-Isotop $^{206}_{82}$Pb.

Was machen Kerne, die, aus welchen Gründen auch immer, unterhalb der stabilen Rinne entstehen? α- und β-Zerfall nützen ihnen nichts, sie müssen Protonen loswerden. Sie tun dies durch Umwandlung eines Protons in ein Neutron. Dazu haben sie grundsätzlich zwei Möglichkeiten. Mancher Kern fängt ein Elektron ein, und zwar von dort, wo es ihm am nächsten ist, aus der K-Schale seiner eigenen Hülle: **K-Einfang**. Der zweite Weg bringt etwas grundsätzlich Neues: Hier stößt der Kern ein *Positron* aus, ein „Elektron mit positiver Ladung". Es gehört nicht in das Sonnensystem, denn es ist ein Teilchen der hierzulande nicht lebensfähigen sog. *Antimaterie*, von der in ▶ Abschn. 8.2.7 noch kurz die Rede sein wird. Positronen gehören, wie die Elektronen, zu den β-Teilchen; zur Unterscheidung spricht man je nach Ladungsvorzeichen von β$^-$- und β$^+$-Strahlern. In der Nuklid-Tafel bewirken K-Einfang wie β$^+$-Zerfall einen Sprung in das Nachbarfeld oben links. ◻ Abb. 8.9 fasst die

☐ Abb. 8.9 Die wichtigsten Kernumwandlungen im Schema der Nuklidtafel

Sprünge der besprochenen Zerfallsarten zusammen.

Für das betroffene Atom ist sein radioaktiver Zerfall ein höchst aufregender Vorgang. Mit seiner Kernladungszahl ändert es seine chemische Natur; es muss seine Nukleonen im Kern und seine Elektronen in der Hülle neu arrangieren. Der neue Kern entsteht in einem angeregten Zustand und sucht nun seinen Grundzustand. Er erreicht ihn nach der gleichen Methode wie die Hülle auch: durch Emission von Quanten. Nur geht es im Kern um wesentlich höhere Energien. Entsprechend kurzwellig ist die emittierte elektromagnetische Welle. Man nennt sie **γ-Strahlung**. Mit ganz wenigen Ausnahmen wird bei einem α- oder β-Zerfall immer auch ein γ-*Quant* ausgesandt (☐ Tab. 8.1).

8.2.4 Nachweis radioaktiver Strahlung

Kernumwandlungen betreffen immer nur einzelne Atome, einzelne Kerne. Diese sind durch die Elektronenhülle weitgehend von der Außenwelt abgeschirmt. Ihre Umwandlungen lassen sich nicht beeinflussen; sie reagieren weder auf Druck, noch auf Temperatur oder chemische Bindung. Wie will man herausbekommen, was ein einzelner Atomkern tut? Man kann es nur, weil der Energieumsatz bei Kernprozessen vergleichsweise hoch ist. Die Teilchen und Quanten radioaktiver Strahlung verfügen meist über Energien um 10^{-19} J. Damit kann man zigtausend Moleküle ionisieren. Wenn ein „radioaktiver Strahl" durch die Luft fährt, hinterlässt er auf seiner Bahn einen nachweisbaren Ionenschlauch. Er berichtet von einem einzelnen Kernprozess.

Dies tut auch der *Halbleiterzähler*. Hier setzt der Strahl normalerweise gebundene Elektronen für kurze Zeit zu Leitungselektronen frei. Im **Szintillationszähler** erzeugen ähnliche Elektronen per Lumineszenz einen Lichtblitz.

Wichtigstes Messinstrument der Kernphysik ist das **Geiger-Müller-Zählrohr**, das einen Zwitter zwischen selbständiger und unselbständiger Gasentladung nutzt (▶ Abschn. 6.2.5). Es ist so empfindlich, dass es ein einzelnes ionisierendes Teilchen nachweisen kann. Ein Geigerzähler sperrt ein passend ausgesuchtes Gas unter vermindertem Druck in ein Rohr ein und stellt einen dünnen Draht in dessen Achse (☐ Abb. 8.10). Eine Nadel tut es auch („Spitzenzähler"). Wichtig

☐ Tab. 8.1 Zerfallsarten

Zerfallsart	Emittiert wird	ΔZ	ΔN	ΔA
α	$^4He_2$	−2	−2	−4
β⁻	Elektron	+1	−1	0
β⁺	Positron	−1	+1	0
K-Einfang	+		−1	+1	0
γ	Quant	0	0	0

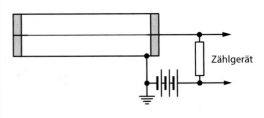

☐ Abb. 8.10 Geiger-Müller-Zählrohr

ist der kleine Krümmungsradius, der schon bei mäßigen Spannungen zu hohen Feldstärken führt. Das Rohr muss dünnwandig sein oder ein spezielles Strahlenfenster haben, damit es ionisierende Teilchen überhaupt hereinlässt. Die elektrische Spannung zwischen Zähldraht und Wand wird nun so eingestellt, dass die selbständige Entladung gerade eben noch nicht zündet. Sie wird dann aber von einem einzelnen schnellen Teilchen ausgelöst, wenn dieses durch das empfindliche Volumen dicht um den Draht fährt: Es zieht den Ionenschlauch hinter sich her, dessen Elektronen die Lawine starten. Ein hoher Schutzwiderstand stoppt sie sofort wieder; mehr Ladung als die in der Kapazität des Zähldrahtes gespeicherte steht nicht zur Verfügung. Wenn aber die Spannung über dem Zählrohr für die Dauer der Entladung zusammenbricht, dann erscheint sie gleichzeitig über dem Schutzwiderstand und kann elektronisch registriert, gezählt und durch ein Knacken im Lautsprecher hörbar gemacht werden: „Der Geigerzähler tickt."

> **Merke**
> Geiger-Müller-Zählrohr: Ein einzelnes ionisierendes Teilchen löst eine Elektronenlawine aus, die nach weniger als einer Millisekunde gestoppt wird.

Das Auge ist des Menschen bestes Sinnesorgan; er möchte die Spuren radioaktiven Zerfalls sehen. Auch das erlaubt ihm die Ionenschläuche, und zwar mit Hilfe der **Nebelkammer**. Sie nutzt aus, dass die Kondensation einer Flüssigkeit zu den Keimbildungsprozessen gehört (s. ▶ Abschn. 5.4.5), und dass Ionen ausgezeichnete Kondensationskeime bilden. Zuvor muss der Dampf freilich kondensationswillig gemacht, d. h. übersättigt werden. Dies erreicht man durch eine Unterkühlung, ausgelöst durch eine rasche und damit praktisch adiabatische Expansion (adiabatisch: ohne Wärmeaustausch mit der Umgebung, s. ▶ Abschn. 5.5.2). Daraus ergibt sich das Konstruktionsprinzip einer Nebelkammer, schematisch dargestellt in ◻ Abb. 8.11.

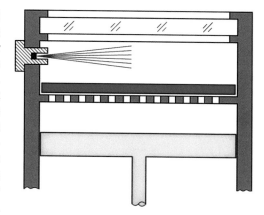

◻ **Abb. 8.11 Wilson-Nebelkammer**, schematisch. Die eigentliche Beobachtungskammer enthält einen mit Alkohol oder Wasser getränkten Filz, der ständig für Sättigungsdampfdruck sorgt. Durch einen kurzen Zug am Kolben wird die Temperatur in der Kammer in adiabatischer Expansion abgesenkt und der Dampf übersättigt. Er kondensiert bevorzugt an den von der radioaktiven Strahlung ausgelösten Ionenschläuchen

Fährt beispielsweise ein α-Teilchen unmittelbar nach der Expansion durch die Kammer, so kondensieren Nebeltröpfchen an seinem Ionenschlauch und markieren die Bahn als weißen Strich, deutlich sichtbar in scharfem seitlichem Licht. Die Nebelspur steht für eine knappe Sekunde – lange genug, sie zu fotografieren – und löst sich dann wieder auf.

> **Merke**
> Nachweisgeräte für einzelne radioaktive Strahlen:
> Zählrohr und Halbleiterzähler registrieren jeden „Strahl" als elektrischen Impuls, Szintillationszähler als Lichtblitz, die Nebelkammer bildet Teilchenbahnen ab.

In der Nebelkammer hinterlassen die verschiedenen Teilchenarten charakteristische Spuren. Typisch für die α-Teilchen sind kurze, kräftige, gerade Bahnen einheitlicher Länge, wie sie ◻ Abb. 8.12 zeigt. Der Heliumkern ist so schwer, dass er nicht leicht aus seiner Bahn geworfen werden kann. Eben deshalb hat er

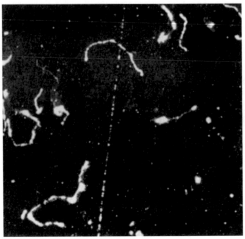

◘ **Abb. 8.12 Bahnen von** α-**Teilchen**; das eine Teilchen mit überhöhter Reichweite stammt von einem angeregten Atomkern. (Aufnahme: Philipp)

◘ **Abb. 8.13 Bahnen von** β-**Teilchen**; die gerade, nicht geschlossene Nebelspur stammt von einem schnellen Teilchen, die verschlungenen von langsamen. (Aufnahme: Rutherford)

aber auch eine hohe Ionisationsrate, verliert seine anfängliche kinetische Energie darum verhältnismäßig rasch und läuft sich schon nach wenigen Zentimetern tot. Seine Reichweite ist ein Maß für seine Startenergie. Der „Pinsel" der ◘ Abb. 8.12 lässt erkennen, dass alle aus gleichen Kernprozessen stammende α-Teilchen gleiche Energie mitbekommen. Ihre Bedeutung in der Strahlentherapie ist sehr begrenzt: Einigen Zentimetern Reichweite in Zimmerluft entsprechen allenfalls Zehntelmillimeter in Wasser oder Gewebe.

β-Strahlen ionisieren weitaus schwächer, besonders wenn sie noch schnell und energiereich sind, denn dann haben sie gewissermaßen nur wenig Zeit, im Vorbeifliegen ein Luftmolekül zu ionisieren. In der Nebelkammer hinterlassen sie lange, oftmals unterbrochene, selten gerade und zumal gegen Ende verschlungene Spuren (◘ Abb. 8.13): Das leichte Elektron wird von jedem Molekül, auf das es einigermaßen zentral trifft, aus seiner Bahn geworfen. Entsprechend gering ist seine Reichweite in Wasser und biologischem Gewebe, denn Energien in der Größenordnung einiger MeV wie bei Elektronenbeschleunigern bringen radioaktiv entstandene Elektro-

nen nicht mit. Medizinisch genutzt werden β-Strahlen deshalb nur dann, wenn man das radioaktive Präparat unmittelbar an den Ort des Geschehens bringen kann. Ein Beispiel liefert ^{198}Au, das z. B. als Goldchlorid physiologischer Kochsalzlösung zugesetzt und in die Bauchhöhle eines gebracht, dort herumvagabundierende Krebszellen abtöten soll.

Leider emittieren (fast) alle β-Strahler auch durchdringende Quanten, der Patient wird also zu einer lebenden γ-Quelle. Glücklicherweise klingt die Aktivität des Gold-Präparates mit einer Halbwertszeit von rund drei Tagen ab (auch in der Kanalisation, in die einige der strahlenden Kerne sicherlich entwischen). γ-Quanten und Röntgenstrahlen hinterlassen in der Nebelkammer unmittelbar keine Spuren. Sie lösen aber bei der Ionisation energiereiche Elektronen aus, die β-Teilchen entsprechen. Deren Spuren starten irgendwo im Wellenbündel und laufen seitlich aus ihm heraus (◘ Abb. 8.14).

α-, β- und γ-Strahlen sind zwar die wichtigsten Produkte radioaktiver Kernumwandlungen, nicht aber die einzigen. ◘ Abb. 8.15 zeigt die Spuren von Protonen. Dass die Bah-

◻ **Abb. 8.14 Nebel-
kammeraufnahme.**
γ-Quanten hinterlassen
keine eigenen Spuren in
der Nebelkammer; die
von ihnen ausgelösten
Elektronen ziehen aber
Spuren nach Art von
β-Teilchen seitlich aus
dem Quantenbündel
heraus. (Nach R. W.
Pohl)

Röntgen-

strahlen

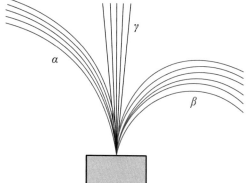

◻ **Abb. 8.16 Spuren radioaktiver Strahlen im Magnetfeld**: Quanten werden nicht, Elektronen nach der einen
und Heliumkerne nach der anderen Seite abgelenkt. Die
Zeichnung ist nicht maßstabgerecht: Ein Feld, das Elektronen in der angegebenen Weise ablenkt, würde α-Teilchen
nicht erkennbar beeinflussen

◻ **Abb. 8.15 Bahnen von Protonen in der Nebelkammer**; sie sind gekrümmt, weil bei der Aufnahme ein
Magnetfeld in Blickrichtung der Kamera bestand. Die Aufnahme diente dem Nachweis schneller Neutronen, die als
neutrale Teilchen nicht ionisieren und darum keine Bahn-
spuren hinterlassen. Bei hinreichend zentralem Stoß übertragen sie ihre kinetische Energie auf die in der Kammer in
Form von Wasserstoffgas vorhandenen Protonen. (Aufnahme: Radiation Laboratory, University of California)

nen gekrümmt sind, hat einen äußerlichen
Grund: Die Nebelkammer befindet sich in einem Magnetfeld mit den Feldlinien in Blick-

richtung der Kamera. Folglich wird jedes hindurch fliegende Teilchen, sofern es elektrisch
geladen ist, von der Lorentz-Kraft auf eine
Kreisbahn gezwungen (s. ▶ Abschn. 6.9.2).
Der Drehsinn hängt vom Vorzeichen der Ladung, der Bahnradius von Geschwindigkeit
und spezifischer Ladung q/m ab. Die schweren α-Teilchen werden darum weniger stark
abgelenkt als die leichten Elektronen, und in
entgegengesetzter Richtung zudem. Die weit
verbreitete ◻ Abb. 8.16 setzt demnach die
Existenz eines Magnetfeldes stillschweigend
voraus.

8.2.5 Zerfallsgesetz

Ein instabiler Kern zerfällt nicht sofort nach seiner Geburt. Jedes radioaktive Nuklid besitzt seine eigene mittlere **Lebensdauer** τ. Ist sie zu groß, als dass sie sich messen ließe, gilt das Nuklid als stabil; ist sie für eine Messung zu klein, gilt das Nuklid als nichtexistent, und sein Kästchen in der Nuklid-Tafel bleibt leer.

Die Radioaktivität wird vom Zufall regiert: Niemand kann vorhersagen, welcher Kern in einem radioaktiven Präparat als nächster zerfallen wird. Auch der Zufall wird von mathematischen Gesetzen regiert: Man kann recht genau vorhersagen, wie viele Kerne eines bekannten radioaktiven Präparates in der nächsten Sekunde, Minute, Stunde oder Woche zerfallen werden. Den Quotienten aus Anzahl ΔN und Zeitspanne Δt, die *Zerfallsrate*, bezeichnet man als

Aktivität $A = \dfrac{\Delta N}{\Delta t}$

eines radioaktiven Präparates. Sie ist eine reziproke Zeit; ihre Si-Einheit 1/s bekommt den Namen **Becquerel** (Bq). Die reziproke Sekunde 1/s dient auch als Einheit der Frequenz, dies aber unter dem Namen Hertz. Weshalb die Unterscheidung? Eine Schwingung ist ein kausaler Vorgang, der radioaktive Zerfall ein zufallsbedingter *stochastischer* Prozess.

Atome sind klein und zahlreich, auch die instabilen. Die Aktivitäten üblicher Präparate für Medizin und Technik bekommen, in Bq gemessen, unangenehm hohe Maßzahlen. Sogar ein normaler erwachsener Mensch strahlt mit „erschreckenden" 5000 Bq, ohne deswegen als radioaktiv zu gelten.

Es leuchtet ein: Die Aktivität A eines Präparates ist proportional zur Anzahl N der in ihm versammelten radioaktiven Atome und proportional zu deren **Zerfallskonstanten** λ, nämlich umgekehrt proportional zur *Lebensdauer* $\tau = 1/\lambda$:

Aktivität $A = \lambda \cdot N = \dfrac{N}{\tau}$.

Das gilt so für ein einheitliches Präparat, dessen Nuklid mit einem einzigen Sprung die

stabile Rinne erreicht. Zieht es eine Zerfallsreihe mit n vergleichsweise kurzlebigen Folgenukliden hinter sich her, so erhöht sich A auf das n-fache. Wegen der Aktivität nimmt N als $N(t)$ mit der Zeit ab, und zwar mit der Geschwindigkeit $\frac{dN}{dt} = -A$ (negatives Vorzeichen wegen der Abnahme). Die Anzahl $N(t)$ der zum Zeitpunkt t noch vorhandenen, nicht zerfallenen Kernen folgt demnach der Differentialgleichung

$$\frac{dN}{dt} = -\frac{N}{\tau}.$$

Rein mathematisch ist das die Differentialgleichung der Kondensatorentladung von ▶ Abschn. 6.5.5, nur stand dort anstelle der Teilchenanzahl $N(t)$ die elektrische Spannung $U(t)$. Den mathematischen Formalismus kümmern Buchstaben und ihre physikalischen Bedeutungen nicht. Was U recht ist, ist N billig. Folglich gilt für $N(t)$ das

Gesetz des radioaktiven Zerfalls

$$N(t) = e^{-\frac{t}{\tau}} = e^{-\lambda \cdot t}.$$

Die abfallende e-Funktion besagt: In gleichen Zeitspannen Δt geht $N(t)$ von jedem Ausgangswert N_0 auf dessen gleichen Bruchteil hinunter, insbesondere in der **Halbwertszeit** $T_{\frac{1}{2}}$ auf $\frac{1}{2} N_0$. Aus alter Gewohnheit wird in Tabellenbüchern meist die Halbwertszeit und nicht die mittlere Lebensdauer angegeben. Rein mathematisch gilt

Halbwertszeit $T_{\frac{1}{2}} =$ Lebensdauer $\tau \cdot$

$\ln 2 = 0{,}6931 \cdot \tau$.

Graphisch liefert der radioaktive Zerfall in linearem Maßstab die schon bekannte abfallende Kurve der Exponentialfunktion (s. ▶ Abschn. 1.5.2), die an der Ordinate startet und asymptotisch auf die Abszisse zuläuft, ohne sie jemals zu erreichen (◘ Abb. 8.17). Eine Tangente, zu irgendeinem Zeitpunkt t_0 angelegt, schneidet die Abszisse zum Zeitpunkt $t_0 + \tau$, d. h. um 1,4472 Halbwertszeiten nach t_0. Teilt man die Ordinate logarithmisch, so streckt sich die Kurve zur Geraden.

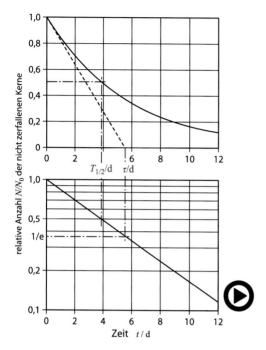

– Kalium-40	$T_{\frac{1}{2}} = 1{,}28 \cdot 10^9$ a
– Kohlenstoff-14	$T_{\frac{1}{2}} = 5730$ a
– Radon-222	$T_{\frac{1}{2}} = 5{,}825$ d
– freies Neutron	$T_{\frac{1}{2}} = 180$ min
– Tantal-181	$T_{\frac{1}{2}} = 6{,}8\,\mu s$

☐ **Abb. 8.17** (Video 8.1) **Radioaktiver Zerfall** am Beispiel des Radon-222; Halbwertszeit 3,825 Tage, Lebensdauer 5,518 Tage; **a** Darstellung in linearem Maßstab; **b** einfach-logarithmische Darstellung (▶ https://doi.org/10.1007/000-btn)

❯ Merke

Gesetz des radioaktiven Zerfalls:

$$N(t) = e^{-\frac{t}{\tau}} = e^{-\lambda \cdot t},$$

Kenngrößen des radioaktiven Zerfalls: mittlere Lebensdauer τ,

Zerfallskonstante $\lambda = \frac{1}{\tau}$,

Halbwertszeit $T_{\frac{1}{2}} = \tau \cdot \ln 2$,

Aktivität

$$A(t) = \frac{dN}{dt} = \frac{N(t)}{\tau} = \lambda \cdot N(t)$$

$=$ Zerfallsrate,

Einheiten: Becquerel $= Bq = 1/s$; Curie $= Ci = 3{,}77 \cdot 10^{10}$ Bq.

Die Lebensdauern und Halbwertszeiten der Nuklide reichen von 0 (nichtexistent) bis ∞ (stabil). Einige Beispiele seien hier aufgeführt:

Seit Anbeginn der Welt, seit dem Urknall vor etwa 16 Mrd. Jahren, hat das Kalium-40 noch keine 15 Halbwertszeiten erlebt. Zehn Halbwertszeiten bringen den Faktor 1024. Gewiss, das K-40 ist seither deutlich weniger geworden, es ist aber immer noch so viel vorhanden, dass es ganz natürlicherweise in Pflanze, Tier und Mensch vorkommt. 80 % der natürlichen Aktivität des Menschen stammen vom K-40. Auch **Kohlenstoff-14** kommt in der Natur vor, durch Kernprozesse in der hohen Atmosphäre ständig erzeugt. Er dient den Archäologen zur Altersbestimmung von Fossilien. Das Edelgas Radon-222 gehört zur Zerfallsreihe des Radium-226, einer Allerweltssubstanz, die in Spuren überall vorkommt und z. B. auch zur Aktivität des Menschen messbar, wenn auch unwesentlich beiträgt. Radon-222 kriecht aus Mauersteinen und kann in Zimmern, zumal in schlecht gelüfteten, durchaus bedenkliche Konzentrationen erreichen: Wenn es eingeatmet zu dem nicht mehr gasförmigen Polonium-218 zerfällt, wird es nicht wieder ausgeatmet und liefert die Strahlung des Restes der Zerfallsreihe in der Lunge ab.

Rechenbeispiel 8.1: Alter Knochen

Aufgabe: Ein Tierknochen in einer archäologischen Ausgrabungsstätte enthält 200 g Kohlenstoff. Er weist eine Aktivität von 15 Zerfällen pro Sekunde auf, die von dem Kohlenstoff-14 Isotop herkommt. Wie alt ist der Knochen? Dazu muss man wissen, dass das Verhältnis $^{14}_{6}C$ zu $^{12}_{6}C$ zum Zeitpunkt, als das Tier noch atmete und fraß $1{,}3 \cdot 10^{-12}$ war (natürliche Zusammensetzung in der Luft und den Pflanzen).

Lösung: Als das Tier noch lebte, entsprachen 200 g Kohlenstoff

$$N_0 = \frac{6 \cdot 10^{23}}{12\,\mathrm{g}} \cdot 200\,\mathrm{g} \cdot 1{,}3 \cdot 10^{-12}$$

$$= 1{,}3 \cdot 10^{13}\ \text{Atome}\ {}^{14}_{6}\mathrm{C}.$$

Die Aktivität damals war

$$A_0 = \lambda \cdot N_0 = \frac{\ln 2}{T_{\frac{1}{2}}} \cdot N_0 = 1{,}6 \cdot 10^{9} \frac{1}{\mathrm{a}}$$

$$= 50\,\mathrm{s}^{-1}.$$

Nach der gesuchten Zeit sind nur noch 15 Zerfälle pro Sekunde und entsprechend weniger ${}^{14}_{6}\mathrm{C}$-Atome übriggeblieben. Es ist also:

$$\frac{15\,\mathrm{s}^{-1}}{50\,\mathrm{s}^{-1}} = 0{,}3 = e^{-\lambda \cdot t} = \exp\left(\frac{\ln 2 \cdot t}{T_{\frac{1}{2}}}\right)$$

$$\Rightarrow\quad t = -\frac{\ln 0{,}3}{\ln 2} \cdot T_{\frac{1}{2}} = 9950\,\text{Jahre}.$$

8.2.6 Kernspaltung und künstliche Radioaktivität

Einige besonders schwere Nuklide sind nicht nur radioaktiv, sondern auch noch spaltbar. Statt ein α-oder β-Teilchen zu emittieren, teilt sich ein solcher schwerer Kern hin und wieder in zwei mittelschwere. Weil die stabile Rinne gekrümmt ist, bleiben dabei ein paar Neutronen übrig.

Diese überzähligen Neutronen sind technisch interessant. Die Kernspaltung muss nämlich nicht spontan erfolgen, sie lässt sich auch provozieren, und zwar gerade durch Neutronen. Damit wird eine **Kettenreaktion** zumindest grundsätzlich möglich: Die bei einer Spaltung freigesetzten Neutronen lösen neue Spaltungen aus. Wenn das in unkontrollierter Lawine geschieht, explodiert eine Atombombe. So ganz leicht ist die Kettenreaktion allerdings nicht zu erreichen. Die Spaltung liefert energiereiche, „schnelle" Neutronen, braucht aber zur Auslösung langsame, „thermische" Neutronen. Zum Zweiten ist das spaltbare Isotop ${}^{235}\mathrm{U}$ in Natururan nur zu 0,7 % vorhanden. Zum Dritten enthält Natururan aber ${}^{238}\mathrm{U}$, das besonders gern Neutronen einfängt, ohne sich zu spalten. Um Uran bombenfähig zu machen, muss man deshalb das Isotop ${}^{235}\mathrm{U}$ hoch anreichern – das kostet Geld.

Kernreaktoren liefern nicht nur Energie, sondern zuweilen auch spaltbares Material wie das Plutonium-Isotop ${}^{239}\mathrm{Pu}$, das als Transuran zu instabil ist, um auf der Erde noch in natürlichem Vorkommen vorhanden zu sein. Alle heutigen Reaktoren nutzen die Spaltung schwerer Kerne zur Gewinnung nutzbarer Energie. Die Sonne macht es anders: Sie betreibt Kernverschmelzung am unteren Ende des Periodensystems; sie „verbrennt" Wasserstoff nuklear zu Helium. Auch dabei wird Energie frei, im Vergleich zur eingesetzten Masse sogar sehr viel. Des Menschen Bemühen, es der Sonne gleichzutun, hat schon früh zur Wasserstoffbombe geführt, aber erst in Ansätzen zu nützlichem Gebrauch bei der Energieversorgung.

Kernreaktoren brauchen nur einen Teil der freigesetzten Neutronen für ihre Kettenreaktion. Der Rest lässt sich grundsätzlich nutzbringend verwenden: Nahezu jede Substanz, in einen Strom langsamer Neutronen gehalten, wird radioaktiv. Sie bildet durch Neutroneneinfang neue Kerne, die in der Natur nicht mehr vorkommen, weil sie, wenn es sie je gab, längst zerfallen sind. Zum Beispiel bildet Silber unter Neutroneneinfang gleich zwei β⁻-aktive Isotope, die wieder zum Element Silber gehören, weil ein Neutron mehr im Kern ja die Atomnummer nicht ändert. Technische Annehmlichkeit der Aktivierung durch Beschuss mit thermischen Neutronen: Man braucht die aktivierten Kerne nicht chemisch aus der nicht aktivierten Matrix heraus zu präparieren.

> **Merke**
> Künstliche Radioaktivität:
>   Durch Neutroneneinfang geht ein stabiles Nuklid in ein meist radioaktives Isotop über.

Künstlich radioaktive Chemikalien erlauben es, komplizierte Reaktionen wie etwa die des organischen Stoffwechsels zu verfolgen. Chemisch verhält sich ja ein aktiviertes Atom bis zu seinem Zerfall nicht anders als ein stabiles vom gleichen Element; durch seine Strahlung verrät es aber als radioaktiver Tracer, wohin es während seiner Lebensdauer durch den Stoffwechsel gebracht wurde. Spritzt man etwa einem Kaninchen radioaktives Jod in den Oberschenkel, kann man mit einem Zählrohr die Aktivität nahe der Einstichstelle leicht nachweisen. Wenig später hat sie aber der Blutkreislauf gleichmäßig über das ganze Tier verteilt, es strahlt von Kopf bis Schwanz. Wieder einige Zeit später findet sich die Aktivität bevorzugt in der Schilddrüse, denn dieses Organ hat eine Vorliebe für Jod.

8.2.7 Antimaterie

Im Gegensatz zu Luft und Wasser, Kohle und Eisen gehören die **Positronen**, die protonenreiche Kerne emittieren, nicht zur *Materie*, sondern zur **Antimaterie**. Zu jeder Art materieller Teilchen gibt es grundsätzlich auch *Antiteilchen*, zum Proton das *Antiproton*, zum Neutron das *Antineutron* und zum Elektron das „Antielektron", eben das Positron. Die beiden Massen sind jeweils gleich. Sobald ein Teilchen auf sein Antiteilchen trifft, *zerstrahlen* beide: Sie setzen ihre gemeinsame Masse in Quantenenergie um. Die elektrische Ladung macht keine Probleme; Teilchen und Antiteilchen tragen, wenn sie schon geladen sind, entgegengesetzte Ladung. Denkbar sind sogar Atome aus Antimaterie, denn physikalisch ist es gleichgültig, ob sich ein positiver Kern mit Elektronen umgibt oder ein negativer Kern mit Positronen. Man kann deshalb einer fernen Galaxie nicht ansehen, ob sie möglicherweise

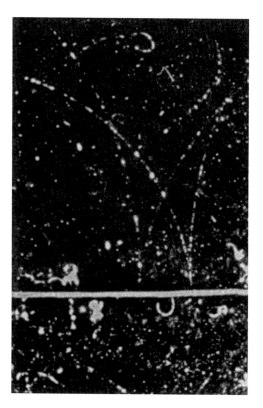

◘ Abb. 8.18 Nebelkammeraufnahme einer Paarbildung. Elektron und Positron verlassen eine Bleiplatte auf im Magnetfeld entgegengesetzt gekrümmten Bahnen. Das γ-Quant, das sie erzeugt hat, hinterlässt keine Spur. (Aufnahme: Fowler und Lauritsen)

aus Antimaterie besteht. Nur darf sie dann der Milchstraße nicht zu nahe kommen. In einer Welt aus Materie kann sich Antimaterie nicht lange halten. Positronen leben in Wasser allenfalls eine Nanosekunde, in Metallen nicht einmal das, in gutem Vakuum aber so viel länger, dass man mit ihnen experimentieren kann. Genau das Gleiche gilt für Materie in einer Welt aus Antimaterie.

Auch der Umkehrprozess zur Zerstrahlung, die Erzeugung von Materie aus Quantenenergie, kommt vor. Man nennt sie **Paarbildung**, denn wegen der Ladungsbilanz muss immer gleich ein Elektron-Positron-Paar entstehen. ◘ Abb. 8.18 zeigt ein entsprechendes Nebelkammerbild: Das Quant ist von unten gekommen und hat in einer Bleiplatte (horizontaler heller Balken) zwei im Magnetfeld entgegengesetzt gekrümmte Bahnen gleicher Ionisationsdichte ausgelöst, eben die Bahnen eines Elektrons und eines Positrons.

Alle Kernprozesse müssen nicht nur auf den Energiesatz achten, sondern auch auf die Erhaltung von Impuls und Drehimpuls. Die Paarbildung braucht dafür einen schweren Kern, im Beispiel des Nebelkammerbildes Blei; bei der **Positronenvernichtung** entstehen zwei Quanten, die diametral, mit entgegengesetzten Impulsen also, auseinander fliegen. Beide besitzen genügend Energie, um leicht aus dem Menschen herauszukommen. Gerade diese beiden diametral auseinander fliegenden Quanten machen Positronenstrahler als radioaktive Tracer medizinisch interessant. Legt man einen Patienten, der diese Positronenstrahler im Körper hat, in eine Röhre mit vielen ringförmig angeordneten Quantendetektoren, so werden, wenn ein Tracer zerfällt und das entstehende Positron gleich wieder vernichtet wird, zwei einander gegenüberliegende Detektoren genau gleichzeitig ansprechen (Koinzidenzmessung). Der Tracer muss genau auf der Verbindungslinie zwischen den beiden Detektoren gewesen sein. Mit dieser Ortsinformation kann man Tomogramme mit einer leidlichen Ortsauflösung von etwa 5 mm berechnen. Die Schnittbilder zeigen dann die Konzentrationsverteilung des Tracers. Diese **Positronenemissionstomographie (PET)** ist aufwendiger als die Röntgentomographie (s. ▶ Abschn. 7.5.4), vor allem deshalb, weil die als Positronenstrahler verwendeten Isotope Halbwertszeiten von Minuten bis Stunden haben und vor Ort in einem Beschleuniger erzeugt werden müssen. Das ist so teuer, das die Methode fast nur zu Forschungszwecken vor allem in der Krebsforschung eingesetzt wird. Da die Positronenstrahler aber in alle möglichen Moleküle, insbesondere in Zuckermolekülen eingebaut werden können, können mit dieser Methode die besonders schnell wachsenden Krebszellen gut lokalisiert werden.

8.2.8 Strahlennutzen, Strahlenschaden, Strahlenschutz

Energiereiche Röntgen- und radioaktive Strahlung schädigt biologisches Gewebe und ist deshalb gefährlich. Nur in der Strahlentherapie nutzt man diese zerstörerische Wirkung, um den Krebspatienten von seinen Krebszellen zu befreien. Ansonsten vermeidet man energiereiche Strahlung so gut es geht.

Wie bemisst man, wie viel ein Mensch davon abbekommen hat? Die biologischen Wirkungen energiereicher Strahlen haben einen handfesten Grund: Sie beruhen auf der von der Strahlung auf den Absorber übertragenen Energie. Darum macht man diese Energie denn auch zur Grundlage der *Dosimetrie*.

Es leuchtet ein, dass ein Elefant mehr vertragen kann als eine Mücke. Dementsprechend bezieht man die absorbierte Energie W auf die Masse m des Absorbers und definiert so die

Energiedosis $D = \dfrac{W}{m}$

mit der Einheit:

$$1 \text{ Gray} = 1 \text{ Gy} = 1 \frac{\text{J}}{\text{kg}}.$$

α-Teilchen sind wegen ihrer hohen Ionisationsdichte (kurze, kräftige Spuren in der Nebelkammer) biologisch wirksamer als schnelle Elektronen; sie haben eine andere *Strahlenqualität*. Man berücksichtigt dies durch einen Strahlungs-Wichtungsfaktor w_R und definiert die

Äquivalentdosis $H = w_R \cdot D$

mit der Einheit Sievert = Sv. Weil w_R eine dimensionslose Zahl ist, entspricht auch das Sievert einem J/kg.:

$$1 \text{ Sievert} = 1 \text{ Sv} = 1 \frac{\text{J}}{\text{kg}}.$$

> **Merke**
>
> Dosisdefinitionen:
> - Energiedosis $D = W/m$
> - Einheiten 1 Gray = 1 Gy = 1 J/kg
> - Äquivalenzdosis $H = w_R \cdot D$
> - Einheiten 1 Sievert = 1 Sv = 1 J/kg
> - Strahlenqualität: Strahlungs-Wichtungsfaktor w_R (dimensionslos)
> - schnelle Elektronen, γ-Quanten: $w_R = 1$
> - schnelle Ionen: $w_R = 20$

Die natürliche Strahlenexposition aufgrund von radioaktiven Substanzen in der Umgebung beträgt in der Bundesrepublik etwa 1 mSv pro Jahr. Die medizinische Röntgendiagnostik steuert im Mittel weitere 0,5 mSv pro Jahr bei. Ein Patient in der Strahlentherapie zur Krebstumorbekämpfung bekommt natürlich sehr viel mehr, einige Sievert, ab; aber es ist ja für einen guten Zweck. Solange die Kernkraftwerke ordnungsgemäß funktionieren, belasten sie die Bevölkerung im Mittel mit maximal 0,01 mSv pro Jahr.

Wer dort arbeitet, ist natürlich einer höheren Belastung ausgesetzt. Die deutsche **Strahlenschutzverordnung** verlangt Aufmerksamkeit, sobald die Möglichkeit besteht, dass jemand im Laufe eines Jahres mehr als 1,5 mSv ungewollt aus künstlichen Strahlenquellen aufnimmt. Bereiche, in denen dies geschehen kann, müssen als „Strahlenschutzbereiche" gekennzeichnet sein. Wer dort arbeitet, gilt als „Angehöriger strahlenexponierter Berufe" und ist verpflichtet, seine Personendosis laufend zu kontrollieren, im Allgemeinen durch eine Plakette am Hemd, die einen strahlenempfindlichen Film enthält. Er wird von einer staatlichen Stelle in regelmäßigen Abständen ausgetauscht und ausgewertet. Wer im Laufe eines Jahres mehr als 50 mSv aufgenommen hat, muss seinen Arbeitsplatz wechseln. Dies muss auch, wer es in 13 aufeinander folgenden Wochen als Frau auf 15 mSv und als Mann auf 30 mSv gebracht hat. Innerhalb dieser Grenzen für die Ganzkörperdosis dürfen den Extremitäten (Füße, Knöchel, Hände und Unterarme) höhere Teildosen zugemutet werden: maximal 0,6 Sv im Laufe eines Jahres und maximal 0,15 Sv in 13 aufeinander folgenden Wochen. Wer, um Komplikationen zu vermeiden, die Plakette nicht regelmäßig trägt, muss das selbst verantworten.

Gegen unnötige Strahlenexpositionen in der Medizin und Technik gibt es drei wirksame Maßnahmen zur Vorbeugung:
- **Weggehen** – das quadratische Abstandsgesetz bietet immer noch den zuverlässigsten Strahlenschutz.
- **Abschirmen** – z. B. durch Betonmauern und Bleischürzen.
- **Dosis reduzieren** – nicht mehr Strahlen erzeugen, als absolut unerlässlich ist (◨ Tab. 8.2).

◨ **Tab. 8.2** In Kürze

Atom	
Ein Atom hat eine Hülle aus **Elektronen** und einen Kern aus **Protonen** und **Neutronen**. Die Hülle bestimmt die Größe des Atoms und seine chemischen Eigenschaften, der Kern die Masse und die Stabilität. Die Zahl der Elektronen und Protonen ist gleich und heißt **Kernladungszahl**. Sie bestimmt das chemische Element	
Massenzahl A	A: Anzahl der Nukleonen im Kern
Ordnungszahl Z (Kernladungszahl)	Z: Anzahl der Protonen im Kern oder der Elektronen in der Hülle
Neutronenanzahl N	$N = A - Z$: Anzahl der Neutronen im Kern
Isotope	Atome mit gleicher Ordnungszahl, aber verschiedener Massenzahl
Schreibweise (Beispiel Helium)	$_2^4\text{He}$ oben: Massenzahl; unten: Ordnungszahl

◼ Tab. 8.2 (Fortsetzung)

Radioaktivität

Wenn ein Atomkern zerfällt, sendet er Teilchen aus und ändert gegebenenfalls die Kernladungszahl Z, die Neutronenzahl N und die Massenzahl A. Es ist nicht möglich vorherzusagen, wann ein bestimmter instabiler Atomkern zerfallen wird. Man kann nur eine mittlere Lebensdauer τ für eine bestimmte Kernsorte angeben

Aktivität	Zerfälle pro Sekunde [Bq, Bequerel]	
Zerfallsgesetz	$N(t) = N_0 \cdot e^{-t/\tau}$	N: Anzahl radioaktiver Atome N_0: Anfangszahl t: Zeit [s] τ: Zeitkonstante [s]
Halbwertszeit	$T_{1/2} = \tau \cdot \ln 2$	$T_{1/2}$: Zeit, in der die Hälfte der Atome zerfällt [s]

Radioaktive Strahlung

Zerfallsart	Emittiert wird	ΔZ	ΔN	ΔA
α	$^4\text{He}_2$	-2	-2	-4
β^-	Elektron	$+1$	-1	0
β^+	Positron	-1	$+1$	0
K-Einfang		-1	$+1$	0
γ	Strahlungsquant	0	0	0

Antimaterie

Wenn ein Positron und ein Elektron Zusammentreffen, setzen sie ihre gemeinsame Masse in Energie in Form von zwei diametral auseinanderlaufenden γ-Quanten um (Paarvernichtung)

8.3 Fragen und Übungen

❓ Verständnisfragen

1. Warum sind die in Periodentafeln angegebenen Massenzahlen vieler Elemente nicht ganzzahlig?

2. Eine radioaktive Substanz hat eine Halbwertszeit von einem Monat. Ist sie nach zwei Monaten verschwunden oder wie viel bleibt übrig?

3. Kann man mit der C-14-Methode zur Altersbestimmung das Alter von Steinen bestimmen?

✅ Übungsaufgaben

8.1 (I): In welcher Größenordnung ungefähr liegt die Massendichte von Atomkernen?

8.2 (II): Warum wird die Kupfer-K_α-Linie von einer Cu-Folie nicht bevorzugt absorbiert?

8.3 (I): Welche Kenngrößen haben die beiden stabilen Isotope des dritten Elementes im Periodensystem, Lithium?

8.4 (II): Wie viel Masse verliert die Sonne dadurch, dass sie Licht abstrahlt? (Vgl. hierzu Frage 7.17).

8.5 (II): In welche Nuklide kann das Bi-214 in der Zerfallsreihe des Radium-226 übergehen und durch welchen Zerfall?

8.6 (I): Wieso gilt mathematisch $T_{\frac{1}{2}} = \tau \cdot \ln 2$?

8.7 (I): Wie lange (in Halbwertszeiten) muss man warten, bis die Aktivität einer radioaktiven Probe auf 1 % ihres Ausgangswertes abgesunken ist?

8.8 (II): Natürliches Silber besteht aus den Isotopen Ag-107 und Ag-109. Welche radioaktiven Nuklide entstehen bei Neutronenaktivierung?

8.9 (I): Welche Energie muss ein γ-Quant für eine Paarbildung mindestens besitzen?

Serviceteil

U. Harten, *Physik*, https://doi.org/10.1007/978-3-662-68484-9

Anhang

A.1. Système International d'Unités

A.1.1. Die Grundgrößen und ihre Einheiten

Größe	Einheit
Länge	m = Meter
Masse	kg = Kilogramm
Zeit	s = Sekunde
El. Strom	A = Ampere
Temperatur	K = Kelvin
Stoffmenge	mol = Mol
Lichtstärke	cd = Candela

A.1.2. Erweiterung von Einheiten

Vorsilbe	Buchstabe	Faktor
Atto-	a	10^{-18}
Femto-	f	10^{-15}
Pico-	p	10^{-12}
Nano-	n	10^{-9}
Mikro-	μ	10^{-6}
Milli-	m	10^{-3}
Zenti-	c	10^{-2}
Dezi-	d	10^{-1}
Exa-	E	10^{18}
Peta-	P	10^{15}
Tera-	T	10^{12}
Giga-	G	10^{9}
Mega-	M	10^{6}
Kilo-	k	10^{3}
Hekto-	h	10^{2}
Deka-	da	10

A.1.3. Abgeleitete Einheiten mit eigenem Namen

Größe	Einheit	
Volumen	l = Liter	$= 10^{-3}\,\text{m}^3$
Zeit	min = Minute	$= 60\,\text{s}$
	h = Stunde	$= 60\,\text{min} = 3600\,\text{s}$
	d = Tag	$= 24\,\text{h} = 86.400\,\text{s}$
	a = Jahr	$= 365{,}24\,\text{d} = 3{,}156 \cdot 10^7\,\text{s}$
Frequenz	Hz = Hertz	$= 1/\text{s}$
Kraft	N = Newton	$= 1\,\text{kg} \cdot \text{m}/\text{s}^2$
Leistung	W = Watt	$= 1\,\text{kg} \cdot \text{m}^2/\text{s}^3 = 1\,\text{J}/\text{s}$
Energie	J = Joule	$= 1\,\text{kg} \cdot \text{m}^2/\text{s}^2 = 1\,\text{N} \cdot \text{m}$
Druck	Pa = Pascal	$= 1\,\text{N}/\text{m}^2$
Winkel	rad = Radiant	$= 1$
Raumwinkel	sr = Steradiant	$= 1$
El. Spannung	V = Volt	$= 1\,\text{W}/\text{A}$
El. Widerstand	Ω = Ohm	$= 1\,\text{V}/\text{A}$
El. Leitwert	S = Siemens	$= 1\,\text{A}/\text{V} = 1/\Omega$
El. Ladung	C = Coulomb	$= 1\,\text{A} \cdot \text{s}$
Kapazität	F = Farad	$= 1\,\text{C}/\text{V}$
Magn. Fluss	Wb = Weber	$= 1\,\text{V} \cdot \text{s}$
Magn. Flussdichte	T = Tesla	$= 1\,\text{Wb}/\text{m}^2$
Induktivität	H = Henry	$= 1\,\text{Wb}/\text{A}$
Aktivität	Bq = Becquerel	$= 1/\text{s}$
Energiedosis	Gy = Gray	$= 1\,\text{J}/\text{kg}$
Äquivalentdosis	Sv = Sievert	$= 1\,\text{J}/\text{kg}$
Lichtstrom	lm = Lumen	$= 1\,\text{cd} \cdot \text{sr}$
Beleuchtungsstärke	lx = Lux	$= 1\,\text{lm}/\text{m}^2$

A.1.4. Einige ältere Einheiten außerhalb des Système International

Größe	Einheit	
Energie	cal = Kalorie	= 4,18400 J
Druck	bar = Bar	= 1,000 · 10^5 Pa
	Torr = Torr	= 133,3 Pa
	mmHg = mm-Quecksilber	~ 1 Torr
	mmH$_2$O = mm-Wasser	= 9,81 mPa
Magn. Flussdichte	G = Gauß	= 10^{-4} T
Aktivität	Ci = Curie	= 3,77 · 10^{10} Bq
Ionendosis	R = Röntgen	= 2,58 · 10^{-4} As/kg
Energiedosis	rd = Rad	= 0,01 Gy
Äquivalentdosis	rem = Rem	= 0,01 Sv

A.1.5. Energieeinheiten

Joule = Newtonmeter = Wattsekunde = J = N · m = W · s

Kilowattstunde = kWh = 3,600 · 10^6 J

Elektronvolt = eV = 1,602 · 10^{-19} J

A.1.6. Einige Naturkonstanten

Lichtgeschwindigkeit (im Vakuum)	$c = 299.792.458 \text{ m/s}$ $\sim 300.000 \text{ km/s}$
Elementarladung	$e_0 = 1,60219 \cdot 10^{-19} \text{ C}$
Elektrische Feldkonstante	$\varepsilon_0 = 8,8541878 \cdot 10^{-12} \text{ As/(Vm)}$
Magnetische Feldkonstante	$\mu_0 = 1,2566371 \cdot 10^{-6} \text{ Vs/(Am)}$
Planck-Konstante	$h = 6,6262 \cdot 10^{-34} \text{ J} \cdot \text{s}$ $= 4,1357 \cdot 10^{-15} \text{ eV} \cdot \text{s}$
Avogadro-Konstante	$N_A = 6,0220 \cdot 10^{23} \text{ mol}^{-1}$
Boltzmann-Konstante	$k_b = 1,3807 \cdot 10^{-23} \text{ J/K}$
Gaskonstante	$R = 8,3144 \text{ J/(mol} \cdot \text{K)}$
Faraday-Konstante	$F = 96.484 \text{ C/mol}$
Atomare Masseneinheit	$u = 1,66057 \cdot 10^{-27} \text{ kg}$
Elektronenmasse	$m_e = 9,10956 \cdot 10^{-31} \text{ kg}$
Gravitationskonstante	$G = 6,673 \cdot 10^{-11} \text{ Nm}^2 \text{ kg}^{-2}$

A.1.7. Sonnensystem

Himmelskörper	Radius	Bahnradius	Fallbeschleunigung
Erde	$6,38 \cdot 10^6 \text{ m}$	$1,49 \cdot 10^{11} \text{ m}$	$9,81 \text{ m/s}$
Mond	$1,74 \cdot 10^6 \text{ m}$	$3,84 \cdot 10^8 \text{ m}$	$1,67 \text{ m/s}^2$
Sonne	$6,95 \cdot 10^8 \text{ m}$		

Extraterrestrische Solarkonstante $= 1,36 \text{ kW/m}^2$

A.1.8. Kernladungszahlen Z und molare Massen M einiger natürlicher Isotopengemische

Symbol	Element	Z	M g/mol
H	Wasserstoff	1	1,0079
He	Helium	2	4,0026
Li	Lithium	3	6,939
C	Kohlenstoff	6	12,0112
N	Stickstoff	7	14,0067
O	Sauerstoff	8	15,9994
Na	Natrium	11	22,997
Al	Aluminium	13	26,8915
Cl	Chlor	17	35,475
Ca	Kalzium	20	40,08
Ag	Silber	47	107,868
Pb	Blei	82	207,19

A.1.9. Einige Eigenschaften des Wassers

Dichte ρ, Dampfdichte ρ_D, Dampfdruck p_D, spez. Verdampfungsenthalpie W_D, spez. Wärmekapazität c, Dielektrizitätszahl ε_r, Resistivität ρ_{el}, Oberflächenspannung σ gegen Luft, Viskosität η

T	ρ	ρ_D	p_D	W_D	c	ε_r	ρ_{el}	σ	η
°C	g/ml	µg/ml	hPa	kJ/g	J/(g·K)		kΩ·m	mN/m	
0	0,9998	4,85	6,10	2,50	4,218	87,90	633	75,63	1,87
4	1,0000	6,40	8,13	2,49	4,205	85,90	472	75,01	1,57
10	0,9998	9,40	12,27	2,48	4,192	83,95	351	74,11	1,31
20	0,9983	17,3	23,4	2,46	4,182	80,18	202	72,75	1,002
37	0,9914	45,4	62,7	2,42	4,178	74,51	87	69,97	0,692
50	0,9881	83,0	123,2	2,38	4,181	69,88	53	67,91	0,547
100	0,9583	600	1013	2,26	4,216	55,58	58,90	0,282	
130	1122	2699	2,17						

Tripelpunkt:			0,0075 °C			610 Pa		
Kritischer Punkt:			374,2 °C			22,11 MPa		
Bei 0 °C								
Molare Schmelzwärme:						$6,02 \cdot 10^3$ J/mol		
Wärmeleitfähigkeit:						0,54 J/(m·s·K)		
Bei 20 °C								
Ausdehnungskoeffizient:						$1,8 \cdot 10^{-4}$ K^{-1}		
Schallgeschwindigkeit:						1,48 km/s		
Bei 25 °C								
Wellenlänge:		λ/nm	320,3	402,6		601,5	667,8	
Brechzahl:		$n(\lambda)$	1,54	1,42		1,36	1,33	

A.1.10. Einige Materialkenngrößen

	Dichte kg/l	Spez. Widerstand $10^{-8}\ \Omega \cdot m$	Spez. Wärme-kapazität $J/(g \cdot K)$
Aluminium	2,70	2,8	0,90
Eisen	7,86	9,8	0,42
Kupfer	8,93	1,7	0,39
Silber	10,50	1,6	0,23
Blei	11,34	22	0,13
Quecksilber	13,60	96	0,14
Gold	19,23	2,4	0,13
Platin	21,46	4,8	0,13

A.1.11. Linearer Ausdehnungskoeffizient (bei 100 °C)

Quarzglas	$0,5 \cdot 10^{-6}\ K^{-1}$
Glas	$8,1 \cdot 10^{-6}\ K^{-1}$
Eisen	$12,0 \cdot 10^{-6}\ K^{-1}$
Kupfer	$16,7 \cdot 10^{-6}\ K^{-1}$
Aluminium	$23,8 \cdot 10^{-6}\ K^{-1}$

A.1.12. Wärmeleitfähigkeit

Quarzglas	$1,38\ J/(m \cdot s \cdot K)$
Seide	$0,04\ J/(m \cdot s \cdot K)$
Luft	$0,025\ J/(m \cdot s \cdot K)$
Aluminium	$230\ J/(m \cdot s \cdot K)$

A.1.13. Schallgeschwindigkeit (bei 0 °C)

Luft	334 m/s
Wasserstoff	1306 m/s
Aluminium	6420 m/s

A.1.14. Permittivität (Dielektrizitätszahl)

Luft	1,000576
Quarzglas	3,7
Glas	5–10

A.1.15. Physiologischer Brennwert

Kohlehydrate	17,2 kJ/g
Fett	38,9 kJ/g
Eiweiß	17,2 kJ/g
Schokolade	~ 23 kJ/g
Bier	1,9 kJ/g

A.1.16. Farben des sichtbaren Spektrum

Violett	400–440 nm
Blau	440–495 nm
Grün	495–580 nm
Gelb	580–600 nm
Orange	600–640 nm
Rot	640–750 nm

A.2. Tabelle griechischer Buchstaben

(Die in diesem Buch häufig verwendeten Buchstaben sind fett gedruckt)

A	α	Alpha	I	ι	Iota	P	ρ	Rho
B	β	Beta	K	κ	Kappa	Σ	σ	Sigma
Γ	γ	Gamma	Λ	λ	Lambda	T	τ	Tau
Δ	δ	Delta	M	μ	My	Υ	υ	Ypsilon
E	ε	Epsilon	N	ν	Ny	Φ	φ	Phi
Z	ζ	Zeta	Ξ	ξ	Xi	X	χ	Chi
H	η	Eta	O	o	Omikron	Ψ	ψ	Psi
Θ	θ	Theta	Π	π	Pi	Ω	ω	Omega

A.3. Antworten und Lösungen

A.3.1. 1. Grundbegriffe

A.3.1.1. Antworten auf die Verständnisfragen

1. Es ist die Standardabweichung des Mittelwertes, denn der Mittelwert wird ja als beste Schätzung des wahren Wertes genommen.
2. Die relative Unsicherheit ändert sich nicht, da die absolute Unsicherheit auch durch drei zu teilen ist.
3. Nein, die Summe ist nur Null, wenn die Vektoren entgegengesetzt mit gleichem Betrag sind.
4. Die Vektoren stehen senkrecht aufeinander.
5. Vektoren sind, das heißt eine Richtung haben: Kraft und Geschwindigkeit. Auch die Bewertung einer Fernsehsendung kann als Vektor geschrieben werden: soundso viele geben die Note 1, soundso viele die Note 2 und so weiter. Das sind die Koordinaten.

A.3.2. Lösungen der Aufgaben

1.1 $1\,a = 365\,d = 365 \cdot 24 \cdot 60\,min = 525.600\,min$; 1 Mikrojahrhundert $= 100 \cdot \mu a = 10^{-4}\,a \approx 53\,min$.

1.2 $r = d/2 = 10\,cm$; Halbkugel: $V = 1/2 \cdot 4/3\,\pi \cdot r^3 \approx 2000\,cm^3 = 2\,l$

A.3.2.1. Messunsicherheit

1.3 Die an den Rüben haftende Erde verursacht einen Fehler, der näherungsweise proportional zum Gesamtgewicht sein dürfte und darum am besten als relativer Fehler angegeben wird. Bei einer Messwiederholung verrät er sich nicht: systematischer Fehler.

1.4 Multiplikation der Messwerte: hier wird bei der Addition der relativen Fehler deren Produkt vernachlässigt.

A.3.2.2. Vektoren

1.5 Der Vektor $\vec{a}$ hat den Betrag $\sqrt{9 + 25 + 16} = \sqrt{50}$. Zu den Koordinaten des Punktes P müssen die Koordinaten von $\vec{a}$ hinzuaddiert werden, aber multipliziert mit $\frac{20}{\sqrt{50}}$: der Ortsvektor

von Q ist $\vec{r}(Q) = \begin{pmatrix} 3 \\ 1 \\ -5 \end{pmatrix} + \frac{20}{\sqrt{50}} \begin{pmatrix} 3 \\ -5 \\ -4 \end{pmatrix} = \begin{pmatrix} 11,49 \\ -13,14 \\ -6,31 \end{pmatrix}$.

1.6 Vektorprodukt: Vektoren parallel: $\sin 0° = 0$ Skalarprodukt: Vektoren senkrecht: $\cos 90° = 0$

1.7 Aus den Formeln für das Skalarprodukt ergibt sich:

$$\vec{a} \cdot \vec{b} = 3 - 2 + 8$$
$$= \sqrt{9 + 1 + 4} \cdot \sqrt{1 + 4 + 16}$$
$$\cdot \cos\varphi$$
$$\Rightarrow \cos\varphi = \frac{9}{3,74 \cdot 4,58} = 0,53 \Rightarrow \varphi$$
$$= 58,3°$$

1.8 $\vec{a} \times \vec{c}$

A.3.2.3. Exponentialfunktion

1.9 Exponentielles Wachstum bringt in gleichen Zeitspannen gleiche Faktoren. Die Weltbevölkerung wuchs in den ersten 50 Jahren um den Faktor $1,61/1,17 = 1,38$, in den zweiten 50 Jahren um $2,50/1,61 = 1,55$, also schneller als nur exponentiell.

A.3.3.2. Mechanik des starren Körpers

A.3.3.1. Antworten auf die Verständnisfragen

1. Momentane und mittlere Geschwindigkeit sind gleich für eine Bewegung mit konstanter Geschwindigkeit, in Weg-Zeit-Diagramm eine Gerade.

2. Nein. Wenn ein Auto um die Kurve fährt, ändert es ständig die Richtung seiner Geschwindigkeit und ist deshalb beschleunigt. Ohne Reibungskraft kommt es nicht um die Kurve.

3. Die Geschwindigkeit ist Null, die Beschleunigung gleich der Fallbeschleunigung.

4. Die senkrechte Geschwindigkeitskomponente ist bei Stein und Ball gleich, aber der Ball hat noch eine horizontale Geschwindigkeit, ist also in der Vektorsumme schneller.

5. Ein Körper ist dann in Ruhe, wenn die Vektorsumme aller Kräfte und Drehmomente auf ihn Null ist. Es müssen nicht alle Kräfte Null sein.

6. Nein, den der Stiel hat den längeren Hebelarm. Das Bürstenteil hat den kürzeren und muss schwerer sein.

7. Um das Gleichgewicht halten zu können, muss der Schwerpunkt in etwa über den Füßen sein.

8. Die Abbremsung kann nicht stärker sein, als es die Reibungskraft zulässt. Versucht man mehr, blockieren die Räder und rutschen. Dann kann man nicht mehr steuern, denn dazu muss die Reibung in senkrecht zur Fahrtrichtung größer sein als in Fahrtrichtung.

9. Beim Anfahren braucht man die Kraft zum Beschleunigen, bei konstanter Geschwindigkeit muss nur noch die Reibung kompensiert werden.

10. Beide üben gleiche Kräfte aufeinander aus und rotieren um den gemeinsamen Schwerpunkt. Dabei ist der Mond fast hundertmal stärker beschleunigt, da die Masse der Erde fast hundertmal größer ist.

11. Halbe Kraft bedeutet halbe Beschleunigung, die doppelt so lang wirken muss, um die gleiche Geschwindigkeit zu erreichen.

12. Da die Person nach oben beschleunigt ist, muss eine resultierende Kraft nach oben wirken. Die Kraft vom Boden muss also größer sein als die entgegen gesetzte Gewichtskraft.

13. Weil die Masse der Rakete (zu 80 % Sauerstoff für die Verbrennung) schnell abnimmt.

14. Die Strecke ist zwar länger, aber es wird weniger Kraft gebraucht. Kraft mal Stre-

cke gleich Arbeit ist in beiden Fällen gleich.

15. Doppelte Geschwindigkeit bedeutet vierfache kinetische Energie. Die Rampe muss viermal so hoch sein.

16. Doppelte Geschwindigkeit bedeutet auch hier vierfache kinetische Energie, also vierfache Leistung.

17. Auf dem Bremsweg wandelt die Reibungskraft die kinetische Energie in Wärme um. Da die Reibungskraft in etwa unabhängig von der Geschwindigkeit ist, muss der Bremsweg bei vierfacher kinetischer Energie auch viermal so lang sein.

18. Die Geschwindigkeit wird kleiner, da die Masse steigt und der Impuls konstant bleibt.

19. Der zurückprallende Ball überträgt bei gleicher Stoßgeschwindigkeit etwa den doppelten Impuls, wirkt also etwa mit der doppelten Kraft und wird den Kegel eher umwerfen.

20. Wenn sich ein Körper bewegt, hat er auf jeden Fall kinetische Energie. Er könnte auch um den Schwerpunkt rotieren. Dann hat er kinetische Energie, einen Drehimpuls, aber keinen linearen Impuls.

21. Ja: der frontale Zusammenstoß gleicher Massen mit gleicher Geschwindigkeit.

22. Der Impuls wird auf die Erde übertragen. Insofern gilt der Impulserhaltungssatz. die Erde hat aber eine so gewaltige Masse, dass es praktisch so scheint, als wäre der Impuls verschwunden.

23. Zwei mal Pi durch 60 s macht etwa $0,105\,\text{s}^{-1}$.

24. Nein, nicht bei konstanter Winkelgeschwindigkeit.

25. Sie sollten ein möglichst kleines Trägheitsmoment haben, da sie dann schneller rollen; also möglichst klein und leicht.

26. Die kinetische Energie steigt. Die Tänzerin liefert die zusätzliche Energie, da sie die Arme gegen die Zentrifugalkraft anzieht.

A.3.4. Lösungen der Aufgaben

A.3.4.1. Beschleunigung

2.1 $a = \frac{27,8\,\text{m/s}}{6\text{s}} = 4,63\,\frac{\text{m}}{\text{s}^2}$, also knapp halb so groß wie die Fallbeschleunigung.

2.2 $s = \frac{g}{2}t^2 = 19,62\,\text{m}$.

2.3 $50\,\text{km/h} = 13,89\,\text{m/s} = g \cdot t \Rightarrow$ Fallzeit $t = 1,42\,\text{s}$; Höhe $h = \frac{g}{2}t^2 = 9,83\,\text{m}$. Das entspricht etwa einem Fall aus dem dritten Stock.

2.4 $a = \frac{\Delta v}{\Delta t} = \frac{13\,\text{m/s}}{6\text{s}} = 2,17\,\text{m/s}^2$, Strecke $s = v_0 \cdot t + \frac{g}{2t^2} = 12\,\text{m/s} \cdot 6\text{s} + \frac{2,17\,\text{m/s}^2}{2} \cdot (6\text{s})^2 = 111,1\,\text{m}$

2.5 Geschwindigkeit des Autos $v_A = 30,56\,\text{m/s}$. Für $700\,\text{m}$ braucht es $22,91\,\text{s}$. Beschleunigung des Polizeiautos: $700\,\text{m} = \frac{a_P}{2}(22,91\,\text{s})^2 \Rightarrow a_P = 2,67\,\text{m/s}^2$. Geschwindigkeit des Polizeiautos beim Überholen: $v_P = a_P \cdot t = 61,1\,\text{m/s}$.

2.6 Fallhöhe $\Delta h = 1,5\,\text{m}$; Bremsweg $\Delta s = 0,005\,\text{m}$. Fallzeit sei Δt. maximale Geschwindigkeit bei konstanter Beschleunigung:
$v^2 = g^2 \cdot \Delta t^2 = g^2 \cdot 2 \cdot \Delta h/g = 2g \cdot \Delta h = 2a \cdot \Delta s \Rightarrow \frac{a}{g} = \frac{\Delta h}{\Delta s} = 300$;
Beschleunigung des Schädels $a = 300 \cdot g$!

2.7 Fallhöhe über der Fensteroberkante: $h = \frac{g}{2}t_1^2$; Fallzeit bis zur Unterkante:
$t_2 = t_1 + 0,3\,\text{s}$;

$$h + 2m = \frac{g}{2}t_2^2 = \frac{g}{2}(t_1 + 0,3\,\text{s})^2$$
$$\Rightarrow \frac{g}{2}t_1^2 + 2m = \frac{g}{2}\left(t_1^2 + 2 \cdot 0,3\,\text{s} \cdot t_1 + (0,3\,\text{s})^2\right);$$
$$2\,\text{m} = \frac{g}{2}\left(t_1 \cdot 0,6\,\text{s} + 0,09\,\text{s}^2\right)$$
$$\Rightarrow t_1 = 0,53\,\text{s}.$$
$$h = \frac{g}{2}t_1^2 = 1,38\,\text{m}.$$

A.3.4.2. Zusammengesetzte Bewegung

2.8 Er muss senkrecht herübersteuern und sich abtreiben lassen. Dann ist die Geschwindigkeitskomponente quer zum Fluss maximal.

2.9 Für die Zuggeschwindigkeit v gilt: $\tan 60° = \frac{v}{8\,\text{m/s}}$, also $v = 13,9 = 50\,\text{km/h}$.

2.10 Die Sprungweite ist proportional zur Dauer t des Sprungs. Für diese gilt: $v_{0z} = g \cdot t/2$. Ist auf dem Mond die Fallbeschleunigung g ein Sechstel wie auf der Erde, so ist also die Sprungzeit sechs mal so lang, und damit auch die Sprungweite.

2.11 Wurfweite:
$$s = \frac{2 \cdot v_{0x} \cdot v_{0z}}{g}$$
$$= \frac{2 \cdot v_0 \cdot 1/\sqrt{2} \cdot v_0 \cdot 1/\sqrt{2}}{g};$$

Startgeschwindigkeit:
$$v_0 = \sqrt{s \cdot g} = 26{,}6 \text{m/s} = 96 \text{km/h}.$$

2.12 Für die halbe Sprungzeit t_1 gilt: $1{,}5 \text{ m} = \frac{g}{2}t_1^2 \Rightarrow t_1 = 0{,}55$ s. Damit ist die Horizontalgeschwindigkeit:
$$v_{0x} = \frac{6 \text{ m}}{2 \cdot t_1} = 5{,}45 \text{ m/s}.$$

A.3.4.3. Kraft

2.13 „70 Kilo" bedeutet: $m = 70$ kg; $F_G = m \cdot g = 686{,}7$ N.

2.14 Im Buchdruck beträgt die Höhe h der Stufe etwa 1,1 mm (Gegenkathete) und der Abstand s zwischen den Auflagepunkten der Bohle 45 mm (Hypotenuse). $\frac{F_1}{F_G} = \sin\alpha = \frac{h}{s} = 0{,}26$. Die Krafteinsparung beträgt also 74 %.

2.15 a) $F = 1\frac{1}{4}F_1 = 1{,}25 \cdot F_1$

b) weniger stark, denn wenn zwei Vektoren nicht parallel liegen, ist der Betrag des Summenvektors kleiner als die Summe der Beträge der einzelnen Vektoren.

2.16 Hebelarme verlängern, b) Masse des Waagebalkens verringern, c) Schwerpunkt dichter an den Unterstützungspunkt heranbringen.

2.17 Warum nicht? Wenn man zwei Blatt Schmirgelpapier mit den rauen Seiten aufeinanderlegt ist die Verzahnung so groß, dass die Reibungskraft größer als die Normalkraft wird.

2.18 Halbe Beschleunigung bedeutet halbe Kraft. Die Hangabtriebskraft wird also durch die Reibungskraft halbiert: $F_R = \frac{1}{2}F_H = \frac{1}{2}F_G \cdot \sin 28° = \mu \cdot F_G \cdot \cos 28° \Rightarrow \mu = 0{,}27$.

2.19 Die Masse des Seils sei m. Die Zugkraft des Überhängen Teils entspricht gerade der Reibungskraft: $F_R = 0{,}2 \cdot m \cdot g = \mu \cdot 0{,}8 \cdot m \cdot g$. Die Normalkraft ist 0,8 mal Gewichtskraft des Seils. Also $\mu = 0{,}25$.

2.20 Die Hangabtriebskraft auf das Fahrrad ist: $F_H = m \cdot g \cdot \sin 5° = 68{,}4$ N. Bei konstanter Geschwindigkeit muss die Reibungskraft genau so groß sein: $k \cdot v = 68{,}4$ N $\Rightarrow k = 41{,}04$ kg/s.

A.3.4.4. Energie und Leistung

2.21 Arbeit: $\Delta W = m \cdot g \cdot 16 \cdot 0{,}17 \text{ m} = 1{,}87$ kJ; Leistung $P = 500$ W $= 0{,}5$ kJ/s; $\Delta t = \frac{\Delta W}{P} = 3{,}8$ s.

2.22 Verlangte mittlere Leistung: $200 \text{ kWh/Monat} = \frac{200 \cdot 3{,}6 \cdot 10^6 \text{ Ws}}{30 \cdot 24 \cdot 60 \cdot 60 \text{ s}} = 280$ W. Ein Sklave liefert: $100 \text{ W} \cdot 12/24 = 50$ W; $280 \text{ W}/50 \text{ W} \approx 6$ Sklaven.

2.23 $W_{kin} = \frac{2 \cdot 10^8 \text{ kg}}{2}\left(15 \cdot \frac{1852 \text{ m}}{3600 \text{ s}}\right)^2 = 5{,}95 \cdot 10^9$ J $= 1650$ kWh; bei 20 Cent pro Kilowattstunde ca. 330 Euro.

2.24 Beschleunigung: $a = \frac{60 \text{ N}}{2 \text{ kg}} = 30\frac{\text{m}}{\text{s}^2}$. Zurückgelegte Strecke: $s = \frac{a}{2}\left((10 \text{ s})^2 - (5 \text{ s})^2\right) = 1125$ m. Arbeit: $W = 60 \text{ N} \cdot 1125 \text{ m} = 67{,}5$ kJ

2.25 Die kinetische Energie von Jane wird vollständig in potentielle Energie umgewandelt: $\frac{m}{2}v^2 = m \cdot g \cdot h \Rightarrow h = \frac{v^2}{2g} = 1{,}6$ m. Das funktioniert immer, solange die Liane nicht kürzer als 0,8 m ist.

2.26 Das Kind verliert potentielle Energie: $W_{pot} = m \cdot g \cdot 3{,}5 \text{ m} = 584$ J und gewinnt kinetische Energie: $W_{kin} = \frac{m}{2}v^2 = 53{,}1$ J. Die Differenz von 531 J ist in Wärme gewandelt worden.

2.27 Die Federkonstante der Waage: $D = \frac{700 \text{ N}}{0{,}0005 \text{ m}} = 1{,}4 \cdot 10^6 \text{N/m}$. Der Verlust an potentieller Energie beim Fall über 1 m wird in potentielle Energie der Federkompression umgewandelt: $W_{pot} = 700 \text{ N} \cdot 1 \text{ m} = \frac{D}{2}\Delta l^2 \Rightarrow \Delta l = 3{,}16$ cm. Das entspräche einer Gewichtskraft von etwa 44.000 N und einer Masse von 4,4 t. Das gilt aber nur, wenn Sie absolut steif auf die Waage springen. Sie werden wohl schon zum eigenen Schutz in die Knie gehen und damit einige Kraft und Energie wegschlucken. So hat auch die Waage eine Überlebenschance.

A.3.4.5. Impulssatz

2.28 Es ist egal, denn in beiden Fällen bleibt das Auto stehen und die ganze kinetische Energie muss umgesetzt werden.

2.29 a) Unmittelbar nach dem Stoß bewegen sich beide Autos mit halber Geschwindigkeit weiter (doppelte Masse), also mit der halben kinetischen Energie. Nur die Hälfte der kinetischen Energie des auffahrenden Autos wird umgewandelt.

b) Da beide Autos stehen bleiben, geht die ganze Energie ins Blech.

2.30 Der Mercedes leistet beim Rutschen auf der Straße die Arbeit

$$W = 2,8 \text{ m} \cdot F_R$$
$$= 2,8 \text{ m} \cdot 2200 \text{ kg} \cdot 9,81 \text{m/s}^2 \cdot 0,7$$
$$= 42,3 \text{ kJ}.$$

Dies entspricht der kinetischen Energie von Polo und Mercedes direkt nach dem Stoß (unelastischer Stoß). Damit ist die Geschwindigkeit unmittelbar nach dem Stoß: $v^2 = \frac{2 \cdot W}{3200 \text{ kg}} = 26,4 \text{m}^2/\text{s}^2 \Rightarrow v = 5,14 \text{m/s}$. Also ist die Geschwindigkeit des Polo vor dem Stoß: $v_1 = \frac{3200 \text{ kg}}{1000 \text{ kg}} \cdot 5,14 \text{m/s} = 16,5 \text{m/s} = 59,2 \text{km/h}$.

2.31 Eine Explosion ist sozusagen ein unelastischer Stoß rückwärts. Vorher ist der Impuls Null, nachher auch: $\left|\frac{v_1}{v_2}\right| = \frac{m_2}{m_1} = 2$. Die kinetische Energie des einen Teils ist doppelt so groß wie die des anderen, also 4000 J zu 2000 J.

2.32 Absprung: Schlittengeschwindigkeit $v_1 = \frac{5 \text{ kg}}{20 \text{ kg}} 6 \text{m/s} = 1,5 \text{ m/s}$.
Landung: Schlittengeschwindigkeit $v_2 = \frac{5 \text{ kg}}{25 \text{ kg}} 6 \text{m/s} = 1,2 \text{ m/s}$.

A.3.4.6. Trägheitskräfte

2.33 Ist die Beschleunigung linear, so reagiert die Balkenwaage gar nicht, da die Trägheitskräfte gleicher Massen immer gleich

sind. Rotiert das Bezugssystem, so hängen die Trägheitskräfte auch von der Lage ab und Waage wird wahrscheinlich reagieren.

2.34 Die Armbanduhr schwenkt immer in Richtung der Resultierenden aus Fallbeschleunigung und Flugzeugbeschleunigung a_F, also $\tan 25° = \frac{a_F}{g} \Rightarrow a_F = 4,57 \text{ m/s}^2$. Startgeschwindigkeit $v = a_F \cdot 18 \text{ s} = 82,3 \text{ m/s} = 300 \text{ km/h}$.

A.3.4.7. Drehbewegung

2.35 Umlaufzeit $T = 1$ a $= 3,156 \cdot 10^7$ s; Bahnradius $r = 1,49 \cdot 10^{11}$ m. Umlauffrequenz $f = 1/T = 3,17 \cdot 10^{-8}$ s^{-1}; Kreisfrequenz $\omega = 2\pi \cdot f = 1,99 \cdot 10^{-7}$ s^{-1}; Bahngeschwindigkeit $v = 2\pi \cdot r \cdot f = 2 \cdot 9,7$ km/s $= 107.000$ km/h.

2.36 Die maximale Kraft, die Tarzan halten muss, ist die Zentripetalkraft plus Gewichtskraft: $F_{max} = m \cdot \frac{v^2}{r} + m \cdot g$. Also $v^2 = \frac{r}{m}(1400 \text{ } N - 784 \text{ } N) \Rightarrow v = 6,1 \text{ m/s}$.

2.37 Das Drehmoment jedes Rades ergibt sich als Radradius mal ein Viertel der Gesamtkraft: $T = 33 \text{ cm} \cdot 687,5 \text{ N} = 226,9 \text{ Nm}$.

2.38 Nach ◻ Abb. 2.55 ist das Trägheitsmoment einer dünnen Stange, die um die Mitte rotiert wird: $J = \frac{1}{12}m \cdot l^2$. Im Rotor werden die Blätter aber ungefähr um eine Ende Rotiert; dann kommt nach dem Satz von Steiner noch $\frac{1}{4}m \cdot l^2$ dazu: macht zusammen: $J = \frac{1}{3}m \cdot l^2$. Dann hat der Rotor: $J = 160 \text{ kg} \cdot (3,75 \text{ m})^2 = 2250$ kgm^2. Drehmoment: $T = J \cdot \alpha = J \cdot \frac{2\pi \cdot 5 \text{s}^{-1}}{8 \text{ s}} = 8836$ Nm.

2.39 $W_{kin} = \frac{m}{2}v^2 + \frac{J}{2}\omega^2 = \frac{m}{2}v^2 + \frac{1}{4}m \cdot r^2 \cdot \left(\frac{v}{r}\right)^2 = \frac{3}{4}m \cdot v^2 = 1,5 \text{ J}$.

2.40 Das Trägheitsmoment erhöht sich um $J' = 4 \cdot 65 \text{ kg} \cdot (2,1 \text{ m})^2 = 1147 \text{ kg} \cdot \text{m}^2$. Also vermindert sich die Winkelgeschwindigkeit auf $\omega = \frac{J}{J+J'}0,8 \text{ s}^{-1} = 0,48 \text{ s}^{-1}$.

A.3.5. 3. Mechanik deformierbarer Körper

A.3.5.1. Antworten auf die Verständnisfragen

1. Das ist wie beim T-Träger: dort wo beim Balkenbiegen die neutrale Faser ist, braucht kein Material zu sein. Röhren sind sehr stabil bei geringem Materialaufkommen.

2. Das Gewicht der Luft ist Druck mal Fläche: 100.000 N pro Quadratmeter entspricht 1000 N pro 100 cm².

3. Ja, denn die Dichte des Wassers steigt fast nicht mit der Tiefe.

4. Tatsächlich ist in beiden Gläsern gleich viel Wasser. Das Eis schaut nur über die Oberfläche, weil seine Dichte kleiner als die vom Wasser ist.

5. Der Wasserspiegel des Sees sinkt. Ist der Felsbrocken im Boot, so entspricht das Gewicht des verdrängten Wassers dem Gewicht von Boot plus Felsbrocken. Liegt der Felsbrocken am Grund, verdrängt er aber weniger Wasser als es seinem Gewicht entspricht. Es wird dann also weniger Wasser verdrängt.

6. Nein. Scheinbare Gewichtskraft und Auftriebskraft nehmen in gleicher Weise zu, beide sind proportional zur Fallbeschleunigung g.

7. Kleine Seifenblasen haben einen höheren Innendruck aufgrund der Oberflächenspannung. Deshalb reagieren sie weniger auf variierende Druckkräfte von außen.

8. Dann ist der Behälter schwerelos und es kommt kein Wasser mehr aus dem Loch.

9. Wegen der Kontinuitätsgleichung: Das Wasser fällt mit zunehmender Tiefe schneller, also muss der Strömungsquerschnitt abnehmen.

10. Bernoulli-Effekt: in bewegter Luft herrscht Unterdruck, also entsteht eine Druckdifferenz längs des Schornsteins.

A.3.6. Lösungen der Aufgaben

A.3.6.1. Elastizität

3.1 E = Steigung der Hooke'schen Geraden = $\frac{7,5\cdot10^7\,\text{N/m}^2}{1\cdot10^{-3}} = 7,5\cdot10^{10}\,\text{N/m}^2$, denn die Gerade geht z. B. durch den Punkt mit $\sigma = 7,5\cdot10^7\,\text{N/m}^2$ und $\Delta l/l = 10^{-3}$.

3.2 Zugkraft F: $\frac{F}{\pi\cdot(0,001\,\text{m})^2} = 2\cdot10^{11}\,\text{N/m}^2 \cdot \frac{0,003\,\text{m}}{1,6\,\text{m}} \Rightarrow F = 1,18\cdot10^3\,\text{N}$.

A.3.6.2. Hydrodynamik

3.3 Druck $p = \frac{F}{A}$; $F = 15$ N. Fläche $A = \frac{\Delta V}{\Delta s} = \frac{1\,\text{ml}}{15\,\text{mm}} = 6,67\cdot10^{-5}\,\text{m}^2$. $P = 2,25\cdot10^5$ Pa.

3.4 Schweredruck $\Delta p = \rho\cdot g\cdot\Delta h = 1\,\text{g/cm}^3 \cdot 9,81\,\text{m/s}^2 \cdot 1,8\,\text{m} = 177\,\text{hPa}$. Das liegt in der Größenordnung des durchschnittlichen Blutdrucks. Wir haben eine Größe von 1,8 m angenommen und dass die Dichte von Blut gleich der Dichte von Wasser ist.

3.5 Die Differenz von wahrer und scheinbarer Masse ergibt die Auftriebskraft: $F_A = 2,02\,\text{kg}\cdot g = 19,8\,\text{N}$. Damit ergibt sich sein Volumen: $V = \frac{F_A}{\rho_\text{Wasser}\cdot g} = \frac{2,02\,\text{kg}}{0,001\,\text{kg/cm}^3} = 2020\,\text{cm}^3$ und die Dichte zu $\rho = \frac{m}{V} = 4,06\,\text{g/cm}^3$.

3.6 Auftriebskraft = Schwerkraft: $V_\text{unter}\cdot 1025\,\text{kg/m}^3\cdot g = V_\text{gesamt}\cdot 917\,\text{kg/m}^3\cdot g$. Also verhält sich der Volumenteil unter Wasser zum Gesamtvolumen wie die Dichte des Eises zur Dichte des Wassers: $\frac{V_\text{unter}}{V_\text{gesamt}} = 0,895$. Also ist ein Anteil von 0,105 oder 10,5 % über Wasser.

3.7 Die normale Gewichtskraft auf den Granitstein ist: $F_G = V\cdot2700\,\text{kg/m}^3\cdot g = 3\,\text{kg}\cdot g = 29,4\,\text{N} \Rightarrow V = 1111\,\text{cm}^3$. Die Auftriebskraft für den Granitstein im beschleunigten Eimer ist: $F_A = V\cdot1000\,\text{kg/m}^3\cdot(1+3,5)\cdot g = 49\,\text{N}$. Sie ist also höher als die normale Gewichtskraft. Schwimmen wird der Stein trotzdem nicht, denn er muss ja auch nach oben beschleunigt werden und hat eine entsprechend größere scheinbare Gewichtskraft.

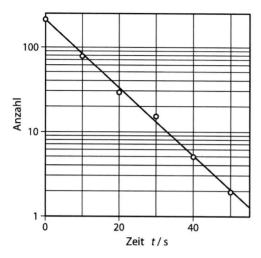

Abb. A.1 zu Lösung 3.8

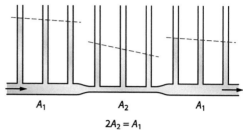

$2A_2 = A_1$

Abb. A.2 zu Lösung 3.13

3.8 Ja: ☐ Abb. A.1. In einfach logarithmischer Darstellung fällt die Zahl der Tropfen längs einer Geraden ab, und zwar um den Faktor $Z = 100$ in $t = 50$ s. Halbwertszeit $T_{\frac{1}{2}} = t \cdot \frac{\lg 2}{\lg Z} = 7{,}5$ s.

3.9 Oberflächenspannung $\sigma = \frac{F_\sigma}{2 \cdot 2\pi \cdot r} = \frac{F - m \cdot g}{2\pi \cdot d} = \frac{(53-30)\,\text{mN}}{2\pi \cdot 0{,}05\,\text{m}} = 7{,}3 \cdot 10^{-2}$ N/m.

Das dieser berechnete Wert dem Tabellenwert für destilliertes Wasser entspricht, ist eher Zufall.

Eigentlich muss noch berücksichtigt werden, dass auch noch ein Wassermeniskus gehoben wird, dessen Gewichtskraft herauszukorrigieren wäre. Andererseits wurde die Messung mit normalem Leitungswasser gemacht, das aufgrund von Verunreinigungen eine deutlich verminderte Oberflächenspannung hat. Beide Effekte haben sich in ☐ Abb. 3.27 in etwa kompensiert.

3.10 Sechs mal der Fußumfang ist $s = 6 \cdot 2\pi \cdot 3 \cdot 10^{-5}$ m $= 1{,}1 \cdot 10^{-3}$ m. Diese Zahl multipliziert mit der Oberflächenspannung ergibt die Tragfähigkeit:

$F = 1{,}1 \cdot 10^{-3}$ m $\cdot 70$ mN/m $= 7{,}7 \cdot 10^{-5}$ N. Das reicht nicht annähernd, um die Gewichtskraft von etwa $0{,}16$ N zu tragen. Das Insekt ist zu fett.

3.11 Die Oberfläche des Tropfen ist $A = 4\pi \cdot r^2$. Die gesamte Kraft auf diese Oberfläche erhalten wir, wenn wir die Oberflächenenergie $W = \sigma \cdot A$ nach dem Radius ableiten (Kraft gleich Arbeit durch Weg):

$F = \frac{dW}{dr} = \frac{d(\sigma \cdot 4\pi \cdot r^2)}{dr} = 8\pi \cdot r \cdot \sigma$. Druck: $p = \frac{F}{A} = 2\sigma / r$.

3.12 Die vom Herzen zu erbringende Leistung ist: $P = \frac{\text{Volumenarbeit}}{\text{Zeit}} = \frac{p \cdot dV}{dt} = p \cdot$ Volumenstrom I. Der Volumenstrom ist $I = 6 \, l/\text{min} = 10^{-4}$ m^3/s. Einsetzen liefert: $P = 1{,}73$ Pa $\cdot$ m^3/s $= 1$ W. Das ist so viel wie ein Taschenlampenbirnchen braucht.

3.13 Siehe ☐ Abb. A.2

3.14 Der Volumenstrom $I = A \cdot v$ muss in der Düse der gleiche sein wie im Rohr. Deshalb verhalten sich die Geschwindigkeiten zueinander umgekehrt wie die Querschnittsflächen, hier wie 100:1. Die Geschwindigkeit in der Düse ist also 65 m/s. Da wir Reibungsfreiheit angenommen haben, muss die Pumpe nur die Beschleunigungsarbeit liefern:

$$I \cdot \Delta = I \cdot \left(1/2\rho \cdot (65 \, \text{m/s})^2 - 1/2\rho \cdot (0{,}65 \, \text{m/s})^2\right)$$

Anders gesagt: die Pumpe muss den Atmosphärendruck plus die Differenz im Staudruck liefern:

$$p = 10^5 \text{ Pa}$$
$$+ \frac{1}{2}\rho\Big((65 \text{ m/s})^2 - (0,65 \text{ m/s})^2\Big)$$
$$\approx 10^5 \text{ Pa} + \frac{1}{2} \cdot 1000 \text{ kg/m}^3$$
$$\cdot (65 \text{ m/s})^2$$
$$= 2,2 \cdot 10^6 \text{ Pa}.$$

Das ist etwa der 20-fache Atmosphärendruck.

3.15 Stokes-Gesetz:

$$v_0 = \frac{2r^2}{9 \cdot \eta} g \cdot \Delta\rho = \frac{1,25 \cdot 10^{-7} \text{ m}^2}{9 \cdot 10^{-3} \text{ kg/m} \cdot \text{s}}.$$
$$9,81 \frac{\text{m}}{\text{s}^2} \cdot 1000 \frac{\text{kg}}{\text{m}^3} = 0,136 \frac{\text{m}}{\text{s}}$$

Dabei wurde die Dichte der Luft gegen die des Wassers vernachlässigt.

3.16 a) Im Bad hat die Leitung nur ein Viertel der Querschnittsfläche, also ist die Strömungsgeschwindigkeit viermal so groß: 8 m/s.

b) $I = A \cdot v_\text{m} = 3,14 \cdot 10^4 \text{ m}^2 \cdot 8 \text{ m/s} = 2,5 \text{ l/s}$

c) Druckverminderung durch die Schwere: $\Delta p = p \cdot g \cdot 5 \text{ m} = 4,9 \cdot 10^4 \text{ Pa}$; Druckverminderung durch Bernoulli-Effekt:

$$\Delta\rho = \frac{1}{2}\rho\left(\left(8\frac{\text{m}}{\text{s}}\right)^2 - \left(2\frac{\text{m}}{\text{s}}\right)^2\right)$$
$$= 3,0 \cdot 10^4 \text{ Pa};$$

Druckminderung durch Reibung:

$$\Delta\rho = \lambda \cdot \frac{1}{4 \cdot r} \cdot \rho \cdot v_\text{m}^2$$
$$= 0,02 \cdot \frac{5\text{m}}{0,04\text{m}} \cdot 1000 \frac{\text{kg}}{\text{m}^3} \cdot \left(8\frac{\text{m}}{\text{s}}\right)^2$$
$$= 1,6 \cdot 10^5 \text{ Pa}$$

Druck im Badezimmer: $p = (4 - 0,49 - 0,3 - 1,6) \cdot 10^5 \text{ Pa} = 1,61 \cdot 10^5 \text{ Pa}$

A.3.7. 4. Mechanische Schwingungen und Wellen

A.3.7.1. Antworten auf die Verständnisfragen

1. Bei maximaler Auslenkung ruht die Masse und ist maximal beschleunigt. Geschwindigkeit und Beschleunigung sind nur bei stehendem Pendel gleichzeitig Null.
2. Auslenkung und Beschleunigung haben immer entgegen gesetzte Richtung, denn das gilt auch für Auslenkung und Federkraft. Alles andere ist möglich.
3. Die Summe steigt: die potentielle Energie der Schwerkraft sinkt linear mit der Auslenkung, die potentielle Energie der Feder steigt aber quadratisch mit der Auslenkung. Deshalb muss ich Arbeit leisten, um die Feder nach unten zu ziehen.
4. Die Feder selbst und ihre Masse schwingen mit, also sinkt die Frequenz.
5. Näherungsweise nicht, den beim Fadenpendel hängt die Eigenfrequenz nicht von der Masse ab.
6. Ja, den die Eigenfrequenz hängt von der Fallbeschleunigung ab. Im beschleunigten Fahrstuhl ändert sich die effektive Fallbeschleunigung.
7. Hinge die Schallgeschwindigkeit von der Tonhöhe ab, so würde die Stimme eines entfernten Rufers verzerrt klingen. Das ist nicht der Fall. Allerdings werden hohe Frequenzen stärker gedämpft, sodass ferne Geräusche etwas tiefer klingen.
8. Für eine Schwingung braucht es immer eine Rückstellkraft. Gas entwickelt bei Scherung aber keine.
9. Weil die Intensität abnimmt. Die Leistung der Quelle verteilt sich auf eine immer größere Linie. In diesem zweidimensionalen Fall nimmt die Intensität mit $1/r$ ab und die Amplitude mit $1/\sqrt{r}$.
10. Auch für die Schwingung des Kaffees im Becher gibt es Resonanzfrequenzen. Man müsste die Schwingung stärker dämpfen. Wie wär's mit einem Schwamm im Becher?

A.3.8. Lösungen der Aufgaben

A.3.8.1. Schwingungen

4.1 a) Die Kraft muss der Auslenkung entgegenwirken.

b) Der Betrag der Kraft muss proportional zur Auslenkung sein.

4.2 Die Auslenkung bei $t = 0$:

$x(t = 0) = A_0 \cdot \sin(\pi/4) = 5\,\text{cm} \cdot 0{,}707 = 3{,}54\,\text{cm}$.

Die Geschwindigkeit:

$$v(t = 0) = A_0 \cdot \omega \cdot \cos(\pi/4)$$
$$= A_0 \cdot \frac{2\pi}{T} \cdot \cos(\pi/4)$$
$$= 5{,}55\,\text{cm/s}.$$

Maximale Beschleunigung:

$a_{\text{max}} = A_0 \cdot \omega^2 = 12{,}3\,\text{cm/s}^2$.

4.3 $T = 2\,\text{s}\,(!)$; $l = g \cdot \frac{T^2}{(2\pi)^2} = 0{,}99$ m.

4.4 $2\pi \cdot 4\,\text{Hz} = \sqrt{\frac{D}{1{,}5 \cdot 10^{-4}\,\text{kg}}} \Rightarrow D = 0{,}095\,\text{N/m}$.

$f_2 = \frac{1}{2\pi}\sqrt{\frac{D}{0{,}5\,\text{g}}} = 2{,}2$ Hz.

4.5 Die maximal auftretende Geschwindigkeit ist $v = A_0 \cdot \omega$. Die Schwingungsenergie ist gleich der maximal auftretenden kinetischen Energie beim Durchgang durch die Ruhelage und also proportional zu A_0^2. Zehnfache Energie bedeutet also $\sqrt{10}$-fache Amplitude. Man kann genauso auch mit der maximalen potentiellen Energie bei maximaler Dehnung der Feder argumentieren.

4.6 Der Stein hüpft, wenn die maximale Beschleunigung in Punkten maximaler Auslenkung die Fallbeschleunigung übersteigt.

$$a_{\text{max}} = A_0 \cdot \omega^2 \geq g$$
$$\Rightarrow A_0 \geq \frac{g}{(2\pi \cdot 3{,}5\,\text{Hz})^2}$$
$$= 2{,}0\,\text{cm}.$$

4.7 Nein; bei hoher Dämpfung im Kriechfall nicht (◪ Abb. 4.7, blaue Kurve).

A.3.8.2. Wellen

4.8 $c \approx 1{,}5\,\text{km/s}$ (siehe Anhang).

$$\lambda = \frac{c}{f} = \frac{1500\,\text{m/s}}{10^6\,\text{s}^{-1}} = 1{,}5\,\text{mm}.$$

4.9 Es bildet sich eine stehende Welle in Grundschwingung. Das heißt, dass der Durchmesser der Tasse in etwa die halbe Wellenlänge ist. Also: $\lambda = 0{,}16\,m$, $f = 1$ Hz, daraus folgt $c = \lambda \cdot f = 0{,}16\,\text{m/s}$.

4.10 0 dB bedeutet, dass der Pegel gleich irgendeinem Referenzpegel ist. Addiere ich den gleichen Pegel noch mal dazu, bekomme ich den doppelten Pegel, und das ergibt $10 \cdot \lg 2 = 3$ dB: 0 dB + 0 dB = 3 dB

4.11 Er hört die 65-fache Intensität; zu den 65 Phon addieren sich $10 \cdot \lg 65 = 18{,}1$ dB; gibt zusammen 83,1 dB

4.12 Sie wollen die Tonhöhen jeweils um 2 Hz herauf bzw. herabsetzen:

$2\,\text{Hz} = 442\,\text{Hz} \cdot \frac{v}{330\,\text{m/s}} \Rightarrow v = 1{,}5$ m/s.

Sie müssen in Richtung des tieferen Tons gehen.

4.13 Nein, den die Relativgeschwindigkeit in Richtung der Schallausbreitung ist Null.

4.14 $v = 2 \cdot c$; $c/v = 0{,}5$; $\sin\alpha = c/v \Rightarrow \alpha = 30°$;
Öffnungswinkel $= 2 \cdot \alpha = 60°$

A.3.9. 5. Wärmelehre

A.3.9.1. Antworten auf die Verständnisfragen

1. Nach dem Gasgesetz ist das Volumen umgekehrt proportional zum Druck. Ein weiteres Gewicht wird das Volumen also nicht mehr so stark reduzieren.

2. Der Druck sinkt, da weniger Kraft nach außen wirkt.

3. Da der Außendruck sinkt, dehnt sich der Ballon aus. Mit dem Druck sinkt die Dichte der Atmosphäre. Wenn die Dichte innen und außen in etwa gleich ist, steigt der Ballon nicht mehr weiter.

4. Da nach dem Gasgesetz die Zahl der Teilchen in einem Volumen nur vom Druck und der Temperatur abhängt, verdrängen

die Wassermoleküle (Molmasse: 18 g) in feuchter Luft die sonst mehr vorhandenen Stickstoff-(Molmasse: 28 g) und Sauerstoffmoleküle (Molmasse 32 g). Da die Wassermoleküle kleinere Masse haben, sinkt die Luftdichte mit steigender Feuchtigkeit.

5. Zahl der Freiheitsgrade: zwei für Translation, einer für Rotation, einer für Schwingung. Die mittlere kinetische Energie ist also: $4/2 \cdot k_B \cdot T$.

6. Das Meer hat eine hohe Wärmekapazität und ändert deshalb seine Temperatur nur langsam.

7. Besonders schnelle Wassermoleküle werden die Wasseroberfläche verlassen und in die Luft gehen. Von dort können sie auch wieder zurückkehren. Es stellt sich ein Fließgleichgewicht mit dem für die Temperatur geltenden Dampfdruck in der Luft ein (100 % Luftfeuchte).

8. Ja. Man muss mit dem Luftdruck unter den Dampfdruck von Wasser bei Zimmertemperatur (2400 Pa).

9. Nein. Wenn Wasser kocht, hat es bei Normaldruck 100 °C, egal wie stark es kocht.

10. Die Bindungskräfte zwischen den Molekülen sind schwächer.

11. An heißen Tagen gibt der Mensch überschüssige Wärme ab, indem er Schweiß verdampft. Bei 100 % Luftfeuchte geht das nicht mehr.

12. Besser bei konstantem Volumen. Dann müssen Sie nur die innere Energie liefern, bei konstantem Druck auch noch die Volumenarbeit der Auslenkung.

13. Der Behälter mit weniger Wasser wird heißer. Da der Wärmeverlust proportional mit der Temperaturdifferenz geht, verliert er die Wärme auch schneller.

14. Besser gleich, denn dann sinkt die Temperatur gleich ein Stück und der Kaffee verliert die Wärme danach langsamer.

15. Weil das Fell die Konvektion direkt am Körper verhindert und auch die Abstrahlung reduziert, da die Felloberfläche nahe der Umgebungstemperatur bleibt. Unsere Kleidung wirkt genauso.

16. Weil sofort kräftige Konvektion einsetzt.

17. Weil die Strahlung von der Sonne das Thermometer sonst viel zu stark erwärmt.

18. Nein, im Gegenteil, der Kühlschrank heizt, da dann der Kompressor dauernd läuft und Wärme abgibt.

A.3.10. Lösungen der Aufgaben

5.1 $\Delta T = 55$ K; linearer Ausdehnungskoeffizient von Stahl: $\alpha_{Fe} = 1{,}2 \cdot 10^{-5}$ K^{-1}. $\Delta l = \alpha_{Fe} \cdot \Delta T \cdot 135\,m = 89$ mm.

5.2 Umfang der Erde: $2\pi \cdot 6{,}38 \cdot 10^6$ m $= 4{,}0 \cdot 10^7$ m. Verlängerung des Stahlbandes bei $\Delta T = 10$ K: $\Delta l = \alpha_{Fe} \cdot \Delta T \cdot 4{,}0 \cdot 10^7$ m $= 4800$ m. Das gibt eine Radiusänderung von $\Delta r = \frac{4800\,m}{2\pi} = 764$ m. So hoch würde das Stahlband schweben.

5.3 Das Molvolumen ist 22,4 l. Ein Mol sind $6{,}02 \cdot 10^{23}$ Moleküle. Mittlere Molekülmasse: $m = \frac{1{,}293\,g \cdot 22{,}4}{6{,}02 \cdot 10^{23}} = 4{,}81 \cdot 10^{-23}$ g.

5.4 Schokolade: 2300 kJ $= 0{,}64$ kWh kosten 70 Cent. Steckdose: 1 kWh kostet 40 Cent. Die Schokolade knapp doppelt so teuer.

5.5 Die Temperatur ist proportional zur kinetischen Energie der Moleküle, also proportional zum Geschwindigkeitsquadrat. Doppelte Geschwindigkeit heißt viermal höhere Temperatur (absolut). 0 °C entspricht 273 K. $4 \cdot 273$ K $= 1092$ K entspricht 819 °C.

A.3.10.1. Dampfdruck

5.6 Aus ◻ Abb. 5.18 kann man ablesen $p \approx 0{,}7 \cdot 10^5$ Pa. Das ist in etwa der Luftdruck auf einem 3000 m hohen Berg.

5.7 Sättigungsdampfdruck bei 20 °C: 23,4 hPa; 52 % davon: 12,2 hPa. An der Fensteroberfläche ist dies die Sättigungsdampfdichte, also ist ihre Temperatur höchstens 10 °C.

5.8 Sättigungsdampfdichte bei 20 °C: $17{,}3\,\mu g/ml = 17{,}3\,g/m^3$. In die Luft des Raumes gehen also maximal $17{,}3\,g/m^3 \cdot 680\,m^3 = 11{,}8$ kg Wasser hinein. 80 % davon sind schon drin, 20 %, entsprechend 2,4 kg, gehen noch hinein.

A.3.10.2. Gasgesetz

5.9 Gasgesetz: $p \cdot V = p \cdot \sqrt{V} \cdot \sqrt{V} = n \cdot R \cdot T$. Da $p \cdot \sqrt{V}$ konstant bleibt, gilt: $\frac{n \cdot R \cdot T}{\sqrt{V}}$ bleibt konstant. Also $T \sim \sqrt{V}$.

5.10 $p \cdot V$ ist bei konstanter Temperatur proportional zur Gasmenge, also sind noch $100\,\% \cdot 5 \cdot 10^5\,\text{Pa}/28 \cdot 10^5\,\text{Pa} = 18\,\%$ in der Flasche. Das entnommene Gas füllt ein Volumen von $50\,\text{l} \cdot 23 = 1150\,\text{l}$. Ein Ballon hat ein Volumen von $\frac{4}{3}\pi \cdot r^3 = 14{,}1\,\text{l}$. Macht etwa 80 Ballons.

5.11 Der Druck sinkt auf $p_2 = \frac{280\,\text{K}}{293\,\text{K}} \cdot 10^5\,\text{Pa} = 0{,}9556 \cdot 10^5\,\text{Pa}$. Der Differenzdruck zwischen Innen und außen ist dann: $\Delta p = 4{,}4 \cdot 10^3\,\text{Pa}$. Kraft auf die Tür $F = \Delta p \cdot 0{,}32\,\text{m}^2 = 1420\,\text{N}$. Da muss man sich schon heftig stemmen. Bei konstantem Druck passt bei 7 °C $\frac{293\,\text{K}}{280\,\text{K}} = 1{,}0464$ mal mehr Luft in den Schrank als bei 20 °C. Die Volumendifferenz ist $\Delta V = 0{,}0464 \cdot 155\,\text{l} = 7{,}2\,\text{l}$.

5.12 Bei 10^5 Pa gehen in 22,4 l ein Mol Gas. In einen Kubikzentimeter gehen dann $\frac{0{,}001\,\text{l}}{22{,}4\,\text{l}} \cdot 6{,}02 \cdot 10^{23} = 2{,}7 \cdot 10^{19}$ Moleküle. Ist der Druck 14 Größenordnungen kleiner, so ist es auch die Zahl der Moleküle: N pro $\text{cm}^3 = 270.000$. Immer noch ganz schön viele.

5.13 Bei konstanter Temperatur bleibt auch die innere Energie, also die kinetische Energie der Moleküle konstant. Die gesamte geleistete Arbeit muss also als Wärme zugeführt werden.

A.3.10.3. Wärmekapazität

5.14 $c(\text{H}_2\text{O}) = \frac{U_0 \cdot I_0 \cdot \Delta t}{m(T_2 - T_1)} = \frac{47\,\text{W} \cdot 50\,\text{s}}{200\,\text{g} \cdot 2{,}8\,\text{K}}$
$= 4{,}2\,\frac{\text{J}}{\text{g} \cdot \text{K}}$

5.15 $\Delta t = \frac{c(\text{H}_2\text{O}) \cdot 250\,\text{g} \cdot 30\,\text{K}}{350\,\text{W}} = 90\,\text{s}$.

5.16 Die innere Energie jeder Komponente ist $m \cdot c \cdot T$. Die gesamte innere Energie bleibt beim mischen erhalten: $m_1 \cdot c_1 \cdot T_1 + m_2 \cdot c_2 \cdot T_2 = (m_1 + m_2) \cdot c_{\text{ges}} \cdot T$. Die Wärmekapazität der Mischung ergibt

sich aus dem Mischungsverhältnis: $c_{\text{ges}} = \frac{m_1 \cdot c_1 + m_2 \cdot c_2}{m_1 + m_2}$; Also: $T = \frac{m_1 \cdot c_1 \cdot T_1 + m_2 \cdot c_2 \cdot T_1}{m_1 c_1 + m_2 \cdot c_2}$.

5.17 $m(\text{CU}) \cdot c(\text{CU}) \cdot (T_3 - T_1) = m(\text{H}_2\text{O}) \cdot c(\text{H}_2\text{O}) \cdot (T_2 - T_1)$; nach $c(\text{Cu})$ auflösen.

5.18 Das Bier muss auf 37 °C. Pro Gramm benötigte Energie $W = c(\text{H}_2\text{O}) \cdot 29\,\text{K} \cdot 1\,\text{g} = 122\,\text{J}$. Das sind etwa 6,5 % von 1880 J.

5.19 a) Erwärmungsgeschwindigkeit, wenn der Mensch im Wesentlichen aus Wasser ist: $\frac{\Delta T}{\Delta t} = \frac{P}{m \cdot c(\text{H}_2\text{O})} = \frac{80\,\text{W}}{70\,\text{kg} \cdot 4200\,\frac{\text{J}}{\text{kg} \cdot \text{K}}}$
$= 2{,}7 \cdot 10^{-4}\,\frac{\text{K}}{\text{s}} \approx 1\,\frac{\text{K}}{\text{h}}$.
b) Spez. Verdampfungsenthalpie von Wasser (siehe Anhang): $c_s = 2{,}4\,\text{kJ/g}$. Wasserstrom: $\frac{\Delta m}{\Delta t} = \frac{80\,\text{J/s}}{2400\,\text{J/g}} = 0{,}033\,\frac{\text{g}}{\text{s}} = 120\,\frac{\text{g}}{\text{h}}$.

5.20 Leistung $P_0 = 1{,}6\,\text{W}$; Nutzeffekt $\eta = 0{,}25$; benötigte Energiezufuhr: $P = P_0/\eta = 6{,}4\,\text{W}$. Heizwert Glukose $H_G = 17\,\text{kJ/g}$; benötigter Massenstrom der Glukose: $\frac{\Delta m}{\Delta t} = \frac{P}{H_G} = 0{,}38\,\text{mg/s}$. Konzentration der Glukose im Blut: $c = 1\,\text{mg/ml} = 1\,\text{mg/cm}^3$; erforderlicher Blutstrom: $I = 0{,}38\,\text{cm}^3/\text{s}$. Dicke der Membran: $\Delta x = 0{,}01\,\text{cm}$; Konzentrationsgradient der Glukose: $c' = \frac{c}{\Delta x} = 100\,\text{mg/cm}^4$. Diffusionskonstante der Glukose: $D \approx 10^{-6}\,\text{cm}^2/\text{s}$; Diffusionsstromdichte $j = D \cdot c = 10^{-4}\,\frac{\text{mg}}{\text{cm}^2 \cdot \text{s}}$; benötigte Fläche: $A = \frac{\Delta m/\Delta t}{j} = 4000\,\text{cm}^2 = 0{,}4\,\text{m}^2$.

A.3.10.4. Wärmeaustausch

5.21 Für die eingestrahlte Leistung ist die Querschnittsfläche der Erde maßgeblich: $P_{\text{ein}} = 1000\,\frac{\text{W}}{\text{m}^2} \cdot \pi \cdot r_E^2$. Für die abgestrahlte Leistung ist mit dem Stefan-Boltzmann-Gesetz die gesamte Erdoberfläche maßgeblich: $P_{\text{aus}} = \sigma \cdot 4\pi r_E^2 \cdot T^4$. Das ergibt:

$$T^4 = \frac{1000\,\text{W/m}^2 \cdot \pi r_E^2}{\sigma \cdot 4\pi r_E^2}$$
$$= \frac{1000\,\text{W/m}^2}{4 \cdot \sigma} = 4{,}41 \cdot 10^9\,\text{K}^4$$

Die Temperatur der strahlenden Oberfläche ergibt sich daraus zu $T = 258\,\text{K} = -15\,°\text{C}$. Die mittlere Temperatur der Erdoberfläche wird mit derzeit 5 °C angegeben (Tendenz steigend). Das ist aber die Temperatur in der Biosphäre. Die abstrahlende Oberfläche wird aber nicht unwesentlich durch die viel kälteren Wolken gebildet, sodass das Rechenergebnis erstaunlich präzise erscheint.

A.3.10.5. Wärmekraftmaschinen

5.22 Anfangstemperatur:

$$T_0 = \frac{p_0 \cdot V_0}{2 \text{ mol} \cdot R} = 24{,}3 \text{ K}, T_1 = T_0$$

Schritt 1:

$$W = 2 \text{ mol} \cdot R \cdot T_0 \cdot \ln \frac{V_1}{V_0} = 280 \text{ J}$$

$Q = W$, da die innere Energie konstant bleibt.
Schritt 2:

$$T_2 = \frac{p_0 \cdot V_1}{2 \text{ mol} \cdot R} = 48{,}6 \text{ K}$$

$W = 0$, da keine Volumenänderung.

$$Q = \frac{3}{2} R \cdot 2 \text{ mol} \cdot (T_2 - T_0) = 606 \text{ J}$$

Schritt 3:
$W = -p_0 \cdot \Delta V = 400 \text{ J}$
$Q = \Delta U - W = -606 \text{ J} - 400 \text{ J} = -1006 \text{ J}$

5.23 Entropie

$$\eta = \frac{293 \text{ K} - 90 \text{ K}}{293 \text{ K}} = 0{,}69.$$

5.24 Die gesamte kinetische Energie wird in Wärme umgewandelt. Dies geschieht zwar nicht reversibel, aber wenn die Entropie ansteigt, spielt das keine Rolle.
$\Delta S = \frac{W_{\text{kin}}}{T} = \frac{8{,}5 \cdot 10^5 \text{ J}}{293 \text{ K}} = 2900 \text{ J/K}.$

A.3.11. 6. Elektrizitätslehre

A.3.11.1. Antworten auf die Verständnisfragen

1. Die Gravitationskraft ist zu schwach und die meisten Objekte sind elektrisch neutral, sodass auch keine elektrostatischen Kräfte wirken.

2. Im Feld der Ladung werden die Papierschnitzel polarisiert und dann, weil es inhomogen ist, auch angezogen. Springt beim Berühren mit dem Kamm Ladung auf den Papierschnitzel über, wird er gleich wieder abgestoßen.

3. Elektrische Feldlinien beschreiben die resultierende Kraftwirkung auf eine Ladung. Die hat nur eine eindeutige Richtung.

4. Das Feld ist dort Null, sonst kann das Potenzial nicht konstant sein.

5. Die Ladung sind immer gleich, denn die Gesamtneutralität muss gewahrt bleiben. Batterien können keine Überschussladung herbeizaubern.

6. Ja, sie wird größer, denn es muss Arbeit geleistet werden und der Feldgefüllte Raum nimmt zu.

7. Nein, denn nur hoher Strom ist gefährlich. Zur Rettung müssen Sie auch wieder abspringen und dürfen nicht gleichzeitig Leitung und etwas Geerdetes berühren.

8. Weil sonst die Isolierung der Luft nicht mehr zuverlässig ist. An ungünstigen stellen kann die Durchbruchfeldstärke (ca. 10^6 V/m) erreicht werden.

9. Weil die Leitungselektronen nicht nur Strom, sondern auch wärme transportieren.

10. Weil bei gleicher Potenzialdifferenz zwischen den Drahtenden das den Strom antreibende Feld im längeren Draht kleiner ist.

11. Bei Parallelschaltung wird es heller, da dann an beiden Glühbirnen eine höhere Spannung anliegt. Es sei denn, die Birnen brennen dann schon durch.

12. An einer Stelle des Glühdrahtes, die zufällig etwas dünner ist, wird es besonders heiß, da dort der Widerstand etwas höher ist, mehr Spannung abfällt und mehr Leistung umgesetzt wird. Durch die höhere Temperatur steigt der Widerstand an dieser Stelle und ein Teufelskreis beginnt, der den Draht dort zum Schmelzen bringt.

13. Es geht genauso viel Strom rein wie raus: Strom verbraucht er nicht. Er setzt elektrische Energie in Wärme um, eine Ener-

gieform mit niedrigerer Entropie in eine Energieform mit höherer Entropie um, die schlechter genutzt werden kann.

14. Da die Batterie ja außerdem noch eine Nennspannung hat, gibt die Multiplikation dieser mit den Amperestunden eine Energie an, den Energiegehalt der Batterie.

15. Eine Lorenzkraft wirkt ja nicht. Aber wenn sich das Magnetfeld ändert, entsteht durch Induktion ein elektrisches Feld, das das Elektron in Bewegung setzt.

16. Die Oberfläche wird aus magnetisch hartem Material gemacht, da die Magnetisierung ja stabil erhalten bleiben soll bis zur nächsten Beschriftung.

17. Eisen wird im Magnetfeld des Magneten magnetisiert, also selbst zu einem Magneten, automatisch mit der zur Anziehung passenden Polarität. Nur Magnete ziehen sich an. Schwächer geht es auch mit Kobalt.

A.3.12. Lösungen der Aufgaben

A.3.12.1. Strom, Spannung, Leistung

6.1 Alle gleiche Richtung: 18 V; eine in Gegenrichtung: 9 V; zwei in Gegenrichtung: 0 V.

6.2 Fernsehempfänger: $I = \frac{P}{U} = \frac{125\,\text{W}}{230\,\text{V}} = 0{,}54\,\text{A}$.
Röntgenröhre: $P = 8 \cdot 10^4\,\text{V} \cdot 5 \cdot 10^{-3}\,\text{A} = 400\,\text{W}$

6.3 Ein Jahr brennen lassen: $W = 365 \cdot 24\,\text{h} \cdot 40\,\text{W} = 350\,\text{kWh}$, macht 140 Euro.

6.4 Eine 100 W-Birne zieht 0,43 A. Also kann man mit 16 A 36 solche Glühbirnen betreiben.

6.5 Der Akku kann bei 12 V eine Stunde lang 45 A abgeben:
$W = 540\,\text{Wh} = 0{,}54\,\text{kWh} = 1{,}94 \cdot 10^6\,\text{J}$.

6.6 Leistungsaufnahme des Motors:
$P = F \cdot v = 240\,\text{N} \cdot 11{,}1\,\text{m/s} = 2{,}66\,\text{kW}$.
Energie in den Batterien: $W = 26 \cdot 0{,}54\,\text{kWh} = 14{,}4\,\text{kWh}$. Das Auto könnte 5,4 h fahren.

6.7 $U_S = \sqrt{2} \cdot 230\,\text{V} = 325\,\text{V}$;
$\omega = 2\pi \cdot 50\,\text{Hz} = 314\,\text{s}^{-1}$.

A.3.12.2. Widerstand

6.8 Das Ohm'sche Gesetz besagt: R = konstant (unabhängig von U), folglich ist auch der Leitwert G konstant und auch die Leitfähigkeit $\sigma = e_0 \cdot n \cdot \mu \cdot e_0$ ist eine Naturkonstante, n eine Materialkonstante, also muss auch μ konstant sein.

6.9 An jeder Birne liegt ein Achtel der Spannung: 28,75 V. Der Widerstand ist $R = \frac{28{,}75\,\text{V}}{0{,}4\,\text{A}} = 72\,\Omega$ und die Leistungsaufnahme $P = 28{,}75\,\text{V} \cdot 0{,}4\,\text{A} = 11{,}5\,\text{W}$.

6.10 In der Reihenfolge der Schwierigkeit:

Schaltung	Leitwert	Widerstand	Rangplatz
a)		$4R$	8
g)	$4G$	$\frac{1}{4}R$	1
b)		$2\frac{1}{2}R$	7
c)		R	4
h)	$2\frac{1}{2}G$	$0{,}4R$	2
e)	$(1 + \frac{1}{3})G$	$0{,}75R$	3
f)		$(1 + \frac{1}{3})R$	5
d)		$(1 + \frac{2}{3})R$	6

6.11 a) Der Spannungsteiler ist genau in der Mitte geteilt, liefert also 30 V.
b) Eine Parallelschaltung von zwei 3 kΩ Widerständen liefert den halben Widerstandswert: 1,5 kΩ. Dieser ist mit 3 kΩ in Reihe geschaltet. Das liefert eine Spannung von: $U = \frac{1{,}5\,k\Omega}{3\,k\Omega + 1{,}5\,k\Omega} 60\,\text{V} = 20\,\text{V}$.

6.12 $R_4 = R_3 \cdot \frac{R_2}{R_1} = 4249\,\Omega$

6.13 (1): -6 V; (2): 0 V; (3): $+3$ V; (4): $+4$ V.

6.14 Bei konstanter Spannung kann die Leistung angegeben werden: $P = \frac{U^2}{R}$. Wenn die Leistung bei Reihenschaltung ein viertel jener bei Parallelschaltung ist, so muss bei Reihenschaltung der Widerstand viermal so hoch sein. Das ist er gerade, wenn beide Widerstände gleich sind.

6.15 $R_i = \frac{12\text{V}-10\text{V}}{60\text{ A}} = 0{,}033\ \Omega$; Anlasser: $R_\text{A} = \frac{10\text{ V}}{60\text{ A}} = 0{,}166\ \Omega$.

6.16 Widerstand der Glühbirne: $R_\text{G} = \frac{U^2}{P} = \frac{144\text{ V}^2}{50\text{ W}} = 2{,}9\ \Omega$. Vorwiderstand

$$R_\text{V}: \frac{R_\text{G}}{R_\text{V}} = \frac{12\text{ V}}{110\text{ V} - 12\text{ V}}$$
$$\Rightarrow R_\text{V} = 23{,}7\ \Omega$$

Damit ergibt sich ein Strom von $I = \frac{110\text{ V}}{26{,}6\ \Omega} = 4{,}1$ A und eine Leistung im Vorwiderstand von $P = U \cdot I = 98\text{ V} \cdot 4{,}1\text{ A} = 401$ W. Im Vorwiderstand wurde achtmal so viel Leistung verbraten wie in der Glühbirne; eine beachtliche Energieverschwendung.

A.3.12.3. Feld und Potenzial

6.17 siehe ◻ Abb. A.3

6.18 $E = \frac{7 \cdot 10^{-2}\ \text{V}}{5 \cdot 10^{-9}\ \text{m}} = 1{,}4 \cdot 10^7\,\frac{\text{V}}{\text{m}}$. Das ist größer als die Durchschlagfeldstärke in Luft!

6.19 Ein Dipol richtet sich in einem Feld so aus, dass seine Ladungsschwerpunkte auseinander gezogen werden. Im inhomogenen Feld begibt sich deshalb diejenige Ladung in das Gebiet höherer Feldstärke, die in Richtung der noch höheren Feldstärke gezogen wird.

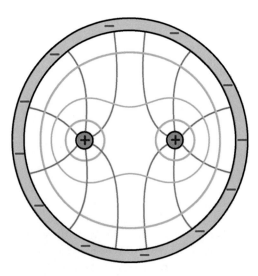

◻ **Abb. A.3** zu Lösung 3.17

6.20 Einheit Ladung: As; Einheit Feld: V/m; Kraft: $F = Q \cdot E$, also Einheit:

$$\frac{\text{As} \cdot \text{V}}{\text{m}} = \frac{\text{Ws}}{\text{m}} = \frac{\text{J}}{\text{m}} = \frac{\text{Nm}}{\text{m}} = \text{N}.$$

6.21 $F_\text{C} = \frac{1}{4\pi\varepsilon_0} \cdot \frac{26 \cdot e_0^2}{r^2}$
$$= 9{,}0 \cdot 10^9\,\frac{\text{Vm}}{\text{As}} \cdot \frac{26 \cdot \left(1{,}6 \cdot 19^{-19}\ \text{As}\right)^2}{\left(1{,}5 \cdot 10^{-12}\ \text{m}\right)^2}$$
$$= 2{,}66 \cdot 10^{-3}\ \text{N}.$$

6.22 Aus der Kraft ergibt sich für das Produkt der beiden Ladungen:

$$Q_1 \cdot Q_2 = \frac{12\text{N} \cdot (1\text{ m})^2}{9 \cdot 10^9\,\frac{\text{Vm}}{\text{As}}}$$
$$= 1{,}33 \cdot 10^{-9}(\text{As})^2.$$

Außerdem ist $Q_1 + Q_2 = 80 \cdot 10^{-6}$ As. Kombinieren führt auf die quadratische Gleichung:
$Q_1^2 - 80\mu\text{As} \cdot Q_1 + 1{,}33 \cdot 10^{-9}(\text{As})^2 = 0$. Lösung; $Q_1 = 40\ \mu\text{As} \pm 16{,}4\ \mu\text{As}$. Für Q_2 gilt entsprechendes.

6.23 Zwischen zwei Ladungen wirkt jeweils eine Kraft mit dem Betrag:
$F_1 = 9 \cdot 10^9\,\frac{\text{Vm}}{\text{As}} \frac{\left(11 \cdot 10^{-6}\ \text{As}\right)^2}{(0{,}1\text{ m})^2} = 109$ N. Auf jede Ladung wirken zwei Kräfte dieses Betrags, die einen Winkel von 60° zueinander haben. Vektoraddition gibt eine resultierende Kraft von: $F_\text{res} = 2 \cdot F_1 \cdot \cos 30° = 189$ N.

6.24 Das Potenzial in 5,5cm Abstand von einer punktförmigen Ladung mit 7,5 μAs Ladung beträgt: $U = 9 \cdot 10^9\,\frac{\text{Vm}}{\text{As}}\frac{7{,}5 \cdot 10^{-6}\ \text{As}}{0{,}055\text{ m}} = 1{,}23 \cdot 10^6\text{V}$. Die beiden Ladungen starten also mit der potentiellen Energie: $W_\text{pot} = Q \cdot U = 9{,}2$ J, die sie vollständig in kinetische Energie umwandeln: $W_\text{pot} = 2 \cdot \frac{m}{2}v^2 \Rightarrow v = 96$ m/s.

6.25 Am besten stellt man es sich schrittweise vor: Wir sind bei einer der drei Ladungen und führen zunächst eine weitere an diese Ladung heran. Das Potenzial 10 cm von einer Ladung ist $U = 9 \cdot 10^9\,\frac{\text{Vm}}{\text{As}}\frac{11\mu\text{As}}{0{,}1\text{ m}} = 9{,}9 \cdot 10^5$ V. Es muss die Arbeit $W = W_\text{pot} = Q \cdot U = 11\ \mu\text{As} \cdot U = 10{,}9$ J geleistet werden. Die dritte Ladung muss dann gegen die abstoßende Kraft der ersten und der zweiten Ladung an ihren Platz gebracht werden. Das Potenzial dort ist jetzt doppelt so groß wie eben und es muss die doppelte Arbeit geleistet werden. Insgesamt ist die Arbeit also $W = 3 \cdot 10{,}9\,\text{J} = 32{,}7\,\text{J}$.

6.26 $\frac{m_e}{2}v^2 = e_0 \cdot 2000\,\text{V} \Rightarrow v = 2{,}6 \cdot 10^7\,\text{m/s}$. Das ist immerhin ein Zehntel der Lichtgeschwindigkeit. Wir konnten noch gerade ohne relativistische Korrektur rechnen.

6.27 Zwei Meter Höhenunterschied bedeuten eine Potenzialdifferenz von 300 V. Der Verlust an potentieller Energie für die geladenen Bälle ist:

$$\Delta W_{\text{pot}} = m \cdot g \cdot 2\text{m} + Q \cdot 300\,\text{V}$$
$$= 10{,}59\,\text{J} + 0{,}16\,\text{J} = 10{,}75\,\text{J}$$

für den positiv geladenen Ball und 10,44 J für den negativ geladenen Ball. Die potentielle Energie wird in kinetische umgewandelt: Geschwindigkeiten: $v_+ = 6{,}31\,\text{m/s}$ und $v_- = 6{,}22\,\text{m/s}$. Differenz: 0,09 m/s.

A.3.12.4. Kondensator

6.28 Da $C = \frac{Q}{U}$ für beliebige Ladungen und Spannungen gilt, gilt auch

$$C = \frac{\Delta Q}{\Delta U} = \frac{15\mu\text{C}}{24\,\text{V}} = 0{,}62\mu\text{F}.$$

6.29 Feld im Kondensator:

$$E = \frac{1}{\varepsilon_0}\frac{Q}{A}$$
$$\Rightarrow Q = 3 \cdot 10^6 \frac{\text{V}}{\text{m}} \cdot 8{,}85 \cdot 10^{-12}\frac{\text{As}}{\text{Vm}}$$
$$\cdot 0{,}005\,\text{m}^2 = 1{,}33 \cdot 10^{-7}\,\text{As}$$

6.30 a) Die Ladung auf den Platten bleibt gleich. Deshalb geht das Feld um einen Faktor 2 herunter und damit auch die Spannung. Die Kapazität geht um einen Faktor 2 herauf.

b) Die Spannung bleibt konstant und also auch das Feld. Damit das Feld konstant

bleiben kann, muss die Ladung einen Faktor 2 heraufgehen. Für die Kapazität gilt natürlich das Gleiche wie unter a).

6.31 Die Ausgangskapazität ist: $C_0 = \varepsilon_0 \cdot \frac{A}{d_0} = 1{,}1 \cdot 10^{-13}\,\text{F} = 0{,}11\,\text{pF}$. Wir müssen die Taste nun soweit zusammendrücken, dass sich 0,36 pF ergeben: $d_1 = \varepsilon_0 \cdot \frac{A}{0{,}36\,\text{pF}} = 1{,}2\,\text{mm}$. Die Taste muss also 2,8 mm heruntergedrückt werden.

6.32 Die Ladung $Q = C \cdot U$ bleibt konstant. Die Kapazität C_2 addiert sich zu der Kapazität Leerstelle $C_1 = 7{,}7\,\mu\text{F}$ dazu. Dadurch sinkt die Spannung von 125 V auf 110 V. Also: $C_1 \cdot 125\,\text{V} = (C_1 + C_2) \cdot 110\,\text{V}$

$$\Rightarrow C_2 = \frac{C_1 \cdot 15\,\text{V}}{110\,\text{V}} = 1{,}05\,\mu\text{F}.$$

6.33 a) Doppelte Spannung bedeutet doppelte Ladung und Feldstärke: vierfache Energie

b) Vierfache Energie

c) Doppelter Plattenabstand bedeutet halbe Kapazität und bei gleicher Spannung halbe Ladung: Energie halbiert.

6.34 Um das Wasser zu erhitzen brauchen wir

$$W = m \cdot c(\text{H}_2\text{O}) \cdot \Delta T$$
$$= 2{,}5\,\text{kg} \cdot 4{,}2 \cdot 10^3 \frac{\text{J}}{\text{kg} \cdot \text{K}} \cdot 75\,\text{K}$$
$$= 787\,\text{kJ}.$$

Energie im Kondensator:

$$W = \frac{1}{2}C \cdot U^2 \Rightarrow U = \sqrt{\frac{2W}{C}} = 627\,\text{V}.$$

6.35 $f^* = 50\,\text{Hz}$; $\quad \omega^* = 2\pi \cdot 50\,\text{s}^{-1} = 314\,\text{s}^{-1}$; $R_C = R_R = 10^4\,\text{V/A}$;

$$C = \frac{1}{\omega^* \cdot R_C} = 0{,}318\,\mu\text{F}.$$

A.3.12.5. Stromleitung, Elektrochemie

6.36 Die Stromdichte ist $j = \frac{I}{A} = e_0 \cdot n_e \cdot v_d$. Um daraus die Driftgeschwindigkeit v_d

zu gewinnen, müssen wir die Leitungs-elektronendichte n_e wissen. Jedes Kup-feratom spaltet etwa ein Leitungselektron ab:

$$n_e = \frac{\rho(Cu)}{M(Cu)} \cdot N_A$$

$$= \frac{8.93 \text{g/cm}^3}{63,54 \text{g/mol}} \cdot 6,02 \cdot 10^{23} \text{mol}^{-1}$$

$$= 8,41 \cdot 10^{22} \text{cm}^{-3}.$$

Der Strom ist $I = \frac{60 \text{ W}}{230 \text{ V}} = 0,26$ A und die Stromdichte $j = \frac{I}{A} = 0,35 \text{ A/mm}^2 = 35 \text{ A/cm}^2$. Also $v_d = \frac{j}{e_0 \cdot n_e} = 0,0026 \text{ cm/s}$. Das ist ganz schön langsam.

6.37 Strom $I = \frac{1 \text{W}}{3 \text{V} \cdot 1 \text{s}} = 0,33 \text{A} = 2,1 \cdot 10^{18} \cdot \frac{e_0}{1 \text{s}}$

6.38 $M(H_2O) = 18$ g/mol; $\rho(H_2O) = 1000$ g/l. Stoffmengendichte: $c_n(H_2O) = \frac{\rho}{M} = 55,6$ mol/l. $c_n(H^+) = x_D \cdot c_n(H_2O) = 1,06 \cdot 10^{-7}$ mol/l, was pH 7 entspricht.

6.39 Nur dimensionslose Zahlen können loga-rithmiert werden; $c_n(H^+)$ zunächst durch die Einheit teilen. Dann bedeutet pH 2,5: $\lg(c_n \cdot 1/\text{mol}) = -2,5$; $c_n \cdot 1/\text{mol} = 10^{-2,5} = 3,16 \cdot 10^{-3}$, also $c_n(H^+) = 3,16$ mmol/l.

6.40 m_M (Ag) $= F \cdot \Delta m/\Delta Q = 107,87$ g/mol M (Ag) $= e_0 \cdot \Delta m/\Delta Q = 1,7911 \cdot 10^{-25}$ kg

A.3.12.6. Magnetfeld

6.41 Das Magnetfeld verschwindet längs ei-ner Linie parallel zum Draht, wo das vom Draht erzeugte Magnetfeld mit gerade der gleichen Magnetfeldstärke dem äußeren Feld entgegensteht. Die Linie hat den Ab-stand r:

$$B = 10^{-4} \text{T} = \frac{\mu_0 \cdot I}{2\pi \cdot r}$$

$$\Rightarrow r = \frac{1,26 \cdot 10^{-6} \frac{\text{Vs}}{\text{Am}} \cdot 5 \text{A}}{2\pi \cdot 10^{-4} \text{ T}} = 1 \text{ cm}.$$

6.42 Der Punkt genau zwischen den Drähten hat von beiden den Abstand 10 cm. Der größere Strom erzeugt dort eine Feldstär-ke $B_1 = \frac{\mu_0 \cdot 20 \text{ A}}{2\pi \cdot 0,1 \text{ m}} = 4 \cdot 10^{-5}$ T und der kleine Strom: $B_2 = 1 \cdot 10^{-5}$ T. Da die von den Drähten erzeugten Felder senkrecht auf-einander stehen, muss vektoriell addiert

werden, was auf den Pythagoras hinaus-läuft: $B = \sqrt{B_1^2 + B_2^2} = 4,1 \cdot 10^{-5}$ T.

6.43 Feld am Ort des zweiten Drahtes:

$$B = \frac{\mu_0 \cdot 12 \text{ A}}{2\pi \cdot (0,07 \text{ m})^2} = 3,44 \cdot 10^{-5} \text{ T}.$$

Kraft auf den zweiten Draht:
$F_L = 8,8 \cdot 10^{-4}$ N $= 1$ m $\cdot I_2 \cdot B \Rightarrow I_2 = 25,6$ A. Der Strom im zweiten Draht fließt in gleicher Richtung wie im ersten.

6.44 $F_L = Q \cdot v \cdot B = 155$ As $\cdot 120$ m/s $\cdot 5 \cdot 10^{-5}$ T $= 0,93$ N.

6.45 a) Die Lorentzkräfte liegen in der Ebe-ne des Draht-Quadrates und ziehen das Quadrat auseinander. Sie üben kein Dreh-moment aus.

b) Kraft auf 6 cm Drahtlänge: $F_L = 0,15$ N. Die Kräfte, die auf die senk-recht zu den Feldlinien laufenden Qua-dratseiten wirken, bilden ein Kräftepaar und üben ein Drehmoment $T = 6$ cm $\cdot F_L = 0,009$ Nm aus.

A.3.12.7. Induktion

6.46 $I_{ind} = \frac{U_{ind}}{R} = \frac{1}{25\Omega} \cdot 100 \cdot \text{A} \cdot \frac{\Delta B}{\Delta t} = 5$ mA.

6.47 siehe ◻ Abb. A.4

6.48 Für den magnetischen Fluss durch die Spule gilt: $\Phi(t) = (0,1 \text{ m})^2 \cdot 0,65$ T $\cdot \sin\omega \cdot t$. Die induzierte Spannung ist dann: $U_{ind} = 720 \cdot \frac{d\Phi}{dt} = 720 \cdot 6,5 \cdot 10^{-3}$ Tm$^2 \cdot \omega \cdot \cos\omega \cdot t$ Wenn der Effektivwert 50 V sein soll, ist der Spitzenwert $\sqrt{2} \cdot 50$ V $=$

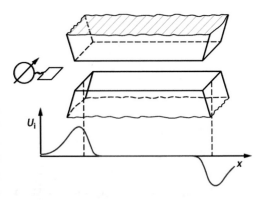

◻ **Abb. A.4 zu Lösung 6.47**

70,7 V. Also: $\omega = \frac{70,7\,\text{V}}{4,68\,\text{Tm}^2} = 15\,\text{s}^{-1}$. Das sind 2,4 Umdrehungen pro Sekunde.

6.49 $U_S = \frac{n_S}{n_P}230\,\text{V}$;

    a) $n_P = 500$; $n_S = 25.000$; $U_S = 11,5\,\text{kV}$;

    b) $n_P = 1000$; $n_S = 24$; $U_s = 5,52\,\text{V}$.

A.3.12.8. Schwingkreis

6.50

Federpendel	Schwingkreis
$m \cdot \frac{d^2 x}{d^2 t} + D \cdot x = 0$	$L \cdot \frac{d^2 Q}{d^2 t} + Q/C = 0$
x	Q
$\frac{dx}{dt} = v$	$\frac{dQ}{dt} = I$
Potentielle Energie der gespannten Feder	Elektrische Energie des geladenen Kondensators
$W_{\text{pot}} = \frac{1}{2}D \cdot x^2$	$W_{\text{el}} = \frac{1}{2}Q^2/C$
Kinetische Energie der Pendelmasse	Magnetische Energie der stromdurchflossenen Spule
$W_{\text{kin}}\frac{1}{2}m \cdot v^2$	$W = \frac{1}{2}L \cdot I^2$

A.3.13. 7. Optik

A.3.13.1. Antworten auf die Verständnisfragen

1. Schwarz wie auf dem Mond, da kein Sonnenlicht von Molekülen gestreut wird.

2. Es ändert sich die Lichtgeschwindigkeit und damit die Wellenlänge, da die Frequenz gleich bleibt. Außerdem ändern sich die elektrische und magnetische Feldstärke, also die Amplituden, da ein Teil des Lichtes an der Oberfläche reflektiert wird.

3. Weil das Wasser an seiner Oberfläche Licht reflektiert.

4. Ja das ginge. Das Eis würde gar nicht so schnell schmelzen, da das Sonnenlicht an der Linse nicht so eine hohe Intensität hat wie im Brennpunkt und weil das Eis nur wenig vom Licht absorbiert. Um ein Feuer zu bekommen, fokussiert man am besten auf dünnes schwarzes Papier.

5. Das reelle Bild auf der Netzhaut wird vor allem durch die vordere gekrümmte Hornhautoberfläche erzeugt. Ist dort Wasser statt Luft, wird die Brennweite viel länger als der Augendurchmesser und man kann nicht mehr scharf sehen.

6. Dann wird die Bildweite kürzer und die Gegenstandsweite muss länger werden. Die Linse muss also von der Folie wegbewegt werden.

7. Horizontal.

8. Wegen der langen Kohärenzlänge. Bei Licht von der Glühlampe darf der Gangunterschied der interferierenden Strahlen nur zwei bis drei Wellenlängen sein.

9. Schall und Licht werden an der Hausecke gebeugt. Da die Wellenlänge des Schalls aber Größenordnungen länger ist, wird der Schall stärker gebeugt und kann deshalb gut um die Ecke gehört werden.

10. Licht mit der kürzesten Wellenlänge, also blaues Licht.

11. Für eine hohe Auflösung muss die Linse oder der Spiegel möglichst großen Durchmesser haben. Modere Teleskope haben 8 bis 10 m Spiegeldurchmesser. So große Linsen kann man nicht bauen.

12. Man muss den Spalt doppelt so breit machen, denn für die Winkel der Interferenzordnungen kommt es auf das Verhältnis λ/a an.

A.3.14. Lösungen der Aufgaben

A.3.14.1. Geometrische Optik

7.1 Öffnungswinkel: $\omega = \frac{d}{r}$ mit Bündeldurchmesser $d = 4\,\text{km}$ und Abstand $r = 3,84 \cdot 10^5\,\text{km}$ (Radius der Mondbahn, siehe Anhang) $\omega \approx 10^{-5}\,\text{rad}$.

7.2 Antwort erhält man durch Zeichnung (Einfallswinkel gleich Ausfallswinkel):
a) $h = H/2$
b) von d unabhängig

7.3 $\sin \beta_{\text{grenz}} = \frac{1}{1,34} = 0,75 \Rightarrow \beta_{\text{grenz}} = 48,3°$.

7.4 Für die Reflexion gilt: Einfallswinkel gleich Ausfallswinkel. Also bedeutet die Forderung, dass der Einfallswinkel α_{ein} doppelt so groß ist wie der Winkel des gebrochenen Strahls α_{brech}. Brechungs-gesetz:

$$\frac{\sin \alpha_{\text{ein}}}{\sin \alpha_{\text{brech}}} = \frac{\sin 2\alpha_{\text{brech}}}{\sin \alpha_{\text{brech}}}$$

$$= \frac{2 \cdot \sin \alpha_{\text{brech}} \cdot \cos \alpha_{\text{brech}}}{\sin \alpha_{\text{brech}}}$$

$$= 2 \cdot \cos \alpha_{\text{brech}} = n = 1{,}52;$$

Also: $\alpha_{\text{brech}} = \arccos \; 0{,}76 = 41{,}4°$ und $\alpha_{\text{ein}} = 82{,}8°$.

7.5 Symmetrischer Strahlengang heißt: Bündel im Prisma parallel zu dessen Grundfläche, d. h. Winkel gegen brechende Fläche ist 60° und gegen deren Lot 30°. Folglich ist der Ausfallswinkel $\beta = 30°$. Brechzahl im Flintglas bei 633 nm (◻ Abb. 7.32): $n = 1{,}646$. Einfallswinkel α in Luft aus Brechungsgesetz: $\sin \alpha = n \cdot \sin \beta = 0{,}823 \Rightarrow \alpha = 55{,}4°$ Ablenkwinkel $\delta = 2 \cdot \alpha - 60° = 50{,}8°$.

7.6 Sie sehen ein verkleinertes virtuelles Bild (◻ Abb. 7.23 und 7.46 rechts).

A.3.14.2. Abbildung mit Linsen

7.7 Sie müssen auf drei Meter fokussieren. Der Spiegel liefert ein virtuelles Bild in diesem Abstand (◻ Abb. 7.22).

7.8 Für großes Gegenstandsweite g ist $\frac{G}{B} = \frac{g-f}{f} = \frac{g}{f} - 1 \approx \frac{g}{f}$. Das gilt auch für den Kehrwert: $\frac{B}{G} \approx \frac{f}{g} \sim f$ für konstantes g.

7.9 $\frac{B}{G} = \frac{0{,}24\,\text{m}}{22\,\text{m}} = \frac{f}{50\,\text{m}-f} \Rightarrow f = 54{,}4\,\text{mm}$.

7.10 Bildweite für $g = \infty$: $b = f = 135$ mm Bildweite für $g = 1{,}5$ m: $b = \left(\frac{1}{f} - \frac{1}{g}\right)^{-1} = 152$ mm Differenz: 17 mm

7.11 siehe ◻ Abb. A.5

7.12 $\frac{B}{G} = 2{,}75 = \frac{0{,}75\,\text{m}}{g - 0{,}75\,\text{m}} \Rightarrow g = 1{,}02$ m; $\frac{b}{g} = 2{,}75 \Rightarrow b = 2{,}81$ m; $g + b = 3{,}83$ m

7.13 Laut Anhang gilt: Sonnendurchmesser durch Erdradius $= 9{,}33 \cdot 10^{-3}$. Das kann in sehr guter Näherung als Sehwinkel in Radian gedeutet werden und entspricht 0,535°. Monddurchmesser/Mondbahnradius $= 9{,}06 \cdot 10^{-3}$ entspricht 0,519°. Erd- und Mondbahn sind keine genauen Kreise, die Abstände Erde – Sonne und Erde – Mond und die dazugehörigen Sehwinkel nicht genau konstant. Dadurch werden neben „ringförmigen" Sonnenfinsternissen auch „totale" Sonnenfinsternisse möglich, bei denen der relativ nahe Mond die Sonnenscheibe vollständig verdeckt.

7.14 Der Vergrößerungsfaktor $\Gamma = 8$ bedeutet die Reduktion der Sehweite (= Brennweite f der Lupe) auf ein achtel der Bezugssehweite von 25 cm: $f = 250/8 \,\text{mm} = 31{,}25\,\text{mm}$.

A.3.14.3. Strahlungsmessgrößen

7.15 Die Sonne strahl nach allen Seiten, also in den größtmöglichen Raumwinkel $\omega_{\text{max}} = 4\pi$.

7.16 Die Solarkonstante ist eine Strahlungsflussdichte und keine Bestrahlungsstärke,

◻ **Abb. A.5** zu Lösung 7.11

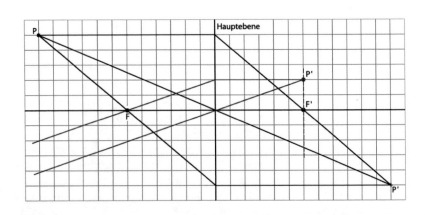

die den Einfallswinkel auf eine schräg gestellte Empfängerfläche berücksichtigen müsste.

7.17 Strahlungsleistung der Sonne: $P_S = \varphi_S \cdot A_R \cdot \varphi_S$ = extraterrestrische Solarkonstante im Abstand Erde – Sonne A_R = Oberfläche einer Kugel mit dem Radius R der Erdbahn.

Anhang:

$\varphi_S = 1{,}36\,\mathrm{kW/m^2}$
$R = 1{,}49 \cdot 10^{11}\,\mathrm{m}$
$A_R = 4\pi R^2 = 2{,}79 \cdot 10^{23}\,\mathrm{m^2}$
$P_S = 3{,}8 \cdot 10^{26}\,\mathrm{W}$.

26 Zehnerpotenzen werden von den Vorsilben zu den SI – Einheiten nicht mehr erfasst. Sie übersteigen menschliches Vorstellungsvermögen.

A.3.14.4. Wellenoptik

7.18 Brewster'sches Gesetz: Das von der im Wesentlichen horizontalen Wasseroberfläche reflektierte Licht ist unvollständig polarisiert und bevorzugt horizontale elektrische Vektoren. Folglich muss eine reflexunterdrückende Sonnenbrille vertikale elektrische Vektoren bevorzugen.

7.19 Der Winkelabstand der Maxima beträgt etwa $\Delta\alpha = 5{,}5\,\mathrm{cm}/5\,\mathrm{m} = 0{,}011\,\mathrm{rad}$ entspricht $0{,}63°$. Wellenlänge: $\lambda = 4 \cdot 10^{-5}\,\mathrm{m} \cdot \sin\Delta\alpha = 0{,}44\,\mu\mathrm{m}$. Das ist tiefes Blau.

7.20 Erstes Minimum bei Beugung an einem Spalt: $\sin\alpha = \frac{\lambda}{d}$. Die Spaltbreite ist hier $d = 0{,}8\,\mathrm{m}$. Die Wellenlänge ergibt sich mit der Schallgeschwindigkeit von $c = 330\,\mathrm{m/s}$ zu $\lambda = \frac{c}{f} = 0{,}44\,\mathrm{m}$. Damit ergibt sich für den Winkel des 1. Minimums $\alpha = 33°$.

7.21 Gangunterschied des Maximums n. Ordnung: $x = n \cdot \lambda$. Forderung: $x = 9 \cdot 500\,\mathrm{nm} = 10 \cdot \lambda_2$. Daraus folgt: $\lambda_2 = 450\,\mathrm{nm}$.

7.22 Das Beugungsmaximum erster Ordnung liegt bei: $\sin\alpha = \frac{\lambda}{g}$. Blaues Licht hat eine Wellenlänge von etwa $480\,\mathrm{nm}$. Also $g = \frac{4{,}8\cdot10^{-7}\,\mathrm{m}}{\sin 50°} = 0{,}63\,\mu\mathrm{m}$. Die Struktur auf dem Flügel ist also selbst in der Größenordnung der Lichtwellenlänge.

A.3.14.5. Quantenoptik

7.23 $W_Q \cdot f = h \cdot f \cdot \lambda = h \cdot c \cdot \lambda/\lambda = h \cdot c = 4{,}14 \cdot 10^{-15}\,\mathrm{eV} \cdot \mathrm{s} \cdot 3{,}0 \cdot 10^8\,\mathrm{m/s} = 1{,}24 \cdot 10^{-6}\,\mathrm{eV} \cdot \mathrm{m} = 1{,}24\,\mathrm{eV} \cdot \mu\mathrm{m}$.
„Ein Mikrometer Wellenlänge entsprechen $1{,}24\,\mathrm{eV}$" – das kann man sich leichter merken als das Planck'sche Wirkungsquantum.

7.24 $\lambda \approx 0{,}6\,\mu\mathrm{m}$; $W_Q = 1{,}24/0{,}6\,\mathrm{eV} \approx 2\,\mathrm{eV}$

7.25 Quantenstrom $\frac{N}{\Delta t} = \frac{P}{W_Q}$; $P = 5\,\mathrm{mW}$; $\lambda = 632{,}8\,\mathrm{nm}$; $W_Q = 1{,}24/0{,}633\,\mathrm{eV} = 1{,}96\,\mathrm{eV}$.

$$\frac{N}{\Delta t} = \frac{5 \cdot 10^{-3}\,\mathrm{W}}{1{,}96 \cdot 1{,}60 \cdot 10^{-19}\,\mathrm{Ws}} = 1{,}59 \cdot 10^{16}\,\mathrm{Quanten/s}.$$

7.26 Die Quanten des infraroten Lichtes besitzen weniger Energie als die des sichtbaren Lichtes, können also keinen sichtbares Licht emittierenden Übergang anregen.

7.27 (1) $W_{max} = 150\,\mathrm{keV}$
(2) $P = I \cdot U = 20\,\mathrm{mA} \cdot 150\,\mathrm{kV} = 3\,\mathrm{kW}$
(3) $\phi \approx 0{,}01 \cdot P = 30\,\mathrm{W}$

A.3.15. 8. Atom- und Kernphysik

A.3.15.1. Antworten auf die Verständnisfragen

1. Weil viele Elemente in der Natur mit verschiedenen Isotopen vorkommen und die Massenzahl als Mittelwert angegeben wird.
2. Nach zwei Monaten bleibt $\frac{1}{2} \cdot \frac{1}{2} = \frac{1}{4}$ übrig.
3. Nein, da die Bestimmung nur für Tiere und Pflanzen geeignet ist, die einmal Kohlenstoff aus der Luft aufgenommen haben, bevor sie starben.

A.3.16. Lösungen der Aufgaben

8.1 Mit dem, was wir wissen ist nur eine sehr grobe Abschätzung möglich: Radius eines Kerns in der Größenordnung $10^{-15}\,\mathrm{m}$, Masse in der Größenordnung

10^{-25} kg. Das Volumen ist dann in der Größenordnung 10^{-45} m^3 und die Dichte 10^{20} kg/m^3 = 10^{11} kg/mm^3.

8.2 Die Absorption eines K_α-Quants erfordert einen Elektronenübergang aus der K–Schale in die L–Schale; dort ist aber in einem Cu–Kern kein Platz frei.

8.3 ◘ Abb. 8.6: Lithium-6 ($^6_3$Li): $Z = 3$, $N = 3$, $A = 6$; Lithium-7 ($\frac{P_1}{T_1} = \frac{P_2}{T_2}$): $Z = 3$, $N = 4$, $A = 7$.

8.4 Strahlungsleistung der Sonne $P_S = 3{,}8 \cdot 10^{26}$ W (Frage 7.17); Geschwindigkeit des Massenverlustes $\frac{dm}{dt} = \frac{P_S}{c^2} = 4{,}2 \cdot 10^9$ kg/s. Die Sonne verliert allein durch elektromagnetische Strahlung in der Sekunde etwa 4 Mio. Tonnen; ein Massenverlust durch Teilchenstrahlung kommt noch hinzu. Allerdings beträgt die Sonnenmasse etwa $3 \cdot 10^{30}$ kg. Sie wird uns nicht so schnell abhanden kommen.

8.5 Nach ◘ Abb. 8.8 sind dem Bi-214 ($A = 214$, $Z = 83$, $N = 131$) folgende Zerfälle möglich: α-Zerfall in Thallium-210: $A = 210$, $Z = 81$, $N = 129$; β-Zerfall in Polonium-214: $A = 214$, $Z = 84$, $N = 130$.

8.6 $\frac{N(t)}{N_0} = e^{-t/\tau}$; $\frac{1}{2} = \exp\left(-\frac{T_{1/2}}{\tau}\right)$; $2 = \exp\left(\frac{T_{1/2}}{\tau}\right)2 = T_{1/2}/\tau$.

8.7 $e^{\frac{58\% \ln 2 \cdot t}{T_{1/2}}} = 0{,}01 \Rightarrow -\frac{\ln 2 \cdot t}{T_{1/2}} = \ln 0{,}01$
$= -4{,}6 \Rightarrow t = \frac{4{,}6}{\ln 2} T_{1/2} = 6{,}64 \cdot T_{1/2}.$

8.8 Neutroneneinfang bedeutet: $\Delta A = +1$, $\Delta Z = 0$, $\Delta N = +1$, führt also von Ag-107 zu Ag-108 und von Ag-109 zu Ag-110 (beide sind β-Strahler mit 2,44 min und 24,17 s Halbwertszeit.).

8.9 Masse des Elektrons = Masse des Positrons = $9{,}11 \cdot 10^{-31}$ kg. $W_Q = m \cdot c^2 = 18{,}22 \cdot 10^{-31}$ kg $\cdot (3 \cdot 10^8$ m/s$)^2 = 1{,}64 \cdot 10^{-13}$ J ≈ 1 MeV.

Stichwortverzeichnis

Printed in the United States
by Baker & Taylor Publisher Services